国家林业和草原局普通高等教育"十三五"规划教材

林业生态工程学

（第4版）

王百田　主编

中国林业出版社

内容简介

本教材由基本概念与基础理论模块、人工造林模块、防护林模块、综合效益评价与工程设计模块组成。具体内容包括绪论、林业生态工程概况、林业生态工程基本理论、人工林培育、水源保护林工程、水土保持林、平原防护林、风沙区治沙造林、农林复合经营、海岸防护林、森林恢复与保护、工矿废弃地复垦林业工程、碳汇与能源林、林业生态工程效益评价、林业生态工程规划与设计14章。教材内容体系完整、系统，除做了必要的理论阐述，注重林业生态工程规划、设计、施工、管理的技术操作和基本技能培养，强调实践性。每章都有了内容小结并配备相应的思考题，便于学生复习掌握知识重点。

本书可作为农林院校水土保持与荒漠化防治、林学、生态学、环境科学等相关专业教材，还可作为自然保护与环境生态类相近专业教学、科研人员学习和参考用书。

图书在版编目 (CIP) 数据

林业生态工程学/王百田主编. —4 版 . —北京：中国林业出版社,2020.7(2023.12 重印)

国家林业和草原局普通高等教育"十三五"规划教材

ISBN 978-7-5219-0711-7

Ⅰ.①林… Ⅱ.①王… Ⅲ.①林业–生态工程–高等学校–教材 Ⅳ.①S718.5

中国版本图书馆 CIP 数据核字 (2020) 第 131505 号

审图号：GS(2021) 3657 号

中国林业出版社教育分社

策划编辑：肖基浒   责任编辑：肖基浒   洪 蓉

电 话：(010)83143555   传 真：(010)83143516

出版发行   中国林业出版社(100009   北京市西城区刘海胡同 7 号)
       E-mail：jiaocaipublic@ 163. com   电话：(010)83223120
       http://www. forestry. gov. cn/lycb. html

经 销   新华书店

印 刷   河北京平诚乾印刷有限公司

版 次   1998 年 10 月第 1 版(共印 1 次)
       2000 年 1 月第 2 版(共印 9 次)
       2010 年 8 月第 3 版(共印 6 次)
       2020 年 7 月第 4 版

印 次   2023 年 12 月第 3 次印刷

开 本   850mm×1168mm   1/16

印 张   28.25

字 数   670 千字

定 价   79.00 元

《林业生态工程学》(第4版)
编写人员

主　　编： 王百田

副 主 编： 陈祥伟　胡海波　肖辉杰

编写人员：（按姓氏笔画排序）

王　宁（黑龙江八一农垦大学）

王　兵（中国林业科学研究院）

王　丽（内蒙古农牧农业大学）

王百田（北京林业大学）

王克勤（西南林业大学）

王若水（北京林业大学）

王治国（中国水利设计总院）

牛建植（北京林业大学）

田　赟（北京林业大学）

李　莹（北京林业大学）

肖辉杰（北京林业大学）

张光灿（山东农业大学）

陈祥伟（东北林业大学）

胡海波（南京林业大学）

高国雄（西北农林科技大学）

涂　璟（西南林业大学）

主　　审： 吴　斌（北京林业大学）

王冬梅（北京林业大学）

《林业生态工程学》（第3版）
编写人员

主　　编：王百田

副 主 编：陈祥伟　张金池　李钢铁

编写人员：(按姓氏笔画排序)

　　　　　于显威（沈阳农业大学）

　　　　　王百田（北京林业大学）

　　　　　王克勤（西南林业大学）

　　　　　史常青（北京林业大学）

　　　　　李铁钢（内蒙古农业大学）

　　　　　陈祥伟（东北林业大学）

　　　　　张永涛（山东农业大学）

　　　　　张金池（南京林业大学）

　　　　　饶良懿（北京林业大学）

　　　　　高国雄（西北农林科技大学）

　　　　　郭建斌（北京林业大学）

主　　审：朱金兆（北京林业大学）

　　　　　朱清科（北京林业大学）

第 4 版前言

伴随着国家生态环境工程建设和生态环境类专业的调整，由原来的防护林学转变产生了《林业生态工程学》，经过前三版的修订与完善，在我国生态环境类专业的教学中广泛应用取得了良好的教学效果。自第三版问世以来，十年时间飞逝而过，国家生态环境建设工程实践与研究成果丰硕，推动着林业生态工程理论与技术的发展，这门教材的体系和内容急需更新，以适应新时代林业生态工程与科技发展对培养科技创新型人才的需求。为此，在前三版的基础上，组织了国内主要院校的相关专业教学人员，紧密结合教学实践经验与各院校对教材应用的反馈意见，在保持《林业生态工程学》基本框架与内容体系稳定连续的情况下，力争吸收国内外最新科研与技术成果，经充分讨论确定编写大纲和主要内容，编写组成员分工协作完成了第四版教材的编写。

与第 3 版教材相比，第 4 版教材主要在以下方面进行了修订：

在教材的体系结构上做了微调，考虑到部分院校不单独开设荒漠化相关课程的现实，本次修订增设了风沙区治沙造林一章，也使得本课程的体系更加完善。另外，农林复合经营与林下经济紧密结合已经成为农区林业生态工程发展的新趋势，因此将原来平原防护林工程分为农田防护林和农林复合经营两部分，以适应不同区域农区不同生态防护的侧重点。本教材仍然采用第三版的模块化的课程结构体系，包括基本概念与基础理论模块（第 1 章和第 2 章）、人工造林模块（第 3 章）、防护林工程模块（第 4 章到第 12 章）、综合效益评价与工程设计模块（第 13 章和第 14 章）；不同的学校可以依据修前学生所学课程的内容，选择不同的模块作为教学的重点内容。

在自学辅助上，沿用每一章都有总结，配有相应的思考题，以帮助学生掌握重点与深入思考。

在教材的应用性上，除了必要的理论阐述之外，注重林业生态工程规划、设计、施工、管理的技术操作和基本技能的培养，强调实践性，建议本教材的使用与教学实习、课程设计环节相配合。本教材的编写，除满足教学需要外，还可供有关生产、科研及管理单位参考。

本教材由北京林业大学水土保持学院王百田教授主编。各章的编者为：北京林业大学王百田编写绪论、第 1 章、第 2 章，山东农业大学张光灿、水利部水利水电规划设计总院王治国编写第 3 章，北京林业大学牛建植编写第 4 章，西北农林科技大学高国雄编写第 5 章，东北林业大学陈祥伟编写第 6 章，内蒙古农业大学王丽编写第 7 章，北京林业大学肖辉杰、王若水、李莹编写第 8 章、第 10 章、第 11 章，南京林业大学胡海波编写第 9 章，黑龙江八一农垦大学王宁编写第 12 章，中国林业科学研究院王兵、北京林业大学王百田编写第 13 章，西南林业大学王克勤、涂璟及水利部水利水电规划设计总院王治国编写第 14 章。云南省林业调查规划院营林分院的李正飞和延红卫等提供规划设计案例，参与资料整理、校对、图表整理的博士研究生有王旭虎、李涛、赵耀、张军等。全书由王百田教授统稿，并由吴斌教授、王冬梅教授主审。

本教材的编写，是在前三版的基础上，同时引用了大量的文献资料中的研究成果、数据与图表。参考文献列于各章正文之后，在此谨向第 1 版、第 2 版、第 3 版的作者和文献作者们致以深切的谢意。

经过改革开放四十年，我国生态环境建设已经取得了世界瞩目的成绩，从三北防护林到十大防护林，再到六大林业重点工程，进入新时期林业生态工程以国家"两屏三带"和三大战略为基础，布局"一圈三区五带"的发展格局。本教材的编写人员力图将国内外有关林业生态工程建设的新经验、新成果、新理论编入教材之中，反映当代林业生态工程建设的科技水平，但是限于我们知识水平与实践经验，疏漏之处在所难免，衷心期望读者提出批评、指正，以便在今后教学中改进与提高。

编　者

2020-7-5

　　《林业生态工程学》是水土保持与荒漠化防治专业的必修课程。自从《林业生态工程学》教材第 2 版问世以来，在我国生态环境类专业的教学中得到了广泛应用。经过十多年的教学实践，伴随林业生态工程理论与技术的发展，教材的体系和内容急需更新，以适应林业生态工程科技发展、生产实践和科技培养创新型人才的现代教育体系的需要。因此，在前两版的基础上，我们组织了国内主要院校的相关专业教学人员，紧密结合教学与实践经验，在对教材的体系结构、主要内容进行充分讨论的基础上，力争吸收国内外最新科研成果与技术，编写了第 3 版教材。

　　与第 2 版教材相比，第 3 版教材主要在以下方面进行了修订：

　　在教材的体系结构上做了较大调整，考虑到水土保持与荒漠化防治专业一般不开设森林培育学课程，增加了人工造林知识，使《林业生态工程学》从生态理论、森林培育知识、防护林构建技术到工程的综合效益评价形成一个完整的林业生态工程理论与技术体系。本教材采用了模块化的课程结构体系，包括基本概念与基础理论模块（第 1 章和第 2 章）、人工造林模块（第 3 章和第 4 章）、防护林工程模块（第 5 章至第 11 章）、综合效益评价与工程设计模块（第 12 章和第 13 章），不同的学校可以依据修前学生所学课程的内容，选择不同的模块作为教学的重点内容。通过本门课程的学习，学生能较全面地掌握林业生态工程的理论与技术知识。

　　在教材的内容选取上，除增加了人工造林知识外，结合林业生态工程发展趋势，补充了工矿废弃地绿化工程、能源林工程和天然林保护工程等内容，以反映当前我国林业生态工程建设的现实需求。另外，水源涵养林作为林业生态工程一个重要的林种，也从原来的山地防护林中独立出来。

　　在自学辅助上，每一章都配有本章小结及思考题，以帮助学生掌握重点与深入思考。

　　在教材的应用性上，除了必要的理论阐述之外，注重林业生态工程规划、设计、施工、管理的技术操作和基本技能的培养，强调实践性，建议本教材的使用与教学实习、课程设计环节相配合。本教材除满足教学需要外，还可供有关生产、科研及管理单位人员参考。

　　本教材由北京林业大学水土保持学院王百田教授主编。各章的编写分工如下：北京林业大学王百田编写绪论、第 2 章、第 5 章，郭建斌编写第 10 章，饶良懿编写第 13 章；东北林业大学陈祥伟编写第 7 章；南京林业大学张金池编写第 1 章、第 11 章；内蒙古农业大学李钢铁编写第 3 章、第 4 章；西北农林科技大学高国雄编写第 6 章；西南林业大学王克勤编写第 12 章；山东农业大学张永涛编写第 8 章；北京林业大学史常青和沈阳农业大学于显威合编第 9 章。于显威对初稿进行整理。

全书由王百田教授统稿，并由朱金兆教授和朱清科教授主审。

本教材是在第 1、第 2 版的基础上编写而成的，同时引用了大量最新文献资料中的研究成果、数据与图表。参考文献列于各章正文之后，在此谨向第 1、第 2 版的作者和文献作者们致以深切的谢意。

自 1978 年我国政府立项开展了"三北"防护林工程建设以来，林业生态工程建设已经取得了举世瞩目的成就。本教材的编写人员力图将国内外这个领域的新经验、新成果、新理论编入教材之中，但是限于我们知识水平与实践经验，疏漏之处在所难免，衷心期望读者对本教材提出批评、指正，以便在今后教学中不断改进与提高。

编　者

2010. 01. 12

目 录

0.1　生态环境问题与森林

生态环境是指影响人类生存与发展的水资源、土地资源、生物资源以及气候资源数量与质量的总称，生态环境问题，是指人类为其自身生存和发展，在利用和改造自然界的过程中，对自然环境破坏和污染所产生的危害人类生存的各种负反馈效应。导致生态环境问题的原因，可分为两大类：一是不合理地开发和利用自然资源而对自然环境的破坏，即通常所指的生态破坏问题，如滥伐森林、陡坡开垦等造成的水土流失、土地退化、物种消失等；二是因工农业发展和人类生活所造成的污染，即环境污染问题。在有的地区，环境问题可能以某一类为主，但在更多的地区都是两类问题同时存在。

我国是一个多山国家，山区面积占全国总面积的 2/3，山区是我国众多江河的源头。由于地形复杂，在重力梯度、水力梯度的外营力作用下易造成水土流失，再加上地处世界两大活动地带之间，地质新构造运动较活跃，山崩、滑坡、泥石流危害严重。同时，还有分布广泛、类型多样、演变迅速的生态环境脆弱带，我国沙漠、戈壁、寒漠面积占全国的 1/5。特殊的地理位置使我国季风气候显著，雨热同季，夏季炎热多雨，冬季干燥寒冷。我国降水量地区差异和季度变化大，导致全国范围内旱涝灾害频繁，严重影响工农业生产。我国暴雨强度大，分布广，是易造成洪涝、水土流失乃至泥石流、山崩、塌方、滑坡的重要原因。我国北方易形成大风雪天气，在农业上有早、晚霜出现。在我国独特的地理地貌基底上，一旦植被破坏，则水热优势立即会转化为强烈的破坏力量。

我国是世界上水土流失最严重的国家之一。根据第一次全国水利普查水土保持情况报告(2013 年)，我国土壤侵蚀总面积 294.91×10^4 km^2，其中水力侵蚀 129.32×10^4 km^2、风力侵蚀 165.59×10^4 km^2。西北黄土高原区侵蚀沟道共计 666 719 条，东北黑土区侵蚀沟道共计 295 663 条。水土保持措施面积 99.16×10^4 km^2，其中，工程措施 20.03×10^4 km^2，植物措施 77.85×10^4 km^2，其他措施 1.28×10^4 km^2。黄土高原共有淤地坝 58 446 座，淤地面积 927.57 km^2。

荒漠化是我国面临的一个重大环境及社会问题。中国是世界上荒漠化最严重的国家之一，根据荒漠化监测结果到 2014 年底，我国荒漠化土地总面积 26 115.93×10^4 hm^2，占国土面积的 27.2%，其中风蚀荒漠化土地面积 18 263.46×10^4 hm^2，水蚀荒漠化土地面积 2500.35×10^4 hm^2，盐渍化土地面积 1718.57×10^4 hm^2，冻融荒漠化土地面积 3633.05×10^4 hm^2。荒漠化土地分布在 18 个省(自治区、直辖市)，其中轻度荒漠化土地面积

7492.79×10^4 hm^2，中度荒漠化面积 9255.25×10^4 hm^2，重度荒漠化土地面积 4021.20×
10^4 hm^2，极重度荒漠化土地面积 5346.69×10^4 hm^2。全国沙化土地总面积 17 211.75×
10^4 hm^2，半固定沙地（丘）1643.16×10^4 hm^2，固定沙地（丘）2934.30×10^4 hm^2，露沙地
910.39×10^4 hm^2，沙化耕地 485.00×10^4 hm^2，风蚀劣地（残丘）637.91×10^4 hm^2，戈壁
6611.58×10^4 hm^2，非生物工程治沙地 8900 hm^2。

我国生物多样性正面临着严重威胁。人为活动使生态系统不断破坏和恶化，已成为
中国目前最严重的环境问题之一。生态受破坏的形式主要表现在森林减少，草原退化，
农田土地沙化、退化、水土流失，沿海水质恶化，赤潮发生频繁，经济资源锐减和自然
灾害加剧等方面。根据 2017 年生态环境状况公报，对全国 34 450 种高等植物的评估结
果显示，受威胁的高等植物有 3767 种，约占评估物种总数的 10.9%；属于近危等级
（NT）的有 2723 种；属于数据缺乏等级（DD）的有 3612 种。需要重点关注和保护的高等
植物达 10 102 种，占评估物种总数的 29.3%。对全国 4357 种已知脊椎动物（除海洋鱼
类）受威胁状况的评估结果显示，受威胁的脊椎动物有 932 种，约占评估物种总数的
21.4%；属于近危等级（NT）的有 598 种；属于数据缺乏等级（DD）的有 941 种。需要重
点关注和保护的脊椎动物达 2471 种，占评估物种总数的 56.7%。

森林作为陆地生态系统的主体，在调节生物圈、大气圈、水圈、地圈动态平衡中具
有重要作用。森林是自然界最丰富、最稳定和最完善的碳贮库、基因库、资源库、蓄水
库和能源库，具有调节气候、涵养水源、保持水土、防风固沙、改良土壤、减少污染等
多种功能，对改善生态环境，维持生态平衡，保护人类生存发展的基本环境起着决定性
的、不可替代的作用，离开了森林的庇护，人类的生存与发展就会失去依托。从人类活
动对自然界的影响上来看，生态恶化源于毁林，生态改善始于兴林。古今中外莫不如
此。保护和发展森林资源，是解决生态环境问题、改善人类生存环境的必由之路。

0.2　从森林改良土壤到林业生态工程

森林的环境效益，首先直观反映在森林土壤与非森林土壤的区别，也是人类认识森
林生态效益的始端。在 20 世纪年初，欧洲科学家就开始了森林改良土壤的研究，在
1917 年后苏联科学家继承了俄罗斯科学家 B·B. 道库恰耶夫、C·A. 克斯特切夫、
B·P. 威廉斯等人的景观、农业、土壤科学相结合的思想体系，建立了农地森林改良气
候及土壤学和土壤改良水利学，并在 20 世纪 40 年代指导了苏联营造农田防护林带，实
施草田轮作，建造池塘水库，以保障苏联欧洲部分草原地区和森林草原区农业的稳定丰
产，形成了具有苏联特点的利用综合措施改良小气候及土壤的科学体系。同时，在欧洲
和北美地区进行了有关林带的防风效果研究，Andrew H. Palmer 和 C. G. Bates 在 1911 年
进行了林带小气候环境的研究，在 20 世纪 50 年代初开始 W. Naegeli, K. Brinmann 和
H. Kaiser 等进行了林带对小气候、土壤、水文、生物环境影响的研究，N. P. Woodruff 和
A. W. Zingg 进行了农田防风林的空气动力学研究，这些研究都对防护林理论的建立与防
护林营造的实践奠定了基础。

在我国，在 1954 年春天，关君蔚先生在《农业科学通讯》上所做的讲座"从北方山区
农业生产展望特来沃坡利耕作法"中，把苏联的经验与我国北方山区实际相结合，强调

"合理配置水分调节林带和片林，将现有水分土壤条件较差的土地，分别修成梯田栽植果树或作为牧草地。"对于梯田和滩地要"在合理安排的林带保护之中，就控制了水的破坏作用。""灌溉问题的解决，控制雨水是先决条件，因此必须有足够面积的森林和草地，使雨水尽量渗透去丰富地下水和泉水并滋润农田。"在这里农田、草地、森林是一个密切相关联的系统，森林对农田的滋养与防护功能，成为防护林营造的基础。在 20 世纪 60 年代，随着风沙区和水土流失的治理，不同的防护林林种的防护效益研究进一步确认了防护林对生态环境改善的重要性，并逐渐形成了防护林体系理论，其中比较深入研究的有森林的水源涵养作用、水土保持作用、防风固沙作用和农田防护作用，并在 70 年代形成了防护林体系理论，认识到"防护林既是保障农业生产的防护措施，而其本身又是一项重要的林业生产事业。"防护林建设与农牧的关系是"以林促牧，以牧支农，农林牧综合发展"，因此防护林体系就是要根据自然条件和发展生产的特点，将有关林种有机结合成一个整体，有利于保障生产，改善环境条件和自然面貌。如果将防护林的林种比喻成"细胞"，那么防护林体系就是一个"有机体。"

到了 20 世纪 80 年代，随着以三北防护林为代表的防护林工程的建设在全国展开，生态建设、生态安全、生态文明的观念落地生根，防护林体系建设工程转变为国家生态工程建设的主要工程。无论是在加速改变农村自然面貌，提供更可靠的国土生态屏障，确保粮食与牧业安全，还是为农村寻求新的致富门路和就业渠道，增加农民收入，或为乡镇企业提供充足的原料和新的加工领域，为农村开辟新的财源等方面，都需要保护好现有森林植被，扩大森林资源，提高森林资源质量，发挥森林的多种生态和经济效益。因此，以防护林体系为核心建设林业生态工程就成为新时期林业建设的重大使命，林业生态工程学应运而生，自 1992 年王礼先主编了第一版《林业生态工程学》，到今日的第 4 版。

0.3 林业生态工程学的特点

林业生态工程学是在继承、交叉、融合相关学科的基础之上发展起来的一门新兴学科。以生态学理论和系统工程理论为基础，主要吸收了防护林学、水土保持学、森林培育学、生态经济学等相关内容，以木本植物为主体、以区域或流域为对象，建设与管理以生态环境改善与维持为目标的复合生态系统，追求较高的生态效益、经济效益和社会效益。

林业生态工程学是随着林业发展战略转移、国家生态环境工程建设需求而通过继承、交叉形成的一门新的专业课程，不仅是从单一的水土保持林草措施来研究水土保持的生物措施，而且是从生态、环境与区域经济社会可持续发展的角度研究林业发展的理论与技术措施，其核心是：在充分理解生态理论的基础之上，通过工程措施进行以生态环境改善为目标的林业生态建设，根据生态理论进行系统规划、设计和调控人工生态系统的结构要素、工艺流程、信息反馈关系及控制机构，以在系统内获得较高的生态与经济效益。林业生态工程学是水土保持、林学、生态、环境规划等相关专业学生必修或选修的重要课程。

本教材由林业生态工程基础理论与概况、林业生态工程营造技术、林业生态工程构建技术、林业生态工程效益评价与规划设计技术等四大模块组成，其中林业生态工程构建技术占有重要地位。全书共计 14 章，第 1、2 章为第一模块，第 3 章为第二模块，第 4~12 章为第三模块，第 13、14 章为第四模块。

第 1 章

林业生态工程概况

森林既是维护陆地生态平衡的枢纽，也是人类发展不可或缺的自然资源，与人类文明的产生发展息息相关。人类面临的生态环境问题，如温室效应、生物多样性锐减、水土流失、荒漠化扩大、土壤退化、水资源危机等，都直接或间接地与森林破坏相关，即森林减少导致或加剧了上述大部分生态环境问题。长期以来仅仅把森林作为自然资源进行经营管理的传统林业，从 20 世纪中叶以来逐步更加重视森林的生态环境效益，认识到良好的森林植被在国土安全、水资源安全、环境安全、生物安全等为主体的国家生态安全体系中发挥着无可替代的保障和支撑作用。因此，以森林植被恢复与保护为主体的陆地生态系统维护是我国生态工程建设的主要任务。

1.1 林业生态工程的基本概念

1.1.1 林业生态工程定义与特征

林业生态工程涉及生态学、林学、防护林学、水土保持学、系统工程等理论与技术，目标是建设以木本植物为主体的生态工程，形成复合生态系统。

1.1.1.1 生态系统和生态工程

生态系统是指在一定的空间内生物和非生物成分通过物质的循环、能量的流动和信息的交换而相互作用、相互依存所构成的一个功能单元。地球上大至生物圈，小到一片森林、草地、农田都可以看作一个完整的生态系统。一个生态系统由生产者、消费者、还原者和非生物环境组成，它们有特定的空间结构、物种结构和营养结构。生态系统的功能包括生物生产、能量流动、物质循环和信息传递。简单地说，生物与环境是一个不可分割的整体，这个整体就是生态系统。

1935 年，英国生态学家亚瑟·乔治·坦斯利爵士（Sir Arthur George Tansley）提出生态系统的概念。1940 年，美国生态学家 R. L. 林德曼（R. L. Lindeman）提出了著名的林德曼定律。1962 年，美国 H. T. Odum 首先使用了生态工程的概念。我国学者马世骏教授在 1984 年给出了生态工程的定义："生态工程是应用生态系统中物种共生与物质循环再生原理，结合系统工程最优化方法，设计的分层多级利用物质的工艺系统。生态工程的目标就是在促进自然界良性循环的前提下，充分发挥物质的生产潜力，防止环境污染，实现经济效益和生态效益同步发展。"1992 年出版了有关生态工程的国际性学术刊物，

1993 年国际生态工程协会正式成立。1989 年，马世骏等参与美国 H. J. Mitsch 和丹麦 S. E. Jorgensen 主编、多国学者参编的世界上第一本生态工程专著《生态工程》(Ecological Engineering)，成为生态工程学这门新兴学科诞生的起点。书中将生态工程定义为"为了人类社会及其自然环境二者的利益，而对人类社会及其自然环境进行设计"，"它提供了保护自然环境，同时又解决难以处理的环境污染问题的途径"，"这种设计包括应用定量方法和基础学科成就的途径"。

生态工程可简单地概括为生态系统的人工设计、施工和运行管理。生态工程是应用生态系统中物种共生与物质循环再生原理，结合系统工程最优化方法，设计的具有自我繁殖、自我更新、自我修复能力的分层多级利用物质的生态系统。生态工程的目标就是在促进自然界良性循环的前提下，充分发挥物质与环境的生产潜力，防止环境污染与生态衰竭，达到提高生态效率、增加经济效益的目的。因此，它着眼于生态系统的整体功能与效率，追求系统的协调与综合调控，而不是单一因子和单一功能的解决；强调的是资源与环境的有效充分利用，而不是对外部高强度投入的依赖。它可以是纵向的层次结构，也可以发展成为几个纵向工艺链索横向联系而成的网状工程系统。它是社会—经济—自然复合生态系统。

20 世纪 90 年代后，随着生态科学理论与应用技术的发展成熟，结合传统的生产方式，生态工程在我国农业、林业、渔业、牧业、环境保护及工业设计等领域得到了广泛应用，出现了许多具有地域特色的生态工程模式，如珠三角地区传统的基塘模式得到了发展、东部沿海地区的滩涂治理、北方地区四位一体生态模式、人工湿地污水处理生态模式、小流域水土流失综合治理、生态工业园区建设等都取得了显著的社会、经济和生态效益，为解决资源与环境问题、促进可持续发展做出了重要贡献，获得了国际学术界的好评。生态工程作为一门迅速发展的新兴学科，被人们普遍接受，其分支的农业生态工程、林业生态工程、草业生态工程、水利生态工程、恢复生态工程等从理论和实践上正在不断完善。

从理论上讲，生态工程主要包括三个方面的技术：一是资源利用技术，通过生态系统结构设计对能量与物质进行多级利用与转化，包括自然资源如光、热、水、肥、土、气等的多层次利用技术，作物秸秆等农业生产剩余物等非经济生物产品的多级利用技术；二是资源再生技术，把人类生活与生产活动中产生的有害废物，如生活中产生的污水、废气、垃圾、养殖场的排泄物等污染环境的物质，通过生态工程技术，转化为人类可利用的经济产品或次级利用的原料；三是生态系统优化技术，是对自然生态系统中生物种群之间共生、互生与拮抗关系的利用技术，即利用这些关系达到维持优化人工生态系统、提高系统产出效率的目的。2009 年，丹麦哥本哈根大学 Sven Erick Jorgensen 主编的《应用生态工程学》指出应当把生态工程与生物技术及生物工程、环境技术及环境工程加以区别，提出了应用于生态工程的 19 个生态学基本原理，总结了 33 个生态工程类型。

1.1.1.2　林业与林业生态工程

林业是指"培育、保护和开发利用森林资源的产业。经济社会可持续发展的一项基础产业和公益事业，在生态建设和林产品供给上具有十分重要的作用。林业生产的基础是森林。森林除提供木材、食物、药物及化工原料等林产品外，同时也是野生动植物繁殖、生息、庇护的重要场所。森林具有涵养水源、保持水土、美化净化环境、保持生物多样性等多种功能，是生物圈中最重要的稳定因素。"林业是经济和社会可持续发展的重要基础，森林是陆地生态系统的主体，无论在可持续发展还是生态安全中，林业都具有重要地位。

林业生态工程包括传统的森林培育与经营技术，但是它又和传统的森林培育及森林经营有着根本的区别，在工程建设目标、内容、采用的技术措施及建成的生态系统方面具有如下显著特征：

第一，工程目标。传统的森林培育及森林经营的主要目的在于提高林地的生产率，实现森林资源的可持续利用与经营。而林业生态工程的目的不仅仅是林分本身的效益，更重要的是在于提高整个人工复合生态系统的生态效益与经济效益，实现区域（或流域）生态经济复合系统的可持续发展。

第二，工程内容。传统的森林培育和森林经营以木材等林产品生产为主要目标，工程内容限于森林培育，工程范围限于造林和现有林经营区。而林业生态工程则要考虑区域（或流域）自然资源利用与生态环境改善，工程范围包括山水田林路，木本森林植被起到关键和纽带的作用。

第三，工程技术。传统的森林培育及森林经营的对象是森林，在设计、营造与调控森林生态系统过程中只考虑对经营对象林分采用造林与营林技术措施，而林业生态工程则需要考虑在复合生态系统中针对各类子系统采用不同的技术措施，以满足整个复合系统的综合技术措施配套经营需求。

第四，生态系统。传统的森林培育只关注森林生态系统本身，在设计、建造与调控森林生态系统过程中，主要关注木本植物与环境的关系、木本植物的种间关系以及林分的结构、功能、物流与能量流。而林业生态工程主要关注整个工程区域以森林为纽带的人工复合生态系统，不同子系统内部的物种共生关系与物质循环再生过程，子系统之间的物质、能量、信息的交换，以及整个人工复合生态系统的结构、功能、物流与能量流。

林业生态工程属于生态工程的一个分支，是随着生态工程的发展和防护林工程建设而逐渐兴起的。自从 1978 年三北防护林工程建设以来，随着全国重大林业生态工程项目的相继顺利实施，伴随工程建设实践急需运用林业生态工程理论与技术指导新工程的建设。林业生态工程学作为一门新兴的学科，在继承森林培育学与防护林学的基础上，更加注重学科理论与技术的创新。在 20 世纪 90 年代以来，林业生态工程建设理论取得了如下进展：①在防护林体系研究方面，关君蔚先生提出并完善了我国的防护林体系理论，建立了我国防护林体系及其分类，并创建生态控制理论应用于林业生态工程的规划设计；②在小流域林业生态工程规划设计及建设方面取得了较大进展，主要包括立地类型划分与适地适树理论、林分的空间配置理论与方法、林分稳定性调控技术；③困难立地特殊造林与植被恢复技术，包括干旱半干旱地区、干旱干热河谷、石质山地、喀斯特岩溶区、干旱风沙区等的植被恢复技术及相应的抗逆性植物材料选育技术；④复合农林业高效可持续经营技术，包括农林不同植物的种间关系及其配置、经营理论与技术，不同类型复合系统的能量、物质、信息流动转移理论。这些研究为我国林业生态工程顺利建设和稳定高效发挥生态防护功能起到了关键支撑作用。

1.1.2　林业生态工程任务

林业生态工程的目标就是人工设计建造以木本植物群落为主体的优质、高效、稳定的复合生态系统，任务包括林业生态工程规划、设计、施工及管理等几个方面。

1.1.2.1　林业生态工程规划

林业生态工程具有显著的地域性特点，受到不同地理区域自然条件的约束，其林业生态工程的物种组成、结构、经营技术也具有显著的地域特点，因此，林业生态工程建设要受到该区域林业生态工程总体规划的制约。

一个区域林业生态工程总体规划，就是对一个区域的自然环境、经济、社会和技术因素进行综合分析，在现有土地利用形式和生态系统的基础上，做出林业生态工程建设的中长期发展规划，为林业生态工程建设的项目立项提供依据，指导林业生态工程建设项目的实施。具体的规划环节一般包括资源清查与环境调查、现状分析与规划设计方案提出、规划文件编制。规划内容一般包括：在项目区土地和森林资源清查的基础上落实林业生态工程用地，对区域内的现有森林、农田、草地、水系、道路等进行综合考虑，确定林业生态工程的空间布局与主要林种，构筑以森林为主体的或森林参与的区域复合生态系统，达到优化改善区域生态系统的目的。

1.1.2.2　林业生态工程设计

针对具体的林业生态工程建设项目，在总体规划的控制下进行实施方案设计。设计分总体设计和作业设计，其主要技术设计内容包括物种组成、空间结构、时间结构和食物链结构四个方面。

（1）物种组成设计

生物是生态系统中最活跃的组分，物种组成是生态系统中最重要的设计内容，其中生物与环境的辩证统一是设计的核心。要根据设计区域的环境条件选择适宜的植物种，充分利用不同物种共生互利的关系，形成稳定的生态结构。其中以木本植物为主形成稳定的生物群落，对不良环境具备较强的改善作用，能产生较高的生态与经济效益，是植物种选择与植物组成设计的基本原则。

（2）时空结构设计

时空结构设计是依据生态系统目标与种间关系理论，对构成生态系统的所有物种的水平结构、垂直结构、时间结构进行合理组合，是生态系统设计的核心内容。在空间上就是通过组成生态系统的物种与环境、物种与物种、物种内部关系的分析，利用不同种的组合形成一定空间结构的群落，从而在生态系统内形成物种间共生互利、充分利用环境资源的稳定高效生态系统。在实践中有乔灌草相结合、林农牧渔相结合等形式。在时间上，则是利用生态系统内物种生长发育的时间差别，在不同生长发育阶段所占据不同生态位，合理安排生态系统的物种构成，使之能够充分利用环境资源。在实践中有许多农业、农林复合经营系统等类型。

（3）食物链结构设计

利用生态学中的食物链原理，对系统内部植物、动物、微生物及环境间的系统优化组合，设计出再生循环与分层多级利用物质、生态系统营养级构成和工艺路线，使得系统内耗最省、物质利用最充分、工序组合最佳，从而达到尽量高产、低耗、高效地生产适销对路的优质商品。包括从初级产品到终端产品及剩余物质的中间利用、再加工形成资源的循环利用模式，使森林生态系统的资源与环境得到充分利用并增加多样性产出，兼收生态环境、经济及社会效益是林业生态工程技术设计的重要内容。

（4）特殊生态工程设计

所谓特殊生态工程，是指建立在特殊环境条件基础上的林业生态工程，主要包括工矿区治理与土地复垦、城市（镇）建设、开发建设项目水土保持与环境保护、严重退化的劣地改良与恢复（如盐渍地、流动沙地、崩岗地、裸岩裸土地、陡峭边坡等）。需要针对具体的特殊环境，采取相应的工艺设计和施工技术，才能达到预期工程建设目标。

1.1.2.3 林业生态工程施工与管理

林业生态工程的施工与管理技术，包括林业生态工程项目前期准备、施工及竣工验收移交三个阶段。前期准备包括组织项目招投标，材料验收及进场，施工组织方案、质量保障措施体系、人员上岗资质、安全措施审核，设计单位向施工单位技术交底等。施工阶段包括投资、进度、质量管理，一般由监理单位协助业主进行管理。项目实施结束后一般要在通过施工单位自检、监理公司检查和业主及设计单位对工程的实施状况进行检查后，由各方做出施工质量评估意见，最后向主管部门提交验收申请报告，进行林业生态工程竣工验收。

工程的管理内容包括质量管理、资金管理、进度管理、技术管理、验收管理、档案管理等内容。由于林业生态工程的建设场所环境条件差、点多面广、建设周期长、参与人员复杂，完全依靠业主进行管理有很大难度，一般的林业生态工程项目的实施都引入监理制度。

1.2 林业生态工程历史与现状

1.2.1 中国林业生态工程

1.2.1.1 发展历史

根据《国语》记载，公元前550年，太子晋曾向周灵王说过"……不堕山，不崇薮，不防川，不窦泽。夫山，土之聚也，薮，物之归也，川，气之导也，泽，水之钟也。"可见保护山林以固土的思想远在周灵王以前就形成了。明朝的刘天和将柳树在治水中的作用总结为"六柳"，即所谓的卧柳、低柳、编柳、深柳、漫柳和高柳。清末的梅曾亮写的《书棚民事》详细论述了山林与水源涵养、农田、水土流失的关系，说服老百姓否定了安徽巡抚毁林开荒的主张。这些例子都说明祖先在生产和生活实践中已经认识到了森林与环境之间的朴素辩证关系，也是现代林业生态工程的重要思想来源之一。我国林业生态工程建设取得了举世瞩目的成绩，备受世人瞩目。从 20 世纪 50 年代初开展大规模的植树造林，先后进行三北防护林、十大林业生态工程、六大重点林业工程建设，我国林业生态工程建设已经进入全面打造"青山绿水"的新时期。

在 20 世纪 50 年代初，百废待兴，政府重视防护林建设，开始大造各种类型防护林。其中典型工程有：①华北、西北各地防风固沙林。主要针对冀西风沙危害严重、农业生产不稳的局面，1949 年 2 月，华北人民政府农业部在河北省西部东广铁路沿线的 3.53×10^4 hm² 风沙区，成立冀西沙荒造林局，与正定、新乐等 5 县密切配合组织农民合作造林。②东北西部、内蒙古东部防护林。1951 年 9 月，东北人民政府林政局经全面勘察，制订了《营造东北西部农田防护林带计划（草案）》，规划的建设范围包括东北西部及内蒙古东部风沙等灾害严重的 25 个县、旗，总面积为 833×10^4 hm²，到 1952 年 1 月，东北人民政府发布《关于营造东北西部防护林的决定》，将原计划（草案）范围向东北延伸，东西加宽，南起辽东半岛和山海关，北至黑龙江的什南、富裕县，长达 1100 km，宽约 300 km，总面积 2278×10^4 hm²，扩大到 60 多个县（旗），计划造林 300×10^4 hm²，是当时全国规模最大的防护林工程。③1952 年，中央政府组织了华北 5 省（自治区、直辖市）防护林考察工作。④1954 年，陕西、甘肃、宁夏等省（自治区）提出了北部大型防风固沙林计划，即"绿色长城"。在甘肃等风沙区就设立了防沙林场，开展风沙治理的综合研究与示范，选择杨、柳、沙枣等树种建造防沙林带。到 1978 年其中著名的林带有：陕北毛乌素沙带南缘防沙林带长 580 km，宁夏灌区外缘 160 km，河西走廊前沿 910 km，内蒙古乌兰布和沙漠东缘 175 km。⑤1951 年 2 月，全国林业会议决定，在黄河、淮河、永定河及其他严重泛滥的河流上游山地，选择重点营造水源林。同年，河北、察哈尔两省在永定河上游，华东、中南两个大区在淮河中上游，都配合治水建立了营林机构。西北的黄河支流泾河、渭河流域，东北的松花江、浑河、老哈河，湖北的汉水，湖南的沅江，江西的赣江，广东的韩江等流域也开始勘查，准备造林。⑥我国沿海地区台风、风沙、盐碱等自然灾害严重影响农业生产和人民生活，1952 年江苏省首先做出了营造沿海防护林的决定，其后辽宁、山东、河北、广东、广西、福建等省（自治区）也相继开始营造，主要造林树种为刺槐、黑松、杨、柳、紫穗槐、木麻黄、湿地松、火炬松、加勒比松、栎类、相思类和柑橘类等树种。

到了 20 世纪 70 年代末期，伴随国家改革开放，防护林的营造出现了新的形势，以三北防护林体系建设为龙头，我国开始了科学的防护林体系建设。在五大防护林体系建设工程的基础上，我国政府先后批准实施了以减少水土流失、改善生态环境、扩大森林资源为主要目标的十大林业重点工程，主要工程包括了三北防护林体系建设工程、长江中上游防护林体系建设工程、沿海防护林体系建设工程、平原绿化工程、太行山绿化工程、全国防沙治沙工程、淮河太湖流域综合治理防护林体系工程、珠江流域防护林体系建设工程、辽河流域防护林体系建设工程、黄河中游防护林体系工程等。

进入 21 世纪，生态建设、生态安全、生态文明的观念已深入人心，在全国生态环境建设进行全面规划的基础之上，国家对林业生态工程进行了重新整合，以原来十大林业生态工程体系建设为基础，确定了全国六大林业重点工程建设任务，使林业生态工程建设的内涵进一步深化和加强。通过六大林业重点工程的实施，建立起布局合理的森林生态网络体系，重点地区的生态环境得到明显改善，与国民经济发展和人民生活改善要求相适应的木材及林产品生产能力基本形成。

1.2.1.2 建设现状

根据2014—2018年的第九次全国森林资源清查结果显示，全国森林覆盖率22.96%，森林面积 $2.7×10^8$ hm²，其中人工林面积 $7954×10^4$ hm²，森林蓄积量 $175.6×10^8$ m³，森林植被总生物量 $188.02×10^8$ t，总碳储蓄量 $91.86×10^8$ t。中国森林类型多样，树种资源丰富，乔木树种2000余种，全国乔木林株数1892.43亿株，蓄积量 $170.58×10^8$ m³。森林面积中，乔木林 $17 988.85×10^4$ hm²，占82.43%，竹林 $641.16×10^4$ hm²，占2.94%，特殊灌木林 $3192.04×10^4$ hm²，占14.63%。

天然林资源保护工程。到一期工程结束，$11.1×10^8$ 亩森林得到了有效管护；通过人工造林、封山育林、飞播造林等生态恢复措施，森林面积净增 $1.26×10^8$ 亩，森林蓄积量净增 $4.52×10^8$ m³，长江上游地区森林覆盖率由33.8%增加到40.2%，黄河上中游地区森林覆盖率由15.4%增加到17.6%。随着工程区森林植被不断增加，森林生态系统功能逐步恢复，局部地区生态状况明显改善。据中国水土保持公报显示，2007年三峡库区水土流失总面积比2000年减少 1312.39 km²。黄河花园口水文站实测，黄河含沙量2007年为 3.13kg/m³，比2000年5.05 kg/m³减少了1.92 kg/m³。2008年长江宜昌段的泥沙含量比10年前下降了30%，并以每年1%的速率下降。水土流失的减少，有效降低了三峡、小浪底等重点水利工程的泥沙淤积量。

退耕还林工程。自1999年试点启动，到2016年退耕还林(草)近 $2×10^8$ 亩，匹配荒山造林和封山育林 $3×10^8$ 亩，工程区森林覆盖率平均提高4.2个百分点。通过20年的建设，全国退耕还林工程建设减少了水土流失和风沙的危害，扭转了生态恶化的趋势；调整了农村产业和结构，转移了农村剩余劳动力，为精准扶贫培育了内生动力，改变了生产方式和生活方式。据2016年价评估，全国退耕还林工程每年产生的生态效益总价值量为1.38万亿元，其中，涵养水源4490亿元、保育土壤1146亿元、固碳释氧2199亿元、林木积累营养物质143亿元、净化大气环境3438亿元、生物多样性保护1802亿元、森林防护606亿元。

三北防护林体系建设工程。经过30多年的建设，三北防护林工程区森林覆盖率由5.05%提高到10.51%。三北工程完成造林保存面积 $2647×10^4$ hm²，营造防风固沙林 $735×10^4$ hm²，治理沙化土地 $27.8×10^4$ km²，治理沙化土地 $27.8×10^4$ km²；营造水土保持林和水源涵养林 $967×10^4$ hm²，新增水土流失治理面积 $15×10^4$ km²，黄土高原近50%的水土流失面积得到不同程度的治理，控制水土流失面积 $38.6×10^4$ km²；营造农田防护林 $291×10^4$ hm²，使72%的基本农田得到保护。结束了沙化危害扩展加剧的历史，实现了由"沙进人退"到"人进沙退"的转变；结束了水土流失日趋严重的历史，实现了黄土高原由"黄"到"绿"的转变；结束了农区"三刮四种"(刮三次风，下四次种)的历史，实现了由"南粮北调"到"北粮南运"的转变。

长江流域防护林体系建设工程。长江中上游防护林体系经过一期和二期，完成造林

352.3×10^4 hm²，其中人工造林 162.8×10^4 hm²，封山育林 183.5×10^4 hm²，飞播造林 6.0×10^4 hm²，低效林改造 22.1×10^4 hm²。通过长江流域防护林体系工程建设，工程地区的森林植被得到了迅速恢复，森林植被涵养水源、保持水土、调节径流、削减洪峰的防护功能有了较大的提高。通过一期工程建设，项目区减少土壤侵蚀量 4.07×10^8 t/a，通过二期工程建设，项目区减少土壤侵蚀量 2.29×10^8 t/a。

1.2.2 国外林业生态工程

在国外，从工业革命开始就对森林资源进行了大量的破坏性开采，再加上过度放牧和开垦等导致水土流失、风沙、土地干旱、土地生产力下降等生态环境问题频繁发生，特别是 20 世纪中期以来随着人口剧增，全球生态环境危机大爆发，使得各国政府和民众都认识到了森林在维护与改善生态环境中具有突出的作用，开展了以森林植被恢复与保护为主体的林业生态工程建设。其中著名工程包括美国的罗斯福工程，苏联的斯大林改造大自然计划，北非五国绿色坝工程，加拿大绿色计划，日本治山治水工程，法国林业生态工程，菲律宾全国植树造林计划，印度社会林业计划，韩国治山绿化计划，尼泊尔喜马拉雅山南麓高原生态恢复工程，等等。

1.2.2.1 日本

生态背景 二次世界大战期间，山林俱毁，河川失修，一时水患频仍。1953 年发生了大水灾，日本内阁设置治山治水对策协议会，提出了《治山治水基本对策纲要》供国会审议，但因资金短缺，未获批准。直到 1959 年伊势湾台风水灾造成 5000 人死亡的惨剧发生之后，治山治水才重新提到了议事日程。日本政府紧急制定了《治山治水紧急措施法》，随后又相继出台了《灾害对策基本法》、全国《防灾基本计划》与《新河川法》等，确立了治山治水事业有计划实施并与经济发展同步推进的体制，并设立了包括治山事业、治水事业在内的国土保全管理机构。

建设规划 日本早在 1897 年就制定了第一部森林法。日本关于森林和林业的规划体系主要包括两项规划，每五年修改一次。一项是根据《森林·林业基本法》制定的《森林—林业基本计划》，一项是根据《关于国有林野管理经营法律》制定的《关于国有林野管理经营基本规划》。日本针对本国多次发生大水灾，提出治水必须治山、治山必须造林的基本方针，以 5 年为单位制订相应的工程计划。

工程实施 1954—1994 年连续制订和实施了 4 期防护林建设计划，防护林的比例由 1953 年占国土面积的 10% 提高到 32%，其中水源涵养林占 69.4%，并在 3300 hm² 的沙岸宜林地上营造 150~250 m 宽的海岸防护林。1987 年 2 月，日本开展第七个治山五年计划，到 1991 年，总投资达 19 700 亿日元，造林款由政府补贴 50%，其中国家 40%，地方 10%。

1.2.2.2 苏联(现俄罗斯)

生态背景 苏联国土总面积 2227×10^4 km²，1990 年森林总面积 $79\,200 \times 10^4$ hm²，森林覆盖率 36%，其中防护林面积 $17\,800 \times 10^4$ hm²，占森林总面积的 22.5%，占国土总面

积的 8%。然而 20 世纪初，由于森林植被较少和特殊高纬度地理条件，农业生产经常遭到恶劣的气候条件等因素的影响，产量低而不稳，为了保证农业稳产、高产，大规模营造农田防护林提上了议事日程。

建设规划 1948 年，苏共中央公布了"苏联欧洲部分草原和森林草原地区营造农田防护林，实行草田轮作，修建池塘和水库，以确保农业稳产高产计划"，这就是通常所称的"斯大林改造大自然计划"。计划用 17 年时间（1949—1965 年），营造各种防护林 $570×10^4$ hm^2，营造 8 条总长 5320 km 的大型国家防护林带（面积 $7×10^4$ hm^2），在欧洲部分的东南部，营造 $40×10^4$ hm^2 的橡树用材林。

工程实施 1949 年，"斯大林改造大自然计划"开始实施，由于准备工作不足，技术和管理上都出现了一些问题，影响了造林质量。1953 年林业部又被撤销，该计划随之搁浅。据统计，1949—1953 年共营造各种防护林 $287×10^4$ hm^2，保存 $184×10^4$ hm^2。1966 年，苏联重新设立了国家林业委员会。1967 年，苏共中央发布了"关于防止土壤侵蚀紧急措施"的决议，决议将营造各种防护林作为防止土壤侵蚀的主要措施，再次把防护林建设列入国家计划，防护林建设进入新的发展阶段。到 1985 年，全苏联已营造防护林 $550×10^4$ hm^2，防护林比重已从 1956 年的 3% 提高到 1985 年的 20%，其中农田防护林 $180×10^4$ hm^2，保护着 $4000×10^4$ hm^2 农田和 360 个牧场。营造国家防护林带 $13.3×10^4$ hm^2，总长 11 500 km，这些林带分布在分水岭、平原、江河两岸、道路两旁，与其他防护林纵横交织、相互配合，对调节径流、改善小气候、提高农作物产量等起到明显作用。

1.2.2.3 美国

生态背景 美国建国初期，人口主要集中在东部的 13 个州，其后不断地向西进入大陆腹地。到 19 世纪中叶，中西部大草原 6 个州人口显著增长。1870 年西部开垦约 $12×10^4$ hm^2，到 1930 年已扩大到 $753.3×10^4$ hm^2，60 年里增长了近 60 倍。由于过度放牧和开垦，19 世纪后期就经常风沙弥漫，各种自然灾害日益频繁。特别是 1934 年 5 月发生的一场特大黑风暴，风沙弥漫，绵延 2800 km，席卷全国 2/3 的大陆，大面积农田和牧场毁于一旦，使大草原地区损失肥沃表土 $3×10^8$ t，$6000×10^4$ hm^2 耕地受到危害，小麦减产 $102×10^8$ kg，当时的美国总统罗斯福发布命令，宣布实施"大草原各州林业工程"，因此这项工程又被称为"罗斯福工程"。

建设规划 工程纵贯美国中部，跨 6 个州，南北长约 1850 km，东西宽 160 km，建设范围约 $1851.5×10^4$ hm^2，规划用 8 年时间（1935—1942 年）造林 $30×10^4$ hm^2，平均每 65 hm^2 土地上营造约 1 hm^2 林带，实行网、片、点相结合；在适宜林木生长的地方，营造长 1600 m、宽 54 m 的防护林带；在农田周围、房舍周围营造防护林网；在不适宜造林地带，选出 10% 左右的小块土地营造片林，根据当地土壤情况，因地制宜地营造林带、林网、林片，以防止土地沙化、保护农田和牧场。

工程实施 工程区立地条件复杂多样，建设中采取乔木和灌木树种、针叶和阔叶树种相结合，因地制宜使用 40 多种树木植树造林，营造的林带多为 400~800 m 长，15~30 m 宽，带间距 400~800 m。8 年中，美国国会为此拨款 7500 万美元。到 1942 年，共植树 2.17 亿株，营造林带总长 28 962 km，面积 $10×10^4$ hm^2，保护着 3 万个农场的 $162×$

$10^4 \ hm^2$ 农田。1942 年以后,由于经费紧张等原因,大规模工程造林暂时中止,但仍保持着每年造林 $1 \times 10^4 \sim 1.3 \times 10^4 \ hm^2$ 的速度。林带设计上,占地少的 1~5 行的窄林带越来越受到重视,单行林带在前期更受重视;1975 年以后,双行密植的窄林带逐步受到重视。到 20 世纪 80 年代中期,人工营造的防护林带总长度 $16 \times 10^4 \ km$,面积 $65 \times 10^4 \ hm^2$。

主要建设对策　国会通过法案,授权政府从私人手中购买通航河流两岸的林地作为国有林,以保护河流两岸。严禁国有林、公有林原木出口,对国有林、公有林给予亏损补贴。对营造林予以支持,年造林基金支出 19 亿美元(超过林业税 13 亿美元)。与此同时,美国对营造林实行低利率贷款,一般年利率 3.5%,贷款期 35 年。

1.2.2.4　北非五国

生态背景　撒哈拉沙漠的飞沙移动现象十分严重,威胁着周围国家的生产、生活和人民生命安全。特别是摩洛哥南部、阿尔及利亚和突尼斯的主要干旱草原区、利比亚和埃及的地中海沿岸及尼罗河流域等尤为严重。为了防止沙漠北移,控制水土流失,发展农牧业和满足人们对木材的需要,北非的摩洛哥、阿尔及利亚、突尼斯、利比亚和埃及等五国政府决定,在撒哈拉沙漠北部边缘联合建设一条跨国生态工程。

建设规划　1970 年,以阿尔及利亚为主体的北非五国决定用 20 年的时间(1970—1990 年),在东西长 1500 km,南北宽 20~40 km 的范围内营造各种防护林 $300 \times 10^4 \ hm^2$。其基本内容是通过造林种草,建设一条横贯北非国家的绿色植物带,以阻止撒哈拉沙漠的进一步扩展或土地沙漠化,恢复这一地区的生态平衡,最终目的是建成农林牧相结合、协调发展的绿色综合体,使该地区绿化面积翻一番。后来,各国又分别做出了具体计划,如阿尔及利亚的"干旱草原和绿色坝综合发展计划"、突尼斯的"防治沙漠化计划"和摩洛哥的"全国造林计划"等。

工程实施　北非五国"绿色坝工程"从 1970 年开始,经过 10 多年的建设,到 20 世纪 80 年代中期,已植树 70 多亿株,面积达 $35 \times 10^4 \ hm^2$,初步形成一条绿色防护林带,阻止了撒哈拉沙漠进一步扩展。后来,北非五国加快造林速度,到 1990 年,已营造人工林 $60 \times 10^4 \ hm^2$,使该地区森林总面积达到 $1034 \times 10^4 \ hm^2$,森林覆盖率达到 1.72%。

主要建设对策　阿尔及利亚政府动员了全国力量,利用机耕、飞播等各种手段进行植树造林,并规定干部、军人、职工、学生在每年头 3 个月的星期五轮流参加义务植树活动,但主要依靠军队的力量。据统计,军队造林占造林总面积的 5%,国家规定,年龄在 30 岁以下的青年,除身患疾病、家庭有特殊困难的除外,均需服兵役 2 年,期间一半时间从事军事训练,一半时间从事造林、修路等,军队总部还设有技术局,负责造林的技术指导。作为国家林业主管部门的国家森林工程局十分重视该工程建设,在没有军队的地带,组织有关力量按照规划设计开展造林。

1.2.2.5　澳大利亚

生态背景　澳大利亚几百年来一直受到风、水和盐碱的侵蚀,使许多土地荒芜,这些灾害的破坏力虽然缓慢但却十分无情,以致最富饶的新南威尔士农牧区也不能幸免。

地球臭氧层空洞也给澳大利亚大陆带来了危害。在北部有一个细软沙质的黄金海岸,原是世界上最好的冲浪区。但由于臭氧层空洞的存在,这一地区紫外线辐射增强,皮肤癌罹患率显著增高。此外,澳大利亚现在已有数十种哺乳动物消失了。澳大利亚的树林正在迅速减少,而且有 100 多种开花植物已绝迹。

建设规划　从 19 世纪 80 年代开始限制用于商业目的的天然林采伐。联邦政府从保护生态环境和森林永续利用的长期发展战略出发,制定了一系列约束力较强的政策、法规,在征得州政府的同意后付诸实施。同时,政府投资 2.4 亿美元,企图使大部分地区重新绿化,用于改善令人忧心的生态环境。1990—2000 年,为控制土地剥蚀,曾植树 10 亿株。

工程实施　澳大利亚目前天然林的 26% 禁止采伐,其余 74% 允许采伐,但需要满足许多附加条件,致使这些天然林实际上没有办法进行采伐或让想采伐者因获利甚微而放弃采伐的念头。到 2000 年已经人工造林 200 多万株树。

主要对策　对于天然林保护,一是由联邦政府与州政府签订具有法律效力的区域性林业协定;二是制定天然林保护具体目标,维护天然林的可持续经营。同时通过人工造林扩大森林资源,成立"拯救丛林"保护组织,鼓励个人发展植树业。对可循环使用的纸制品减征 20% 的销售税,以鼓励厂商多回收利用,减少使用自然资源。探索控制野兔、野猪一类有害动物的方法。

1.3　中国林业生态工程建设总体布局

1.3.1　全国生态环境类型区划

全国生态功能区划是在生态系统调查、生态敏感性与生态系统服务功能评价的基础上,明确其空间分布规律,确定不同区域的生态功能,提出全国生态功能区划方案,形成《全国生态功能区划》(2015 年修编),作为指导生态环境保护与建设、资源开发利用的重要依据。

1.3.1.1　全国生态环境主体功能区规划

《全国生态功能区划》包括生态调节、产品提供、人居保障 3 大类,对国家和区域生态安全具有重要作用的生态功能区有水源涵养、生物多样性保护、土壤保持、防风固沙、洪水调蓄、农产品提供、林产品提供、大都市群及重点城镇群 9 个类型和 242 个生态功能区,并确定其中 63 个为重要生态功能区,覆盖我国陆地国土面积的 49.4%(表 1-1)。

(1)水源涵养生态功能区

水源涵养生态功能区是指我国河流与湖泊的主要水源补给区和源头区。主要包括大兴安岭、秦岭—大巴山区、大别山区、南岭山地、闽南山地、海南中部山区、川西北、三江源地区、甘南山地、祁连山、天山等。

表 1-1　全国陆域生态功能区类型统计表

主导生态系统服务功能		生态功能区(个)	面积(×10⁴km²)	面积比例(%)
生态调节	水源涵养	47	256.85	26.86
	生物多样性保护	42	220.84	23.09
	土壤保护	20	61.40	6.42
	防风固沙	30	198.95	20.80
	洪水调蓄	8	4.89	0.51
产品提供	农产品提供	58	180.57	18.88
	林产品提供	5	10.90	1.14
人居保障	大都市群	3	10.84	1.13
	重点城镇群	28	11.04	1.15
合　计		242	956.29	100.00

注：本表不含香港特别行政区、澳门特别行政区和台湾省，其面积合计为3.71×10⁴km²。

（2）生物多样性保护生态功能区

生物多样性保护生态功能区是指国家重要保护动植物的集中分布区，以及典型生态系统分布区。主要包括秦岭—大巴山地、浙闽山地、武陵山地、南岭地区、海南中部、滇南山地、藏东南、岷山—邛崃山区、滇西北、羌塘高原、三江平原湿地、黄河三角洲湿地、苏北滨海湿地、长江中下游湖泊湿地、东南沿海红树林等。

（3）土壤保持生态功能区

土壤保持生态功能区主要考虑生态系统减少水土流失的能力及其生态效益。主要包括黄土高原、太行山地、三峡库区、南方红壤丘陵区、西南喀斯特地区、川滇干热河谷等。

（4）防风固沙生态功能区

防风固沙生态功能区主要考虑生态系统预防土地沙化、降低沙尘暴危害的能力与作用。主要包括呼伦贝尔草原、科尔沁沙地、阴山北部、鄂尔多斯高原、黑河中下游、塔里木河流域，以及环京津风沙源区等。

（5）洪水调蓄生态功能区

洪水调蓄生态功能区主要考虑湖泊、沼泽等生态系统具有滞纳洪水、调节洪峰的能力与作用。主要包括淮河中下游湖泊湿地、江汉平原湖泊湿地、长江中下游洞庭湖、鄱阳湖、皖江湖泊湿地等。这些区域同时也是我国重要的水产品提供区。

（6）农产品提供功能区

农产品提供功能区提供粮食、油料、肉、奶、水产品、棉花等农牧渔业初级产品。集中分布在东北平原、华北平原、长江中下游平原、四川盆地、东南沿海平原地区、汾渭谷地、河套灌区、宁夏灌区、新疆绿洲等商品粮集中生产区，以及内蒙古东部草甸草原、青藏高原高寒草甸、新疆天山北部草原等重要畜牧业区。

（7）林产品提供功能区

林产品提供功能区提供木材等林业初级产品，集中分布在小兴安岭、长江中下游丘陵、四川东部丘陵等人工林集中区。

（8）大都市群

我国人居保障重要功能区的大都市群主要包括京津冀大都市群、珠三角大都市群和长三角大都市群。

（9）重点城镇群

我国人居保障重要功能区的重点城镇群指我国主要城镇、工矿集中分布区域，主要包括：哈尔滨城镇群、长吉城镇群、辽中南城镇群、太原城镇群、鲁中城镇群、青岛城镇群、中原城镇群、武汉城镇群、昌九城镇群、长株潭城镇群、海峡西岸城镇群、海南北部城镇群、重庆城镇群、成都城镇群、北部湾城镇群、滇中城镇群、关中城镇群、兰州城镇群、乌昌石城镇群等。

1.3.1.2　全国生态环境建设布局

根据《全国生态环境建设规划（2000—2050 年）》，由于我国地域辽阔，区域差异大，生态系统类型多样，参照全国土地、农业、林业、水土保持、自然保护区等规划和区划，将全国生态环境建设划分为八个类型区域。

（1）黄河上中游地区

本区域包括晋、陕、蒙、甘、宁、青、豫的大部或部分地区。$64×10^4\ km^2$ 黄土高原地区，是世界上面积最大的黄土覆盖地区，气候干旱，植被稀疏，水土流失十分严重，水土流失面积约占总面积的 70%，是黄河泥沙的主要来源地。这一地区土地和光热资源丰富，但水资源缺乏，农业生产结构单一，广种薄收，产量长期低而不稳，群众生活困难，贫困人口量多面广。加快这一区域生态环境治理，不仅可以解决农村贫困问题，改善生存和发展环境，而且对治理黄河至关重要。生态环境建设的主攻方向是：以小流域为治理单元，以县为基本单位，以修建水平梯田和沟坝地等基本农田为突破口，综合运用工程措施、生物措施和耕作措施治理水土流失，尽可能做到泥不出沟。陡坡地退耕还草还林，实行草、灌木、乔木结合，恢复和增加植被。在对黄河危害最大的砒砂岩地区大力营造沙棘水土保持林，减少粗砂流失危害。大力发展雨水集流节水灌溉，推广普及旱作农业技术，提高农产品产量，稳定解决温饱问题。积极发展林果业、畜牧业和农副产品加工业，帮助农民脱贫致富。

（2）长江上中游地区

本区域包括川、黔、滇、渝、鄂、湘、赣、青、甘、陕、豫的大部或部分地区，总面积 $170×10^4\ km^2$，水土流失面积 $55×10^4\ km^2$。该区域山多山高平坝少，生态环境复杂多样，水资源充沛，但保水保土能力差，土地分布零星，人均耕地较少，且旱地坡耕地多。长期以来，上游地区由于受不合理的耕作、草地过度放牧和森林大量采伐等影响，水土流失日益严重，土层日趋瘠薄；滇、黔等石质山区降水量和降雨强度大，滑坡、泥石流灾害频繁，不少地区因土地石化而贫困，甚至丧失基本生存条件。中游地区因毁林毁草开垦种地，水土流失严重，造成江河湖库泥沙淤积，加上不合理的围湖造田，加剧洪涝灾害的发生。生态环境建设的主攻方向是：以改造坡耕地为中心，开展小流域和山系综合治理，恢复和扩大林草植被，控制水土流失。保护天然林资源，支持重点林区调整结构，停止天然林砍伐，林业工人转向营林管护。营造水土保持林、水源涵养林和人工草地。有计划有步骤地使25°以上的陡坡耕地退耕还林(果)还草，25°以下的坡地改修梯田。合理开发利用水土资源、草地资源、农村能源和其他自然资源，禁止滥垦乱伐，过度利用，坚决控制人为的水土流失。

(3) 三北风沙综合防治区

本区域包括东北西部、华北北部、西北大部干旱地区。这一地区风沙面积大，多为沙漠和戈壁，适宜治理的荒漠化面积为 $31\times10^4\ km^2$。由于自然条件恶劣，干旱多风，植被稀少，草地"三化"严重，生态环境十分脆弱；农村燃料、饲料、肥料、木料缺乏，严重影响当地人民的生产和生活。生态环境建设的主攻方向是：在沙漠边缘地区，采取综合措施，大力增加沙区林草植被，控制荒漠化扩大趋势。以三北风沙线为主干，以大中城市、厂矿、工程项目周围为重点，因地制宜兴修各种水利设施，推广旱作节水技术，禁止毁林毁草开荒，采取植物固沙、沙障固沙、引水拉沙造田、建立农田保护网、改良风沙农田、改造沙漠滩地、人工垫土、绿肥改土、普及节能技术和开发可再生能源等各种有效措施，减轻风沙危害。因地制宜，积极发展沙产业。

(4) 南方丘陵红壤区

本区域包括闽、赣、桂、粤、琼、湘、鄂、皖、苏、浙、沪的全部或部分地区，总面积约 $120\times10^4\ km^2$，水土流失面积约 $34\times10^4\ km^2$。土壤类型中红壤占一半以上，广泛分布在海拔 500 m 以下的丘陵岗地，以湘赣红壤盆地最为典型。由于森林过度砍伐，毁林毁草开垦，植被遭到破坏，水土流失加剧，泥沙下泄淤积江河湖库，影响农业生产和经济发展。区域内的沿海地区处于海陆交替、气候突变地带，极易遭受台风、海啸、洪涝等自然灾害的危害。生态环境建设的主攻方向是：生物措施和工程措施并举，加大封山育林和退耕还林力度，大力改造坡耕地，恢复林草植被，提高植被覆盖率。山丘顶部通过封育治理或人工种植，发展水源涵养林、用材林和经济林，减少地表径流，防止土壤侵蚀。坡耕地实现梯田化，配置坡面截水沟、蓄水沟等小型排蓄工程。发展经济林果和人工草地。解决农村能源问题。沿海地区大力造林绿化，建设农田林网，减轻台风等自然灾害造成的损失。

(5) 北方土石山区

本区域包括京、津、冀、鲁、豫、晋的部分地区及苏、皖的淮北地区，总面积约 $44\times10^4\ km^2$，水土流失面积约 $21\times10^4\ km^2$。部分地区山高坡陡，土层浅薄，水源涵养能力低，暴雨后经常出现突发性山洪，冲毁村庄道路，埋压农田，淤塞河道；黄泛区风沙土较多，极易受风蚀、水蚀危害；东部滨海地带土壤盐碱化、沙化明显。生态环境建设的主攻方向是：加快石质山地造林绿化步伐，积极开展缓坡整修梯田，建设基本农田，发展旱作节水农业，提高单位面积产量。多林种配置开发荒山荒坡，合理利用沟滩造田。陡坡地退耕造林种草，支毛沟修建拦砂坝等，积极发展经济林果和多种经营。

(6) 东北黑土漫岗区

本区域包括黑、吉、辽大部及内蒙古东部地区，总面积近 $100\times10^4\ km^2$，水土流失面积约 $42\times10^4\ km^2$。这一地区是我国重要的商品粮和木材生产基地。区内天然林与湿地资源分布集中，土地以黑土、黑钙土、暗草甸土为主，是世界三大黑土带之一。由于地面坡度缓而长，表土疏松，极易造成水土流失，损坏耕地，降低地力；加之本区森林资源严重过伐，湿地遭到破坏，干旱、洪涝灾害频繁发生，对农业的稳产高产造成危害，甚至对一些重工业基地和城市安全构成威胁。生态环境建设的主攻方向是：停止天然林砍伐。保护天然草地和湿地资源。完善三江平原和松辽平原农田林网。综合治理水土流失，减少缓坡面和耕地冲刷。改进耕作技术，提高农产品单位面积产量。

（7）青藏高原冻融区

本区域面积约 $176 \times 10^4 \ km^2$，其中水力、风力侵蚀面积 $22 \times 10^4 \ km^2$，冻融侵蚀面积 $104 \times 10^4 \ km^2$。该区域绝大部分是海拔 3000 m 以上的高寒地带，土壤侵蚀以冻融侵蚀为主。人口稀少，牧场广阔，东部及东南部有大片林区，自然生态系统保存较为完整，但天然植被一旦破坏将难以恢复。生态环境建设的主攻方向是：以保护现有的自然生态系统为主，加强天然草场、长江黄河源头水源涵养林和原始森林的保护，防止不合理开发。

（8）草原区

我国草原分布广阔，总面积约 $4 \times 10^8 \ hm^2$，占国土面积40%以上，主要分布在蒙、新、青、川、甘、藏等地区，是我国生态环境的重要屏障。长期以来，受人口增长、气候干旱和鼠虫灾害的影响，特别是超载过牧和滥垦乱挖，使江河水系源头和上中游地区的草地三化加剧，有些地方已无草可用、无牧可放。生态环境建设的主攻方向是：保护好现有林草植被，大力开展人工种草和改良草场（种），配套建设水利设施和草地防护林网，加强草原鼠虫灾防治，提高草场的载畜能力。禁止草原开荒种地。实行围栏、封育和轮牧，建设草库伦，搞好草畜产品加工配套。

1.3.2 全国林业生态建设总体布局

1.3.2.1 林业生态工程总体规划

1）构建"两屏三带"为主体的生态安全战略格局

构建以青藏高原生态屏障、黄土高原—川滇生态屏障、东北森林带、北方防沙带和南方丘陵山地带以及大江大河重要水系为骨架，以其他国家重点生态功能区为重要支撑，以点状分布的国家禁止开发区域为重要组成的生态安全战略格局。青藏高原生态屏障，要重点保护好多样、独特的生态系统，发挥涵养大江大河水源和调节气候的作用；黄土高原—川滇生态屏障，要重点加强水土流失防治和天然植被保护，发挥保障长江、黄河中下游地区生态安全的作用；东北森林带，要重点保护好森林资源和生物多样性，发挥东北平原生态安全屏障的作用；北方防沙带，要重点加强防护林建设、草原保护和防风固沙，对暂不具备治理条件的沙化土地实行封禁保护，发挥"三北"地区生态安全屏障的作用；南方丘陵山地带，要重点加强植被修复和水土流失防治，发挥华南和西南地区生态安全屏障的作用。

2）构建"一圈三区五带"的林业发展格局

以国家"两屏三带"生态安全战略格局为基础，以服务京津冀协同发展、长江经济带建设、"一带一路"建设三大战略为重点，综合考虑林业发展条件、发展需求等因素，按照山水林田湖生命共同体的要求，优化林业生产力布局，以森林为主体，系统配置森林、湿地、沙区植被、野生动植物栖息地等生态空间，引导林业产业区域集聚、转型升级，加快构建"一圈三区五带"的林业发展新格局。

"一圈"为京津冀生态协同圈，打造京津保核心区并辐射到太行山、燕山和渤海湾的大都市型生态协同发展区，增强城市群生态承载力，改善人居环境，提升国际形象。

"三区"为东北生态保育区、青藏生态屏障区、南方经营修复区，作为我国国土生态安全的主体，是全面保护天然林、湿地和重要物种的重要阵地，也是保障重点地区生态安全和木材安全的战略基地。

"五带"为北方防沙带、丝绸之路生态防护带、长江(经济带)生态涵养带、黄土高原—川滇生态修复带、沿海防护减灾带，作为我国国土生态安全的重要骨架，是改善沿边、沿江、沿路、沿山、沿海自然环境的生态走廊，也是扩大生态空间、提高区域生态承载力的绿色长城。

3) 重点林业生态工程

(1) 国土绿化行动工程

开展大规模植树造林活动，集中连片建设森林，形成大尺度绿色生态保护空间和连接各生态空间的绿色廊道，构建国土绿化网络。在北方防沙带，加快建设科尔沁、毛乌素等百万亩防风固沙林。在东北生态保育区，推进松辽、松嫩平原农田防护林体系建设。在京津冀生态协同圈，以京津保核心区过渡带为重点建设成片森林，在燕山、太行山水源涵养区、海河流域、坝上高原建设水源涵养林和防风固沙林。在丝绸之路生态防护带，加快建设西安至乌鲁木齐绿色通道、泾渭河流域水土保持林、六盘山和祁连山水源涵养林、天山北坡防风固沙林、南疆河谷荒漠绿洲锁边林、桐柏山和大别山保水固土林等区域性防护林体系。在黄土高原—川滇生态修复带，加快开展黄土高原综合治理林业示范建设、横断山脉水源涵养林建设和六盘山生态修复。沿海地区，以提升防灾减灾能力为重点，加快红树林等海岸基干林带建设。沿长江(经济带)生态涵养带，以水源涵养林、水土保持林、护岸林为重点，加快中幼林抚育和混交林培育。在南方经营修复区，以水源涵养林建设和水土流失及石漠化治理为重点，加强南北盘江、左右江、东江、红水河等流域防护林和珠江—西江经济带生态建设。在南方血吸虫病流行区继续实施林业血防工程。开展破损山体修复和农田防护林建设。

(2) 森林质量精准提升工程

加快推进森林经营，强化森林抚育、退化林修复等措施，精准提升大江大河源头、重点国有林区、国有林场和集体林区森林质量，促进培育健康稳定优质高效的森林生态系统。加强森林生态效益补偿，落实公益林管护责任。加大林木良种壮苗培育。加快推进森林城市、森林城市群和美丽乡村建设，把森林、绿地、湿地、花卉作为重要生态基础设施，建设城市绿道网络、森林公园、郊野公园、湿地公园。加强古树名木保护。在京津冀生态协同圈、东北生态保育区、青藏生态屏障区、南方经营修复区、北方防沙带、丝绸之路生态防护带、长江(经济带)生态涵养带、黄土高原—川滇生态修复带、沿海防护减灾带构筑国家生态安全屏障。

(3) 天然林资源保护工程

全面停止国有天然林商业性采伐，协议停止集体和个人天然林商业性采伐。将天然林和可以培育成为天然林的未成林封育地、疏林地、灌木林地等全部划入天然林保护范围，对难以自然更新的林地通过人工造林恢复森林植被。在东北生态保育区、青藏生态屏障区、南方经营修复区、长江(经济带)生态涵养带、京津冀生态协同圈、黄土高原—川滇生态修复带等天然林集中分布区域，重点开展天然林管护、修复和后备资源培育，适宜地区继续开展公益林建设。

(4)退耕还林工程

稳定和扩大新一轮退耕还林范围和规模，在黄土高原—川滇生态修复带、京津冀生态协同圈、北方防沙带、长江(经济带)生态涵养带等区域的15片重点水源涵养、水土流失、岩溶石漠化和风沙地区，将具备条件的25°以上坡耕地、严重沙化耕地、重要水源地15°~25°坡耕地和严重污染耕地退耕还林，增加林草植被，治理水土流失。

(5)湿地保护与恢复工程

对全国重点区域的自然湿地和具有重要生态价值的人工湿地，建立比较完善的湿地保护管理体系、科普宣教体系和监测评估体系，实行优先保护和修复，恢复原有湿地，扩大湿地面积。对东北生态保育区、长江(经济带)生态涵养带、京津冀生态协同圈、黄土高原—川滇生态修复带和沿海防护减灾带的国际重要湿地、湿地自然保护区和国家湿地公园，及其周边范围内非基本农田耕地实施退耕(牧)还湿、退养还滩。

(6)濒危野生动植物抢救性保护及自然保护区建设工程

开展野生动物重要栖息地区划，优化完善自然保护地体系，推进自然保护区、保护小区管护、宣教等基础设施和能力建设，在保护薄弱和空缺地带划建自然保护区、保护小区，建设关键地带生态廊道。以大熊猫、东北虎豹、亚洲象、藏羚羊等珍稀物种为代表，建立一批国家公园、国际观鸟基地、世界珍稀野生动植物种源基地，开展自然保护和生态体验基础设施建设。实施极度濒危野生动物和极小种群野生植物拯救保护，改善和扩大栖息地，开展野外种群复壮。建设野生动植物救护繁育中心和基因库、执法查没野生动植物制品储存展示中心。开展国家级自然保护区生态本底调查，构建自然保护区和野生动植物监测、监管与评价预警系统。建设野生动物疫源疫病监测防控体系。

(7)防沙治沙工程

以北方防沙带和丝绸之路生态防护带西段为重点，开展固沙治沙，加强防沙治沙综合示范区和沙化土地封禁保护区建设，开展国家沙漠公园试点建设，坚持分区化、规模化、基地化治理，努力建成10个百万亩、100个十万亩、1000个万亩防沙治沙基地。京津冀生态协同圈，加强林草植被保护和退耕退牧还林还草，提高现有植被质量。南方经营修复区、长江(经济带)生态涵养带，重点加大对大江大河上游或源头、生态区位特殊地区石漠化治理力度，保护和恢复森林植被，减轻风沙危害，减少水土流失，增加土地生态承载力。

(8)林业产业建设工程

在自然条件适宜地区和东北、内蒙古重点国有林区，建设国家储备林和木材战略储备基地。加强林业资源基地建设，加快产业转型升级，促进产业高端化、品牌化、特色化、定制化，满足人民群众对优质绿色产品的需求。建设一批具有全国影响力的花卉苗木示范基地，发展一批增收带动能力强的木本粮油、特色经济林、林下经济、林业生物产业、沙产业、野生动物驯养繁殖利用示范基地，加快发展和提升森林旅游休闲康养、湿地度假、沙漠探秘、野生动物观赏产业，加快林产工业、林业装备制造业技术改造、自主创新，打造一批竞争力强、特色鲜明的产业集群和示范园区，建立林业产业和全国重点林产品市场监测预警体系。

1.3.2.2　林业生态工程建设目标

形成多目标经营的空间布局，建立起多功能利用的经营系统；森林覆盖率达到23.4%，生态状况明显改善。

到2020年，生态承载力明显提升，生态环境质量总体改善，生态安全屏障基本形成。天然林、湿地、重点生物物种资源得到全面保护，森林覆盖率提高到23.04%，林业产业实力明显增强。

到2050年，进入多功能可持续利用阶段，森林覆盖率达到28.0%以上，自然保护区数量达到2500个，保护区面积达到$1.728×10^8$ hm^2，全面建成布局合理、功能齐备、管理高效的林业生态体系和规范有序、集约经营、富有活力的林业产业体系，从根本上改善我国的生态面貌，实现山川秀美，使我国林业综合实力达到世界中等发达国家的水平。

本章小结

林业生态工程，是根据生态学、系统工程学、林学理论，设计、建造与经营以木本植物为主体的人工复合生态系统工程，其目的是保护、改善环境与可持续利用自然资源，通过合理的空间配置及与其他措施结合，改善区域生态环境条件。林业生态工程的目标就是人工设计建造以木本植物群落为主体的优质、高效、稳定的复合生态系统，任务包括林业生态工程规划、设计、施工及管理等几个方面。我国生态环境建设划分为8个类型区域，即：黄河上中游地区、长江上中游地区、三北风沙综合防治区、南方丘陵红壤区、北方土石山区、东北黑土漫岗区、青藏高原冻融区和草原区。

思 考 题

1. 试阐述林业生态工程的含义。
2. 简述林业生态工程与传统林业的联系与区别。
3. 论述生态功能主导区域与生态环境建设的关系。

第 2 章
林业生态工程基础理论

　　林业生态工程作为一个独立的生态工程领域，具有一般生态工程的共性，也具有以木本植物为主体生态系统的独特性，既蕴含古代人朴素的哲学思想，也是现代生态和工程理论渗透交叉融合的结果。"共生、自生、多样性、平衡"的生态思想与"整体、协调、循环、再生"的系统思想是生态学与工程学的有机结合点。以木本植物为主体和纽带建立的林业生态工程，必须考虑森林群落自身的生态特性，也必须考虑木本植物与其他组分的结合，"林种、环境、效益"的林学及防护林学思想与生态工程思想的结合就成为林业生态工程建设的关键。

　　林业生态工程与自然环境、生物、人类社会紧密结合在一起，是包含有自然、技术、社会的复合工程，涉及生态学、生物学、工程学、环境学、经济学、社会学等诸多基础理论，其主要理论基础包括：生态学理论、林学与防护林学理论、水土保持理论及工程学理论，其中通过人工促进植被恢复形成复合生态系统是林业生态工程建设的核心思想。

2.1　生态学理论

2.1.1　系统生态学

1) 生态系统

　　生态系统理论是英国著名植物生态学家坦斯利 1935 年首先提出的，此后经过美国林德曼和奥德姆继承和发展形成。生态系统是由生物组分与环境组分组合而成的结构有序的系统。生态系统的结构是指生态系统中的组成成分及其在时间、空间上的分布和各组分间借助能量流动、物质循环和信息传递而相互联系、相互依存，并形成具有自我组织、自我调节功能的复合体。生态系统的结构包括三个方面，即物种结构、时空结构和营养结构。

　　(1) 物种结构

　　又称为组分结构。是指生态系统由哪些生物种群所组成，以及它们之间的量比关系，如浙北平原地区农业生态系统中粮、桑、猪、鱼的量比关系，南方山区粮、果、茶、草、畜的物种构成及数量关系。

　　(2) 时空结构

　　生态系统中各生物种群在空间上的配置和在时间上的分布，构成了生态系统形态结构上的特征。大多数自然生态系统的形态结构都具有水平空间上的镶嵌性，垂直空间上的层次性和时间分布上的发展演替特征，是组建合理恢复生态工程结构的借鉴。

（3）营养结构

生态系统中由生产者、消费者、分解者三大功能类群以食物营养关系所组成的食物链、食物网是生态系统的营养结构。它是生态系统中物质循环、能量流动和信息传递的主要路径。

（4）合理的生态系统结构

建立合理的生态系统结构有利于提高系统的功能。生态结构是否合理体现在生物群体与环境资源组合之间的相互适应，充分发挥资源的优势，并保护资源的持续利用。从时空结构的角度，应充分利用光、热、水、土资源，提高光能的利用率。从营养结构的角度，应实现生物物质和能量的多级利用与转化，形成一个高效的、无"废物"的系统。从物种结构上，提倡物种多样性，有利于系统的稳定和持续发展。

2）生态平衡与生态稳态

生态平衡是生态系统在一定时间内结构与功能的相对稳定状态，其物质和能量的输入、输出接近相等。生态平衡是动态的，维护生态平衡不只是保持其原初状态。生态系统在人为有益的影响下，可以建立新的平衡，达到更合理的结构、更高效的功能和更好的效益。生态稳态是一种动态平衡的概念，生态系统由稳态不断变为亚稳态，进一步又跃为新稳态。生态稳态是在生态系统发育演变到一定状态后才会出现，它表现为一种振荡的涨落效应，系统以耗散结构维持着振荡，能够使系统从环境中不断吸收能量和物质（负熵流）。所谓的生态平衡，只不过是非平衡中的一种稳态，是不平衡中的静止状态，平衡是相对的，不平衡是绝对的。生态平衡在受到自然因素（如火灾、地震、气候异常）和人为因素（如物种改变、环境改变等）的干扰，生态平衡就会被破坏，当这种干扰超越系统的自我调节能力时，系统结构就会出现缺损，能量流和物质流就会受阻，系统初级生产力和能量转化率就会下降，即出现生态失调。

3）生态系统平衡的调节机制

生态平衡的调节主要是通过系统的反馈能力、抵抗力和恢复力实现的。反馈分正反馈和负反馈。正反馈使系统更加偏离位置点，因此不能维持系统平衡，如生物种群数量的增长；负反馈是反偏离反馈，系统通过负反馈减缓系统内的压力以维持系统的稳定，如密度制约种群增长的作用。抵抗力是生态系统抵抗外界干扰并维持系统结构和功能原状的能力。恢复力是系统遭受破坏后，恢复到原状的能力。抵抗力和恢复力是系统稳定性的两个方面，系统稳定性与系统的复杂性有很大关系。普遍认为，系统越复杂，生物多样性越丰富，系统就越稳定。生态系统对外界干扰具有调节能力，才使之保持了相对稳定，但是这种调节机制不是无限的。生态平衡失调就是外界干扰大于生态系统自身调节能力的结果和标志。

4）生态系统的自我组织与修复机制

生态系统是直接或间接地依赖太阳能，因而是一个自我维持的系统，其系统的运行、发展、进化过程及方向，依赖于系统的自我组织与修复机制和能力，是生态系统维持稳定性的基础。自然生态系统具有自我组织、自我优化、自我调节与修复功能，是一个生态系统能维持稳定与发展的重要基础。自我组织是系统不借助外力自己形成具有充分组织性的有序结构，符合最小耗散能量原理建立起内部结构进行生态过程的行为能力。同时在生态系统发育过程中，生态系统向着能耗最小、功率最大、资源分配和反馈分配最佳的方向发展进化的能力就是生态系统的自我优化。自我调节是指当生态系统中某个层次结构中某一个成分发生改变时，或外界输入发生一定变化时，系统本身通过反馈机制自动调节内部结构及相应功能，维护生态系统的相对稳定性和有序性。自我调节能在有利条件和时期加速生态系统的发展，在不利时期避免受害，使得生态系统能最大限度地适应环境的变化。这种调节主要表现在同种群和不同种群密度的调节、种群与环境适应性的调节两个方面。在生态系统功能或结构受到一定损害的条件下，这种自我调节能力可以恢复生态系统原有的功能与结构，就是生态系统的自我修复能力。

2.1.2　生态系统脆弱性理论

生态系统的退化与生态系统的脆弱性有密切关系，退化生态系统是在不同的干扰方式和强度作用下的结果。一个生态系统在干扰的压力下，其结构组成和功能发生变化，向着不利于自身的方向发展，并且这个过程的每一个阶段都呈现出更容易向下一个阶段过渡的特点，对干扰的响应越来越脆弱。我国自然脆弱生态系统分布广泛，面积大。因此，生态系统的恢复需要了解生态系统的脆弱性，以便制订适宜的恢复方案。

生态系统的脆弱性与环境因子有密切关系，环境因子的变化，特别是群落内部的小气候环境变化能反映出生态系统的脆弱程度。由于我国地域辽阔，自然环境条件复杂，空间分异明显，人类对生态系统的干扰作用影响不同，因此，环境因子造成的生态脆弱性的原因也不同。刘燕华等将其大体上分为七大类：一是北方半干旱、半湿润区，主要是降水不稳定，潜在蒸发需求与降水比例影响植物的利用；二是西北半干旱地区，降水资源严重不足，风沙、水土流失、植被缺乏；三是华北平原地区，排水不畅、风沙、盐碱；四是南方丘陵区，过垦、过樵、水土流失；五是西南山区，干旱、过垦、过牧、过伐、水土流失；六是西南石灰岩山地，溶蚀、水蚀；七是青藏高原，高寒、侵蚀。此外，生态系统交错带的脆弱性比较高。在处于两种或两种以上的生态系统之间存在着一种"界面"，围绕这个界面向外延伸的"过渡带"的空间域，称为生态系统交错带。由于界面是两个或两个以上相对均衡的系统之间的"突发转换"或"异常空间邻接"，因而表现出其脆弱性，因此也称生态环境脆弱带，如农牧交错带、水陆交错带、林农或林牧交错带、沙漠边缘带等。生态系统交错带的脆弱性并不表示该区域生态环境质量最差和自然生产力最低，只是说它对环境变化的敏感性、抵抗外部干扰的能力、生态系统的稳定性上，表现可以用某种明确指标表达的脆弱。如沙漠和湖泊的交错带是绿洲，绿洲的环境质量并不差，生产力也很高，但环境的变化，往往极易导致绿洲的消失。

2.1.3　景观生态学

景观生态学是近年来兴起的一个生态学分支理论，景观是指以类似方式出现的若干相互作用的生态系统的聚合。R. T. T. Forman 和 M. Godron 合著的《景观生态学》一书指出：景观生态学主要研究大区域范围(中尺度)内异质生态系统如林地、草地、灌丛、走廊(道路、林带等)、村庄的组合及其结构、功能和变化，以及景观的规划管理。景观内容包括景观要素、景观总体结构、景观形成因素、景观功能、景观动态、景观管理等。景观生态学是用生态学的理论和方法去研究景观。景观是景观生态学的研究对象。它不仅包括有自然景观，还包括有人文景观，从大区域内生物种的保护与管理，环境资源的经营和管理，人类对景观及其组分的影响，涉及城市景观、农业景观、森林景观等。

1) 景观生态的基本原理

(1) 景观结构与功能原理

在景观尺度上，每一独立的生态系统(或景观单元)可看作一个宽广的镶嵌体、狭窄的走廊或背景基质。生态学对象如动物、植物、生物量、热能、水和矿质营养等在景观单元间是异质分布的。景观单元在大小、形状、数目、类型和结构方面又是反复变化的，决定这些空间分布的是景观结构。在镶嵌体、走廊和基质中的物质、能量和物种的分布方面，景观是异质的，并具有不同的结构。生态对象在景观单元间的连续运动或流动，决定这些流动或景观单元间相互作用的是景观功能。在景观结构单元中，物质流、能量流和物种流方面表现景观功能的不同。

(2) 生物多样性原理

景观异质性程度高，一方面会引起大镶嵌体减少，因而需要大镶嵌体内部环境的物种相对减少；另一方面，这样的景观带有边缘物种的边缘生境的数目大，同时有利于那些需要比一个生态系统更多的生境，以便在附近繁殖、觅食和休息的动物的生存。由于许多生态系统类型的每一种都有自己的生物种或物种库，因而景观的总物种多样性就高。总之，景观异质性减少了稀有内部种的丰度，增加了边缘种及要求两个以上景观单元的动物的丰富度，同时提高了潜在的总物种的共存性。

(3) 物种流原理

不同生境之间的异质性，是引起物种移动和其他流动的基本原因。在景观单元中物种扩张和收缩，既对景观异质性有重要影响，又受景观异质性的控制。

(4) 养分再分配原理

矿质养分可以在一个景观中流入和流出，或者被风、水及动物从景观的一个生态系统带到另一个生态系统重新分配。

(5) 能量流动原理

随着空间异质性的增加，会有更多能量流过一个景观中各景观单元的边界。热能和生物量越过景观的镶嵌体、走廊和基质的边界之间的流动速率随景观异质性增加而增加。

(6) 景观变化原理

景观水平结构把物种同镶嵌体、走廊和基质的范围、形状、数目、类型和联系起来。干扰后，给植物的移植、生长、土壤变化及动物的迁移等过程带来了均质化的效应。但是，由于新的干扰的介入及每一个景观单元变化速率的不同，一个同质性景观永远也得不到。在景观中，适度的干扰常常可以建立起更多的镶嵌体或走廊。

(7)景观稳定性原理

景观的稳定性取决于景观对干扰的抗性和干扰后的复原能力，每个景观单元(生态系统)都有它自己的稳定度。因而景观总的稳定性，反映景观单元中每一种类型的比例。

2)景观生态的属性

(1)景观异质性

景观异质性的来源，除了本身基质的地球化学背景外，主要来自自然的干扰、人类的、植被的内源演替以及所有这3个来源在特定景观里的发展历史，也表现在时间上的动态，也就是已经被广泛研究的演替。

景观异质性的内容包含有：①空间组成，即指该区域内生态系统的类型、种类、数量及其面积的比例；②空间的构型，各生态系统的空间分布、斑块的形状、斑块的大小以及景观对比度和连接度；⑧空间相关各生态系统的空间关联程度、整体或参数的关联程度，空间梯度和趋势以及空间尺度。

(2)景观格局

景观格局是指大小或形状不同的斑块，在景观空间上的排列。它是景观异质性的具体表现，同时又是包括干扰在内的各种生态过程在不同尺度上作用的结果。研究景观格局的目的，是在似乎是无序的景观斑块镶嵌中发现其潜在的规律性，确定产生和控制空间格局的因子和机制，比较不同景观的空间格局及其效应。景观空间格局可分为点格局、线格局、网格局、平面格局和立体格局。

(3)干扰

干扰在景观生态学中具有特殊的重要性。许多学者试图给干扰以严格定义，Turner将它定义为："破坏生态系统，群落或种群结构，并改变资源、基质的可利用性，或物理环境的任何在时间上相对不连续的事件"。

一般认为干扰是造成景观异质性和改变景观格局的重要原因。虽然景观随时间而改变，但并非整个景观过程都是同步的，由于景观中的各个生态系统在不同时间内遭受不同强度或不同类型的干扰，而且不同的生态系统对同样干扰的反应也不相同，这些因素都是构成异质性的原因。干扰在异质的景观上如何扩散，许多学者认为，在较为同质的景观上干扰容易扩散。景观同生态系统一样对干扰具有一定抗性。

(4)尺度

景观生态学中另一重要概念是尺度。尺度包括空间尺度和时间尺度。在景观生态学研究中，必须充分考虑这两种尺度的影响。景观的结构、功能和变化都受尺度所制约，空间格局和异质性的测量是取决于测量的尺度，一个景观在某一尺度上可能是异质性的，但在另一尺度上又可能是十分均质；一个动态的景观可能在一种空间尺度上显示为稳定的镶嵌，而在另一尺度上则为不稳定；在一种尺度上是重要的过程和参数，在另一种尺度上可能不是如此重要和可预测。因此，绝不可未经研究而把在一种尺度上得到的概括性结论推广到另一种尺度上去。离开尺度去讨论景观的异质性、格局、干扰都是没有意义的。

2.1.4　恢复生态学

恢复生态学(restoration ecology)是研究生态系统退化的原因、退化生态系统恢复与重建的技术和方法及其生态学过程和机理的学科。恢复生态学由英国学者 J. D. Aber 和 W. Jordan 于 1985 年提出,是具有指导生态恢复的理论和实践的一门生态学。生态恢复是在生态学指导下进行的具体实践,生态恢复学正是指导生态恢复实践的理论指南。对于生态恢复的理解与定义不尽相同,主要有两种不同尺度上的定义:一是目标导向的恢复;二是过程导向的恢复。对于目标导向的恢复,美国自然资源委员会定义为一个生态系统恢复到接近其受干扰前的状态即为生态恢复(Cairns, 1994)。这种恢复定义需要确定干扰前的状态作为恢复的参考系统,而在退化严重的地区很难确定所谓参照系统。对于过程导向的恢复,美国生态学会的定义是生态恢复是协助退化的、受损的、被破坏的生态系统恢复的过程。这种恢复定义不强调干扰前的状态,更着重于恢复的行动与人类的责任。

2.1.4.1　生态系统退化的驱动力

土地资源是人类生存和发展的物质基础,是人类最基本的环境资源。随着森林砍伐,植被破坏,土地退化和土壤侵蚀,导致生态系统退化严重。目前,全世界荒漠化面积达 40×10^8 hm², 100 多个国家受其影响。非洲撒哈拉地区,干旱地面积 47×10^8 hm², 沙漠占 88%；西亚地区干旱地面积 1.4×10^8 hm², 沙漠占 82%；南美洲干旱地面积 2.9×10^8 hm², 沙漠占 71%。据联合国估计,非洲 40%、亚洲 32%、拉丁美洲 19%的非沙化土地受到荒漠化的影响。

1) 影响因素

(1) 植被破坏

植被群落是维持生态系统平衡的关键因素,特别是森林植被陆地生态系统的主体。由于过度采伐利用森林和草原植被,导致植被面积减少、质量下降,从而引发土壤侵蚀、风沙、土地肥力下降及小气候环境改变影响到生态系统的自我修复能力,引起生态系统退化。

(2) 水土流失

水土流失是土地退化的主要原因,也是我国的头号环境问题,是长期以来植被破坏和不合理土地利用的结果。水土流失导致植被生长发育的基础遭到破坏,养分和水分条件恶化,抑制植物生长与群落的形成,影响生态系统发育。

(3) 荒漠化

植被破坏与退化引发水土流失与干旱风沙,大量表层土壤流失或被风刮走,地表层土壤逐渐沙质化,土壤理化性质严重下降,保水、保肥、抗侵蚀能力变差更加剧了水土流失或风沙化,伴随而来是植被质量越来越低,生态系统越来越脆弱。

(4) 石漠化

在喀斯特岩溶地区植被破坏的后果就是石漠化,大量的土壤流失裸露出大面积的岩石,缺乏植被生长的土壤基础,连续的植物群落被切割得七零八碎,山地的储水保水能力严重下降,水旱灾害频发,导致植被恢复困难度极高。

(5)地力衰退

由于不合理的栽培技术和适地适树不到位，例如，单一植物种或树种连作，导致土壤环境中微生物菌群、某一种或几种养分过度消耗、有害元素的长期累积，造成地力衰退，抑制植物的生长发育，造成生态系统的退化。

(6)污染

污染来自工业废弃物、矿山开采、农业中农药及化肥的过度使用，污染严重影响生态系统发育，甚至导致寸草不生、生态系统消亡。

2)驱动力

引起生态系统退化的原因是多方面的，但总归来说是在干扰的压力下，生态系统的结构和功能发生变化，因此干扰就是生态系统退化的驱动力。干扰具有不连续性与规律性、多元性与相关性、干扰量与效应的非一致性、干扰因子的协同与主导性等特征。

(1)自然干扰

任何一种自然环境因子只要对生态系统的作用强度超过了正常的强度，就会对其结构、功能、环境造成影响，引起系统的变化，即发生了干扰事件，这个环境因子就是干扰因子。自然干扰因子一般主要包括：火干扰、气候干扰、土壤干扰、地因性干扰、动物干扰、植物干扰、污染干扰。自然干扰因子的产生具有一定的偶然性，但是其根本的动力来源。太阳能与地球内能相互作用、相互反馈，就是气候、地形、水文、生物、土壤等诸要素时空格局不规则的根源，这些要素在时空上相互依存、相互作用的复杂性，其确定性和非确定性的结合就构成了自然干扰的原因。

(2)人类干扰

生态系统的退化，主要是人类对其过度干扰造成的。因此，控制协调人类的干扰，是退化生态系统恢复的关键因素。根据人类干扰的强度可以分为有效干扰和无效干扰。人类的干扰活动可以归结为正干扰、负干扰和维持性干扰。正干扰是指促使生物群落向优化结构变化的干扰；负干扰是指促使生物群落向劣化结构变化的干扰；维持性干扰是指促使生物群落基本保持原状的干扰。人类干扰的作用规模一般用作用频度、物理强度和影响度来衡量。人类干扰的极端就是破坏。

(3)综合干扰

综合干扰是指来自自然和人类社会的综合作用力形成的干扰。生态系统退化往往是多种干扰力综合施压的结果，如植被破坏与暴雨的叠加会导致强烈的水土流失。

3)退化生态系统特点

退化生态系统的特点主要表现在生态系统结构、生态服务功能、生物多样性方面的变化。在干扰压力下首先是生态系统结构发生变化，影响到所有的生态过程和生态功能，种群结构和营养级变得更简单，生物多样性降低，严重的会导致生态安全问题。

2.1.4.2 生态恢复理论

1)限制因子原理

(1)生态因子

生态因子是指环境中对生物生长、发育、生殖、行为和分布有直接或间接影响的环境要素。例如，温度、湿度、食物、氧气、二氧化碳和其他相关生物等。生态因子中生物生存所不可缺少的环境条件，有时又称为生物的生存条件。所有生态因子构成生物的生态环境。具体的生物个体和群体生活地段上的生态环境称为生境，其中包括生物本身对环境的影响。生态因子和环境因子是两个既有联系又有区别的概念。

(2) 生态因子的限制性作用

生物的生存和繁殖依赖于各种生态因子的综合作用，其中限制生物生存和繁殖的关键性因子就是限制因子。任何一种生态因子只要接近或超过生物的耐受范围，它就会成为这种生物的限制因子。系统的生态限制因子强烈地制约着系统的发展，在系统的发展过程中往往同时有多个因子起限制作用，并且因子之间也存在相互作用。

德国学者李比希于 1840 年发表了《化学在农业和植物生理学中的应用》一书，指出土壤中矿物质是一切绿色植物唯一的养料，这种观点当时被称为"植物矿物质营养学说"，同时李比希又创立"最小因子定律"，即在各种生长因子中，如有一个生长因子含量最少，其他生长因子即使很丰富，也难以提高作物产量。因此，作物产量是受最小养分所支配的。

(3) 植被恢复工程与限制因子原理

当一个生态系统被破坏之后，要进行恢复会遇到许多因子的制约，如水分、土壤、温度、光照等，植被恢复工程也是从多方面进行设计与改造生态环境和生物种群。但是在进行植被恢复时必须找出该系统的关键因子，找准切入点，才能进行恢复工作。例如，退化的红壤生态系统中土壤的酸度偏高，一般的作物或植物都不能生长，此时土壤酸度是关键因子，必须从改变土壤的酸度开始，酸度降低了植物才能生长，植被才能恢复，土壤的其他性状才能得到改变，系统才能得到恢复。又如，在干旱沙漠地带，由于缺水，植物不能生长，因此必须从水这一限制因子出发，先种一些耐旱性极强的草本植物，同时利用沙漠地区的地下水，营造耐旱灌木，一步一步地改变水分这一因子，从而逐步改变植物的种群结构。

明确生态系统的限制因子，有利于植被恢复工程的设计，有利于技术手段的确定，缩短植被恢复所必需的时间。

2) 生态适宜性原理和生态位理论

(1) 生态适宜性原理

生物由于经过长期的与环境的协同进化，对生态环境产生了生态上的依赖，其生长发育对环境产生了要求，如果生态环境发生变化，生物就不能较好地生长，因此产生了对光、热、温、水、土等方面的依赖性。

植物中有一些是喜光植物，而另一些则是耐阴植物。同样，一些植物只能在酸性土壤中才能生长，而有一些植物则不能在酸性土壤中生长。一些水生植物只能在水中才能生长，离开水体则不能成活。因此，选择植物必须考虑其生态适宜性，让最适应的植物或动物生长在最适宜的环境中。

(2) 生态位理论

生态位是生态学中一个重要概念，主要指在自然生态学中一个种群在时间、空间上的位置及其与相关种群之间的功能关系。

关于生态位的定义有多个，是随着研究的不断深入而进行补充和发展的，美国学者 J. Grinell(1917)最早在生态学中使用生态位的概念，用以表示划分环境的空间单位和一个物种在环境中的地位。他认为生态位是一个物种所占有的微环境，实际上，他强调的是空间生态位的概念。英国生态学家 C. Elton(1927)赋予生态位以更进一步的含义，他把生态位看作"物种在生物群落中的地位与功能作用"。英国生态学家 G. E. Hutchinson (1957)发展了生态位概念，提出 n 维生态位。他以物种在多维空间中的适合性去确定生态位边界，对如何确定一个物种所需要的生态位变得更清楚了。

因此，生态位可表述为：生物完成其正常生命周期所表现的对特定生态因子的综合位置。即用某一生物的每一个生态因子为一维(X)，以生物对生态因子的综合适应性(Y)为指标构成的超几何空间。

(3)物种耐性原理

一种生物的生存、生长和繁衍需要适宜的环境因子，环境因子在量上的不足和过量都会使该生物不能生存或生长，繁殖受到限制，以致被排挤而消退。换句话说，每种生物有一个生态需求上的最大量和最小量，两者之间的幅度，为该种生物的耐性限度。

3)生物群落演替理论

在自然条件下，如果群落一旦遭到干扰和破坏，它还是能够自然恢复的，尽管恢复的时间有长短。首先是被称为先锋植物的种类侵入遭到破坏的地方并定居和繁殖。先锋植物改善了被破坏地的生态环境，使得更适宜的其他物种生存并被其取代。如此渐进直到群落恢复到它原来的外貌和物种成分为止。在遭到破坏的群落地点所发生的这一系列变化就是演替。

演替可以在地球上几乎所有类型的生态系统中发生。由于近期活跃的自然地理过程，如冰川退缩，侵蚀发生的那些地区的演替称为原生演替。次生演替指发生在因火灾、污染、耕作等而使原先存在的植被遭到破坏的那些地区的演替。在火烧或皆伐后的林地如云杉林上发生的次生演替过程，一般经过：迹地—杂草期—桦树期—山杨期—云杉期等阶段，时间可达几十年之久。弃耕地上发生的次生演替顺序为：弃耕地—杂草期—优势草期—灌木期—乔木期。可以看出，无论原生演替还是次生演替，都可以通过人为手段加以调控，从而改变演替速度或改变演替方向。例如，在云杉林的火烧迹地上直接种植云杉，从而缩短演替时间；在弃耕地上种植茶树亦能改变演替的方向。

基于上述理论，植被恢复工程获得了认识论的基础。即植被恢复工程是在生态建设服从于自然规律和社会需求的前提下，在群落演替理论指导下，通过物理、化学、生物的技术手段，控制待恢复生态系统的演替过程和发展方向，恢复或重建生态系统的结构和功能，并使系统达到自维持状态。

4)生物多样性原理

生物多样性是近年来生物学与生态学研究的热点问题。一般的定义是"生命有机体及其赖以生存的生态综合体的多样化和变异性。按此定义，生物多样性是指生命形式的多样化(从类病毒、病毒、细菌、支原体、真菌到动物界与植物界)，各种生命形式之间及其与环境之间的多种相互作用，以及各种生物群落、生态系统及其生境与生态过程的复杂性。一般地讲，生物多样性就是一个区域内生命形态的丰富程度，它包括遗传(基因) 多样性、物种多样性和生态系统与景观多样性三个层次。生物多样性是生命在其形成和发展过程中跟多种环境要素相互作用的结果,也就是生态系统进化的结果。值得注意的是,生物圈或其部分区域中的某个物种过于强大时,会造成其他物种数量的减少甚至灭绝,从而损害生物多样性。目前这种情况正由于人类的过于强大而发生着。因此,生物多样性还意味着生物种群在个体数量上的均衡分布。

任何一个生物种群都不可能脱离开其他生物种群单独存在。从大量的有关现实可以清楚地看出,人类生态系统的生物种群单一是这类生态系统的重要特征。我们知道,生物群落的生物种群单一,是影响生态系统稳定和生产力提高的重要因素之一。自然生态系统由于其生物的多样性原因,往往具有较强的稳定性和较高的生产力。因此,在植被恢复工程的设计过程中,我们必须充分考虑人工生物群落的生物多样性问题。

5) 植被恢复理论

植被恢复是指根据生态学原理,通过一定的生物、生态以及工程技术与方法,人为地改变和切断退化生态系统的主导因子或过程,调整、配置和优化植被系统内部及其与外界的物质、能量和信息的流动过程及其时空秩序,使生态系统的结构、功能和生态学潜力尽快地、成功地恢复到一定的或原有的乃至更高的水平。植被恢复适应于受损后残存有一定的盖度植被的立地条件类型。植被恢复的主要理论基础是恢复生态学和自组织理论。

植被恢复从广义上讲包含三个方面,即退化植被系统的恢复、干扰植被系统的重建和自然植被的保护。退化植被系统的恢复,常见有 2 种途径:一是通过改变立地条件,模拟当地原生植被系统的结构、功能,彻底恢复到具有地带性特征的原生植被系统,称为完全恢复;二是采用部分恢复或阶段性恢复退化植被系统的策略,恢复到顶级植被系统之前的某种中间状态。总之,要想百分百恢复先前的植被系统实际上是不可能的,也是不必要的。植被恢复只能是在目前的生态环境条件下的部分恢复,而植被系统的完全恢复有赖于植被在消除人类干扰后,经过相当长的时间在自组织作用下的自我维护和有序发展。

生态系统的干扰可分为自然干扰和人为干扰,人为干扰往往是附加在自然干扰之上。自然干扰的生态系统总是返回到生态系统演替的早期状态,一些周期性的自然干扰使生态系统呈周期性的演替,自然干扰也是生态演替不可缺少的动力因素。人为干扰与自然干扰有明显的区别,生态演替在人为干扰下可能加速、延缓、改变方向甚至向相反的方向进行。人为干扰常常产生较大的生态冲击或生态报复现象,产生难以预料的有害后果。例如,草原过度放牧,导致草原毒草化,甚至出现荒漠化。生态恢复与重建理论认为由于人为干扰而损害和破坏的生态系统,通过人为控制和采取措施,可以重新获得一些生态学性状。自然干扰的生态系统若能够得到一些人为控制,生态系统将会发生明显变化,结果可能有四种:①恢复,即恢复到未干扰时的原状;②改建,即重新获得某些原有性状,同时获得一些新的性状;③重建,获得一种与原来性状不同的新的生态系统,更加符合人类的期望,并远离初始状态;④恶化,不合理的人为控制或自然灾害等导致生态系统进一步受到损害。

植被重建是在植被系统经历了各种退化阶段或者超越了一个或多个不可逆阈值,已全部或大部分转变为裸地时所采取的一种人工恢复途径。显然重建的植被系统可以与原有的自然植被系统有很大差别。与恢复和保护相比，重建要求在初期阶段要求有高强度的物流、能流供应，通过仿拟相应自然群落，以树种选择、小生境人工改造和利用等为主要技术手段，开展人工设计和建造植被过程。人工重建适应于极度退化的荒山、荒沙以及条件很差的退耕地等类型。人工恢复植被的材料以当地自然植物材料为主，同时还要注重引进植物的应用。

植被保护是对植被系统进行人工管理、使其避免进一步破坏和继续退化。保护对象既包括完全没有受到干扰的和干扰很轻的原始植被，也包括受到干扰但所形成的群落相对稳定、自然植被演替速率很慢的原生和次生植被，还包括已建成的结构良好的人工植被。

随着人口的增加和科学技术的发展，人类活动的范围不断扩大，干扰生态系统的能力也变得超乎寻常。一个大型露天矿山，一年可剥离地表岩土上亿吨；一座城市或工程，在很短的时间内崛起，一片森林几天内被砍伐一光，由此而造成生态系统的严重损害，再恢复和重建生态系统的任务将十分艰巨。在林业生态工程，特别是天然林保护和改造、城市绿化、矿区废弃地整治建设过程中，生态系统恢复和重建理论，具有十分重要的指导意义。必须认真研究森林生态系统在干扰情况下的演替规律，并结合现有的技术经济条件，确定规划、设计和管理各种参量，以最终确定合乎生态演替规律的有益于人类的林业生态工程建设方案，使受损的生态系统在自然和人类的共同作用下，得到真正的恢复、改建或重建。

2.2 林学理论

2.2.1 森林培育学

森林培育是从种子、苗木、造林更新到林木成熟的整个培育过程按照既定培育目标和客观自然规律所进行的综合培育活动。森林培育是涉及森林培育全过程的理论和实践的科学，既包括适地适树、森林结构、森林生长发育过程、密度效应、种间关系等森林培育的理论问题，也包括造林、抚育采伐、主伐更新等各工序的技术问题。

森林培育是把以木本植物为主体的生物群落作为生产经营对象，其技术是建立在对生物群落与生态环境对立统一辩证关系深刻认识的基础上，适地适树是森林培育成功的基础。森林培育的对象既包括天然林，也包括人工林及其天然人工相结合形成的森林。从森林培育的全过程来看，培育的技术措施主要体现在三个方面：一是林木遗传品质的保障，良种的选育和壮苗的培育是关键；二是林分结构的调控，包括森林植物群落的物种及年龄结构、水平空间结构、垂直空间结构的调控；三是林地环境的优化，包括土、水、气、养、热、生的改善与调控。森林培育的过程大体可以分为前期阶段、更新营造阶段、抚育管理阶段和收获利用阶段，每一个阶段都要对林木个体、林分群体、林分环境采取相对应的技术措施，以保障培育目标的达成。

森林的培育技术措施，大体上可以分为造林、森林抚育采伐、森林更新三大类。就造林环节其技术措施包括主要林木种子生产与苗木培育、立地条件类型划分、树种选择、林分组成、林分密度、整地、栽植及幼林抚育几个技术环节；森林抚育的目的是调整树种组成与林分密度，平衡土壤水分、养分循环，改善林木生长发育条件，缩短森林培育周期，提高木材质量和公益价值，发挥森林多种功能，一般包括透光伐、疏伐、生长伐、卫生伐等几项措施；森林更新伐是森林到了收获期对成熟林分进行采伐，通常也叫主伐，一般采用择伐、渐伐、皆伐几种类型，同时进行森林更新。森林更新是指在林冠下或采伐迹地、火烧迹地、林中空地利用人力或自然重新形成森林的过程，有人工更新、天然更新、人工促进天然更新三种类型。

森林经营理论从发展过程看，先后出现了木材培育论、森林永续利用论、船迹林论、协同论、近自然林业、多功能论、林业分工论、新林业、森林可持续经营等理论，20 世纪 50 年代以后对人工林的近自然林业经营思想受到重视，90 年代后随着全球气候变化，森林可持续经营逐渐成为共识。

2.2.2　防护林学

2.2.2.1　防护林

防护林是指利用森林的防风固沙、保持水土、涵养水源、保护农田、改造自然、维护生态平衡等各种有益性能以改善生态环境为主要目的而栽培的人工林。根据防护对象的不同，可以分为水源涵养林、水土保持林、防风固沙林、农田防护林、牧场防护林、海岸防护林、护路护岸林、环境健康林等不同类型。

森林是陆地生态系统的主要组成部分，在其生长、形成过程中所进行的物质循环和能量转换对周围的土壤、气候、水文、生物等环境因素产生深刻的多方面的有利影响，对区域生态系统的平衡起着重要作用。防护林就是运用森林对环境特有的有利影响，通过合理配置和营造森林植物群落以充分发挥其积极的生态效应，为人类的生产和生活服务。例如，有目的的营造防护林，在水土流失严重的地区，可控制水土流失，减免洪水灾害，降低河流、水库泥沙淤积，保障农牧业生产的发展；在江河源的水源区营造水源保护林，可涵养水源，改善水质；在平原地区的农田周围，可改善林网内的小气候，减缓气象灾害的影响，提高农作物的产量；在风沙危害地区，可抵御沙漠扩大、防止沙漠化发展；在工厂周围，可以降低噪声、拦截粉尘、吸收并阻止有害气体的扩散；随着现代科学技术的进步和人们物质文化水平的不断提高，森林的有益防护功能在丰富人类精神物质生活的旅游和疗养领域得到拓展，森林的康养作用越来越重要。

2.2.2.2　防护林体系

防护林体系指在一个自然地理单元(或一个行政单元)或一个流域、水系、山脉范围内，结合当地地形条件，土地利用情况和山、水、田、林、路、渠以及牧场等基本建设固定设施，根据影响当地生产生活条件的主要灾害特点，所规划营造的以防护林为主体的与其他林种相结合的总体。在这一防护林体系中，各个林种在配置上错落有致，在发挥其防护功能上各显其能，在获得经济效益上相互补充、相得益彰，从整体上形成一个因害设防、因地制宜的绿色综合体。关君蔚先生将我国防护林体系分为干旱风沙、水土保持、环境保护三个防护林体系，包含风旱、沙地、水土保持、环境保护及其他4大类型21个基本林种。

防护林体系建设就是要以现有林为基础，动员全社会的力量，在统一规划下，建立一个符合自然规律和经济规律，生态效益、经济效益和社会效益显著的以木本植物为主体的生物群体。这个整体的结构，其外延包括农、林、牧各产业之间的相互地位、相互关系，即相互协调与合理布局；其内涵包括防护林体系内部各组成要素的相互联结和相互作用，即体系自身的格局、结构和效益。做到防护林与用材林、经济林、薪炭林、特种用途林因地制宜布设，乔、灌、草相结合，带、片、网相结合，封育保护天然林与人工造林相结合，种、养、加、产、供、销一体化的综合防护林体系。

2.3 水土保持学理论

水土保持学是防治水土流失，保护、改良与合理利用山区、丘陵区和风沙区水土资源，维护和提高土地生产力，以利于充分发挥水土资源的生态效益、经济效益和社会效益，建立良好生态与环境的综合性科学技术。水土保持工作对发展山区、丘陵区和风沙区的生产和建设，整治国土，治理江河，减少水、旱、风沙灾害等方面都具有重要的意义。生物措施是水土流失治理的根本措施，而林业生态工程的规划设计必须与流域水土流失的综合治理措施相结合。

2.3.1 水土流失

在水力、风力、重力等外营力作用下，山丘区及风沙区水土资源和土地生产力的破坏和损失。它包括土地表层侵蚀及水的损失，也称水土损失。土地表层侵蚀指在水力、风力、冻融、重力以及其他地质营力作用下，土壤、土壤母质及其他地面组成物质如岩屑损坏、剥蚀、转运和沉积的全部过程。水的损失一般是指植物截留损失、地面及水面蒸发损失、植物蒸腾损失、深层渗漏损失、坡地径流损失，其中坡地径流造成水的损失也是土壤流失的重要因素。

影响水土流失的自然因素主要有气候因素、地形因素、地质因素、土壤因素、植被因素。其中植被在任何条件下都具有减缓水蚀和风蚀的积极作用，并且在一定程度上可以防止浅层滑坡等重力侵蚀作用。植被一旦被破坏，水土流失就会加剧。植被防止水土流失的主要功能有截留降水、涵养水源、固持土体、改良土壤、减低风速、防止风害，改善小气候。人类活动是引起水土流失发生、发展或使水土流失得以控制的主导因素。加剧水土流失的人类活动主要有：不合理利用土地、滥伐森林、陡坡开荒、过度放牧、铲挖草皮、顺坡耕种、乱弃矿渣、废土等。

2.3.2 水土保持

水土保持主要研究：①水土流失的形式、分布与危害；②水土流失规律与水土保持原理；③水土资源评价方法及水土保持规划；④水土保持措施；⑤水土保持效益；⑥水土保持法规及管理。水土保持技术措施包括水土保持林草措施(或称生物措施)、水土保持工程措施、水土保持农业技术措施。此外,还有水土保持经营规划措施和水土保持法律措施作为技术措施落实的保障基础。

水土保持各种技术措施间是相辅相成、相互促进的。如通过建设梯田、坝地等基本农田,提高单位面积产量,逐步达到改广种薄收为少种多收,退耕陡坡,实行造林种草,促进林牧业发展。而造林和种草养畜,又为农业提供有机肥料,促进农业高产。就各项措施的水土保持作用而言,也是相互影响和促进的,如造林整地工程蓄水保土,为幼林成活、生长创造有利条件。坡面治理工程和林草措施又可分散拦蓄地表径流,控制沟蚀发展的流水动力,使措施发挥群体作用。在规划各项治理措施时,必须与改善山区经济状况相结合,充分发挥治理区内自然和社会条件的优势,将配置各项治理措施与发展山区商品生产相结合,例如,将林草措施与发展种植业与养殖业相结合,工程措施与发展灌溉相结合。同时,随着人们对环境质量要求的提高,还应考虑所用措施美化环境的效应,在有条件的地区,可与发展旅游事业相结合。

水土流失综合治理以小流域为单元,小流域综合治理是指为了充分发挥水土资源、气候资源及其他社会经济资源,利用小流域之间相对独立性的特点,以小流域为单元,进行全面规划,合理安排农、林、牧各业用地及比例,因地制宜布设各种水土保持措施,治理与开发相结合,对流域的资源进行保护、改良和利用。流域的保护是指对流域资源与环境进行保护,预防对资源的不合理开发利用,防止水、土资源的损失与破坏,维护土地生产力与流域的生态系统;流域改良是指对已经遭到破坏的流域资源与环境进行整治与恢复,修复或重建退化生态系统;流域合理开发是指在流域资源可持续经营的基础上,通过资源的开发利用实现一定的生态、经济与社会目标。小流域治理特点是治理与开发相结合,林草措施与工程措施相结合,生态效益与经济社会效益相结合。

2.4　工程与系统工程学理论

2.4.1　工程

工程是通过科学的应用使自然界的物质和能源的特性能够通过各种结构、机器、产品、系统和过程,以最短的时间和最少的人力、物力做出高效、可靠且对人类有用的东西。工程学科一般包括了研究、开发、设计、施工、生产、操作、管理、维护等活动。

在工程设计过程中,工程师们运用数学和应用科学原理来寻找解决问题的新方法或改进现有的解决方案。如果存在多个解决方案,工程师根据每个设计选择的优点来权衡,并选择最符合需求的解决方案。工程学与科学有很大的不同。科学家试图了解自然;而工程师们试图制造出自然界中不存在的东西。

解决问题是所有工程的共同之处。问题可能涉及数量或质量因素;可能是物质上的,也可能是经济上的;它可能需要抽象的数学或常识。最重要的是创造性综合或设计的过程,把想法放在一起创造一个新的和最佳的解决方案。尽管工程问题的范围和复杂性各不相同,但同样的通用方法是适用的。各工程部门的主要职能如下:

①研究　利用数学和科学概念、实验技术和归纳推理，研究工程帅寻求新的原埋和过程。

②开发　开发工程师将研究成果应用于有用的目的，创造性地应用新知识可能会产生新产品或工作模式。

③设计　在设计结构或产品时，工程师选择方法，指定材料，并确定形状以满足技术要求和满足性能规范。

④建设　施工工程师负责现场的准备工作，确定在经济上和安全生产所需质量的程序，指导材料的摆放，并组织人员和设备。

⑤生产　生产工程师负责工厂的布局、设备、工艺和工具的选择，整合材料和工艺流程，并提供测试和检查。

⑥操作　操作工程师确定操作程序、控制机器、电力、运输和通信的组织，并监督操作人员对复杂设备进行可靠、经济的操作。

⑦管理和其他功能　在不同行业，工程师分析客户的需求，向客户推荐满足解决相关问题的最经济的方法及单位。

2.4.2　系统工程

系统工程是一个跨学科的工程和工程管理领域，专注于如何设计和管理复杂系统的生命周期。系统工程的核心是利用系统科学原理来组织知识体系。系统工程成为处理大型或复杂的项目的工作流程、优化方法和风险管理工具。系统工程确保考虑项目或系统的所有可能方面，并将其集成到一个整体中。系统工程过程是一个发现过程，与制造过程完全不同。制造过程集中在重复的活动上，以最小的成本和时间获得高质量的产出。系统工程过程必须从发现需要解决的实际问题开始，并确定可能发生的最可能或最严重的影响工程失败的因素，并找到这些问题的解决方案。

系统工程国际委员会(INCOSE)对系统的定义：一个系统是由不同元素组成的结构或集合，它们共同产生的结果，不是由单一元素能获得的。产生系统水平上的结果所需的元素或部件可以包括人员、硬件、软件、设施、策略和文档等。结果包括系统级的质量、属性、特征、功能、行为和性能。整个系统所增加的价值，除了由各部分独立贡献的以外，主要是由各部分之间的关系创造的，也就是说不同元素是如何相互联系的决定了系统的增值效果。

系统的基本特征：①集合性，就是把具有某种属性的一些对象看作一个整体，从而形成一个集合。②相关性，组成系统的要素是相互联系、相互作用的，相关性说明这些联系之间的特定关系。③阶层性，系统作为一个相互作用的诸要素的总体，它可以分解为一系列的子系统，并存在一定的层次结构，这是系统空间结构的特定形式。④整体性，系统是由两个或两个以上的可以相互区别的要素，按照作为系统所应具有的综合整体性而构成。⑤目的性，通常系统都具有某种目的，要达到既定的目的，系统都具有一定的功能，而这正是区别这一系列和那一系列的标志。⑥环境适应性，任何一个系统都存在于一定的物质环境之中，因此，它必然也要与外界环境产生物质的、能量的和信息的交换，外界环境的变化必然会引起系统内部各要素之间的变化。

从系统的生成而论，系统可分为自然系统和人造系统；从系统的组成成员来看，系统可分为以人为社会组成成员的社会系统和以物质实体为组成成分的非社会组织系统；从组成系统的元素间关系的性质来看，可以分为结构系统和过程系统。从系统与外界的关系看，凡是和外界有物质、能量和信息交换的系统称为开放系统；反之为封闭系统。从系统和人的关系上看，凡是人能够改变其状态的系统都称为可控系统；否则为不可控系统。林业生态工程是开放的、可控的系统。

随着系统和项目复杂性的增加，又成倍地增加了组件之间不协调的可能性，因此工程设计的不可靠性也随之增加。为了处理这种复杂性，用系统架构、系统模型、建模和仿真、系统优化、系统动力学、系统分析、统计分析、可靠性分析、系统决策等工具和方法来更好地理解和管理系统中的复杂性。

总之，系统论按照事物本身的系统性，把对象放在系统方式中加以考察。它从全局出发，着重整体与部分，在整体与外部环境的相互联系、相互制约作用中，综合地、精确地考察对象，在定性指导下，用定量来处理它们之间的关系，以达到优化处理的目的。所以，系统论最显著的特点是整体性、综合性和最优化。

本章小结

林业生态工程是根据生态学、林学及生态控制论等原理，设计、建造与调控以木本植物为主体的人工复合生态系统的生态工程，生态工程建设涉及生态学、生物学、工程学、环境学、经济学、社会学等诸多基础理论。本章主要介绍了与林业生态工程建设密切相关的生态学、林学、水土保持学和工程学理论，具体包括系统生态学、生态系统脆弱性、景观生态学、恢复生态学、森林培育学、防护林学的主要理论，以及水土流失、水土保持和系统工程的基本原理，为林业生态工程建设的规划、设计、施工和管理等奠定理论基础。

思 考 题

1. 林业生态工程的基本理论体系是什么？核心理论是什么？
2. 对照目录，分析各个理论是怎样影响林业生态工程学的内容的？

第 3 章

人工林培育

3.1 人工林生长发育

3.1.1 生长发育基础

人工林生长发育是人工林定向培育的理论基础。所谓人工林定向培育，就是根据人工林培育的生态和经济目的，在人工林结构配置方式、树种选择、栽植密度、抚育管理等方面采取不同的整套技术措施，以最终实现既定目标。如生态防护型的水源涵养林，培育的目标是具有最佳的水文效应。因此，应选择乔灌草相结合的复层异龄壮龄林，树种需寿命长、生物量和枯枝落叶凋落量大的树种，并选择不同苗龄的树种和具有耐阴的灌木进行合理配置。对于生态经济型的人工林，树种选择和配置就应考虑生态和经济的双重目标。

人工林定向培育实质就是森林培育的全过程。森林具有多种效益，包括生态效益、经济效益和社会效益。因此，每一项人工林培育所追求的目标也是多效益的，但各有侧重。《中华人民共和国森林法》中规定的林种也就是林木培育目标的体现。随着全球经济的发展和人类生活水平的极大提高。近年来，人们对森林的环境保护功能越来越重视，更加强调森林的生态效益。

人工林培育本身也是一项系统工程，应由三个子系统组成，第一个是生物与环境系统，是林木与周围环境相互作用的开放系统。这一系统是在定向培育原则的基础上，充分考虑林木遗传特性(种子、苗木、林木个体与群落)与生态环境条件(立地条件)相适应的原理，做到适地适树，并选择合理的结构，最终形成符合目标的理想结构与产量。第二个是经营管理技术系统，包括种子或苗木、整地、播种或栽植、抚育等。第三个是实施管理保障系统，包括政策法规保障、组织制度保障、技术监督保障。以上三个系统缺一不可，是相互联系、相互作用、相互制约的，只有使三个子系统密切配合，才能保障人工林培育在总体上达到预定目标和最佳功能(图 3-1)。

关于人工林培育的技术措施，根据我国多年的造林经验，20 世纪七八十年代曾经提出了适地适树、良种壮苗、细致整地、合理结构、精细种植、抚育保护六大技术措施。

人工林培育过程中的林木生长，在很大程度上取决于林木本身的遗传特性和立地或生境条件。适地适树是林木培育成功的前提，特别是林木的生长周期长，树种选择的失误会对林木生长产生长期不利的影响。在此基础上，进一步考虑林木的遗传特性和品

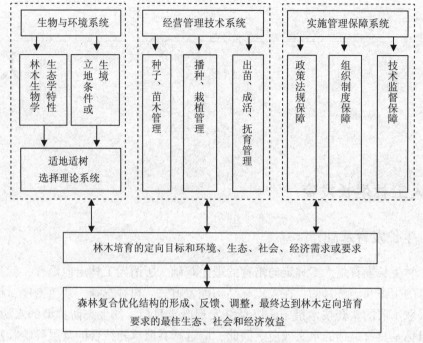

图3-1　林木培育工程系统构成

质，选育优良种源或品种，培育壮苗，使林木具备稳定生长和优质高产(生产量或其他指标)的潜力；以细致整地和精心种植，促进苗木成活或出苗整齐及生长旺盛。人工林是乔灌草之间有机结合的植物群落，只有合理的群落结构，包括水平结构(如林分的平面布设和镶嵌配置)、垂直结构(如乔灌草结合)、时间结构(如苗木年龄、种植时间的安排)才能充分利用光能、水分及营养空间，才能有效改良土壤，增强林木对不良环境的抵抗能力，才能达到林木培育的定向目标。为了充分发挥林木生长的潜力，必须有良好的外部环境条件，因此，整地、抚育、施肥、灌溉、排水显得十分重要。这些技术措施构成了林木培育的技术系统(图3-2)。

3.1.2　生长发育过程

无论是天然林，还是人工林，均存在着发生、发展以至衰亡的过程。在这个过程中，林木由个体到群体，一方面显示林木本身内部的变化；另一方面也反映出林木个体或群体与环境条件之间的关系变化。人工林在不同的生长发育阶段，有着不同的生长发育特点，对环境的适应性不同，所采取的营林技术措施也不同。据此将人工林划分为以下几个阶段。

3.1.2.1　成活与幼林郁闭时期

一般指无林的造林地经造林以后到林分郁闭以前，这一时期，苗木能否正常成活和生长，主要反映在林木个体与环境条件之间的矛盾。造林初期，苗木生长缓慢，而地下部分根系的恢复和生长，较地上部分速度稍快。个体小，抵抗力差，适应条件的能力

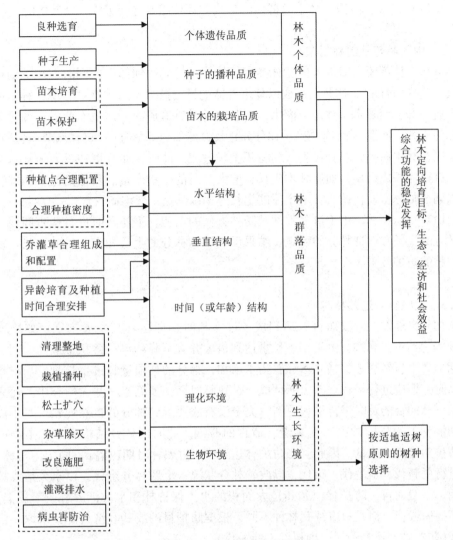

图 3-2　林木培育的技术系统

差，易于死亡。这一时期，技术措施的关键在于供应苗木或种子以足够的土壤水分，可采用增加外界环境中水分来源，减少蒸发，提高苗木吸水能力，或减少苗木过度蒸腾等措施。其中包括栽植、播种技术，细致整地、松土除草，以及有条件时实行林地灌溉等。

该阶段又可分为两个阶段。造林后 1~2 a 或 3 a 为成活阶段，从成活到郁闭大约需要 3~5 a 或 10 a。幼林的成活与否，对于干旱地区来说，往往需要 2~3 a 时间，才能最终确定。苗木成活后，与根系恢复生长的同时或稍后，地上部分也加快生长，此时，林木个体与环境条件之间的矛盾主要反映在林地上灌木、杂草与幼树争夺土壤的水分和养分。为解决这个矛盾，首先要进行林地的松土锄草和清除非目的树种，以保蓄土壤的水分和养分，必要时，对阔叶树种进行平茬，促进地上部分生长。随着幼树的生长，林地内首先达到行内郁闭，随即行间也将郁闭。当林地进入郁闭时期，即可认为林地进入形成"森林环境"的成林阶段。林木以群体的形式与环境因素之间进入一个新的时期。

3.2.2.2 中龄林与壮龄林时期

林分从全体郁闭后即进入中壮林龄期,林地上树冠达到郁闭的同时,地下的根系层也相接,达到"郁闭"。林地上形成以林木群体能量交换为特点的森林环境,林木群体内部的矛盾上升,而林木与林地上灌木、杂草间的矛盾退居次要地位。此时,如无人为技术措施的干涉,所谓"自然整枝"、林分分化及自然稀疏等林分的"自我调节"现象将会出现,反映在林木高生长、直径生长和材积生长过程。此时,如合理加以人为技术措施的调节,有望缩短成材期,加速林木生长,增大其总的生物产量。具体措施:如进行抚育间伐以调节林分密度;调节林木个体的生长速率以满足林分均衡发育

一般对于防护林,由于过分强调其防护方面的功能,不能及时进行抚育间伐,促进整个林分的生长和保证林分的稳定,结果反而影响林分的生长和生物量的增长,从而影响防护林的防护效果。

3.1.2.3 成熟林与过熟林时期

从林分自然发展阶段而言,达到成、过熟林时期即达到其发展末期。如培育用材林,林木达到工艺成熟,由于年生长量达到最大并有下降趋势,蓄积量最高。到了过熟林时期,林木自然衰老,枯立木和腐朽木增加,林分的枯损量超过生长量。当材积量达到最高时,即应进行采伐更新。所谓成、过熟林时期,多见于一些天然林中,而人工林则根据育林的目的及时进行采伐更新,完全没有必要等到林分的自然死亡。对于以发挥防护功能为主的防护林也有其衰老、消亡的时期。此时,林分结构破坏,生物产量降低,防护功能随之降低。因此,当防护林达到成、过熟林时期(指标不同于用材林),应及时进行更新伐、卫生伐、疏伐,以改善林分状况,更新林分组成,以永久地发挥其防护作用。一般而言,防护林,尤其是大面积的水土保持林和水源涵养林,不提倡主伐,尤其不提倡皆伐,但是也应视其林种不同,根据防护目的或其经济目的,采取一定强度的择伐(防护林并不是绝对一棵树都不能采伐)。

人工防护林营造的一切措施,在于保证林分的成活、郁闭和稳定生长,在此基础上,才能保证林分有较高的生物产量,从而保证达到预期的防护效能。各项技术措施的基本特点在于调节环境因子和林木生长发育要求之间的合理关系,即不同阶段采取不同的措施。

3.2 立地条件与适地适树

3.2.1 立地条件与类型划分

立地是个日语词,英文为 site,与生境(habitat)同义,指具有一定环境条件综合的空间位置。《中国农业百科全书·林业卷》定义为:"按影响森林形成和生长发育的环境条件的异同所区分的有林地或宜林地段称森林立地"。造林地上,凡是与林木生长发育

有关的自然环境因子的综合称为立地条件(site condition)。各种环境因子也可叫做立地因子(site factor)。

为了便于指导生产,必须对立地条件进行分析与评价,同时按一定的方法把具有相同立地条件的地段归并成类。同一类立地条件上所采取的森林培育措施及生长效果基本相近,我们将这种归并的类型,称为立地条件类型,简称立地类型(site type)。

根据各立地条件类型的特点和主要乔灌木树种的生物学特性,即可适当地选定不同立地条件类型可用的树种及合理的培育技术措施。因此,我们说对造林地进行立地条件分析评价划分立地类型,是实行科学森林培育的一项十分重要的工作。只有科学地划分立地条件类型和恰当地确定不同立地条件类型上造林树种,并需在森林培育的实践中证明这些树种在这种立地类型上可正常完成其生长发育过程,并达到了造林的预期目的,才能说真正达到了适地适树。

3.2.1.1　立地类型划分

1) 立地条件分析

采用正确的方法对立地条件进行分析评价,找出影响林分生长的因子,弄清诸因子之间的关系,确定限制性因子(或主导因子)、是林木培育的前提,也是立地分类的基础。

在林木培育的生产实践中,尽管造林地的立地因子是多样而复杂的,影响林木生长的环境因素也是多种多样的,但概括起来植物的基本生活条件不外是光、热、水、气、土壤、养分因子。水热状况基本决定着树种的区域分布及适应范围。同时,通过区域性范围内某一造林地的其他因子(如地形条件的变化等)对水热因子的再分配作用的影响形成造林地的局部小气候条件,从而构成具有一定特征的造林地环境条件。立地因子中土壤的水分、养分和空气条件是造林地立地条件的主要方面,再加上该造林地上所具有小气候条件,即综合地反映出该造林地所具有的宜林性质及林分具有的潜在生产力。

立地条件是众多环境因子的综合反映,为全面掌握造林地的立地性能,就必须对立地条件的各项因子进行调查和分析,从而找出影响立地条件的主导因子。分析立地条件需要了解以下主要立地因子:

(1) 地理因子

纬度是影响大区域气候的决定性因子,纬度不仅影响立地条件,而且影响植物的分布。南方纬度低,分布着大量的热带和亚热带植物;北方纬度高,则分布温带和寒温带植物。在某一较窄的区域,即使纬度的较小变化,也会引起树种分布和生长的变化。如山西省太丘山地区(纬度低)选择油松造林生长良好,而选择华北落叶松则往往后期生长不良,这是因该区域广泛分布着生长良好的油松,而华北落叶松则主要分布在纬度稍高、气温较低的关帝山、管涔山一带;又如,沙打旺在长城以南可以开花结籽,而在长城以北则不能开花。

(2) 地形因子

树种分布和林木生长除了受地理因子(气候因子)的影响外,还与地形因子密切相关。影响树木分布和生长的地形因子主要有海拔、坡向和坡位等,地形因子对光、热、水等生态因子起着再分配的作用，引起温度和湿度的变化。

①海拔 随着海拔的升高，气温降低(如海拔每升高 100 m，气温下降 0.5~0.6 ℃)，空气湿度则逐渐增加，气候由低海拔的干燥温暖，转变为高海拔的湿润寒冷。如刺槐垂直分布范围上限达 2000 m，而适生范围却在 1500 m 以下；油松垂直分布范围 800~2200 m，而适生范围 1100~1800 m；刺槐最适生的范围在 800 m 以下。

②坡向与部位 在海拔变化不大但地形起伏较大的山丘区，小气候特点主要由坡向和坡位决定，不同的坡向、坡位，受光的时间和强度、风力强弱、水分状况等都有明显的变化。总的来说，阳坡光照充足、干燥温暖；阴坡光照较差、阴湿寒冷，一般阴坡的土壤含水量比阳坡高 2%~4%，按坡向从北坡—东北坡—西北坡—东坡—西坡—东南坡—西南坡—南坡，干旱程度逐渐加重。从山体坡位上来看，从上部到中部，从中部到下部，土层厚度逐渐增加，水分条件逐渐变好。但是具体情况还必须具体分析，要把各因子综合起来考虑。如油松是喜光树种，也比较耐旱，但在低山地区水分缺乏，往往是影响其成活和生长的主要限制因子，而且它又比较耐寒抗风，所以在阴坡、沟谷塌地、阳坡坡脚造林较为适宜。

(3)土壤因子

影响树木分布和生长的土壤因子，包括土壤水分、养分、土层厚度及理化性质。一般将土壤分为湿润土壤和干旱土壤(水分条件)；酸性土壤、盐碱土和碱性土壤(土壤的 pH 值)；肥沃土壤和瘠薄土壤(养分条件)；厚土、中土和薄土(土壤厚度)。不同的树种对土壤条件要求不同，有的树种对水分要求严格，如刺槐水淹稍久即死亡；有的树种对土壤 pH 值要求严格，如油松、栎类、山杨等喜偏酸性土壤，也能在微碱性土壤上生长。

(4)水文因子

造林地地下水位深度及其季节变化，地下水的矿化度及其成分组成，有无季节性积水及其持续性，地下水侧方浸润状况，被水淹没的可能性，持续期和季节等都会影响植物的生长。

(5)生物因子

造林地上植物群落结构、组成、盖度及其地上部分与地下部分生长状况；病虫、兽害状况；有益动物(如蚯蚓等)及微生物(如菌根菌等)的状况等，也能够直接或间接地影响植物的生长。

(6)人为因子

土壤利用的历史沿革及现状，各项人为活动对上述各环境因子的作用及其影响程度，都会在不同程度上间接影响植物的分布和生长。

分析立地条件的目的是从错综复杂的环境因子中，找出影响林分生长的主导因子。根据李比希最小因子定律(Liebig's law of minimum)，应着重从植物的无机营养(N、P、K 等)探讨限制因子，而根据谢尔福德耐性定律(Shelford's law of tolerance)，从植物对物理环境因子(光、温、水、湿等)的适应性探讨限制因子。E. P. Odum 则将两个定律结合起来形成限制因子理论，即"一个生物或者一群生物的生存和繁荣，取决于综合的环境条件状况。任何接近或者超过耐性限制的状况，都可说是限制状况或者限制因子"。植物生长受处于最小量的物质数量和变异性，以及处于临界状态的理化因子和自身对这些因子的耐性限度和环境其他成分的耐性限度所控制，也就是说，植物生长受限制因子的主导，影响植物生长的限制因子(limiting factors)，也就是主导因子。

根据限制因子理论分析立地条件，有助于从错综复杂的生物与环境的整体关系中，找出限制生物生产力的主导因子，找出症结所在，问题也就容易解决。在研究某个特定的立地条件时，经常发现可能的薄弱环节。至少在开始时，应集中注意那些可能是"临界的"或者"限制的"立地因子。如果植物对某个因子的耐性限度很广，而这个因子在环境中比较稳定，数量适中，那么这个因子就不可能成为限制因子。相反，如果已经知道生物对某个因子耐性限度是有限的，而这个因子在自然环境中又容易变化，那么就要仔细研究该因子的真实情况，因为它可能是一个限制因子。一个地区一种因子是某树种的限制因子，而对另一种树种却不一定是限制因子。因此，通过立地因子分析与评价，选择适当的树种，能够改变其限制因子的约束，提高生产力。限制因子也是立地分类中主要考虑的因子，如北方干旱地区，水分是林分生长的主要限制因子，所以一切影响水分的立地因子都应作为立地分类的主要依据。

分析探索主导因子时要注意两点：一是不能只凭主观分析，而要依靠客观调查。在同一地区，对于不同的生态要求的树种，立地条件中的主导因子可能是不同的，应分别加以调查和探索；二是不能用固定的眼光看待主导因子，主导因子的地位离不开它所处的具体场合，场合变了，主导因子也会改变。

2) 立地分类途径

立地分类(site classification)或立地类型划分即对立地条件进行分类，是按一定的原则对环境综合体(通常立地类型是立地分类的最小单位)的划分和归并。传统上，把有林地的立地分类称为林型划分，无林地(指宜林地)则为立地(生境)分类，现在也将二者统称为立地分类。这里必须注意立地分类与植物分类、土壤分类一样，属于分类学的范畴，是对立地属性的划分和归并，分类的结果是得出大大小小的分类单位，同一类型在空间上是允许重复出现的，在地域上不一定是相连的。应注意立地分类与立地区划(site regionalization)是不同的，立地区划中的同一类型，在地域上是相连的且是不重复出现的。

立地分类归纳起来有三种途径：一是环境因子途径，即环境因子为立地分类的主要依据，如生活因子法(乌克兰学派)、地质地貌法、主导因子法；二是植被途径法，即以指示植物或林木生长效果作为划分的依据，如芬兰学派、苏卡乔夫学派的指示植物法，立地指数法等；三是环境植被综合途径法，即把环境因子与植被因子结合起来划分，如巴登—符腾堡法。

3) 立地分类方法

立地分类是根据某一特定立地区、亚区，或森林植物地带、地貌类型区范围内编制立地类型表的需要，在对其主要立地因子进行具体调查、分析的基础上，从其大量定性分析研究资料中，找出规律性的东西，据以建立和编制当地的立地类型表。立地类型表是立地分类的实用成果，能比较准确地反映不同立地类型的宜林性质和生产力。应该说立地类型表的编制方法，来源于上述各个学派的认识系统。

我国在立地分类(编制立地类型表)的实践中，主要受苏联波氏林型学派和苏卡乔夫林型学派的影响。采用的主要方法有：按主导环境因子的分级组合；按生活因子的分级组合；按地位指数(或地位级)划分立地类型等。

(1)按生活因子的分级组合

按生活因子的分级组合法是以造林地宜林性质，主要是土壤的干湿状况和土壤的肥力状况的组合反映出来。这种方法是 20 世纪 50 年代苏联波氏林型学说的苏联欧洲部分，平原地区划分立地条件类型所采用的。我国在 20 世纪 60 年代中曾有人按这种方法提出华北石质山地立地条件类型(表 3-1)、陇东黄土高原沟壑区立地条件类型及 70 年代晋西立地条件类型。

表 3-1　华北石质山地立地条件类型划分(生活因子法)

土壤养分 ＼ 土壤水分	贫瘠的土壤(A) <20 cm 粗骨土或严重的流失土	中等的土壤(B) 20~60 cm 棕壤和褐土或深厚的流失土	肥沃的土壤(C) >60 cm 的棕壤和褐土
极干旱(0)(旱生植物，覆盖物<60%)	A_0		
干旱(1)(旱生植物，覆盖物>60%)	A_1	B_1	C_1
湿润(2)(中生植物)		B_2	C_2
潮湿(3)(中生植物，有苔藓类)			C_3

注：引自沈国舫，2001。

按生活因子分级组合类型、先要对各重要立地环境因子进行综合分析，然后再参照指示植物及林木生长状况才能确定级别、组成类型。这种方法的缺点是划分标准难以掌握，尤其对山区造林地的小气候条件难以反映出来等。

(2)按主导因子的分级组合

根据大量的、客观的造林环境因子的调查分析，从中找出影响当地造林宜林性质的主导因子，并按主导环境因子的分级和组合来划分立地条件类型。通常首先确定主导因子的分级标准，然后进行组合。例如，冀北山地立地条件类型划分见表 3-2。

表 3-2　冀北山地立地条件类型划分

编号	海拔(m)	坡向	土壤厚度(cm)	备注
1	>800	阴坡半阴坡	>50	
2	>800	阴坡半阴坡	25~50	
3	>800	阳坡半阳坡	>50	
4	>800	阳坡半阳坡	25~50	
5	>800	不分	>25	土层下为疏松母质或含 70%以上石砾
6	<800	阴坡半阴坡	>50	
7	<800	阴坡半阴坡	25~50	
8	<800	阳坡半阳坡	>50	

（续）

编号	海拔(m)	坡向	土壤厚度(cm)	备 注
9	<800	阳坡半阳坡	25~50	
10	<800	不分	>25	土层下为疏松母质或含70%以上石砾
11	不分	不分	<25及裸岩地	土层下为大块岩石

注：引自沈国舫，2001。立地主导因子及分级：海拔分2级、坡向分2级、土层厚度分3级(土壤类型为褐土，棕色森林土)。

（3）用立地指数代替立地类型

用某个树种的地位指数来说明林地的立地条件，只能用于有林地。这种方法的优点是地位指数可以通过调查编表后查定，可以通过多元回归与诸立地因子联系起来。但此法只能说明效果，不能说明原因。对于无林地区来说，由于现存成林地很少，可供调查研究的树种和林地对象又难以确定，显然对于推行这种方法有很大的局限性，而且即使应用当地某一树种对立地条件类型进行评价，其评价成果只适应这一树种，而不能适应其他树种。这是由于各个树种生物学特性不同，对立地条件类型的适应性和适应幅度必然会有某些差异，这是该种方法的局限性。

此外，也有人应用指示植物作为划分立地条件类型的方法。他们认为，一定的植物种类经常出现在一定的立地条件下，而不出现在其他立地条件类型上。这种方法的缺点是，当某些形成上层覆盖的植物发生变化时，指示植物也随之消失，而且这些指示植物一般只反映表层土壤的适应性，而很难反映通层土体的本质。

在上述立地分类方法中，主导因子分级组合方法尽管还存在一些缺点，但是由于生产上易于掌握，因而得到广泛应用。但是由于这种方法只反映立地类型的宜林性质，而缺乏林木生长指标的检验，因此不可避免使分类方法的客观性和准确性受到影响。现代立地类型划分多应用于与立地评价相结合的方法，将影响林木成活生长的主导立地因子进行调查分析，同具有代表性的乔、灌木树种生长指标相结合，构成参与立地评价的自变量集合。通过这样的立地评价筛选出对乔、灌木生长具有显著影响的主要立地因子（主导因子），并依此修正原定的主导因子，从而最终确定进入立地类型表的主要立地因子，以较好地反映不同立地类型的宜林性质及其生产力。

3.2.1.2 立地质量评价

立地评价(site evaluation)是对立地质量(site quality)好坏的分析和判断。立地评价的结果划分为由好到坏若干类型，然而质量的高低等级不属于分类的范畴，它与立地分类和立地类型划分不同，它给立地分类因子的确定、提供定量检验的反馈信息，同时也是适地适树的主要依据。

立地质量评价的方法很多，归纳起来有三类：第一类是通过植被的调查和研究来评价立地质量，包括生长量指标法(如材积、生物量等)、地位指数法、指示植物法；第二类是通过调查和研究环境因子来评价立地质量，此类主要应用于无林区；第三类是用数量分析的方法评价立地质量，也就是将外业调查的各种资料用数量化方法、多元回归分析、聚类分析等多元统计的方法进行处理，从而分析环境因子与林木之间的关系，然后对立地质量作出评价。

把立地质量的评价与立地类型划分结合起来，就能够对不同的立地类型作出评价。如在宜林地区通过地位指数(在森林条件下，规定成林木在标准年龄时如 100 a、50~25 a 等各个立地条件类型下、林分优势木或次优势木的平均高)来反映所在立地条件的生产力，是对立地条件类型定量评价的一种方法。这种方法在美国和加拿大等国使用较为普遍。对比各个立地条件类型下的地位指数，即可对各个立地条件类型赋予定量的性质，反映其所具有的生产力的高低。我国在南方杉木林区已进行过这方面的工作。

3.2.2　适地适树与树种选择

3.2.2.1　适地适树

1) 适地适树概念

适地适树就是使造林树种的特性，主要是生态学特性与立地(生境条件)相适应，以充分发挥生态、经济或生产潜力，达到该立地(生境条件)在当前技术经济条件下可能达到的最佳水平，是造林工作的一项基本原则。随着林业生产的发展，适地适树概念的"树"不仅仅指树种，也指品种(如杨、柳、刺槐等)、无性系、地理种源、生态类型。

适地适树原则，体现了树种与环境条件之间对立统一的关系。不同树种的特性不同，对环境条件的要求也不同。树种的生长发育规律，主要是由它内在矛盾，即遗传学的特殊性决定的；而环境条件的影响则是促进和影响其生长发育的外在原因。强调适地适树的原则，就是要正确地对待树木的生长发育与环境条件之间的辩证关系。在实践中，应按具体的立地条件(生境条件)选择适宜的树种，使树种和立地达到和谐统一，从而达到预期的目标。

不同树种有不同的特性，同一树种在不同地区，其特性表现也有差异。在同一地区，同一树种不同的发育时期对环境的适应性也不同。适地适树不仅要体现在选择树种上，而且要贯彻在森林培育的全过程。在其生长发育过程中要不断地加以调整、如松土、扩穴、除草(杂草)，以改善环境条件，修枝抚育或修剪，以调整种间和种内关系。只有这样才能达到预期目的。

2) 适地适树途径

实现适地适树的途径可归纳为三条：第一是选树适地和选地适树；第二是改树适地；第三是改地适树。

(1) 选树适地和选地适树

要实现适地适树，选树适地途径是基础。造林地段已确定，如计划在山西西部黄土区山地造林时，应选树适地。选树适地时，应分析其立地条件(或生境条件)，应特别注意小气候(降水、风)、地形(阴、阳坡)、土壤水分和肥力条件，与林种对这些因子的要求和反应，然后分析其个别因子(pH 值、盐渍化等)，有时这些因子很可能是林木生长的限制因子，最后选出能够适应该立地的造林树种。如大同盆地的树种选择，首先要考核地区的降水量仅 400 mm 左右，干旱年份不足 300 mm；其次土壤砂性大，保水力差，抗旱性是树种选择需要考虑首要因素。最后，就是该区气温低。有些树种如侧柏虽然抗旱，但抗寒性差，冬易枯梢，就不适宜；樟子松不仅抗旱，而且抗寒，比较适宜。选地适树时，则首先应充分掌握该树种的生态学特性，然后在一定的区域范围内，选择相应的造林地段。

（2）改树适地

改树适地是在地和树之间某些方面不相适时，通过选种、引种驯化、育种等方法改变某些特性，进而改善树种与立地的适应特性。通过选育工作，增强树种的抗性（抗盐、抗烟、耐寒、耐旱等），使其能适应更宽范围的立地特性。

引种过程中要注意原产地与引种地区在气候条件和土壤条件等方面的差异，如光照差异、气温差异（积温、年平均气温、1月平均气温、7月平均气温）、土壤性质（pH值、通透性、水分）差异、土壤盐碱程度差异、大气湿度差异等，还要考虑引种造林区可能出现的间歇性灾害因子（极端干旱、极端气温等）对所引树种的影响。引进外来树种造林，必须先经过小面积造林试验，取得成功后再逐步推广。刺槐、紫穗槐在我国引种已久，基本驯化，适应性不亚于一些乡土树种；湿地松、火炬树在我国东南部引种成功，也得到大面积推广。

（3）改地适树

改地适树就是通过改善立地条件来达到地和树适应的目的。如常规造林采用的整地措施；水土流失地区的集流蓄水措施；盐渍地的灌排措施等。在立地条件差的地区还采用覆土措施和客土造林。

上述三种适地适树途径中，选树适地是最经济实用的，改地适树也是经常采用的，改树适地投资高，且需要一定的时间。三种途径也可以结合起来使用，通常在选择好树种后，必须整地，以保证其有一个良好的生存和生长条件。

3）适地适树方法

除了改善立地条件外，解决适地适树的一般方法主要是从树种本身入手：一是一般的调查研究手段；二是引种驯化，一般人工林培育的树种选择优先考虑本地的乡土树种。

适生树种调查：在一定植物地带或区域范围内，结合人工林组成配置与结构设计，对不同立地适生树种的调查，是实现适地适树的最基本手段。这种方法是以立地条件类型表（主导因子法）为基础，对不同立地条件下生长的现有乔灌木树种（包括引种外来种）进行调查，对当地造林实践中证明成功的树种应更加重视。

（1）现有天然林和人工林的调查

天然林是长期进化过程，被证明能够适应环境的植被，当然天然植被生长良好的树种能否成为人工可种植的种，还受人们对这些种的生长发育规律和栽培要求的认识影响，如胡杨的育苗、栎类的育苗问题，还没有得到很好的解决。因此，应更加注重天然植被中那些被证实能够进行人工种植的树种的调查和人工林的调查。

（2）散生的或单株的树种调查

对某些散生的和当地出现很少的树种类，要给予足够的重视，包括四旁、庙宇寺院、风景点、坟地等地方生长的单生或散生树种，甚至古稀树种，因为有可能由此对扩大当地造林树种资源找到线索，调查项目应包括：树种立地条件、地径生长、引种来源等。单株、散生树种对有水土流失的无林区实现适地适树，具有重要的意义。

4) 适地适树标准

根据大量的树种调查及其生长状况与生长量资料，经过统计、分类整理后，进行生态、经济(生产)潜力的排列顺序，可以得出某一植物地带、区域、流域内主要树种的适生幅度(最优和最低适应的立地条件类型)，反过来评价并修正立地条件类型。要进行造林后的评价，就必须有一个适地适树的评价标准及指标，衡量适地适树的标准，是根据造林的目的和要求及立地条件本身来确定的。对于防护林来说，造林成活率高、林分稳定、生物产量高，及早达到防护目的是衡量适地适树的标准；而对于用材林来说，达到成活、成林、成材，具有高的木材生产力才能算适地适树；当然，同一树种在不同的立地上生长，不能以一个标准来衡量。

一般来说，可以用地位指数、树高、胸径、地径(幼树)、生物量、株高、生长势等指标，来评价立地性能与树种生长之间的关系，以此作为适地适树比较分析的依据。

3.2.2.2　树种选择

1) 树种选择原则

关于树种选择需要进行多方面的综合考虑，这里所述的是最基本的普遍原则。

树种选择必须依据两条基本原则：第一条原则是树种的各项性状(经济效益和生态效益性状)必须符合既定的培育目标，即定向原则；第一条原则是树种的生态学特性与立地条件相适应，即适地适树的原则。这两条原则缺一不可，相辅相成。定向要求的是林木培育的效益，适地适树则是现实效益和手段。没有目的的适地适树是无意义的，没有适地适树则无法把效益变为现实。树种选择的正确与否，也要用定向目标来检验。

树种选择除上述两条基本原则外，还有两条非常重要的辅助原则。第一条是生物学稳定性(stability)原则。生物学稳定性系指人工林具有稳定的结构，生长发育良好，能获得高的生物产量，具有对极端环境变化的抵抗能力，并且在一世及下一世表现一致。一个树种在幼龄期表现好，并不一定能说明其中、壮龄期也表现好，如果经不住极端环境变化，如最低气温、病虫害等危害的考验而毁灭，那就不能算树种选择的正确。第二条是经济可行的原则。即在技术、经济上都是可行的。

在实际生产中，要具体研究造林目的对树种的要求，具体分析树种的生物学特性，贯彻"适地适树"的原则，切忌过分强调"集中连片"等。此外，树种选择应优先考虑优良乡土树种，它们是区内分布最普遍、生长最正常的树种，是长期适应该地区条件而发展起来的树种，具有适应性强、生长相对稳定、抗性强、繁殖容易的特点。

2) 树种选择方法

树种选择没有一个固定的程序和方法，但为了避免不科学的主观臆断，尽可能使其科学化和程序化，可大体按图 3-3 来进行。

选择树种的程序可概括为：首先，要按培育目标定向选择树种，不同林种的培育目标不同，对树种的要求也不同。因此，应依照培育目标对树种的要求，分析可能应选树种的有关目的性状，经过对比鉴别、提出树种选择方案。其次，要弄清具体人工林培育区或造林地段的立地性能，分析可能应选树种的生物学特性，然后进行对比分析，按适地适树的原则选择树种。

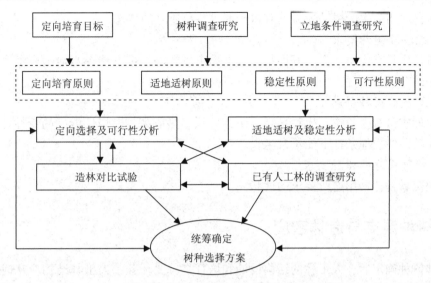

图 3-3 树种选择的理想决策程序

在确定树种方案时, 应依照树种选择原则, 充分分析造林地的立地性能和各个可选树种的生态学特性, 并依据现有林分的生长状况, 把造林目的与适地适树的要求结合起来统筹安排。一方面要考虑同一个具体地区或地块上, 可能有几个适用树种、同一树种也可能适用于几种立地条件, 经过分析比较, 将最适生、最高产、经济价值最大的树种, 列为该区或该地块的主要造林树种; 而将其他树种, 如经济价值高, 但对立地条件要求苛刻, 或适应性很强, 但经济价值低的树种列为次要树种。同时, 要注意树种不要单一化, 要把针阔树种、珍贵树种也考虑在内, 使所确定的方案既能充分利用和发挥多种立地的生产潜力, 又能满足多方面的需要; 另一方面, 在最后确定树种选择方案时, 还要考虑选定树种在一定立地条件上的落实问题。把立地条件较好的造林地, 优先留给经济价值高、对立地要求严的树种。把立地条件较差的造林地, 留给适应性较强而经济价值较低的树种。同一树种若有不同的培育目的, 应分配在不同的地段。如培育大径材, 分配较好的造林地; 若是培育薪炭林、小径材, 可落实在较差的立地上。

3) 树种选择要求

不同造林目的(林种)对树种选择的要求不同, 主要林种对造林树种选择的要求如下。

(1)防护林树种要求

①应根据防护对象选择适宜树种, 一般应具有生长快、防护性能好、抗逆性强、生长稳定等优良性状。②营造农田、经济林园、苗圃和草(牧场)防护林的主要树种应具有树体高大、树冠适宜、深根性等特点。经济林园防护林应具有隔离防护作用且没有与林园树种有共同病虫害或是其中间寄主。③风沙地、盐碱地和水湿地的树种应分别具有相应的抗性。④在干旱、半干旱地区可以分别优先选择耐干旱的灌木树种、亚乔木树种。⑤严重风蚀、干旱地区, 要注意选择根系发达、耐风蚀、耐干旱的树种。

(2)用材林树种要求

树种应具有生长快、产量高、抗病虫害以及符合用材目的、适应特定工业要求等特性。以木材利用为主的树种还应具有树干通直、材质好的特性。

（3）经济林树种要求

①树种应具有优质、丰产等性状。②根据市场需求，重点选择当地生产潜力大和市场前景好的名、特、优、新（品）树。

（4）薪炭林树种要求

①树种应具有生长快、生物量高、萌芽力强、热值高、燃烧性能好的特性。②适应性强，在较差的立地条件下能正常生长。

（5）特种用途林树种要求

树种应具备特种用途所要求的性状。

3.3 树种混交与造林密度

造林树种确定后，人工林的结构设计和培育是首要任务。人工林结构应从时间和空间两个方面考察，即从水平结构、垂直结构和年龄结构（时间）三方面分析，通过树种组成、密度配置的设计及异龄林与树种本身的生物学特性等要素综合作用所确定的，结构设计好了，能否最终形成，还需要采取一系列的培育措施。

3.3.1 树种混交理论与技术

3.3.1.1 混交林概念与特点

1）树种组成的概念

人工林的树种组成是指构成该人工林分的树种成分及其所占的比例。按树种组成不同，可分为单纯林（纯林）和混交林。单纯林是指一种树种构成的森林，混交林是由两种以上的树种构成的森林。按照习惯，造林时的树种组成以各个树种株数（或穴数）占全林的株数（或穴数）百分比来表示；成林以株数或断面积或材积计。混交林中主要树种以外的其他树种应少于20%（《中国农业百科全书·林业卷》）。因此，纯林的概念是相对的，当一个林分中有一个树种或几个树种占全林的比例不超过20%（有人认为应是10%），即优势树种（或主要树种）在80%以上，该林分仍看作纯林。如油松与栎类生长在一起，如果油松占80%以上，尽管有栎类，我们仍将其看作油松纯林，如果油松占的比例小于80%，即为油松栎类混交林。混交林一般用各组成树种所占的成数表达，如6油3栎1胡枝子。

2）混交林主要特点

纯林由单一树种组成，结构简单只有种内个体间的竞争，没有种间竞争，容易调节，施肥管理采伐方便，有些树种纯林结构也十分稳定，且产量很高。因此，纯林在用材林和经济林中得到广泛的应用。水土保持林，水源涵养林一般应由多个树种组成，并形成结构比较紧密的复层林混交林，但由于混交林实际施工和管理的难度大，也往往采用纯林。我国过去在山区、丘陵区主要营造油松、马尾松、水杉、桉、落叶松、刺槐等纯林，平原区多营造杨、泡桐、水杉等纯林，结果导致不能充分利用环境条件，林地生产力衰退，病虫害蔓延。南方杉木林地的土地退化，北方杨树林的天牛危害，针叶树种纯林的火灾等不能不使我们引以为戒。世界上很多国家都注意到连续多代地营造纯林，土地生产力下降的问题、并积极开展混交林的研究。如德国卡门茨林管区沙地上的松林，连续造林两代，地位级由原来的Ⅰ级现已降为Ⅳ、Ⅴ级。因此营造混交林已经成为生产上广为重视的新趋势。

混交林与纯林比较，有很多优点：

(1)充分利用造林地立地条件或营养空间

纯林由一种树木组成，对光照、热量、水分、养分条件及消耗利用比较单一，混交林则不同。在林内如果有耐阴树种同喜光树种相搭配就能充分利用林内的光照条件，深根性树种同浅根性树种混交，可以充分利用土壤中的水分、养分，有利于对立地条件的充分利用。

(2)混交林能有效地改善和提高土地生产力

混交林的结构导致特殊小气候的形成，混交林内光照强度减弱，散射光比例增加，分布比较合理，温度变化较小，湿度大，而且CO_2的浓度高，从而促进了林木正常生长。树木从土壤中吸收各类元素，每年还要归还相当一部分到表层土壤中，混交林中可以较纯林积累更多的枯枝落叶，这些含有多种营养成分的枯落物的循环，还促进了土壤腐殖质的形成，有利于形成柔软的细腐殖质，从而改良了土壤的结构和理化性质。刺槐、紫穗槐、柠条等豆科树木以及沙棘、沙枣等树种，根部有根瘤菌可以改良土壤，增加土壤中氮素的成分，改善了树木的氮素供应状况。因此，混交林的土壤肥力明显高于纯林。

(3)混交林具有更高的生物学稳定性

混交林可以合理利用和不断改善环境，较好地发挥树种间的相互促进作用，从而大大地提高了森林的木材蓄积量和生物量，能够获得更高的经济效益。另外，混交林由多个树种组成，结构层次分明，具有较好的景观、美学和旅游价值，混交林净化空气、吸毒滞尘、杀菌降噪等环境保护功能均优于纯林。

(4)混交林具有抵御病虫害及火灾的作用

混交林能构成复杂的生态系统，有利于生物多样性的发展，众多的生物种类相互影响，相互制约，改变了林内环境条件，使病原菌、害虫丧失了自下而上生存的适宜条件，同时招来各种天敌和益鸟，从而减轻和控制了病虫的危害。小气候的改变，减少了发生森林火灾的危险性，即使发生森林火灾，混交林中阔叶树占有一定比重可以起机械的隔阻作用，使火灾不致蔓延。

3.3.1.2 混交林种间关系

纯林的主要矛盾是种内竞争，而混交林的主要矛盾是种间竞争。深入分析种间关系，掌握种间关系的发生发展规律，是成功培育混交林的基础。

种间关系的实质是生态关系，即生物有机体与环境相互作用的关系。在混交林中树种一方面与环境之间存在着能量与物质的交换；同时，树种间又彼此互为生态条件，借助种间关系的分析是不能离开环境而孤立地分析树种和树种间的关系。种间关系的相互作用是通过机械作用(如枝叶间的摩擦、挤压、攀缘、缠绕等)、生物作用(如杂交授粉、根系连生、寄生等)、生物物理作用(如生物场)、生物化学作用(如树叶和根系的分泌物)、生理生态作用(如改变水气候、肥水条件等)五个方面来实现。

种间关系的表现可分为有利(互助、促进)和有害(竞争和抑制)两种情况,也可分为单方利害和双方利害。单方利害是指某一树种对其他树种的生长发育的有利和有害,而其自己既不受危害也不获益;双方利害是指多个树种间互相有利或有害。在一定的环境条件下,种间关系取决于混交树种的生态习性的差异,差异大则表现为有利,反之则表现为有害。如喜光树种落叶松与耐阴树种云杉混交表现为有利,而一些喜光树种与喜光树种混交则表现为有害。

种间关系的分析是不能离开环境而孤立地分析树种和树种间的关系。种间关系应在调查研究的基础上,分析各树种与环境的关系,从而抓住主要矛盾,得出种间竞争和互利的关系。种间关系的有利与有害是相对而言的,没有绝对的有利,也没有绝对的有害。种间的利害关系随着时间、地点、混交技术的变化而变化。

(1)种间关系随时间的推移(不同生长发育阶段)而变化

造林后随着时间的推移,林龄不断增加,对环境的要求不断发生变化,而且环境也在变化,因而种间关系也在不断变化。如油松与沙棘混交,初期由于沙棘生长迅速,不仅有助于改良土壤,而且为油松幼林提供了侧方遮阴,有利于油松的成活与生长。但随着时间的推移,如不及时对沙棘部分割除或平茬,沙棘就会抑制油松的生长。当油松生长高度超过沙棘并郁闭后,沙棘因受光不足,生长受到抑制,甚至死亡。

(2)种间关系随立地条件的变化而变化

每一个树种有其适宜的生态幅度,要求一定的立地条件,立地条件的改变,树种的生长情况也在发生着变化。某一立地条件适宜某一树种生长,该树种就有可能成为优势树种;反之,可受到其他树种的抑制。在海拔高的地区,油松栎类混交林常分布在半阴半阳坡上,而海拔低的地区则分布在阳坡上。海拔 1500 m 左右,油松和侧柏混交林中,油松比侧柏生长快,而在 1000 m 以下的干旱阳坡,侧柏比油松生长快。

(3)种间关系随混交技术等的不同而发生变化

混交林中树种的种间关系随着树种的搭配、混交方法、混交效果、营造技术的变化而变化。如油松和栓皮栎造林时,如果采用带状或块状混交两种树种都能生长,如果采用行间或株间混交则种间矛盾大,油松易受压,甚至死亡。

3.3.1.3 混交类型与树种分类

1) 混交树种分类

混交树种可根据具体所处的地位和所起的作用分为主要树种(大乔木)、次要树种(中小乔木)和灌木树种。主要树种亦称目的树种,是经营对象,防护效果好,经济价值高,在林分中数量最多(至少应≥50%),盖度最大,生长后期居林分的第一层,一般为高大的乔木。次要树种亦称伴生树种,在一定时期内与主要树种伴生,通常为中小乔木,成林后居林分的第二层,次要树种有辅佐、护土、改良土壤的作用。辅佐作用是给主要树种造成侧方遮阴,促进树干生长通直,保证自然整枝好;护土作用是利用自身的树冠和根系,保护土壤,减少水分蒸发,防止杂草滋生;改良土壤是用树种的枯落物和某些树种的生物固氮能力,提高土壤肥力,改良土壤的理化性质。一般每种次要树种兼有上述三种作用,但侧重点不同。次要树种最好是耐阴慢生树种,能在主要树种林冠下生长。灌木树种处于林冠层之下,主要是护土和改良土壤等辅佐作用。灌木最好选择豆科类或带根瘤菌(如胡颓子科)的树种。

2)林分混交类型

营造混交林时,把不同生物学特性的树种搭配在一起构成不同的混交类型。依据乔木(主要树种)、中小乔木(伴生树种)、灌木的相互组合分为乔木混交、主伴混交、乔灌混交、综合混交四种混交类型。

(1)乔木混交型

指两个或两个以上主要树种混交,根据树种的耐阴和喜光又可分为以下三种情况。

①耐阴与喜光树种混交 这种混交类型容易形成复层林,喜光树种在上层,耐阴树种在下层。种间矛盾出现晚而且较缓和,树种间的有利作用持续时间较长。只是到了生长发育后期,矛盾才有所激化,但林分比较稳定,种间关系较易调节。由于北方耐阴树种较少,此种类型不多,常见的如华北落叶松与云杉混交、白桦与云杉混交。

②喜光和喜光树种混交 此类型种间矛盾尖锐,竞争进程发展迅速,林分的种间矛盾较难调节。北方大部分树种为喜光树种,因此此类型最多,如油松与栎类混交、杨树与刺槐混交,油松与侧柏混交等。

③耐阴与耐阴树种混交 种间矛盾出现晚而且缓和,树种间的有利关系持续时间长,林分十分稳定,种间关系较易调节。如四川的云杉与冷杉混交林。但此类型天然林中基本上是顶极群落,分布在原始林区,生产上很少采用。

(2)主伴混交型

即乔木与中小乔木混交。主要树种为乔木,居林分的上层,较耐阴的伴生树种为中小乔木,如椴、槭、鹅耳枥等,居下层,形成复层林。此种类型种间矛盾小,稳定性好,中小乔木生长慢,不会对主要树种构成威胁。如落叶松与椴树、油松与槭树混交。

(3)乔灌混交型

乔木树种与灌木树种混交,种间矛盾比较缓和,林分稳定性强,保持水土作用大。混交初期灌木可以为乔木树种创造侧方庇荫、护土和改良土壤,林分郁闭以后,树种发生尖锐矛盾,可将灌木部分割除,使之重新萌发。常见的如油松与沙棘、柳树与紫穗槐、杨树与柠条混交林。

(4)综合混交型

由主要树种、次要树种和灌木混交,并兼具上述几种混交类型的特点,如河谷阶梯地的沙兰杨、旱柳、紫穗槐混交林和丘陵山地的油松、元宝枫、紫穗槐混交林。

混交类型的划分也可采用其他方法,如针阔混交、针针混交、阔阔混交等。

3.3.1.4 混交林结构配置技术

1)混交树种选择

营造混交林,首先要确定主要树种,然后根据其特点,选择伴生树种和灌木树种。因此,一般所谓的混交树种是指对伴生树种和灌木树种的选择,选择适宜的混交树种是调节种间关系的重要手段。混交树种：①应在生物学特性上与主要树种有一定的差异、能够互补，尤其应具有耐阴性或一定的耐阴性；②具有较强的抵抗自然灾害的能力，特别是耐火性和抗虫性，且不应与主要树种有共同的病虫害或是转主寄生关系；③有一定的经济和美学价值；④在不良立地条件上，应考虑有固氮改土的作用；⑤有较强的萌蘖能力或繁殖能力，以利于调节种间关系，自我恢复；⑥如果是培育用材林，最好是与主要树种大体在预定的轮伐期内成熟，以便组织主伐，降低成本。

选择一个理想的混交树种并不容易，需要对现有人工林和天然林进行调查研究、总结经验，才能确定。

2) 树种混交比例

混交比例指造林各树种的株数占混交造林总株数的百分比。混交造林的树种比例在数量上的变化，与混交树种间关系的发展方向和混交效果有密切关系。混交树种所占的比例，应以有利于主要树种生长为原则，因目的树种、混交类型及立地条件而有所不同，水土保持和水源涵养人工应考虑生物量及防护效能的稳定性。一般竞争力强的树种混交比例不宜过大，以免压抑主要树种；反之，可适当增加。立地条件有优势的地方，混交树种所占比例宜小，其中伴生树种应比灌木多；立地条件恶劣的地方，可以不用或少用伴生树种，适当增加灌木的比例。

一般在造林初期，主要树种所占的比例应保持在 50% 以上。伴生树种或灌木应占全林分株数的 25%~50%，但个别混交方法或特殊的立地条件，可以根据实际需要对混交树种所占比例适当增减。

3) 造林混交方法

混交方法是指参与混交的树种在造林地上的排列方式或配置方式，配置方法不同，种间关系和林木生长也会因之而发生变化。常用的混交方法有株间混交、行间混交、带状混交、块状混交、植生组混交和星状混交。

(1) 株间混交

又称隔株混交，是两个以上树种在行内彼此隔株或隔数株混交(图 3-4)。此法因不同树种间种植点相距近，种间发生相互作用和影响较早，如果树种搭配适当，种间关系表现有利；否则，种间关系矛盾尖锐。施工较复杂，多应用于乔灌混交造林。

(2) 行间混交

又称隔行混交，是两个以上树种彼此隔行进行混交(图 3-5)。此法种间利害关系一

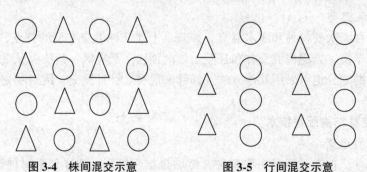

图 3-4　株间混交示意　　　　图 3-5　行间混交示意

般多在林分郁闭后才明显地出现。种间矛盾比株间混交容易调节，施工也较简便，是常用的一种方法，适用于耐阴、喜光树种混交或乔灌木混交。

（3）带状混交

一个树种连续种植两行以上构成一条带与另一个树种构成的带依次配置的方法（图3-6）。带状混交可以缓冲种间竞争，即使在两个树种相邻处有矛盾产生，也可通过抚育采伐来调节。此法多用于种间矛盾尖锐，初期生长速度悬殊的乔木混交类型，管理比较简单。乔木、亚乔木与生长较慢的耐阴树种混交时，可将伴生树种改栽单行。这种介于带状和行间混交之间的过渡类型，称为行带混交。行带混交的优点是保证主要树种的优势，削弱伴生树种过强的竞争能力。

（4）块状混交

又称为团状混交，是把一个树种栽植成规则的或不规则的块状，与另一个树种的块状地依次配置进行混交。规则的块状混交，是将斜坡面整齐的造林地（或平地）划为正方形或长方形的块状地，然后在每一块状地上按一定的株行距栽植同一树种，相邻的块状地栽植另一种树（图3-7），块状地的面积，原则上不少于成熟林边每块林占的平均面积，块状一般为20~25 m²。地块不宜过大，过大就成了片林，混交意义就不大了。不规则混交时按小地形的变化分别成块栽种不同的树种，这样既可达到混交的目的，又能因地制宜造林。块状混交能有效地利用种内和种间的有利关系，可满足幼龄时期，喜丛生的一些针叶树种的要求。林木长大后，各种树又产生良好的种间关系。块状混交造林施工比较方便，适用于喜光与喜光树种混交，也可用于幼龄纯林改造或低价值人工林的改造。

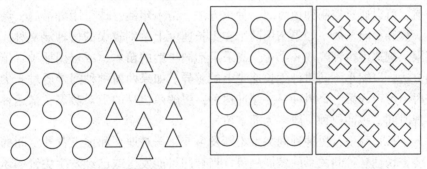

图3-6 带状混交示意　　　图3-7 块状混交示意

（5）植生组混交

是植种点配置成群状的混交形式。即在一小块地上密集种植同一树种，与相邻小块密集种植的另一树种混交（图3-8）。由于块混交间距较大，种间相互作用很迟。块状地内为同一树种，具有群状配置的优点，植生组混交种间关系容易调节，但造林施工比较麻烦，主要适用于林区人工更新和次生林改造，也可用于风沙区小流域的治沙造林。

（6）星状混交

又称插花混交，是一个树种的单株散生于另一个树种的行列之边（图3-9）。这种混交方法，能满足一些强烈喜光、树冠开阔、有单株散生性的树种的要求，又能为其他树种的生长创造生长条件（如适度遮阴）。种间关系比较融洽。杨树散生于刺槐林中，檫树

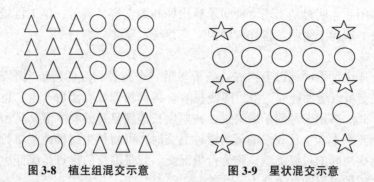

图 3-8 植生组混交示意   图 3-9 星状混交示意

生长在杉木林中。此种混交方法常用于园林树木的配置中。

各国防护林采用的混交方式不完全一致，较为常用有带状、行状、块状混交等，株间混交(包括一些不适当的行间混交)容易造成压抑现象，一般应用较少。德国、瑞士采用块状混交，奥地利、瑞士一些人认为，团块直径以 10~15m 为宜。俄罗斯防护林过去采用行状混交的较多，在丘陵、沟壑、水土流失地区多采用块状混交，每块面积 0.05~0.5 hm²，地形不太破碎的缓坡地带及平地采用带状混交。俄罗斯西部森林草原区，以针叶树为主的人工林采用带状混交，行间混植 25% 的灌木，阔叶人工林采用主要树种与伴生树种或灌木进行行间混交。

4) 种间关系调节

随着混交林发育过程树种种间关系在一定发育阶段有利与有害总是相互转化的，要采取一定措施兴利避害，使种间关系向符合经营要求的方向发展。

造林前，可以通过控制种植时间、种植方法、苗木年龄、株行距等措施，调节树种种间关系，缓和种间矛盾。如果采用两个在生长速度上差别较大的树种混交林，可以错开种植年限，把速生树种晚栽 3~5 a，或采用不同年龄的苗木，或选用播种、植苗等不同的种植方法，以缩小不同树种生长速率上的差异。如果两树种种间矛盾过于尖锐而又需要混交时，可引入第三个树种——缓冲树种，缓解两树种的敌对势态，推迟种间有害作用的出现时间，缓冲树种一般多为灌木树种。

在林分生长过程中，树种种间关系不断发生变化，对地下和地上营养空间的争夺日渐激烈，要密切注意种间关系的发展趋势。当种间可能发生或已经发生尖锐的矛盾，应及时采取措施人为调控种间关系的发展。

当次要树种地上部分生长过旺，对主要树种的生长构成威胁时，可以采取平茬、修枝抚育间伐等措施进行调节，也可以采用环剥、去顶、断根、化学药剂抑杀等措施抑制次要树种的旺盛生长。

当次要树种与主要树种对土壤养分、水分竞争激烈时，可以采取施肥、灌溉、松土以及间作绿肥等措施从不同程度满足树种的生态要求，推迟种间矛盾的发生时间，缓和矛盾的激烈程度。

3.3.1.5 混交林营造条件

混交林的造林、经营和采伐利用，技术复杂，施工难度大，造林经验少。而相比之下纯林营造技术简单，容易施工。所以尽管混交林具有很多优越性，但在决定是否采用混交林时，除要遵循生物学规律外，还要考虑经济规律，结合市场经济，生产经营的实际情况而定。

从造林的定向培育目的看，一般培育速生丰产林、短轮伐期工业用材林及经济林，为了早成材或增加结实面积，便于经营管理，则多选择营造纯林。如以防护目的为主或强调观赏价值，则应营造混交林。如果计划生产中小径级木材，培育周期短，可造纯林；如计划生产中大径级木材，生产多种市场需求的木材和其他产品，则应营造混交林。

从造林地的立地条件看，在盐碱、高寒、水湿、干旱、贫瘠等极端条件下，适生树种少，可选择营造混交林的树种极其有限，营造混交林困难大，可营造纯林，或灌木纯林。立地条件特别好的，水土流失轻微，能够营造速生丰产林或经济林的，采用纯林。除此之外，应尽可能地营造混交林。

从树种特点看，有些树种侧枝粗壮，自然整枝性能差，或枯落物改良土壤效果差，或营造纯林时易感染病虫害的树种，应营造混交林。以促进主要树种自然整枝，使其主干通直圆满，通过混交增加易分解腐烂的枯落物，以利土壤性能的改良。

从经营和市场经济看，在劳力充裕、可机械化集约经营、需要大量快速地向市场提供木材商品的条件下，为了集中采伐、集中销售，加速资金回转，可营造纯林。但有条件的情况下，应营造混交林，因为混交林可以生产多种类的木材和其他林产品，能满足未来莫测的经济市场的多种需求。

3.3.2　造林密度理论与技术

3.3.2.1　造林密度概念与意义

1) 造林密度的概念

造林密度也叫初植密度，是指单位面积造林地上栽植点或播种穴的数量，通常以"株(穴)/hm²"为计算单位。在研究造林密度时要将造林密度与林分生长过程中的诸多的密度概念区别开。如林分密度是指单位面积的林木株数，它是随着林木的生长发育不断变化的，林木生长发育达到某一成材或成熟指标时，单位面积上林木的数量界限，某一生长期的密度，如幼龄密度、成林密度等。最大密度是指单位面积上在林分发育的不同阶段林分株数达到的最大值，如果再增加则发生自然稀疏现象，最大密度又称饱和密度。相对密度是指单位面积上一个种的密度占所有种的总密度的百分数。经营密度是指抚育间伐中保留株数占最大密度株数的百分数，或现实林分株数占最大密度的百分比。林分生长量达到最大时的密度即适宜的经营密度。

2) 造林密度的意义

造林密度是形成一定的林分群体结构的数量基础，密度是否适宜将对林分的生长发育、生物产量和质量有很大的影响。因为林木不仅要从土壤中吸收水分和养分，还要有适当的生长空间。造林密度不同或密度相同而立木在林地上分布形式不同关系到今后形成什么样的群体结构。研究造林密度的意义就在于充分了解由各种密度所形成的群体以及组成群体之间的相互作用规律，从而在整个林分生长生育过程中能够通过人为措施使之始终形成一个合理的群体结构。这种群体结构既能使各个体有充分发育的条件，又能最大限度地利用空间，使整个林分具有高度的稳定性和良好的生态效益，并且获得单位面积上的最高产量，从而达到速生、丰产、优质，使其最大限度地发挥效益，它是各种林木栽培技术赖以发挥作用的基础。

造林密度与人工林培育过程中的种子和苗木用量、用工量及造林成本密切相关。造林密度大，种苗需求量、用工和抚育费用高，如若抚育间伐等管理措施不及时，会使林木生长减退，使经济效益降低。

在过去，由于对密度不同所引起的群体与个体之间的复杂关系认识不足，造林密度一般都偏大，而且间伐往往不及时，致使林木生长减退，导致出材率与防护效益下降。如在山西北部大叶杨造林中，在相同的风积沙梁地，24 年生的人工林，初植密度为 6600 株/hm² 的，其林分的平均胸径 5.8 cm，平均树高只有 3.7 m，每公顷蓄积量 9.984 m³，成材率 20.75%，林木处于小老树状态；初植密度为 1230 株/hm² 的，林分的平均胸径 10.5 cm，平均树高 6.2 m，每公顷蓄积量 18.471 m³，成材率 71.8%。当然，也有些地方由于造林成活率不高或间伐过度，造成现有林分过稀防护作用大大减弱，单位面积木材产量不高，木材品质下降的现象。

3.3.2.2 林分密度效应规律

1) 造林密度对幼林成活及郁闭的影响

在成活至郁闭前阶段，造林密度对幼林的成活和保存率一般没有直接影响，但对单位面积保存的林木数量绝对值有影响，即与单位面积株数保存数量的多少有关。因此，在立地条件差、造林成活率偏低的地方，适当增加造林密度可以保存足够的成活株数。

郁闭（即林冠相接）是林木群体形成的开始，造林密度的大小对于林分进入郁闭阶段早晚起决定作用。在树种、立地条件和经营管理水平大体相同的情况下，密度越大，郁闭越早。在一般情况下，幼林及时郁闭可以提高与杂草的竞争能力，增强对不良气象因子等的抵抗能力，减少土壤水分蒸发以及缩短土壤管理年限和次数，降低造林成本，促进林木的自然整枝。但过早的郁闭，树冠发育受到限制，往往造成林木后期的生长不良，速生的喜光树种在这方面的表现更为突出。因此，通过控制造林密度，调节开始郁闭的时间，不仅有生物学意义，而且有经济上的意义。

2) 林分密度对林木生长的影响

（1）密度对树高生长的影响

密度与高生长的关系比较复杂，结论也不一致。英国汉密尔顿（1974）通过对 6 个树种、134 个系列的密度试验，认为有"越密越高的趋势"，即在一定的密度范围内，较大的造林密度，有促进树高生长的作用。苏联林学家对欧洲松造林密度的试验结果指出"在一定的较稀密度范围内由稀到密对树高生长有促进作用"。也有认为，密度对树高生长的促进作用在干旱立地条件比在湿润的立地条件要明显。然而，随着林分年龄的增长，却出现了另一种情况，较密林分，由于立木对光照和其他主要生长因子的竞争，林木的生长受阻，致使立木不能达到应有的高度、较密林分的平均高反而较小。而株行距较大的林分却给立木比较均一的充分的光照条件以及其他生长条件，因而林分的高生长较大，这时不同密度的林分平均高就出现了随着密度的增加而递减。如我国的杨树、杉木和澳大利亚的辐射松的试验，就得出了这样的结论。

总的说来，由于造林密度的不同而引起林分平均高的差异，其悬殊程度是不太明显的，特别是在一定范围之内。例如，杉木造林密度为 1500~4500 株/hm²，不同密度的林分间立木平均高都比较接近，用方差分析方法检验，其误差未到显著程度。

总之，从上述错综复杂的结论中可得到几点认识：①不同树种因生物学特性的差异，对密度的反应不同，喜光树种反应灵敏，而耐阴树种影响较小，反应不灵敏。一般耐阴树种侧枝发育、顶端生长不旺的树种，适当密植有助于促进高生长，如油松、刺槐等。反之，喜光树种则不利于树高生长或对树高生长影响不明显，如杨、杉、落叶松等。②不同的立地条件、密度对树高生长反应不同，阴坡光照差，密度对树高生长影响大，阳坡则小。水分充分，影响小；水分不足则影响大。③无论什么情况，密度对林分平均树高的影响要比其他生长指标小的多。

(2) 密度对树冠与胸径生长的影响

在林分郁闭前，立木个体处于孤立状态，密度对冠幅的影响很小，随着林分年龄的增长，密度大的林分，树冠间相互关系发生较早，树冠生长受到明显抑制。密度小的林分，树冠间相互关系发生较迟，树冠伸展的余地大。因此，密度越大冠幅越小，即密度与冠幅呈反相关关系。

密度对胸径生长的影响是通过密度对树冠生长的影响而发生的。研究证明，树冠大小与立木直径生长呈正相关关系，而且这种相关关系在林冠展开之前普遍存在于各树种的各生长阶段。其主要原因是树冠的大小影响到立木进行光合作用的叶面积的多少。因此，林分的平均胸径随林分密度的增加而递减(表3-3)，国内外大量的密度试验材料完全证明了这个事实。平均胸径随密度的增加而减少的幅度，在林分发育的各个阶段是有变化的，它是随着林分年龄的增长而日趋悬殊，但是到一定年龄后，随着不同密度林分树冠生长的稳定，不同密度林分间的平均胸径之间的差异也稳定在一定的水平上，呈平行的曲线增长。

当然，在不同立地条件下，相同密度的立木，即使有相同大小的树冠幅，立木的胸径生长并不一致。这是由于某些林分立地条件差，土壤的水肥供应不足而使单位面积叶量制造的干物质不同的缘故。此外，树种的遗传因素也起作用。但在同一立地条件下，即使立地条件很差，树冠与胸径生长的相关规律也十分明显。因此，研究人工林不同生长阶段密度与冠幅，冠幅(主要是树冠营养面积)与胸径生长的规律可以为各阶段调节密度提供依据。实践证明，在较密的林分中适时进行间伐，调节其营养空间，其结果必然是树冠首先增长，而后胸径生长也相应地增加。

对于人工林来说，应注意到由于密度的不同而对林木生长的影响涉及大多数林木，如果发现林分密度过大，一定要及时间伐调整密度，促进保留的林木快速生长。切不可为贪图获得一些小径级用材而贻误了间伐时间，以致影响全林的胸径生长。

表 3-3　落叶松人工林不同密度不同发育阶段的胸径生长变化

林龄 （a）	密度 （株/hm²）	平均胸径 （cm）	蓄积量		胸径变动系数 （%）
			m³/株	m³/hm²	
7	8160	1.78	0.00089	7.26	1.93
	6148	1.79	0.00089	5.47	
	4013	1.87	0.00093	3.73	
13	4444	7.64	0.0220	97.77	24.73
	6667	7.96	0.0173	115.34	
	10000	5.18	0.0080	80.00	
	15000	3.92	0.0037	55.50	
15	3140	8.64	0.0300	94.20	14.35
	3520	8.60	0.0290	102.08	
	3880	8.40	0.0280	108.64	
	4900	8.17	0.0260	127.40	
	8400	5.65	0.0100	84.00	
22	2984	12.00	0.0789	235.44	6.74
	2820	12.72	0.0825	232.65	
	2558	13.02	0.0883	225.87	
	2415	13.67	0.0975	235.46	
	2024	14.67	0.1130	228.71	

（3）林分密度对材积、蓄积量及生物量的影响

林木的平均单株材积决定于立木的平均树高、平均胸径（或胸高断面积）以及树干的形数（形数＝树干的材积/（胸高断面积×树高），它是由树干形状所决定的系数）。造林密度的大小直接影响这三个指标，尤以胸径生长的影响最大。因此，密度对林分的平均单株材积的影响与对胸径的影响是一致的，即在相同立地影响下，同树种、同龄的人工林，其单株材积随密度的增加而递减。

单株材积随密度的增加而递减的规律在整个林分生长发育过程中的各个阶段也是有变化的。在幼林阶段，树高、胸径以及形数在各个不同密度林分之间虽然有些差别，但差别不显著，所以单株材积基本上是相似的。然而，随着林分年龄的增长，林分密度对胸径生长的影响逐渐增长，各种密度林分平均单株材积间的差距就日趋悬殊。

至于单位面积上蓄积量，它是受单株材积的大小和单位面积上株数两个因子所制约，这两个因子之间的关系是互为消长的。一般来说，在幼林时期，单位面积上的株数对单位面积上的蓄积量将起主导作用，单位面积上的蓄积量随着林分密度的增加而增加。但并不是说，无限地增加密度，产量也会无限地增加，而是在达到一定密度之后，蓄积量就稳定在一定的水平上，如果密度继续增加，则蓄积量反而下降。在林分发育的后期，密度对林分平均单株材积将逐渐起主导作用，较稀林分的总蓄积量反而逐渐赶上或超过较密林分。

对于不同的树种，株数与单株材积的消长关系并不一致，对于一些喜光树种，例如杨树、落叶松等，单位面积上株数起主导作用的时间比较长，在人工林的培育中，必须

不断地调整密度和单株材积的制约关系，才能获得最大的收获量。

关于林分生物量与密度的关系，一般认为最终生物产量恒定，不受密度影响的结论。在幼林阶段，林木生物产量随密度的增加而增加，然而到达一定密度后，林木生物量保持在一定的水平，即在一定的密度范围内，不同密度的林分，其最终生物产量是基本相似的，这也就是所谓的收获密度效果理论。如中国科学院沈阳应用生态研究所陈传国等研究了红松人工林不同密度与生物产量的关系，结果为 21 年生 3495~7200 株/hm² 的红松人工林，其生物产量为 92.6~97.3 t/hm²，24 年生 2350~2400 株/hm²，其生物产量为 164.1~159.3 t/hm²。由于树干的生物量在整个生物产量中占有一个较稳定的比例，如华北落叶松 14~20 年生人工林、其树下生物量占林木总生物量的 40%~50%，因此，密度对生物产量的效应与其对材积产量的效应有相似之处。

(4)林分密度对木材质量的影响

密度对木材质量的影响，主要反映在干形通直圆满、节疤少和木材力学强度大等方面。在干形上，密度越大树干形数(高径比)也较大，也就是树木饱满、尖削度小。在通直度上，林分越密，林木生长越通直，这是由于密度较大的情况下可以促进林木生长和自然整枝。但在林分过密时，树干生长细弱，在有些地区容易引起雪压，使树干弯曲或造成风倒，影响林木的生长。

密度对于木材材性的影响，一般也是随密度加大，促进高生长，加快自然整枝，减少节疤，有利于培育通直圆满的良材。稀直的人工林虽可以通过人工修枝来达到此目的，但如果侧枝太粗，修枝后伤口过大，不易愈合，使木材产生缺陷，因此，人工修枝应在合理密植的基础上进行。一般木材年轮宽度是木材材性的一个指标，针叶树种年轮过宽对材性有不良影响，而阔叶树种的年轮加宽，夏材比例增大反而能够增加材性。因此，为了提高木材的材性，针叶树的林分不宜栽植过稀，而阔叶树种则可适当稀植。

3)林分密度对根系生长发育的影响

根系与林木地上部分的生长有密切关系。据 H.莱尔和 G.霍夫曼的研究认为"强大的根系是地上部分生长良好所必需的，若根系生长受到干扰则会损害地上部分的生长"。同样，地上部分的生长也会影响到根系的生长。在不同密度的林分中，林木的根系生长有很大差异。据湖南省林业科学研究院对杉木造林密度的研究发现，总根系随林分密度的增加而递减，各级根系的数量也是如此。至于根系在土壤中的分布，则密度较大的林分，根系的水平分布范围较小，垂直分布也较浅。中国林业科学研究院林业研究所对毛白杨造林密度试验表明，在较密林分中，根系发育细弱，立木间根系交叉较密，这已显示出密度对林分根系发育产生了明显的作用。同时，也发现林木根系与地上部分生长趋势基本一致。另外，可以看到土壤中的根系在随着营养面积的扩大而逐渐增长的规律。由此可见，林分密度过大，营养面积减少，这是土壤中根系减弱的原因，因而也影响到地上部分的生长。

3.3.2.3 密度确定原则与方法
1)合理密度确定原则

林分的合理密度，就是在该密度条件下光热和土地生产力能被树木充分利用，在短时间内生产出数量多质量好的木材及其最大的生物量。造林密度的确定要以密度作用规律为依据，要根据定向培育目标、立地条件、树种特性及当地的社会经济和林业生产水平统筹兼顾、综合论证，在保证个体充分发育的前提下争取单位面积上有尽量多的株数。

(1) 依据培育目的确定密度

培育目标反映在林种上，不同林种在林分培育过程中要求形成的群体结构不同。如水土保持林的主要任务是保持水土，在考虑造林密度时应该首先满足其形成较大的防护作用，要求迅速遮盖林地，林下能形成较厚的枯枝落叶层，但在水土流失地区对木材生产方面的要求也甚迫切。因此，在考虑造林密度时，还应与用材林确定的原则结合起来。根据树种特性，造林密度应适当加大，有些水土保持林的林种（如沟底造林、护岸护滩林等）为了发挥其水土保持作用，如促进挂淤、缓冲、加固水土保持工程措施等，有时采用非常密植的方式，即株距 0.5 m、行距 1.0 m 等。在此情况下往往把发挥它的水土保持作用放在第一位，而对它本身提供林副产品等要求则放在较为次要的地位。

用材林以生产木材为主，要求速生、丰产、优质，因此，这种林分的群体结构应该是既保证林分个体有充分生长发育的条件，又充分利用营养空间。根据我国目前的经济条件，应该考虑第一次间伐的充分利用。为此，初植密度应该适当大些，并在生长发育的过程中适时适量间伐，调节其密度，促进林木快速生长，并取得部分小径材。培育大径材用材林应适当稀植，或先密后稀，即在培育过程中适时间伐。培育中、小径材密度可大些，培育薪炭材则更应密植。

特殊经济林，由于其栽培的主要目的是获得果实、种子或树液等，一般要求充足光照条件，加之特殊经济林经营强度较大，栽培过程中通常不考虑间伐问题，所以造林密度都较稀。

(2) 根据树种特性确定密度

不同树种具有不同的生长发育规律，造林密度也不一致。要很好地分析研究树种的生态学特性，如冠幅大小、对光照的需求程度、生长状况以及根系分布深度与广度等才能确定。一般阔冠树种要稀，窄冠树种可密植；速生树种要稀植，慢生树种可密植；喜光树种要稀植，耐阴树种可密植。但也要具体情况具体分析，不能一概而论，如某些喜光乔木树种，如刺槐、榆树，在稀植情况下，影响干形，宜适当加大密度，以利形成良好的干形，只是要在生长发育过程中注意适时间伐。

混交林树种的合理搭配与造林密度有着密切的关系，应更加慎重。水土保持林和水源涵养林经常采用乔灌木混交林，一些灌木树种可采用较大的造林密度。以期能够尽快郁闭、覆盖地表，及早发挥防护作用。但对一些喜光性强的灌木树种采取密植造林时，应注意通过及时平茬抚育适当调节其对光照、水分等方面的矛盾，促进其旺盛生长。

(3) 根据立地条件确定密度

立地条件决定林木的生长发育，优良的立地条件，林木生长较迅速、树冠发育较大、生长旺盛，造林密度应小些。反之，立地条件差、土壤干旱瘠薄，则林木生长缓慢，长势不旺，应适当加大造林密度，以缩短进入郁闭的过程，提高林木群体抵抗外界不利因素的能力。但 R. 克纳普（1967）认为，恶劣的立地条件下，每株林木生产一定量的木材所需的空间比肥沃土地上大，为了获得较高的产量，在贫瘠的土壤上，必须相应地扩大林木的间距。因此，在特殊困难的造林条件下，即使采用必要的造林技术措施，尚不能达到幼树成活生长对水肥方面的最低需求，在此情况下，为了发挥林木群体对不良外界环境条件的抵御能力，保证每一株幼苗可以顺利成活与生长，往往采用稀植。在我国稀植的方法是行内密植(株距小)，增大行距(行距大)，此种方法叫做疏中有密，也可收到较好的效果。

(4)考虑经济因素和栽培技术

造林密度的确定应当考虑当地的经济条件和林业经营水平，在交通不便、劳力短缺、无条件进行间伐利用的地区宜稀植；反之，密度可大些。林草复合、林农复合时造林密度一般宜稀些，计划进行中期抚育间伐利用的可密些。林木栽培技术细致、集约，林木生长快、成活率高，可稀植。

2)合理密度确定方法

根据现有生产经验和有关科学资料，主要有如下方法。

(1)造林经验法与试验法

从过去不同造林密度的人工林，在满足其培育目的方面所取得的成效，分析判断其合理性及需要调整的方向和范围，从而确定在新的条件下应采用的造林密度。一是从科学试验和生产经验编制的造林密度表，在表格上查出不同树种的造林密度，这是当前造林工作中应用最普遍的一种方法。二是通过对现有不同密度状况下的人工林分调查、研究分析，找出能满足造林经营目标、具有较好造林成效的种植密度范围，作为新造林时确定种植密度的参考。应用经验方法时，要注意密度的确定应当建立在足够的理论知识和生产经验的基础上，避免主观臆断。三是通过不同密度的造林试验结果，来确定适宜的造林密度，是最可靠的方法，但这种试验需要等待很长时间才能得出结论，而且要花很大的精力和财力。一般只能对几个主要造林树种，在典型的立地条件下进行密度试验，得出密度作用规律及其主要参数，以指导生产中造林密度的确定。

(2)林分密度管理图表法

对于某些主要造林树种，如落叶松、杉木等，已进行了大量的密度规律的研究，并制定了各种地区性的分树种林分密度管理图。造林时可以查阅相应图表以确定造林密度，如可按第一次疏伐时要求达到径级的大小，由林分密度管理图上查出长到这种大小而疏密度又较高(0.8以上)时对应的密度，以此密度再加一定数量，以抵偿生长期间可能产生的死亡株数，即可作为造林密度。

(3)林分生长状况推算法

调查现有人工林生长发育状况，然后采用数理统计方法确定造林密度。如林木营养面积大小一般与林木冠幅大小相联系，适宜的冠幅面积(垂直投影面积)代表林木生长发育所占的养分空间。掌握某一树种平均冠幅随年龄而变化的规律，然后根据要求幼林郁闭的年限和该年限的平均冠幅，以及所希望达到的郁闭度，按下列公式进行计算，即可得到该树种的造林密度。其公式如下：

$$N = \frac{S}{D}P \tag{3-1}$$

式中　　N——造林密度(株/hm^2)；

　　　　S——单位面积(hm^2)；

　　　　D——某树种要求郁闭年限的平均冠幅或树冠投影面积(m^2)；

　　　　P——要求达到的郁闭度。

近年来，根据不同地区不同树种的胸径或树高和密度的调查数据，找出两者间的关系，建立数学模型并依据模型来编制适合某一地区某一树种的合理密度表。

【例 3-1】王斌瑞(1987)在山西省吉县黄土残塬沟壑区，对刺槐林进行密度研究，据冠幅与胸径间的相关关系，找出郁闭度为 1.0 时的胸径 D 与密度 N 的关系模型：

$$N = - 331.28 + \frac{15646.79}{D}　（相关系数 R = 0.9946，标准误差 S = \pm 89）$$

据上述方程即可得出刺槐人工林的理论密度表。又根据山东、河北、陕西及该地区对刺槐人工林的多年经验认为，郁闭度保持在 0.6~0.8 有利于林木生长发育。根据这一指标，可得出不同生长发育阶段刺槐林的合理密度表，为林分生长发育各阶段的密度管理提供了依据。如在人工刺槐林，第一次间伐径阶为 4 cm，第二次为 8 cm。

那么，理论密度为：$N = -331.28 + \dfrac{15\,646.79}{4} = 3580$

合理密度为：$N = 3580 \times 0.8 = 2864 \pm 89$

第一次间伐：$N = 2864 - \left(-331.28 + \dfrac{15\,646.79}{8} \times 0.8\right) = 1630 \pm 89$

即初植密度确定在 3000 株左右，第一次间伐 1600 株左右，余 1400 株左右。

3.3.2.4　造林种植点配置

所谓种植点的配置是指一定的植株在造林地上分布的形式，是构成水土保持林群体的数量基础。分布形式的不同，决定着林分立木之间的相互关系。在密度已确定的情况下通过配置的方式可进一步合理分配和利用光能及地力，因此人工林中种植点的配置与林木的生长、树冠的发育、幼林的抚育和施工等都有着密切的关系。在城市绿化与园林设计中，种植点的配置也是实现艺术效果的一种手段。对于防护林来说，通过配置能使林木更好地发挥其防护效能。

种植点的配置方式，一般分为行列状配置和群状配置两类。

1) 行(列)状配置

目前的造林工作中播种或栽植点在造林地主要采用成行状排列的方式。行状配置由于分布均匀、能充分利用营养空间，有利于树冠发育和树干的通直圆满，也便于抚育管理。山丘地造林时，沿等高线成行垂直于径流线方向，水土保持效果好。行状配置有长方形、正方形和三角形 3 种。

(1) 长方形配置

长方形配置是造林中最常用的一种配置方式。株行距不等，一般行距大于株距，行内株间郁闭早，能提前收到株间郁闭的效果，增强幼林的稳定性，减少行内除草的次数，便于进行机械化作业、幼林抚育以及行间间作等。山区行向视地势走向而定，一般应沿等高线布设；平原区行向以南北向为好。长方形配置适合于平坦的造林地和坡度平缓，地块相连的坡地。

种植点数量计算公式如下：

$$N = \frac{A}{ab} \qquad\qquad (3\text{-}2)$$

式中　A——面积（m^2）；

　　　　N——种植点数量；

　　　　a——株距（m）；

　　　　b——行距（m）。

（2）正方形配置

正方形配置时，行距和株距相等，相邻株连线呈正方形。这种方式分布比较均匀，具有一切行状配置的典型特点，是营造用材林、经济林较为常用的配置方法。其计算公式如下：

$$N = \frac{A}{a^2} \qquad\qquad (3\text{-}3)$$

式中各字母符号意义同前。

（3）三角形配置

三角形配置一般要求相邻行的种植点错开呈品字形排列，也叫品字形配置。这种配置形式，有利于使树冠均匀发育及保持水土，在丘陵和山地造林时经常采用。正三角形配置边各相邻点间的距离都相等，是三角形配置中最均匀的一种方式。这种配置方式能更有效地利用空间，使树冠发育均匀，提高木材质量，防护作用最大，是山区水土保持林营造中最常用的形式。

种植点数量计算公式如下：

$$N = 1.155\frac{A}{a^2} \qquad\qquad (3\text{-}4)$$

式中各字母符号意义同前。

若采用双行为一带栽植，往往是带间距（d）大于行距（b），单位面积种植点的数量为：

$$N = \frac{A}{a \times \frac{1}{2}(d+b)} \qquad\qquad (3\text{-}5)$$

注意在计算需苗量时，若为丛植，单位面积总苗数还应再乘以每种植点的株数。

2）群（丛）状配置

群（丛）状配置方式，也称簇式配置或植生组配置。这种配置方式的特点是种植点成群（簇）分布，群与群间的距离较大，一般相当于水土保持林成熟阶段的平均株距，在每一块状地内苗木比较密，往往是几株（3~5）集聚在一起，形成一个生物群体（或称植生组）。

群（丛）状配置的优点，在造林初期，群内苗木很快郁闭，形成了一个对苗木生长较有利的集团。因而对不良环境因子(干旱、日灼、杂草等)有较大的抵抗能力,初期生长较稳定。然而这种配置形式由于群内苗木较多,随着年龄的增长,群内幼树间的矛盾逐渐突出,林间竞争加剧,分化明显,应该及时通过人为措施去弱留强,选择定株。但它对光能的利用和树干的发育都不如行状配置,产量也较低,一般造林较少采用。由于它具备抗性强、稳定、易于管理等特点,因此在迹地更新及低价值林分的改造上具有一定的实用价值。

群(丛)状配置需苗量的计算方式:单位面积总苗数 = 单位面积簇式块群×每块的种植数量。

无论采用上述何种配置方式,造林密度计算中采用的造林面积是指垂直投影所占的面积,不是指地形倾斜所造成的斜面积。因此,一般的株行距也是指水平距离,为此在坡地造林定点时,应按地面坡度加以调整,将山坡的斜面积折算成水平面。

3.4　整地与造林方法

3.4.1　整地技术

造林地的整地是造林前处理造林地的重要技术措施,又称造林地整理,是人工造林的重要工序之一,也是人工造林技术的主要组成部分,又是实现适地适树(改地适树)的重要途径之一。

3.4.1.1　整地作用

造林整地的主要作用是改善造林地的立地条件并便于进行随后的各项经营活动。造林整地主要有改善立地条件、保持水土、提高造林成活率、促进幼林生长及便于造林施工、提高造林质量等作用,其中主要作用是改善立地条件。

1)改善立地条件

(1)改善微地形和小气候

造林地的采伐剩余物和植被经过全部或部分清理后,使光照可以直接到达地面,地面得到的直射光增加,散射光减少,空气对流增加,因而近地表层和地面的温度发生变化,白天增温和夜间降温明显,日夜温差加大,空气相对湿度下降。通过不同形式的清理和整地,创造不同的微域地形和气候,以适应不同生物学、生态学特性树种的需求。例如,全面清理更适合于喜光树种的更新造林,而局部清理适合于耐阴的树种;将坡面整成朝向、相对高度不同的微地形,改变太阳投射到地面的角度和光照时间,使地面和土壤的温度、水分条件发生变化。

(2)改善土壤的物理性质

植被清理后,降水直接到达地面,翻垦后的土壤孔隙度增大,渗透性增强,减少地表径流,降水易于渗入深层,并加以有效地保存,土壤固、液、气三相的比例趋于协调。在土壤水分方面,因不同的基础条件和采用的整地方法不同而表现出不同的整地效果。干旱、半干旱地区,或有季节性干旱的湿润、半湿润地区、通过整地把坡地改为水平地，增加土壤的疏松性和表面的粗糙度，切断毛细管，减少深层土壤的水分向上补给，减少地面蒸发，因而增加土壤蓄水保墒的能力；在水过剩乃至有季节性积水的地区，通过整地可以排除多余的水分。除了局部地区有土壤水分过多的情况外，由于我国大部分地区处于干旱、半干旱或有季节性干旱的地区，所以整地对于土壤水分的改善一般注重于其蓄水保墒功能。

（3）改善土壤的化学性质

植被清理后，减少了植物对于养分的直接消耗。整地后形成的微域环境和特殊的小气候，加快了残留在造林地上的部分枝叶的腐烂分解，从而增加了土壤的有机质；整地后土壤物理性质的改变，有利于土壤微生物的活动，加速了元素的循环，增加了速效养分的供应。

（4）减少杂草和病虫害

通过整地可以减轻杂草、灌木与幼林的竞争，减少土壤水分和养分的消耗；整地清除了病虫赖以滋生的环境，减轻病虫的危害。

2）增强水土保持效能

在水土流失严重的地区，整地既是造林这一生物措施中的一个环节，也是一项行之有效的简易工程措施。常用的水平沟、鱼鳞坑、反坡梯田、撩壕等整地方式都是以水土保持为中心的，可以形成一定的积水容积，把坡面径流储蓄起来，起到拦截坡面泥沙、蓄水保墒的作用。其水土保持作用主要表现在：

①整地能够增加地表糙度，疏松土壤，改善土壤结构、增加总孔隙度，从而促使水分下渗，提高了土壤的贮水能力。

②整地改变小地形，把坡面局部变为平地、反坡、下洼地和梯地，截短了坡长，切断了径流线、减少流量、减缓流速，改变了地表径流的形成条件。

③整地后在坡面上形成了均匀分布有效微积水区，即使水分来不及下渗，径流亦可蓄存在积水区内。

④整地清除灌木、杂草等植被后，减少植被截留，相对增加了降水。同时，灌木、杂草等植被的减少，有助于降低水分的蒸腾消耗。

3）提高造林质量

整地后对于立地条件的改善，对于播种造林或植苗造林都是有利的。近地表面气温、地温的升高，草根和石砾减少，有利于种子萌发、苗木的根系生长和顺利成活。这种有利的作用表现为春季树液流动、发芽、展叶等物候期提前，秋季落叶物候期推后，使苗木生长期延长。这种有利的作用可能延续数年，从而促进幼林的生长。不同整地方式对幼林生长的促进效果不同。

土壤理化性质的改变以及整地对幼林生长的影响程度和整地技术紧密相关，只有正确的整地技术才能取得良好的整地效果。如果整地中把深层的石砾、心土大量地翻到土壤表面，或者过度清理天然植被，以及形成的坡度不当等，对改善土壤理化性质不仅无益，还可能造成水土流失或土壤条件恶化。

3.4.1.2 整地方法

造林地的整地有不同的方式和方法。整地方式是对造林地的翻垦规模而言的，分全面整地和局部整地(局部翻垦)，全面整地是全部翻垦造林地土壤的整地方式，局部整地是局部翻垦造林地土壤的整地方式。整地方法是对局部整地的翻垦形式和断面形状而言的，可分为带状整地(带垦)和块状整地(块垦)两类方法。

1) 带状整地

带状整地是呈长条状翻垦造林地土壤，并在翻垦部分之间保留一定宽度的原有植被或原状地面。带状整地改善立地条件的作用明显，预防土壤侵蚀的能力较强，便于机械化作业。带状整地是山区、丘陵区重要的整地方法。在山地带状整地时，带的方向应沿等高线保持水平，带宽根据当地的降水量与水土流失强度及植被条件等确定。在平原区进行带状整地时，带的方向多为南北向，如害风严重，与主风方向垂直。

山地带状整地中比较常用的为水平带、水平阶、水平沟、反坡梯田、撩壕整地等。平原应用的带状整地有带状、犁沟、高垄等方法。

(1) 水平带整地

沿等高线在坡地上开垦成连续带状(图 3-10)。带面与坡面基本持平，带宽一般 3.0~0.4 m，保留带可宽于或等于翻垦部分的宽度。翻垦深度 25~35 cm。这种方法适用于植被茂密、土壤深厚、肥沃、湿润的荒山或迹地，坡度比较平缓的地段。

(2) 水平阶整地

一般沿等高线将坡面修筑成狭窄的台阶状台面(图 3-11)。阶面水平或稍向内倾斜成反坡(约 5 ℃)；阶宽随地面而异，石质山地一般为 0.5~0.6 m，黄土地区约 1.5 m；阶长视地形而异，一般为 1~6 m，翻垦深度 30~35 cm，阶外缘培修土埂或无埂。适用于干旱的石质山、土层薄或较薄的中缓坡草坡，植被茂密、土层较厚的灌木陡坡，或黄土山地的缓中陡坡。整地时从坡下开始，先修下边的台阶。向上修第二级台阶时，将表土下翻到第一级台阶上；修第三级台阶时，再把表土投到第二级台阶上，依此类推修筑各级台阶，即所谓"逐台下翻法"或"蛇蜕皮法"。

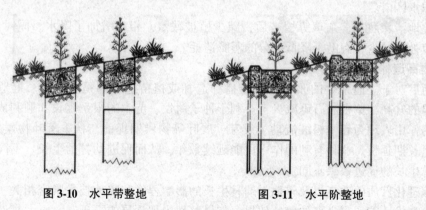

图 3-10　水平带整地　　　　　图 3-11　水平阶整地

(3) 水平沟整地

沿等高线断续或连续带状挖沟(图 3-12)。沟面低于坡面且保持水平，构成断面为梯形或矩形沟壑。梯形水平沟上口宽 0.5~1 m，沟底宽 0.3 m，沟深 0.4 m 以上，按需拦截径流量确定，外侧有埂，顶宽 0.2 m，沟内每隔一定距离留土埂。沟与沟间距 2~3 m，且以小沟相连。水平沟整地的沟宽且深，容积大，能够拦蓄大量降水，防止水土流失，

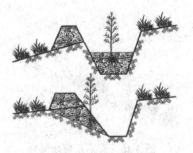

图 3-12 水平沟整地

图 3-13 反坡梯田整地

其沟壁可以遮阴挡风,减少沟内水分蒸发,但是这种整地方法的挖土量大,费工费力,成本较高。其主要用于黄土高原水土流失严重的中陡坡,也可用于急需控制水土流失的一般山地。挖沟时用底土培埂,表土用于内侧植树斜面的填盖,以保证植苗部位有较好的肥力条件。

(4)反坡梯田整地

又称为三角形水平沟(图 3-13)。沟面向内倾斜成 3°~15°反坡;面宽 1~3 m,埂内外侧坡均约 60°,长度不限,每隔一定距离修筑土埂,以预防水流汇集,深度 40 cm 以上,保留带可略窄于梯田宽度。其特点是蓄水保肥,抗旱保墒能力强,因此具有良好的改善立地条件的作用,但整地投入劳力较多,成本高。适用于黄土高原地区地形破碎程度小、坡面平整的造林地。将表土置于破土面的下方植树穴周围,生土往外侧填放。

(5)撩壕整地

又称倒壕、抽槽整地,为整地连续或断续带状(图 3-14)。分大、小撩壕。大壕规格一般是宽、深各 80~100 cm;小撩壕规格一般是宽、深各 50~70 cm,壕面呈内低外高的 5°~10°的反坡或修筑土埂,长度不限。由于该方法松土深度大,不但改善了土壤理化性质,提高了土壤肥力,而且增加了蓄水保墒能力,有利于水土保持,对林木生长十分有利,但这种方法投工多、投资大、施工进度慢。主要用于南方造林,特别是上层薄、黏重、贫瘠的低山丘陵的造林,以及交通方便、人口稠密、经济活跃又急于发展类似集约经营的用材林的地方。按栽植行距,沿山的等高线开挖水平沟,从山下往山上施工,在开沟时要把心土放于壕沟的下侧做埂,壕沟挖到规定深度后,再从坡上部相邻壕沟起出肥沃表土和杂草等,埋入下边的壕沟中。

(6)等高反坡阶整地

沿等高线将坡面修筑成反坡台面(图 3-15)。台面向内倾斜成 3°~15°反坡,面宽 0.5~1 m,沿等高线布设。其特点是反坡面汇集的地表径流沿等高反坡阶内侧流动,具有增加土壤水分含量和防止土壤养分流失的作用,同时可以起到排水沟的作用,整地投入劳力较少,成本较低,是南方降水量丰富地区最实用的一种整地方式。

(7)平原带状整地

为连续长条状,带面与地表平齐(图 3-16)。带宽 0.5~1.0 m 或 3~5 m,深度约 25 cm,或根据需要增加至 40~50 cm,长度不限,带间距离等于或大于带面宽度。带状整地是平原整地常用的方法,一般用于无风蚀或风蚀不严重的沙荒地和撂荒地、平坦的

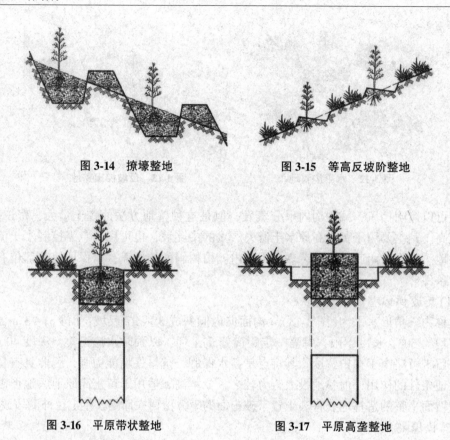

图 3-14　撩壕整地　　　　　　　　图 3-15　等高反坡阶整地

图 3-16　平原带状整地　　　　　　图 3-17　平原高垄整地

采伐迹地、林中空地和林冠下的造林地以及平整的缓坡。

（8）平原高垄整地

为连续长条状，垄高于地面，为栽植带，两侧为排水沟（图 3-17）。垄宽约为 0.3～0.7 m，垄面高出地面 0.2～0.3 m，垄长不限。高垄整地是某些特殊立地条件的整地方法，用于水分过剩的各种迹地、荒地及水湿地，盐碱地整地有类似于高垄整地的台田、条田等方法。

2）块状整地

块状整地是呈块状翻垦造林地土壤的整地方法。块状整地比较省工，成本较低，但改善立地条件的作用相对较差。块状整地可应用于山地、平原的各种造林地，包括地形破碎的山地、水土流失严重的黄土地区坡地、伐根较多且有局部天然更新的迹地、风蚀严重的草原荒地和沙地，以及沼泽地等。山地应用的块状整地方法有：穴状、块状、鱼鳞坑等；平原应用的方法有：块状、高台等整地方法。

（1）圆形整地

翻垦形式为圆形坑穴，穴面与原坡面持平或稍向内倾斜，穴径 0.4～0.5 m，深度 25 cm 以上（图 3-18）。穴状整地可根据小地形的变化灵活选定整地位置，有利于充分利用岩石裸露山地土层较厚的地方和采伐迹地伐根间土壤肥沃的地方造林。整地投工数量少，成本比较低。石质山地可用于裸岩较多、植被稀疏或较稀疏、中薄层土壤的缓坡和中陡坡，或灌木茂密、土层较厚的中陡坡；黄土地区可用于植被比较茂密、土层较厚的中陡坡；高寒山区和林区可用于植被茂密、水分充足易发生冻拔害的山地和采伐迹地。

（2）方形整地

局部翻垦形式为正方形或矩形坑穴块，穴面与坡面（或地面）持平或稍向内侧倾斜，边长 0.4~0.5 m，有时可达 1~2 m，深 30 cm，外侧有埂（图 3-19）。破土面较小，有一定的保持水土效能，并且定点灵活，冻拔害较轻，比较省工。一般山地可用于植被较好、土层较厚的各种坡度，尤其是中缓坡。地形较破碎的地方，可采用较小的规格；坡面完整的地方，可采用较大的规格，供培育经济林或改造低价值林分用。平原可用于沙地造林，规格可大。

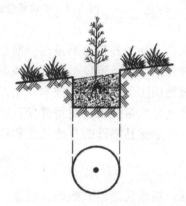

图 3-18 块状圆形整地

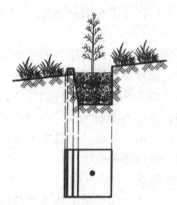

图 3-19 块状方形整地

（3）鱼鳞坑整地

局部翻垦形式为近似于半月形的坑穴，坑面低于原坡面，保持水平或向内倾斜凹入（图 3-20）。长径和短径随坑的规格大小而不同，一般长径 0.7~1.5 m，短径 0.6~1.0 m，深约 30~50 cm，外侧有土埂，半环状，埂高 20~25 cm，有时坑内侧有小蓄水沟与坑两角的引水沟相通。鱼鳞坑整地有一定的防止水土流失的效能，并可随坡面径流量多少调节单位面积上的坑数和坑的规格。施工比较灵活，可以根据小地形的变化定位挖坑，动土量小、省工、成本较低，但其改善立地条件及控制水土流失的作用都有限。一般主要用于容易发生水土流失的黄土地区和石质山地，其中规格

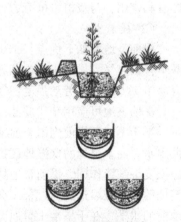

图 3-20 块状鱼鳞坑整地

较小的鱼鳞坑可用于地形破碎、土层薄的陡坡，而规格较大的鱼鳞坑用于植被茂密、土层深厚的中缓坡。挖坑时一般先将表土堆于坑的上方，然后把心土堆放在下方、围成弧形土埂，埂应踏实，再将表土放入坑内，坑与坑多呈"品"字形排列。

（4）高台整地

局部翻垦形式为正方形、矩形或圆形台面，台面高于原地面 25~30 cm，边长或直径

0.3~0.5 m，甚至 1~2 m，台面外侧有排水沟（图 3-21）。高台整地排水良好，但投工多、成本高、劳动强度也大。一般用于水分过多的迹地、草甸地、沼泽地，以及某些地区的盐碱地等，或由于某种原因不适于进行高垄整地的地方。

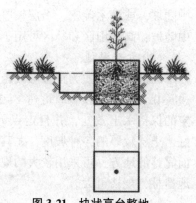

图 3-21 块状高台整地

3.4.1.3 整地时期

整地时期依据整地季节与栽植季节的时间关系分为随整随造和提前整地两种，整地后立即栽植，称随整随栽。整地时间比造林时间提前 1~2 个季节，称为提前整地。

对提前整地而言，选择适宜的整地季节，是充分利用外界有利条件，回避不良因素的一项措施。在分析各地区自然条件和经济条件的基础上，选定适宜的整地季节，可以较好地改善立地条件，提高造林成活率，节省整地用工，降低造林成本。如果整地季节选择不合理，不仅不能蓄水保墒，而且可能导致水分大量蒸发，适得其反。就全国范围来说，一年四季均可整地，但具体到某一地区，由于受其特殊的自然条件和经济条件的制约，并非一年四季都能整地。

（1）随整随栽

随整随栽主要应用于新采伐迹地及风沙地区。新采伐迹地立地条件优越，地势平坦之地提前整地往往可导致整地部位大量贮水，土壤水分过多，冬春之交易发生冻拔害，而沙地则易引起风蚀，应用随整随栽可消除这种弊端，但随整随栽不能够充分发挥整地的有利作用，与栽植争抢劳力。

（2）提前整地

提前整地有如下优点：①雨季前整地可以拦截大气降水，增加土壤水分；②利于杂灌草根的腐烂，增加土壤有机质，调节土壤水气状况；③在雨季前期整地，土壤松软，容易施工，降低了劳动强度；④整地与造林不争抢劳力，造林时无需整地。

提前整地可应用于干旱半干旱地区、高垄整地的低湿地区、南方山地、盐碱地等。干旱半干旱地区提前到雨季前期整地，不仅土壤疏松易于施工，而且又能使土壤保蓄后期雨水。高垄整地的低湿地区提前整地，便于植物残体腐烂分解，土壤适当下沉，上下层恢复毛细管作用。提前整地的时间不宜过短或过长，一般为 1~2 个季节。过短，提前整地的目的难以达到；过长，会引起杂草大量侵入滋生，土壤结构变差，甚至恢复到整地前的水平。在干旱半干旱地区，整地和造林之间不能有春季相隔，否则整地只会促进土壤水分的丧失。在某些情况下，提前整地的时间可以长一些，如盐碱地造林为充分淋洗有害盐分，为使沼泽地盘结致密的根系及时分解，应该提前 1 年以上的整地时间。

3.4.2 造林技术

3.4.2.1 播种造林

播种造林是把种子直接播种到造林地而培育森林的造林方法，可分为人工播种和飞机播种造林两种方法。

1) 播种造林特点和应用条件

(1) 播种造林的特点

播种造林优点主要表现在以下几个方面：播种造林与天然下种一样，根系的发育较自然，可以避免起苗造成根系损伤；幼树从出苗就适应造林地的气候条件和土壤环境，林分较稳定，林木生长较好；播后造林地上可供选择的苗木较多，因此保留优质苗木机会多。

播种造林也存在以下几个方面的缺点：需要种子多；杂草、灌木十分茂密的造林地，若不进行除草割灌等抚育措施，幼苗易受胁迫而难以成林；易受干旱、日灼、冷风等气象灾害，以及鸟、兽、鼠害。

(2) 播种造林应用条件

播种造林适用于造林地条件好或较好，特别是土壤湿润疏松，灌木杂草不太繁茂的造林地；鸟兽害及其他灾害性因素不严重或较轻微的地方；具有大粒种子的树种，以及有条件地用于某些发芽迅速、生长较快、适应性强的中小粒种子树种；种子来源丰富、价格低廉的树种；人烟稀少、地处边远地区的造林地，可采取飞机播种造林。

2) 种子播前处理

种子播前处理是指播种前对种子进行的消毒、浸种、催芽、拌种 (积极采用鸟兽驱避剂、植物生长调节剂等)，以及包衣等技术措施。播前处理的目的在于缩短种子在土壤里停留的时间，保证幼苗出土整齐，预防鸟兽和病虫危害。春季播种的种子，尤其是深休眠的种子经过催芽才可以及时出土和根系的延伸，以保证有足够的生长时间。种子播前处理还可以提高对高温、干旱的抵抗能力，提高木质化程度，为越冬做好准备。

播前处理根据树种、立地条件和播种季节等决定。易感病虫和易遭鸟兽危害的树种 (如大多数针叶树种、栎类等大粒种子)，或者在病虫害严重的造林地播种，应进行消毒浸种和拌种处理。造林地土壤水分条件稳定良好的条件下，浸种催芽的效果很好；干旱的立地条件则不宜浸种。雨季造林一般播干种子，只有在准确地掌握降水过程的前提下才能浸种后播种；秋季造林，尤其是北方地区，一般希望种子当年萌发生根而幼苗不出土，以免造成冻害，所播种子不能做催芽处理。

3) 人工播种造林技术

(1) 播种方法

播种造林方法有块播、穴播、缝播、条播和撒播等。

①块状播种 (块播)　在经过块状整地 (一般在 1 m^2 产以上) 的块状地上进行密集或簇播的方法。其特点是形成植生组，对外界抵抗力和种间竞争力强，故常用于已有阔叶树种天然更新的迹地上引进针叶树种及对分布不均匀的次生林进行补播改造。

②穴播　是在局部整地的造林地上，按一定的行距挖穴播种的方法。由于其整地工作量小、技术要求低、施工方便、选点灵活性大，因此适用于各种立地条件的造林地，是我国当前播种造林应用最广泛的方法。

③条播　是在全面整地或带状整地上按照一定的行距进行开沟播种的方法，沟深视树种而异。适用于中小粒种子。

④撒播　是把种子均匀地撒布于造林地上的方法。该法主要用于地广人稀，交通不便的大面积的荒山荒地、采伐迹地和火烧迹地造林，此法工效高、造林成本低，但作业粗放，特别是一般造林前不整地，播种后不覆盖，种子在播种后容易受多种不利自然条件的影响。

（2）播种技术

①细致整地。

②种子处理与播种　根据需求进行种子处理，按照不同播种方法均匀下种。

③覆土厚度　土壤湿度、风、温度等条件对种子发芽的影响，覆土厚度在环境因子对发芽的影响中有重要作用。从土壤湿度来看，覆土越厚湿度条件越好，然而通气条件则变差，妨碍发芽和发芽后的发育，过厚也阻碍了幼苗出土。因此，直播造林的覆土厚度，需要根据各种环境因子的综合因素来考虑。覆土厚度一般以种子大小的 2～3 倍为宜。

（3）播种量

播种量的多少主要决定于树种的特性、种子发芽率的高低和单位面积上计划保留的苗木数量。一般来说，种子容易发芽、幼苗期抗性强的树种，发芽率高的种子，播种量可小些；反之应大些。由于发芽率、保存率除了种子本身的特性外，还和造林地的立地条件有关，凡是造林地水热条件好，整地细致的，播种量可小些；反之应大些。

根据各地长期的生产经验，在能够保证种子质量的前提下，可以按照种粒的大小粗略地确定穴播的播种量：核桃、核桃楸、板栗、三年桐等特大粒种子，每穴 2～3 粒；栎类、油茶、山桃、山杏、文冠果等大粒种子，每穴 3～4 粒；红松、华山松等中粒种子，每穴 4～6 粒；油松、马尾松、云南松等小粒种子每穴 10～20 粒；更小粒的种子，每穴 20～30 粒。

（4）播种季节

早春适于播种造林，此时由于气温上升，土壤开始解冻，水分条件好，应抓紧有利时机播种，幼苗可免遭日灼或干旱危害，但有晚霜危害的地区，不宜过早播种；在春旱较严重的地区，可利用雨季播种。如华北、西北及云贵高原地区，大部分降水量集中于夏季（7～8 月）或夏秋两季，此时土壤温度好，湿润，利于种子萌发。雨季播种造林应考虑到幼苗在早霜到来之前能充分木质化，在华北地区至少需要保证幼苗有 60 d 以上的生长期，否则不易越冬；秋季播种造林适用于一些休眠期较长的大粒种子，如核桃、栎类等，种子不用储藏和催芽，而翌年出苗早，苗木抗干旱能力较强，但要防止鸟、鼠等危害，秋播不宜过早，以免当年发芽，发生冻害。

4）飞机播种造林

飞机播种造林，又简称飞播造林、飞播，它是利用飞机把林木种子或种子丸直接撒播在造林地的造林方法。飞播造林具有速度快、节省劳力、不受地形条件限制等特点，适用于大面积造林，特别是在人力难及的高山、远山和沙地的造林和种草。

3.4.2.2　植苗造林

植苗造林是以苗木为造林材料进行栽植的造林方法，又称植树造林、栽植造林。植苗造林是使用最为普遍而且比较可靠的一种造林方法。

1) 植苗造林特点及应用条件

(1) 植苗造林的特点

植苗造林优点表现在：所用苗木一般具有较为完整的根系和发育良好的地上部分，栽植后抵抗力和适应性强；初期生长迅速，郁闭早；用种量小，特别适于种源少、价格昂贵的珍稀树种造林。

植苗造林的缺点有以下几个方面：裸根苗根系易受损，造林时有缓苗期；育苗工序庞杂，花费劳力多，技术要求高，造林成本相对提高；起苗到造林期间对苗木保护要求严格，栽植费工，在地形复杂条件下不易于机械化。

(2) 植苗造林应用条件

植苗造林对于造林地的立地条件要求不苛刻，适用于绝大多数树种和各种立地条件，尤其适用于干旱半干旱地区、盐碱地区、水土流失严重地区、植被繁茂、易滋生杂草的造林地及动物危害严重地区的造林。当前植苗造林在国内外均最为广泛。

2) 苗木的种类及规格

对于不同种类及规格的苗木，采用的植苗方法和具体栽植过程都会有所区别。

(1) 苗木的种类

植苗造林应用的苗木种类，主要有播种苗、营养繁殖苗和容器苗等。如仅从对造林技术的影响分析，这些苗木可按根系是否带土分为裸根苗和容器苗两大类。裸根苗，是以根系裸露状态起出的苗木，包括以实生或无性繁殖方法培育的移植苗和留床苗。这一类苗木起苗容易，重量小，储藏、包装、运输方便，栽植省工，是目前生产上应用最广的一类苗木。但起苗伤根多，栽植后遇不良环境条件常影响成活。容器苗，是根系带有宿土且不裸露或基本上不裸露的苗木，包括各种容器苗和一般带土苗。这类苗木根系比较完整，栽植易活，但重量大，搬运费工、费力。

(2) 苗木的规格

苗木规格是指适宜造林用的苗木的年龄、高度、地径和根系发育状况的标准。在造林时，应选择优质苗木进行造林。

①苗龄　指苗木的年龄，不同林种、树种的造林使用不同年龄的苗木。年龄小的苗木，起苗伤根少，栽植后缓苗期短，在适宜的条件下造林成活率高，投资较省，但是在恶劣条件下苗木成活受威胁较大；年龄大的苗木，对杂草、干旱、冻拔、日灼等抵抗力强，适宜条件下成活率也高，幼林郁闭早，但苗木培育与栽植的费用高，遇不良条件更容易死亡。

②苗高　是最直观、最容易测定的形态指标，测定时从苗木地茎处或地面量到苗木顶芽，如苗木还没有形成顶芽，则以苗木最高点为准。苗木高度并非越高越好，虽然高的苗木有可能在遗传上具有一定优势，然而同一批造林苗木的大小以求整齐为好，以防将来林分强烈分化。

③地径　又称地际直径，是指苗木土痕处的主干直径。地径与苗木根系大小和抗逆性关系紧密，地径与根体积、苗木鲜重、干重等呈紧密相关关系。另外，地径粗壮且具有更强的支撑、抗弯曲能力，在虫害、动物破坏以及高温损害等方面的耐力要大于细弱

苗木。

④根系　根系是植物的重要器官，造林后苗木能否迅速生根是决定其能否成活的关键。目前生产上采用的根系指标主要是根系长度、根幅、侧根数等。

3) 植苗造林技术

（1）栽植方法

植苗造林方法按照栽植穴的形态可以分为穴植、缝植和沟植。栽植方法还可以按照每穴栽植 1 株或多株而分为单植和丛植；按照苗木根系是否带土而分为带土栽植和裸根栽植；按照使用的工具可分为手工栽植和机械栽植。

①穴植　是在经过整地的造林地上挖穴栽苗，适用于各种苗木。穴的深度和宽度根据苗根长度和根幅确定，穴的大小要比苗根大，一般穴深应大于苗木主根长度，穴宽应大于苗木根幅，以使苗根舒展。使用手工工具或挖坑机开穴，挖穴时尽量将表土与心土分别堆放穴旁，栽苗时先填表土，分层踏实，每穴植苗单株或多株。

②缝植　是在经过整地的造林地或土壤深厚湿润的未整地造林地上，用锄、锹等工具开成窄缝，植入苗木后从侧方挤压，使苗根与土壤紧密结合的方法。此法的造林速度快，工效高，造林成活率高，其缺点是根系被挤在一个平面上，生长发育受到一定影响。适用于比较疏松、湿润的地方栽植针叶树小苗及其他直根性树种的苗木。

③沟植　是在经过整地的造林地上，以植树机或畜力拉犁开沟，将苗木按照一定距离摆放在沟底，再覆土、扶正和压实。此法效率高，但要求地势比较平坦。

（2）栽植技术

栽植技术指的是栽植深度、栽植位置和施工要求等。植苗时，要将苗木扶正，苗根舒展，分层填土、踏实，使苗根与土壤紧密地结合，严防窝根、虚土栽植。

①栽植深度　根据立地条件、土壤墒情和树种而确定。一般应超过苗木根颈处原土印以上 3~5 cm。干旱地区、沙质土壤和能产生不定根的树种可适当深栽。栽植过浅，根系外露或处于干土层中，苗木易受干旱；栽植过深，影响根系呼吸，也不利于苗木生长。

②栽植位置　一般多在穴中央，以保证苗根向四周伸展，不致造成窝根。但靠壁栽植时，苗根紧贴未破坏结构的土壤。

③栽植施工　栽植施工时先把苗木放入植穴，埋好根系，使根系均匀舒展、不窝根。然后分层埋土，先把肥沃湿润土填于根际四周、填土至坑深一半时，把苗木向上略提一下，使根系舒展后踏实，再填余土，分层踏实，使土壤与根系密结。穴面可依地区不同、整修成小丘状(排水)，或下凹状(蓄水)。干旱条件下，踏实后穴面再覆一层虚土，或撒一层枯枝落叶，或盖地膜、石块等，以减少土壤水分蒸发。带土坨大苗造林和容器苗造林时，要注意防止散坨。容器苗栽植时，凡苗根不易穿透的容器(如塑料容器)在栽植时应将容器去掉，根系能穿过的容器如泥炭容器、纸容器等，可连容器一起栽植，栽植时应注意踩实容器与土壤间的空隙。

4) 植苗造林季节和时间

为了保证造林苗木的顺利成活，需要根据造林地的气候条件、土壤条件、造林树种的生长发育规律，以及社会经济状况综合考虑，选择合适的造林季节和造林时间。适宜的造林季节应该是湿度适宜、土壤水分含量较高、空气湿度较大，符合树种的生物学特性，遭受自然灾害的可能性较小。适宜的栽植造林时机，从理论上讲应该是苗木的地上部分生理活动较弱(落叶阔叶树种处在落叶期)，而根系的生理活动较强，因而根系的愈合能力较强的时段。

(1)春季造林

在土壤化冻后苗木发芽前的早春栽植，最符合大多数树种的生物学特性，因为一般根系生长要求的温度较低，如能创造早生根后发芽的条件，将对成活有利。对于比较干旱的北方地区来说，初春土壤墒情相对较好，所以春季是适合大多数树种栽植造林的季节。但是对于根系分生要求较高温度的个别树种(如椿树、枣树等)，可以稍晚一点栽植，避免苗木地上部分在发芽前蒸腾耗水过多。对于春季高温、少雨、低湿的地区，如川滇地区，是全年最旱的季节，不宜在春季栽植树林，应在冬季或雨季。

(2)雨季造林

在春旱严重、雨季明显的地区(如华北地区和云南省)，利用雨季造林切实可行，效果良好。雨季造林主要适用于若干针叶树种(特别是侧柏、柏木等)和常绿阔叶树种(如蓝桉等)。雨季高温高湿，树木生长旺盛，利于根系恢复。但是雨季苗木蒸发强度也大，加之天气变化无常，晴雨不定，也会造成移栽苗木根系恢复的难度，影响成活。因此，栽植造林成功的关键在于掌握雨情，一般以在下过一两场透雨之后，或出现连阴天时为最好。

(3)秋季造林

进入秋季的树木生长减缓并逐步进入休眠状态，但是根系活动的节律一般比地上部分滞后，而且秋季土壤湿润，所以苗木的部分根系在栽植后的当年可以得到恢复，翌春发芽早，造林成活率高。秋季栽植的时机应在落叶阔叶树种落叶后，有些树种，如泡桐，在秋季树叶尚未全部凋落时造林，也能取得良好效果。秋季栽植一定要注意苗木在冬季不受损伤，冬季风大、风多、风蚀严重的地区和冻拔害严重的黏重土壤不宜秋植。

(4)冬季造林

我国的北方地区冬季严寒，土壤冻结，不能进行造林。中部和南部地区气温虽低，但一般土壤并不冻结，树木经过短暂的休眠即开始活动，所以这些地区的冬季造林实质上可以视为秋季造林的延续或春季造林的提前。

3.4.2.3 分殖造林

分殖造林，又称为分生造林，是利用树木的部分营养器官(茎干、枝、根，地下茎等)直接栽植于造林地的造林方法。

1)分殖造林特点及应用条件

(1)分殖造林特点

分殖造林的优点：可保持母本的优良性状；免去了育苗过程；施工技术简单，造林省工、省时、节约经费。分殖造林的缺点：某些树种有时因多代连续无性繁殖林木早衰、寿命短促；应用受分殖材料数量、来源限制。

(2)分殖造林应用条件

主要用于能够迅速产生大量不定根的树种，而且要求立地条件尤其是水分条件要好。

2) 分殖造林方法与技术

分殖造林因所用的营养器官和栽植方法不同而分为插条(干)造林、埋条(干)造林、分根造林、分蘗造林及地下茎造林等多种方法。

(1) 插木造林

插条造林和插干造林统称为插木造林，是用树木的枝条和细干做插穗直接插于造林地的造林方法。成活与否关键在于插穗能否生根。因此，它对造林地条件要求比较严格。插穗生根时，要求土壤中有适宜的水分、氧气和温度，故要求造林地的土壤要具备湿润和疏松的条件。在北方可选择地下水位较高，土层深厚的河滩地、潮湿沙地、渠旁岸边造林，在南方多选择在阴坡、山谷或山麓地带。

插条造林是利用枝条的一段做插穗，直接插于造林地的造林方法。插穗是插条造林的物质基础，插穗的年龄、规格、健壮程度和采集时间对造林成败的影响很大。插穗的年龄因树种而异，一般用 1~2 年生枝条或苗木，应采自中壮年优良母树，插穗的规格一般要求在 30~70 cm 或更长，针叶树种的插穗一般长度为 40~50 cm，采集时间选秋季落叶后至春季放叶前；在干旱地区，应对插穗在造林前进行浸水处理，以提高插穗的含水量，增强抗旱能力，可大大提高成活率；插前要整地，深度因树种、立地条件而异，一般深一些对蓄水有利，种条外露 1/3~1/2，落叶树种的深度，在土壤水分较好的造林地上可留 5~10 cm；在较干旱地区全部插入土中，而在盐碱土壤上插条时，应适当多露，以防盐碱水浸泡插穗的上切口，在风沙危害严重的地方，地上可不露，一经风蚀，必须外露；秋季扦插时，为了保持插穗顶端不致在早春发生风干，扦插后要及时用土把插穗上切口埋住，以防水分蒸发。

插干造林又称为栽干造林，是切取幼树干和树木的枝等直接插于造林地，适用树种主要有柳树和易生根的杨树。为了提早成材或早日达到造林的目的，常用此法进行造林或四旁植树。插穗的规格一般采用 2~4 a 的苗干或粗枝，直径 2~8 cm，长度因造林的目的和立地条件而异，一般为 0.5~3 m。高干造林的干长一般用 2~3 m，栽植深度因造林地的土壤质地和土壤水分而异，原则上要使干的下切口处能满足其生根所要求的土壤湿度和通气良好的深度。一般为 0.4~0.8 m，每坑栽插穗一根，填土踩实，过深则不利于生根，过浅则易遭干旱和风倒，栽植后为了防止损失水分过多，可在顶端切口处涂以沥青等。低干造林的干长一般为 0.5~1.0 m 以上，在河滩地造林时，如果单株栽植成活困难，每穴可栽 2~4 株，用方穴每角 1 株，以保证栽植点的成活率。

(2) 埋条(干)和压条造林

切取树木的枝条或苗干，横埋于造林地的造林方法叫埋条(干)造林。有些树种如桑树和杞柳等，还可用压条造林，即将生长在母树上的枝条用土埋压一小段，促进生根的造林方法。生产上多用沟压法，即在母株附近挖沟，把生长在母株上的枝条弯曲埋在沟里，并用木叉等钉住，再用土把沟中的一段埋压住，使枝上部大部分露在外面，当枝条的被压部分生根后再截断使其与母树分离。压条造林成活率比插条造林高，但受材料来源所限，不便于大面积造林应用。

(3) 分根造林

分根造林是取一段树根直接插于造林地的一种造林方法。用于某些萌芽生根力强的树种，如泡桐、漆树、楸树、刺槐、香椿、桑、相思树、樱桃等，其中尤以泡桐、漆树、楸树、香椿等常用。根插穗可由秋季落叶后到春季造林前从健壮的母树根部采集，一般选取直径1~2 cm的生长力旺盛的根系，截成长15~20 cm的根插穗，倾斜或垂直埋入土中，但要注意细头向下，粗头向上，上端微露并在上切口封土堆，防止蒸发水分。此法造林成活率高，生长也较健壮。

(4)分蘖造林

分蘖造林是利用根蘖条进行造林的方法。有些树种的伐根基部和幼树的基部与土壤接触处的地表以下，常萌发出有根的根蘖条，可挖取这些根蘖条进行造林，如杉木、毛白杨、枣树、泡桐、香椿、樱桃、山楂、丁香等都可采用分蘖栽植，但由于根蘖条来源有限，且易由伤口感染心腐病，使用受到限制，不便于大面积栽植。

3)分殖造林季节和时间

分殖造林的造林季节和时间因具体的造林方法和树种、地区的不同而不同。插木造林的季节和时间与植苗造林基本相同。根据树种和地区选择具体的造林时间，常绿树种随采随插，落叶树种随采随插或采条经贮藏后再插。有些地区可以雨季或冬季插植。

竹类造林的季节因竹种不同而异。散生竹造林一般适宜在秋冬季节，如毛竹最佳的造林季节是11月至翌年2月，此时正值竹子生长缓慢季节，气温不太高，蒸发量也较小，造林成活率高。早春发笋长竹的竹种，如早竹、早园竹、雷竹，孕笋时间早，12月小笋已长成，因此宜10~12月造林。4~5月发笋长竹的竹种，如刚竹、淡竹、红竹、高节竹适宜12月至翌年2月造林。梅雨季节移竹造林只适用于近距离移栽。埋秆造林，偏南地区2~3月中旬，偏北地区可延迟到4月上旬。

3.5 林分抚育管理与改造

3.5.1 幼林抚育管理

幼林抚育管理是造林整地和栽植后的一项重要工作，对于改善林分生长环境、提高造林成活率和保存率、促进林分及早郁闭和林木生长、增加林分的稳定性具有重要意义。对幼林阶段的抚育管理，应做好林木抚育、土壤管理和林分保护三个方面的主要措施。

3.5.1.1 林木抚育

人工林幼林抚育是指在幼林时期对幼树个体及其营养器官进行调节和抑制的各种措施，主要措施包括间苗、平茬、修枝、截干等。林木抚育的目的在于提高幼树形质，促进幼树更好地向培育方向发展，保证幼树迅速生长，增加林分的稳定性。

1)间苗

间苗是间除播种苗造林或丛植造林过于稠密的幼苗或林木。采用播种造林及丛状植苗造林后，随着苗木或幼林的生长，植株对生活空间需求越来越大。幼林全面郁闭之前首先达到穴内郁闭，植株丛生，初期生长良好，但随着年龄的增长，每个栽植点或一个植生组中，由于个体多，营养面积和营养空间不足，因而引起幼树分化，生长受到抑制，为了改变这种状况，就需要进行间苗，通过调节群内密度来保证优势植株的正常生长。

间苗的具体时间、强度和次数应根据幼树的生长状况及密集程度而定。生长在立地条件较好的地方的速生喜光树种，间苗时间一般可在造林后 2～3 a，强度可大些；反之可以晚些间苗，推迟到造林后 6～7 a，强度也应小些。间苗可在初冬或早春进行，掌握去劣留优并适当照顾距离的原则。间苗的次数要按具体情况而定，在劳力较充裕、立地条件较差、树木生长缓慢时，最好分 2 次进行间苗定株，但立地条件好、生长快的也可只间苗 1 次。

2) 平茬与除蘖

平茬是利用树种(主要是阔叶树种)的萌蘖能力，保留地径以上小段主干，截去其余部分，使其长出新茎干的一种抚育措施，当幼树的地上部分由于某种原因(机械损伤、霜冻、风折及病虫害等)而生长不良，失去培育前途，或在造林初期，当苗木失去水分平衡而可能影响成活率时，都可进行平茬。经平茬后，幼树能在根茎以上长出几根或十几根生长迅速、光滑、圆直的萌蘖条，应在生长季节的中、后期选留其中较壮的 1～2 a 作为培育对象，余者全部除掉，一般用于 1～2 年生的人工幼林。

平茬还可以促进灌木丛生，使其更快发挥护土遮阴作用。因此，在栽植后 2～3 a 进行平茬，可使幼林提前郁闭，防止杂草蔓延，既有利于保持水土，又可获得一定数量的编织条与薪材，混交林中有的为了调节种间关系，保护主要树种不受压抑，也可对相邻的伴生树种或灌木进行平茬。平茬一般在春季进行，要求截口必须平滑，有些树种萌蘖性很强，常从根颈部长出许多萌蘖条，丛状生长，失去顶端优势，严重影响主干生长。为了促进林木速生，保证主干圆满通直，须将多余的萌蘖条剪掉。采用截干苗造林时，可在栽后 1～2 a 秋末或早春进行除蘖，使单株只保留一个主干。

3) 修枝与摘芽

人工幼林阶段一般不进行修枝，但有些时候在自然生长情况下，往往主干低矮弯曲；侧枝粗大且多，影响材质，需要进行修枝。通过修枝适当地控制树冠的生长，可以改善林分通风透光条件，提高树干质量，加速干材生长，缩短成材的年限并可减少病虫危害。通过修枝，还可获得一定数量的薪材及嫩枝饲料和肥料，增加短期收益。

摘芽是修枝的另一种形式，为了改善树干质量，而摘除部分侧芽的一种抚育措施。阔叶树(如泡桐等)在造林后当年或第一年开始摘芽，保留主干顶部的一个壮芽，摘除部分侧芽。针叶树种(如松树等)从造林后 3～5 a 开始，摘除主干梢头的侧芽，连续进行 3～5 a，摘芽的季节应在春季侧芽已伸长抽枝，但茎部尚未木质化前进行。

3.5.1.2　土壤管理

土壤是树木生长的基础，是水分、养分供给的基质。通过林地管理，可以使土壤有机质含量提高、通气透水性能改善，使土壤微生物活跃，土壤肥力提高。从而有利于林木根系对营养物质的吸收，能够有效地促进林木生长。

1) 松土与除草

（1）松土除草的意义

对林地土壤的松土除草，是幼龄林抚育措施中最重要的一项技术措施。

松土的主要作用：①疏松表层土壤，切断上下土层之间的毛细管联系，减少水分物理蒸发；②改善土壤的保水性、透水性和通气性；③促进土壤微生物的活动，加速有机物的分解；但是不同地区松土的主要作用有明显差异，干旱、半干旱地区主要是为了保墒蓄水；水分过剩地区在于排除过多的土壤水分，以提高地温、增强土壤的通气性；盐碱地则希望减少盐碱地返碱时盐分在地表的积累。

除草的主要作用：①清除与幼林竞争的各种植物。因为杂草不仅数量多，而且容易繁殖，具有快速占领营养空间，夺取并消耗大量水分、养分和光照的能力。②消除幼树根系生长的障碍。杂草、灌木的根系发达，分布范围广，又常形成紧实的根系盘结层阻碍幼树根系的自由伸展，有些杂草甚至能够分泌有害物质，直接危害幼树的生长。③减少病虫害对幼树的危害。一些杂草灌木作为某些森林病害的中间寄主，是引起人工林病害发生与传播的重要媒介，灌木、杂草丛生处还是危害林木的啮齿类动物栖息的地方。

（2）松土除草的年限、次数和时间

松土除草一般同时进行，也可根据实际情况单独进行。湿润地区或水分条件良好的幼林地，杂草灌木繁茂，可只进行割草、割灌，而不松土，或先除草割灌后再进行松土，并挖出草根、树兜；干旱、半干旱地区或土壤水分不足的幼林地，为了有效地蓄水保墒。无论有无杂草，只进行松土。

松土除草的持续年限应根据造林树种、立地条件、造林密度和经营强度等具体情况而定。一般多从造林后开始，连续进行数年，直到幼林郁闭为止。每年松土除草的次数，受造林地区的气候条件、造林地立地条件、造林树种和幼林年龄，以及当地的经济状况制约，一般为每年1~3次。松土除草的时间须根据杂草灌木的形态特征和生活习性，造林树种的年生长规律和生物学特性，以及土壤的水分、养分动态确定。

（3）松土除草的方式和方法

松土除草的方式应与整地方式相适应，也就是全面整地的进行全面松土除草，局部整地的进行带状或块状松土除草，但这些都不是绝对的。有时全面整地的可以采用带状或块状抚育。而局部整地也可全面抚育，或造林初年整地范围小，而后逐步扩大，以满足幼林对营养面积不断增长的需求。松土除草的深度，应根据幼林生长情况和土壤条件确定。造林初期，苗木根系分布浅松土不宜太深，随幼树年龄增大，可逐步加深；土壤质地黏重、表土板结或幼龄林长期缺乏抚育，而根系再生能力又较强的树种，可适当深松；特别干旱的地方，可再深松一些。总的原则是：（与树体的距离）里浅外深；树小浅松，树大深松；砂土浅松，黏土深松；湿土浅松，干土深松。一般松土除草的深度为5~15 cm，加深时可增加到20~30 cm。

除草的方法有人工除草、机械除草、生物除草、化学除草。目前，山地造林松土除草基本上是手工操作，但是劳动强度大，工作效率低，平原造林虽然大多采用机械化作业，工作效率水平较高，但成本也较高。化学除草是利用除草剂代替人力消灭杂草的技术，只要药剂选择得当，施用方法正确，化学灭草工效高，成本低，可以节省大量劳力。

2) 地表覆盖

对幼林地表进行覆盖是抑制地表蒸发和保持土壤水分最有效的方法。林地地表覆盖可以有效地改变土壤水热状况，削弱蒸发条件，或者阻断水汽蒸发通道。地表覆盖的材料有地膜、草纤维膜、秸秆等。

(1)地膜覆盖

地膜覆盖因其保墒作用明显，这一技术措施在我国的应用，特别是在那些人均耕地比较少的地区和寒冷、高原地区以及那些热量、水资源相对不足不利于农业生产的广大北方地区，是对自然环境进行适当改造和对自然资源进行弥补的行之有效的手段。它有效地提高了地温、调节了植物的生长季节，保持土壤水分，使这些因素的组合更加适合林业生产和林木的生长发育，在我国农林业的生产中起到了重要作用。

但是，地膜覆盖成本较高，易造成白色污染，要注意地膜的回收以保护环境。地膜的主要作用是提高地温、保墒、改善土壤理化性质、提高植物光合效率。在选择地膜时要注意选用无色、透明的地膜，膜的厚度可根据使用方法选择，如果是直接铺在地表则宜选用较厚的膜，如果是铺在地下则可以选用较薄的膜。如果既要提高地温又要蓄水保墒时，地膜宜直接铺设在表面；如果是以蓄水保墒为主时，则适宜把地膜铺设在表土层下面，即把地膜铺设好后在上面压上 2~3 cm 厚的土壤，这样可以极大地延长地膜的使用寿命。

(2)草纤维覆盖

草纤维是采用麦秸、稻草和其他含纤维素的野生植物为主要原料生产的一种农用纤维膜。其性能接近聚乙烯地膜的使用要求，同时能被土壤微生物降解，是一种很有希望取代聚乙烯地膜的无污染覆盖材料；但其脆性大、横向易裂，所以后期的增温效应和保墒性能远低于聚乙烯地膜。

(3)覆草和秸秆覆盖

覆草和秸秆覆盖增产的机理在于覆盖后土壤温度变化小，有利于根系生长，提高蒸腾效率，减少覆盖区内干物质无效损耗，不论丰水年还是歉水年都有明显的保墒作用。

3) 灌溉与排水

(1)林地灌溉

灌溉作为林地土壤水分补充的有效措施，能够改变土壤水势，改善树体的水分状况，对提高造林成活率、保存率，加速人工林的生长具有十分重要的作用，是人工幼林管理的一项重要措施。在土壤干旱的情况下进行灌溉，可迅速改善林木生理状况，维持较高的光合和蒸腾速率，促进干物质的生产和积累；灌溉使林木维持较高的生长活力，激发休眠芽的萌发，促进叶片的扩大、树体的增粗和枝条的延长，以及防止因干旱导致顶芽的提前形成；在盐碱含量过高的土壤上，灌溉可以洗盐压碱，改良土壤。

鉴于我国目前林业生产的现状，只能对小部分的速生丰产林、农田防护林、四旁林及部分经济林进行灌水。大面积的荒山造林，灌溉较困难，应通过径流蓄水保水等调节水分的措施来解决。

(2)林地排水

土壤中的水分与空气含量是相互消长的。林地排水的主要作用：①减少土壤中过多的水分，增加土壤中的空气含量，促进土壤空气与大气的交流，提高土壤温度，激发好气性土壤微生物的活动；②促进有机质的分解，改善林地的营养状况；③使林地的土壤结构、理化性质、营养状况得到综合改善。

有下列情况之一的林地应实施排水措施：①林地地势低洼，降雨强度大时径流汇集多，且不能及时宣泄，形成季节性过湿地或水涝地；②林地土壤渗水性不良，表土以下有不透水层，阻止水分入渗，形成过高的假地下水位；③林地临近江河湖泊，地下水位高或雨季易淹涝，形成周期性的土壤过湿；④山地与丘陵地，雨季易产生大量地表径流，需要通过排水系统将积水排出林地。

在多雨季节或一次降雨过大造成林地积水成涝，应挖明沟排水；在河滩地或低洼地，雨季时地下水位高于林木根系分布层，则必须设法排水。可在林地开挖深沟排水；土壤黏重、渗水性差或在根系分布区下有不透水层，由于黏土土壤空隙小，透水性差，易积涝成灾，必须搞好排水设施；盐碱地下层土壤含盐高，盐会随水的上升到达地表层，若经常积水，造成土壤次生盐渍化，必须利用灌水淋溶。我国幅员辽阔，南北降水量差异很大。降水量分布集中时期亦各不相同，因而需要排水的情况各异。一般来说，南方较北方排水时间多而频繁，尤以梅雨季节应行多次排水。北方 7~8 月多涝，是排水的主要季节。

3.5.1.3　林分保护

在造林后应对林分进行封禁保护，预防人畜破坏，同时做好防火、防病虫害以及抗旱防冻等林分保护工作。

1) 林地封禁保护

造林后到幼林期应进行封禁保护，预防人畜破坏。对林分的人畜破坏包括不合理的樵采、放牧及滥伐等，对人工林幼林的危害极大，尤其在人为活动比较频繁的地区，人为破坏更为突出，为了防止人畜破坏，除在造林设计时考虑当地实际情况，合理统筹安排土地，划分山林权属外，还要大力宣传和贯彻落实森林法，组织护林机构，加强幼林保护的巡视，做好当地群众的思想教育工作，发动群众封山育林、爱林护林、保护幼树顺利成林。

2) 防治病虫和鸟兽害

贯彻"以防为主，积极消灭"的方针、在造林设计和施工时充分预测估计病虫、鸟兽害发生的可能性，做到心中有数，并采取相应的预防保护措施，如营造混交林、设置隔离带、拌种等。同时建立健全森林病虫害防治机构，加强预报工作。要严格林木种苗的检疫制度，确定种苗的检疫对象，划定疫区和保护区，防止危险性病虫害的传播和蔓延。

3) 抗旱防冻(寒)

在干旱与半干旱地区造林时，有时幼树易受寒、旱危害，所以在造林时，要尽量选择抗性强的树种或品种。对苗期不耐寒的树种及易受生理干旱的树种，可采取埋土、覆草、包扎和平茬等措施。在湿润、半湿润或土壤黏重的地区造林时，为了防止冻拔、霜冻等灾害，可采取保土防冻整地措施，及时进行扶正、踏实、培土等管理措施。

4) 林分防火

由于人工林多在交通便利、人口活动相对频繁的地区，防火十分重要。要建立严格的防火管理制度，做好宣传工作，同时开设防火线，设置必要的防火工具，加强巡逻瞭望，严防幼林发生火灾。

3.5.2　低效林分改造

中国南方和北方都有一些生产力低、质量差与密度太小的人工林与天然次生林。在这些林分中有的由于密度小、树种组成不合理，而不能充分发挥地力；有的生长不良，树干扭曲、枯梢，或遭病虫害与自然灾害后生长势衰退，它们成林不成材。这些林分不能按经营要求提供用材，或产量很低，也不能较好地发挥防护作用，没有培育前途。将这些林分称为低效林分或低价值林分。

低效林分或低价值林分的改造，是对在组成、林相、郁闭度与起源等方面不符合经营要求的那些产量低、质量次的林分进行改造的综合营林措施，使其转变为能生产大量优质木材和其他多种产品，并能更好地发挥生态效能的优良林分。下面主要以低效人工林为对象阐述低效林分的形成原因和改造措施。

3.5.2.1　低效林成因及特点

由于低价值人工林产生的原因不同，因而改造的方法也不一样，其形成原因大致可以归纳为下列几种：

(1)造林树种选择不当

由于造林的立地条件不能满足造林树种生态学特性的要求，导致人工林生长不良，难以成林、成材。在南方低丘的阴坡、山脊与多风低温的高海拔地带营造的杉木林，其中有不少变成"小老头"林，原因就是树种选择不当。

(2)整地粗放或栽植技术不当

在造林前粗放整地是形成"小老树"林的重要原因之一。在整地时，如不把土壤中杂灌木的根系挖除，或整地太浅，松土面积太小，都将影响幼林生长。造林时，如果栽得过浅，培土不够或覆土不实，不但降低保存率，而且会严重影响林木生长。

(3)造林密度偏大或保存率太低

由于密度过大，营养面积与生长空间不能满足幼树的需要，必然导致林木生长不良，并且易遭病虫害与其他自然灾害的危害，保存率低则长期得不到郁闭，林木难以抵抗不良环境条件与杂灌木的竞争。

(4)缺少抚育或管理不当

造林后不及时抚育，或抚育过于粗放，管护不好，幼树则生长不良或受破坏。

3.5.2.2　低效林改造的措施

在人工林培育过程中由于树种选择不当，没有做到适地适树、幼林抚育不及时，造林密度过大，间伐没有跟上等原因形成的人工林，或表现为多年生长极慢甚至停止生长的"小老树"林，或林木稀疏不成林，经济价值和产量都很低的疏林。

(1)更换适宜树种

对于树种选择不当形成的低效人工林，应更换树种，重新进行造林。更换树种时，可根据需要保留部分原有树种，以便形成混交林，原树种保留比例以不超过50%为宜。

（2）林分抚育管理

对于幼林抚育不及时或缺乏抚育而形成的低效人工林，只要采取适当的抚育措施，就可以使幼林得到复壮。一是土壤管理，主要采取深松土的措施，即雨季前在行间深松土30~40 cm，深松带应距幼树30~50 cm，深松的间隔期以3~4 a为宜。在间隔期内，每年应进行1~2次一般性土壤管理，如浅松土和除草。二是平茬复壮，对于那些具有强萌蘖力的树种，因人为破坏而形成的低效人工林分，常用此法改造。

（3）调整林分结构

对一些密度过稀的低效人工林，应在林中空地补植大苗，以促进全面郁闭，补植的树种尽量选择改良土壤作用较强的乔灌木。对于因密度过大而形成的低效人工林，可采取抚育间伐使之复壮。

3.6　困难立地造林技术

3.6.1　崩岗区造林

3.6.1.1　概念与作用

崩岗是一个复杂的系统，"崩"是指以崩塌作用为主要侵蚀方式，"岗"则指经常发生这种类型侵蚀的原始地貌类型。主要由集水坡面、崩壁、崩积体、崩岗沟底（包括通道）和冲积扇等子系统组成，各子系统之间存在复杂的物质、能量的输入和输出过程。崩岗侵蚀作为一种严重的水土流失类型，在我国南方地区，特别是风化壳深厚的花岗岩低山丘陵区分布十分普遍。

目前，崩岗治理根据不同用途分为生态型治理和开发型治理。前者以维护崩岗区生态安全为目的，注重生态效益，常以林草措施为主，采取"上截下堵内外绿化"的治理技术进行生态恢复；后者以突出水土资源开发，注重经济效益，兼顾生态效益，常采取"削坡整地+经济果木林或其他经济作物"的治理技术进行综合治理，防治水土流失。

3.6.1.2　配置与设计

1）配置模式

（1）集水坡面

主要是针对活动型崩岗。岗顶上布置截水沟和排水沟拦截坡面径流。坡面上种植林草，形成植物林带。

（2）崩壁

①活动型崩岗采取工程措施+植物措施模式

植生袋/生态袋护坡：对结构不稳定和稳定的崩壁均适用。削去崩头和崩壁上的不稳定土体；根据崩塌面岩层和节理走向，开出水平槽带，或袋穴；将装有营养土"植生袋"或"生态袋"置入"袋位"（穴），用锚钉加以固定；采取播种的方式在袋面上植草（藤本植物）；覆盖无纺布，后期养护，待种子发芽。

挡土墙/格宾网+藤本植物挂绿：适用于崩塌严重、结构不稳定的崩岗崩壁。削去崩头和崩壁上的不稳定土体；在坡脚砌筑挡土墙（砖或石料）；在崩塌面采用爬山虎、地石榴和常春藤等藤本植物护坡；为使藤本初期有生根之处，可在挡土墙上喷浆或加挂三维网。

浆砌片石骨架+植草护坡：适用于交通方便，崩岗表面不稳定的急、陡崩壁。平整坡面（清除坡面危石、松土、填补坑凹）—浆砌片石骨架施工—回填客土—植草—盖无纺布—前期养护。

发育处于晚期、坡度较小的崩岗、崩壁采取开挖台地/梯田+经果林措施的开发治理。

②稳定型崩岗采取植物措施模式

栽植攀缘性植物：开穴种草和葛藤、爬山虎、地石榴和常春藤等攀缘植物，促使崩壁结皮固定。也可以采取工程措施和植物措施相结合。

崩壁小穴植草：适用于发育晚期、相对稳定、坡度较小的崩壁。按照"品"字形模式在崩壁上开挖小穴（直径 10 cm，深 20 cm）；将植物种子、有机肥和砂土等拌在一起，或直接将种子拌在腐殖质土中，再填装进穴内。以耐旱、耐贫瘠的灌木、藤本和草本为主；也可以直接将营养杯放置在穴内，或者将小苗带土移栽簇生状草本。

大封禁+小治理：适用于偏远的相对稳定型崩岗。在充分发挥大自然的自我修复能力的基础上，进行局部的水土保持措施调控，如开挖水平竹节沟、补植阔叶树种和套种草灌等，同时加强病虫害和防火，促进植被恢复。

挂网喷播植草：挂三维植被网，覆盖基质材料喷播植草。

削坡开阶+灌草结合：适用于坡度较大、地形破碎度较大的稳定型崩岗、崩壁。对崩壁削坡减载，开挖阶梯反坡平台，内置微型蓄排水沟渠，条件允许下还可以采取客土、施加有机肥、增加草本覆盖等措施来改善土壤小环境。之后，在崩壁小台阶上大穴栽植耐干旱瘠薄的灌木和草本，以胡枝子、雀稗草等灌草为主。

（3）崩积体及崩岗沟底（包括通道）

生态治理沿沟床从上到下修建多级谷坊，并在谷坊后坡快速营造植被。开发治理种植经济果木林或其他经济作物。

（4）冲积扇

①活动型崩岗　生态治理种植分蘖能力强、耐埋的草本或竹类围封崩口。开发治理种植经济果木林或其他经济作物。

②相对稳定型崩岗　生态治理以植物措施为主，种植竹、灌木等，形成生物坝。开发治理种植经济果木林或其他经济作物。

2) 植被快速恢复设计

（1）植物品种选择

①集水坡面　一般选择具有深根性、耐瘠薄、速生的林草种类，主要有马占相思、木荷、枫香、黎蒴、竹类、合欢、百喜草、糖蜜草等。其中，沿崩口上方、截流沟下方坡面可以设置植物防护带：灌木带宽 7 m，草带宽 3 m，点播白栎、胡枝子，密植冬茅或香根草，有效遏制溯源侵蚀。

②崩壁 在开挖的崩壁小台地上以优良速生固土灌草为主，并施加客土，快速促进其植被覆盖，如胡枝子、黑麦草、雀稗等。

③沟谷 选择分蘖性强、抗淤埋、具蔓延生长特性的乔灌木。若沟底较宽，沟道平缓，可种植草带，带距一般1~2 m，以分段拦蓄泥沙，减缓谷坊压力，草带沟套种绿竹和麻竹。在沟道较小且适应沙层较厚的沟段，种植较为耐干旱瘠薄的藤枝竹等。谷坊内侧的淤积地经过土壤改良，可以种植经济林果，如泡桐、桉树、蜜橘、杨梅和藤枝竹等，在注重生态效益的同时，兼顾一定的经济效益。

④洪积扇 即崩口冲积区，土壤理化性质较好，可以种植一些经济价值较高的林木。

植被配置模式不同，植被恢复效果也不一样。相关文献研究表明：崩岗区使用马尾松+相思和马尾松+桉树模式，树木长势良好，配套种植胡枝子、百喜草、木荷、油茶、金芒、刺芒、鹧鸪草、蜈蚣草等，适用于崩岗侵蚀区的植被恢复。

(2)植物栽培技术

列出5种常用乔灌草植物种的栽培技术如下：

①油茶 采用水平阶整地，台面外高内低倾斜3°~5°，带宽根据实地实际情况而定，一般1~3 m，台面内侧修筑坎下沟。整地完毕后，采用大穴回表土的方法进行油茶实生苗种植。穴规格大致为1 m×0.8 m×0.5 m，穴内填满表土并混合100 g/株鸡粪有机肥。表土回填时高于周围地表10 cm。采用1年生平均苗高30 cm的粗壮、根系好的实生苗，植苗造林，品字形配置，株行距为1.5 m×2 m。造林季节为冬季或春季。

②泡桐 采取植苗造林的方式进行。穴状整地，穴直径0.6~0.8 m，深度0.5~0.8 m。选择1年生的平茬苗，苗高在0.5 m左右，地径在2 cm左右。栽植时，采用1000 g/株鸡粪有机肥拌土的方式混合均匀后填入穴内。栽植深度以苗木根颈处低于地表10 cm左右为宜，应进行高培土，以防苗木倒伏。在土质较为疏松的洪积扇区域，进行双行栽植，株行距为1.5 m×2 m；在崩口下沿的缓坡台地上，根据乡土植被分布情况进行补植或块状栽植，初植株行距2 m×2 m，后期及时进行间伐，调整密度，保证泡桐正常生长。造林季节为冬季或春季。

③胡枝子 开挖条行沟，行距30 cm，株距20 cm。沟内施加一次基肥，采样鸡粪有机肥拌土的方式进行。采取插条育苗的方式进行造林。采用2~3年生、粗1 cm左右主干，截成15~20 cm插穗，秋季随采随截随插，插后及时灌水。造林季节为冬季或春季。

④爬山虎 采取扦插繁殖。在距离崩壁基础50 cm处开挖条形沟，沟不浅于30 cm，宽度不低于30 cm。将有机肥和开挖土壤搅拌在一起，每米沟约施加2 kg有机肥作为基肥。在崩壁基部进行双行栽植，每米栽植约6株，每行3株，并剪去过长茎蔓，栽植完毕后，立即浇蒙头水，并且要浇足、浇透。待爬山虎发出新芽后再追施复合肥，以后每隔一段时间施肥一次，并不定期浇水。造林季节为冬季或春季。

⑤雀稗 在栽植位置开挖宽30 cm、深10~15 cm的水平条带状浅沟，沟距30~50 cm。播种之前，将草籽在水中浸泡2~3 h。按照1 kg草籽、5 kg有机肥和20 kg土的比例将三者均匀拌在一起，撒播后覆盖1~1.5 cm表土。每亩用种量1~1.5 kg。造林季节为冬季或春季。

3.6.2 砒砂岩区造林

3.6.2.1 概念与作用

砒砂岩是古生代二叠纪、中生代三叠纪、侏罗纪和白垩纪的厚层砂岩、砂页岩和泥岩组成的互层,包括灰黄、灰白、紫红色等的石英砂岩,灰、灰黄、灰紫色的砂质页岩,紫红色的泥岩、泥沙岩等。该地层为陆相碎屑岩系,上覆岩层厚度小、压力低,成岩度低,抗蚀性差。砒砂岩的治理极为困难,曾被称为"地球环境癌症"。实践证明种植沙棘是治理砒砂岩区水土流失的有效措施。

3.6.2.2 配置与设计

1)砒砂岩区设计种植沙棘区域

根据砒砂岩区地貌的特点,一般可以分为支毛沟道、沟间坡地和河川。从沙棘适应性角度看,这些区域都可种植沙棘。但从治理水土流失角度看,支毛沟道和河川是砒砂岩区泥沙主要来源地和输送通道,应该是沙棘种植的重点区域。

2)砒砂岩区沙棘种植区域立地类型划分

砒砂岩区沙棘种植区域分为 5 种立地类型:

(1)沟头沟沿

位于支毛沟沟沿线以上,为梁峁坡的边缘地带。包括侵蚀沟头上部的凹地和侵蚀沟两岸的缓坡地。地面较平缓,土壤一般为栗钙土、盖砂土、砒砂岩土或黄土。

(2)沟坡

位于支毛沟沟沿线以下、沟谷底平地以上。地形陡峭,坡度多为 30°~40°。地表砒砂岩裸露,砒砂岩风化与泻溜侵蚀严重。

(3)沟底

位于支毛沟底部,地面较平缓。既是沟坡砒砂岩风化物的堆积区,又是洪水通道。土壤相对疏松,抗侵蚀能力弱。土壤水分条件较好,适宜沙棘生长。

(4)河滩地

河床两侧,即长流水水位以上,发生洪水时可被淹没的区域。地面平坦,地势开阔,地表组成物质主要为淤泥、砂、砂砾石等。土壤水分条件较好。

(5)川台地及平地

地面平坦,地表组成物质为土层深厚的土壤或母质,土壤水分条件较好,较适宜沙棘生长。

3)砒砂岩区沙棘造林布局

以治理水土流失、减少入黄泥沙为主要目的的砒砂岩区沙棘造林,其布局是选择砒砂岩区支毛沟道、河漫滩地作为沙棘种植主要区域,通过集中连片种植沙棘,形成沟头沟沿、沟坡、沟底、河道等多道防线。沟头沟沿营造沙棘植物防护篱、沟坡布设沙棘植物防蚀林、沟底布设沙棘植物防护林、河滩地布设沙棘护岸林,在一些自然条件比较好的区域可以发展沙棘经济林。

（1）沟头沟沿沙棘植物防护篱

沟头前进是土壤侵蚀的重要表现形式，在沟头沟沿布设沙棘林带，利用沙棘茂密的灌丛和根系保护沟头和沟沿，拦蓄上方坡面径流，控制沟头侵蚀，防止沟头前进。

（2）沟坡沙棘植物防蚀林

沟坡砒砂岩裸露，侵蚀剧烈，侵蚀类型复杂。沟坡种植沙棘，利用沙棘根系和地上部分对沟坡形成防护，覆盖裸露砒砂岩，减少砒砂岩的风化与水力、重力侵蚀。

（3）沟底布设沙棘防冲林

沟底是洪水的通道，沟坡长年不断风化的坡积物在沟底堆积，一遇洪水便被全部冲入下游；洪水造成沟底下切，侵蚀基准点下降，是沟岸崩塌和不断扩张的主要原因。在沟底密集种植沙棘，随着沙棘的生长逐步将沟床全面固定，沙棘和拦截的泥沙逐步形成以植物为骨架的沙棘植物柔性防护坝，不仅固定沟床抑制沟底下切，而且保护沟底坡积物防止冲刷。沟底沙棘防冲林拦截泥沙效果显著，是减少水土流失的关键。

（4）河滩地沙棘护岸林

砒砂岩丘陵沟壑区的主沟道，均属宽浅式河道，没有明显的主河床，河道宽度大多在 1 km 左右，非常宽阔。在主沟道上，留出一定宽度的河床水路之后种植沙棘林，不仅能护岸而且还挂淤泥沙。沙棘林固岸效果好，可以起到工程措施难以实现的河道整治作用。

（5）沙棘经济林

在河道两岸，选择地势平坦、水分条件较好、土层较厚、集中连片的川台地等发展沙棘经济林。

4) 砒砂岩区沙棘造林和管护抚育技术要点

（1）整地

砒砂岩区造林整地一般采用穴状整地，沙棘经济林一般采用块状整地。要点主要是挖深，整地深度要达到各林种设计深度要求。

（2）栽植

砒砂岩区沙棘栽植要点是深栽、砸实，使沙棘根系与砒砂岩母质紧密接触。

（3）造林季节

一般在春季和秋季造林。春季造林在土壤解冻 20 cm 左右时开始，至沙棘苗木发芽为止，时间一般在 3 月 20 日左右至 4 月底；秋季造林自沙棘苗木开始落叶起，到土壤结冻前为止，时间在 10 月中、下旬至 11 月中旬左右。

（4）管护要求

沙棘林管护主要包括幼林抚育管护、去雄疏伐、病虫害防治等。幼林抚育管护包括造林后 3 a 必须实施禁牧以及锄草、去除萌蘖苗等。去雄疏伐是指对老沙棘林去除行带间的萌蘖苗和杂草等，对行带内的雄株按雌雄比 8∶1 的比例保留授粉树，其余雄株去除。沙棘病虫害防治要贯彻"预防为主、综合防治"的原则，把检疫、造林技术措施、生物防治结合起来，在沙棘休眠期，结合修剪清除病枝枯枝。在病虫害高发期，喷洒波尔多液、石硫合剂、高锰酸钾液、硫酸亚铁液等，具有良好效果。对沙棘虫害防治，尽可能采用生物防治措施，加强沙棘林经营和复壮等技术措施。

5）苗木类型、品种和质量要求

（1）类型

苗木类型有沙棘实生苗和扦插苗。沙棘经济林必须采用优质扦插苗，其他林种可采用沙棘实生苗。

（2）品种

沙棘实生苗需采用优良种源地采集、经过风选的优质种子培育出的苗木；沙棘扦插苗必须采用经过培育，适应砒砂岩区自然条件的优良沙棘品种，推荐使用杂雌优1、杂雌优10、杂雌优12等沙棘品种。

（3）沙棘苗木质量要求

沙棘苗木须严格执行《沙棘苗木》(SL 284—2003)的规定。沙棘实生苗木主要指标为：株高不小于 30 cm，地径不小于 3 mm，侧根 3 条以上，无病虫害及机械损伤。沙棘扦插苗木主要指标为：株高不小于 40 cm，地径不小于 5 mm，侧根 3 条以上，无病虫害及机械损伤。所有苗木必须具有完全活力，无腐烂、干枯等现象出现。

6）沙棘造林标准设计

①沟头沟沿沙棘植物防护篱设计如图 3-22 所示，设计说明见表 3-4。

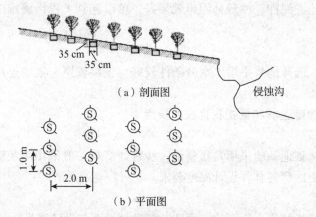

图 3-22　沟头沟沿沙棘植物防护篱设计

表 3-4　沟头沟沿沙棘植物防护篱设计说明

	株行距(m×m)	1.0×2.0
整地	整地时间	随整地随种植
	整地方式	穴状整地
	整地要求	直径×深：35 cm×35 cm
苗木	苗木年龄	1 年生
	苗木种类	实生苗
种植	种植时间	春季、秋季或雨季
	种植方法	植苗种植
	种植要求	苗木直立于穴中，分层覆土踏实，覆土至根颈以上 5 cm

（续）

抚育管护	抚育时间	全年
	抚育方式	禁牧、除草、去除萌蘖
	封育时间	3 a
栽植穴数(穴/hm²)		5000
需苗量(株/hm²)		5000

②沟坡沙棘植物防蚀林设计如图 3-23 所示，设计说明见表 3-5。

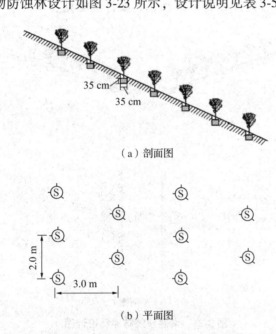

（a）剖面图

（b）平面图

图 3-23　沟坡沙棘植物防蚀林设计图

表 3-5　沟坡沙棘植物防蚀林设计说明

株行距(m×m)		2.0×3.0
整地	整地时间	随整地随种植
	整地方式	穴状整地
	整地要求	直径×深：35 cm×35 cm
苗木	苗木年龄	1 年生
	苗木种类	实生苗
种植	种植时间	春季、秋季或雨季
	种植方法	植苗种植
	种植要求	苗木直立于穴中，分层覆土踏实，覆土至根颈以上 5 cm

(续)

抚育管护	抚育时间	全年
	抚育方式	禁牧、除草、去除萌蘖
	封育时间	3 a
栽植穴数/(穴/hm²)		1667
需苗量/(株/hm²)		1667

③沟底沙棘林防冲林设计如图 3-24 所示，设计说明见表 3-6。

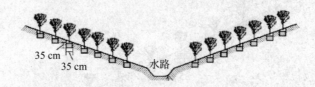

（a）剖面图

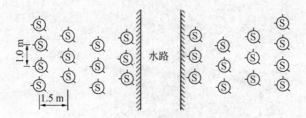

（b）平面图

图 3-24　沟底沙棘防冲林设计图

表 3-6　沟底沙棘防冲林设计说明

株行距(m×m)		1.0×1.5
整地	整地时间	随整地随种植
	整地方式	穴状整地
	整地要求	直径×深：35 cm×35 cm
苗木	苗木年龄	1 年生
	苗木种类	实生苗
种植	种植时间	春季、秋季或雨季
	种植方法	植苗种植
	种植要求	苗木直立于穴中，分层覆土踏实，覆土至根颈以上 5 cm
抚育管护	抚育时间	全年
	抚育方式	禁牧、除草、去除萌蘖
	封育时间	3 a
栽植穴数(穴/hm²)		6667
需苗量(株/hm²)		6667

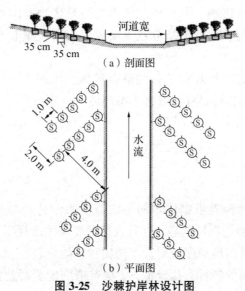

图 3-25 沙棘护岸林设计图

表 3-7 沙棘护岸林设计说明

带间距(m)		4
带内行数		2
株行距(m×m)		1.0×2.0
整地	整地时间	随整地随种植
	整地方式	穴状整地
	整地要求	直径×深：35 cm×35 cm
苗木	苗木年龄	一年生
	苗木种类	实生苗
种植	种植时间	春季、秋季或雨季
	种植方法	植苗种植
	种植要求	苗木直立于穴中，分层覆土踏实，覆土至根颈以上 5 cm
抚育管护	抚育时间	全年
	抚育方式	禁牧、除草、去除萌蘖
	封育时间	3 a
栽植穴数(穴/hm²)		3333
需苗量(株/hm²)		3333

④河滩地沙棘护岸林设计如图 3-25 所示，设计说明见表 3-7。

3.6.3 盐碱地造林

3.6.3.1 概念与作用

盐碱地是指土壤里面盐分含量积累到影响作物正常生长的土地类型，其形成除了受地形、地貌、气候条件、水文地质、土壤质地等自然因素影响外，还受地下水化学变化及人为活动等因素的影响，其形成的实质主要是各种易溶性盐类在地面作水平方向与垂直方向的重新分配，从而使盐分在土壤表层逐渐积聚起来，从而导致土壤的盐渍化。

盐碱地造林是通过植被及其与工程的综合措施，实现改善土壤结构、增加土壤肥力，最终恢复生态系统的良性循环，改善生态环境的目的。

3.6.3.2　配置与设计

1) 树种选择

(1) 树种选择原则

盐碱地造林树种的选择需根据树木的生物及生态学特性与盐碱地条件相适应，即"适地适树"的原则。树种选择原则是：在符合林种要求的前提下，对于高燥干旱地应配置耐盐耐旱树种；低洼易涝地应配置耐盐耐涝树种；盐分轻，土质好，土壤肥沃则配置速生、大材、经济价值高的树种；盐分重，土壤贫瘠则配置耐盐性强或改良土壤效能好的树种。不同林型的树种组成应根据造林地条件和树种特性予以恰当配置纯林或混交林。

(2) 树种选择要求

盐碱地造林需最大限度地实现"生物、经济兼顾"的效果。营造农田防护林要求生长迅速，树形高大、枝叶繁茂、抗风力强、防护作用显著；根深、冠窄，不与作物争地，并与农作物无共同病虫害；长寿、稳定、长期具有防护效能。用材林要求速生、材质优良、干形好、单位面积蓄积量高。土壤改良林及特用经济林，要求改良土壤的效能强，经济价值高。

(3) 树种生态特性

①耐盐性　弱度耐盐指标为含盐量为 0.1%~0.3%，中度耐盐为 0.4%~0.5%，强度耐盐为 0.5%~0.7%。而且耐盐指标仅用于 1~3 a 的幼树而言。按照耐盐性划分，常见耐盐树种如下。

弱度耐盐树种：新疆杨、箭杆杨、白蜡、毛白杨、钻天杨、辽杨、黑杨、小叶杨、旱柳、加杨、合作杨、小美旱杨、山杨、驼绒藜、沙拐枣等。中度耐盐树种：银白杨、小叶白蜡、白柳、刺槐、白榆、臭椿、侧柏、山杏、紫穗槐、桑、杜梨、枣等。强度耐盐树种：胡杨、柽柳、梭梭、枸杞、沙枣、紫穗槐、绒毛白蜡、胡枝子。

②耐涝性　盐碱地造林树种除要考虑耐盐性外，还要求具有一定的耐涝能力。树木的耐涝能力需根据树木品种的不同和来源地的条件差异而定。

③耐旱性　我国内陆盐碱地，尤其在西北地区的盐碱地造林，干旱也是主要问题之一，应选择具有强大的根系和耐旱性的乔灌木树种，如胡杨、盐爪爪、白刺等。

2) 造林密度

造林密度既要考虑造林的目的，又要考虑造林地气候、土壤条件以及栽培措施和经营条件，不宜规定一个统一标准。我国北方盐碱地区主要树种造林密度见表 3-8。

表3-8　北方盐碱地区主要树种造林密度表

树种	行距×株距 (m)	每亩株数	树种	行距×株距 (m)	每亩株数
侧柏	1×2~1×1.5	333~444	白蜡	2×2~2×1.5	166~222
樟子松	1.5×2~1×1.5	222~444	枫树	2×3~2×2	
落叶松	2×2~1.5×1.5	166~296	水曲柳	1.5×2~1×2	222~333
杨树	3×4~2×3	56~111	苦楝	2×2~1.5×2	166~222
柳树	2×3~2×2	111~166	沙枣	2×1~1×1.5	333~444
白榆	2×3~2×2	111~166	枣树	5×6~3×5	222~444
刺槐	2×3~2×2	111~166	沙棘	1×1.5~1×1	444~666
槐树	2×2~1.5×1.5	166~296	紫穗槐	1×1	666
臭椿	2×2	166	柽柳	1×1.5~1×1	444~666

3) 土壤改良

（1）整地方法

对滨海盐碱地造林多采用台田、条田和大坑整地方法；对内陆盐碱地造林多采用机耕全面整地、沟垄和高台整地方法；对平原花碱土造林采用防盐躲盐、沟垄整地方法。

（2）其他方法

一是土壤隔盐改良，在树穴底部施有机物隔盐层采用锯末和炉灰搅拌均匀放在树穴底部，一方面能有效控制返盐，另一方面能增强土壤肥力。二是化学改良剂改良，栽树时适量施入化学改良剂既改良土壤、降低土壤酸碱度、提高土壤肥力，又给土壤增加铁、钾、锰、铜等微量元素，提高成活率。三是种植绿肥，在重盐碱地上，一般不直接造林，应采取先种植耐盐碱绿肥改良盐碱地。

4) 造林方法

盐碱地造林多采用植苗造林，也可采用分植造林和播种造林。

（1）植苗造林

植苗造林是盐碱地区的一种主要造林方法。由于植苗造林需要经过育苗以及起苗、运苗和栽植等工序，所以要注意以下几个问题：

①苗木种类　供植苗造林的苗木，有实生苗和无性繁殖苗两种。目前盐碱地造林使用的苗木主要是带根的播种苗；有些树种如杨树、柳树等则多使用无性繁殖苗。

植苗造林要求苗木有一定的规格，主要的苗龄和苗木品质见表3-9。

②苗木处理　在盐碱地造林前选择合理的处理技术，可提高造林的成活率。例如，过磷酸钙泥浆蘸根处理技术，在春季裸根苗植树，把100 kg水加4 kg过磷酸钙和25 kg土搅匀成泥浆，用此过磷酸钙泥浆蘸根，能刺激新根迅速增多，并能使新植的树木生长旺盛。或者，栽植前对苗木根部用生根粉处理。

③苗木栽植

滨海盐碱地：滨海盐土地区栽树要浅栽平埋，使苗木的原土痕在栽后要比原地面高出1~5 cm。1~2年生刺槐、榆树苗木其原土痕要比地面高2~3 cm为好；同龄柳树则高出4~6 cm为宜。土与地面相平不高出或低于地面。

表 3-9　盐碱土地常用造林树种壮苗规格表

树种	一般造林用苗				
	苗龄(a)	高度(cm)	基径(cm)	亩产苗量(万株)	备注
侧柏	2	30	0.5	1.5	播种苗
刺槐	1	140	1.0	0.8	播种苗
白榆	1	100	0.8	1.0	播种苗
紫穗槐	1	100	0.7	1.5	播种苗
槐树	1	100	0.8	0.8	播种苗
臭椿	1	80	1.0	0.8	播种苗
胡杨	2~3	200	1.5	0.8	播种苗
毛白杨	1	200	1.5	0.4	留根苗
加杨	1	200	1.5	0.8	插条苗
旱柳	1	200	1.5	0.9	插条苗
杜梨	1	100	0.7	2.0	播种苗
沙枣	1	140	1.0	0.8	播种苗

内陆盐碱地：深挖浅埋，移栽的苗木挖坑深，埋土时不把坑填满，使植树埋土面低于原地平面 20 cm 左右，而埋土超过苗木原土痕 3~5 cm 为宜。栽植穴底都要与上部同大，避免挖成锅底形。植苗要正植于穴的中间，用好土填入穴内至一半时，将苗木轻轻向上提，使苗木根系舒展踏实，并覆上余土。苗木栽植后，还应在树坑周围筑小埝，随即灌水。当地表稍干时，要立即松土或盖一层干土，以保墒防止返盐。苗木成活后要加强幼林抚育管理，在雨季要经常整修地埝，以便灌水或蓄积雨水，压盐洗碱。

（2）分殖造林

在盐碱地区多采用插木造林，应用最普遍的树种是杨树和柳树。一般多在路沟边坡、灌渠两旁或在有灌水条件盐碱轻的路旁、台条田边坡、沟旁等处采用。杨树等树种多采用年轻母树上 1~3 年生的枝条作插穗，并以枝条中段以下为最好，粗度以 3~5 cm 为宜。杨树、柳树采集插穗的时间，以秋末母树停止生长以后为好，但须妥善埋藏；柳枝也可随采随插。插穗长度和粗度依立地条件和插干方法不同而异，一般长 50~200 cm，粗 3~5 cm。

盐碱地插木造林方法主要采用插干法，此法由于插干技术上的差异又分为高插法和低插法两种。高插法：多应用于低湿盐碱地造林和栽植行道树，一般选用长 1.5~2 m，粗 3~5 cm 的插穗。挖穴埋干时，一般是浅埋 50~80 cm，地面露出 1~1.2 m 为宜。注意要随埋随压实，防止风吹摇动，以利于生根成活。如果干基周围土壤盐分较重，应及时松土或浇水进行洗盐压碱。低插法：多用于盐碱较轻的地区，一般选用长 40~50 cm，粗 2~3 cm 的插穗。插干时一般深埋 35~40 cm，露出地面 5~10 cm，也要随埋随压实。由于插穗外露较少，可在底土砸实后再覆土，以防表土积盐危害侧芽萌发。

插干造林简单易行，适宜在面积较小且有水源的地方进行。

（3）播种造林

应尽量选用种源丰富，生长迅速，根系发达，抗盐碱较强的树种进行播种造林。盐碱地播种造林应先整地消灭杂草，保持土壤水分，方能进行播种。在盐碱地区采用的树种有刺槐、紫穗槐、胡杨和柽柳等。

刺槐和紫穗槐适于在河道堤坡、渠道沟坡等盐碱较轻的土地上进行直播造林。方法是：提前整地，最好趁大雨后将已催芽处理好的种子进行沟播或穴播。亩播种量：刺槐3~4 kg，紫穗槐在5 kg左右。播种后覆土不要太厚(一般2~8 cm即可)，然后轻轻镇压，使种子与土壤密接以利于种子发芽出土。胡杨播种造林具体做法是，在造林地段洗盐后，整地作垄，沟宽80~100 cm，深50~70 cm，沟间距150 cm，长度根据地形而定。采取沟垄水线播种造林，加强管理，培育2~3 a后，按株距移除多余的苗木，用于植苗造林；留下的健壮苗木即长成胡杨林带。柽柳7月上旬种子成熟，种子随采随撒在盐碱地上，降雨后种子就能生根萌发成林。在土壤含盐量1%以下的中、重盐碱地营造柽柳林。

播种造林需要采用经过检验合格，遗传性能良好，纯度及发芽率高的优良种子。为防止病虫及鸟兽侵害，还可进行消毒、拌种等处理。

5) 造林模式

(1)减蒸促排造林技术模式

该模式主要适用于沿海半湿润盐碱区的造林。"减蒸促排"模式的核心技术是渗排管系统的应用。利用暗管排盐是盐碱地改良和造林的常用方法之一。

造林前，在林地铺设外径200 mm的透水管网，布置形式为单管排水系统。采用水平空间换取垂直空间的"浅密式"排水布设形式，东西向铺设，管间距6 m，暗管埋深为1 m，一端通到排水渠。造林后，在树穴上铺设表面覆盖层，如沙子、土工布、地膜等，覆盖层面积2 m×2 m。由此形成一个上层减少土壤水分蒸发，下层促进水分排出的"减蒸促排"造林技术措施组合。造林宜选用具有一定耐盐性的树种，如槐树、刺槐、香花槐、合欢、白蜡、臭椿、侧柏、圆柏等。春季或秋季大苗造林，采用土球苗为宜，裸根苗造林时，栽植前根部要用生根粉处理；栽植时按照"三埋二踩一提苗"技术要领进行，有条件情况下，填埋过程中可在根系密集区加施有机肥，填完土后树穴表面低于导流沟底10~15 cm，挖出的余土放于苗木一侧的沟槽内形成拦挡。树穴规格为1 m×1 m，株行距为3 m×3 m。

(2)集雨阻盐防蒸造林技术模式

该模式主要适用于沿海半湿润盐碱区的造林。在种植穴内设置炉渣隔盐层，结合表面覆盖措施减少土壤水分的散失，减少土壤返盐，形成了"上集雨水，下促排水，防止蒸发"的综合技术配套措施。

集雨阻盐防蒸造林技术模式包括以下技术步骤：

①开沟筑背，修建集雨床 根据造林株行距的设计，沿行的走向以行距为间隔开挖集流沟，沟底深20~25 cm，整理背垄与沟底之间的地面，作成浅"V"字形沟槽，整平拍实坡面，形成集雨床。

②设置集雨面 在整理好的集雨床一定部位铺覆抗老化的大棚膜、地膜等材料，形成集雨面。周边培土并踩实，防止大风掀开，并在上面每隔3 m膜中间压一锹土。

③挖树穴并设置隔盐层 株行距为3 m×3 m。隔盐层的布设按照造林设计的株距要

求，在集流沟中轴线上挖栽植穴，规格为 1.0 m×1.0 m×1.0 m；在栽植穴底部铺设 18~20 cm 的炉渣(沙子或秸秆段)形成隔离层，其上铺设 0.5~1.0 mm 抗老化土工布作为过滤层。

④树种选择及栽植　造林宜选用具有一定耐盐性的树种，如槐树、刺槐、香花槐、合欢、白蜡、臭椿、侧柏、圆柏等。春季或秋季大苗造林，土坨苗为宜，裸根苗造林时，栽植前根部要用生根粉处理；栽植时按照"三埋二踩一提苗"技术要领进行，有条件情况下，填埋过程中可在根系密集区加施有机肥，填完土后树穴表面低于导流沟底 10~15 cm，挖出的余土放于苗木一侧的沟槽内形成拦挡。

⑤设置表面覆盖层　在树穴表面用生态垫、土工布、沙子等材料进行覆盖，厚度 1~5 cm，形成表面防蒸减蒸入渗层，灌足底水。

⑥田间管理　适时除草；做好林木病虫害的防治工作；完善田间排水系统，当遇有过量降雨时及时排水，以免发生涝灾。

(3)平原盐碱地综合治理技术模式

该模式主要适用于黄淮海平原干旱半干旱洼地盐碱区、东北半湿润半干旱低洼盐碱区、黄河中游半干旱盐碱区的造林。

平原盐碱地综合治理技术模式主要包括以下技术步骤：

①引淡淋盐　淡水淋盐是改良盐碱地常用的技术措施之一。一次灌淡水或充足的降水，使上层土壤中可溶性盐溶解，并随水分入渗，将盐分带入下层土壤(或潜水)。试验表明，灌水淋洗一次，即可使 0~40 cm 土壤平均含盐量由 0.4% 下降到 0.1%，淋洗深度达 1 m 以下。

②井灌井排　井灌井排主要指利用浅群井抽盐，强排强灌，使土体快速脱盐。群井包括浅井、集水管、连接管等部件，还有射流泵系统与之配合。其原理是射流泵在井点管内形成真空，有较大的抽气能力，能使地下水快速汇集到井点管内迅速排出。通过淡水强灌淋盐、浅群井强排，促使耕层土体脱盐，地下水逐渐淡化。

③农田覆盖　农田覆盖可以有效地抑制蒸发和抑制地表返盐。采取的覆盖物多为光解地膜和作物秸秆。其中，作物秸秆成本低、简便，综合效益比较好。

④农业生物技术　措施包括林网、培肥、良种等，主要作用是巩固水盐调节效果，改良农田生态环境。

(4)集雨造林技术模式

该模式适用于水资源匮乏的西北内陆盐碱区、黄河中游半干旱盐碱区的造林。利用天然降雨进行灌溉。干旱半干旱山丘区和丘陵区的水窖、各种类型的集雨池、梯田等方式；山区或坡地的小管出流等方式。

集雨造林技术模式主要有以下技术措施：①反坡台，适宜于山丘区、丘陵区坡面相对规整的山坡。②鱼鳞坑，鱼鳞坑适宜于石质山地等地形不规整的陡峭坡面。③集雨面，集雨面的类型多样，如利用天然的坡面为集雨面、配合截流沟、反坡梯田、台条田；种植苜蓿、草皮等草本植物作为集雨面；铺设塑料棚膜作集雨面，应用最广泛的方法是地膜覆盖集雨。

3.6.4 干热河谷造林

3.6.4.1 干热河谷概况

干热河谷是地处湿润气候区以热带或亚热带为基带的干热灌丛景观河谷。横断山区干热河谷的总长度为 4105 km，总的面积 11 230 km²。以干热河谷的面积及其重要性而论，长江上游的几条支流如金沙江、雅砻江、大渡河、岷江和白龙江干热河谷的发育更令人瞩目，尤其金沙江及其支流雅砻江和大渡河干旱河谷的面积占整个干热河谷面积的一半以上，干热河谷的总长度为 2929 km，总面积为 8410 km²，分别为横断山脉干热河谷总长度和总面积的 71.35% 和 74.89%。

"既热又干"是干热河谷的基本环境特点。一般来说，每年的 6~10 月为雨季，11 月至翌年 5 月为旱季。干热河谷所处的横断山脉地区，夏半年盛行西南季风，冬半年盛行西南气流，使年内各月太阳辐射能量收入相差不大，造成气温的年较差很小。金沙江干热河谷地区海拔 1400 m 以下地区主要的植被类型为稀树灌木草丛和肉质多刺灌丛。干热河谷区土壤垂直地带性特点显著，土壤以干热河谷燥红土、赤红壤、红壤为主。随着人类活动强度的持续强化，干热河谷地区森林覆盖率不断减小、生物多样性锐减、土地退化、水土流失、土壤肥力下降，地质灾害、气象灾害频发，生态环境问题日益凸显。

3.6.4.2 配置与设计

1) 立地条件类型划分

干热河谷的地形因子和气候条件是影响植物生长的主要因子，坡位和坡向为干热河谷立地类型划分的主要依据。根据上述立地类型划分的原则和依据，将金沙江干热河谷的立地类型分为四种(表 3-10)。

表 3-10 金沙江干热河谷立地条件类型

I. 坡上灌丛区	I₁. 阴坡类型	北坡、西北坡、东坡、东南坡、东北坡
	I₂. 阳坡类型	南坡、西坡、西南坡
II. 坡下草丛区	II₁. 阴坡类型	北坡、西北坡、东坡、东南坡、东北坡
	II₂. 阳坡类型	南坡、西坡、西南坡
III. 坡足冲击区		
IV. 谷底平坝区		

2) 植被恢复的造林措施

(1) 典型植被恢复措施

①坡改梯经济林 在退化较轻的坡地，经坡改梯后种植经济林(龙眼)，株距 4 m×5 m。林下种植柱花草。完成后，常年进行果树的常规管理，并辅助人工灌溉。主要植被包括龙眼、柱花草、扭黄茅、孔颖草。

②冲沟内生态林 在退化严重的冲沟内，坡度>20℃，植被盖度<25%，按 4 m×5 m 开坑隙，坑半径 50 cm，每隙客土用农家堆肥 20 kg 后，沟内种植金合欢、酸角等，林下和林间自然生长杂草，主要草种有扭黄茅等。完成后，靠天然降雨维持植被生长。主要

植被有：金合欢、酸角、假杜鹃、银合欢、扭黄茅、大叶千斤拔、田菁、羽芒菊、叶下珠。

③沟头坡面生态林 在退化严重的劣坡，即坡度>10°，植被盖度<25%，按4 m×5 m开坑隙，坑半径50 cm，同样用农家堆肥20 kg/隙客土后，沟内种植攀枝花等，种植后坑深约20 cm，林下和林间自然生长杂草，主要草种有扭黄茅等。完成后，靠天然降水维持植被生长。主要植被有：木棉、羊蹄甲、凤凰木、扭黄茅、大叶千斤拔、田菁。

（2）乔灌草混交植被恢复模式

①生态林草模式 以分类经营为指导，合理配置林草结构和植被恢复方式。在水土流失和风沙危害严重，15°以上的斜坡陡坡地段、山脊等生态地位重要地区，要全部营造生态林草。配置乔灌草模式，造林以乔木树种银合欢或赤桉为主，在中间带状撒播或穴状点播车桑子、木豆、黄荆。造林地应加强封育保护，禁止采割践踏，促进林地植被恢复。剑麻栽种在林地周围，2~3 a即可形成生物围栏，具有生态效益、机械保护等双重功能。这样，乔、灌、草、生物围栏，即银合欢（赤桉）—车桑子（黄荆、木豆）—山草—剑麻相结合，可营造最佳人工生态恢复模式。

②经济林草模式 在15°以下地势平缓、立地条件适宜且不易造成水土流失的地方发展经济林、用材林和薪炭林。在有灌溉条件的地段可发展台枣、石榴、黄果等经济林果。经济林要适当稀植，在中间套种皇竹草、黑麦草、玫瑰茄等。皇竹草、黑麦草饲养牛羊，厩肥施入林地。走种植、养殖相结合的最佳经济生态恢复模式。

（3）特殊地段模式

①地块相对平整、土层厚度≥40 cm以上且具备水源条件的地段，营建经济林，树种以葡萄、龙眼、杧果、台湾青枣、金丝小枣等名、特、优、稀早熟水果为主，种植模式采用复合高效的林农矮科作物套种模式。

②地块坡度≤20°的缓坡地、土层厚度≤40 cm且不具备水源条件的地段，营建生态林，树种选择赤桉、柠檬桉、酸豆树、木棉、银合欢、黄檀、印楝、车桑子等，种植模式一般采用乔+灌（如：赤桉+车桑）。

③地块坡度≥25°的陡坡、土层厚度≤20 cm、土地质量差、土壤干旱突出和区域性植被相对较好的地段，营建生态林，树种选择山合欢、新银合欢、余甘子、云南松、剑麻、车桑子、金合欢等。种植模式采用灌+草（如新银合欢+剑麻）或乔+灌+草（如云南松+新银合欢+剑麻）等模式。

④地块坡度≥25°的陡坡、土层厚度≤20 cm、土地质量差的地段（主要在金沙江沿岸一、二层面山和金沙江一级支流的陡坡水土严重流失地区），营建生态林，树种选择余甘子、金合欢、新银山合欢、滇榄仁、车桑子、剑麻等，种植模式采用灌+草（如金合欢+剑麻）或乔+灌+草（如滇榄仁+车桑子+剑麻）等模式。

本章小结

本章介绍了人工林培育的基础理论与基本技术，包括人工林生长发育过程，立地条件类型划分、树种选择与适地适树，种间关系理论，林分密度作用规律，整地方法，造林方法及幼龄林的抚育管理，最后对常见的几种困难立地造林技术做了较为详细的论述。

　　要求掌握人工林培育的基础理论和基本技术，深刻理解适地适树与种间关系及密度作用规律，熟悉一般的造林整地与种植技术的特点及应用条件，了解困难立地的特点及其造林技术。

思 考 题

　　1. 简述人工林培育的过程及其各阶段的特点和主要培育措施。

　　2. 什么是适地适树及实现途径？

　　3. 立地条件类型划分方法有哪些？

　　4. 试述种间关系的实质及其对混交林营造的意义。

　　5. 密度对林分生长发育有何影响？

　　6. 树种选择的方法与原则是什么？

　　7. 简述造林技术措施选择对苗木成活及林木发育的影响。

第4章

水源保护林工程

迄今为止，世界上大多数国家生产和生活用水仍以河水为主。江河枯水流量过低，已成为生产生活用水量的主要限制因子。江河上游或上中游一般是山区和丘陵区，它们是江河的重要水源地。保护水源地，充分发挥其涵养水源、保证江河基流、维持水量平稳、净化水质等作用，是关系到上游生态环境建设和下游防洪减灾的重要问题。我国主要江河上游山区，由于过度开垦，森林植被毁坏严重，水土流失和泥沙淤积已成为不容忽视的问题，同时也会给下游防洪安全带来十分不利的影响。以保护水源地为使命的水源保护林建设越来越引起人们的重视。

在江河源区建立水源保护林，如同建了一个广阔的绿色水库，它发挥着森林植被调节河水洪枯流量、防洪灌溉等水文生态功能，将天然降水"蓄水于山""蓄水于林"，促进水资源合理利用。

4.1 水源保护区

4.1.1 水源涵养与水源保护

水源保护林是森林生态系统的重要组成部分，它又叫水源涵养林、水源林，是水土保持防护林种之一，泛指河川、水库、湖泊的上游集水区内大面积的原有林(包括原始森林和次生林)和人工林。它通过其高耸的树干和繁茂的枝叶组成的林冠层，林下茂密的灌草植物形成的灌草层，林地上富集的枯枝落叶层和发育疏松而深厚的土壤层，来达到截持和储蓄大气降水作用，从而对大气降水进行重新分配和有效调节，发挥森林生态系统特有的水文生态功能，即调节气候、涵养水源、净化水质、保持水土、减洪及抵御旱洪灾害等作用。水源保护区包括生活饮用水水源地、风景名胜区水体、重要渔业水体和其他有特殊经济文化价值的水体。对水源保护区要实行特别的管理措施，以使保护区内的水质符合规定用途的水质标准。

水源涵养是生态系统在一定的时空范围和条件下，将水分保持在系统内的过程和能力，它在多种因素的作用下(如生态系统类型、地形、海拔、土壤、气象等)具有复杂性和动态性特征(吕一河，2015)。水源保护林的水源涵养功能是森林乔木层、灌草层、枯枝落叶层和土壤层对降水进行再分配的复杂过程，主要体现在对降水的拦蓄作用。在系统外在条件一致的情况下，森林系统的结构及其动态对这一功能的大小具有决定性的作用。

　　水源保护林体系是以水源涵养、水土保持为核心的，兼顾经济林、薪炭林、用材林的综合防护林体系，它具有涵养水源、保持水土、调洪削峰、减少泥沙入库或淤积以及防止土壤侵蚀和净化水质的功能（高成德，2000）。因此，如何配置这一体系中的林种和树种以及开发相应的培育技术，使其发挥出最大的生态、经济和社会效益，是建立完善的水源保护林体系的关键。水源涵养林通过转化、促进、消除、恢复等内部的调节机能和多种生态功能维系着生态系统的平衡，是生物圈中最活跃的生物地理群落之一（寇韬，2009）。

4.1.2　全国水源涵养林功能区划

　　区域森林以涵养水源为主要功能的称为水源涵养林功能区（简称水源涵养功能区）。水源涵养林功能区的发展方向是：推进天然林草保护、退耕还林和围栏封育，治理水土流失，维护或重建湿地、森林、草原等生态系统。严格保护具有水源涵养功能的自然植被，禁止过度放牧、无序采矿、毁林开荒、开垦草原等行为。加强大江大河源头及上游地区的小流域治理和植树造林，减少面源污染。拓宽农民增收渠道，解决农民长远生计，巩固退耕还林、退牧还草成果。

　　根据生态功能类型及其空间分布特征，以及生态系统类型的空间分异特征、地形差异、土地利用的组合，全国共划分水源涵养林生态功能区 47 个（图 4-1），面积共计 $256.9 \times 10^4 \ \text{km}^2$，占全国国土面积的 26.9%。

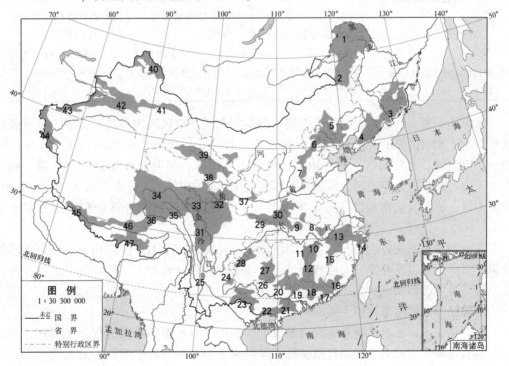

图4-1　全国水源涵养功能区分布图

图 4-1 中序号含义见表 4-1。

表 4-1 全国水源涵养功能区划分

序号	名称	序号	名称	序号	名称	序号	名称
1	大兴安岭北部水源涵养功能区	13	天目山—怀玉山区水源涵养与生物多样性保护功能区	24	珠江源水源涵养功能区	38	青海湖水源涵养功能区
2	大兴安岭中部水源涵养功能区			25	红河源水源涵养功能区		
3	长白山山地水源涵养功能区	14	浙东丘陵水源涵养功能区	26	黔东南桂西北丘陵水源涵养功能区	39	祁连山水源涵养功能区
4	千山山地水源涵养功能区	15	武夷山山地水源涵养功能区	27	黔东中低山水源涵养功能区	40	阿尔泰山地水源涵养与生物多样性保护功能区
5	辽河源水源涵养功能区	16	闽南山地水源涵养功能区	28	大娄山区水源涵养与生物多样性保护功能区	41	东天山水源涵养功能区
6	京津冀北部水源涵养功能区	17	粤东—闽西山地丘陵水源涵养功能区	29	米仓山—大巴山水源涵养功能区	42	天山水源涵养与生物多样性保护功能区
7	太行山区水源涵养与土壤保持功能区	18	九连山水源涵养功能区	30	豫西南山地水源涵养功能区	43	天山南脉水源涵养功能区
8	大别山水源涵养与生物多样性保护功能区	19	都庞岭—萌渚岭水源涵养与生物多样性保护功能区	31	川西北水源涵养与生物多样性保护功能区	44	帕米尔—喀喇昆仑山水源涵养与生物多样性保护功能区
9	大洪山山地水源涵养功能区	20	桂东北丘陵水源涵养功能区	32	甘南山地水源涵养功能区		
10	九岭山山地水源涵养功能区	21	云开大山水源涵养功能区	33	黄河源水源涵养功能区	45	雅鲁藏布江上游水源涵养功能区
11	幕阜山山地水源涵养功能区	22	桂东南丘陵水源涵养功能区	34	长江源水源涵养功能区	46	雅鲁藏布江中游水源涵养功能区
12	罗霄山山地水源涵养功能区	23	西江上游水源涵养与土壤保持功能区	35	澜沧江源水源涵养功能区	47	中喜马拉雅山北翼水源涵养功能区
				36	怒江源水源涵养功能区		
				37	六盘山水源涵养与生物多样性保护功能区		

水源涵养重要区是指我国河流与湖泊的主要水源补给区和源头区。其中，极重要区面积为 $151.8×10^4 km^2$，主要包括大兴安岭、长白山、太行山—燕山、浙闽丘陵、秦岭—大巴山区、武陵山区、南岭山区、海南中部山区、川西北高原区、三江源、祁连山、天山、阿尔泰山等地区。较重要区面积为 $101.6×10^4 km^2$，分布于藏东南、昆仑山、横断山区、滇西及滇南地区等地。国家各重点水源涵养区的综合评价和发展方向见表 4-2。

水源涵养区的主要生态问题：人类活动干扰强度大；生态系统结构单一，生态功能衰退；森林资源过度开发、天然草原过度放牧等导致植被破坏、土地沙化、土壤侵蚀严重；湿地萎缩、面积减少；冰川后退，雪线上升。

水源涵养区的生态保护主要方向：

①对重要水源涵养区建立生态功能保护区，加强对水源涵养区的保护与管理，严格保护具有重要水源涵养功能的自然植被，限制或禁止各种不利于保护生态系统水源涵养功能的经济社会活动和生产方式，如过度放牧、无序采矿、毁林开荒、开垦草地等。

表 4-2 国家重点水源涵养区的类型和发展方向

区域	综合评价	发展方向
大小兴安岭森林生态水源涵养功能区	森林覆盖率高,具有完整的寒温带森林生态系统,是松嫩平原和呼伦贝尔草原的生态屏障。目前原始森林受到较严重的破坏,出现不同程度的生态退化现象	加强天然林保护和植被恢复,大幅度调减木材产量,对生态公益林禁止商业性采伐,植树造林,涵养水源,保护野生动物
长白山森林生态水源涵养功能区	拥有温带最完整的山地垂直生态系统,是大量珍稀物种资源的生物基因库。目前森林破坏导致环境改变,威胁多种动植物种的生存	禁止非保护性采伐,植树造林,涵养水源,防止水土流失,保护生物多样性
阿尔泰山地森林草原水源涵养生态功能区	森林茂密,水资源丰沛,是额尔齐斯河和乌伦古河的发源地,对北疆地区绿洲开发、生态环境保护和经济发展具有较高的生态价值。目前草原超载过牧,草场植被受到严重破坏	禁止非保护性采伐,合理更新林地。保护天然草原,以草定畜,增加饲草料供给,实施牧民定居
三江源草原草甸湿地水源涵养生态功能区	长江、黄河、澜沧江的发源地,有"中华水塔"之称,是全球大江大河、冰川、雪山及高原生物多样性最集中的地区之一,其径流、冰川、冻土、湖泊等构成的整个生态系统对全球气候变化有巨大的调节作用。目前草原退化、湖泊萎缩、鼠害严重,生态系统功能受到严重破坏	封育草原,治理退化草原,减少载畜量,涵养水源,恢复湿地,实施生态移民
若尔盖草原湿地水源涵养生态功能区	位于黄河与长江水系的分水地带,湿地泥炭层深厚,对黄河流域的水源涵养、水文调节和生物多样性维护有重要作用。目前湿地疏干垦殖和过度放牧导致草原退化、沼泽萎缩、水位下降	停止开垦,禁止过度放牧,恢复草原植被,保持湿地面积,保护珍稀动物
甘南黄河重要水源补给水源涵养生态功能区	青藏高原东端面积最大的高原沼泽泥炭湿地,在维系黄河流域水资源和生态安全方面有重要作用。目前草原退化沙化严重,森林和湿地面积锐减,水土流失加剧,生态环境恶化	加强天然林、湿地和高原野生动植物保护,实施退牧还草、退耕还林还草、牧民定居和生态移民

②继续加强生态恢复与生态建设,治理土壤侵蚀,恢复与重建水源涵养区森林、草原、湿地等生态系统,提高生态系统的水源涵养功能。

③控制水污染,减轻水污染负荷,禁止导致水体污染的产业发展,开展生态清洁小流域的建设。

④严格控制载畜量,改良畜种,鼓励围栏和舍饲,开展生态产业示范,培育代替产业,减轻区内畜牧业对水源和生态系统的压力。

⑤对生态退化严重、人类活动干扰较大的重要生态功能区实施重大生态保护与恢复工程,坚持自然恢复为主的原则,提高生态系统质量,增强生态系统服务功能。

4.1.3 水源林保护区范围与我国重要水源保护区

水源林保护区突出的是林地保护,其价值和效益多体现在水体的净化和循环利用上,最终实现森林资源和水资源的共赢。

因此,规划的依据应以我国现行的自然保护区相关技术规范为主。根据原林业部关于《森林资源调查主要技术规定》，将符合下列几种情况的森林划分为水源保护林：①流程在 500 km 以上的江河发源地集水区，主流道、一级与二级支流两岸山地，自然地形中的第一层山脊以内的森林；②流程在 500 km 以下的河流，所处自然地形雨水集中，对下游工农业生产有重要影响，其主流道、一级与二级支流两岸山地，自然地形中的第一层山脊以内的森林；③大中型水库、湖泊周围山地自然地形的第一层山脊以内的森林；或其周围平地 250 m 以内的森林和林木。对于一条河流，一般要求水源保护林的范围占河流总长的 1/4；一级支流的上游和二级支流的源头，沿河直接坡面，都应区划一定面积的水源保护林，集水区森林覆盖率要达到 50% 以上。

在此框架下，水源林保护区属森林生态系统类型的保护区。但水源林保护区规划不能参照单一的自然保护区的已有范本，水源林保护区有别于普通的自然保护区，应采取分级保护的手段，要充分体现森林与水的密切联系，在规划中将森林与水充分结合，考虑流域内多重因素，包括自然环境要素、水源地关键要素、水源涵养林资源属性、保护范围和对象，通过分级区划保护的方法，将水源林保护区划分为一级保护区、二级保护区和准保护区三级分区，做到自然资源的协调统一（张蓉，2012）。

我国水源林保护区主要分布在三个区域：发源于大兴安岭—晋冀山地—豫西山地—云贵高原一线的河流，如黑龙江、辽河、滦河、海河、淮河、珠江的上游西江和元江；发源于青藏高原东、南缘的源远流长大河，如长江、黄河、澜沧江、怒江、雅鲁藏布江等；发源于长白山—山东丘陵—东南沿海丘陵山地一线的河流，如图们江、鸭绿江、沭河、钱塘江、瓯江、闽江、九龙江、韩江、珠江的支流东江和北江。我国重要的水源林保护区简述如下。

4.1.3.1 东北水源林保护区

大兴安岭水源保护林区：本区是嫩江、松花江及黑龙江的重要水源区。东坡注入额尔古纳河的主要河流海拉尔河、贝尔赤河、根河；西坡注入嫩江的有甘河、诺敏河、多布库尔河及阿伦河等；北坡直接注入黑龙江的有呼玛尔河、阿穆尔河、盘古河等。额尔古纳河为黑龙江的上游，嫩江汇松花江亦注入黑龙江入海。

小兴安岭水源林保护区：本区是黑龙江和松花江两个水系的重要水源区。北坡注入黑龙江的河流主要包括逊河、克尔滨河、乌云河和嘉荫河；注入嫩江的有库仑河、纳莫尔河、门鲁河；从南坡注入松花江的有汤旺河、呼兰河、梧桐河等。

东北东部山地水源林保护区：本区河流分属于松花江流域、辽河流域、图们江流域、鸭绿江流域、绥芬河流域五个流域。主要河流有牡丹江、辉发河、乌苏里江、绥芬河、图们江、鸭绿江等，可分为长白山、牡丹江及完达山三个林区。本区的水资源、水能储量丰富，有大中小型水库及水力发电站，著名的有小丰满水电站及抚顺大伙房水库。

4.1.3.2 华北水源林保护区

鲁中南低山丘陵水源保护林区：本区的河流多数具有多源、流路短、流速高的特征，注入淮河的有沂河、沭河，注入运河的有汶河、泗河，直接注入渤海的有潍河、弥河、小清河、胶莱河等。本区容易出现暴雨山洪与干旱。

晋冀燕山太行山水源林保护区：本区是海河、黄河、淮河的重要水源区。主要河流包括大凌河、滦河、潮白河、永定河、拒马河、滹沱河、滏阳河、漳河、伊河、洛河、沁河、沙颖河、汝河等。各条河流的中下游修建有数以千计的大中小各型水库，对华北平原和晋中南盆地的农业生产及京津等城市供水都有极为重要的作用。

陇秦晋黄土高原水源保护林区：本区是黄河中游支流的重要水源区。本区为黄土高原狭长的土石山地带，可以分为甘肃子午岭水源保护林区、陕西黄龙山乔山水源林保护区及山西吕梁山土石山水源林保护区三个区域。主要河流包括汾河、洛河及直接注入黄河的其他支流。

4.1.3.3　西北水源林保护区

天山水源保护林区：本区的河流是其内陆湖泊的主要水源地。天山北坡较大的河流，包括伊利盆地的特克斯河、巩乃斯河、喀什河汇集成伊犁河；准噶尔盆地南缘自西向东有奎屯河、玛纳斯河、呼图壁河、头屯河、乌鲁木齐河、木垒河等；河流大多聚成内陆湖泊，小河流成潜流消失在荒漠中。较大的湖泊包括赛里木湖、玛纳斯湖、巴里坤湖等。

祁连山水源林保护区：本区河流密布，是内陆荒漠绿洲与青海湖的主要水源区，也是黄河的重要水源区之一。直接流向河西走廊的河流主要有黑河、疏勒河、北大河（上游称托莱河）、洪水坝河、梨园河、石羊河等，石羊河的主要支流包括西大河、东大河、西营河、杂木河等；大通河（上游称为浩门河）、庄浪河注入黄河；布哈河、沙柳河、哈尔盖河、倒淌河等注入青海湖。

黄河上游水源林保护区：本区有黄河的主要支流洮河、大夏河、隆务河等，是黄河的主要水源区。水力资源和水电资源都很丰富，有著名的龙羊峡水电站等国家重要水电设施。

六盘山水源林保护区：本区是黄河主要支流渭河、泾河的主要水源区。泾河、渭河的主要支流葫芦河及千河都发源于此地，是关中地区的农业灌溉与城市供水的重要水源区。

4.1.3.4　中南水源林保护区

秦巴山地水源保护林区：本区河流密布，是长江、黄河两大河流的重要水源区。南坡是汉水、嘉陵江、洛河的上游和发源地，其中汉水的主要支流包括黑河、湑水河、牧马河、旬河、岚河、丹江、淅水，嘉陵江的支流主要有西汉水、白龙江等；北坡有72条水流流向关中平原注入渭河。其中的丹江口水库是我国南水北调中线的供水源区，具有重要的战略意义。

大别山及桐柏山水源保护林区：本区河流密布，是淮河、汉江、长江三大流域支流的主要水源区。淮河的主要支流有淠河、竹竿河、寨河、潢河等；汉江的主要支流包括唐白河。本区水资源丰富，水库较多，有的河流有一定的通航能力，但是受到枯洪流量的影响。

天目山水源林保护区：包括天目山、黄山、怀玉山、四明山等山脉所组成。本区河系发育，水力资源十分丰富。直接注入长江的水系有青弋江、水阳江等，直接入海的有钱塘江(上游称富春江)，注入鄱阳湖的有闾江、乐安江等。本区建有多座大中型水库，其中包括著名的新安江水电站。

4.1.3.5 华南水源林保护区

武夷山水源保护林区：本区河流密度大，水资源丰富，是东南地区的闽江、晋江、九龙江、木兰溪、抚河、信江、瓯江等主要河流的发源地。其中抚河、信江注入鄱阳湖，瓯江从浙江直接入海，闽江、晋江、九龙江、木兰溪从福建直接入海。本区河流的主要特点是流量大，河流比降大、水流湍急。

赣闽粤山地水源林保护区：本区水资源丰富，是赣江、韩江、东江三大水系的发源地。其中赣江水系由南向北流入长江，东江水系汇入珠江，韩江水系直接注入南海。建有多座大中小型水库，其中新丰江、枫叶坝、陡水等水库是本区重要的水电基地。

4.1.3.6 西南水源林保护区

元江与南盘江水源林保护区：本区处于云贵高原向丘陵盆地过渡地段，是珠江等重要河流的发源地之一。主要河流包括元江(入越南后称为红河)、南盘江，右江的支流驮娘江、西洋江，其他的盘龙江、南溪河、大马河等流入越南。

三岔河与北盘江水源林保护区：本区是珠江、乌江的发源地。北盘江与南盘江汇合形成红河水，三岔河是乌江的水源区。其中著名的黄果树瀑布是北盘江的支流之一。

青藏高原南部与东缘高山峡谷水源林保护区：本区包括藏南的雅鲁藏布江及其支流拉萨河、年楚河、尼洋曲、易贡藏布、帕隆藏布等支流，怒江，澜沧江，雅砻江，大渡河等水系，是我国重要河流的水源区。

4.2 集水区水源保护林

水源保护林是以保护水资源和水环境为目的，以调节水量、控制土壤侵蚀和改善水质为目标的综合防护林体系，它包括水源保护区域范围内的人工林和天然林及其他植被资源。水源保护林是一种以发挥森林涵养水源功能为目的的特殊林种。尽管任何森林都有涵养水源的功能，但水源保护林要求特定林分结构和地理位置，因此它的本质和表象又不同于一般森林(范志平，2000)。

生长在集水区且具有水源保护作用的天然林、天然次生林、人工林，天然或人工灌木林被称为集水区水源保护林。根据地域划分，在大江大河的源区，一般分布有原始林或天然次生林；在沿河中下游一般都分布有天然次生林和人工林。

4.2.1 水源保护林结构

水源保护林通过转化、促进、消除或恢复等内部的调节机能和多种生态功能维系着生态系统的平衡，是生物圈中最活跃的生物地理群落之一。水源保护林对降水的再分配作用十分明显，使林内的降水量、降水强度和降水历时发生改变，从而影响了流域的水文过程(范志平，2000)。

因此，水源保护林的空间配置和林分结构在实现水源保护林涵养水源的功能上尤为重要。

4.2.1.1 空间配置

在相同的土壤、森林结构和覆盖率条件下，集水区内群落空间分布格局是水源涵养功能的先决条件。这种群落空间分布格局就是群落的空间配置，它是水源保护林体系建设取得最佳效益的关键性技术，包括水源保护林体系内土地利用结构、树种结构和林分系统的空间布局。空间配置包括水平结构配置和垂直结构配置，水平结构配置是指水源保护林体系内各个林种在集水区范围内的平面布局和合理规划，垂直结构配置是指在林分配置过程中，需要合理搭配乔灌木草种，形成多层次的立体结构。确定水源保护林高效空间配置，要依据林种的结构、功能和经营目标，确定其经营区和经营类型，分区分类经营，实现经营区内因地制宜，合理安排林种和配置模式。

根据景观格局的分析可知，高效的空间配置就是增加景观的多样性，降低景观的优势，提高景观的均匀度，降低景观的分离度，提高景观的分维数，降低景观被分割的破碎程度和破碎化指数。在"适地适树"与"因害设防"的原则下进行水源保护林体系的高效空间配置。

水源保护林高效空间配置和结构设计的目标是实施定向育林，形成混交、稳定、异龄复层林，从而保持土壤处于最佳水分调节状态，即良好的吸水、保水、土内水分传输及水分过滤的状况。为改善土壤水分状况，使其吸收降雨与过滤径流的能力保持最佳，必须保持良好的枯枝落叶层与土壤表层结构，防止地表裸露、表层土壤产生阻止水分入渗的结皮。同时，在水源保护林高效空间配置和结构设计中应注意天然林和人工林的区别，低效天然林的改造要尽量在保持原有生态学特性的情况下进行，人工林要近自然经营。

森林减缓洪水、涵养水源的效果，一般是通过植被冠层的降水截留、蒸发散、滞缓拦蓄地表径流、增强和维持林地入渗性能4种水文效应而获得的。因此，对于一个完整的中、小流域水源保护林体系的配置，要考虑地形地貌特征与水土流失规律，通过体系内各个林种合理的水平、垂直配置和布局，达到与土地利用合理结合，水土流失关键地段得到控制，分布均匀，有一定林木覆盖率，不同地形部位各林种间的生态、水文及水土保持效益互补，形成完整的防护林体系；同时通过各林种内树种(或植物种)的立体配置，形成复层异龄的林分结构与良好地被物覆盖层，林分具有生态学和生物学的稳定性，地被物层(活的或死的)具有较强的土壤改良与水文效应，从而充分发挥其改善生态环境、保持水土、改善水质及涵养水源等水源保护功能。同时，在自然环境允许的条件下，通过土地的充分利用与经济价值较高树木(或其他植物)的合理配置，创造持续、稳定、高效的林业生态经济功能。

4.2.1.2 林分结构

林分结构指林分在未遭受灾害的情况下，内部存在的一些比较稳定的规律性结构，林分结构是研究林分特征的重要内容,也是经营水源保护林的理论基础。林分结构包括空间结构和非空间结构。非空间结构包括直径结构、生长量和树种多样性等,空间结构包括林木空间分布格局、混交、大小分化等方面。

一般来说,组成水源保护林的树种,应是生长速度快、冠幅大、叶面积指数高、根幅宽、根量多的深根性树种,形成蓄积量大、郁闭度高、枯枝落叶厚并分解良好的林分。实践证明深根性与浅根性相结合多种树种组成的复层异龄林,具有比较理想的水源涵养、水质改善与侵蚀控制作用。水源保护林的稳定林分结构设计主要是指以林分的生物学稳定为基础,来实现林分的生态学稳定,即生物学稳定是基础,生态学稳定是目标。结合涵养水源、改善水质和防止土壤侵蚀三大水源保护功能,确定林分结构主要考虑林分的层次结构、合理林分密度,林分的适宜郁闭度及树种选择等方面。

水源保护林的主要任务是通过影响流域水文过程,达到削减洪峰、涵养水源的目的。虽然在涵养水源和削减洪峰两个方面所要求的林分结构大致相同,但从缓洪防洪角度看,林分结构合理的林地应具有降水截留量和蒸发散量大、拦蓄和滞缓地表径流功能强、入渗能力高等特点;而从涵养水源角度看,则应具有林冠截留少、林分蒸散量小、地表径流比例小、林地下渗能力强、土内水分传输速度快的特点。也就是说,水源涵养林要求有大量的水分入渗土壤并且转化为土壤水或土内径流,并且有较高比例补充到地下水或河川基流,相对地上部分蒸发散(包括截留蒸发)则小些,因此,过密的林冠层截流损失过多也不一定好,特别是在较干旱地区中上游的河流集水区;而以减缓洪水为主要目标的森林则要求土壤入渗和蒸发散量比较大,地上部分截留损失越多越好,因此,复层异龄结构应是最好的。在实际中,江河上中游的水源保护林往往水源涵养、削减洪峰两个作用要同时考虑,应根据当地的土壤、气候、水文条件在林分结构选择上要综合多方因素确定。

总的来看,缓洪防洪、水源涵养的最佳林型,大体上可以认为是异龄复层针阔混交天然林。日本的研究认为,以柳杉为主体的择伐林,或非皆伐复层林(即使是人工林)可作为最佳的(理想的)缓洪防洪林型。我国水源区的大部分森林是由云杉、冷杉、落叶松、油松、马尾松、栎、杨、桦等组成,何为最佳林型,仍需进一步研究。一般原始林和天然次生林的水源涵养功能比人工林好,这可能主要是由于人工林结构单一、生物多样性差的原因。

从目前的研究成果来看,由于北方降水量小、气候干旱,林型应以涵养水源为主,林层不宜过多;南方则降水量大,防洪是主要问题,林型应以缓洪为主,多层林结构最好。例如,东北地区落叶松林、红松林、桦树林水源涵养功能好;华北及黄土高原地区落叶松林、油松林、杨桦林,水源涵养能力强;南方亚热带地区的常绿阔叶林、常绿落叶阔叶林及南方热带地区的热带雨林的水源涵养效果较好。

密度的配置是由林种特点、树种特性、经营技术、立地条件决定。合理的造林密度能使整个林分在生长过程中形成合理的群体结构,保证各个体充分生长发育,最大限度地利用空间。密度是否合理,关系到水源保护林能否正常发挥三大水源保护功能。树冠浓密的树种,密度过大会造成林内光照不足,林下植被难以生长,结果树冠虽能承受部分降水,但若超过其承受量,地表同样也会产生较大径流,引起水土流失。地表土壤侵蚀的根源是降水对地表的击溅作用,从而加速地表的冲刷。在森林树冠及林下灌木、草被和枯落物的防护下,会大大减小雨滴对土壤的冲击力,削减雨滴能量达95%。

水源保护林的密度和配置要有利于迅速郁闭、易于乔灌草复层结构的形成。在有关植被恢复过程与防止水土流失效果的研究表明:随着植被盖度的增加,地表径流过程缩短,径流洪峰流量降低,地表径流量减少,径流系数减小,土壤入渗量增加。虽然盖度不能完全等同于郁闭度,但一般来说随着林分盖度的增加,林分的郁闭度也会增加。郁闭度和林下植被盖度之间存在紧密联系,当郁闭度增大到一定程度时,因林下光照条件差,植被生长发育受到抑制;当郁闭度达到1时,即林分完全郁闭时,林下只有少量耐阴的植物可以生长。根据在北京密云水库的研究,当乔木层郁闭度较小时,灌草层盖度较大,郁闭度增到0.7时,灌草层盖度仍可达到80%的高峰值;但随着郁闭度的继续增大,超过0.7以后,灌草层盖度急剧下降。可见,郁闭度过大,不利于地面植物的生长发育,因此阻碍了水源保护林的水源保护功能的发挥。

树种选择是水源保护林成效的关键。水源保护林其特殊的功能决定了树种选择的特殊性,要求生长快、郁闭早、根系发达、再生力强、涵养功能持久。水源保护林典型林分结构应是复层异龄混交林,因此混交树种、混交类型、混交方式是水源保护林营建体系的重要组成部分。水源保护林的合理林分模式结构为:①第1层为喜光树种(阔叶树郁闭度0.6~0.7);②第2层为耐阴树种(针阔混交郁闭度0.5~0.6);③第3层为灌木(阔叶灌木郁闭度0.4);④第4层为草本(覆盖度0.6以上,阴湿性草类);⑤第5层为死地被物(枯枝落叶层)。依植被区系和类型规律决定水源保护林树种结构,形成稳定的水源保护林典型组成种类(余新晓,2000)。

营建技术包括造林季节、造林方法及造林技术。造林季节、造林方法依区域性特点而定,种苗质量是水源保护林营建成功的物质基础,造林技术是水源保护林营建体系的核心(余新晓,2000)。

4.2.2 水源保护区森林植被恢复

水源保护林植被恢复,从本质上讲,就是对水源区森林进行更新改造、定向恢复、可持续经营和管理。

当前,水源保护林经营归结起来应遵循以下原则:①近自然经营森林;②加强天然更新;③依照土壤与气候条件选择树种;④水源保护林区只准对过熟木、病腐木和枯死木等进行卫生择伐,严禁皆伐,允许小面积抚育伐;水源保护林区附近的用材林区,亦不宜大面积皆伐;⑤促进稀有、高生态价值的树种繁衍生长;⑥建立天然林保留地;⑦保留一些枯立木和倒木;⑧根据水源保护林整体功能要求,对生态价值高的林分,采取相应的保护措施,控制人为干扰;⑨严禁使用化学药剂,如化肥、除草剂、杀虫剂等;⑩水源保护林区在不妨碍水源涵养、水土保持、净化水质功能原则下,可小规模进行林副产品和林产品生产,如栽种经济林、果木,林下种植药材等。

人工诱导天然混合更新是一种切实可行的高速树种结构的更新方式,渐伐改造迹地采取人工诱导培育混交林技术是可行的。通过多种方法改良林分,提高林分质量和生产力,最终实现永续利用的目的。因此,掌握人工促进天然更新过程的客观规律,依靠人工促进天然更新为主的方法恢复森林是水源涵养林区恢复植被，特别是恢复混交林的良好途径。

4.2.2.1 植被恢复技术

1) 水源区人工促进植被恢复

水源保护林由于培育目的多样，培育期较长，可充分利用人工天然更新方式进行更新，加快恢复森林植被，形成稳定的森林植物群落，以较小的投入获得最大的水源保护林防护功能，保持其永续利用和多种效益。人工诱导促进天然更新是其经营和定向恢复的发展方向，是一种切实可行的调整树种结构的更新方式。依靠人工促进天然更新为主的方法恢复森林是水源保护林区恢复混交林的良好途径。促进天然更新受到种源、土壤、植被和气候条件的严格制约。人工促进天然更新的效果，主要取决于种源、出苗环境、幼苗生长环境三个条件的限制。在以上三个条件适合的前提下，应大力进行水源保护林人工诱导定向恢复技术措施。人工诱导促进天然更新兼有人工更新和天然更新的优点，能合理利用时间、空间、林地资源；节省苗木整地、造林等投入，大大降低生产成本；由于在林地内天然更新的树种适应性强，生长迅速，若在其生长过程中加以人工抚育，其生长速度更快；提高林分对病、虫等灾害的抗性和自身的稳定性。

其中封山育林是对被破坏了的森林，经过人为的封禁培育，利用林木天然下种及萌蘖更新能力，促进水源保护区新林形成的一项有效措施。开展封山育林，要"封"和"育"相结合，在封闭管理减少人为植被破坏的基础上，根据封育区的植被、种源、立地情况采取不同的管理措施，进行人工育林。封山育林包括封禁、培育和管护设施建设几个方面。所谓封禁，就是建立行政管理与经营管理相结合的封禁制度，分别采用全封、半封和轮封等方式，为林木的生长繁殖提供休养生息条件。所谓培育，一是利用林草资源本身具有的自然繁殖能力，通过人为管理改善生态环境，促进其生长发育；二是通过人为的一些必要措施，即封育初期在林间空地进行补种、补植，中期进行抚育、修枝、间伐，伐除非目的树种的改造工作等，不断提高林分质量，增强林分稳定性。

2) 水源区低效林改造

林分改造是指将生产力低、质量不良和稀疏的林分，通过综合的林学措施，变为高生产力和高质量的林分，以充分发挥林地的生产潜力和森林的各种防护效益。所谓生产力低和质量不良的林分是指那些在组成、林相、起源、疏密度和材质等方面不合乎经营要求的林分，其水源涵养与水土保持效益低下。

林分改造的目的在于调整树种组成与林分结构，增大林分密度，提高林分的质量和生态经济价值。为此，对不够抚育条件，又不到成熟龄的劣质林分，采用人为营林措施进行改造，变疏林为密林，变萌生林为实生林，变低价值林分为高价值林分，变纯林为混交林。但在实施时，必须严格掌握上述的目的要求，不能将有培育前途的林分予以改造。

林分改造一般以局部砍除下木和稀疏上层无培育前途的林木为主，不采取全面清除植被的办法，并在针阔叶混交林适生地带尽可能把有条件的林分诱导为针阔叶混交林。各地经济条件和林分状况不一，改造办法也不相同。例如，在有可能天然更新成为较好林分的地段，或劳力紧张而优良木较多的低产林，可以采取封山育林办法而不急于改造。在实施改造时应注意以下几点：第一，注意保护森林生态环境；第二，充分发挥林地的生产力以及原有林木的生产潜力，特别要保留好有培育前途的林木与可天然下种更新的目的树种；第三，尽量使新栽种的优良树种同保留林木形成良好的混交林。

确定林分改造对象时，要综合考虑当地的经济条件，林分组成和演替趋向。同一树种组成的林分，在不同的经济条件下，有可能在一个地区需要改造，而在另一个地区不需改造；在一个地区，由于林分所处的立地条件不同，虽然现阶段林分组成相同，但其演替方向不一定相同。不掌握这些规律，林分改造难以达到预期效果。

一般说，具有下列自然特征的森林，应列为改造对象：①林分立木度过低、地被物稀少的疏林，林分水源涵养效益低下，水土保持功能达不到侵蚀控制要求标准；②在具体的立地条件下，现有的林分不能发挥土地的最大生产潜力和生态效益；③林分起源不符合经营要求，没有培育前途，不符合多种效益兼顾的要求；④从兼顾用材来说，木材质量太差，心病严重。

具体确定为林分改造对象主要有以下几种类型：①多代萌生无培育前途的灌丛；②经过多次破坏，天然更新不良的残败林；③生长衰退无培养前途的多代萌生林；④由经济价值低劣，而且生产力不高、生态效益低下的树种组成的林分；⑤郁闭度在 0.3 以下的疏林地；⑥遭受过病虫害和火灾的残败林。

简言之，林分改造应遵循的原则是：次生林的改造一定要注意在森林环境保护的前提下，改灌丛为乔林，改疏林为密林，改低产的萌芽林为实生林，改低产、低值的阔叶林为高产、高值的阔叶林或针阔叶混交林，增强林分的改土、护土、蓄水的功能，达到水源涵养与水土保持的要求。

疏林的改造方法。黑龙江、辽宁等地对林分郁闭度 0.4 以下、生长量低的疏林，选择比较耐阴或幼年耐阴的树种(如云杉、红松)，实行林冠下造林，使其在林冠的庇护下生长，待幼林生长稳定后，根据幼林对光照的要求，逐渐采伐上层林木。这种改造方法的优点是森林环境变化小、幼苗易于成活，杂草和萌条也受到抑制，还可减轻幼林抚育的工作量，但对栽植幼树的选择一定要适地适树，同时注意幼树对光照的需求，及时采伐上层林木。甘肃小陇山地区疏林的林木一般呈单株或簇团状分布，极不均匀；团状分布的林木，大多位于梁脊、山顶、沟头或坡的上部，质量尚好。改造时，保留团块状分布林木，并进行轻度抚育间伐，促进天然更新。保留这种团块状分布的阔叶林木，具有维持生态环境、形成混交和隔离带等多种作用。在保留团块状林木之间，清除杂灌木，引进目的树种。

在林冠下造林，如果林间空地宽度仅相当原有树高的 1 倍左右，且立地条件较好，宜选用耐阴树种；如果林间空地宽度超过保留木树高的 2~3 倍以上，立地条件又较差时，则应选择喜光树种。块状整地的大小为 1 m×1 m 或 1 m×2 m，每块地栽 3~5 株，这样既方便经营管理，又能提高造林质量。

多代萌生矮林与灌林的改造方法。郁闭度较高的多代萌生林可进行封山育林和抚育间伐，郁闭度较低的多代萌生林，采用抚育间伐结合更新的方法进行改造，适当间伐后在林木稀疏处和林窗引进较耐阴的针、阔叶目的树种。经过抚育间伐还能促进林木生长与天然下种更新。

黑龙江、辽宁、北京等地，是采用水平带状皆伐后，栽植目的树种。水平带状比垂直带状(顺山带)不仅有利于水土保持，且气温变幅小，相对湿度和土壤含水量高，造林成活率高。带的宽度取决于立地条件和栽植树种的生物学特性。喜光树种或立地条件好的林地可宽一些；在地形较陡的林地宜窄些。一般保留带宽度与林分高度相等，砍伐带宽为保留带的2~3倍。这种改造方法的优点是能保持一定的森林环境，侧方庇荫，有利于幼树的生长发育，施工也比较容易，有的还适于机械作业。坡度很小的林地也可以采取顺山带伐开作业法(利用坡度的便利顺坡向进行栽植作业的开展，减少了水平带状的人力与物力的投入)。

残败林的改造方法。残败林主要表现为树种繁杂，稀稠悬殊，老幼参差，良莠不齐。主要做法是伐去老朽木、病虫害木、风折木和干形低劣的林木，保留各种有培育前途的中、小径木，优良的母树、幼树、幼苗和有益灌木，彻底清理林场，在林木稀疏处和林窗进行补种补栽，将残败林改造为复层异龄林。

针阔混交林的诱导方法。通过林分改造，在针阔混交林适生地带，要尽可能诱导为针阔混交林。这是根据多数阔叶次生林的特点，促进次生林进展演替，变劣质低产为优质高产高效的一种极为重要的改造方法。因为次生林中有良好的伴生阔叶树种，有天然下种或有较强的萌芽更新能力，较易诱导为理想的针阔叶混交林，提高其生产力和多种效益。

诱导针阔叶混交林的方法主要有：

① 择伐林冠下栽植针叶树　在改造异龄复层阔叶次生林时，通过择伐作业，保留中、小径木和优良幼树，清除杂草、灌木后，在林间隙地种植耐阴针叶树，逐步诱导成针阔混交林。

② 团块状栽植针叶树　对阔叶次生林采伐迹地，不立即进行人工造林，待更新阔叶树出现后，再在没有更新苗木和没有目的树种的地方，除去杂草、灌木和非目的树种，然后呈团块状栽植针叶树，使其形成团块状针阔叶混交林。

③ 人工营造针叶树与天然更新阔叶树相结合　这种方法适于有一定天然更新能力的皆伐迹地和南方亚热带地区。当种植的针叶树成活、天然的阔叶幼苗成长起来后，在幼林抚育时，有目的地保留生长良好的针阔叶树种与具有增加土壤肥力的灌木，使其形成针阔叶混交林。

4.2.2.2　水源保护林管理

水源保护林是一种以发挥森林涵养水源功能为目的的特殊林种，其管理就是在确保达到保护水资源和水环境目的的基础上，充分发挥调节水量、控制土壤侵蚀和改善水质的作用。

现阶段的水源保护林的重点强调"水"，水源保护林的经营管理仍不成熟，存在着缺乏系统的水源保护林体系、水源保护林的区划不完善、重点不突出、缺乏水源保护林的经营理论与技术等问题，对水源保护林经营管理的共识是形成混交、异龄、复层林，并要保持乔灌草垂直分布与合理的林分密度。但在树种选择、更新方式、抚育措施、合理利用、效益补偿等各个方面都需要探索与研究。如水源保护林的密度调控是经营管理的重要内容，与用材林所应用的株数密度与疏密度不同，水源保护林主要是从水源涵养的机理出发，考虑到郁闭度对林冠截留、土壤击溅及林下植被影响，通常以郁闭度作为密度指标。但不同的地理与气候区存在较大差异，需要研究适合本地的合理郁闭度指标及相应的调控措施。

从生态和经营的观点出发，水源保护林的经营管理既要发挥森林涵养水源的功能，同时还要兼顾生产的需要，把水资源的永续利用与森林的生态效益、经济效益有机地结合起来。水源保护林的经营目标是：①实施定向育林，达到林分稳定、异龄、多层次及混交的目的；②保持良好的枯枝落叶层与土壤表层，改善土壤水分状况；③保持土壤处于最佳的吸水、保水及滤水的良好状况；④维持水源保护林永续发挥涵养水源的功能。

水源保护林的管理措施主要体现在以下方面：①近自然经营森林；②加强天然林更新；③依照土壤与气候条件选择树种；④水源保护林严禁皆伐，允许小面积抚育伐（对过熟木、病腐木和枯死木等进行卫生择伐）；⑤建立天然林保留地；⑥根据水源保护林整体功能的要求，对生态价值高的林分，要采取相应的保护措施，控制人为干扰；⑦严禁使用化学药剂，如化肥、除草剂、杀虫剂等；⑧水源保护林区在不妨碍水源涵养功能原则下，可小规模进行林副产品和林特产品生产，如栽种经济林、果木和林下种药材等（柴禾，1998）。

水源保护林建设的根本目的是维护河川流域内水量的平衡和水库贮水量的平稳。江河、水库水量平稳不仅取决于干流上游和主要支流及水库周围有足够面积的水源保护林，还取决于水源保护林的空间格局。水源保护林营建的目标是从最大生态效益、全局利益和长远利益出发，兼顾经济效益和社会利益，改善流域的生态环境，加强河流、湖泊、水库等集水区的生态屏障，扭转流域生态环境恶化的状况，保障国民经济的发展和长治久安。加强技术管理，建立一个完整有效的管理系统，使水源保护林营建技术贯彻于工程建设的每一环节中。

针对水源保护林的经营管理技术，在林分建设区内主要实施抚育采伐、更新、次生林经营、封山育林4种经营管理方式。

1）抚育采伐

抚育采伐指从幼林郁闭到主伐前1个龄级为止的时段内，在森林中定期伐除部分林木，为保留的经济价值较高的林木营造良好的生长环境，以符合国民经济的要求。因其施行于新林形成至成熟主伐以前的中间时期，又可通过抚育采伐获得一部分小材等，又称"中间利用采伐"，简称间伐。抚育采伐既是培育森林的措施，又是获得木材的手段。在实践中应重视培育森林的一面，而不能片面强调间伐取得的木材。在某些情况下，抚育采伐时所取的木材不一定能被利用，但为了能培育出主伐时所需要的速生、丰产、优质森林，仍应根据森林生长发育的需要，坚持施行抚育采伐（于志民等，2000）。

在天然林中，通过抚育采伐将非目的树种逐步淘汰，保持林分适宜的密度，为目的树种的生长创造良好条件；在人工林中，树种、密度虽已确定，但随着林木的生长，林木对营养空间的要求不断增大，通过抚育采伐及时调整林分密度，保证林木有较合理面积的营养空间。另外，抚育采伐可缩短林木培育期限，增加单位面积上总生长量；改善林分品质，提高木材质量，增加单位面积上的木材用量；改善林分卫生状况，增加林木对各种自然灾害的抵抗能力；提高森林防护及其他有益的效能。水源保护林抚育采伐的主要目的是促进林木生长和维持合理的林分结构，充分发挥林分的水土保持、水源涵养和水质改善功能，并兼顾其主要的经济效益。

（1）抚育采伐类型

抚育采伐类型分为以下几种：

①透光伐　透光伐是在林分的幼龄期，为缓解树种间或树种与其他植物之间的矛盾，保证目的树种不受非目的树种和灌木或草本植物的抑制，以调整林分组成和结构为主要目标的一种抚育间伐。透光伐主要伐除藤灌和杂草类，林分过密或有萌生植株时，应伐去萌生植株和一部分不良林木。但砍伐时，还应考虑树种间的互相促进的关系，砍伐强度宜小，逐次疏开，可暂时保留一些护土灌木，勿留空地。

②除伐　除伐是在透光伐之后，从幼林普遍郁闭开始，对单纯林主要调整林分密度，对混交林进一步调整林木组成，使株数和比例接近于成熟林应有的株数和比例而进行的抚育间伐。一般除伐多在林分郁闭度0.9以上时进行。在坡陡的情况下，郁闭度小于0.7的林分不能进行除伐，这是为了保持森林的水源涵养和防护效能。除伐时，还要坚持"留优去劣"的原则，适量淘汰生长不良的主要树种的林木。

③疏伐　幼林通过透光伐后，进入壮龄林阶段，林分组成已基本定型，森林在以后的生长发育中，林木个体之间的矛盾上升到主要地位。疏伐是调整单位面积内的株数（密度），解决目的树种之间的矛盾而采用的一种抚育间伐，使不同年龄阶段的林木享有适宜的营养面积，以促进留存木的生长，提高立木质量，达到速生、丰产的目的。疏伐是人工林最主要的一种抚育间伐。

④生长伐　生长伐是为了培育大径材，在疏伐之后继续疏开林分，加速林木直径生长，缩短工艺成熟期和主伐年龄。有时生长伐的强度很大，比例达到30%～50%，称为强度生长伐。这种抚育只能在林地土壤条件良好，没有水土流失的条件下进行。

⑤卫生伐　卫生伐是将枯立木、风倒木、风折木、受机械损伤的濒死木，以及受病虫危害已无成长希望的立木伐除。一般卫生伐后的疏密度不应低于0.6，在用材林培育中，一般不单独施行卫生伐。卫生伐是禁伐林和防护林中主要的采伐方式，亦称"卫生采伐"。

（2）抚育间伐的间隔期

间隔期又称重复期，是指相邻两次抚育间伐所间隔的年数。间隔期的长短主要取决于林冠恢复郁闭的速度和经营目的及经营集约度，而郁闭度恢复的快慢又受间伐强度和间伐后林木生长量的影响。首先，间伐期受间伐强度的影响。间伐强度大，间隔期长；强度小，间隔期短。其次，间隔期受林分生长量的影响，由喜光和速生树种组成的林分间伐后容易恢复郁闭，间隔期短；耐阴和慢生树种间伐后不易恢复郁闭，间隔期长。同一树种，立地条件好的林分，其年平均生长量大，间隔期应短；反之，年平均生长量小，间隔期长。间隔期可参考公式：T（间隔期）$= N$（采伐的蓄积量）$/Z$（材积连年生长量）。此外，间隔期还受经营目的影响。

2）更新

森林更新可以理解为森林基本成分——木本植物即林木的恢复过程，新一代林木的出现，形成了新的森林环境，并促进了其他成分，如植物(下木、活地被物、死地被物等)、动物(森林鸟类、野生动物等)成分的变化。因此，森林更新的概念，广义上可以理解为森林生态系统的更新(林业部林业工业局，1987)。但在林业实践上，常把森林更新看成林木的更新，并且依据幼龄林木的组成和特性评价更新的数量、质量和分布状况。

更新类型分为以下几种：

(1)更新类型

①天然更新　是新一代森林通过自然途径自发形成的过程，一是在完全没有人为的影响下，新一代森林自然更新的过程；二是在掌握森林自然更新规律的基础上，通过定向诱导，使天然更新过程按人们所需要和期望的方向发展。天然更新，就是依靠先前林地上的林木或其附近成长起来的林木作为母树，借助风力和重力作用，自然下落的种子发芽生长恢复成林，或者由伐根萌芽、根系萌蘖来恢复森林。天然更新分为有性繁殖的天然下种更新和无性繁殖的萌芽更新。

天然更新对恢复和扩大森林资源与人工更新造林具有同等效果和作用。现有的次生林，都是由天然更新形成的，而且天然更新范围广、面积大，在某种程度上它不用投资，依靠自然力量达到恢复森林的目的。特别是经营矮林——薪炭林、小径用材林、柞蚕林等，采用天然更新远比人工更新好。因此，天然更新在造林管理中应用很普遍。但是天然更新必须具备2个基本条件，即封山育林和有种源或更新的母体。其中封山育林为森林植被的恢复创造休养生息的条件。

②人工更新　是用人工播种、植苗或插条等方法进行的，与一般的造林措施相同。但人工更新是在森林采伐迹地上进行的，造林则施行于宜林的荒山荒地或原先没有生长过森林的地方。

③综合更新　是在同一地段上将天然更新和人工更新结合起来。因应用条件各异，这种更新方法有多种变换形式。除了其优点以外，此法亦会产生不良的影响。例如，人工更新的松树，可能受到自发天然更新的桦木抑制，在此情况下必须及时加以人为干预。

(2)更新方法

更新方法分为无性更新和有性更新。

①无性更新

萌芽更新：按其萌芽力强弱、萌芽条的多少，以及萌芽发生年限可分为三大类：a. 长期大量萌芽的树种，如栎类、槭树类、柳类；b. 短期大量萌芽树种：桦树、椴树、水曲柳、核桃；c. 长期少量萌芽树种：山杨。

萌芽更新与采伐季节有密切关系，采用萌芽更新时，应在林木停止生长期采伐，这样可以更多更好的发出萌条，可以达到萌芽更新的要求。树木采伐后萌芽条不是立即发生的，需要隔一段时间(生长期间需要1个月)，萌芽条发生的过程可继续好几个月。

根蘖更新：利用根上休眠芽长成的萌条，生长恢复成林的方法。主要根蘖树种是山杨，此外还有臭椿、沙棘等。山杨具有强盛的根蘖能力，不仅能恢复森林，而且能迅速扩大森林面积。

②有性更新（天然下种更新） 根据母树在更新地上的位置可分侧方和上方 2 种。侧方天然下种更新，是利用邻接地段上的母树进行下种。天然下种更新是恢复森林，改变森林质量，特别是恢复针叶林的主要有效方式之一，主要树种有油松、樟子松、白皮松和侧柏，以及落叶松属、云杉属、冷杉属植物。

另外，山杨林、桦树林的一部分，也来源于天然下种更新，由于种粒小，数量丰富，容易传播，具有良好的天然下种更新条件，只要在草被稀少种子能接触土壤的湿润地段，如小面积的撂荒地、火烧迹地、林中空地以及疏林地，山杨和桦类、柳树均能首先更新，一般呈群团状分布，或与其他针阔叶树混交分布。这种现象出现于整个次生林区，可见天然下种更新也是次生林经营中不可缺少的一种更新方式。

天然下种更新要求具备种源、种子的发芽生长的生境条件等。它不像无性更新阔叶林要求条件简单。因此，针叶林恢复缓慢，无性更新阔叶林恢复快。天然下种更新是普遍存在的，在次生林经营中应当充分利用这一自然规律。为此，应做好与封山育林、采伐方式和人工促进天然更新技术相结合的措施。

③人工促进天然更新 林冠下或地上，为了保证天然更新和缩短自然更新周期所采取一系列的人为辅助技术措施，称为人工促进天然更新。人工促进更新适于经营强度较低的地区，一般有较好种源，采用人工促进更新可见到良好的效果。

天然更新的理论基础是人工促进更新的主要依据。一般而言天然更新的好坏取决于下列因素：①更新地上种子数量的多少；②种子发芽环境条件；③幼苗的生长发育条件。若为萌芽更新，要注意创造充足的光照条件和采伐季节。人工促进更新技术措施，根据经营目标、目的树种分布状况、立地条件和下木层、地被层的特点，确定人工促进更新技术，主要有：保护好母树，保存好前更幼树，割灌和松土整地，补播、补植和移植，以及采取林粮间作。

4.3 内陆滨水岸防护林

水岸生态系统是介于陆地与水体之间的过渡地带。它既是陆地或水生生态系统的组成部分，在结构和功能上与其又有显著的区别。20 世纪 70 年代人们开始关注水岸带的研究，其中给水岸带的定义有两种：广义上是指靠近水边、受水流直接影响的植物群落及生长的环境；狭义上是指从水—陆交界处至河水或湖水影响消失的地带。

内陆滨水岸防护林，是建立在靠近水体系统边缘的防护林系统，其包括水库及湖泊沿岸防护林、河岸防护林、滨河岸生态修复工程三个方面。

4.3.1 水库及湖泊沿岸防护林

水库及湖泊沿岸防护林简言之就是在水库及湖泊等集水区，根据集水区不同位置地形地貌，以提高水库以及湖泊沿岸水土保持、涵养水源作用为目标的相应的林分种类的建设。

4.3.1.1 滨水岸防护林结构

池塘水库及其湖泊防护林的配置包括三大部分：上游集水区的水源涵养林、水土保持林、塘库沿岸的库岸防护林，坝体前面以高的地下水位为特征的一些地段的造林。

库岸防护林结构。具体组成和结构主要取决于防护作用的要求及立地条件的变化，基本上由防浪灌木林和拦截上坡固体径流与防风作用的林带所组成。配置在常水位线或其略低地段的防浪灌木要由灌木柳及其他耐湿的灌木组成。在库岸防护林带以下，可以种植一些水生植物作为防止风浪冲淘作用的补充措施。根据水位变动情况，可以在靠近林带的区域种植挺水植物，以下区域种植沉水植物。在常水位以上的高水位之间，采取乔灌木混交型。一般乔木采用耐水湿的树种，灌木则采用灌木柳，使其能形成良好的结构。在高水位以上，常常立地条件变得干燥起来，应采用较耐干旱的树种，特别是为了防止库岸周围泥沙直接入库，并防止牲畜进入，可在林缘配置若干行灌木，形成地上地下的紧密结构型。对于坝体前面或其低湿地，宜用作培育速生丰产林基地，选择耐水湿和盐渍化土壤的不适耕地，在进行林业生产的同时，对这些地方进行土壤改良。同时栽植成块或片状林，通过林木强大的蒸腾作用可以降低该地的地下水位，有利于附近其他用地的正常生产。在塘库沿岸一些特殊的地段，如有崩塌、滑落等危险时应采用加固基础的措施，给人工造林恢复自然风貌创造适宜的条件，主要有土柳护岸工程、土壤改良工程等。

4.3.1.2 滨水岸防护林营造

在设计塘库沿岸防护林时，应该具体分析研究塘库各个地段库岸类型、土壤母质性质以及与塘库有关的气象、水文资料(如高水位、低水位、常水位等持续的时间和出现的频率，主风方向、泥沙淤积特点等)，然后根据实际情况和存在的问题分地段进行设计，而不能无区别地拘泥于某一种规格或形式。沿岸的防护林重点应设在由疏松母质组成和具有一定坡度(30°以下)的库岸类型。

(1)库岸防护林组成

库岸防护林由靠近水位的防浪灌木林和其上坡的防蚀林，以及位于二者之间的防风林组成。但要视具体情况而定，例如，如果库岸为陡峭类型，其基部又为基岩母质，则无需也不可能设置防浪林，视条件只可在陡岸边一定距离处配置以防风为主的防护林。

(2)库岸防护林起点

确定护岸林防止浪蚀界线与水位的变动范围对于确定塘库沿岸防浪灌木林带的设计起点是很重要的。确定防波林或水库防护林起点可选择的有下列5种情况：①由高水位开始；②由高水位和正常水位之间开始；③由常水位开始；④由常水位和低水位之间开始；⑤由低水位开始。具体一个水库设置沿岸防护林应由何点作为起始线，在分析有关资料时考虑如下的原则：如果高水位和常水位出现频率较少、持续时间较短而不至于影响到耐水湿乔灌木树种的正常生长时，林带应该尽可能由低水位线和常水位线之间开始，这样，一方面可以更充分合理地利用水库沿岸的林地作为林木生长用地，另一方面也可使塘库沿岸的防护林充分发挥其降低风速和防止水面蒸发的防护作用，使更大的水面处于其防护范围之内。防护林带的设计起点多建议由正常水位线或略低于此线的地方开始。

（3）库岸防护林宽度

塘库沿岸的防护林带的宽度应根据水库的大小，土壤侵蚀状况，沿岸受冲淘的程度而定。即使同一个水库，沿岸各个地段防护林带宽度也是不相同的。当沿岸为缓坡且侵蚀作用不甚激烈时，林带宽度可达30~40 m，而当坡度较大，水土流失严重时，其宽度应扩大到40~60 m，在水库上游进水凹地泥沙量很大时，林带宽度甚至可达100 m。一般只有在平原地区较小的池塘，其沿岸防护林的作用以防风、美化景观为主时，林带宽度才采用10~20 m的宽度或更小些。

4.3.2　河岸防护林

河岸防护林是指在生态河岸种植植物，形成河岸防护林，具有减小水流对表土的冲击，减少土壤流失等功能。河岸防护林也包括菖蒲，在河岸边种植菖蒲，形成防风浪的障碍物，将原有的泥石堤岸改造成用土做堤，降低河岸坡度，形成缓坡，在缓坡上种植草坪和乡土植物，形成游人可以接近水界面的低水位网格亲水步道。河岸防护林可以起到保持水土、固土护岸的作用，又可以提高河岸土壤肥力，改善河岸周边的生态环境。河岸防护林包括护岸护滩林以及河岸生态缓冲带。

4.3.2.1　护岸护滩林

广义上来说，护岸护滩林包括生长在有水流动的河漫滩地与无水流动的广阔沿岸地带的植物群体。从其狭义的生物学意义来说，护岸护滩林指的是组成沿岸群落的林分（高志义，1996）。

护岸林已经发展为不包括人类干预在内的自然系统的沿岸植物群体，它与天然植物群落是很接近的。由于水文网从最低的平地贯穿至高山地区，以及地质土壤组成的巨大变化和气候条件多样性，故护岸林的生态类型变化很大。护岸林对河道和水库的影响效益，尽管在某些情况下树冠发挥着重要的作用，但最主要的是树木根系的总量（高志义，1996）。

护岸林的树木根系对堤岸的稳定具有极大的作用。在这方面，水边树木的作用大于其他环境。在河流的岸边，树木根系在地表形成向外的网状覆盖，因而保护地表免遭水流的侵蚀；在水下，树根的不规则构造和粗糙的表面减缓了水流速度从而减小其携带泥沙能力。在任何情况下，树根的存在减少了水和土之间的接触。此外，根系穿入岸边较深的部分产生加固作用，提高了整个堤岸的固结性。

树木的空间器官——树干、枝条、树叶等，皆有减少水流动能的作用，在河道内外伸的树枝有缓冲波浪作用，即由于增加河槽侧向的糙率和提供堤外部覆盖，可减小水流速度，栽植的灌木柳枝条就具有这种作用。

护岸护滩林在一定程度上也影响河道的总体水量平衡，不过在这方面要对护岸护滩林做出精确的评价还是困难的。

护岸林区的气温一般低于裸露堤岸、砾石或其他水边环境。由于气流运动、土壤温度和蒸发量的降低，而相对湿度增加。在护岸护滩林内及其周围，除了影响一般的生态微气候以外，对沿岸微气候最重要的影响是减少自由水面蒸发。根据微气候观测结果，Zeleny Jarabac(1966)发现在有护岸林的情况下，在斯洛伐克9月枯水期间，每千米长的河道护岸林可减少河堤内水面蒸发损失322~376 m^3。

除了护岸林对水土保持具有重要性的传统认知外，近年来护岸林的景观价值也得到了较为充分的利用。护岸林是高度绿化地区的重要组成部分，也显著影响着开发景观的质量。

1) 护滩林配置

河川缓岸的河滩地原属河川的滩地，枯水时期一般不浸水，在洪水时期仍有浸水的可能。护滩林的任务就是在洪水时期可能短期浸水的河滩外缘(或全部)栽植乔灌木树木，达到缓流挂淤，保护河滩的目的。即使在陡岸进行必要的工程防护之后，也可在自然形成滩地进行造林，以巩固陡岸。常见的护滩林有雁翅柳、沙棘造林等。

(1)雁翅柳(雁翅形造林)

当顺水流方面的河滩地很长时，可营造雁翅式护滩林，即沿河流两岸(或一岸)河滩地进行带状造林，顺着规整流路所要求的导线方向，林带与水流方向构成30°~45°角，每带栽植2~3行杨柳，每隔5~10 m栽植一带，其宽度依滩地的宽度和土地利用的要求而定。树种主要采用柳树(或杨树)，行距为1.0~1.5m，株距为0.5~0.75 m。造林方法是埋干造林，应深埋不宜外露过长，插杆采用2~3年生枝条，长0.5~0.7 m，主要依地下水的深度而定。林带的位置和角度应因地制宜，被河水冲刷的一面，林带可伸展到河槽边缘，林带与水流所成的角度宜小，带距可缩短。

(2)沙棘护滩工程

我国北方一些季节性洪水泛滥的河流，多具有冲积性很强的多沙河滩，河滩宽阔，河床平浅，河道流路摇摆不定，河岸崩塌严重，从而造成洪水危害，威胁河流两岸川地和居民区的安全。按治河规划，河川流路水文计算，留出足够的河床过水断面，在规整流路所要求的导线外侧，营造以灌木沙棘为主(其中稀植适生杨柳类乔木)的护滩林。沙棘迅速覆盖滩地，有利于多沙水流漫洪挂淤，水平根系网结构严密，有利于河岸稳定，逐步转变成缓式谷坡河岸。同时，还可从中获取木材、薪柴等经济效益。

"柳篱挂淤"是一种在河水泛滥、水土流失严重的地区较为常见的护滩林配置方式。这种方法在甘肃天水吕二沟取得了显著的成效，吕二沟流域面积为12 km^2，流域长度仅6610 m，而高差达5.91 m，沟壑密度为3.75 m，是水土流失严重的小流域。"柳篱挂淤"配置在吕二沟与藉河汇流的地方，基本上在吕二沟的冲击圆锥上，是引洪坝与河流方向成30°~40°的交角，引洪坝高、宽各为0.5~1.0 m，在引洪坝末端与河床平行和垂直的方向，修筑高、宽各为0.5 m的土埂，圈成长约10m，宽15m的长方形留淤小区，在每小区周围土埂的两侧，插长1 m，直径2~3cm，2~3年生的柳杆两排，排距0.7~1.0 m，株距0.5~1.0 m，插条插入土中深2/3，外露1/3或更少些，每个小区都修筑互相流通的水口，为了减缓流速和留淤均匀，水口不应对应平行，而要互相铺开，同时为了保护引洪坝和土坝安全起见，应在排水口处砌石，其高度较土埂略低，这种配置的柳篱叫做"顺坝状柳篱"。

在"顺坝状柳篱"留淤小区之外，近水流的一侧用土及碎石再筑一道长的"丁坝"，两侧密插柳条，以防止留淤小区被洪水冲毁，这种"丁坝"的长为10m左右，坝距35m，邻近流水的坝段应砌卵石以护坝脚。坝高及宽较留淤小区土埂稍宽些，两侧亦插植柳条，这叫做"丁坝状柳篱"。

2) 河川护岸林

尽管大多数河道的河床已经稳定并实行了保护，但还有大量河道仍继续处于自然状态，植被是河岸和天然河流侧向坡面稳定的重要因素和沿岸带的主要特征。树木能发挥最大的稳定作用，沿岸草本植被同样如此，根据护岸林的种类和目的可以栽植灌木和乔木。

河道断面是否实行河床定线，其重要性关系到个别护岸林类型的发展和继续存在，特别是断面趋于显著变化的天然河道，虽然可辨别的只是很少的几种基本断面类型，但每种断面类型都与护岸林的特有形式有关。

(1) 人工开挖河道护岸林

①梯形断面　是最常用于人工开挖河道和小流域治理的断面形式。在河道断面流水线以上部分，沿岸堤采用以乔木、灌木为主的植被措施，多营造2行以上的护岸林。它既有一定的生产价值，又有巨大的美学功能。这种方法多选择杨、柳；南方可选择杉木、桉树等。

②复式断面　是在较大河流的河槽整治中常采用的断面形式。一般河岸浅滩造灌木林(注意在河道通过居民区的地段，浅滩上不造林，以保持河槽的最大过水能力，并作为洪水波浪的缓冲容积)，浅滩以上栽植乔木2行至多行，其目的是稳定河岸、美化景观，并改善当地的气候环境。

(2) 天然河道护岸林

①平缓河岸的护岸林　一般情况下，在平缓河岸上的立地条件较好，护岸林的设置可根据河川的侵蚀程度及土地的利用情况来确定。在岸坡上可采用根蘖性强的乔灌木树种来营造大面积混交林，在靠近水位的一边栽3~5行灌木。如果是侵蚀和崩塌不太严重的平缓岸坡，洪水时期岸坡浸水幅度不太大时，紧靠灌木带，应用耐水湿的杨、柳类等营造20~30 m 宽以上的乔木护岸林带。如果岸坡侵蚀和崩塌严重时，造林要和保护性水工措施结合起来。靠近崩塌严重的内侧栽植3~5行的灌木，河岸上部比较平坦的地方沿河岸采用速生和深根性的树种，如刺槐、杨树、柳、臭椿、白榆等，营造宽20~30 m 的林带。

②陡峭河岸的护岸林　一般河流陡岸为河水顶冲地段，侧蚀冲淘严重，常易倒塌。因此，护岸林应配置在陡岸岸边及近岸滩地上，以护岸防冲为主。陡岸上造林，除考虑河水冲淘外，还应考虑重力崩塌。在3~4 m 以下的陡岸造林可直接从岸边开始造林；在3~4 m 以上的陡岸造林，应在岸边留出一定距离，一般以从岸坎临界高度的高处按土体倾斜角(即安息角，黄土、沙黄土为32°~45°)引线与岸上之交点作起点。

陡峭河岸的立地条件比较恶劣，护岸林的营造最好采用乔灌木混交方式，适宜的树种为刺槐、柳、杨、臭椿、楸、沙棘、柠条、紫穗槐等。林带的宽度可根据河川的侵蚀状况及土地的利用情况而确定，尽可能应用农田与河岸间的空地，包括近岸滩地林带，宽大约为 20~40 m。

③深切天然河槽护岸林　深切天然河槽在南方最为常见，沿岸布设护岸林带，使之与山谷边缘森林连接，既保护了河岸，又提高了景观价值。树种多选择桤木、杉木、马尾松、山地灌木柳等。

④防浪护堤林　江河中下游，河道宽阔，湖泊星罗棋布，每遇汛期，为防止洪水危害，多在沿江(河)、沿湖修筑防洪大堤，为保障大堤安全，年年必须投入大量人力和物力，以保证无决堤漫溢的危险。

影响江河和湖区大堤安全的因素主要是：汛期洪水涨潮，风至浪起，惊涛拍岸，引起大堤破坏决口；另外，高水潜流，对大堤基部的冲淘、侵蚀，甚至引起决口等。对于大堤的险工险段，必须采取护堤固坡的水利工程措施，对于大范围的土质大堤，营造护岸防浪林是行之有效且费省效宏的措施，同时，堤内外立地条件多具有土层深厚，地下水位较高的特点，正是发展速生丰产林和其他林业产业的重要基地，林业本身创造的经济收益往往是很巨大的。

护堤防浪林的规划原则为：堤外挡浪，堤内取材(木材)；因地制宜，因害设防；长短结合，以短养长，充分发挥已有资源优势，迅速增加经济收入，力争做到多林种、多树种，立体配置；防浪林宽度，应不影响行洪，要充分利用外滩地，同时防浪林要依据树木根系分布范围离开大堤一定距离(一般 10 m 以上)，同时要挖断根沟，以防止根系对大堤的破坏；防浪林的高度一般当比堤顶高 1~2 m 为宜，树种要选择冠大、枝叶茂密、枝条柔软的树种。

4.3.2.2　河岸生态缓冲带

河岸植被缓冲带(riparian vegetation buffer)，简称河岸缓冲带(riparian buffer)，是河岸带的重要组成部分，位于陆生生态系统与水生生态系统之间的交错带，具有生物栖息地、维护河流完整性和生物多样性、拦截和降解地表径流污染、增强河岸稳定性和景观美学等多重功能(罗坤，2009)。

河岸带 3 个重要的功能是：①自然河岸廊道以及与之相联系的对地表和地下水径流的保护功能；②对开放的野生动植物生境以及其他特殊地带和迁徙廊道的保护功能；③可提供多用途的娱乐场所和舒适的环境。

在修复退化河岸带的过程中，首先，要注意对原有自然生态与景观的保护，优先选择生物工程措施，以便保护和维持河流生态系统的自然特性，如自然景观、植被及动物群落等；其次，需要考虑河岸带对河流水质的净化作用，形成河流两侧的水质净化与保护带，特别是在河流两侧山地上有较多农田或经济作物分布时；第三，需要考虑景观效果，特别是离居住地、交通道路、自然公园比较近的地方，在控制河岸侵蚀和维持河岸生态系统完整性的条件下，利用立地条件的多样性(水分、地形变化)，考虑河流水位涨落带对河岸的影响，注重水流与河岸带的景观构成效果，美化河岸带；第四，河岸带往往是立地条件较好的地方，在植物种选择上要注意在适宜的立地上兼顾经济效益，增加植物物种多样性，丰富动物食源从而提高生物多样性。

在修复和重建河岸带时保持河岸带修复的连续性是很重要的，需要考虑河岸带本身的连续性，以及与陆地、水生生境的连续性。保持河岸带的连续性对保持动植物迁移的作用也是必要的，河岸带的各种生态功能才能更好地发挥出来。如果只是对河岸带随机地修复，在河岸带上还留有没有保护的大缺口，对河岸带净化水质和景观完整性都会产生不良影响。

4.3.3 滨水岸生态修复工程

滨水岸生态修复工程是指为了维持和保持滨水岸生态系统的稳定性，恢复滨水岸植被，对滨水岸进行稳定，以及防止滨水岸的冲淘、崩塌、滑坡等侵蚀的发生而采取的一系列生态工程措施。对于滨水岸稳定的工程措施有很多种类型，在滨水岸治理中已经有了广泛的应用。但是在一些滨水岸带完全采取工程措施，对滨水岸进行硬化处理，其造价会引起一系列的生态问题，因此近年来滨水岸治理的生物工程方法得到重视，并迅速发展，其中美国农业部林务局颁发了"河湖岸稳定的土壤生物工程指南"（*A Soil Bioengineering Guide for Streambank and Lakeshore Stabilization*），下面是指南中提倡的一些做法。

（1）灌丛枝条填充

在维修堤岸上出现的范围较小的局部坍塌和洞穴时，一层枝条一层土交替填充，夯实土层。随着枝条根系在土层中扩展，会和土壤固结在一起，而同时枝条可以拦截地表泥沙填充塌陷部分。

效果：滞缓径流，防止侵蚀与冲刷，为乡土树种侵入创造条件。

（2）灌丛枝条层积

将切条沿等高线或者河岸边水平放置，一般枝条与坡面垂直，起到减缓岸边水流流速、滞缓坡面径流防止土壤侵蚀的作用，枝条的张力作用起到增强土壤内聚力稳定边坡的作用。

效果：增强土壤抗剪力，拦截泥沙，改善微气候条件，提高种子发芽率与自然更新能力。

（3）植物挂淤

用于保护岸边与恢复植被。适用于溪流与湖泊防止风浪侵蚀。植物挂淤和风浪垂直，死的与活的枝条可以起到及时与长期的稳定、覆盖及鱼类生境保护作用。挖"V"字形沟槽，岸边相对的一侧放置活的插条，并用土壤填实，靠近岸边的一侧装填一层土壤一层石块，以保持枝条的稳定性。

效果：减小水与风的速度，沉积泥沙，增加了土壤的抗剪力，促进了本地种的生长。

（4）灌木沉床

放置固定好的枝条捆作为沉床，为河岸水位波动区域提供保护。这种方法一般与稳定坡脚的其他措施相结合，为其他措施应用提供基础。

效果：用于陡坡急流段效果好，能迅速恢复原生河岸与植被、捕获泥沙有利于乡土植物定居。

（5）椰壳、黄麻等纤维捆

用椰子壳纤维、黄麻、稻草与长的枝条制成。通常放置在高水位线，堆放或单个放置。用绳子绑在一起。植物在卷捆与后面的土壤之间生长。也作为防浪堤应用在水面较平静的湖岸边，减小波浪的能量有助于湿地群落的发育。

效果：植物发芽后有效固结岸边，防止浅层滑坡与毁岸，促进植物生长。

（6）活木框体墙

用于重修近似垂直的岸边。由原木或木条做成箱状结构组成，箱内底部用石块装填上部用土壤装填与通常的高水位平齐。头朝外、根在土壤中分层放置，活枝条在栅栏中。当枝条成活后植被逐渐替代栅栏的作用。

效果：水流湍急的地方效果好，有效地防止侵蚀形成沟道，改善生境的作用强。

（7）活柴笼

用于地表侵蚀控制，成活后根系在地表的扩展有助于稳定岸边。柴笼由活切条捆绑而成。沿等高线放置在干燥坡面的沟槽中以增加水分或以一定的角度放置在湿润的坡面上以利于排水。

效果：防止浅层滑坡，减少土壤侵蚀，改善植物生长的微气候，促进植物的定居与生长。

（8）植物捆

用于建立草皮、沙草和芦苇，在提供河流与湖泊岸边稳定的同时将植物引入。用粗麻布与麻绳做成卷状物，把有丛生植物的草皮紧密放置在像腊肠一样的这种卷状物中。

效果：提供微环境帮助植物生长与侵入，淤积泥沙，快速地起到保护作用。

（9）植物垫

应用于需要紧急覆盖的地方。由已经种植生长的植物与无纺材料组成，5~7.5 cm厚，无纺材料为椰子壳纤维用有机质胶结在一起，并在其上植入生长基质。常常种植草本植物如莎草或水草等。径中空或木本植物一般用托盘型的。

效果：重量轻便于运输，即刻改善生境，沉积泥沙，作为应急之用。

（10）树木、伐根、原木护岸

对岸边起到直接保护作用，防止风浪侵蚀，与其他的土壤生物工程一起使用稳定岸边。整株树木用绳线绑在一起，固定在岸边。树枝减缓流速，沉积泥沙，为鱼类提供小生境。有时用原木铺面，即去掉一部分或全部树枝，目的是容易紧密堆放，适用于湖边与水库岸边以减缓波浪，阻止杂物冰块对岸边的破坏，沉积泥沙。

效果：增加岸边的抗冲能力，可以为昆虫、鱼等提供上方覆盖、防风、静止区，增加河流走廊生物多样性。

（11）植被土工格框

适用于河岸的重修。除了用土工布包裹土壤外，其做法与灌木压条相同。按层放置活的枝条。

效果：沉积泥沙进一步稳定岸边，为植物侵入创造环境，迅速恢复植被。

（12）网络固结栽植

用这种方法应用于堆积石护坡，以提供生境和美化。植物根系有助于保持岩石中的土壤。当放置岩石在坡面时，可以把活树桩放置在里面，或者扒开已堆积的岩石放置进去。

效果：第一年需要灌溉保证成活率，根系可以防止岩石间细土的流失，到洪水位时消减能量。

本章小结

水源保护林是指在江河源区及湖泊、水库、河流岸边发挥水源涵养与水土保持作用的森林。水源保护林的主要功能应当包括水源涵养、水土保持、水质改善三部分内容，水源保护林体系应该是一种以水源涵养、水土保持为核心的，兼顾经济林、薪炭林、用材林的综合防护林体系。

水源保护林的营造包括三个方面：一是水源保护人工林的营造，主要是水源区内草坡、灌草坡和灌木林及其他宜林地的人工造林；二是现有水源保护林(天然林和人工林)的经营管理，主要是水源保护林的理想林分结构及培育(或作业法)；三是水源区内天然次生林、低价值(指涵养水源功能低)人工林、疏林的改造。

池塘水库及其湖泊防护林的配置包括三大部分：上游集水区的水源涵养林、水土保持林，塘库沿岸的库岸防护林，坝体前面以高的地下水为特征的一些地段的造林。

河岸防护包括河岸防护林、河滩防护林以及河岸带的生物防护工程措施。

思 考 题

1. 试述什么是水源保护林。
2. 试述什么是林分空间配置，并列举出不同空间配置的作用。
3. 什么是林分结构？林分结构包括哪些方面？
4. 水源保护林经营应遵循哪些原则？
5. 试述林分改造的原则及方法。
6. 列举抚育采伐类型及其适用时期，并说明其目的。
7. 试述林分更新的方法，并对其进行简要的描述。
8. 封山育林的特点是什么？
9. 试述护岸护滩林的意义。
10. 河川护岸林的类型有哪些？
11. 修复退化河岸带应遵循什么原则或注意什么事项？

第 5 章

水土保持林

5.1 水土保持林工程体系

5.1.1 全国水土保持功能区划

我国地域广阔，自然和经济社会条件复杂，水土流失分布广、面积大、类型多样，区域水土流失预防和治理的需求存在差异，需要紧密结合国家、区域发展总体战略和布局要求，兼顾水土流失的分布及强度类型和水土流失防治的区域需求差异，科学合理制订可操作的全国水土保持区划方案。全国水土保持功能区划是水土保持规划的基础和前提，为开展全国水土保持规划分区防治方略制定、区域和项目布局等工作提供了理论、技术支撑和决策依据，提出了水土流失防治方向、途径和综合技术体系，充分体现了水土流失防治因地制宜的要求，对水土保持科学决策具有重要的意义。

全国水土保持区划是落实水土保持工作方针的重要举措，是指导我国水土保持工作的技术支撑，是全国水土保持规划的基础和组成部分，是一项十分重要的基础性工作。根据《全国水土保持区划导则(试行)》，按照分区原则和指标体系，全国水土保持区划共划分为 8 个一级区，41 个二级区，117 个三级区(含港澳台地区)，见表 5-1。各省(自治区、直辖市)水行政主管部门和有关单位应在区划成果基础上，进一步组织开展省级水土保持区划和水土保持规划编制工作，以促进我国水土保持工作的全面持续健康发展。

表 5-1 全国水土保持区划总体情况

一级区名称	土地面积 ($\times 10^4$ km²)	占国土面积比 (%)	水土流失面积 ($\times 10^4$ km²)	占总流失面积比 (%)	二级区 (个)	三级区 (个)	涉及省级行政区
东北黑土区	109	11.5	25.3	8.6	6	9	内蒙古、黑、吉、辽
北方风沙区	239	24.9	142.6	48.4	4	12	新、甘、内蒙古、冀
北方土石山区	81	8.7	19.0	6.4	6	16	京、津、冀、内蒙古、辽、晋、豫、鲁、皖、鄂
西北黄土高原区	56	5.9	23.5	8.0	5	15	晋、内蒙古、陕、甘、青、宁
南方红壤区	127.6	13.5	16.0	5.4	9	32	苏、皖、豫、鄂、沪、浙、赣、湘、桂、闽、粤、琼、沪、港、澳、台

(续)

一级区名称	土地面积 (×10⁴ km²)	占国土面积比 (%)	水土流失面积 (×10⁴ km²)	占总流失面积比 (%)	二级区 (个)	三级区 (个)	涉及省级行政区
西南紫色土区	51	5.6	16.2	5.5	3	10	川、渝、滇、甘、豫、鄂、陕、湘
西南岩溶区	70	7.4	20.4	6.9	3	11	川、贵、滇、桂
青藏高原区	219	22.5	31.9	10.8	5	12	藏、甘、青、川、滇
合计	952.6	100	294.9	100	41	117	

（1）东北黑土区

即东北山地丘陵区，包括黑龙江、吉林、辽宁和内蒙古4省（自治区）共244个县（市、区、旗），土地总面积约109×10⁴ km²，共分为6个二级区、9个三级区。

东北黑土区是以黑色腐殖质表土为优势地面组成物质的区域，主要分布有大小兴安岭、长白山、呼伦贝尔高原、三江及松嫩平原，大部分位于我国第三级地势阶梯内，总体地貌格局为大小兴安岭和长白山地拱卫着三江及松嫩平原，主要水系有黑龙江、松花江等。该区属温带季风气候区，大部分地区年平均降水量300~800 mm；土壤类型以灰色森林土、暗棕壤、棕色针叶林土、黑土、黑钙土、草甸土和沼泽土为主；植被类型以落叶针叶林、落叶针阔混交林和草原植被为主，林草覆盖率55.27%。区内耕地总面积2892.3×10⁴ hm²，其中坡耕地面积230.9×10⁴ hm²。水土流失面积25.3×10⁴ km²，以轻中度水力侵蚀为主，间有风力侵蚀，北部有冻融侵蚀分布。

（2）北方风沙区

即新甘蒙高原盆地区，包括甘肃、内蒙古、河北和新疆4省（自治区）共145个县（市、区、旗），土地总面积约239×10⁴ km²，共划分为4个二级区、12个三级区。北方风沙区是以荒漠土为优势地面组成物质的区域，主要分布有内蒙古高原、阿尔泰山、准噶尔盆地、天山、塔里木盆地、昆仑山、阿尔金山，区内包含塔克拉玛干、古尔班通古特、巴丹吉林、腾格里、库姆塔格、库布齐和乌兰布沙漠及浑善达克沙地，沙漠戈壁广布，主要涉及塔里木河、黑河、石羊河、疏勒河等内陆河，以及额尔齐斯河、伊犁河等国际河流。该区属于温带干旱、半干旱气候区，年平均降水量25~350 mm。土壤类型以栗钙土、灰钙土、风沙土和棕漠土为主。植被类型以荒漠草原、典型草原、疏林草原、灌木草原为主，局部高山地区分布有森林，林草覆盖率31.02%。区内耕地总面积754.4×10⁴ hm²，其中坡耕地面积20.5×10⁴ hm²。水土流失面积142.6×10⁴ km²，以风力侵蚀为主，局部地区风力侵蚀和水力侵蚀并存，土地沙漠化严重。

（3）北方土石山区

即北方山地丘陵区，包括河北、辽宁、山西、河南、山东、江苏、安徽、北京、天津和内蒙古10省（直辖市、自治区）共662个县（市、区、旗），土地总面积约81×10⁴ km²，共划分为6个二级区、16个三级区。

北方土石山区是以棕褐色土状物和粗骨质风化壳及裸岩为优势地面组成物质的区域，主要包括辽河平原、燕山、太行山、胶东低山丘陵、沂蒙山、泰山，以及淮河以北的黄淮海平原等。区内山地和平原呈环抱态势，主要涉及辽河、大凌河、滦河、北三河、永定河、大清河、子牙河、漳卫河，以及伊洛河、大汶河、沂沭泗河水系等河流。该区年平均降水量 400~800 mm，土壤以褐土、棕壤和栗钙土为主，植被类型主要为温带落叶阔叶林、针阔叶混交林，林草覆盖率 24.22%。区内耕地总面积 3 229.0×10^4 hm^2，其中坡耕地面积 192.4×10^4 hm^2。水土流失面积 19.0×10^4 km^2，以水力侵蚀为主，部分地区间有风力侵蚀。

（4）西北黄土高原区

包括山西、陕西、甘肃、青海、内蒙古和宁夏 6 省（自治区）共 271 个县（市、区、旗），土地总面积约 56×10^4 km^2，划分为 5 个二级区、15 个三级区。

西北黄土高原区是以黄土及黄土状物质为优势地面组成物质的区域，主要有鄂尔多斯高原、陕北高原、陇中高原等，涉及毛乌素沙地、库布齐沙漠、晋陕黄土丘陵、陇东及渭北黄土台塬、甘青宁黄土丘陵、六盘山、吕梁山、子午岭、中条山、河套平原、汾渭平原，位于我国第二级阶梯，地势自西北向东南倾斜。主要涉及黄河干流、汾河、无定河、渭河、泾河、洛河、洮河、湟水河等河流。该区属暖温带半湿润、半干旱区，年平均降水量 250~700 mm。主要土壤类型有黄绵土、棕壤、褐土、垆土、栗钙土等。植被类型主要为暖温带落叶阔叶林和森林草原，林草覆盖率 45.29%。区内耕地总面积 1268.8×10^4 hm^2，其中坡耕地面积 452.0×10^4 hm^2。水土流失面积 23.5×10^4 km^2，以水力侵蚀为主，北部地区水力侵蚀和风力侵蚀交错。

（5）南方红壤区

即南方山地丘陵区，包括江苏、安徽、河南、湖北、浙江、江西、湖南、广西、福建、广东、海南、上海、香港、澳门和台湾 15 省（自治区、直辖市、特别行政区）888 个县（市、区），土地总面积约 127.6×10^4 km^2，共划分为 9 个二级区、32 个三级区。

南方红壤区是以硅铝质红色和棕红色土状物为优势地面组成物质的区域，包括大别山—桐柏山山地、江南丘陵、淮阳丘陵、浙闽山地丘陵、南岭山地丘陵及长江中下游平原、东南沿海平原等。大部分位于我国第三级地势阶梯，山地、丘陵、平原交错，河湖水网密布。主要涉及淮河部分支流，长江中下游及汉江、湘江、赣江等重要支流，珠江中下游及桂江、东江、北江等重要支流，钱塘江、韩江、闽江等东南沿海诸河，以及洞庭湖、鄱阳湖、太湖、巢湖等湖泊。该区属亚热带、热带湿润区，大部分地区年平均降水量 800~2 000 mm。土壤类型以棕壤、黄红壤和红壤为主。主要植被类型为常绿针叶林、阔叶林、针阔叶混交林，以及热带季雨林，林草覆盖率 45.16%。区域耕地总面积 2823.4×10^4 hm^2，其中坡耕地面积 178.3×10^4 hm^2。水土流失面积 16.0×10^4 km^2，以水力侵蚀为主，局部地区崩岗发育，滨海环湖地带兼有风力侵蚀。

（6）西南紫色土区

即四川盆地及周围山地丘陵区，包括四川、甘肃、河南、湖北、陕西、湖南和重庆 7 省（直辖市）共 254 个县（市、区），土地总面积约 51×10^4 km^2，共划分为 3 个二级区、10 个三级区。

西南紫色土区是以紫色砂页岩风化物为优势地面组成物质的区域，分布于秦岭、武当山、大巴山、巫山、武陵山、岷山、汉江谷地、四川盆地等。该区大部分位于我国第二级阶梯，山地、丘陵、谷地和盆地相间分布，主要涉及长江上游干流，以及岷江、沱江、嘉陵江、汉江、丹江、清江、澧水等河流。该区属亚热带湿润气候区，年平均降水量 600~1400 mm。土壤类型以紫色土、黄棕壤和黄壤为主。植被类型以亚热带常绿阔叶林、针叶林和竹林为主，林草覆盖率 57.84%。区域耕地总面积 1137.8×10⁴ hm²，其中坡耕地面积 622.1×10⁴ hm²。水土流失面积 16.2×10⁴ km²，以水力侵蚀为主，局部地区山地灾害频发。

（7）西南岩溶区

即云贵高原区，包括四川、贵州、云南和广西 4 省（自治区）共 273 个县（市、区），土地总面积约 70×10⁴ km²，共划分为 3 个二级区、11 个三级区。

西南岩溶区是以石灰岩母质及土状物为优势地面组成物质的区域，主要分布有横断山山地、云贵高原、桂西山地丘陵等。该区地质构造运动强烈，横断山地为一、二级阶梯过渡带，水系河流深切，高原峡谷众多；区内岩溶地貌广布，主要河流涉及澜沧江、怒江、元江、金沙江、雅砻江、乌江、赤水河、南北盘江、红水河、左江、右江。该区大部分属亚热带和热带湿润气候区，大部分地区年平均降水量 800~1 600 mm。土壤类型主要分布有黄壤、黄棕壤、红壤和赤红壤。植被类型以亚热带和热带常绿阔叶、针叶林及针阔混交林为主，干热河谷以落叶阔叶灌丛为主，林草覆盖率 57.80%。区内耕地总面积 1327.8×10⁴ hm²，其中坡耕地面积 722.0×10⁴ hm²。水土流失面积 20.4×10⁴ km²，以水力侵蚀为主，局部地区存在滑坡、泥石流等地质灾害。

（8）青藏高原区

包括西藏、甘肃、青海、四川和云南 5 省（自治区）共 144 个县（市、区），土地总面积约 219×10⁴ km²，共划分为 5 个二级区、12 个三级区。

青藏高原区是以高原草甸土为优势地面组成物质的区域，主要分布于祁连山、唐古拉山、巴颜喀拉山、横断山脉、喜马拉雅山、柴达木盆地、羌塘高原、青海高原、藏南谷地，以高原山地为主，宽谷盆地镶嵌分布，湖泊众多，主要涉及黄河、怒江、澜沧江、金沙江、雅鲁藏布江等河流。青藏高原区从东往西由温带湿润区过渡到寒带干旱区，大部分地区年平均降水量 50~800 mm；土壤类型以高山草甸土、草原土和漠土为主；植被类型以温带高寒草原、草甸和疏林灌木草原为主，林草覆盖率 58.24%；区域耕地总面积 104.9×10⁴ hm²，其中坡耕地面积 34.3×10⁴ hm²；在以冻融为主导侵蚀营力的作用下，冻融、水力、风力侵蚀广泛分布，水力侵蚀和风力侵蚀总面积 31.9×10⁴ km²。

全国水土保持区划是全国开展水土保持工作的基础。对于省级水土保持区划，可在全国水土保持区划三级分区的基础上作进一步的划分，以更好地指导省级水土保持规划及相关工作。对于市县级水土保持区划（分区），应明确区域所处的全国水土保持区划地位，制定的分区水土保持方向应符合全国水土保持区划的要求。对于特定区域的水土保持综合区划，其分区应与全国水土保持区划相衔接。对于专项规划中的水土保持分区，可按全国水土保持区划进行进一步的分区，分区水土保持工作方向应符合全国水土保持区划区域水土保持主导基础功能的要求。

5.1.2 水土保持林工程体系构成

水土保持林是以调节地表径流，控制水土流失，保障和改善山区、丘陵区农林牧副渔等生产用地、水利设施，以及沟壑、河川的水土条件为经营目的森林。水土保持林体系作为山丘区的防护林体系，它同单一的防护林林种不同，它是根据区域自然历史条件和防灾、生态建设的需要，将多功能、多效益的各个林种结合在一起，形成一个区域性、多树种、高效益的有机结合的防护整体。这种防护体系的营造和形成，往往构成山丘区生态建设的主体和骨架，发挥着主导的生态功能与作用。

应该指出，防护林体系的形成除历史条件和生产基础外，还有与之相适应的科学和理论的基础。20世纪70年代末，北京林业大学关君蔚教授总结了50年代以来三北地区营造防护林的生产经验，指出了防护林的基本林种，在此基础上提出了防护林体系简表，比较完整地表述了目前我国防护林体系的类型、林种组成等。这一防护林体系概念的提出，很快为1978年兴建的三北防护林体系建设工程采用。此后，长江中上游防护林体系建设工程、沿海防护林体系建设工程等也相继采用。三北防护林体系第一期、第二期工程顺利完成，工程取得了巨大的成就。原林业部总结研究了三北防护林体系建设工程的经验、教训，明确提出要从理论上和技术上探索生态经济型防护林体系的问题。1992年，中国林学会水土保持专业委员会学术会议上正式提出比较全面、深刻的关于生态经济型防护林体系的定义："生态经济型防护林体系是区域（或流域）人工生态系统的主体和其有机组成部分。以防护林为主体，用材林、经济林、薪炭林和特用林等科学布局，实行组成防护林体系各林种、树种的合理配置与组合，充分发挥多林种、多树种、生物群体的多种功能与效益，形成功能完善、生物学稳定、生态经济高效的防护林体系建设模式"。

近年来，人们提出了林业生态工程及其体系的概念，在水土流失地区，水土保持业生态工程实际上就是水土保持林体系的深化和拓宽。可以说，水土保持林业生态工程是在水土流失地区，人工设计的以木本植物群为主体的生态工程，其目的是控制水土流失，改善生态环境，发展山区经济。它包含了原有水土保持林内容，更加注重其组成结构的设计与施工。而水土保持林业生态工程体系，则是以水土保持林业生态工程为主体的，包括林农牧水复合生态工程及其他林业生态工程的系统整体。

水土保持林业生态工程，实际上就是专门用来控制水土流失的林业生态工程，相当于在水土保持林这个总的林种范畴内，根据其所配置的地貌部位和各类土地防护方面的或经济需求（生产性）的特点，而具体地划分的若干个水土保持林的林种。从造林学的角度看，林种是具有相同或相似营造目的和技术措施的森林群落。而从生态工程角度看，林种则是具有相同或相似功能和结构，采取相应的设计方案能够施工完成的森林生态工程。因此，其命名可在林种命名的基础上加"工程"二字，以更加明确其工程设计的性质，即小地貌形态（或地形或土地类型）+防护性能+生产性能。如侵蚀沟防冲用材林工程、坡面防蚀放牧林工程、梯田护坎经济林工程等。实际应用中为了简便，常采用防护性能+生产性能，如护坡用材林工程、护坡薪炭林工程等。有时也采用小地貌形态（地形或地类）+防护性能（或生产性），如河川护岸林工程、沟头防护林工程等。略去其中某一项，是因为其本身已指明其他的性能或地形。如护坡放牧林工程明显的是指坡面防蚀放牧林工程，河川护滩林工程则表明其生产性可能是用材林，也可能是薪炭林，或者放牧林等多种性能。

水土保持林业生态工程概念的提出，是有其历史发展背景的，对国内外林业措施在水土保持上应用的发展历史，有必要进行一下回顾，以便真正了解其概念的实质与内涵。

我们知道，世界各国由于水土流失特点和生产传统的差异，使得林业在水土保持上的应用方法与侧重点也有所不同。苏联时期在防止土壤侵蚀危害的工作中，比较多地注重发挥森林的作用。如在侵蚀地、荒谷、森林草原和草原等一些水土流失地区营造防蚀林，同时强调坡耕地上营造水流调节林，以控制地表径流和调节坡耕地上的径流泥沙，石质山地强调山坡造林与坡地工程相结合，以避免水土流失和山地泥石流危害。欧洲一些国家如德国、奥地利，为了防止山区山洪、泥石流、滑坡、雪崩等灾害，采用"森林工程体系"的治理措施，在流域治理中十分强调沟道、坡面工程，加强现有林经营管理以及人工造林措施的有机结合，从而取得良好的效果。美国、澳大利亚、新西兰等国强调宏观的流域管理和环境保护，而在防治措施上，往往没有把人工营造水土保持林作为水土保持的重要手段。在日本对一些土砂流泻山腹，结合砂防工事营造水土保持林，以防止耕地(主要是水田)被水冲压和沟道泥石流的发生。

我国人民对于森林的保持水土作用早有所认识。南宋嘉定年间(1208—1224)，魏岘所著的《四明它山水利备览·自序》，较系统地阐述了森林的水土保持作用及其改善河川水文条件的功能等。明代刘天和提出"治河六柳"(卧柳、编柳、低柳、深柳、漫柳、高柳)，巧妙地利用活柳调节洪峰和顶流归槽的特殊功能，治河保堤，至今仍不失为有效措施。山区农民历来对村庄，住宅前后的"照山"和"靠山"倍加爱护，也说明了对森林保持水土作用的认识。至于在生产上广泛采用人工造林和封山育林等方法，用以护坡、保土、保田、护路、保护水利工程(渠道、水塘、水库、水工建筑物等)，防护河川，防止滑坡、山崩、泥石流等，在中国的一些水土流失地区都有长期的历史传统。20世纪20年代，我国水土保持学的先驱者在山东崂山、山西五台山等地研究森林的水土保持效应。1934年，陕西省林务局在渭河沿岸冲积滩地，采用柳树、白杨、白榆、臭椿等进行造林，并创建天水县林场、宝鸡县林场，而且在沟槽治理中应用的各种活柳谷坊，沿河护滩中应用的"柳篱挂淤"等生物工程，以及水库周围防护林、梯田地坎的护坡林等水土保持措施，也得到推广和完善。

1949年以后，我国大力开展水土保持工程建设，根据水土流失发生发展规律，以及长期积累的经验，提出水土保持必须按照流域或水系进行综合治理的新思路，水土保持林因此在小流域综合治理中得到更加广泛的推广和应用，其概念也不断得到完善。三北防护林体系工程中，水土保持林是重要的组成林种。之后，北京林业大学又提出了水土保持林体系(1979)的概念。1989年出版的《中国农业百科全书·林业卷》定义："水土保持林(forest for soil and water conservation)是以调节地表径流，控制水土流失，保障和改善山区、丘陵区、农、林、牧、副、渔等生产用地，水利设施，以及沟壑、河川的水土条件为经营目的的森林。水土保持林则是水土保持综合治理的一个重要组成部分"。而水土保持林体系作为山区的防护林体系，实际包括流域内所有木本植物群体，如现有天然林、人工乔灌木林、四旁树和经济林等，是以木本植物为主的植物群体所组成的水土保持植物系统。

此外，在一个地区(或区域)或流域内除了各种专门的水土保持林业生态工程外，还包括具有其他防护和生产功能的林业生态工程，它们在发挥其防护、生产功能的同时，也在一定程度上起着保持水土的功能。如山地经济林工程在设计和施工中为了保证其成活和生长，必须进行整地和蓄水保墒，成林后为了获得较高的经济收益必须扩大树体的叶面积和树冠总的覆盖度，直接或间接地起到了水土保持作用，只不过是有些工程水土保持功能相对强，有些则相对弱而已。因此，水土保持林业生态工程体系实际上就是以防治水土流失为主要目的，在大中流域总体规划指导下，以小流域为基本治理单元，合理配置的呈带、网、片、块分布的，以水土保持林业生态工程为主体的，各种林业生态工程有机的结合体系(表5-2)。

表5-2　水土保持林业生态工程体系

区域	水土保持林种	区域	林种的生产性
土质山地丘陵区 (黄土、黑土、 红壤、黄壤)	分水岭防护林	石质山地丘陵区 (北方、南方、西南)	用材林、经济林
	护坡林		饲料林、燃料林、用材林、经济林
	梯田地埂造林		经济林、经果林
	沟道防护林		用材林、饲料林、燃料林
	护岸护滩林		用材林、经济林
	坡地特用经济林		经济林、用材林
	水域防护林		用材林、经济林
	天然次生林		用材林、经济林
	基干防风林带		用材林、经济林
西北风沙区	灌木固沙林带	青藏高寒区	饲料林、燃料林、经济林
	天然灌丛林		饲料林、燃料林

这些水土保持林林种及其形成的体系中，实际上还包括流域内所有木本植物群体，如现有天然林、人工乔灌木林、四旁植树和经济林等。这些林业生产用地反映了各自的经济目的，它们均发挥着水土保持、水源涵养和改善区域生态环境条件的功能和效益。这是因为它们和上述水土保护林体系各林种一样，在流域范围内既覆盖着一定面积，又占据着一定空间，同样发挥着改善生态环境和保持水土的作用，如果园及木本粮油基地等以获取经济效益为主的林种，在水土流失的山区、丘陵区，林地上如不切实做好保水、保土，创造良好的生产条件，欲得到预期的经济效益是不可能的。因此，在流域范围内的水土保持林体系应由所有以木本植物为主的植物群体所组成。

5.1.3　小流域水土保持林空间配置

1) 配置理论依据与原则

水土保持林体系配置的理论依据有三个方面：一是林业生态工程的基本理论，主要是生态学、林草培育理论和生态经济理论；二是水土保持基本理论，主要是土壤侵蚀控制理论，即水土流失的发生、发展规律及防治对策；三是防护林学理论，主要是森林的生态防护原理与防护林的配置理论。总起来，可以说水土保持林体系配置的基础理论是森林生态学和土壤侵蚀学，应用基础与技术理论是林草培育学和防护林学，规划设计的指导理论是生态经济学。

所谓水土保持林体系的配置就是各种生态工程在各类生产用地上的规划和布设。为了合理配置各项工程，必须认真分析研究水土流失地区的地形地貌、气候、土壤、植被等条件及水土流失特点和土地利用状况，并应遵循以下几项基本原则：

①以大中流域总体规划为指导，以小流域综合治理规划为基础，以防治水土流失、改善生态环境和农牧业生产条件为目的，各项生态工程的配置与布局，必须符合当地自然资源和社会经济资源的最合理有效利用原则，做到局部利益服从整体利益，局部整体相结合。

②因地制宜，因害设防，进行全面规划，精心设计，合理布局，根据当地林业生产需要和防护目的，在规划中兼顾当前利益和长远利益，生态和经济相结合，做到有短有长，以短养长、长短结合。

③对于水土保持林体系，在平面上实施网、带、片、块相结合，林、牧、农、水相结合，力求各类生态工程以较小的占地面积达到最大的生态效益与经济效益。

④水土保持林体系在结构配置上要做到乔、灌、草相结合，植物工程与水利工程相结合，力求设计合理，简便易行。

2) 配置方法与模式

在一个流域或区域范围内，水土保持林业生态工程体系的合理配置，必须体现各生态工程，即人工森林生态系统的生物学稳定性，显示其最佳的生态经济效益，从而达到持续、稳定、高效的水土保持生态环境建设目标，水土保持林业生态工程体系配置的主要设计基础是各工程(或林种)在流域内的水平配置和立体配置。

所谓水平配置是指在流域或区域范围内，各个林业生态工程平面布局和合理规划，对具体的中、小流域应以其山系、水系、主要道路网的分布，以及土地利用规划为基础，根据当地水土流失的特点和水土保持要求，发展林业产业和满足人民生活的需要，结合生产与环境条件的需要，进行合理布局和配置，按照上述 4 条基本原则，在配置的形式上，兼顾流域水系上、中、下游，流域山系的坡、沟、川、左右岸之间的相互关系，统筹考虑各种生态工程与农田、牧场、水域及其他水土保持设计相结合。

所谓林种的立体配置是指某一林业生态工程(或林种)的树种、草种选择与组成，人工森林生态系统的群落结构的配合形成。合理的立体配置应根据其经营目的，确定目的树种与其他植物种及其混交搭配，形成合理群落结构，并根据水土保持、社会经济、土地生产力、林草种特性，将乔木、灌木、草类、药用植物、其他经济植物等结合起来，以加强生态系统的生物学稳定性和形成长、中、短期开发利用的条件。特别应注重当地适生植物种的多样性及其经济开发的价值。除此之外，立体配置还应注意在水土保持与农牧用地、河川、道路、四旁、庭院、水利设施等结合中的植物种的立体配置。在水土保持林业生态工程体系中通过各种工程的水平配置与立体配置使林农、林牧、林草、林药得到有机结合，使之形成林中有农、林中有牧、植物共生、生态位重叠的，多功能、多效益的人工复合生态系统，以充分发挥土、水，肥，光、热等资源的生产潜力，不断提高和改善土地生产力，以求达到最高的生态效益和经济效益。

在具体的生产实践中，应在上述原则指导下，把各种林业生态工程的生态防护效应作为其配置的主要理论依据，根据对实际条件的研究，灵活应用，组合各种林业生态工程，决不能不研究具体条件，而机械地套用已有模式和规格进行配置。例如，配置在农田、牧场、果园及其周围的水土保持林业生态工程，是带状、块状，还是网，片相结合，其宽度、面积、结构、配置部位如何确定等，虽然都有着一定原则要求，但同时也存在着相当的灵活性，往往由于生产要求和土地利用条件不同而不同，如果土地面积较大，条件较好，则可适当扩大林业生态工程的建设面积，侧重于发展林业生产；而有的则因耕地面积少，人口密度大，条件不允许，宁可少造林种草，甚至不造林种草，而适当地发挥其他水土保持措施的作用。

此外，在大中流域或较大区域水土保持林业生态工程建设中，森林覆盖率或林业用地比例往往也是确定林业生态工程总体布局与配置所要考虑的重要因素。因为，森林覆盖率会大大改善区域气候与环境条件，如山西省右玉县森林覆盖率从中华人民共和国成立前的0.3%提高到现在的45%左右，生产条件和自然环境发生了深刻的变化，人们普遍认为森林覆盖率达30%以上(或更高些)的国家和地区，一般生态环境较好，有人认为黄土高原地区的覆盖率达到20%~30%还是有可能的。当然所谓森林覆盖率仅仅是一个考虑的因素，实际上，工程总体布局与配置主要还取决于当地的生产传统、社会经济条件及林业生态工程建设的可行性。

总结中华人民共和国成立70年来水土保持的科学研究和生产实践，对于林业生态工程，至少可以说有以下几点认识：一是按大中流域综合规划，小流域为具体治理单元，在调整土地利用结构和合理利用土地的基础上，实施山、水、田、林、路综合治理，逐步改善农牧业生产条件和生态环境条件，而造林种草等林业生态工程是不可缺少的措施；二是积极发展造林种草，建设林业生态工程是增加流域内林草覆盖率，改善生态环境的根本措施，也是防治水土流失的主要手段和治本措施；三是由于林业生态工程不仅具有生态防护效益，同时也是当地的一项生产措施，发展林业生态工程可为当地创造相当的物质基础和经济条件，可以说也是水土流失地区脱贫致富的有效措施之一，这是由林业本身的防护、生产双重功能决定的，即所谓的生态经济型工程；四是由于水土保持是一项综合性，交叉性很强的学科，林业生态工程(即通常所说的生物措施)与水利工程是防治水土流失相辅相成、互为补充的两大措施，前者是长远的、战略性的措施，后者是应急保障措施，二者必须紧密结合起来，才能真正达到控制水土流失，发展农牧业生产，改善生态环境的目的；五是由于林业生态工程是以木本植物为主的林、草、农、水相互结合的生态工程，乔灌草相结合的立体配置和带、网、块、片相结合的平面配置是其发挥最大的防护和经济效益的技术保证。

3) 水土保持林空间布局

对于广大的基本无林、生态条件恶劣的水土流失地区，通过林业生态工程建设，大面积恢复和营造林草植被，可以实现生态环境根本好转的战略目标。在这些区域，只要围绕农业生产的需要，严格规划设计，建设完善的林业生态工程体系，是可以达到改善农牧业生产条件的目的。根据我国南北方水土保持的科学研究和生产实践，以土地利用类型为主要依据，结合地形或小地貌形态，提出水土保持林业生态工程的分类及建设布局供参考（表5-3）。

表5-3 水土保持林业生态工程分类与布局

工程类型	工程名称	地形或小地貌	侵蚀程度	土地利用类型	防护对象与目的	生产性能
坡面荒地水土保持林工程	坡面防蚀林	各种地貌下的沟坡或陡坡面	强度以上	荒地、荒草地、稀疏灌草地、低覆盖度灌木林地和疏林地	各种地类的坡面侵蚀	一般禁止生产活动
	护坡放牧林	各种地貌下的较缓坡面或沟坡	强度以下	退耕地、弃耕地、荒地、荒草地、稀疏灌草地、低覆盖度灌木林地和疏林地	各种地类的坡面侵蚀	刈割或放牧
	护坡薪炭林	各种地貌下的较缓坡面或沟坡	强度以下	荒地、荒草地、稀疏灌草地、低覆盖度灌木林地和疏林地	各种地类的坡面侵蚀	刈割取柴
	护坡用材林	坡麓、沟塌地、平缓坡面	中度以下	荒地、荒草地、稀疏灌草地、低覆盖度灌木林地、疏林地、弃耕或退耕地	各种地类的坡面侵蚀	取材（小径材）
	护坡经济林	平缓坡面	中度以下	退耕地、弃耕地、盖度高的荒草地	各种地类的坡面侵蚀	获取林副产品
	护坡种草工程	坡麓、沟塌地、平缓坡面	中度以下	退耕地、弃耕地、荒草地、稀疏灌草地、低覆盖度灌木林地和疏林地	各种地类的坡面侵蚀	刈割或放牧
坡面耕地水土保持林工程	植物篱（生物地埂、生物坝）	塬坡、梁坡、山地坡面	强度以下	坡耕地	坡耕地侵蚀	"三料"或其他
	水流调节林带	漫岗、长缓坡	轻度中度	坡耕地	坡耕地侵蚀	用材或其他
	梯田地坎（埂）防护林（草）	塬坡、梁坡、山地坡面	轻度以下	土坎或石坎梯田	田坎（埂）侵蚀	林副产品或其他
	坡地林农（草）复合工程	塬坡、梁坡、山地坡面	轻度中度	坡耕地	坡耕地侵蚀（含风蚀）	林副产品或其他
侵蚀沟道水土保持林工程	沟谷川地防护林	沟川或坝地	微度以下	旱平地、水浇地、沟坝地	耕地侵蚀（含风蚀）	林副产品或其他
	沟川台（阶）地农林复合工程	沟台地、山前阶地	轻度以下	旱平地或梯田地	耕地侵蚀（含风蚀）	林副产品或其他
	沟头防护林	沟头、进水凹地	强度以上	荒地或耕地	水蚀与重力侵蚀	一般禁止生产活动
	沟边防护林	沟边	强度以上	荒地或耕地	水蚀与重力侵蚀	一般禁止生产活动
	坝坡防护林	沟道淤地坝	强度以上		水蚀	一般禁止生产活动
	沟底防冲林	沟底	强度以上	荒滩或水域	水流冲刷	一般禁止生产活动

（续）

工程类型	工程名称	地形或小地貌	侵蚀程度	土地利用类型	防护对象与目的	生产性能
沿岸滩涂防护林工程	水库防护林	库坝、岸坡及周边	中度以上	荒地或水域	水流冲刷、库岸坍塌	一般禁止生产活动
	护岸防护林	河岸	中度以上	荒地或水域、两岸农田	水流冲刷、库岸坍塌	一般禁止生产活动
	滩涂防护林	河湖库滩地	中度以上	滩地农田、荒地或盐碱地	冲刷、风蚀、盐渍荒漠化	林副产品或其他

5.2 坡面水土保持林

坡面既是山区和丘陵区的农林牧业生产利用土地，又是径流和泥沙的策源地。坡面土地利用，水土流失及其治理状况，不仅影响坡面本身生产利用方向，而且也直接影响到土地生产力。在大多数山区和丘陵区，就土地利用分布特点而言，坡面除一部分暂难利用的裸岩、裸土地（主要是北方的红黏土、南方崩岗）、陡崖峭壁外，多是林牧业用地，包括荒地、荒草地、稀疏灌草地、灌木林地、疏林地、弃耕地、退耕地等，我们统称为荒地或宜林宜牧地，以及原有的天然林、天然次生林和人工林。后者属于森林经营的范畴，前者才是水土流失地区主要的水土保持林用地，主要任务是控制坡面径流泥沙，保持水土，改善农业生产环境，在坡面荒地上建设水土保持林。坡面荒地坡度较大、水土流失十分严重，土壤干旱瘠薄，土地条件差，期望生产大量的木材是不切实际的，应建设以固坡防蚀、调节控制径流泥沙为防护目的，以解决三料（燃料、肥料、饲料）的坡面防蚀林为主，同时考虑其他类型的生态工程，如有一定的土层厚度和肥力，水土流失中度侵蚀以下，可通过造林整地工程措施建设护坡用材林；也可选择背风向坡度相对平缓的、有相当肥力的土地，通过较大幅度人工整地工程，建设有经济价值的护坡经济林；还有一些坡面荒地可建设护坡放牧林、护坡薪炭林、护坡种草工程。由于山丘区坡面荒地常与坡耕地或梯田相间分布，因此就局部地形而言，各种林业生态工程在流域内呈不整齐的片状、块状或短带状的分散分布。但就整体而言，它在地貌部位上的分布还是有一定的规律的，它的各个地段连接起来，基本上还是呈不整齐而有规律的带状分布，这也是由地貌分异的有规律性决定的。

坡面荒地水土保持林业生态工程配置的总原则是：沿等高线布设，与径流中线垂直；选择抗旱性最强的树种和良种壮苗；尽可能做到乔、灌相结合；采用一切能够蓄水保墒的整地措施，以相对较大的密度，用"品"字形配置种植点，精心栽植；把保证成活放在首位，在立地条件极端恶劣的条件下，可营造纯灌木林。

5.2.1 坡面荒地水土保持林

5.2.1.1 坡面防蚀林
1）防护目的
坡面防蚀林是配置在陡坡地（30°～35°）上的水土保持林业生态工程，目的是防止坡面侵蚀，稳定坡面，阻止侵蚀沟进一步向两侧扩张，从而控制坡面泥沙下泻，为整个流域恢复林草植被奠定基础。

2) 坡面的特点

坡面防蚀林配置的陡坡地基本上是沟坡荒地，坡度大多在30°以上，其中45°以上的沟坡面积占沟坡总面积的40%。有些地方，由于侵蚀沟道被长期切割，沟床深切至红土，有的甚至出现基岩露头，使沟坡面出现除面蚀以外的多种侵蚀形式，如切沟、冲沟、泻溜、陷穴等；沟坡基部出现塌积体、红土泻溜体，陡崖上可能出现崩塌、滑塌等，它们组成了沟系泥沙的重要物质来源。坡面总的特点是水土流失十分剧烈，侵蚀量大（可占整个流域侵蚀量的约50%～70%，甚至更多），土壤干旱瘠薄，立地条件恶劣，施工条件差。

3) 配置技术

陡坡配置防蚀林，首先考虑的是坡度，然后是考虑地形部位。一般配置在坡脚以上陡坡全长的2/3为止，因为陡坡上部多为陡立的沟崖（50°以上）。如果这类沟坡已基本稳定，应避免因造林而引起其他的人工破坏。在沟坡造林地的上缘可选择一些萌蘖性强的树种如刺槐、沙枣等，使其茂密生长，再略加人工促进，让其自然蔓延滋生，从而达到进一步稳固沟坡陡崖的效果。在沟坡陡崖条件较好的地方也可考虑撒播一些乔灌木树种的种子，让其自然生长。

沟床强烈下切，重力侵蚀十分活跃的沟坡，只要首先采用相应的沟底防冲生物工程，固定沟床，当林木生长起来之后，重力侵蚀的堆积物将稳定在沟床两侧，在此条件下，由于沟床流水无力把这些泥沙堆积物携走，逐渐形成稳定的天然安息角，其上的崩落物也将逐渐减少。在这种比较稳定的坡脚（约在坡长1/3或1/4的坡脚部分），建议首先栽植沙棘、杨柳、刺槐等根蘖性强的树种，在其成活后，可采取平茬、松土（上坡方向松土）等促进措施，使其向上坡逐步发展，虽然它可能被后续的崩落物或泻溜所埋压，但是依靠这些树木强大的生命力，坡面会很快被树木覆盖。如此几经反复，泻溜面或其他不稳定的坡面侵蚀最终将被固定。

沟坡较缓时（30°～50°），可以全部造林和带状造林，可选择根系发达，萌蘖性强，枝叶茂密，固土作用大的树种，如阳坡选择刺槐、臭椿、沙棘、紫穗槐等，阴坡选择青杨、小叶杨、油松、胡枝子、榛子等。

5.2.1.2　坡面薪炭林

1) 防护目的

发展护坡薪炭林的目的是在控制坡面水土流失的同时，解决农村生活用能源。当前能源危机已成为全世界面临的问题，传统化石燃料的储备已经很难满足人们的需求。林木以其可再生生物量大、对环境无危害等优点，而备受社会关注。因此，发展优质高产的薪炭林势在必行。

据估计，在发展中国家，有25亿人至少有50%～90%的能源是来自木材和木炭，世界木材生产总量中至少有一半用作薪炭材。一些非洲、亚洲国家如巴基斯坦、阿富汗、孟加拉国和印度等，由于薪柴燃料严重缺失，大量砍伐树木作薪柴，不少乡村地方还把牛羊粪作为传统的燃料，由此引发植被破坏、水土流失、干旱等环境问题，已引起广泛关注，并设法找出解决能源的途径。韩国是国际上采用营造薪炭林的方法解决农村能源问题成功的例子之一，他们利用约 1/3 的国土面积发展灌木胡枝子等各种薪炭林，10 a 左右就解决了薪柴需要。我国西藏、西北地区也同样存在上述情况，政府也把解决农村能源作为解决国家能源的主要组成部分，竭力从政策制定、开源节流，乃至科学研究等方面寻求有效的解决途径。

随着我国经济的迅速发展，能源的需求量必然会进一步大幅增加，从长期来看我国的能源形势必将越来越严峻。同时，人们对生存环境的要求也越来越严格，从可持续发展的战略眼光来看，不可再生且有污染的化石燃料将逐渐退出人们的视线，开发利用能源林势在必行。薪炭林不仅解决了能源短缺的危机，也解决了能源与环境的矛盾。根据第七次全国人口普查结果，截至 2020 年年底，我国总人口达到 141 178 万人，居住在城镇的人口为 90 199 万人，占 63.89%；居住在乡村的人口为 50 979 万人，占 36.11%（国家统计局，2021 年 5 月 11 日）。乡村地区的能源生产与消费是我国能源战略的重要组成部分，2016 年我国乡村能源消费总量达 3.31×10^8 t 标准煤，其中乡村生活用能从 2000 年的 1.07×10^8 t 标准煤增加到 2016 年的 2.32×10^8 t 标准煤，年平均增长速度达 5.03%。尽管近年来乡村能源供求呈现多元化趋势，可再生能源发展较快，但目前仍然以薪炭林为主。因此，发展坡面薪炭林是大有可为的，在水土流失地区，利用坡面荒地营造薪炭林，不仅能够有效缓解乡村能源短缺问题，而且也是一种很好的水土保持措施，对保持水土、改善环境、减少水土流失等灾害有重要意义。

能源林又可分为木质能源林（薪炭林）和油料能源林，其中薪炭林有着更加突出的优点，如分布广、产量高、易生产、易储藏、使用安全等。近 30 年来，随着我国经济快速增长，已成为能源的第二大消费国，能源短缺问题十分突出。可再生能源的研究、开发和利用成为我国实现可持续发展的关键。现今，我国政府非常重视林业生物质能源工作，在加强林业生物质能源发展和管理上开展了大量工作。根据《全国林业生物质能源发展规划（2011—2020 年）》，全国现有薪炭林总面积 174.73×10^4 hm^2，蓄积量 3912.03×10^4 m^3（国家林业局，2013），规划到 2020 年全国能源林面积达到 2000×10^4 hm^2。每年转化的林业生物质能可替代 2025×10^4 t 标准煤的石化能源，占可再生能源的比例 3%，有望缓解乡村生活能源短缺问题。

2) 营造技术

①适用立地　距村庄近，交通方便，利用价值不高或水土流失严重的沟坡荒地。

②树种选择　薪炭林的树种，一般应选择耐干旱瘠薄，萌芽能力强（或轮伐期短），耐平茬，生物量高，热值高的乔灌木树种。选择薪炭林的树种时，热值是必须考虑的重要评价指标。所谓热值，是指树种所贮存的大量化学能，在氧气充足的条件下，将树木各部分完全燃烧时释放的热量（单位为 kJ/kg）。评价不同树种的薪柴价值时，多以风干状态热值的大小进行比较。

③造林技术　薪炭林的整地、种植等造林技术与一般的造林大致相同，只是由于立地条件差，整地、种植要求更细。在造林密度上，由于薪炭林要求轮伐期短，产量高，见效快，适当密植是一个重要措施。从各地的试验结果看，北方的灌木密度可为 0.5 m×

1 m, 20 000 株/hm²；南方因降水量大，一些短轮伐期的树种，也可达此密度，如台湾相思、大叶相思、尾叶桉、木荷等；北方的乔木树种可采用 1 m×1 m 或 1 m×2 m，南方可根据情况，适当密植。

5.2.1.3 坡面放牧林

1) 防护目的

护坡放牧林是配置在坡面上，以放牧(或刈割)为主要经营目的，同时起着控制水土流失作用的乔、灌木林，它是坡面最具有明显生产特征的，利用林业本身的特点为牲畜直接提供饲料的水土保持林业生态工程。对于立地条件差的坡面，通过营造护坡放牧林，特别是纯灌木林可以为坡面恢复林草植被创造有利条件。

发展畜牧业是充分发挥山丘区生产潜力，发展山区经济，脱贫致富的重要途径。"无农不稳、无林不保、无牧不富"道出了山丘区农、林、牧三者互相依赖，缺一不可，同等重要的关系。黄土高原地区山区坡面是区域畜牧业发展的基地，南方山区坡地也拥有发展畜牧业的巨大潜力。但是水土流失的山区，由于过度放牧(很少刈割)，坡面植被覆盖度小，载畜量过低，不仅严重限制了畜牧业的发展，而且加剧了水土流失和林牧矛盾。因此，在坡面营造放牧林(或饲料林)，有计划地恢复和建设人工林与天然草坡相结合的牧坡(或牧场)是山区发展畜牧业的关键。

护坡放牧林除了上述作用外，在旱灾年份，出现牧草枯竭，冬春季厚雪覆盖时，树叶、细枝嫩芽就成为家畜度荒的应急饲料，群众称为"救命草"。

2) 适用地类

护坡放牧林一般适用于沟坡荒地，不宜发展用材林或经济林的坡面，但需要立地条件稍好些的地类，因为放牧时牲畜践踏，易造成水土流失，特别是在荒草地上形成鳞片状面蚀。根据试验研究和山区群众的经验，可发展放牧林的地类有：

(1) 弃耕地和退耕地

弃耕地是由于土地退化严重或交通不便等原因，放弃耕种的土地；退耕地是按《中华人民共和国水土保持法》规定禁止种植的≥25°的坡耕地，这两种地类对于发展林牧业来说是立地很好的地类，应选择沟蚀、面蚀严重，地块较破碎，不宜发展经济林和用材林的弃耕地和退耕地营造放牧林。

(2) 荒地、荒草地和稀疏灌草地

荒地是草被盖度很低的(<0.2)的未利用地，水土流失严重，几乎不能进行生产利用，山区多数是阳坡。荒草地是草被盖度稍高(0.2~0.4)一些的草坡，鳞片状侵蚀和沟蚀严重，可以放牧，但载畜量低，山区多是条件稍好的阳坡或半阳半阴坡。稀疏灌草地是灌木盖度低于0.2，灌下有疏密不等的草(多是禾本科或菊科)，林草总盖度可达0.5~0.6，多是条件较好的半阴半阳坡或条件稍差的阴坡。以上三类中哪些用作放牧林要根据具体情况确定。

(3) 稀疏灌木林地和疏林地

稀疏灌木林地是盖度≤0.4的灌木林地；疏林地是郁闭度≤0.3的林地．这两种地类在山区都是立地相对较好的沟坡地。

3) 配置与营造技术

(1) 树种选择

护坡放牧林应根据经营利用方式、立地条件、水土保持树种特性确定。在黄土高原地区由于适用于护坡放牧林的立地条件不好，选择乔木树种，生长不良，且放牧不便，故多选用灌木树种。即使选用乔木树种，也多采用丛状作业(按灌木状平茬经营)。

①适应性强，耐干旱、瘠薄 由于用于护坡放牧林的各种地类均存在着植被覆盖度低、草种贫乏、水土流失严重、立地干旱贫瘠的问题，上述地类中直接种植牧草效果不好的，只要选用适应性强的乔灌木树种，可获得一定的生物产量和较为满意的放牧效果。北京林学院(现北京林业大学)在甘肃庆阳测定结果表明，在相同立地条件下的饲料灌木树种，如柠条、沙棘、菔子梢等饲用嫩枝叶产量比一些传统牧草高。

②适口性好，营养价值高 北方一些可作饲料的树种的叶子或嫩枝，如杨类、刺槐、沙棘、柠条等均有较好的适口性。据研究略有异味的灌木如紫穗槐等也可作为饲料，大多数适口性好的饲料乔灌木树种的枝叶均有较高的营养价值。1989年北京林业大学测定比较了黄土高原部分饲料灌木树种与传统牧草的营养元素含量，结果表明，测定灌木树种均达到或超过了优良牧草的标准(优良牧草指标为：粗蛋白10%~20%，粗脂肪2.5%~5.0%，无氮氮浸出物30%~45%，粗纤维20%~30%)。

③生长迅速，萌蘖力强，耐啃食 在幼林时就能提供大量的饲料，并且在平茬或放牧啃食后能迅速恢复。如柠条在生长期内平茬后，隔10 d左右即可再行放牧。乔木树种进行丛状作业(即经常平茬，形成灌丛状，便于放牧，群众称为"树朴子"，如桑朴子、槐朴子等)时，也必须要求有强的萌蘖力，如北方的刺槐、小叶杨等。

④树冠茂密，根系发达 水土保持功能强，并具有一定的综合经济效益，如刺槐既可作为放牧林树种，又具有蓄水保土能力；此外，还是很好的蜜源植物。

(2) 造林方法

①荒地、荒草地护坡放牧林(或刈割饲料林)的配置 此类属于人工新造林的范畴，可根据地形条件采用短带状沿等高线布设，每带长10~20 m，由2~3行灌木组成，带间距4~6 m，水平相邻的带与带间留有缺口，以利牲畜通过。山西偏关营盘梁和河曲曲峪采用柠条灌木丛均匀配置，每丛灌木(包括丛间空地)约占地5~6 m²，羊可在丛间自由穿行，也可选用乔木树种，采用丛状作业，如刺槐；不论应用何种配置形式，均应使灌木丛(或乔木树丛)形成大量枝叶，以便牲畜采食。同时，应注意通过灌木丛(或乔木树丛)的配置，有效截留坡面径流泥沙。由于灌木丛截留雨雪，带间空地能够形成特殊的小气候条件，有利于天然草的恢复，从而大大提高了坡面荒地和荒草地的载畜量。一般营造柠条、沙棘放牧林5 a后，其载畜量是原有荒草地的5倍多。

②稀疏灌草地、稀疏灌木林地和疏林地护坡放牧林(或刈割饲料林)的配置 可根据灌木和乔木的多寡，生长情况及盖度，确定是否重新造林，如果重新造林，配置方法与荒地荒草地基本相同；如果不需重新造林，可通过补植、补种或人工平茬、丛状作业等形式改造为放牧林。

③造林与管护 灌木放牧林多采用直播造林。播种灌木后头3 a以生长地下部分的根系为主，3 a左右应进行平茬，促进地上部分的生长。乔木树种栽植造林后，第2年

即可进行平茬，使地上部分呈灌丛状生长。一般作为放牧的林地在造林头 2~3 a，应实施封禁，禁止牲畜进入林内。同时，为了保证林木正常的萌发更新，保持有丰富的采食叶枝，应注意规划好轮牧区，做到轮封轮牧。同时，应提倡人工刈割饲料林饲养，并开展舍饲，既有利于节约饲料，又有利于水土保持。

4)人工草坡的配置

在护坡放牧林建设的同时，可选择较好的立地(最好是退耕地、弃耕地)人工种草，一般采用豆科与禾本科草混播，也可灌草隔带(行)配置，结合形成人工灌草坡。如宁夏固原采用柠条、山桃、沙棘与豆科牧草或禾本科牧草立体配置取得了较好效果；也可乔灌草相结合，乔木如山杏、刺槐，灌木如柠条、沙棘，草本如红豆草、紫花苜蓿等。

5.2.1.4 坡面用材林

1)防护目的

护坡用材林是配置在坡度较缓、立地条件较好，水土流失相对较轻的坡面上，以收获一定量的木材为目的，同时也能够保持水土、稳定坡面的人工林，是坡面水土保持林业生态工程中兼具较高经济效益的一种。多年来的生产实践表明：北方山地和黄土高原由于长期侵蚀的影响，即便相对较好的立地，也很难获得优质木材，只能培育一些小规格的小径材(如檩材、椽材)或矿柱材；南方水土流失地区的坡面，石多土薄，特别是崩岗地区，风化严重，地形破碎，尽管降水量大，也不可能取得很好的效果。对人口稀少的高陡山地，应依托残存的次生林或草灌植物等，通过封山育林，逐步恢复植被，以水源涵养林的定向目标来经营。

2)适用地类与立地

①平缓坡面 指坡度相对较为平缓的坡面。此种地形上，一般都已开发为农田，很少能被用作林地，但也有一些因距离村庄远，交通不便的平缓荒地、荒草地、灌草地，或弃耕地、退耕地，或因水质、土质问题(如水硬度太大、土壤中缺硒或碘等)而不能居住人的边远山区平缓坡面。

在北方，由于干旱严重，阳坡树木的生长量很低，除采取必要的措施，一般不适于培育用材林；阴坡水分条件好，树木生长量大，适于配置和培育护坡用材林。

②沟塌地和坡麓地带 沟塌地是地史时期坡面曾发生过大型滑坡而形成的滑坡体，此类地形多发生在侵蚀活动剧烈的侵蚀沟上游沟坡，比较稳定，且土质和水分条件适中的已开发为农田；尚不稳定，或地下水位高，或土质较黏，不宜进行农作的，可配置护坡用材林。坡麓地带是指坡体下部的地段，也称坡脚，由于是冲刷沉积带，坡度较缓，土质、水分条件好的可辟为护坡用材林地。

3)配置

以培育小径材为主要目的的护坡用材林，应通过树种选择、混交配置或其他经营技术措施，提高目的树种的生长速率和生长量，力求长短结合，以及早获得其他经济收益。

(1)树种选择

护坡用材林应选择耐干旱瘠薄，生长迅速或稳定，根系发达的树种。北方黄土高原地区可选择油松、侧柏、华北落叶松、刺槐、杨树、臭椿等，其中侧柏虽生长慢，但很稳定，抗旱性极强；华北落叶松在海拔1200 m以上可考虑；杨树可配置在沟塌地或坡麓。北方土石山区可选择油松、侧柏、华北落叶松、元宝枫等，其中华北落叶松在海拔1200 m以上可考虑，1600 m以上最好。南方山地可选择马尾松、杉木、云南松、思茅松等。混交树种宜用灌木(乔木易出现种间竞争)，北方如紫穗槐、沙棘、柠条、灌木柳；南方如马桑、紫穗槐等。

(2)混交方式与配置

①乔灌行带混交　即沿等高线，结合整地措施，先造成灌木带，每带由2~3行组成，行距1 m，带间距4~6 m，待灌木成活经过一次平茬后，再在带间栽乔木树种1~2行，株距2~3 m。

②乔灌隔行混交　乔、灌木同时进行造林，采用乔木与灌木行间混交。

③乔木纯林　是广泛采用的一种方式，如培育、经营措施得当，也能取得较好的效果。营造纯林时，可结合窄带梯田或反坡梯田等整地措施，在乔木林冠郁闭以前，行间间作作物，既可获得部分农产品(如豆类、花生、薯类等)，又可达到保水保土，改善林木生长条件，促进其生长量的目的。

无论是混交林还是纯林，护坡用材林的密度都不宜太大，否则会因水分养分不足而导致生长不良。

(3)造林施工

一般护坡用材林因造林地条件较差(如水土流失、干旱、风大、霜冻等)，应通过坡面水土保持造林整地工程，如水平阶、反坡梯田、鱼鳞坑、双坡整地、集流整地等形式，改善立地条件，关键在于确定适宜整地季节、规格(特别是深度)，以及栽植过程中的苗木保活技术。造林施工要严把质量关，不仅要保证成活，而且要为幼树生长创造条件。

(4)抚育管理

护坡用材林成林后的抚育管理十分重要，在黄土高原地区，扩穴(或沟)、培埝(原整地时的蓄水容积，经1~2 a的径流泥沙沉积淤平)、松土、除草、修枝、除蘖等，往往是能否做到既成活又成林的关键。

5.2.1.5　坡面经济林

1)防护目的

护坡经济林是配置在坡面上，以获得林果产品和取得一定经济收益为目的，并通过经济林建设过程中高标准、高质量整地工程，以蓄水保土、提高土地肥力，同时其本身也能覆盖地表，截留降水，防止击溅侵蚀，在一定程度上具有其他水土保持林类似的防护效益。因此，护坡经济林既有生态效益，又有经济效益，是具有生态、经济双重功能的林业生态工程，是山区水土保持林体系的重要组成部分。护坡经济林包括干果林、木本粮油林及特用经济林。应当注意的是，由于坡度、地形、土壤、水分等原因，一般不具备集约经营的条件，管理相对粗放，不能期望其与果园和经济林栽培园那样，有非常高的经济效益。当然，采取了非常措施，如修筑梯田、引水上山等的坡地干鲜果园除外。

2) 适用地类与立地

护坡经济林一般配置在退耕地、弃耕地及土厚，水肥条件好，坡度相对平缓的荒草地 (盖度要高，盖度高说明肥水条件好) 上，由于经济林需要较长的无霜期，且一般抗风、抗寒能力差，因此，选择背风向阳坡面。

3) 配置和营造技术

护坡经济林应为耐旱、耐瘠薄、抗风、抗寒的树种，一般宜选择干果或木本粮油树种，如杏、柿子、板栗、枣、核桃、文冠果、君迁子、黑椋子、翅果油、柑橘等；特用经济林，如漆、白蜡、银杏、枸杞、杜仲、桑、茶、山茱萸等。应当强调，护坡经济林的密度不宜过大 (375~825 株/hm²)；矮化密植除非采用集约型的栽培园经营，一般不宜采用。应当特别注重加强水土保持整地措施，可因地制宜，按窄带梯田、大型水平阶或大鱼鳞坑的方式进行整地。

在此基础上，有条件的可结合果农间作，在林地内适当种植绿肥作物或草，以改善和提高地力，促进丰产。在规划护坡经济林时，应考虑水源 (如喷洒农药的取水)、运输等条件，如果取水困难，则可考虑在合适的部位，修筑旱井、水窖、陂塘 (南方) 等集雨设施；在果园周围密植紫穗槐等灌木带，可调节果园上坡汇集的径流，并就地取得绿肥原料，得到编制篓筐的枝条。

5.2.1.6   坡面种草工程

1) 防护目的

护坡种草工程是在坡面上播种适宜于放牧或刈割的牧草，以发展山丘区的畜牧业和山区经济。同时，牧草也具有一定的水土保持功能，特别是防止面蚀和细沟侵蚀的功能不逊于林木。坡地种草工程与护坡放牧林或护坡用材林结合，不仅可大大提高土地利用率和生产力，而且也提高了人工生态工程，即林草工程的防蚀能力，起到了生态经济双收的效果。

2) 适用地类和生境条件

山丘区护坡种草工程一般要求相对平缓的坡地，或坡麓、沟塌地。刈割型的人工草地需要更好的条件，最好是退耕地或弃耕地；也可与农田实施轮作，即种植在撂荒地上 (此属于农牧结合的问题)。在荒草地、稀疏灌草地、稀疏灌木林地、疏林地上，均可种植牧草。北方在郁闭度较大的林地种植牧草，因光照、水分、养分等问题，一般不易成功，坡面种草多选在阴坡或半阴半阳坡上；南方由于水分条件好，可以考虑，但林地枯枝落叶量大，下地被盖度高，光照不足，土层薄是一些限制因子。

3) 配置技术

(1) 草种选择

坡地种草的草种选择应根据具体情况确定，由于生态条件的限制，最好采用多草种混播，如北方的无芒雀麦+红豆草+沙打旺混播、紫花苜蓿+无芒雀麦+扁穗冰草混播等，南方的紫花苜蓿+鸡脚草 (鸭茅)、红三叶+黑麦草等，专门的刈割型草地也可单播，一般以豆科牧草为好，如紫花苜蓿、小冠花、沙打旺等，在林草复合时，草种应有一定的耐阴性,如鸡脚草、白三叶、红三叶等。

(2)配置

①刈割型草地 专门种植供刈割舍饲的人工草地。这类草地应选择最好的立地,如退耕地、弃耕地或肥水条件很好的平缓荒草地,并进行全面的土地整理,修筑水平阶、条田、窄条梯田等,并施足底肥,耙耱保墒,然后播种。

②放牧型 应选择盖度高的荒草地(接近天然草坡或略差),采用封禁+人工补播的方法,促进和改良草坡,提高产草量和载畜量。

③放牧兼刈割型 应选择盖度较高的荒草地,进行带状整地,带内种高产牧草,带间补种,增加草被盖度,提高载畜量。

④稀疏灌木林或疏林地下种草 在林下选择林间空地,有条件的在树木行间带状整地,然后播种;无条件的可采用有空即种的办法,进行块状整地,然后播种,特别需要注意草种的耐阴性。

5.2.2 坡耕地水土保持林

我国是一个多山的国家,山区丘陵区约占国土总面积的 2/3,其中耕地面积约为 1.33×10^8 hm²,耕地中有 4667×10^4 hm² 为坡耕地,占总耕地面积的 35%。目前,全国有 800×10^4 hm² 的坡耕地修筑为梯田,约占坡耕地面积的 17%。因此,可以说在山区丘陵区,坡耕地是农业生产的主要场所,其坡度较缓(一般 15°~25°),坡面较长,土层较厚,水肥条件较好,它是在长期的农业开发过程中,坡耕地逐渐形成了坡式梯田、隔坡梯田和水平梯田多种形式分布的格局。山丘区的基本农田,除沟坝地、河流两岸的阶地、沟川、河川等地外,大部分分布在坡地上。在东北漫岗丘陵区,坡耕地坡度较缓(一般 5°~8°),坡长很长(800~1500 m);在黄土缓坡丘陵、长梁丘陵、斜梁丘陵区,地广人稀,耕地以坡耕地(<15°)为主;在黄土高原沟壑区的塬(如甘肃董志塬、白草塬,陕西洛川塬、长武塬等)、残塬(如陕西宜川残塬、山西隰县残塬)、台塬(如陕西渭北旱塬、渭南白鹿塬,晋南峨眉台地)区,坡耕地则集中分布在塬坡部位(<20°),比例较小;在黄土梁峁丘陵区,坡耕地占了农业用地的绝大多数,坡度陡(<25°,少数超过 25°),坡长短(十几至几十米),为了提高土地生产力,已有部分修成水平梯田;南方山地丘陵除石坎梯田外,存在大量的坡耕地,长江上游、西南地区,坡度>25°以上的坡耕地占的比例相当大,有的地区可达 90% 以上,坡度最大的可达 35°以上,坡耕地是山丘区水土流失最严重的土地利用类型,治理坡耕地的水土流失是一项重要任务。一般坡度<15°的坡耕地可修建成水平梯田,坡度<10°的也可通过水土保持耕作措施(或称农艺措施),达到控制土壤侵蚀的目的,另一项水土保持措施,就是建设水土保持林业生态工程。

由于坡耕地的水土保持林业生态工程是在同一地块上相间种植农作物和林木(含经济林木和草),广义上理解可称为山地农林复合经营(系统或工程),主要包括配置在缓坡耕地上的水流调节林带,生物地埂(生物坝、生物篱),配置在梯田地坎的梯田地坎防护林及坡地农林(草)复合工程。

5. 2. 2. 1　植物篱

1) 植物篱概念

植物篱(botanic fence)是国际上通行的名称，我国一般称由灌木带的植物篱为生物地埂(因为通过植物篱带拦截作用，在植被带上方泥沙经拦蓄过滤沉积下来，经过一定时间，植物篱就会高出地面，泥埋树长，逐渐形成垄状，故称为生物地埂)，由乔灌草组成的植物篱称为生物坝，它是由沿等高线配置的密植植物组成的较窄的植物带或行(一般为 1~2 行)，带内的植物根部或接近根部处互相靠近，形成一个连续体，选择采用的树种以灌木为主，包括乔、灌、草、攀缘植物等，组成植物篱的植物，其最大特点是有很强的耐修剪性，植物篱按用途分为防侵蚀篱、防风篱、观赏篱等;按植物组成可分为灌木篱、乔木篱、攀缘植物篱等。

植物篱的优点是投入少，效益高，且具有多种生态经济功能;缺点是占据一定面积的耕地，有时存在与农作物争肥、争水、争光的现象，即有"胁地"问题。虽然如此，在大面积坡耕地暂不能全部修成梯田的情况下，仍不失为一种有效的办法。

2) 目的和适用条件

坡耕地上配置植物篱，目的是通过其阻截滞淤蓄雨作用，减缓上坡部位来的径流，起到沉淤落沙，淤高地埂、改变小地形的作用，其不仅具有水土保持功能，而且还具有一定的防风效能，同时，也有助于发展多种经营(如种杞柳编筐，种桑树养蚕等)，增加农民收入。

植物篱适用于地形较平缓，坡度较小，地块较完整的坡耕地，如我国东北漫岗丘陵区，长梁缓坡区(长城沿线以南，黄土丘陵区以北，山西长城以北地区)、高塬、旱塬、残塬区的塬坡地带，以及南方低山缓丘地区，高山地区的山间缓丘或缓山坡均可采用。

3) 配置技术

(1) 配置原则

①坡面植物篱(如为网格状系指主林带)应沿等高线布设，与径流线垂直。

②在缓坡的地形条件下，植物篱间的距离为植物篱宽度的 8~10 倍。这是根据最小占地、最大效益的原则，通过试验研究得出的结论。

(2) 配置方式

①灌木带　适用于水蚀区，即在缓坡耕地上，沿等高线带状配置灌木。树种多选择紫穗槐、杞柳、沙棘、沙柳、花椒等灌木树种。带宽根据坡度大小确定，坡度越小，带越宽，一般为 10~30 m，东北地区可更宽些。灌木带由 1~2 行组成，密度以 0.5 m×1 m 或更密。灌木带也适用于南方缓坡耕地，选择的树种(或半灌木、草本)如剑麻、蓑草、火棘、马桑、桑、茶等。

②宽草带　在黄土高原缓坡丘陵耕地上，可沿等高线，每隔 20~30 m 布设一条草带，带宽 2~3 m。草种选择紫花苜蓿、黄花菜等，能起到与灌木相似的作用。

③乔灌草带　亦称生物坝，是山西昕水河流域综合治理过程中总结经验提出来的。它是在黄土斜坡上根据坡度和坡长，每隔 15~30 m，营造乔灌草结合的 5~10 m 宽的生物带。一般选择枣、核桃、杏等经济乔木树种稀植成行，乔木之间栽灌木，在乔灌带侧种 3~5 行黄花菜，生物坝之间种植作物，形成立体种植。

④灌木林网　适用于北方干旱、半干旱水蚀风蚀交错区（长梁缓坡区），既能保持水土，又能防风固沙。灌木林网的主林带沿等高线布设，副林带垂直于主林带，形成长方形的绿篱网格，每个网格的控制面积约 0.4 hm²。带间距视坡度大小而定：5°～10°坡，带间距 25 m 左右；10°～15°坡，带间距 20 m；15°～20°坡，带间距 15 m；20°～25°坡，带间距 10 m；副林带间距 80～120 m。

⑤天然灌草带　利用天然植被形成灌草带的方式，适用于南方低山缓丘地区、高山地区的山间缓丘或缓山坡的坡地开垦。例如，云南楚雄市农村在缓坡上开垦农田时，在原有草灌植被的条件下，沿等高线隔带造田，形成天然植物篱。植被盖度低时，可采取人工辅助的方法补植补种。

5.2.2.2　水流调节林带

1) 目的与适用条件

配置在坡耕地上的水流调节林带，能够分散、减缓地表径流速度，增加渗透，变地表径流为壤中流，阻截从坡地上部来的雪水和暴雨径流。多条林带可以做到层层拦蓄径流，达到减流沉沙，控制水土流失的目的。同时，林带对林冠以下及其附近的农田，有改善小气候条件的作用，在风蚀地区也能起到控制风蚀的作用。水流调节林带适用于坡度缓、坡长长的坡耕地，此项工程最适用于我国东北漫岗丘陵区的坡耕地、山西北部丘陵缓坡地区，河北坝上等地区也可采用。苏联时期在其欧洲部分的坡式耕地上，营造沿等高线布设的水流调节林，并进行了试验研究，结果表明，配置水流调节林是控制坡耕地水土流失的有效措施。

2) 配置原则

①水流调节林带应沿等高线布设，并与径流线垂直，以便最大限度地发挥它的吸收和调节地表径流的能力。

②林带占地面积应尽可能小，即以最少的占地，发挥最大的调节径流的作用，林带占地以不超过坡耕地的 1/10～1/8 为宜。

3) 配置技术

(1) 坡度与配置

①坡度小于 3°的坡耕地　因侵蚀不严重，按农田防护林配置。

②坡度为 3°～5°的坡耕地　林带配置的方向，原则上应与等高线平行，并与径流线垂直，但自然地形变化是很复杂的，任何一条等高线均不可能与全部径流线相交，因此，沿等高线配置的林带，对与其不能相交的径流线，就起不到应有的截流作用；即使相交径流线，也因长短差异很大，林带各段承受的负荷不均匀，以致不能充分发挥其调节水流的作用。一般当坡度 3°左右时，林带可沿径流中线（或低于径流中线的连线位置）设置走向，为了避免因林带与径流线不垂直而产生的冲刷，可在迎水面每隔一定距离（20～50 m）修分水设施（土埂或蓄水池），以分散或拦截径流。

③坡度>5°的坡耕地　坡面的等高线彼此接近平行，坡长亦将基本趋于一致，此种情况下，林带应严格按等高线布设。

在实际工作中，林带配置走向应尽可能为直线，以便于耕作。

（2）地形与配置

为了尽可能使林带占地面积小，而发挥调节径流的作用尽可能大些，林带的位置应选在侵蚀可能最强烈的部位：①在凸形坡上，斜坡上部坡度较缓，土壤流失较轻微，斜坡中下部坡度较大，距分水岭远，流量流速增加，所以林带应设在坡的中下部；②在凹形坡上，上部坡度较大，土壤常有流失和冲刷，下部凹陷处则有沉积现象，斜坡下部距分水越远，坡度越小，流速反而减小，不宜农用，应全面造林；③在直线形坡上，斜坡上部径流弱，侵蚀不明显，越往下部径流越集中，到中部流速明显增大，易引起侵蚀，林带应设在坡的中部；④在复合型坡上，应在坡度明显变化的转折线上设置林带，下一道林带应设在陡坡转向平缓的转折处。

（3）林带的数量、间距、宽度和结构

①数量与间距　林带在坡面上设置的数量及其间距具有很大的灵活性，在同一类型的斜坡上，如坡面较长，设置一条林带不能控制水土流失时，应酌情增设林带。一般情况下，坡度为3°~5°的坡耕地，每隔200~250 m配置1条；坡度为5°~10°的坡耕地，每隔150~200 m配置1条；坡度10°以上的坡耕地，每隔100~150 m配置1条，坡长<100~150 m时可不配置这种防护林带，而配置灌木带时，一般间距采用60~120 m。

②宽度　林带的主要功能是保证充分吸水，所以应具有一定的宽度。林带的宽度可参考下式计算：

$$B = (AK_1 + BK_2 + CK_3)/(hL) \qquad (5\text{-}1)$$

式中　B——林带宽度（m）；

A，B，C——耕地、草地、裸地的面积（m^2）；

K_1，K_2，K_3——耕地、草地、裸地对应的径流系数（mm）；

h——单位林带面积有效吸水能力（mm）；

L——林带长度（m）。

式（5-1）不能生搬硬套，如果林带上方的耕地、草地、裸地水土保持措施比较完备，能最大限度地吸收地表径流，则林带可窄些。另外，也可通过改善林带结构和组成的方法，来提高林带的吸水能力，从而也可缩小林带的宽度。总之，林带宽度应根据坡度、坡长、水土流失程度，以及林带本身吸收和分散地表径流的效能来确定，通常坡度大、坡面长、水蚀严重的地方要宽些，反之则窄些。一般林带宽度为10~20 m。

③结构　水流调节林带的结构，以紧密结构为好，若乔灌木混交型，要在迎水面多栽2~3行灌木，以便更多地吸收上方来的径流。树种可采用杨树、胡枝子、紫穗槐、柠条等。

5.2.2.3　梯田地坎防护林

1）目的与适用条件

梯田包括标准水平梯田（田面宽度8~10 m以上）、窄条水平梯田，坡式梯田（含长期耕种逐渐形成的自然带坎梯地），是坡地基本农田的重要组成部分。梯田建成以后，梯田地坎（埂）占用的土地面积约为农田总面积的3%~20%（依坡地坡度、田面宽度和梯田高度等因子而变化），且易受冲蚀而导致埂坎坍塌。建设梯田地坎（埂）防护林的目的，就是要充分利用埂坎，提高土地利用率，防止梯田地坎（埂）冲蚀破坏，改善耕地的小气候条件；同时，通过选择配置有经济价值的树种，增加农民收入，发展山区经济。梯田地坎（埂）防护林的负效应，是串根、萌蘖、遮阴及与作物争肥争水等，应采取措施克服。

2) 土质梯田地坎（埂）防护林

土质梯田一般坎和埂有别。大体有两种情况：一是自然带坎梯田（多为坡式梯田，田面坡度 2°~3°），有坎无埂，坎有坡度（不是垂直的），占地面积大，有的地区坎的占地面积可达梯田总面积的 16%，甚至超过 20%，由于坎相对稳定，极具开发价值。二是人工修筑的梯田，坎多陡直，占地面积小，有地边埂（有软、硬埂之分），坎低而直立，埂坎基本上重叠的，占地面积小；坎高而倾斜不重叠的，占地面积大，一般坡耕地梯化后，坎埂占地约为 7%，土质较好的缓坡耕地小于 5%，因此，埂的利用往往更重要。

（1）梯田坎上的乔灌配置

①坎上配置灌木　梯田地坎可栽植的 1~2 行灌木，选择杞柳、紫穗槐、柽柳、胡枝子、柠条、桑条等树种，栽植或扦插灌木时，可选在地坎高度的 1/2 或 2/3 处（也就是田面大约 50 cm 以下的位置）。灌木丛形成以后，一般地上部分高度有 1.5 m 左右，灌木丛和梯田田间尚有 50~100 cm 的距离，防止"串根胁地"及灌木丛对作物造成遮阴影响。灌丛应每年或隔年进行平茬，平茬在晚秋进行，以获得优质枝条，且不影响灌丛发育。

坎上配置的经济灌木，枝条可采收用于编织，嫩枝和绿叶就地压制绿肥。同时，灌木根系固持网络埂坎，起到巩固埂坎的作用。甘肃定西水土保持站测定，在黄土梯田陡坎上栽植杞柳，在造林后 3~4 a 采收柳条 21 000 kg/hm²，经加工收入可达数千元；在一次降水量 101.4 mm，历时 4.5 h，降水强度为 23.1 mm/h 的特大暴雨中，杞柳造林的梯田地坎不曾有冲毁破坏现象的发生。

②坎上配置乔木　适用于坎高而缓，坡长较长，占地面积大的自然带坎梯田，为了防"串根胁地"，应选择一些发叶晚、落叶早、粗枝大叶的树种，如枣、泡桐、臭椿、楸树等，并可采用适当稀植的办法（株距 2~3 m）。栽植时可修筑一台阶（戳子），在台上栽植。

（2）梯田地埂上配置经济林

在黄土高原，群众有梯田地埂上种植经济林木（含果树）的传统习惯，地埂经济林往往是当地群众的重要经济来源。配置时，沿地埂走向布设，紧靠埂的内缘栽植 1 行，株距为 3~4 m。一些根蘖性强的树种如枣，栽植几年后，能从坎部向外长根蘖苗，并形成大树，这也是黄土区梯田陡坎上生长大量枣树的原因。

3) 石质梯田地埂防护林

石质梯田在石山区、土石山区占有重要的地位，石质梯田坎基本上是垂直的，埂坎占地面积小（3%~5%）。但石山区、土石山区人均耕地面积少，群众十分珍惜梯田地埂的利用，在地埂上栽植经济树种，已成为群众的一种生产习惯，也是一项重要的经济来源。如晋陕沿黄河一带的枣树、晋南的柿树、晋中南部的核桃等。石质梯田防护林对提高田面温度，形成良好的作物生产小气候具有一定的意义。其配置方式有3种：一是栽植在田面外紧靠石坎的部位；二是栽植在石坎下紧靠田面内缘的部位；三是修筑一小台阶，在台阶上栽植。

总之，梯田地埂（坎）防护林以经济树种栽植为多，选择适宜的树种十分关键。总结全国梯田地坎栽培经济树种的研究与实践成果看，北方可选择的树种有柿树、核桃、山楂、海棠、花椒、文冠果、枣、君迁子、桑条、板栗、玫瑰、杞柳、怪柳、白蜡、枸杞等；南方有银杏、板栗、柑橘、桑、茶、荔枝、油桐、菠萝等。

除乔灌木、经济林外，地埂也可种植有经济价值的草本，如黄花菜等。

5.2.2.4 坡耕地农林复合

农林（草）复合工程有广义和狭义之分。广义农林（草）复合工程包括以林业为主，农、牧、渔为辅的复合；林木为防护系统，以农、牧、渔为主要生产对象的复合；以及林、农或其他兼顾的复合，这就是农林复合的全部。第一种情况，如人工林或果树幼林期的农林间作，是一种短期复合，树木郁闭后，复合终止；第二种情况，如上面所述的坡耕地防护林；第三种情况，是在连片的耕地上的林农长期复合。一般农林（草）复合工程是指最后一种，即连片坡耕地或梯田上，同时种植林木和农作物，效益兼顾，这种类型经济林多稀植（225～300株/hm² 或更稀），林下长年种植农作物，且二者都有较高的产量，如枣树与大豆间作、核桃与大豆间作等。

5.3 侵蚀沟道水土保持林

5.3.1 侵蚀沟道特点

5.3.1.1 土质侵蚀沟道

土质侵蚀沟道系统一般指分布于黄土高原各个地貌类型的侵蚀沟道系统，也包括以黄土类母质为特征的，具有深厚"土层"的沿河冲积阶地，山麓坡积或冲洪积扇等地貌上所冲刷形成的现代侵蚀沟系。

侵蚀沟形成和发展受侵蚀基准面的控制，有其自身的发育规律。以黄土高原地区为例，其侵蚀沟发育到现在已是千沟万壑，沟谷地（沟缘线以下）面积已占很大比例，黄土丘陵沟壑区一般可达40%～60%，黄土高原沟壑区占40%～50%，严重者可达60%～70%，沟谷地不仅要受到来自沟间地集中水流的冲刷，而且还要承接本身面积上的降水量，使得沟谷地水蚀表现极为剧烈，这是侵蚀沟发育的主要动力。沟坡在遭受水流冲刷后，向两侧发展（沟岸扩张），水流集中进入沟槽后，沟头不断向上延伸（溯源侵蚀），沟道底不断下切（下切侵蚀），这样长期发展的结果就形成了庞大的侵蚀沟系。一般可将其发育分为4个阶段：第一阶段以溯源侵蚀为主，所形成的沟壑，发展很快，但规模尚小，沟底狭窄而崎岖，横断面呈"V"字形；第二阶段以下切侵蚀为主，沟头处的原始地面与沟底具有一定的高差，而且多以陡坡相接，即形成有跌水的沟头，横断面呈"U"字形，此时沟壑已较深切入母质，沟壑依地形开始分叉；第三阶段以沟岸扩张为主，沟头的溯源侵蚀基本停止,下游的下切侵蚀也开始停止,沟口附近已经相应的沉积,形成了沟壑纵横的侵蚀沟系统,横断面呈复"U"字形,即沟底和水路明显分开;第四阶段沟壑已不再发展(沟头接近了分水岭),只有极微弱的边岸冲淘,整个沟壑处于相对稳定阶段。现代侵蚀沟系统是在漫长的地质历史长河中形成的,它受第四纪构造的基本框架制约(即古代侵蚀沟的框架)。黄土高原地区目前形成的侵蚀沟道系统非常复杂,有古代侵蚀沟的残留部分,还有现代侵蚀沟的发育和存在,在一条侵蚀沟系中,存在着不同发展阶段的各种类型的侵蚀沟。因此,水土保持林业生态工程的配置必须根据不同的情况来确定。

如上所述,黄土高原地区沟谷地所占面积大,是水土流失最严重的地貌类型,但正是因为如此,它在这一地区也必然具有更为重要的生产价值。黄土高原地区群众多年来有着留沙成滩、筑坝成地,建设川台坝地稳产高产田的丰富经验,很多地区沟坝地成为当地基本农田的重要组成部分;而与此同时,沟壑经常是这一地区割草放牧,生产"三料"、木材、果品和其他林副产品的基地。从沟壑土地利用状况看,沟壑中林业生产即沟坡荒地的林业生态工程建设,较之其他产业有更大的比重,是该地区的共同特点。因此,在黄土地区,为了控制水土流失,充分发挥生产潜力,治理侵蚀沟具有重要的意义。侵蚀沟治理中,进行林业生态工程是必不可少的一环。

土质侵蚀沟道系统的水土保持林配置的目的在于:结合土质沟道(沟底、沟坡)防蚀的需要,进行林业利用,获得林业收益的同时保障沟道生产持续、高效的利用;不同发育阶段土质沟道的防护林,通过控制沟头、沟底侵蚀,减缓沟底纵坡,抬高侵蚀基点,稳定沟坡,达到控制沟头前进、沟底下切和沟岸扩张的目的,从而为沟道全面合理的利用,提高土地生产力创造条件。

5.3.1.2 石质侵蚀沟道

石质山地和土石山地占我国山区总面积相当的比重,其特点是地形多变,地质、土壤、植被、气候等条件复杂,南北方差异较大。石质山地沟道开析度大,地形陡峻,60%的斜坡面坡度在20°~40°,斜坡土层薄(普遍为30~80 cm),甚至基岩裸露。因地质条件(如花岗岩、砂页岩、砒砂岩)的原因,基岩呈半风化或风化状态,地面物质疏松,泻溜、崩塌严重,沟道岩石碎屑堆积多,易形成山洪、泥石流。石质沟道多处在海拔高,纬度相对较低的地区,降水量较大,自然植被覆盖度高,但石多土少,植被一旦遭到破坏,水土流失加剧,土壤冲刷严重,土地生产力减退迅速,甚至不可逆转地形成裸岩,完全失去了生产基础。有些山区(如云南省的西双版纳),由于年降水量达2000 mm左右,坡地植被遭到破坏后,厚度50~80 cm的土层仅仅3~4 a时间即被冲蚀殆尽。因此,在石质山地和土石山地沟道通过封育和人工造林,恢复植被,控制水土流失,分散调节地表径流,固持土壤,防治滑坡泥石流,稳定治沟工程和保持沟道土地的持续利用,同时在发挥其防护作用的基础上争取获得一定量的经济收益。对于泥石流流域,则应根据集水区,通过区和沉积区分别采取不同的措施,与工程措施结合,达到控制泥石流发生和减少其危害的目的。

5.3.2 侵蚀沟道水土保持林体系

5.3.2.1 土质侵蚀沟道水土保持林

1) 侵蚀沟类型与林业生态工程布局

黄土地区,各地的自然历史条件不同,沟道侵蚀发展的程度及土地利用状况与治理的水平也不同,因而,侵蚀沟道林业生态工程的防护目的和布局比较复杂,我们概括为3种类型来叙述其治理、控制侵蚀沟道发展的原则、方法与林业生态工程布局。

(1)以利用为主的侵蚀沟

此类侵蚀沟基本停止发育,沟道农业利用较好,沟坡现已用作果园、牧地或林地等。侵蚀沟系以第四阶段侵蚀沟为主要组成部分,坡面治理较好,沟道已采用打坝淤地等措施,稳定了沟道纵坡,抬高了侵蚀基点,治理措施主要是在全面规划的基础上,加强和巩固各项水土保持措施,合理利用土地,更好地挖掘土地生产潜力,提高土地生产率。

因此,林业生态工程的布局与配置原则是:全面规划,以利用为主,治理为利用服务,注重侵蚀沟道(坡麓、沟川台地)速生丰产林的建设和宽敞沟道缓坡上的经济林或果园基地建设;在有畜牧业发展条件的侵蚀沟,应规划改良草坡和发展人工草地及放牧林地,适当注意牲畜进出牧场和到附近水源的牧道,以便防止干扰其他生产用地;在一些有陡坡的沟道里,对沟坡进行全面造林,一般造林地的位置可选在坡脚以上沟坡全长的2/3为止,因为沟坡上部多为陡立的沟崖,如它已基本处于稳定状态,应避免造林整地而引起新的人工破坏。在沟坡造林地上可选择萌蘖性强的树种如刺槐、沙棘等,使其茂密生长,再略加人工促进,让其蔓延滋生,从而达到进一步稳固沟坡陡崖的效果。在沟坡陡崖条件较好的地方也可考虑撒播一些乔灌木树种的种子,让其自然生长。

(2)治理和利用相结合的侵蚀沟

此类侵蚀沟系的中下游,侵蚀发展基本停滞,沟系上游侵蚀发展仍较活跃,沟道内进行了部分利用,这类型的侵蚀沟系以第三阶段侵蚀沟为主要组成部分,在黄土丘陵和残塬沟壑区,这类沟道占比例较大,也是开展治理和合理利用的重点。

在坡面已得到治理的流域,合理地布局基本农田,在沟道内自上而下依次推进,修筑淤地坝,做到建一坝成一坝,再修一坝,并注重川台地的梯化平整,搞好淤地坝护坝(坡)林、坝地和川台地农林复合的建设。在沟道治理中采用就地劈坡取土,加快淤地造田,应全面规划,在取土的同时,削坡开阶,将取土坡修成台阶或小块梯田,进一步营造护坡林或作其他利用的林木。

在其上游,沟底纵坡较大,沟道狭窄,沟坡崩塌较为严重,沟头仍在前进,沟顶上游的坡面、梁峁坡、塬面、塬坡仍在进行着侵蚀破坏,耕地不断蚕食,同时,支毛沟汇集泥沙径流(有时可能是泥流)直接威胁着下游坝地的安全生产。因此,对这类沟道应采取有效治理措施:在沟顶上方建筑沟头防护工程,拦截缓冲径流,制止沟头前进;在沟底根据"顶底相照"的原则,就地取材,建筑谷坊群工程,抬高侵蚀基点,减缓沟底纵坡坡度,从而稳定侵蚀沟沟坡,应努力做到工程措施与生物措施相结合,使工程得以发挥长久作用，变非生产沟道为生产沟道，即注重沟头防护林、沟底防冲林、沟底森林(植物)工程建设。若沟床已经稳定，可考虑沟坡的林、果、牧方面的利用；若沟底仍在下切，沟坡的利用则处于不稳定状态. 宜营造沟坡防蚀林或采取封禁治理。

(3)以封禁治理为主的侵蚀沟

此类侵蚀沟系的上、中、下游，侵蚀发展都很活跃，整个侵蚀沟系均不能进行合理的利用。其特点是沟道纵坡大，一、二级支沟尚处于切沟、冲沟阶段，沟头溯源侵蚀和沟坡两岸崩塌、滑塌均甚活跃，沟坡一般为盖度较小的草坡，由于水土流失严重，不能进行农、林、牧业的正常生产，即使放牧，也会因此而加剧侵蚀，因此应以治理为主，待侵蚀沟稳定后，才能考虑进一步利用的问题。

对于这一类沟系的治理可从两方面进行。一种情况是，对于距离居民点较远，现又无力投工进行治理的侵蚀沟，可采取封禁措施，以减少人为破坏，使其逐步自然恢复植被，或撒播一些林草种子，人工促进植被的恢复；另一种情况是，对于距居民点较近，宜对农业用地、水利设施(水库、渠道等)、工矿交通线路等构成威胁时，应采取积极治理的措施。

应以工程措施为主、工程与林草相结合，有步骤地在沟底规划设置谷坊群、沟道防护林工程等缓流挂淤固定沟顶沟床的措施，控制沟顶及沟床的侵蚀。

2)侵蚀沟系林业生态工程的配置

(1)进水凹地、沟头防护林工程

这类沟系的上游，沟底纵坡较大，沟道狭窄，沟坡崩塌较为严重，沟头仍在前进。它对沟顶上游的坡面仍在进行着侵蚀破坏，同时，由这类支毛沟汇集而来的大量固体和地表径流直接威胁着中、下游坝地的安全生产。为了固定侵蚀沟顶，制止沟头溯源侵蚀，除了坡面水土保持工程措施，还应采取沟头防护工程与林业生态工程相结合的措施。在靠近沟头的进水凹地(集流槽)，留出一定水路，垂直于进水凹地水流方向配置10~20 m 宽(具体宽度应根据径流量大小、侵蚀程度、土地利用状况等确定)的灌木柳(杞柳、乌柳等)防护林带，拦截过滤坡面上的(塬面或梁峁坡)径流和泥沙。在修筑沟头防护工程时，也应结合工程插柳枝或垂直水流方向打柳桩，待其萌发生长后可进一步巩固沟头防护工程。除了进水凹地的防护措施外，关键在于固定侵蚀沟顶的基部或侵蚀沟顶附近的沟底，使其免于洪水的冲淘，主要采用工程措施与林业措施紧密的编篱柳谷坊或土柳谷坊工程，在沟道中形成森林工程坝(柳坝)，当洪水来临时，谷坊与沟头间形成的空间，发挥着消力池的作用，水流以较小的速度回旋漫流而进，尤其在柳枝发芽成活，茂密生长起来以后，将发挥稳定的、长期的缓流挂淤作用，沟头基部冲淘逐渐减少，沟头的溯源侵蚀将迅速地停止下来，具体做法是：

①编篱柳谷坊 是在沟顶基部一定距离(1~2 倍沟顶高度)内配置的一种森林工程，它是在预定修建谷坊的沟底按 0.5 m 株距，1~2 m 行距，沿水流方向垂直平行打入 2 行1.5~2 m 长的柳桩，然后用活的细柳枝分别 2 行柳桩进行缩篱到顶，在两篱之间用湿土夯实到顶，编篱坝向沟顶一侧也同样堆湿土夯实形成迎水的缓坡。

②土柳谷坊 是在谷坊施工分层夯实时，在其背水一面卧入长为 90~100 cm 的 2~3年生的活柳枝，或是结合谷坊两侧进行高干插柳。

在一些除了规划为坝地以外的稳定沟底部分，为了防止沟底下切，根据顶底相照原则建立谷坊群，在建筑谷坊群时也可参照土柳谷坊的方法进行施工，这样既可巩固各个谷坊，又可加速缓流挂淤的作用，逐步在各个谷坊间创造出水肥条件较好的土地。

在沟底也已停止下切的一些沟壑，如果不宜于农业利用时（黄土高原沟壑区这类沟道较多），最好进行高插柳栅状造林。栅状造林是采用末端直径 5~100 m，长 2 m 的柳桩，按照株距 0.5~1.0 m，行距 1.5~2.5 m，垂直流线，每 2~5 行为 1 栅进行插柳造林，相邻两个柳栅之间可保持在柳树壮龄高度时的 5~10 倍距离，以利其间逐渐淤积或改良土壤，为进行农林业利用创造条件。

进水凹地及沟头防护林，除灌木柳之外，根据具体条件还可选择一些根蘖性强的固土速生树种如青杨、小叶杨、河北杨、旱柳、刺槐、白榆、臭椿等。一些沟头侵蚀轻微，具有较大面积和立地条件较好的进水凹地，也可考虑苹果、梨、枣等。沟道森林工程则一般都选择旱柳。

（2）沟边（沟缘）防护林

沟边防护林应与沟边线附近的两边防护工程结合起来，在修建有沟边埝的沟边，且埝外有相当宽的地带，可将林带配置在埝外，如果埝外地带较狭小，可结合边埝，在内外侧配置，如果没有边埝则可直接在沟边线附近配置。沟边防护林带配置，应视其上方来水量与陡坎的稳定程度确定，同时考虑沟边以上地带的农田与土壤水分。

①如果上方来水量小，陡坎较稳定（已成自然安息角 35°~45°），林带可沿沟边以上 2~3 m 外配置，林带宽度以 5~10 m 为宜。

②如果来水量大，且陡坎不稳定，林带应沿陡坎边坡稳定线（根据自然安息角确定）以上 2~3 m 处配置，林带宽度可加大至 10~15 m，为了少占耕地，视具体情况可缩小至 4~8 m。

③沟边线附近土壤干旱，可配置 2~3 行耐干旱瘠薄，根蘖性强和生长迅速的灌木（如柠条、沙棘、柽柳），这些树木根系可以很快蔓延到侵蚀沟，使沟坡固定起来，其上则可采用乔灌相间的混交方式配置，林带上缘如接近耕地，应配置 1~2 行深根性带刺灌木（如柠条、沙棘），这样既能防止林木根系蔓延到田中去，影响农业生产，又能阻止牲畜毁坏林带。

④当沟边以上地带为大面积农田，应考虑林带与封沟边埝结合，当沟边线以上地带农田坡度很小，可加宽林带，为了增加经济收益，可以采用林木与经济树木混交配置的方式；当沟边线以上地带农田坡度较大，可在边线以上 1~2 m，增修高宽各 0.5 m 的边埝，并在埝内每隔 15 m 设横档一道，以预防埝内水流冲毁土埝。土埝修好后，可在埝外栽植 1 行乔木，埝内分段栽植 2~4 行乔木，然后再栽植 1 行带刺灌木。为了减少树木串根和遮阴对农作物造成不良的影响，也可根据实际情况，采用纯灌木型，即在修土埝的同时，埋压灌木条，或者在埝外栽植 1 行，然后，在埝内栽植 1 行，其内还可配置草带。在侵蚀严重的沟边地带，边埝适当加高加宽，林带也应适当加宽，边线附近的陷穴，可采用大填方的方法造林。

沟边防护林应选择抗蚀性强，固土作用大的深根性树种，乔木树种主要有刺槐、旱柳、青杨、河北杨、小叶杨、榆、臭椿、杜梨等；灌木主要有柠条、沙棘、杞柳、紫穗槐、狼牙刺等，条件较好的地方，还可考虑经济树种，如桑、枣、梨、杏、文冠果等。

（3）沟底防冲林工程

为了拦蓄沟底径流，制止侵蚀沟的纵向侵蚀（沟底下切），促进泥沙淤积，在水流缓、来水面不大的沟底，可全面造林或栅状造林；在水流急、来水面大的沟底中间留出水路，两旁全面或雁翅造林。

沟底防冲林的布设，一般应在集水区坡面上采取林业或工程措施滞缓径流以后进行，布设原则是：林带与流水方向垂直，目的是增强其顶冲缓流、拦泥淤泥的作用。但在沟道已基本停止扩展，冲刷下切比较轻微或者侧蚀冲淘较强烈的常流水沟底，可与沟坡造林结合进行，将林带配置于流水线两侧面与之相平行。

沟底防冲林工程具体配置方式有：

①栅状造林或雁翅状造林　此方法适用于比降小，水流较缓（或无长流水），冲刷下切不严重的支毛沟，它是从沟头到沟口，每隔 10~15 m 与水流垂直方向（栅状）或成一定角度并留出水路（雁翅状）造 5~10 行灌木，株距 1~1.5 m。沟底造林也可采用插条法，树种以灌木柳为好，为防止淤积埋没，可把柳条插入土里 30 cm，地上部分留 30~50 cm。此外，还可采用柳谷坊的方法，即采用长 1~2 m，粗 5~10 cm 的柳桩打桩密植，株行距（50~70）cm×（20~30）cm，插入土中 0.6~1.2 m。为了防止桩间的乱流冲击，还可以在柳桩底部编上 20~30 cm 高的柳条，每道柳谷坊之间的空地，待逐渐留淤，土壤改良之后，亦可考虑作农用地。

②片段造林　支毛沟中游，可进行片段造林，每隔 30~50 m，营造 20~30 m 宽的乔灌木带状混交林或灌木林。前者，灌木应配置在迎水的一面，一般 5~10 行，乔木带株间亦可栽植乔木株行距（1.0~0.5）m×1.0 m，灌木（0.5~1.0）m×0.5 m，片林之间空出的地段，等条件变好以后，可以栽植有经济价值的林木或果树，其根部下方修筑弧形小土挡，以拦蓄更多的泥沙和水分，为其生长创造条件。

③全面造林　支毛沟上游，一般冲刷下切强烈，河床变动较大，可全部造林，株行距 1.0 m×1.0 m，多采用插柳造林，也可用其他树种。

④客土留淤造林　有两种方法：

a.“连环坑”客土留淤法造林。此法适用基底下切至红土层的沟头地段，其方法是：横过沟底，每隔 5~15 m 挖一个新月形坑，因沿沟床一坑接一坑，形同连环，故群众称为“连环坑”。接着在坑的下缘培修弧形土埝，使弓背朝上。土埝先用原红土培筑心底，再“借用”别处好土（即所谓“客土”）将埝培宽加高至 1.0 m 左右，客土培埝同时，即将长 50~60 cm，粗 2~5 cm 的杨柳枝条，每隔 30~50 cm 斜压一根于好土内，并拍实踏紧，坑内待淤后造林或栽植芦苇。这种方法，对于拦泥防冲，阻止沟底继续下切，有很显著的作用。

b. 小土埝客土留淤法造林。此法适用于沟底下切至基岩的小支毛沟，其法是：于沟底每隔 5~10 m，客土修一道高 30~50 cm，顶宽 20~30 cm 的小土埝，以分段拦洪留淤后，可用柳条插压于埝内（株距 30~50 cm），埝间待留淤后，可用弓形压条法压植杞柳（株行距 50 cm×50 cm）或栽植其他树木，客土留淤造林必须在沟底一侧，挖修排水沟，以防御洪水冲毁土埝，在已实现川台化的沟底，可在台阶埝上造林，以防洪水冲刷，保证台阶埂之安全。

(4)沟道的谷坊工程

在比降大水流急，冲击下切严重的沟底，必结合谷坊工程造林形成森林工程体系，主要的形式有柳谷坊(可在局部缓流外设置)、土柳谷坊、编篱柳谷坊和柳碉石谷坊。

修建谷坊工程遵循的总原则仍是底顶相照原则，即

$$I = h/(i - i_c) \tag{5-2}$$

式中 I——两谷坊之间的距离(m)；

h——谷坊之间有效高度(m)；

i——沟底比降(%)；

i_c——两谷坊之间淤积面应保持的不致引起冲刷的允许比降(%)(即平衡剖面时的比降)。

沟道的土柳谷坊和编篱柳谷坊如前所述，柳碉石谷坊主要用于料碉石较多的黄土区(土石山区也可采用)。其做法是：横沟打桩3~4排，其中上游两排为高桩，并于每排桩前放置梢捆，边放边填入碉石，碉石上面编柳条一层，以防洪水冲走碉石。最后，在第一排高桩前培土筑实。

沟底防冲林应选择耐湿、抗冲、根蘖性强的速生树种，以旱柳为常见，除此之外，还有青杨、加杨、小叶杨、钻天杨、箭杆杨、杞柳、沙棘、乌柳、柽柳及草本香蒲、五节芒、芦苇等，在不过湿的地方，也可以栽植刺槐。

(5)淤地坝坡防冲林

黄土区淤地坝修成后，坝坡陡(1:1.25~1:2)，为了防止坝坡冲刷，在淤地坝的施工过程中，可以在其外坡分层压入杨柳苗条，或直接播种柠条、沙棘、紫穗槐等灌木，以便固坝缓流。甘肃定西安家坡大坝高20.6 m、长100 m，外坡坡度1:2.5，全部坡面种植柠条，1963年洪水发生滚坡时，茂密的枝条枝叶全部被冲倒，平铺于坡面，同时，在其枝条上淤挂了很多枯枝烂草，覆盖着坝坡，地表粗糙度增加，减缓了水流速度，坝端有一段没有柠条保护，冲开了深达3 m、宽2 m的一条切沟，这说明了坝坡上种植灌木所发挥的强大护坡护坝能力。

5.3.2.2 泥石流沟道水土保持林

1)泥石流沟道不同区域侵蚀特点

泥石流沟道从上游沟头到下游沟道出口处，根据地形条件和危害程度的差异，要进行水土保持林合理配置。

(1)集水区

易于发生泥石流的流域，固然有其地形、地质、土壤和气候因素，但集水区是泥石流产流产沙的策源地，其水土流失状况、土沙汇集的程度和时间是泥石流形成的关键因素。一般认为，流域范围内，森林覆盖率达50%以上，集水区范围内(即流域山地斜坡上)的森林郁闭度>0.6时，就能有效控制山洪、泥石流。因此，在树种选择和配置上应该形成由深根性树种和浅根性树种混交的异龄复层林，配置与水源涵养林相同。

集水区主沟沟道，在地形开阔，纵坡平缓、山地坡脚土层较厚，并且坡面已得到治

理的条件下，也可进行农业利用和营造经济林。在集水区的一些一级支沟，山形陡峻，沟道纵坡较大，沟谷狭窄时，沟底应采取工程措施。北方石质山地，行之有效的办法是在沟底布设一定数量的谷坊，尤其在沟道转折处，注意设置密集的谷坊群，修筑谷坊要就地取材，一般多应用干砌或浆砌石谷坊，其主要目的是巩固和提高侵蚀基准，拦截沟底泥沙。根据实际情况，可修筑石柳谷坊，并在淤积面上全面营造固沟防冲林，形成森林生物工程，以达到控制泥石流的目的。

(2)通过区

通过区一般沟道十分狭窄，水流湍急，泥石俱下，应以格栅坝为主。有条件的沟道，留出水路，两侧以雁翅式营造防冲林。

(3)沉积区

沉积区位于沟道下游至沟口，沟谷渐趋开阔，应在沟道水路两侧修筑石坎梯田，并营造地坎防护林或经济林。为了保护梯田，沿梯田与岸的交接带营造护岸林。

石质山地沟道林业生态工程可选择的树种北方以柳、杨为主，南方以杉木为主。

2)沟谷川台地水土保持林工程

沟谷川台地水分条件好，土壤肥沃，土地生产力高，有条件的地区还能引水灌溉，具有旱涝保收、稳产高产的特点，是山区丘陵区最好的农田，群众称之为"保命田"或"眼珠子地"，包括河川地、沟川地、沟台地和山前阶地(阶梯地)，也包括群众在沟道内修筑淤地坝形成的坝地。

(1)防护与生产目的

沟谷川台地水土流失轻微，山前坡麓以沉积为主，水土流失主要发生在河床或沟道两侧，表现的形式是冲淘塌岸，损毁农田。此外，沟谷川地光照不足，生长期短，霜冻危害是限制农业发展的重要因素(开阔的河川地稍好)。有些沟谷风也很大，沟口向西北，则春冬风大；沟口向东南则夏秋风大，群众称"串沟风"。建设沟谷川台地水土保持林业生态工程的目的，就是为了保护农田，防止冲淘塌岸，以及防风霜冻害，改善沟道小气候条件。同时，沟道水分条件好，可以与护岸护滩林、农田防护林相结合，选择合适的地块营造速生丰产林，可望获得高产优质的木材。在地势相对较高，背风向阳的沟台地，选择建立经济林栽培园，有条件的还可引水灌溉，以建成山区最好的经济林基地。

(2)配置要点

①沟道内的速生丰产林　黄土高原侵蚀沟发展到后期，沟道中(特别是在森林草原地带)应选择水肥条件较好，沟道宽阔的地段，营造速生丰产用材林。如果说，黄土高原总的林业任务在于建设水土保持林业生态工程的话，那么在这类沟道中发展速生丰产用材林，还是符合自然条件和当地生产发展需要的。速生丰产林主要配置在开阔沟滩(兼具护滩林的作用)，或经沟道治理、淤滩造地形成土层较薄、不宜作为农田或产量较低的地段，必要的情况下也可选择耕地作为造林地。晋西黄土丘陵沟壑区很多农村通过此种形式来解决用材需求，如吉县某村在20世纪60年代，选用良好沟道土地(部分是基本农田)，引进优良杨类品种 I-204、沙兰杨等建设速生丰产用材林，经过精心管理，短期内解决了本村的用材要求，并获得了部分商品用材收益。如果黄土高原每一个村都

注意发展这样小片的农村用材林基地，就可改变黄土高原农村木材奇缺的状况，很好地发挥土地生产潜力，提高其生产率。

沟道速生丰产林选择的树种应以杨树为主，引进优良品种，如三倍体毛白杨、北京杨、群众杨、合作杨、I-69杨、I-72杨、小黑杨等。一些地区乡土杨树抗病性强，适应当地条件，生长虽稍慢，但干形材质好，也应考虑选用，如晋西一带沟道小叶杨(当地称为水桐树)，忻州五台一带的青杨等。除杨树外，还可选择泡桐、柳树、刺槐(矿柱用材)、落叶松(高海拔地区)。

南方丘陵山地沟道有条件的，也应建立速生丰产林。树种可选用杉木、桉树(如柳桉、柠檬桉、巨叶桉等)、湿地松、马尾松等。

沟道速生丰产林的造林技术与速生丰产林相同，要求稀植，密度应<1 650株/hm²(短轮伐期用材林除外)，并采用大苗、大坑造林。沟道有水源保证的还可引水灌溉，生长期要加强抚育管理。

②河川地、山前阶台地、沟台地经济林栽培　如果在黄土高原坡面建设经济林栽培园(含果园)，需要引水上山方能获得高产，会增大投资成本，则在宽敞河川地或背风向阳的沟台地上，建设集约经营的经济林栽培园非常便利、低廉。因此，应规划好园地、水源、道路、贮存场地，选好树种，通过优质丰产栽培技术，建成优质高产、高效经济林基地。主选树种有苹果、梨、桃、葡萄等。在水源条件不具备的情况下，可建立干果经济林，如核桃、杏、柿、板栗、枣等。

③沟川台(阶)地农林复合生态工程　沟川台(阶)地具备建设农林复合生态工程的各种条件，如果园间作绿肥、豆科作物，丰产林间作牧草，农作物地间作林果等，由于水肥条件好，都能够取得较高的经济收益。北方农作物与林果复合生态工程类型有：枣与豆类低秆作物；核桃与豆类；柿与薯类或小麦；苹果与豆类或花生；桑与低秆作物；花椒与豆类或薯类；山楂与豆类或薯类等。此外，还有经济林下种草，如扁茎黄芪、三叶草等。山西吕梁沿黄河一带沟川台地的枣与大豆、谷子、糜子复合，汾阳、孝义一带山前阶台地的核桃与大豆、花生、谷子复合，山西东南丘陵区沟台(阶)地的山楂与谷子、花生复合，山西西南沟川台地苹果、梨与豆类、瓜类、花生复合，山西南部山区沟台地柿树与小麦复合都是群众在长期生产实践中总结出来的模式。近年来，通过国家黄土高原农业科技攻关项目，还推荐提出了沟川台地经济林与蔬菜(如西红柿、辣椒)、药材(如黄芩、柴胡等)复合等多种形式。

5.4　重点区域水土保持林体系建设

5.4.1　全国水土保持林建设总体方略

全国水土保持规划是国家水行政主管部门法定的四大基础规划之一，是全国预防和治理水土流失的总体战略部署。规划拟定的全国水土保持总体任务将成为我国水土保持工作的总纲领，提出的总体布局是实现水土流失分区防治和构建区域防治体系的基础，是地方政府和水土保持相关部门开展水土流失防治工作的方向指导，对于我国实施分区防治战略、优化水土保持格局具有重要意义。

（1）建设任务

全国水土保持规划的总体任务是通过预防和治理水土流失，实现水土资源的保护与合理利用，改善农业生产和农民生活条件，维护和提高水土保持功能，改善生态环境，促进区域经济社会的可持续发展，为实现人与自然和谐创造条件。为实现水土保持战略目标和总体任务，今后一段时间我国水土保持工作的重点是抓好预防、治理、监管，协调推进，形成合力：一是更加注重预防保护，保护林草植被及治理成果，强化生产建设项目水土保持管理，实施封育保护，促进自然修复，全面预防水土流失；二是大力加强综合治理，在水土流失地区开展以小流域为单元的山水田林路湖草综合治理，加强坡耕地、侵蚀沟、崩岗综合整治；三是全面强化综合监管，建立健全综合监管体系，创新体制机制，强化水土流失动态监测与预警，实现水土保持信息化，建立和完善水土保持社会化服务体系，提升水土保持公共服务水平。

（2）规划布局基础

全国水土保持规划共划分了国家级水土流失重点预防区 23 个，涉及 460 个县级行政单位，区域面积 $334.4×10^4\ km^2$，重点预防面积 $43.92×10^4\ km^2$；国家级水土流失重点治理区 17 个，涉及 631 个县级行政单位，区域面积 $163.3×10^4\ km^2$，重点治理面积 $49.44×10^4\ km^2$。国家级"两区"划分充分体现了"重点"二字，二者面积之和占国土总面积的 10% 左右，重点治理面积约占全国水土流失面积的 17%。

规划总体布局以全国水土保持区划为基础，结合各区实际、水土流失突出问题和在国家主体功能区划中的区域定位，根据水土保持需求分析，按照国家生态保护和建设的总体要求，以水土流失防治"六带六片"战略格局为指导，与天然林保护、退耕还林、草原草场建设、保护性耕作推广、土地整治、城乡发展一体化等有关水土保持内容相协调，拟定一级区水土流失防治方略和二级区区域布局。

（3）建设总体方略

以防治水土流失，保护与合理利用水土资源，改善农业生产和农村生活条件，改善生态和人居环境，建设生态文明为根本出发点，根据水土保持需求分析，按照规划的水土保持目标，以国家主体功能区规划为重要依据，综合分析水土流失现状、水土保持现状和发展趋势，在充分考虑水土保持功能的维护和提高基础上，提出了全国水土保持总体方略和"六带六片"水土流失防治战略格局。其中：

①重点预防区 保护林草植被和治理成果，强化生产建设活动和项目水土保持管理，实施封育保护，促进自然修复，全面预防水土流失。重点构建"六带"预防战略空间格局，即大兴安岭—长白山—燕山水源涵养预防带、北方边疆防沙生态维护预防带、昆仑山—祁连山水源涵养预防带、秦岭—大别山—天目山水源涵养生态维护预防带、武陵山—南岭生态维护水源涵养预防带、青藏高原水源涵养生态维护预防带。

②重点治理区 在水土流失地区，开展以小流域为单元的山水田林路综合治理，加强坡耕地、侵蚀沟及崩岗的综合整治。重点构建"六片"治理战略格局，即东北黑土治理片、北方土石山治理片、西北黄土高原治理片、西南紫色土治理片、南方红壤治理片、西南岩溶治理片。

5.4.2　西北黄土高原区

西北黄土高原区是世界上面积最大的黄土覆盖地区和黄河泥沙的主要源地，是阻止内蒙古高原风沙南移的生态屏障，也是我国重要的能源重化工基地。区内汾渭平原、河套灌区是国家农产品主产区，呼包鄂榆、宁夏沿黄经济区、兰州—西宁和关中—天水等国家重点开发区是我国城市化战略格局的重要组成部分。

(1) 主要问题

该区水土流失严重，泥沙下泄影响黄河下游防洪安全；坡耕地众多，水资源匮乏，农业综合生产能力较低；部分区域草场退化沙化严重；能源开发引起的水土流失问题十分突出。

(2) 建设方略

该区建设以梯田和淤地坝为核心的拦沙减沙防护林体系，保障黄河下游安全；实施小流域综合治理，发展农业和林经果草特色产业，促进农村经济发展；巩固退耕还林还草成果，保护和建设林草植被，防风固沙，控制沙漠南移，改善能源重化工基地的生态。

(3) 区域布局

①宁蒙覆沙黄土丘陵区(Ⅳ-1)　建设毛乌素沙地、库布齐沙漠、河套平原周边的防风固沙林草植被体系。

②晋陕蒙丘陵沟壑区(Ⅳ-2)　实施拦沙减沙工程，恢复与建设长城沿线防风固沙草植被体系。

③汾渭及晋城丘陵阶地区(Ⅳ-3)　加强丘陵台塬水土流失综合治理，保护与建设山地森林水源涵养林。

④晋陕甘高塬沟壑区(Ⅳ-4)　做好坡耕地综合治理及沟道坝系建设，建设与保护子午岭和吕梁林区林草植被。

⑤甘宁青山地丘陵沟壑区(Ⅳ-5)　加强坡改梯和以雨水集蓄利用为主的小流域综合治理，保护与建设水土保持林草植被。

5.4.3　北方土石质山区

北方土石山区中环渤海地区和冀中南、东陇海、中原地区等是我国城市化战略格局的重要组成部分，辽河平原、黄淮海平原是我国重要的粮食主产区，沿海低山丘陵区为农业综合开发基地，太行山、燕山等区域是华北地区重要的供水水源地。

(1) 主要问题

该区除西部和西北部山区丘陵区有森林分布外，大部分为农业耕作区，整体林草覆盖率低；山区丘陵区耕地资源短缺，坡耕地比例大，江河源头区水源涵养能力有待提高，局部地区存在山洪灾害；开发强度大，人为水土流失问题突出；海河下游及黄泛区潜在风蚀危险大。

(2) 建设方略

该区以保护和建设山地森林植被，提高河流上游水源涵养能力，维护饮用水水源地水质安全为重点，构筑大兴安岭—长白山—燕山水源涵养预防带；加强山丘区小流域综合治理和微丘岗地、平原沙土区农田水土保持工作，改善农村生产生活条件；全面实施对生产建设项目或活动引发水土流失的监督管理。

（3）区域布局

①辽宁环渤海山地丘陵区（Ⅲ-1） 加强水源涵养林、农田防护林和城市人居环境绿化建设。

②燕山及辽西山地丘陵区（Ⅲ-2） 开展水土保持林和水源涵养林建设，加强水土流失综合治理，提高河流上游水源涵养能力，推动城郊及周边地区清洁小流域建设。

③太行山山地丘陵区（Ⅲ-3） 加强水土保持林、水源涵养林、防风固沙林和特色经济林建设，提高森林水源涵养能力，加强京津风沙源区综合治理，维护水源地水质，改造坡耕地发展特色产业，巩固退耕还林还草成果。

④泰沂及胶东山地丘陵区（Ⅲ-4） 加强林业生态工程建设，保护耕地资源，实施综合治理，加强农业综合开发。

⑤华北平原区（Ⅲ-5） 加强林业生态工程建设，改善农业产业结构，推行保护性耕作制度，强化河湖滨海及黄泛平原风沙区的监督管理。

⑥豫西南山地丘陵区（Ⅲ-6） 保护现有森林植被，加强水土流失综合治理，发展特色水土保持经济林产业。

5.4.4 东北黑土区

东北黑土区是世界三大黑土带之一，森林繁茂，江河众多，湿地广布，既是我国森林资源最为丰富的地区，也是国家重要的生态屏障。区内三江平原和松嫩平原是国家重要商品粮生产基地，呼伦贝尔草原是国家重要畜产品生产基地，哈长地区是我国面向东北亚地区对外开放的重要门户，是能源、装备制造基地和带动东北地区发展的重要增长极。

（1）主要问题

该区因长期的森林采伐、大规模垦殖等生产活动，造成森林后备资源不足、湿地萎缩、黑土流失严重。

（2）建设方略

该区以漫川漫岗区的坡耕地和侵蚀沟治理为重点，加强农田水土保持、农林镶嵌区退耕还林还草和农田防护、西部地区风蚀防治，做好自然保护区、天然林保护区、重要水源地的预防及监督管理，构筑大兴安岭—长白山—燕山水源涵养预防带。

（3）区域布局

①大小兴安岭山地区（Ⅰ-1）嫩江、松花江等江河源头区 建设水源涵养林，增强水源涵养功能。

②长白山—完达山山地丘陵区（Ⅰ-2） 加强坡耕地、侵蚀沟道治理和水源地保护，维护生态屏障，建设水土保持林和水源涵养林。

③东北漫川漫岗区（Ⅰ-3） 保护黑土资源，加大坡耕地综合治理力度，大力推行水

土保持耕作制度，建设地埂水保林或等高灌木带。

④松辽平原风沙区（Ⅰ-4） 加强缓坡耕地水土保持耕作措施和风蚀防治，建设农田防护林体系。

⑤大兴安岭东南山地丘陵区（Ⅰ-5） 控制坡面侵蚀，加强侵蚀沟道治理，防治草场退化，建设水土保持林和牧场防护林。

⑥呼伦贝尔丘陵平原区（Ⅰ-6） 加强草场管理，保护现有草地和森林植被。

5.4.5 北方风沙草原区

北方风沙区绿洲星罗棋布、荒漠草原相间，天山、祁连山、昆仑山、阿尔泰山是区内主要河流的发源地，生态环境脆弱，在我国生态安全战略格局中具有十分重要的地位，同时也是国家重要的能源矿产、风能开发基地和农牧产品产业带。

（1）主要问题

该区草场退化和土地沙化问题突出，风沙严重危害工农业生产和群众生活；水资源匮乏，河流下游尾闾绿洲萎缩；局部地区能源矿产开发颇具规模，造成的植被破坏和沙丘活化现象严重。

（2）建设方略

该区以草场保护和管理为重点，加强预防，防治草场沙化退化，构建北方边疆防沙生态维护预防带；保护和修复山地森林植被，提高水源涵养能力，维护江河源头区生态安全，构筑昆仑山—祁连山水源涵养预防带；综合防治农牧交错地带水土流失，建立绿洲防风固沙体系，做好能源矿产基地的监督管理。

（3）区域布局

①内蒙古中部高原丘陵区（Ⅱ-1） 加强草场管理和风蚀防治，建设草牧场防护林。

②河西走廊及阿拉善高原区（Ⅱ-2） 保护绿洲农业和草地资源，建设绿洲防护林。

③北疆山地盆地区（Ⅱ-3） 加强水土保持林建设，提高森林水源涵养能力，开展绿洲边缘冲积洪积山麓地带综合治理和山洪灾害防治，保障绿洲工农业生产安全。

④南疆山地盆地区（Ⅱ-4） 加强绿洲农田防护林建设和荒漠植被保护。

5.4.6 南方喀斯特石漠化区

西南岩溶区为少数民族聚居区，是我国水电资源蕴藏最丰富的地区之一，也是重要的有色金属及稀土等矿产基地。区内云南是我国面向南亚、东南亚经济贸易的桥头堡，黔中和滇中地区是国家重点开发区，滇南是华南农产品主产区的重要组成部分。

（1）主要问题

当前我国南方喀斯特生态系统面临的主要问题集中表现在：人口压力大，耕地问题，水土流失，土壤退化，石漠化，生物多样性退化，生态系统功能衰退，季节性干旱与洪涝，滑坡、泥石流等地质灾害频发，环境污染等问题。

（2）建设方略

保护耕地资源，紧密围绕岩溶石漠化治理，加强坡耕地改造和小型蓄水工程建设，促进生产生活用水安全，提高耕地资源的综合利用效率，加快群众脱贫致富；加强自然修复，保护和建设林草植被，推进陡坡耕地退耕；加强山地灾害防治；加强水电、矿产资源开发的监督管理。

（3）区域布局

①加强滇黔桂山地丘陵区（Ⅶ-1）坡耕地整治和坡面水系利用工程，保护现有森林植被，实施退耕还林还草和自然修复。

②保护滇北及川西南高山峡谷区（Ⅶ-2）森林植被，对坡度较缓的坡耕地实施坡改梯配套坡面水系工程，提高抗旱能力和土地生产力，促进陡坡地退耕还林还草，加强山洪泥石流沟道防护林建设。

③保护和恢复滇西南山地区（Ⅶ-3）热带森林，治理坡耕地及以橡胶园为主的林下水土流失，加强水电资源开发的监督管理和林草植被恢复。

5.4.7　南方红壤丘陵山区

南方红壤区是我国重要的粮食作物、经济作物、水产品、速生丰产林和水果生产基地，也是有色金属和核电生产基地。区内大别山山地丘陵、南岭山地、海南岛中部山区等是我国重要的生态功能区，洞庭湖、鄱阳湖是重要湿地，长江、珠江三角洲等区域的城市群是城市化战略格局的重要组成部分。

（1）主要问题

该区人口密度大，人均耕地少，农业开发强度大；山丘区坡耕地，以及经济林、速生丰产林林下水土流失严重，局部地区崩岗发育；水网地区局部河岸坍塌，河道淤积，水体富营养化严重。

（2）建设方略

加强山丘区坡耕地改造和坡面水系工程配套，采取措施控制林下水土流失，开展微丘岗地缓坡地带农田水土保持工作，大力发展特色产业，对崩岗实施治理；保护和建设森林植被，提高水源涵养能力，构筑秦岭—大别山—天目山水源涵养生态维护预防带、武陵山—南岭生态维护水源涵养预防带，推动城市周边地区清洁小流域建设，维护水源地水质安全；做好城市尤其是经济开发区基础设施建设的监督管理。

（3）区域布局

①江淮丘陵及下游平原区（Ⅴ-1）　加强农田保护和丘岗水土流失综合防治，改善水质及人居环境。

②大别山—桐柏山山地丘陵区（Ⅴ-2）　保护与建设森林植被，提高水源涵养能力，实施以坡改梯、配套水系工程、发展特色产业为核心的综合治理。

③长江中游丘陵平原区（Ⅴ-3）　优化农业产业结构，建设农田防护林网，保护农田，改善水网地区水质和城市群人居环境。

④江南山地丘陵区（Ⅴ-4）　加强坡耕地、坡林地、崩岗的水土流失综合治理，保护与建设河流源头区水源涵养林，培育和合理利用森林资源，维护重要水源地水质。

⑤浙闽山地丘陵区（Ⅴ-5）　保护耕地资源，配套坡面排蓄工程，强化溪岸整治，加

强农林开发水土流失治理和监督管理，加强崩岗和侵蚀劣地的综合治理，保护好河流上游森林植被。

⑥南岭山地丘陵区（V-6）　保护和建设森林植被，提高水源涵养能力，防治亚热带特色林果产业开发产生的水土流失，抢救岩溶分布地带土地资源，实施坡改梯，做好坡面径流排蓄和岩溶水利用。

⑦华南沿海丘陵台地区（V-7）　保护森林植被，建设清洁小流域，维护人居环境。

⑧海南及南海诸岛丘陵台地区（V-8）　保护热带雨林，加强热带特色林果开发的水土流失治理和监督管理，发展生态旅游。

5.4.8　西南紫色土区

西南紫色土区是我国西部重点开发区和重要的农产品生产区，是重要的水电资源开发区和有色金属矿产生产基地，也是长江上游水源涵养区。区内分布有三峡水库和丹江口水库，秦巴山地是嘉陵江与汉江等河流的发源地，成渝地区是全国统筹城乡发展示范区，以及重要的高新技术产业、先进制造业和现代服务业基地。

（1）主要问题

该区内人多地少，坡耕地广布，森林过度采伐，水电、石油、天然气和有色金属矿产等资源开发强度大，水土流失严重，山地灾害频发，是长江泥沙来源地之一。

（2）建设方略

加强以坡耕地改造及坡面水系工程配套为主的小流域综合治理，巩固退耕还林还草成果；实施重要水源地和江河源头区预防保护，建设与保护植被，提高水源涵养能力，完善长江上游防护林体系，构筑秦岭—大别山—天目山水源涵养生态维护预防带、武陵山—南岭生态维护水源涵养预防带；积极推行重要水源地清洁小流域建设，维护水源地水质；防治山洪灾害，健全滑坡泥石流预警体系；做好水电资源及经济开发的监督管理。

（3）区域布局

①秦巴山山地区（VI-1）　巩固治理成果，保护河流源头区和水源区植被，继续推进小流域综合治理，发展特色产业，加强库区移民安置和城镇迁建的水土保持监督管理和植被恢复。

②武陵山山地丘陵区（VI-2）　保护森林植被，结合自然保护区和风景名胜区建设，大力营造水源涵养林，开展坡耕地综合整治，发展特色生态旅游产业。

③川渝山地丘陵区（VI-3）　强化以坡改梯和坡面水系工程为主的小流域综合治理，保护山丘区水源涵养林，建设沿江滨库植被带，综合整治库区消落带，注重山区山洪、泥石流沟道治理，改善城市及周边人居环境。

5.4.9　青藏高原区

青藏高原区是我国西部重要的生态屏障，也是高原湿地、淡水资源和水电资源最为丰富的地区。区内的青海湖是我国最大的内陆湖和咸水湖，青海湖湿地是我国七大国际重要湿地之一；三江源是长江、黄河和澜沧江的源头汇水区，湿地物种资源丰富。

（1）主要问题

该区内冰川退化、雪线上移、湿地萎缩、植被退化、水源涵养能力下降，自然生态系统保存较为完整但极端脆弱。

（2）建设方略

维护独特的高原生态系统，加强草场和湿地的预防保护，提高江河源头水源涵养能力，治理退化草场，合理利用草地资源，构筑青藏高原水源涵养生态维护预防带；加强水土流失治理，促进河谷农业发展。

（3）区域布局

①柴达木盆地及昆仑山北麓高原区（Ⅷ-1） 加强预防保护，建设水源涵养林和农田防护林，保护青海湖周边的生态及柴达木盆地东端的绿洲农田。

②若尔盖—江河源高原山地区（Ⅷ-2） 强化草场管理和湿地保护，防治草场沙化退化，维护水源涵养功能。

③羌塘—藏西南高原区（Ⅷ-3） 保护天然草场，实施轮封轮牧，发展冬季草场，防止草场退化。

④藏东—川西高山峡谷区（Ⅷ-4） 实施天然林保护，加强坡耕地改造和陡坡退耕还林还草，做好水电资源开发的监督管理和林草植被恢复。

⑤雅鲁藏布河谷及藏南山地区（Ⅷ-5） 保护天然林，轮封轮牧，建设人工草地，保护天然草场，实施河谷农区两侧小流域综合治理，保护农田和村庄安全。

本章小结

本章主要介绍了水土保持林体系构成及空间配置，坡面水土保持林、沟道水土保持林配置方法与营造技术，以及全国重点区域水土保持林体系建设方略。重点掌握水土保持林体系概念及内涵，水土保持林体系空间配置原则，坡面和沟道水土保持林营造关键技术。

思 考 题

1. 简述全国水土保持功能区划分区体系。
2. 什么是水土保持林工程和水土保持林工程体系？
3. 简述水土保持林工程体系配置依据和原则。
4. 简述水土保持林工程配置方法和主要模式。
5. 简述坡面水土保持林工程体系构成。
6. 简述沟道水土保持林工程体系构成。
7. 简述山丘区水土保持林工程布局。
8. 简述重点区域水土保持林体系建设方略及布局。

第 6 章

平原防护林

我国平原地区地域辽阔，总面积约为 $1.150\times10^7\ km^2$，占国土面积的12%，有东北平原、华北平原、长江中下游平原三个大平原。其中，东北平原占地 $3.5\times10^5\ km^2$，拥有肥沃的黑土资源，其粮食产量占据了全国商品粮的1/3，是中国重要的粮食、大豆、畜牧业生产基地，也是中国重要的钢铁、机械、能源、化工基地；华北平原人口和耕地面积约占中国的1/5；长江中下游平原被称为"鱼米之乡"。平原地区有 3 亿多人口，耕地面积近 $4.0\times10^7\ hm^2$（国家耕地保护红线是 $1.212\times10^8\ hm^2$），是我国农产品的生产基地，也是经济文化发达的地区，在国民经济中占有重要的地位。

为抵御风沙侵袭、干旱、涝灾、水土流失、土地盐碱化等自然灾害危害农田、牧场，我国劳动人民在政府领导和组织下，按照"因害设防、因地制宜、综合治理"的原则，有序开展了平原防护林工程。改革开放以来，随着经济社会的持续发展，在党和政府的领导下，我国在平原地区建立了以农田防护林和草牧场防护林为骨架、将"四旁"绿化林、江河湖库周边的水源涵养林、速生丰产林及经济林融为一体，基本形成了带、网、片、点相结合的多林种、多树种、多功能的区域综合防护体系。全国平原绿化工程自 1988 年实施以来，经历了 30 多年的建设，森林覆盖率大幅度提升，农村人居环境明显改善，在林木生长季呈现出了"白天不见村庄，夜晚不见灯光，平原有森林，林内有粮仓"的新景观。

从长远战略上看，我国农业资源最佳负荷量为 7 亿人口，而目前是 13 亿多，这个矛盾在平原区更为突出。面对新时代我国主要矛盾的深刻变化，人民群众对美好生态环境渴求，对美好生活的向往，我国环境资源的合理开发与利用比以往更加重要，农林工程建设应更加精准，防护林工程亟需更新及优化升级提质增效。

6.1 平原防护林与农业可持续发展

6.1.1 平原防护林类型

平原区防护林实际是以农田防护林（farmland shelterbelt）和草牧场防护林（pastureland shelterbelt）为主体框架，包含防风固沙林、水土保持林、盐碱地造林、小片用材林、薪炭林、"四旁"绿化与其他林种相结合的防护林业生态工程体系。这里所讲的平原不是地理学或地质学上所讲的平原，而是泛指地势相对平坦且开阔的区域，包含平原农业区和风沙区。因此，平原区防护林可以分为农田防护林和草牧场防护林两大类型。平原农业区的防护林体系是以农田防护林为主体的综合防护体系，平原风沙区（含农田的牧场）是以防风的固沙林为主体的综合防护体系。

6.1.2 平原防护林与农业生产

随着西方近代工业的发展，世界范围内人口、粮食、资源、能源、环境问题日益凸显。人类历史发展到此，已经达到了环境与自然资源难以维持平衡的关键阶段。我们只有一个地球，而地球的资源又是有限的，且正向着不利于人类生存和发展的方向演变。现代人类活动的规模和性质已经对后代的生存构成了威胁。

自 20 世纪 60 年代末，人类开始关注资源与环境问题，1972 年 6 月 5 日联合国召开了《人类环境会议》，提出了"人类环境"的概念，并通过了人类环境宣言成立了环境规划署。1987 年，世界环境与发展委员会出版《我们共同的未来》报告，将可持续发展定义为："既能满足当代人的需要，又不对后代人满足其需要的能力构成危害的发展。"1992年 6 月，联合国在里约热内卢召开的"环境与发展大会"，通过了以可持续发展为核心的《里约环境与发展宣言》《21 世纪议程》等文件。1994 年，国务院发布《中国 21 世纪议程——21 世纪人口、环境与发展白皮书》，其中包括确立实施农业可持续发展的基本原则和措施，多次提到要加强"农田防护林体系"的建设。1997 年，党的十五大把可持续发展战略确定为我国现代化建设中必须实施的战略。可持续发展主要包括社会可持续发展、生态可持续发展、经济可持续发展。农业可持续发展是人类为了克服一系列环境、经济和社会问题，特别是全球性的环境污染和广泛的生态破坏，以及它们之间关系的失衡所做出的理性选择。

农业可持续发展思想涵盖农村、农业经济和生态环境三大领域。农业可持续发展的关键在于保护农业自然资源和生态环境，把农业发展、农业资源合理开发利用和资源环境保护结合起来，尽可能减少农业发展对农业资源环境的破坏和污染，置农业发展于农业资源的良性循环之中。

平原区相对于山丘区土壤较为肥沃，立地条件好，是一个国家农牧业的主产区，其发展是否可持续直接影响国家农业的可持续。我国自 20 世纪 70 年代随着农业方田化、机械化、水利化等的发展，提出了"山、水、田、林、路"综合治理，建立综合防护林体系的设想。40 多年来，随着三北防护林、长江中下游防护林、平原绿化等大型林业生态工程的建设，我国现有的平原区防护林综合防护体系基本形成，并成为广大农牧区生态建设的重要组成部分。平原防护林作为一种可再生资源及农牧生态系统的重要组成部分，在保护农田生态环境、草牧场生态环境、减免农牧区自然灾害、提供木材及相关林产品、促进农牧业的稳产增收、确保国家粮食安全、农业资源可持续发展方面发挥着重要作用。

6.2 农田防护林

农田防护林是以一定的树种组成、一定的结构和呈带状或网状配置在遭受不同自然灾害(风沙、干旱、干热风、霜冻等)农田上的人工林分,其主要功能在于抵御自然灾害,改善农田小气候环境,给农作物的生长和发育创造有利条件,保障作物高产、稳产,并为开展多种经营,增加农民经济收入打下良好基础。

6.2.1　农田防护林效益

6.2.1.1　林网(forest network)的生态效益

农田防护林网的生态效益包括对林网内部的防风效应、温度效应、水分效应、改良土壤、林木吸收 CO_2 进行光合作用合成干物质并释放大量 O_2、绿化大地和净化空气等方面。

1) 林网的防风效应

农田防护林网作为一个庞大的人工生态系统,是害风前进方向上的一个较大的障碍物。林网的防风效益主要是指害风通过林网后,气流动能受到极大的削弱,从而保护了林网内农业生产和生活。其机理是害风遇到林带(forest belt)后,一部分气流通过林带,由于树干、树枝、树叶的摩擦作用将其较大的涡旋分割成无数大小不等、方向相反的小涡旋。这些小的涡旋相互碰撞和摩擦,又进一步消耗了气流的大量能量。此外,除去穿过林带的一部分气流受到削弱外,另一部分气流则从林冠上方越过林带,迅速和穿过林带的气流相互碰撞、混合和摩擦,气流的动能再一次削弱。林网对风的影响主要表现在对气旋结构和风速的影响。

(1) 对气旋结构的影响

当害风遇到紧密结构的林带时,在林带的迎风面形成涡旋(风速小、压力大),后来的气流则全部翻越林冠上方,越过林冠上方的气流在背风面迅速下降形成一个强大的涡旋,促使越过林带的气流不断下降,产生垂直方向的涡动。这种状况是由于上下方的风速差、压力差和气温差共同作用造成的。因此,在紧密结构林带的背风贴地表层形成一个比较稳定的气垫层,它促使空气的涡旋向上漂浮,与林带上方的水平气流相互混合和碰撞,并继续向前运动乃至破坏和消失。紧密结构林带对气旋的影响示意如图 6-1(a)所示。

当气流遇到疏透结构的林带时,在林带背风面有较均匀地穿过林带的气流。这使得由林冠上方越过而下降的气流所形成的涡旋不是产生在背风林缘处,而是在距离林带 $5\sim10H$(H 为林带的高度)处。所以,气流通过疏透结构林带时,遇到树干、树枝、树叶

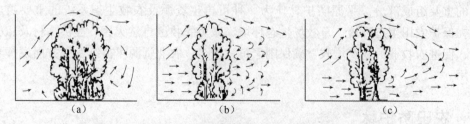

图 6-1　不同结构林带对气旋的影响(引自向开馥,1991)

(a)紧密结构林带　(b)疏透结构林带　(c)透风结构林带

的阻拦和摩擦，使大股的气流变成无数大小不等、强度不一和方向相反的小股气流。疏透结构林带对气旋的影响示意如图 6-1(b) 所示。

当气流遇到透风结构的林带时，一小部分气流沿林冠上方越过林带；另一部分则从林带下方穿越林带，使透风面的气流发生压缩作用，在林带背风面形成强大的涡旋，这种涡旋被林带下方穿过的气流冲击到距离背风林缘较远的地方，背风面所形成的强大涡旋一般在 5~7H 处。透风结构林带对气旋的影响示意如图 6-1(c) 所示。

(2) 对风速的影响

不同结构的林带对空气湍流性质和气流结构的影响是不同的，从而导致它们对降低害风风速和防护效果上也是不同的。从大量的实际观测资料来看，多数林学家认为降低空旷地区风速的 25% 为林带的有效防护作用，林带背风面有效防护距离为 20~30H，平均采用 25H，迎风面的有效防护距离一般为 5~10H。实际上，平原防护林网的防护作用与其林带结构、高度、断面类型有直接的关系。不同结构林带对风速的影响如图 6-2 所示。

紧密结构的林带对气流的影响使林带前后形成 2 个静高压气枕，越过林带上方的气流呈垂直方向急剧下降，林带前后形成 2 个弱风区。紧密结构的林带其特点是整个林带上中下部均密不透光，疏透度<0.05，中等风速下的透风系数<0.35，背风面 1 m 处高度的最小弱风区位于 1H 处，防护有效距离为 15H。因此，紧密结构林带附近风速降低最大，但防护距离较短。

透风结构的林带下部有透风孔道，以文丘里原理降低风速。其特点是上半部为疏透度为 0.05~0.3 的林冠，下半部为疏透度为>0.6 的树干，整体透风系数为 0.5~0.75，背风面 1 m 高度处最小弱风区距离背风林缘 6~10H 处。林带的下部及其附近的风速几乎没有降低，有时甚至还要比旷野大一些。因此，透风结构的林带下部及其附近很容易产生风蚀现象。透风结构林带在防护距离上比紧密结构林带要大得多，25H 处害风的风速才恢复到 80%。

疏透结构的林带是 3 种结构林带中较为理想的类型。疏透结构的林带不仅能较大地降低害风的风速，而且防护距离也较大。在背风面的 30H 处，害风的风速才能恢复到

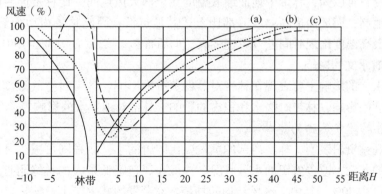

图 6-2　不同结构林带对风速的影响(引自向开馥，1991)
(a)紧密结构林带　(b)疏透结构林带　(c)透风结构林带

80%。疏透结构林带特点是从外形上看，林带上、中、下部分枝叶分布均匀，有均匀的透光孔隙，其疏透度为 0.1~0.5，透风系数为 0.35~0.6，其背风面 1 m 高处的最小弱风区出现在背风面 4~10H 处。

2)林网对温度的影响

农田防护林网对温度的影响主要表现为林网对气温和土壤温度的影响。

(1)林网对气温的影响

农田林网有改变气流结构和降低风速的作用，其结果必然会改变林网对附近热量收支各分量，从而引起气温的变化。一般来说，在晴朗的白天，由于太阳辐射使下垫面受热后，热空气膨胀而上升并与上层冷空气产生对流，而另一部分辐射差额热量被蒸发蒸腾的热通量所消耗。在有林网的条件下，由于林带对短波辐射的影响，林带背阴面附近及带内地面得到太阳辐射的能量较小，故而气温较低，而在向阳面由于反射辐射的作用，林缘附近的地面和空气温度常常高于旷野。同时，在林带作用范围内，由于近地表乱流交换的改变导致空气对流的变化，均可使林带作用范围内的气温与旷野产生差异。在夜间，地表冷却而降低，越接近地面气温降低越剧烈，特别是在晴朗的夜间很容易产生逆温。这时由于林带的辐射散热，气温较周围要低，而林带内气温又比旷野的相对值要高。

从总体上看，林网春秋冬季有增温，夏季降温的作用。在春季林带附近气温比旷野要高 0.2 ℃左右，且林网内最低气温也高于旷野，这有利于作物萌动出苗或防止春寒。在夏季，距离地面 1 m 处气温比旷野低 0.4 ℃，距离地面 20 cm 高处气温比旷野低 1.8 ℃。

(2)林网对土壤温度的影响

林网内地表温度的变化与近地层气温有相似的规律。观测资料表明，林网对地表温度的影响要比对气温的影响显著。中午林带附近的地温较高，而早晨或夜晚林缘附近的地温虽然略高，但 5H 处地温较低，尤其是最低温度较为明显，其原因是在 5H 处风速和乱流交换减弱最大。

林带对地表温度及地中温度日变化的影响。根据东北西部典型西南大风天气时地表温度的观察资料可以知，林带中地面最低温度在全部大风期间，比林带前后网格中其他地点及空旷地高，而地面最高温度，都比上述其他点低，因此林带内地面温度变幅小。同时，地面最高温度出现时间随着风速加大，向后推移 1~2 h(向开馥，1991)。

3)林网对水文的影响

林网对水文的影响主要表现在林带对蒸发蒸腾的影响、林带对空气湿度的影响、林带对土壤湿度的影响、林带对降水和积雪的影响、林带对地下水的影响等。

(1)林带对蒸发蒸腾的影响

大量的观察资料表明，林网内部的蒸发要比旷野的小，故林网可减少林网内的土壤蒸发和作物的蒸腾，改善农田的水分状况。一般在风速降低最大的林缘附近，蒸发减少最大，最大可达 30%。其中，透风结构的林带，对蒸发的减少作用最佳，在 25H 范围内平均减少了 18%；紧密结构林带为 10%左右。此外，林带降低蒸发作用所能影响到的范围也取决于林带结构，在疏透度为 0.5 的林带至少可达 20H，而在紧密结构林带条件下，由于空气乱流的强烈干扰，这个范围就会受到较大限制。

林带对蒸发的影响中，风速起着主导作用，但是气温的影响也是相当大的。在空气湿度很小和气温较高的情况下，林缘附近因升温作用而助长的蒸发过程往往可以抵消由于林缘附近因风速降低所引起的蒸发减弱作用。在这种情况下，尽管风速的变化仍是随林带距离而增大，但蒸发却没有多大的差异。这说明林带对蒸发蒸腾的影响相当复杂，在不同自然条件下得到的结果差异很大，即林带对蒸发的影响是多种因子综合作用的结果。

（2）林带对空气湿度的影响

在林带作用范围内，由于风速和乱流交换减弱，林网内作物蒸腾和土壤蒸发的水分在近地层大气中逗留时间要相应延长，导致林网内近地表面的绝对湿度常常高于旷野。一般绝对湿度可增加水汽压 50～100 Pa，相对湿度可增加 2%～3%。增加的程度与当地的气候条件有关，在比较湿润的情况下，林带对空气湿度的提高不很明显；在比较干旱的天气条件下，特别是在出现干热风时，林带提高近地层空气湿度的作用十分明显；但是在长期严重干旱的季节里，林带增加湿度的效应就不明显了。

此外，相对湿度的大小与气温有关，气温越高相对湿度越低。因此，林缘附近的地层气温变化也是影响相对湿度的重要原因之一。

（3）林带对土壤湿度的影响

土壤湿度取决于降水和实际蒸发蒸腾，而林带可以使这两个因素改变，既可增加降水（特别是固体降水），也可以减少实际的蒸发蒸腾。因而在林带保护范围内，林带可以显著增加土壤湿度。在降雪丰盈的地方，林带增加降水的作用在提高土壤湿度方面十分显著；在气候比较温和的地区，实际蒸发蒸腾量的减少便成为增加土壤湿度的决定性因素；但是，在干旱气候的条件下，由于林带能使实际蒸发蒸腾量增加，这会导致因林带受保护地带的土壤有可能比旷野还干燥。此外，在距林带很近的距离内，因林带内树木蒸腾耗水，常常使该地段土壤湿度降低。背风面 $5H$ 处的土壤湿度比旷野可提高 2%～3%。在不同的年份，林带对土壤湿度的影响不同。比较湿润的年份，林带对土壤水分的影响不大，在干旱的年份却十分显著。

（4）林带对降水和积雪的影响

林带影响降水的分布表现在林带上部林冠层阻截一部分降水（10%～20%），截留水大部分蒸发到大气中，其余的则降落到林下或沿树干渗透到土壤中。当有风时，林带对降水的分布影响更为明显。在林带背风面常可形成一条弱雨或无雨带，而迎风面雨量较多。林带除了影响大气的垂直降水外，还可以引起大量的水平降水。在有雾的季节和地区，由于林带阻挡，常可以阻留相当数量的雾水。另外，林带枝叶面积大，夜间辐射冷却，往往产生大量的凝结水，如露、霜、雾、树挂等，其数量远比旷野大。

林带的结构不同，对积雪的分配也不同。在紧密结构林带迎风面林缘附近的积雪最厚，但分布不均匀；疏透结构林带则背风面林缘附近积雪最厚，林带林缘保存一定量的积雪；通风结构林带由于下部风速过大，林带内积雪较少，且网格内积雪分布比较均匀。根据尼基金（П. Д. Никитин）研究（图6-3），紧密结构林带（高约 8 m）林缘处积雪深达 210 cm，而 $11H$ 处则降低到 30 cm 以下；通风结构林带（高 10 m，宽 6 m）附近（1～3H

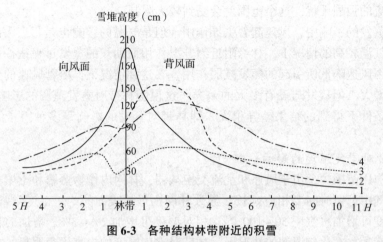

图6-3 各种结构林带附近的积雪

1. 紧密结构林带；2. 疏透—透风结构林带；3. 通风结构林带；4. 疏透结构林带

处)积雪60 cm，网格中间积雪为50~60 cm；疏透结构林带的积雪介于前两者之间。

（5）林带对地下水的影响

在干旱的灌溉农区，由于渠道渗漏和灌溉制度的不合理，排水不良而造成地下水位上升，最终导致土壤次生盐渍化。

在渠道两侧营造林带，既能改善小气候，也能起到生物排水作用。一棵树木好比一台抽水机，依靠它庞大的林冠和根系不断把地下水蒸腾到空气中去，使地下水位降低。林带这种排水效应不亚于排水渠。从这个角度上讲，灌溉地区的林带对地下水的降低和防止或减轻渠道两侧的土壤盐渍化有明显的作用。新疆石河子地区测定5~6年生8 m宽的白柳林带，在林带每侧16 m范围内，平均降低地下水位为0.34 m；脱盐范围为林带每侧可达100 m，0~40 cm深土层内含盐量在林带为0.26%，距离林带15 m为0.34%，距离林带50 m为0.43%，距离林带100 m为0.58%，距离林带150 m为1.0%。

另据国外研究材料表明，林带能将5~6 m深的地下水吸收上来蒸腾到空气中去。13~15 a的林带，平均能降低地下水位160 cm，影响水平范围可达150 m。

林带的生物排水作用，根据树种不同而异。树种不同，其蒸腾量也是不同的，其排水量的大小由蒸腾量决定。大量的研究结果表明，几乎整个生长季林带都能使地下水位不断降低，降低最显著的季节也是林木生理活动最旺盛的季节。一般春季林带排水作用较小，从夏季到秋季效果明显，地下水位降低较大，7~8月最明显，初冬后，地下水位又略有回升。林带对地下水位影响的日变化，也是随林木蒸腾作用的日变化而变化。一天中，林木蒸腾作用最强的时刻也正是地下水位降低速率最大的时刻。

总体来讲，林带的生物排水作用表现在水平和垂直两个方向上。距离林带越近，降低地下水位的效果越明显，而且地下水位的日变化幅度也越大。从大量的观测资料看，林带对地下水位影响的变化趋势是基本一致的，但是不同地区，由于自然条件的不同，其观测结果常有很大的差异。林带的树种组成、搭配方式会影响林带的生物排水效果和范围。

4）林带改良土壤的作用

农田防护林在区域生态平衡和生物群落物质转化方面发挥着重要作用。林网化的农田，环境条件得以明显改善，土壤肥力得以提高，空气中的氧气得到补充，易于形成良好的区域性动植物区系和微生物区系相结合的生态系统。

（1）对土壤理化性质的影响

林网化的农田，作物生长茂盛，对土壤微生物活动有很大的促进作用。这容易使得每年大量凋落到土壤表层的作物根系和枝叶腐殖质化，促进砂土向壤土的转化。据苏联时期克列基尼夫（B. M. Кретинив，1978）对有林带保护 22~37 a 土壤研究表明：与无林带防护的风蚀土壤相比，有林带保护土壤的 A 层机械组成要黏些，土壤结构形成作用加强，水稳性团粒结构的数量提高 1.5~2 倍，土壤容重降低，总孔隙度增加，明显改善土壤物理性质，提高土壤肥力。

（2）林带对成土过程的影响

农田防护林带对林带内及附近农田水文状况的改善会促进淋溶过程。苏联时期瓦德洛夫（B. A. Водров，1963）通过对卡明草原黑钙土（属于欧洲黑钙土）的大量研究认为，在林带作用下，造林后土壤一部分转化为过渡黑钙土，一部分转化为淋溶黑钙土。林带下 A+B 层土壤厚度比旷野增加了，带间 A+B 层土壤厚度甚至比带内还大。根据苏联时期屠宁（T. M. Туиин）对 30 年生林带作用下的土壤腐殖质含量测定，发现腐殖质大量增加，林带庇护下土壤湿度提高，碳酸盐泡沫反应深度降低，林下团粒结构含量增加。

（3）林带对盐渍化土壤的改良作用

"盐随水来，盐随水去"，这是对盐渍化形成和防止机理的高度概括。林带树木的生物排水作用，对盐渍化土壤的改良具有重要作用。河北省林业科学研究所张天成调查发现，除了柽柳、枸杞是盐生树种外，紫穗槐、白榆抗盐能力较强，刺槐、臭椿、槐树、桑树、杜梨、合欢、侧柏、枣树和杏树的抗盐能力中等，旱柳和杨树的抗盐能力较低。李德毅等（1962）在 1958—1961 年对江苏省大丰县上海农场庆丰分场观测显示，林带保护地带比空旷地带有延缓返盐的作用。

在盐碱地区营造农田防护林带，由于树木枯枝落叶的积累，可增加土壤腐殖质，改善土壤物理性质，降低土壤容重，增加土壤孔隙和土壤团粒结构，提高土壤肥力，又由于树木根系强大，可使土壤透水性能增大，促进土壤淋溶过程，加速土壤脱盐。

（4）林带对农田土壤微生物的作用

林带因对农田小气候环境的改变，一般会在土壤微生物种类、数量及酶活性上产生影响。根据中国科学院沈阳应用生态研究所观测，林网对土壤中微生物有明显的影响。无论是细菌、放线菌、真菌、芽孢杆菌还是其他微生物，总数都是以背风面 $2~5H$ 的土壤中为最高，以 $20H$ 土壤中为最低。从芽孢杆菌种群结构分析结果来看，$20H$ 处数量较少（只有 5 种），且数量也较低（约为其他样点低的 $1/3~1/2$），呈现出林带附近数量多，远处较少的规律。另外，土壤酶活性也有类似趋势，如蛋白酶和转化酶在林带附近土壤中活性高，距离林带 $20H$ 处较低。总体在 $1~5H$ 区域内，迎风面各种酶活性普遍高于背风面（向开馥，1991）。

6.2.1.2 林网的增产效益

国内外大量的生产实践及科学研究表明，林网对农作物的增产效果是十分明显的，一般增产幅度为 10%~30%。民间有"林带胁地一条线、林网增产一大片"的说法。

1）国外关于林网对农作物的增产效果

世界上许多国家为了防止各种自然灾害营造了大面积的农田防护林带、林网，由于各国地理位置、气候条件、灾害的性质和程度、土壤特性、农业技术和经营水平，以及作物品种有很大差异，防护效果不完全一致，但各国大量的实地观测研究均能证明林带对其保护下的农作物有明显的增产效果。

苏联时期在长期试验对比的基础上，总结出了不同自然气候带防护林的平均增产效果。苏联时期森林土壤改良科学研究所认为，农田林带增产效果与灌溉基本相似。森林草原地带在农田林带的有效范围内作物可增产 14%~27%，牧草增产 31%~44%；草原地带农作物可增产 16%~30%，牧草增产 22%~25%；干旱草原地带农作物可增产 22%~30%，牧草增产 25%~32%。

美国营造农田林网规模较大，分布范围广，在蒙大拿州、堪萨斯州防护林网保护下的冬小麦可增产 10%~24%（F. L. Skidmore，1976）。

埃及在河谷和三角洲营造农田防护林后，棉花、小麦、玉米、尼罗玉米和水稻分别增产 35.6%、38%、47%、13% 和 10%（M. Fhussein，1969）。匈牙利 18 个地方的统计资料表明，最大增产地段在 $3\sim10H$，可提高小麦产量 9.8%~26%、玉米 2.9%~28.7%。土耳其巴拉国有农场营造农田防护林成林后，由于土壤水分增加了 27%~38%，促使农作物产量增加 24.4%。

2）国内主要农田防护林带类型对农作物的增产效果

我国各地农田林带的气候条件、土壤类型及作物品种、耕作技术等差异也较大，各区林带、林网对农作物的生长发育都有明显的影响，对作物产量和产品质量都有明显的提高。

（1）东北西部内蒙古东部农田防护林区

该区主要农业气象灾害是风沙、干旱。东北林业大学陈杰等（1987）对黑龙江省肇州县农田林内的玉米产量做的调查结果表明：在 $1\sim30H$ 范围平均产量比对照区增产 49.2%，增产最佳范围是 $5\sim15H$；同时，农田林网内的玉米质量也明显提高，玉米中淀粉、蛋白质、脂肪含量高于对照。

（2）华北北部农田防护林区

河北省坝上、张北地区，地势高，天气寒冷，作物以莜麦、黍子、谷类、马铃薯、甜菜为主。在 $20H$ 范围内，林带对黍子和莜麦有明显的增产效果，黍子平均增产 50%，莜麦平均增产 14.2%。

（3）华北中部农田防护林区

该区域是我国主要农作区之一，主要作物有小麦、棉花。从河南、山西、山东等地的调查表明，林网保护下的小麦平均增产幅度为 10%~30%。华北平原许多地区采取小麦—玉米复种农业模式，经河南修武调查，林网使后茬作物秋玉米可增产 21.5%。山东省林业科学研究院于 1980 年观测研究了林网对提高棉花产量的影响，结果表明在林网保护下的棉田产量明显高于对照地，增产区增产率为 17.4%，考虑到林缘树根等争夺土壤水分、养分和遮阴的原因减产，林网内平均增产率可达 13.8%。

(4)西北农田防护林区

河西走廊张掖灌区的调查显示，受林网保护的农田春小麦比无林网保护的平均增产8%。主林带(major forest belt)间距 100~250 m，副林带(minor forest bel)间距 400~600 m，网格面积 4~15 hm^2，其中林带胁地减产区面积(林网副作用区)占 7.9%~17%，平产区面积占 5.2%~11.8%，增产区面积占 71.2%~86.9%。

6.2.1.3　林网的综合利用效益

农田防护林的建立和综合利用除能产生上述的生态效益提高、作物增产外，还能产生经济效益、社会效益和其他生态效益。

东北西部风沙、干旱地区，民用木材奇缺。通过林带造林，不但可以解决农田生态环境的防护调节问题，又能提供大量木材，有利于当地人民生活。以吉林省白城市大兴乡为例，1964 年调查结果显示 1937 年挖沟萌生的三行杨树林带(株行距 2.0 m×2.5 m)，28 年生，带长 389 m，共有小青杨 77 株、小叶杨 189 株，高大通直，无心腐，无病虫害，平均高 17.0 m，平均胸径 33.0 cm，生长良好，单木材积平均为 0.439 4 m^3，200.32 m^3/hm^2。

对于燃料非常短缺的地区，林带每年提供的大量树叶、整枝或平茬后的树枝，对解决燃料问题意义重大。以杨树为例，当其成熟时枝条占立木材积 10%~15% 计算，枝条层级可为 0.31~0.76 m^3。

配套农田防护林的建设开展多种经营，可以实现生态农林复合产业，获得多方效益。杨、柳、榆、小叶锦鸡儿等树种的树叶含粗蛋白、粗脂肪、无机盐类和纤维素，可饲养牛、羊、兔，加工后，可喂猪、鹅等，也可以饲养其他经济动物。林带两侧可以根据情况配置果树，如文冠果等；灌木类的柽柳、紫穗槐、胡枝子等枝条，可以用于筐、笼编制。黑龙江森林资源与环境科学研究院赵凌泉团队研发并在黑龙江省拜泉县推广的农林复合经营模式(林药、林果、林蔬间作或套种)取得了较好的综合效益。

在我国三北及中原地区建设农田防护林，加快了绿化步伐，是造福子孙后代实现中华民族伟大复兴，林农资源永续利用的重要途径。三北防护林建设以来，到第四期末时，在农区营造的农田防护林累计达到 2.13×10^6 hm^2，2.13×10^7 hm^2 的农田得到林网的保护，使 65% 的农田实现林网化，恢复耕地近 6.7×10^4 hm^2(吴德东，2012)。同时，通过农田防护林的建设，提高了当地干部、群众的防护林建设的意识和参与农田改造的积极性，增加了社会的稳定因素，改善了农民生产生活条件，成为荒漠化地区改善生态环境、加快经济发展的有效途径之一。

6.2.1.4　林网的胁地效应与对策

1) 林网的胁地效应

林带胁地是农林交错区普遍存在的现象，其主要表现是林带树木会使靠林带两侧附近的农作物生长发育不良而减产。林带胁地范围一般在林带两侧 1~2H 范围内，其中影响最大的是 1H 范围以内，林带胁地程度与林带树种、树高、林带结构、林带走向和不同侧面、作物种类、地理条件及农业生产条件等因素有关。一般侧根发达而根系浅的树种比深根性侧根少的树种胁地要严重；树越高胁地越严重；紧密结构林带通常比疏透结构和透风结构林带胁地要严重；农作物种类中高秆作物(玉米、高粱等)和深根性作物(花生、大豆等)胁地影响范围较远，而矮秆作物和浅根性作物(小麦、谷子、荞麦、大麻等)影响范围较近；在有灌溉条件下的农作物，水分不是主要问题，由于林带遮阴的影响，林带的胁地情况是西侧重于东侧，北侧重于南侧。

产生林带胁地的原因主要有两个方面：一是林带树木根系向两侧延伸，夺取一部分作物生长所需要的土壤中水分和养分；二是林带遮阴，影响了林带附近作物的光照时间和受光量，尤其是在有灌溉条件、水肥管理好的农田，林带遮阴为胁地的主要原因。

作物在林带胁地范围内减产是比较严重的。黑龙江省安达市和泰来县等地调查表明：$1H$ 范围内，作物减产幅度在 50%~60%。辽宁省章古台防护林试验站的调查表明：在林带两侧 $1H$ 范围内，谷子减产 60%，高粱减产 52.7%，玉米减产 55.9%。山西省夏县林业局调查：南北走向的林带对两侧小麦的影响是东侧距离林带 4 m 处小麦减产 20%；西侧距离林带 4 m 处小麦减产 8%；一个网格内胁地的情况，林带胁地宽度东面为 4.4 m，西侧是 3.6 m，北面是 4.2 m，南面是 2.5 m。

2) 减轻林带胁地的对策

(1) 挖切根沟

挖切根沟的方法适用于林带侧根扩展与附近作物争水争肥为主要胁地因素的地区。其操作主要是在林带两侧距边行 1 m 处挖宽为 30~50 cm，深为 40~50 cm，最深不超过 70 cm 的沟(图 6-4)，挖沟时间夏季为好。在风沙较重或土壤质地较轻的地块，挖好的断根沟易受风蚀、水蚀被淤平，要及时清除和维护，避免切断的根系趁机窜入农田。林、

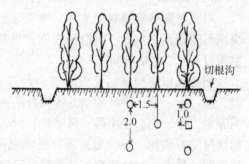

图6-4　切根沟示意(引自孙洪祥，1991)

路、水渠配套的林带、林带两侧的排水沟渠也可以起到断根沟的作用。

(2) 根据林带"胁北不胁南，胁西不胁东"的规律进行防护林树种的配置

在林带遮阴胁地较重的一侧，尽量避免配置高大乔木树种，而以灌木或窄冠型树种为宜。农田防护林体系内配套的沟、渠、路如为南北走向，林带宜配置在其东侧；如为东西走向，林带宜配置在南侧。尽量使林冠阴影覆盖在沟、渠、路面上，从而减轻林带遮阴胁地的影响。

(3) 合理选择胁地范围内的作物种类

在胁地范围内安排种植受胁地影响小的作物种类，如豆类、蓖麻、牧草、薯类等。这在一定程度上能减轻林带胁地的影响。

(4) 选择适宜的树种及配置合理的造林密度

选择深根性树种(主根发达，侧根较少)，并结合沟、渠、道路、地块走向和主害风走向合理配置林带，可减少相应的胁地距离。选择生理活动期较短的树种或发芽展叶期晚与作物发育期避开的树种。造林的初植密度不宜过大，尽量减少林冠郁闭后树木间、树木与作物间对营养空间的竞争。对冠型较窄的树种(水杉、池杉、钻天杨等)的株距可小些，以 2.5~3 m 为宜；速生杨树的株距要大些，以 4~6 m 为宜。

图 6-5 不同树种(杨树和樟子松)防护林带的胁地效应对比
(a)杨树林带对玉米的胁地 (b)樟子松林带对玉米的胁地 (c)杨树对小麦的胁地
(d)樟子松对小麦的胁地 (e)杨树林带切根贴膜沟 (f)杨树林带切根贴膜

（5）配置适宜结构的林带

风沙危害较轻或中度的地方，配置疏透结构或透风结构林带为宜，以增加透风透光度，减少林带遮阴，使林带两侧小气候得以改善，以减轻林带胁地的影响。

（6）深耕、深植等造林

因地段地势而异，挖低于地表 50~80 cm 的沟畦，沟畦下栽植树木生长旺盛，对沟上面地里的作物影响较小，减产较少，原因就是沟内的根系层降低了，错开了农作物的根系层，缓解了树木与作物水肥之争。

（7）切根贴膜

林带切根贴膜技术是解决农田防护林带胁地问题的有效方法。它具有简单易行、投入少、见效快、效益高、作用时间长等特点。其具体操作是：在距林带 0.5~3 m 处开沟，沟深 60~80 cm，在沟壁一侧(靠近林带一侧)贴上一层 30~40 μm 厚、一定长度(一般与林带等长)的塑料薄膜，然后将土回填至原样。该项措施能有效阻止根系水平延伸，在林带胁地范围内，切根贴膜技术可使粮豆平均增产 49.74%，年平均增产粮食 1336.7 kg/hm²，百粒重提高 22.18%，地上部生物量增加 75.5%。

（8）其他方法

加强作物的水肥管理，保证胁地范围内有充足的水肥供应，以及综合采用上述技术措施组合造林。

6.2.2 农田防护林设计

6.2.2.1 林带结构

农田防护林按照其外部形态和内部特征，即按照透光孔隙的大小、分布以及防风特性，通常把其林带结构划分成紧密结构、透风结构和疏透结构3个类型。

(1)紧密结构

这种结构的林带是由主要树种、辅佐树种和灌木树种组成的三层林冠，上下紧密，一般透光面积<5%，林带比较宽，中等风力遇到林带时，基本上不能通过，大部分空气由林带上部越过，在背风林缘附近形成静风区，风速很快恢复到旷野风速，防风距离较短。很宽的乔木林带及株行距小且经常平茬的灌木，也可以形成紧密结构林带。

(2)疏透/稀疏结构

这种结构的林带主要是由主要树种、辅佐树种和灌木树种组成的三层或二层林冠，林带的整个纵断面均匀透光，从上部到下部结构不太紧密，透光孔隙分布均匀。风遇到林带分成两部分：一部分通过林带，如同从筛网中筛过一样，在背风面的林缘形成许多小涡旋；另一部分气流从上面绕过。因此，在背风的林缘附近形成一个弱风区，随着远离林带，风速逐渐增加，防护距离较大。

(3)透风/通风结构

这种结构的林带是由主要树种、辅佐树种和灌木树种组成的二层或一层林冠，上部为林冠层，有较小而均匀的透光孔隙，或紧密而不透光；下层为树干层，有均匀的栅栏状的大透光孔隙，风遇到林带时，一部分从下层穿过，一部分从林带上面绕行，下层穿过的风具有文丘里(Venturi)效应，风速有时比旷野还要大，到了背风面林缘开始减弱，在远的地方才出现弱风区，这段距离有的成为林带的"混合长"，随后，风速逐渐恢复，因此其防护距离较大。

实践证明，透风系数为0.35~0.5的林带其防风效果最佳，背风面的防护距离也较远。各国在营造农田防护林带时，多选择透风结构或疏透结构的林带。

6.2.2.2 林带宽度和横断面

林带宽度是指林带本身所占据的株行距，加上林带两侧1.5~2.0 m的距离，即(林带行数-1)×行距+两侧林缘的宽度。林带的宽度是影响林带结构的重要因素，主要影响林带的疏透度。一种疏透型或通风型的林带如果增加林带宽度，当达到一定限度时变成了紧密型林带。一般认为这个行数限度是15行。

确定林带宽度的原则：符合林带的结构要求；符合可选择的树种的生物学特性；考虑占用最少的土地，发挥最大的防护效果。

林带的横断面是指与林带走向垂直的断面，其断面形状由造林树种的冠型和配置决定，常见的有矩形、等边或不等边三角形、对称或不对称屋脊形、梯形和凹槽形等(图6-6)。

不同断面形状的林带具有不同的防风效应。林带横断面形状决定着林带表面气流涡

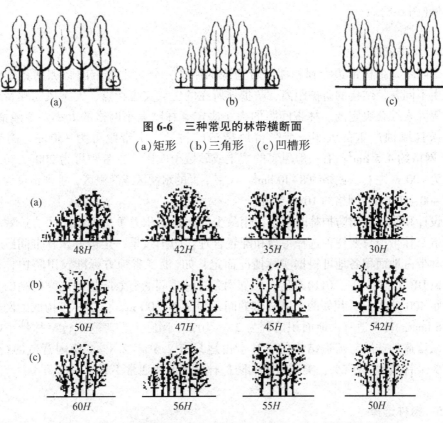

图 6-6　三种常见的林带横断面
（a）矩形　（b）三角形　（c）凹槽形

（a）48H　42H　35H　30H

（b）50H　47H　45H　542H

（c）60H　56H　55H　50H

图 6-7　不同结构林带的横断面的有效防护距离（引自向开馥，1991）
（a）紧密结构林带　（b）疏透结构林带　（c）透风结构林带

动性质，从而决定空气动力影响带的长度和高度。紧密结构林带以不等边三角形断面形状迎风面坡度小的林带防护距离最远，疏透结构横断面以矩形林带的防护距离最远，透风结构横断面以屋脊形的林带防护距离最远。不同结构林带的横断面的有效防护距离示意如图 6-7 所示。

6.2.2.3　林带方向

　　林带方向是指林带的走向或林带两端的指向，以林带方位角来表示。一般情况下，林带的走向是由主害风方向而定的。在实际工程设计时，由于被保护地块的位置、配置等因素的影响，林带的走向还要结合田块、道路、沟渠、河流、边界等因素综合考虑，切忌机械地按照主害风方向单一因子确定。最理想的林带走向是与主害风方向垂直。实际设计的林带与理想林带走向的夹角为林带的偏角，林带与主害风方向的夹角为林带的交角。当林带的偏角<45°时，林带的防风效果虽然有所降低但不明显；当林带的偏角>45°时，林带的防风效果会

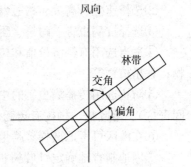

图 6-8　林带与风向的交角、林带偏角关系示意（引自朱金兆，2010）

明显降低(图6-8)。

6.2.2.4 林带间距

林带间距是指林带边缘到相邻林带边缘的距离,分为主林带间距和副林带间距两种,是由不同林带结构的防护距离、防护地所在的区域灾害特点、灾害风向频特征及地块特点等因素综合决定的。林带间距的大小决定了林网大小网格的大小。一般情况下,土壤疏松且风蚀严重的农田,或受台风袭击的耕地,主带距可为150 m,副带距约300 m,网格约4.5 hm²;有一般风害的壤土或砂壤土农区,主带距可为200~250 m,副带距可为400 m左右,网格约8~10 hm²;风害不大的水网区或灌溉区,主带距可为250 m,副带距400~500 m,网格约10~15 hm²。

在设计和营建农田防护林时都以占用最少的土地面积力争达到最大的防护效果为原则。营造窄林带,只要树种选择得当和配置合理,防护效果一定会好。林带间距、网格大小及林带占地面积各地可根据实际情况而定,如《浙江省地方标准农田防护林建设技术规程》(DB 33/T 840—2011)规定:相邻两条主林带间的有效防护距离为树高的20~25倍,相距400~600 m,相邻两条副林带的间距为200~300 m,主副林带构成的网格面积为4~36 hm²,林带适宜占地面积比例为2%~10%。国际上,普遍流行窄林带小网格模式,苏联营造的透风与疏透结构的窄林带占地只有2.5%~2.8%,德国营造的行宽4~6 m的窄林带占地仅有2%,美国营造的防护林占地面积通常不超过5%。

6.2.2.5 树种选择

1)树种的选择原则

农田防护林生长的好坏、能不能稳定持久地发挥防护作用与树种的选择有很大的关系。因为只有树种选择适当,才能迅速成林提早发挥防护作用,将来生长也稳定持久。如果树种选择不当,轻则树木生长不良,容易形成"小老树"林带;重则树木不能生存,形成缺树断带的局面,使林带防护效益难以发挥。因此,在选择树种时,必须从本地区气候、土壤特点出发,坚持以下原则:

①按照适地适树原则,优先选择优良的乡土树种,慎用外来树种,防止生物入侵,引种要做好树种的检验检疫;

②选择速生、高大、树冠发达、深根性、侧根幅较小的树种;

③选择抗病虫害、耐旱、耐寒且寿命长的树种;

④适当选用有经济价值和树种作为伴生树种或灌木,如木本粮油树、果树、药用植物、香精植物等;

⑤防止选用传播病虫害的中间寄主的树种,如棉区的刺槐、甜菜区的卫矛(蚜虫中间寄主),落叶松、杨树有杨锈病共同病害;

⑥在灌区可考虑选择蒸腾量大的树种,有利于降低地下水位;

⑦因地制宜地确定针叶树种和阔叶树种、乔木和灌木的合理比例,选择多种造林,防止树种单一化;

⑧选择稳定性好、抗性强的树种;

⑨对容易引起地力衰退的树种，种植一、二代后应更换适宜的造林树种；

⑩应考虑树种寿命和生物学的稳定性，以速生树种为先锋树种，同时配置一定比例的长寿树种接替，做到短期防护与长期防护相结合。

根据树种在农田防护林网中的地位及所起的作用大体可以将树种分为主要树种、辅佐树种、灌木树种及果树和经济树种四类。

东北及华北地区农田防护林，根据这两个地区气候和土壤条件，以及不同树种对土壤条件的要求与反应，可以从下列树种中选择。

要求土壤肥沃湿润的树种有：落叶松(日本落叶松、长白落叶松)、红皮云杉、水曲柳、核桃楸、加杨、毛白杨、欧美杨、箭杆杨、白榆、赤杨、皂荚、槐树、榛子、核桃、花椒等。

比较耐干旱贫瘠土壤的树种有：樟子松、油松、日本黑松、侧柏、刺槐、小叶杨、小青杨、小黑杨、白榆、黄榆、山杏、山皂荚、沙棘、锦鸡儿、沙柳、蒙古柳、臭椿、杜梨、山楂、枣、旱柳、文冠果等。

比较耐土壤盐渍化的树种有：柽柳、枸杞、紫穗槐、沙枣、杜梨、白榆、槐树、臭椿、旱柳、苦楝、加杨、小叶杨、小黑杨、合欢、枣、山杏、山楂、侧柏、山皂荚、复叶槭等。

比较耐水湿的树种有：旱柳、垂柳、杞柳、蒙古柳、加杨、水曲柳、白榆、枫杨、苦楝、赤杨、紫穗槐、小叶杨、小青杨等。

有根瘤菌可以改良土壤的树种有：刺槐、紫穗槐、胡枝子、锦鸡儿、沙枣、沙棘、日本赤杨、槐树、皂荚、山皂荚、合欢等。

对于黑龙江来说，分别不同地区可选择多种树种，如针叶树有兴安落叶松、长白落叶松、樟子松，还可以选择红皮云杉、鱼鳞云杉等；阔叶树种中可以选择小黑杨、银中杨、小青黑杨、水曲柳、黄波罗、柳树等；灌木有锦鸡儿、丁香、胡枝子、山杏、紫穗槐等。

在浙江南部地区可选用台湾相思、木麻黄、桉树、海枣等。柽柳可用于滨海盐碱地应用。

2) 树种搭配原则

①早期速生树种与中期速生树种搭配；

②树冠的松散与紧密、宽窄、圆形与锥形、枝下高的高低、叶量多少等搭配；

③落叶与常绿、深根性与浅根性、耐阴与喜光搭配。

3) 林带不同树种种植模式

为达到不同林带结构的防护效果，各地可以根据情况选择不同树种的栽植模式，如纯林林带、混交林带，其中混交有针阔叶树种混交、常绿与落叶树种混交、乔木与灌木树种混交、经济树与用材树混交等；其混交形式有株混交、行混交、带状混交、星状混交、块状混交、植生组混交等方式(图6-9)。造林密度一般根据各树种的生长情况及其所需的正常营养面积而定。如单行林带的乔木，初植株距2 m。双行林带株行距3 m×1 m或4 m×1 m。3行或3行以上林带株行距2 m×2 m或3 m×2 m。

总之，林带树种选择、树种搭配及种植模式要视当地的气候、土壤等环境条件和树

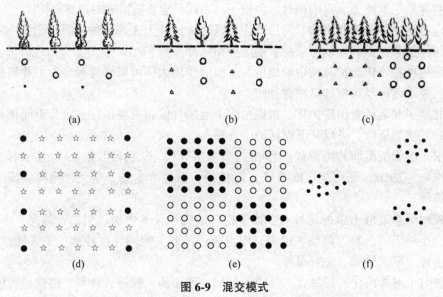

图 6-9 混交模式

（a）株混交 （b）行混交 （c）带状混交 （d）星状混交 （e）块状混交 （f）植生组混交

种生物学特性而定。

6.2.3 农田防护林营造与抚育管理

6.2.3.1 营造技术

造林技术包括整地、苗木准备、造林方法、造林季节选择等。

1）整地

造林前整地是保证造林成功的重要环节。细致整地可以改善造林地土壤理化性质，消灭杂草，聚集水分，为幼林的成活和生长创造有利条件。

（1）整地方式

整地方式分为全面整地和局部整地，其中局部整地又分为带状整地和块状整地。在蓄水保墒、消灭杂草等方面全面整地优于局部整地，局部整地比全面整地工作量小，能节省劳力和时间。

①全面整地 是翻垦造林地全部土壤，一般是使用各种动力的翻耕机具对造林地进行深耕、耙地、镇压，翻耕深度以 30~40 cm 为宜，适用于平坦开阔地区。农田防护林的造林地大都地势平坦或稍有起伏的耕地、荒原和草地，最适合全面整地。

②局部整地 是指在造林地上对直接影响苗木生长的局部面积进行整地，又可分为带状整地和块状整地，主要适用于在立地条件比较恶劣的地段，如有风蚀的固定半固定沙地、盐碱地、水湿地、道路、堤坡、水渠边坡等不宜机具工作或不宜全面整地的地方。

带状整地是按林带栽植行方向呈长条状翻垦造林地土壤，整地宽度一般为 50~60 cm，深度为 25~35 cm。在山地带状整地方法有水平带状、水平阶、水平沟、反坡梯田、撩壕等；平坦地的整地方法有犁沟、带状、高垄等。在盐碱地水湿地上，常用高垄整地。

块状整地又称穴状整地，是以定植点为中心进行的圆形或方形的翻垦造林地的整地方法。山地应用的块状整地方法有穴状、块状、鱼鳞坑；平原应用的方法有坑状、块状、高台等。块或穴的规格取决于树种特性、苗木的大小、杂草繁生与土壤板结情况。一般在农耕地上，穴径为 60~80 cm，深 20~30 cm。

(2)整地季节

选择适时季节整地可有效改善造林地立地条件，提高造林质量，促进林木生长，保证较高的造林成活率。整地季节也是提高整地效果的重要环节，尤其是在干旱和半干旱地区，掌握适宜整地季节，对于提高土壤含水率至关重要。一般都要在造林前一年进行整地，最好的季节是在造林前一年的雨季前的农闲时期。这有利于使土壤积蓄较多的水分、消灭杂草，促进杂草及植物残体的腐殖质化。据山西省张家坪林场 1977 年的试验，在晋西北黄土高原荒坡沙梁上，伏天整地比秋天整地土壤含水量提高 1.5%，比春天整地提高 4.5%。辽宁省防护林研究所 1978 年在固定沙地上进行的整地试验证明以隔年春季整地土壤水分最为优越。风蚀严重的沙区或熟化的农耕地可以随整地随造林。

(3)常见整地方法

常见的整地有带状整地、半地下畦田整地、筑高台整地、穴状整地等。4 种常见整地方法如图 6-10 所示。

①带状整地　连续带状整地的带面基本上与地面平，带宽一般为 0.5~5 m，带长随立地条件而定。一般在风蚀不严重的半固定沙地及沙壤土地，平整的缓坡地，水分充足而又排水良好的林间空地和荒地宜采用带状整地。

②半地下畦田整地　畦宽为边行向外各加 50 cm，畦深视地段而定，但底要平，灌水流畅，畦内挖 60 cm×60 cm×60 cm 的栽植穴。

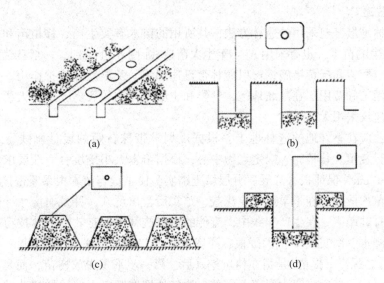

图 6-10　四种常见整地方法图解(引自梁宝君，2007)
(a)带状整地　(b)半地下畦田整地　(c)筑高台整地　(d)穴状整地

③筑高台整地 在沼泽等有水的地方常用筑高台整地，规格一般有两种：一种是台面 1 m×1 m，台高 30 cm，每台栽 1 株；另一种台面长 2 m，宽 70 cm，台高 30 cm，每台栽 3 株。整地时清除取土和筑高台两处的草皮，以利于上下土壤结合。人工筑高台整地成本高，用工量大。

④穴状整地 穴的宽度、深度均不超过 0.5 m，然后用表土回填。

2) 苗木准备

种苗是造林的重要材料，其好坏直接关乎造林质量和造林作用的发挥。营建农田防护林一般采用良种壮苗，选择优良种源、生长健壮、根系完整、无病虫害的 2~3 年生壮苗。为保证造林后幼树体内水分平衡，造林前应对地上和地下部分进行适当修剪，适度剪掉下部的多余枝叶，保留顶端优势，剪除过长的主根和受伤的侧根，保留须根。

从起苗到定植的整个造林过程中，苗木要保持处于湿润的状态。起苗前，应将苗床灌足底水，待土壤充分吸收后再起苗。起苗后要分级选苗、分级包装，包装时为保证苗木根系不失水，可将苗根蘸上泥浆，用草袋包扎成捆，防止根系外露。苗木出圃到栽植区的运输过程中，要注意检查，及时补充苗根水分，使其始终处于湿润状态。苗木运输到造林地后，应抓紧时间按级栽植或假植，避免过多失水，保证造林成活率和幼林生长的整齐性。由于农田防护林的网带结构，在造林时假植点应沿带或网分布，减少定植前失水，力争做到随时取苗随时造林。

3) 造林方法

目前，我国农田防护林造林的方法普遍采用植苗造林、分殖造林(插干造林、埋干造林、扦插造林、分根造林、萌蘖造林、地下茎造林等)钻孔造林，很少采用直接播种造林和嫁接造林。林带更新时，对于有采用萌芽能力强、速生的树种可以采用伐根萌蘖更新造林。农田防护营造常见方法如下：

(1) 植苗造林

植苗造林是最普遍采用的造林方法，其所用的苗木有实生苗、移植苗和扦插苗，多采用 1~2 年生的苗木，也有采用 3~4 年生大苗造林[图 6-11(a)]。一般认为采用大苗造林并辅以相应配置和抚育措施，可以使林带迅速郁闭，及早发挥防护作用，节约郁闭前的部分抚育用工和费用。在三北地区，气候和土壤条件均较恶劣，地广人稀，经营管理条件较差，建议采用大苗造林。

栽植前，应在整好地的造林地上，根据规划林带株行距的设计画线定点，做好标记，然后进行栽植。栽植时，以定点为中心，根据苗木大小挖坑，一般要求坑的直径和深度为 60~80 cm，保证根系舒展，分层填土踏实，使土壤与苗木根系紧密接触，不留空隙。为保证苗木成活，在干旱地区应深栽，踏实后留出坑穴，并及时灌水，也可以在整个林带分段打畦漫灌。在生产实践中，流传的植苗造林比较有效的造林技巧有"挖大坑、栽当中、多浇水、踏实成""坑大舒根、深埋实踩""三埋、二踩、一提苗"。

"三埋、二踩、一提苗"是指在树坑挖好后，第一步不是先放树苗，而是先将基肥埋在树坑的最下层，然后将表土碾碎、平整、均匀地埋在肥料上，这样树苗的根部不直接接触肥料，碾碎的表土又为根部提供了向下生长、扩展舒张的良好条件("第一埋"埋的是肥料和表土)；接着放入树苗后进行培入心土("第二埋"就是埋心土)；在培土到一半

图 6-11 不同造林方式

(a)植苗造林 (b)裸根苗造林 (c)容器苗造林 (d)埋干造林 (e)钻孔造林 (f)伐根萌蘖造林

时,暂停培土,为防止树苗窝根,影响成活和生长,将树苗稍微向上提一下(这叫"一提苗");提苗后,为使树苗的根须和土壤紧密接触,尽快吸收水分和营养元素,以便扎根生长,有利于树木的成活,这时要将已埋的土向下踩实(这叫"一踩");为使树苗树干挺直,也使树苗与土壤紧密结合,以防被风吹斜,接着就是将剩下的心土埋入,一直埋到与地面平齐(这是"第三埋"),并进行踩实(这是"二踩")。

根据造林时苗木根系所带土壤多少,植苗造林方法又可分为裸根造林和带土坨造林两类[图 6-11(b)]。大面积进行农田防护林造林时,主要采用裸根造林。与裸根造林相比,带土坨造林由于苗木带土不存在或很少存在伤根、失水、栽植时根系变形以及栽后缓苗问题,其造林成活率较高。

为提高植苗造林的成活率,通常要做好以下环节:

①起苗、运输、栽植 3 道工序依次连续进行;

②苗木二不离土,即保证起苗后不能及时出圃或运到造林地不能及时栽植时都要进行假植;

③苗木三不离水,即保证苗木在捆包、运输、栽植 3 个过程中保持湿润状态;

④挖坑时表土心土分开放,栽植时先回填些表土,调整苗木栽植深度,填完表土再填心土,苗木带土坨时,先将苗木放入坑内再去掉容器,切勿破碎土坨,不窝根、填土与土坨齐平轻踏实并浇足水,再回填土至苗木根基处并预留水盆。

(2)深松插干造林

深松插干造林是一项简单、高效的机械化深栽造林技术,具有造林不需整地、操作简单、造林速度快、成活率高、幼树长势好的优点,适用于地下水位 2.5~4 m 的固定、半固定沙地旱作防护林营造。

该方法造林的苗干要选择芽饱满、无病虫害、干龄 1 a 或 2 a、小头直径 1.0 cm 以上、干长 80 cm 以上，优质无根的苗干。用于春季造林的苗木需要在前一年冬季进行地下埋藏处理，即水平埋入地下 0.5 m 深度以下的地方，采用一层湿沙一层苗木的放置方法，造林前取出并浸水 24 h 后方可用于造林。用于秋季造林的苗木随采随用，但造林前也应浸水 24 h 以上方可使用。造林时用拖拉机牵引深松插干植树机在地面上划开一条宽 5 cm、深 80 cm 的松土沟，植苗员按照造林设计株行距要求在松土沟内插入苗干，然后机械覆土压实，一次完成造林作业。

（3）埋干造林

埋干造林又称卧干造林，一般以树枝或树干为材料，截成一定长度，平放于犁沟中，再用犁覆土压实[图 6-11(d)]。该方法萌条形成的幼林株距不等，需要在造林后第二年或第三年早春顶冻进行第一次定干，每隔 1 m 保留健壮的萌条 2~3 株，其余伐除。在第三年或第四年时进行第二次定干，每米保留 1 株。该方法在沿河低地或湿润砂土地上采用可获得较好的效果。

（4）扦插造林

扦插造林是分殖造林的一种，适用于取材丰富、萌芽力强的阔叶树种的造林。按插穗的大小可分为插干和插条两种方法。

插干造林类似于深松插干林，选用的是较粗的基干或树枝作为造林材料，一般粗 3~8 cm、长 2~3 cm、2 年生以上的干材或粗枝，在定植点挖坑扦插，下端埋入土中深度至少 50 cm，适用于地下水位较深的干旱地区的深栽方法。

插条造林可以选用幼嫩而纤细的枝条作为造林材料。一把用直径 0.5~2.0 cm 的 1 年生枝条，截成 15~20 cm 长的插穗，按林带株行距进行扦插。根据立地条件，可以结合育苗进行，在土壤条件较好，或有灌溉条件的地段作垄育苗，第二年间苗定株，1 hm^2 林带育苗可以供 8 hm^2 林带造林使用，可避免苗木长途运输，保证造林成活率，同时也大大减少造林成本。

（5）钻孔造林

钻孔造林是在造林点用钻孔机或其他钻孔工具钻深度在 1.2 m 以上的植苗孔，选择生根能力较强的杨树、柳树等优良无性系的长插条插入孔中，回土踏实，完成造林过程的一种方法[图 6-11(e)]。适用于地下水位<4 m 的沙地。

（6）伐根萌蘖造林

伐根萌蘖造林是一种适用于具有萌蘖能力强的树种造林方式[图 6-11(f)]。其造林方法是对处在冬季落叶后春季发芽前休眠期且具有萌蘖能力强的树种，在地面以下约 10 cm 处伐除，然后对锯口封 2~5 cm 厚的湿润土壤以保证伐桩不失水为宜，当伐根萌条长至 30~50 cm 时，选择 2 株生长旺盛、直立的萌条保留（尽量保留根部萌生枝条或愈伤组织萌生的出粗枝条且位于迎风面的萌条，防止被风刮折），其余抹除，再培土 5~10 cm，防止愈伤组织再次萌生枝条和固定保留的萌条以防其损伤，当萌条长至 1 m 左右时定株，抹除保留萌条中较弱的萌条，以促其高生长。

该造林方法造林成活率高、节约资金、高生长和粗生长量大，经济效益高，大大缩短了采伐年限，对采伐迹地扰动少，有利于水土保持和防风固沙，尤其是在干旱缺水地区优势更明显，对萌蘖能力强的更新防护林造林尤其适用，十分值得推广。

4)造林季节

造林时节的选择是造林成活的关键。由于造林工作量大，用工多，时间集中，造林季节选择时，要结合农活忙闲合理安排劳动力。造林季节通常可分为春季造林、秋季造林和雨季造林3种。

(1)春季造林

春季造林又称"顶浆造林"。对于一般地区来说，早春造林最合适，因为树木在早春发芽前，先进入根系生长阶段，此时外界条件也有利于苗根生长。在北方地区，春季造林应在土壤解冻后，树木放叶前进行，过迟树木已经放叶，不利于保持苗木体内水分平衡而降低造林成活率。

(2)秋季造林

秋季造林又称"顶冻造林"。秋季造林宜在苗木落叶后土壤结冻前进行，这时土壤墒情一般较好，苗木根系较早地与土壤接触，有利于翌年春季苗木提早生根和健壮生长，但对于冬季干旱、风大地区和早霜危害严重地区，不适宜秋季造林，否则，在干旱的冬季，苗木地上部分水分会抽干致死。

(3)雨季造林

对于冬春季干燥多风，雨雪较少，夏季雨量比较集中的地区，可采用雨季造林。雨季造林宜在雨水集中的时期且透雨之后的阴天进行。雨季造林适宜苗木较小的常绿树和萌芽能力较强的树种。

6.2.3.2 抚育管理

"三分造、七分管"。为了保证林带中林木的正常生长发育和保持林带防护作用，林带在成林郁闭前和郁闭后需要不断的对其进行抚育管理。这主要是不断地调整林带的疏透度(porosity)和改善林带结构，同时也可以获得木材及其他用途的林副产品。抚育管理主要内容包括幼林锄草、松土、补植、除蘖抚育，中龄林修枝、平茬、间伐，成林间伐与更新等。

1)幼林抚育

林带幼林抚育基本上与用材林抚育相同，但由于林带的立地条件比一般人工用材林要差，尤其是气候条件(如风沙大或有一定程度的盐渍化现象)，为防止因风蚀而出现裸根现象，需要定期对林木根部培土。林粮间作、林药间作是可行的措施，既可以解决农林争地的矛盾，又可"以短养长"，合理利用土地，充分发挥土地潜力，同时也创造了有利于幼林生长的小气候环境。间作的作物最好是豆科作物或蔬菜，避免高秆、蔓生性作物或禾本科作物，以免影响林木生长。

幼林除草松土要做到三不伤(不伤苗根、不伤树皮、不伤苗梢)、二净(林地内草净、石块净)、一培土(锄草松土后根茎培土)。锄草做到"锄早、锄小、锄了"；松土做到头年深、二年浅、三年破空垄。

对于林带内出现生长不良、干形弯曲或丧失培养价值的阔叶乔木或灌木要进行平茬处理。平茬时，切口要光滑，培土，这可防止风剥、减少水分丧失、免遭病虫侵害和保证更新幼树健壮整齐。对于林带的灌木，平茬可以促进地上增长和增加经济效益。

在气候干旱、高温风沙大严重的地区，幼树需要采取措施以防止沙割、日灼现象发生。在牲畜较多地区，需划定禁牧区，避免牲畜啃食幼林。

2) 除蘖

除蘖就是指把定干部位以下的小枝叶去掉，保留健壮萌条或枝干，促进林木定向生长的一种技术措施。以杨树新造林为例，每年 6~8 月，当杨树苗木长到 25 cm 以上时进行首次除蘖，留一株健硕的枝条，去除其他萌条；当苗木长到 1.3 m 左右时，去除下部竞争枝条、大的腋下长枝和根部萌出的小枝；次年 5 月中旬末，苗木木质化时，去除树干高度 2/3 以下的嫩叶。

3) 修枝

农田防护林修枝的目的主要是维持林带适宜疏透度，改善林带结构，其次是提高林木材质。修枝一般在幼林郁闭后进行，修枝强度要根据树种、林龄、林木生长状况和修枝间隔期等因素而定。既要保留适当的树冠以保证林木进行正常的光合作用，又要通过修枝来调节枝叶密集程度达到最适疏透度。一般要求修枝后的林带疏透度 ≤0.4。在修枝时可以控制其冠高比，修枝高度以不超过树高的 1/4 为宜。一般耐阴树种和常绿树种的冠高比要大些，喜光低叶树种的冠高比要小些。

修枝时需要特别强调的是在暴风多、尘风暴多，以疏透结构林带为宜的地区，一般窄林带(≤4 行)不能修枝，较宽的林带边缘 1~2 行不应修枝，内部林木则应适当修枝；在大风较少，而以防止干热风为主要目的的地区，为保持适当的通风结构，可适度修枝；紧密结构林带除以防沙、固沙为目的的不能修枝外，以防风护田为目的的，应通过修枝，使其形成疏透结构或适度的通风结构。

修枝季节一般选择在早春或冬季，因为此时树液基本停止流动，并且树枝脆，容易修剪。夏季修枝，虽然切口愈合快，但处于雨季，雨水易从伤口流入导致病虫害；秋季修枝当年不能愈合，切口风干，易于发生"水胡子"现象。适宜的季节是在林木放叶后，高生长旺盛前(即雨季到来之前的 5~6 月)。此时修枝后，正是树木生长加速期，树液流动加快，叶面光合作用加强，制造干物质增多，切口可在 1 个月左右愈合，防止了雨水的浸入。

修枝切口的控制要适当。切口面积的大小与愈合时间的长短有关，切口与侧枝呈垂直时，创伤面最小，斜度越大，创伤面就越大，水分蒸发多，伤口难以愈合。因此，一般要求切口与侧枝呈垂直方向，切口要平滑，避免撕裂、伤皮。同时，留茬高度不宜超过 0.5 cm，留茬过长易于长"死节"，降低木材质量。

4) 间伐

在林带郁闭后，林木分化开始了，此时林带由于树冠的发育而变得较紧密。这需要通过间伐抚育来调节林分密度和结构，以促进林木生长和得到最适疏透度。间伐的效果以下面两个方面来衡量：一是对农田防护效益的影响；二是对经济效益的影响，包括农作物的产量，木材收益和林木生长量的增加。

间伐应当遵循以下原则：

①间伐对象　坚持去劣留优、间密留稀、均匀分布、疏密适度的原则，应当伐除病

腐木、风折木、枯立木、霸王树、生长过密处的窄冠偏冠木、被压木和少量生长不正常的林木。

②间伐强度 间伐应有利于促进林木的生长，控制病虫害的蔓延，间伐后疏透度≤0.4，郁闭度≥0.7。根据调查，3~4行乔木林带，只能伐除枯立木、严重病虫害木和被压木的小部分，间伐的株数加上未成活的缺株，前两次间伐均不能超过原植株数的15%。单行或双行林带，除极个别枯立木、严重病虫害木外，不需要间伐。

③间伐时期 在树冠过密时进行第一次间伐，一般是开始早、强度小、重复期短。杨树防护林第一次间伐一般在林龄10 a左右时，针叶林带一般在林龄12 a左右时。

5）更新

林木达到自然成熟龄后，生长速率减缓，逐渐出现生理衰退、枯梢，甚至枯死现象。随着林带树木的衰老、死亡，林带结构逐渐变得疏松，防护效益也逐渐降低，要保证持续的防护效益，就需要建立新的林带来替代原有林带，即林带的更新。

（1）更新的主要对象

林木更新的主要对象是已进入自然成熟且生长速度开始减退、枯梢、病虫害等增加、林带结构逐渐稀疏的树木，造林树种不适应、自然灾害损坏、人畜损伤、造林密度过大等形成的低效林带，缺乏高大乔木树种、结构不合理，防护功能弱的林带。

（2）更新方式

根据林带更新方式不同，更新可以分为全带更新、半带更新、带内更新、带侧更新和带间更新5种方式。根据更新方法可分为植苗更新、埋干更新和萌芽更新3种方式。

①全带更新 将衰老的林带一次性伐除，在迹地上造林。该方式造林形成的新林带整齐，效果好，可在风沙危害较小的地方采用，宜采用植苗造林和萌芽造林方法，可采用隔带更新方式对林网进行更新。

②半带更新 将衰老林带的一侧的数行伐除（一般是背风面一侧），然后采用植苗或萌芽方法更新，在采伐迹地上建立起发挥防护作用的新一代林带后，再对另一半侧林带更新。该方法适用于风沙危害比较严重的地区，尤其适合于宽林带的更新。该方式优点是节省土地、防护效益减小少。

③带内更新 在林带内原有树木行间或伐除部分树木的空隙地上进行带状或块状整地、造林，并依次逐步实现对全林带的更新［图6-12（b）］。该方式的优点是既不多占地，又可使林带连续发挥防护作用；缺点是更新后林相不齐，影响防护作用。

④带侧更新 在林带的一侧（最好是阴侧）按林带设计宽度整地，营造新林带，待其郁闭成林后，再伐除原林带的更新。这种更新方式在东北被称为"滚带更新"或"接班林更新"［图6-12（a）（d）（f）］。该方式缺点是占地多。一般适用于窄林带的更新或地广人稀的非集约地区的林带更新。

⑤带间更新 在林网内农田的中间地带新植幼林，待其达到一定高度，可以发挥防护作用时，伐除老林带的更新，适于大网格改造或优化更新。

⑥伐根萌芽更新 对具有萌蘖能力强的树种（如杨树、柳树等）衰退林带经济实用的更新方式。

（3）更新年龄

姜凤岐等（1994）提出了防护林的初始防护成熟龄和终止防护成熟龄的概念。防护林

图 6-12 带内带外更新

（a）落叶松带外更新杨树林带 （b）云杉林带内更新杨树林带 （c）樟子松带外更新杨树

的数量成熟龄通常出现在初始防护成熟龄和终止防护成熟龄之间。通常以数量成熟龄来确定更新年龄，但考虑到采伐木材利用的问题，更新年龄主要是从农田防护林的基本功能出发，考虑农田防护林防护效果明显降低的年龄（终止防护成熟龄），并结合木材工艺成熟龄及林带状况等综合因子来确定。我国农田防护林主要树种的更新年龄见表 6-1。

表 6-1 我国农田防护林主要树种的更新年龄

树 种	更新年龄（a）
泡桐等极速生阔叶树种	10~20
杨树、柳树、木麻黄等速生软阔叶树种	20~25
刺槐、臭椿等阔叶树种	25~40
榆树、蒙古栎等硬阔叶树种	40~60
油松、樟子松、落叶松等针叶树种	40~80

注：引自朱金兆，2010。

（4）更新实例

黑龙江的"以松改杨"更新[图 6-12（a）（c）]。以松改杨是解决农田防护林更新换代，保持有效防护效益的更新方式。松树主要采用的是落叶松和樟子松，改造的杨树主要是银中杨、小黑杨、北京杨、中东杨等品种。松树林龄达到 24 a 时，再伐除杨树林带。每伐除 1 km 以松树更新的杨树林带可减少胁地 4.6 hm^2，稳定性增加 1 倍，延长防护寿命 2.8 倍。黑龙江省甘南县音河乡采用了"以松改杨"和林粮间作方式，合理利用空间，提高了光能利用率，发挥了资源潜力，既促进林木生长，又有短期的农业收益，一举多得，达到了少投入、多产出的目的，是培育林业后备资源的有效途径，也是一种切实可行的改造方法和林业提高自身经济效益的有效手段，有着显著的生态、经济效益。拜泉县自 2000 年开始对 20 世纪七八十年代的杨树农田防护林带实行的林带外接班林"以樟子松改杨"更新模式也取得了较好的效益。

新疆经济林树种上农田防护林带。新疆南疆地区用核桃、大枣、桑树、巴旦杏等特殊经济林树种改造农田防护林网副林带，实现了经济效益、生态效益和社会效益的最佳结合，促进了民族地区的经济发展。其主要有 3 种方式：①用核桃等树体高大的树种营造副林带；②改造渠、路两侧的林带，在向阳面配置经济林树种；③在林网内实行农林混作，主要是在毛渠两侧栽桑树、巴旦杏、红枣等经济树木。

6.3 草牧场防护林

草牧场防护林是指在草牧场上以防风，防寒、防止水土流失为目的的天然林与人工林，一般是由伞、带、网、片状配置所形成的防护林体系。东北林业大学赵雨森等（1997）通过"八五"攻关项目总结了国内外草牧场防护林研究概况，认为草牧场防护林是草场防护林和牧场防护林的总称，是牧场防护林的衍生和扩展。

我国草牧场防护林建设历史较短，从 20 世纪 80 年代才开始起步，先后有辽宁省固沙研究所、黑龙江省杜尔伯特蒙古族自治县、内蒙古赤峰市短角牛场、内蒙古奈曼旗兴隆昭和林场和保安农场、内蒙古林业科学研究院、福建省屏南县屏南牛场等单位营造了草牧场防护林。近 40 年来，各地营造了多结构、多形式的草牧场达 1.7×10^5 hm^2，草牧场防护林建设初具规模（吴德东，2012）。

6.3.1 草牧场防护林作用

草牧场防护林在改善草牧场局部小气候，减轻各种自然灾害对牲畜生长与生存的不良影响，保护草原防止"三化"（退化、沙化、碱化），维护草原生态系统平衡，提高牧草产量和质量、单位面积的载畜量，增加草原生态经济系统的承载能力，提高整个草原生态系统的生产力和稳定性方面发挥着重要作用。

1）草牧场防护林对牲畜的保护作用

草牧场防护林对放牧条件下的家畜来说，主要是改善局部地段的小气候条件，使牲畜相对提高体质，减少疾病。同时改善牧草和牧场条件，提高单位面积牧草生产。在寒冷季节，羊群剪毛后不能保暖，寒风侵袭造成严重灾害促使一些国家营造大量的护牧林。

首先，草牧场防护林可以削弱风雪、严寒、冷雨之危害。冬春雨雪伴之大风降温，牲畜易于顺风跑散丢失或冻死。据内蒙古科左中旗珠日河牧场测定，有生物圈庇护的死亡率约 12%，反之为 30.7%；在旷野 20 m/s 的大风条件下，圈内只有 6.6 m/s 的微风；一次大风雪每个生物圈，可减少 100 头牲畜死亡。在冬季，低温使牲畜消耗大量体内热能，导致掉膘。牧场在无防护林的情况下，家畜需要更多的饲料增加热能以弥补本身热量的消耗，因此，在冬季牲畜体重普遍降低。根据美国蒙大拿州的材料显示有乔灌木林保护的牛群与无保护的牛群相比，经过中等条件的冬季，每头牛比无保护的多增重 15.8 kg，经过严寒的冬季，牛群比无保护的每头少减轻 4.8 kg。在美国南达科他州有乔灌木防护林的沿河林场，其牛群比无防护的牛群每头少减轻 13.6 kg。一般地，在有防护林牧场上的畜群，其乳品日产量提高 16%（影响产乳量的因素有二：一是不良的气候，如高温、大风、寒冷等引起牲畜不良的生理反应；二是饲料生长量低）。由于有防护林的作用，可使冬季牲畜的营养状况得以改善，并增加其抵抗力。

其次，草牧场防护林可以为牲畜提供避暑的功能。在夏季，高温使牲畜散热受到抑制，导致皮肤毛细血管扩张，呼吸加快，不愿吃草。夏季草牧场防护林林冠下气温比旷野低 5.6 ℃，可使牲畜的生理机能维持正常，体温从 38.4 ℃降到 38 ℃，脉搏从 77 次降

表 6-2　植树的降温作用及对乳牛的生理影响

地　区	指标	气温 (℃)	辐射温度 (℃)	乳牛生理指标		
				体温 (℃)	脉搏 (次/min)	呼吸频率 (次/min)
日光照射地区	最低	26.4	66.3	37.7	63	32
	中等	29.2	72.8	38.4	77	42
	最高	31.7	79.6	38.9	84	50
植树遮阴地区	最低	21.8	28.3	37.4	55	26
	中等	23.6	29.7	38.0	63	33
	最高	27.3	35.6	38.3	68	40

注：引自向开馥，1991。

到 63 次；呼吸频率以 42 次/min 降到 33 次/min，有利牲畜增膘与产奶量之提高。表 6-2可以说明林木的降温作用对乳牛的生理影响。

最后，草牧场防护林可以显著降低牲畜的发病率和死亡率，增强牲畜体质。根据密恰尔在英国北威尔士山的观察资料，1950 年 4 月 7～12 日的暴风雪说明了草牧场防护林对羊群产后疾病状况的作用：一群羊放牧在有防护林地区处（海拔 380 m），在 295 只母羊中有 10 只发病，发病率为 3.39%；另一群羊放牧在无防护林保护处（海拔 427 m），在232 只母羊中有 37 只患病，发病率为 15.95%。在 1955 年冬季，对同一地区的羊群怀羔期毒血症进行调查，在树林附近的母羊发病率为 0.66%（1513 只母羊中有 10 只病羊）；而无防护林保护的母羊发病率为 4.10%（19 954 只母羊中患病的有 818 只）。同一地区，1950 年在有天然防护林的条件下，在 376 只母羊中得病的有 21 只（占 5.59%）；在邻近无保护的场地上，302 只母羊有 79 只患病（占 26.16%）。由此可见，缺少防护林，促使了牲畜发病率和死亡率增加。又如，在乌兹别克牧场的观察资料表明，防护林可使林下太阳辐射能量减少 90%～93.3%，羊羔出生率比无林区提高 12%～14%，剪毛产量提高10%～15%，产肉量提高 20%～25%。G. Alexander 等（1980）详细报道了草牧场防护林对牲畜和野生动物生长和生存的影响，认为草牧场防护林是羊羔死亡率降低的原因。

2) 草牧场防护林对牧草生长的促进作用

草牧场防护林对牧场生长的促进作用主要表现为对牧草产量和质量两个方面。由于草牧场防护林能提高土壤的温度和空气的湿度，降低风速，减少蒸发和蒸腾，控制土壤风蚀，改良土壤结构，改善了其防护区域的微气候条件，从而促进了牧草的生长和发育，提高了牧草的数量和质量。

哈萨克林业及防护林研究所从 1961 年开始研究在半荒漠区营造防护林对改良草场及提高产量的作用。到 1967 年用胡颓子和榆树营造的牧场防护林面积达 76.4 hm²。其近30 a 的经验表明，营造防护林可显著改变当地植物区系组成，提高天然牧场 1.6～2.4倍，用伏地肤和驼绒藜建成的草牧场在防护林的作用下产量可提高 5～6 倍（向开馥，1991）。李会科等（2000）的研究结果表明，营造牧场防护林后，由于减轻了灾害性天气的危害，改善了小气候，控制土壤风蚀，改良土壤结构，因而促进牧草的生长发育。在林网保护下，草地产量、草群高度、草群密度明显提高，而且家畜喜食的禾本科草类显著增加，平均产草量提高 360.9 kg/hm²，牧草平均高度和密度分别增加了 11.56 cm 和 23.36 株/m²，优良牧草的占有率提高了 4.67%，因此草地生产力得到较大的提高，而且草质得到改善。中一曼于 1951 年 8 月 6 日在威斯尔测定了 3 m 高的绿篱（东西向）防护下的牧草生长情况。其研究结果表明：在绿篱北 2 m 处草高 28 cm；在 12 m 处，草高 20 cm；在 34 m 处，草高为 13 cm。苏联时期阿斯特拉罕白蒿半荒漠牧场上建立的大面积防护林带，据 1946—1960 年调查，天然草场在林带防护下，12 a 平均干草产量为 0.2451 t/hm²，比对照区增加量为 0.12 t/hm²。为人工播种牧草（鹅冠草、苜蓿、苏丹草）创造了条件，提高载畜量 1~2 倍。根据内蒙古巴林右旗短角牛场实测试验，放牧场疏林风速比旷野减少 41%~43%，相对湿度提高 2%~5%，蒸发量减少 34%，土壤含水率增加 2%，林内草场返青早 3~5 d，无霜期延长 5~7 d。由于微域气候之改善，林内比旷野产草量增加 21.6%，牧草高度增加 1 倍；禾本科和豆科牧草增加 53.3%；草料产量增长 8%~10%，出现了林茂、草丰和畜旺的好势头。

东北林业大学通过在内蒙古通辽市开鲁县保安农场对牧草防护林的观测表明，防护林不但改善了林间小气候，而且对牧草不同生长期也产生明显效益，如在牧草营养期，能提高牧草的生物量及营养物质含量、含水率、粗蛋白和磷的含量，并降低无氮浸出物含量。林网内生物量平均为 1243.95 kg/hm²，比对照区提高 171 kg/hm²，且牧草距离林带越近，其含水率越高。周新华（1990）分析了草牧场防护林对牧草质量和提高草场生产力的作用，在考虑了草场土壤背景值的基础上，分别对牧草营养期和绿果期，用牧草营养物质含量和能量指标评价了 4 年生白城杨林带对几种主要牧草质量的影响；用牧草生物量和单位面积能量评价林带对草场生产力的影响。其结果表明：营养期的牧草磷和粗蛋白含量分别提高 0.012% 和 1.365%，无氮浸出物含量降低 2.025%，草场生物量和能量分别增 131.5 kg/hm² 和 741.4 MJ/hm²，牧场质量得到提高。刁鸣军（1985）的研究结果表明：草牧场防护林庇护下的牧草营养成分较高，牲畜喜食的禾本科、豆科牧草所占比重提高 53.3%。

赵一宇等（1991 年）调研发现通辽市奈曼旗 10 a 营造防护林 12×10⁴ hm²，防治沙化 10×10⁴ hm²，解决了牧区边缘贫困牧民的安身问题。赤峰是翁牛特旗草原站在沙化草场营造了 60 hm² 防护林网，保护人工草场 0.3×10⁴ hm²，牧草返青提早 1~5 d，产草量从 410 kg/hm² 提高到 2550 kg/hm²。

3）草牧场防护林改良土壤的作用

苏联克列基尼夫（B. M. Кретинив，1978）对阿尔泰边疆区草原防护林带的土壤改良作用进行了研究。结果表明：在林带 27 a 的影响下，菜园草原土壤形态发生明显的变化，形成 0~2 cm 有机质层，积累了 5~20 cm 风成沉积物，A+B₁ 层厚度增加了 4~12 cm，碳酸盐泡沫反应的深度下降 6~8 cm，与无林带保护的风蚀土壤相比，有林带保护的 A 层机械组成要黏一些。在林带的作用下，土壤的形成作用加强，水稳性团粒结构的数量提高 1.5~2 倍，土壤容重减小，土壤肥力得到提高。同时由于林带改变了土壤的水分状况，因而促进土壤脱盐，防止土壤盐渍化。

伊夫宁（B. M. Ивонин，1989）研究了草原区人工林的作用，结果表明草原区人工林水土保持的作用取决于林冠下土壤表层（0~20 cm）的理化性质及森林枯落层的状况等综合因素。在良好的立地条件下，生长的阔叶林由于地表枯落物积蓄多，土壤形成团粒结构，保水作用大。

赤峰市林业科学研究所与巴林右旗短角牛场(1983,1985)的研究表明：草牧场防护林防护区(林网内)细砂、粉砂的含量分别为95.11%、89.76%，非防护区(旷野)细砂、粉砂的含量分别为84.3%、89%。细砂、粉砂的含量防护区较非防护区平均高6.68%。据研究，草牧场防护林对降低土壤容重、增加土壤孔隙度、促使土壤团粒结构的形成、改善土壤理化性质、提高土壤肥力等方面具有较显著的作用。

张宏思(1988)在"风沙干旱地区营林效益的试验研究"一文中指出，在风沙干旱地区营造防护林后，由于在林网内削弱了风速，增加了空气湿度，降低了土壤温度，减少地表水分大量的蒸腾流失，必然使土壤含水率有所提高。

胡嘉良(1992)对12条平行林带对东北西部风沙草原开垦后的防风蚀连续效应进行的研究结果表明：平行林带明显具有防止开垦后草原土壤风蚀的效应。

李会科等(2000)对榆林风沙区牧场防护林生态经济效益进行了调查。李会科认为营造牧场防护林后，由于林带削弱风速，控制风蚀，减少了草地土壤养分的无效输出，使有机质等营养物质稳定在草地系统中，同时防护林还可使随风挟带漂移的细粒、养分截留沉降在其防护区域内，因此能有效改善草地土壤结构，增加营养物质。林网保护的草地比无林网保护的草地中砂比重下降了21.89%，而粉砂比重比无林网保护的草地增加了3.7倍，土壤有机质提高了46.15%，土壤机械组成的改变即有机质含量的提高标志草场肥力的改善和提高，从而为草场植被发育创造了好的土壤环境，抑制草场退化和沙化。

4) 草牧场防护林的其他作用

草牧场防护林在草牧场除了起到防护作用外，其林木本身的枝、叶还可以作为枯草期补充饲料或用材。一些乔灌树种的树叶含有一定量的粗蛋白、粗脂肪、钙、磷等物质(表6-3)。这些树种中的蛋白质等物质的含量和优质牧草相比虽然较低，但木本植物产量高于草本，可作为冬春饲料缺少时的补充饲料。

表6-3 营养期几种树叶营养成分含量　　　　　　　　　　　　　　　　　　　%

树种	干物质	粗蛋白质	粗脂肪	粗纤维	无氮浸出物	粗灰分	钙	磷
杨树	91.50	25.10	2.90	19.30	33.00	11.20	3.36	0.40
山杨	91.10	13.80	0.10	14.50	52.80	9.90	-	0.02
柳树	86.50	10.40	3.50	19.80	43.90	8.90	-	-
乌叶柳	86.54	11.69	8.01	26.81	36.53	4.50	2.54	0.49
沙柳	87.66	13.79	14.32	27.47	27.04	5.04	3.08	0.63
沙枣	92.59	17.31	4.01	16.35	46.89	8.01	1.17	0.46
刺槐	91.77	24.35	3.29	37.82	16.61	9.72	1.91	0.09
柠条	91.63	13.70	3.08	30.38	38.09	6.38	0.87	0.09
白榆	91.66	11.36	6.22	26.41	33.95	13.72	1.89	0.15
紫花苜蓿	91.56	15.84	1.02	21.76	44.73	7.81	1.85	0.15

另外，草牧场防护林带可以作为草原边界，生态廊道对于维持草牧场物种多样性及平衡区域生态系统具有重要意义，草牧场防护林岛也能发挥草原生态岛屿效应，草牧场防护林与牧草畜群形成的森林草原景观也具有重要的美学价值和旅游开发价值。

6.3.2 草牧场防护林结构类型

东北林业大学赵雨森等（2002）对草牧场防护林模式进行系统研究认为，根据不同立地条件配置的草牧场防护林模式有带状草牧场防护林、群团状草牧场防护林、片状用材林、片状固沙饲料林、放牧场疏林、乔木绿伞、灌木绿岛和灌木固沙林等。目前，按照营造草牧场防护林的主要用途和防护林特点可大体分为以牲畜避难为目的的防护林、绿篱隔离型防护林、草场牧场防护林三大类，其中草场防护林包括人工饲料地防护林、草地防护林、疏林草地防护林、木本饲料林等。

6.3.2.1 以牲畜避难为目的的防护林

以牲畜避难为目的的防护林主要是指为牲畜冬季抵御严寒暴风雪、夏季抵御暴晒与酷暑以及抵御风沙伤害而营建的草牧场防护林，主要分布在冬季牧场定居点周围或附近、夏季牧场水源附近或牲畜休息场所附近，其形式主要有人工疏林和乔木树伞。

放牧场人工疏林 在放牧场上营造乔木为主、乔灌结合的带状和片状疏林。树种有杨属、旱柳、白榆、沙枣、紫穗槐等。成林后形成一个森林草原景观，可极大地改善放牧场的生境。

乔木树伞是在地势平坦、土壤水分较好的地段，营造少则十几株，多则几十公顷的群团状与片状树丛，为畜群提供抵御暴风雪和酷暑灾害的保护伞，同时也为畜群提供适口性较好的补充饲料。

6.3.2.2 绿篱型隔离防护林

绿篱型防护林是在草牧场上起到防风固沙、隔离牲畜，又能提供部分饲料，以乔灌木结合的防护林，其最典型的形式是生物圈和绿篱型围栏防护林。

生物圈是把种树与棚圈建设融为一体，发挥着护牧、护场和圈畜的多功能的一种设施。生物圈建在畜群点附近、地势平坦和地下水位较高的地方，圈距>2.5 km，零星分布。每个圈的面积约1.5 hm²，最大可容纳1150头牲畜。生物圈由四周为乔灌结合的防护林带、圈内种乔木绿伞（200株左右）、刺线围栏三部分组成。单个生物圈投资少，施工易，生长快，投产期短。一个畜群点建立3~5处生物圈，5~8 a可取得显著成效。

围栏是草原建设的关键措施之一。畜牧业发达的国家草原均已草库伦化了（"草库伦"是蒙古语，指用栅栏或者铁丝网圈起来的草场）。澳大利亚硬围栏占草原面积的95%，新西兰每17 hm²草场就有1 km围栏。内蒙古牧区的草库伦，它不仅有围栏，在内部还要封育、种草种树。在哲盟和伊盟草库伦已占可利用草场的3.7%。现阶段主要用作打草基地和冷季抗灾放牧。目前，发展趋势是面积由大到小，大的20~30 hm²，小的1~3 hm²。生产结构已从单纯封育到"水、草、林、机、料"综合配套，向高效益方向发展。

　　绿篱型生物围栏是为防止牲畜对林带的破坏而在草牧场防护林外边缘栽植的 2~3 行沙棘、沙枣、小叶锦鸡儿或山梨，株距 30~50 cm、行距 1 m，待成活后长至 0.5~1 m 高时，剪去顶端部分，使其侧枝长成牲畜难以逾越的林墙，增加防护效益。

6.3.2.3　草牧场防风林带

　　草牧场防护林带是为护牧、护草和制止"三化"营造的大型防护林带(网)。根据土地放牧利用特点可以分为基本草牧场防护林、饲料基地防护林等。

　　基本草牧场防护林是为了保护打草场或放牧场的牧草免受风害和其他不良气候的危害，以提高草场质量，提高草场的载畜量，在其四周营造的林带。按林带的有效防风距离 20H 设置林带，宽 10~15 m 左右，林带结构为疏透结构，以林带平均高 10 m 计算，则林带的有效防护范围的绝对值是 200~400 m，有效防护林覆被效率为 5%~7.5%。目前，营建的这种林带多为 5~7 行，带间距在 3 m 或 4 m 以上。这主要取决于沙地土壤性质、水分状况以及机械化整地和造林的程度。在半干旱地区，地下水位较低，又无灌溉条件的情况下，林带不宜过宽，以窄林带小网格防护效果最好。

　　饲料基地防护林带是在半干旱地区，草场条件差的地方，为了改善种草区的环境条件增加牧草产量和提供具有饲料价值产品而营造的多功能的林草相结合的条带林。这类防护林的规格与农作物区防护林相似，在牧草种植区以防护效能 20%、15~20H 的防护范围来确定网格大小，可用窄带(双行)或单行林带与牧草种植带相间隔，牧草或饲料作物种于行间，以形成林草带(图6-13)。饲料林带树种可选用枝叶可食性强、萌生力强的树种，如紫穗槐、锦鸡儿、灌木柳、刺槐、榆树、杨树等，要定期分批修枝、割灌以获得各种类型的饲料。

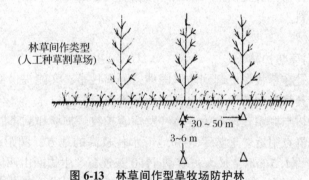

图6-13　林草间作型草牧场防护林

6.3.3　草牧场防护林设计与营造

6.3.3.1　草牧场防护林规划设计

　　规划设计牧场防护林是因地制宜地把基本草牧场防护林、夏季牧场防护林、定居点防护林、一般放牧场防护林、饲料基地防护林以及牧区薪炭林、用材林、苗圃、果园、居民点绿化等合理配置，设计成一个较为完善的具有防护和其他功能体系的系统工程，包括树种的选择、防护林带结构的设计、林带林网的配置等。

1) 草牧场防护林树种的选择

与农田防护林树种选择相似，需要注意其饲用价值，东部以乔木为主，西部以灌木为主。树种要耐旱、耐寒、耐瘠薄，抗风蚀和沙埋，根系发达不仅能吸收土壤深层的水分和养分，还要对钙积层具有很强的穿透作用，灌木要萌蘖能力强、再生性好、耐啃耐牧。常见的乔木树种有杨树、山杨、槐树、刺槐、柳树、胡颓子、榆树、梭梭、沙柳、柽柳等，常见的灌木树种有柠条、锦鸡儿、灌木柳、沙棘、沙枣、小叶锦鸡儿等。

2) 林带结构的设计

草牧场防护林带结构主要有紧密结构、稀疏结构、透风结构3种。其中，紧密结构采用乔灌草结合形式，林带上下层密度均匀，风速3~4 m/s的气流很少通过，透风系数<0.3，适合于草库伦、浩特(蒙古语，城的意思)、棚圈及居民点的防护和绿篱型生物围栏；稀疏结构林带上下层有一定的孔隙，风速在3~4 m/s的气流可部分通过，透风系数0.3~0.5，适合于土壤瘠薄、降雪少的天然牧场、半人工牧场或丘陵牧场；透风结构林带上层树冠较密，下部1.5~2 m处有较大的孔隙，透风系数为0.5~0.7，适合雪多的冬季放牧场或沙化的牧场及半固定沙地牧场、灌木草场。

3) 林带林网的配置

林网中主林带距离取决于风沙的危害程度。主林带在风沙危害不严重者时，可设计25H为最大防护距离，严重时设计为15H；病幼母畜放牧地可以为10H。副林带距离根据实际情况而定，一般设计为400~800 m。割草地一般不设计副林带。灌木带主林带距离50 m左右。林带主带宽10~20 m，副带宽7~10 m，考虑草原地广林少，干旱多风，为形成森林环境，林带可宽一些，东部林带6~8行，其中乔木4~6行，每边1行灌木，呈疏透结构，或无灌木的透风结构。造林密度取决于水分条件，条件好的可密些，否则要稀疏些。西部干旱地区林带不能郁闭。

4) 树伞林(绿伞林)的规划设计

树伞林是一般规划在地势平坦、水分条件较好的地方，呈群团状或片林状的树丛。片林(树伞)面积可以根据牲畜种类、畜群大小、每头牲畜所需遮阴面积及树木的遮阴效率等因素计算出来：

$$林地面积 = \frac{小牲畜头数 \times 2}{K} \quad 或 \quad \frac{大牲畜头数 \times 10}{K} \tag{6-1}$$

式中　2——每头小牲畜所需遮阴面积(m^2)；

10——每头大牲畜所需遮阴面积(m^2)；

K——林木遮阴效率(一般按照0.5计算)。

为了避免畜群集中在一块林地活动，影响林木生长，可为每一畜群设置2~3块林地。则林地总面积可按下式计算：

$$林地总面积 = (\frac{幼畜头数 \times 2 + 成年畜头数 \times 10}{K}) \times N \tag{6-2}$$

式中　N——地块数。

该类型草牧场防护林配置形式有多种多样。在多风向地区可营造多角形以形成最大的防护范围，如十字形、梅花形、"U"形、"T"形、"F"形和窄带状或有出口的圆圈形、草原散生式疏林，总的原则是要求是形成最大面积的防护（避风沙、遮阴、防雪）区。无论哪种形式，都应将庇护区和出口设在背风面。

6.3.3.2 草牧场防护营造技术

我国林学家石家琛、向开馥（1991）通过对草牧场防护林立地条件的分析研究提出：按照适地适树原则，在森林草原黑土地带营造草牧场防护林容易成功；在干旱草原栗钙土地带，发生在残积物上具有坚实钙积层的栗钙土地段造林是最不易成功的，而其他地段具有不同程度的造林适宜性；在暗栗钙土和栗钙土草原上营造防护林的难易程度依次为沙质暗栗钙土、沙质栗钙土、暗栗钙土、栗土、菌丝状暗栗土、发育在含石砾的坡积—洪积物上的暗栗钙土。内蒙古林学院（现内蒙古农业大学）汪久文认为草原地带造林成败的关键是寻找钙积层较弱的地段或土壤有效水充足的地区。

1) 整地

在干旱草原上造林，采用正确的整地方法是获得造林成功的关键。良好的整地技术，尤其是深耕，可以改善土壤蓄水保水性能，最大限度地吸收大气降水，增加土壤含水量，改善钙积层的紧实状况，从而保证树木的成活和生长发育。

为防风蚀，整地一般采用带状或穴状。整地带宽1.2~1.5 m，保留带依行距而定，松土50~60 cm深打破钙积层有利于蓄积水分和根系伸展。整地一般在雨季前，以便尽可能积蓄水分。在草原地区，整地最好采用深耕伏翻并休闲的技术。因该地区降水主要集中在6~8月，采用伏耕可贮存大量水分，经翻耕后草及其他植物被压入土内，相对减少了对水分的竞争，但在风沙严重的砂土地区，为防止沙化，一般都是现整地现造林。

另外，为了充分利用草原地带少量的降水，在整地时可以结合采用简易的田间贮水工程，如挖大坑、培截雨土埂、开深沟等。

2) 造林

草牧场防护林大都设置在半干旱或环境条件恶劣的地区，突出特点是水分条件差、降水量少、地下水位低，并伴有季节性干旱（尤其是春旱）。因此，造林时一个关键问题是要保持苗木根部处于良好的水湿状态。

（1）深坑或挖沟造林

造林一般在秋季或第二年春季。用杨树苗造林时，大都采用深坑造林，即用机械或人工开深沟或深挖（50~70 cm），然后在沟底部挖栽植穴植苗，将挖沟的砂土再回填沟内，覆平。在西北干旱砂土地区，有灌溉条件下，保持开沟原状，以便于灌溉，利用风力填平沟。这样可使根部处于稳定湿砂土中，以利于根的生长，同时也有利于埋入砂土中的干部萌生新根。

（2）带冻土坨造林

栽植时间以土壤冻结30 cm为宜，即11月左右为好，适于7~8年生樟子松、云杉造林。起苗前先将每株树灌水70 kg左右，冬至后挖树坨，树坨的上径60~70 cm，下径50 cm左右。用尖镐按树坨规格开沟，用锹切断主侧根，使幼树与土壤分离，栽植时扶正、覆土、浇水，然后再覆土培堆。翌年4~5月视天气干旱情况再灌水1~2次。

（3）裸根苗造林

沙地宜采用缝植、穴植，山地宜采用穴植。缝植造林时先用铁锹铲去表土，用植苗锹插入栽植点，一推一拉，开出深 40 cm、上口 30 cm 的缝隙，形成一个垂直面，然后把植苗锹拔出，将裸根苗根甩入缝隙内，保证苗不窝根，在距第一个缝 10 cm 的地方插入植苗锹，一拉一推；将原来的缝隙靠紧，踩实(图 6-14)。

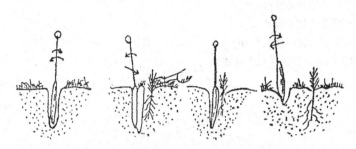

图 6-14　缝植造林示意（引自孙洪祥，1991）

小坑靠壁造林时，先用铁锹铲去表层干土，挖深 30~35 cm、上口宽 30~35 cm、穴底宽 15 cm 的植苗穴，将裸根苗扶正靠在垂直壁上，进行倒坑栽植、小背阴栽植。在较为平缓的沙地上，可采用机械造林。

(4)容器苗/移植桶造林

如选用松树苗木(2~3 年生幼苗)，可用容器苗，以保持根系不受风吹和干旱侵袭，或用大苗(5~7 年生)带土坨造林，能保持根部不受损伤和水分损失。在三北地区采用大苗移植桶造林，可获得明显效益，使成活率和保存率达到 95% 以上，同时，该种造林方法可以在任何季节进行，可避开干旱、风沙严重的春季。

3)抚育管理

在牧区进行造林的抚育管理与农田防护林的抚育管理相比，除必要的灌水、锄草、中耕、修枝外，更要防止牲畜破坏，在成荫前需要封禁。可根据当地具体条件分别采用刺网围栏、绿篱、打土墙、垒石墙或开沟等措施。根据经验，用大苗(3~5 年生)造林需要保护 2~3 a，用小苗(1~2 年生)造林需要保护 4~5 a。

本章小结

本章分别介绍了概述平原防护林类型、平原防护林与农业可持续发展、农田防护林防护效益、有关设计的基本概念、营建技术及抚育管理等内容；草牧场防护林的作用与分类、设计与营建技术。本章重点应掌握平原防护林不同类型不同结构林带的防护效益与机理、营建及管理技术要点。难点是合理设计和营建防护林、合理选择树种与结构配置、克服防护林的胁地效应。

思 考 题

1. 平原防护林的类型有哪些?
2. 农田防护林的建设意义有哪些?
3. 简单叙述气流对紧密型、疏透型、通风型林带结构的特点和适用范围。

4. 影响林带防风效应的主要因素是什么？

5. 什么是林带胁地？应对林带胁地的对策有哪些？

6. 农田防护林规划设计的原则与要求有哪些？

7. 如何选择平原防护林的造林树种？

8. 农田防护林营建的技术有什么？

9. 如何对农田防护林进行抚育管理？

10. 草牧场防护林的类型及特点是什么？

第 7 章

风沙区治沙造林

7.1 我国沙漠、沙地概况

沙漠是指气候干旱、降水稀少且变率较大、植被稀疏低矮、地表由起伏不一、形态各异的风成沙丘所覆盖的包括半干旱地区的沙地在内的广袤荒原。

沙漠也是各种自然地理要素相互联系、相互制约、有规律地结合而成的自然综合体。具有特定的空间范围和地理环境，并随各要素的变化，不断地发展和演变，这些传统认识已被世人所熟知。近年来，因沙漠研究的深入发展，上述认识已不能全面反映沙漠的内涵，从而增加了资源、经济、社会、政治等多种内容，使沙漠的含义更为真实丰富、准确客观。因此，沙漠是指地球上以风成沙物质和沙丘覆盖地表的特定区域，风沙、干旱、盐碱既对人类造成极大的危害，同时也具有多种再生、富集的优势资源和经济潜力及其他优越条件。沙漠形成于地质历史时期，进入人类历史时期以后，已经成为复杂的自然—社会综合体。由于人类经济活动对沙漠的形成演变产生着巨大的作用和深刻的影响，所以，在改造治理和开发利用沙漠过程中，必须以区域自然环境为基础，以人的因素为主导，以市场和经济规律为导向，以高科技为手段，以可持续发展为目标，恢复和建立沙漠复合生态系统。沙漠是我国内陆干旱区的重要地貌类型，也是重要的国土资源，在国民经济发展及国土安全方面具有不可或缺的重要地位。沙漠必然会成为人类生存和发展的美好地区之一。

我国沙漠多集中地分布在 35°50′~49°43′N，76°59′~123°50E 之间的辽阔地域，在西起塔里木盆地西缘，东至辽河干流，北达内蒙古高原东北端的海拉尔河，南抵共和盆地南缘之间，一个个相互独立的沙漠（含沙地，下同），构成了一个近似弧形的沙漠带。

每当提起我国沙漠，人们就会想到中国的八大沙漠和四大沙地。这个传统概念被 2018 年国家林业局出版的《中国沙漠图集》所打破，新出版的《图集》向我们揭示出 11 个沙漠和 7 个沙地，增加了鄯善库木塔格沙漠、狼山以西的沙漠和库木库里盆地沙漠等 3 个沙漠及共和盆地沙漠、乌珠穆沁沙地、河东沙地等 3 个沙地。行政区划上主要涉及新疆、内蒙古、甘肃、青海、宁夏、陕西、西藏、吉林、辽宁、河北等 10 个省（自治区）的 45 个盟（州、市）、195 个县（旗）、1252 个乡镇（苏木）。

详见本章后附件一：中国主要沙漠面积及分布表（国家林业局《中国沙漠图集》，2018）。

7.1.1　我国沙漠的分布特征

（1）中纬度的温带沙漠

由于青藏高原的隆起及其产生的热力效应，打破了控制我国大陆的盛行风系，季风环流成为影响我国大陆的主要风系，特别是高原隆起导致的西风带分支绕流，使长江以南的低纬度地区变得湿润多雨，避开了全球性"回归沙漠带"的魔咒，却让地处中纬度的我国西北内陆更加干旱成为沙漠、戈壁广泛分布的地域。我国沙漠属典型的中纬度温带沙漠，约有 92% 的面积分布在以蒙新高原为主的中国地势二级阶梯。

（2）山间盆地型沙漠为主体类型

山间盆地及湖盆洼地是我国西北内陆的重要地貌类型，山间盆地型沙漠在沙漠中占有很大比例，如塔克拉玛干沙漠、古尔班通古特沙漠、柴达木盆地沙漠、库木库里盆地沙漠、鄯善库姆塔格沙漠、共和盆地沙地都属于典型的山间盆地沙漠，腾格里沙漠、巴丹吉林沙漠、毛乌素沙地、浑善达克沙地则处于类似地形特征的湖盆洼地。山间盆地或低洼湖盆是区域的汇水中心，堆积了来自周边山地的丰富风化沉积物，在气候干旱或湖盆构造抬升时，湖面下降以致干涸，湖溯盆底部深厚的湖相地层出露地表，在强风作用下，成为沙漠形成的物质来源。此外，盆地的封闭地形，有利于沙物质的积累，而不利于沙物质向盆地外扩散流失，为内陆干旱区山间盆地沙漠的形成和发育提供了有利的地形条件。山间盆地型（或具有类似地形特征）沙漠面积约占全国沙漠总面积的 83.50%，是我国最主要的沙漠类型。

（3）以内流河为主的沙漠水文网

在我国沙漠中，多数沙漠的水文网是以沙漠及其周边山地为单元形成的相互独立、封闭的内流水文网系统。以周边山地为产流区，盆地为汇流中心，这是我国沙漠的另一重要特点。在我国沙漠中，内流水文网面积约占 89%，可外流入海的沙漠流域约占沙漠总面积的 11%。由于区域干旱少雨，在所有沙漠的水文网系统中，多数河流都具有流程短促、流量细小的特征，且以间歇性河流为主。即使像塔里木河、弱水、疏勒河、石羊河等这些依靠高山冰雪融水补给、流程较长、流量较大的河流，最终也都消失在尾闾洼地或沙漠之中。

从区域看，草原带的沙地及干旱荒漠带西部的古尔班通古特沙漠，依靠天然降水沙生耐旱植被可维持生长，沙丘多以固定、半固定为主。极旱荒漠带及阿拉善高原的干旱荒漠带虽有一些依靠周边山地降水或冰雪融水补给的较大内流河流注入，但多被沿途绿洲拦截消耗，多数河流与沙漠的内在联系减弱，大气降水难以维持植物生存的基本需要，因此，多以流动沙丘为主体类型。

7.1.2　我国沙漠的分布格局

沙漠、戈壁和黄土是我国西北内陆最具特色的 3 种地貌类型，三者在形成上存在着紧密的关系。沙漠和戈壁都是干旱和极端干旱地区荒漠的组成部分或一种类型，形成过程的自然条件和地理背景基本一致，地域分布具有相关性；二者的空间组合关系随着地势的高低变化形成层状结构，一般由高到低依次为剥蚀（侵蚀）戈壁—堆积戈壁—沙漠。戈壁是沙漠和黄土的物源提供者，黄土是戈壁和沙漠中黏粒物质的接受者，沙漠既是戈壁中细小沙粒的接受者，也是黄土中黏粒物质的提供者。在西北内陆的高原与盆地中，这三者之间呈现出规律性的分布格局。

7.1.3 中国沙漠形成时代及成因

1）中国沙漠形成的时代

我国沙漠的形成最早可以追溯到中生代的白垩纪，但那是现代黄色沙漠出现之前曾广泛分布在我国大陆的红色沙漠。白垩纪早第三纪时，在行星风系控制下，在25°~50°N的我国大陆，从西北的准噶尔盆地到东南的江西一带，形成一条跨越十余省（自治区）、斜贯大陆的热带—亚热带红色荒漠带，其间的许多盆地发育了红色沙漠。后随气候转凉，红色荒漠带逐渐退缩北移，至晚第三纪末消失。

我国现代黄色沙漠则是第四纪以来形成的。相较温暖而稳定的新生代早中期，起始于260万年前的第四纪是一个寒冷的时代，其显著特点是冰期—间冰期的多次旋回，期间最重要的地质事件就是青藏高原的快速隆升。我国现代黄色沙漠正是随着青藏高原的隆起而形成和发展的，在冰期—间冰期的旋回中经历了重要的发展及演化，最终形成现今的分布格局。

第四纪更新世早、中期是中国沙漠形成的重要时代。青藏高原在历经多次抬升—夷平过程之后，高原面在早更新世至中更新世之交的喜马拉雅造山运动中抬升到大约3000~3500 m，部分山地更上升到4000~4500 m，进入冰冻圈，开始了大规模冰川作用。高耸的高原面不仅阻挡了西南季风对西北内陆的水汽输送，也迫使西风带发生分支绕流，打破了控制我国大陆气候的行星风系，强劲的蒙古—西伯利亚高压成为我国大陆冬半年的控制风系，夏季风强度大幅减弱，西北内陆干旱气候进一步强化，为沙漠的形成发育创造了有利的气候环境。塔克拉玛干沙漠、巴丹吉林沙漠、腾格里沙漠、库布齐沙漠、古尔班通古特沙漠以及浑善达克沙地、毛乌素沙地、科尔沁沙地、呼伦贝尔沙地等主要沙漠沙地多在此时或更早时期形成。中更新世时，内陆干旱气候进一步强化，沙漠得到迅速扩展。因此，更新世早、中期是我国黄色沙漠逐渐形成并迅速扩展的重要时期。

2）中国沙漠的成因

导致我国北方内陆沙漠形成的根本原因是青藏高原的隆起以及隆起后高原的热力效应对中亚乃至全球水热环境的影响。

高原隆起打破了原本控制我国大陆的行星风系，导致季风环流系统的形成。源于印度洋的西南夏季风的形成，曾一度让我国西北内陆变得湿润，发育了红色黏土。然而，持续隆升的高原体最终成为一道高高耸立的屏障，使西南季风挟带的印度洋水汽无法爬越高原到达西北内陆。同时，高原隆升致使蒙古—西伯利亚高压加强，东南夏季风减弱退缩，干燥强劲的西北风成为冬半年我国大陆的控制风系，导致西北内陆干旱加剧。因此，青藏高原的隆起是导致我国西北内陆成为干旱少雨、风力强劲，沙漠、戈壁、黄土广布的根本原因；深居内陆、远离海洋的地理位置，进一步加剧了西北内陆的干旱环境。我国沙漠分布的西北内陆位于欧亚大陆腹地，如以敦煌为中心，距离太平洋、北冰洋及大西洋的垂直距离分别约为 2500 km、3000 km 和 5000 km。长途跋涉的消耗以及崇山峻岭的层层拦截，使无论来自哪个洋面的水汽到达西北内陆时都成强弩之末，所剩无几了。高耸的天山使来自大西洋和北冰洋的微弱水汽难以到达南疆盆地，加上越过青藏高原面的气流在高原北缘下沉时形成的"焚风"效应，也给原本非常干旱的南疆气候火上浇油，致使塔里木盆地东部至河西走廊西部及柴达木盆地西北部一带成为西北内陆最为干旱的区域。

蒙古—西伯利亚高压是一个厚度较薄的天气系统，很难爬越高达 5000 m 的青藏高原，只能沿高原东北缘绕流南下，而高原东北缘的凸出前伸地形，又使阿拉善高原及河西走廊一带的风力更为强劲。此外，盆山热力差异、特殊地形及外围山口导致的气流倒灌则为山间盆地的强烈风沙活动提供了动力条件。

长期的构造运动使西北内陆的许多山前倾斜平原、湖盆底部、河流沿岸等地域形成了深厚的各种沉积疏松地层。这些河湖相沉积层及山前冲积扇剥蚀高原、高地产生的大量风化剥蚀物，成为沙漠形成的丰富物源，加上干旱、多风的气候环境，西北内陆大规模沙漠的形成就成为必然的结果。

3) 中国沙漠的演化

随着气候波动变化，西北内陆沙漠形成以来发生过多次正逆旋回，经历了漫长的发展和演化，最终形成了现今的弧形沙漠带分布格局。其中晚更新世的末次冰期和全新世大暖期是内陆荒漠形成以来最为重要的两个演化阶段。

晚更新世，青藏高原继续隆起，对西风带和西南季风的屏障作用愈益加强，末次冰期时蒙古—西伯利亚高压空前强盛，东南季风大幅减弱后退，致使西北地区降水大幅减少，是内陆沙漠形成以来经历的最为寒冷干旱的时期。末次冰盛期，200 mm 等雨线向南退缩了 8~10 个纬度，草原带的毛乌素沙地、浑善达克沙地、科尔沁沙地以及呼伦贝尔沙地全部成为流动沙地；半荒漠带的乌兰布和沙漠、库布齐沙漠及狼山以西的沙漠中的半固定沙丘也都变成流动沙丘；干旱荒漠带的巴丹吉林沙漠、腾格里沙漠范围大幅度扩展，湖泊水位显著下降以致干涸，巴丹吉林沙漠向南向东的流沙扩散空前活跃，古尔班通古特沙漠及柴达木盆地东南部的沙丘完全成为流动状态；极旱荒漠带沙漠环境进一步强化，塔克拉玛干沙漠扩大到整个塔里木盆地，柴达木盆地的湖泊几近消失。末次冰期是内陆沙漠形成以来范围最大、沙漠正过程最强烈的时期。末次冰期也奠定了我国当今沙漠分布的基本格局。

到了全新世，北方内陆进入一个温暖湿润的时期。全新世早期，气温开始回升，降水有所增加，沙漠环境趋于好转。特别是距今 8000~3000 年的全新世大暖期，蒙古—西伯利亚高压空前减弱，东亚夏季风向北向西大幅推进，整个中国大陆进入第四纪以来最为温暖湿润的时期。其时的温度大约比现在高 3~5 ℃，降水量比现今多 1/3 以上，200 mm、400 mm 降水线分别向西北推进了大约 4~5 个纬度。此时，除极旱荒漠带外，其余自然带的沙漠植被盖度都明显增高，古尔班通古特沙漠几乎成为完全固定的沙漠，巴丹吉林东部及腾格里沙漠东部、东南部的植被状况明显改善，半固定、固定沙丘比例增加，并有较弱的土壤化过程；草原带的毛乌素沙地、浑善达克沙地、乌珠穆沁沙地、科尔沁沙地、呼伦贝尔沙地以及共和盆地沙地等几近消失，且都经历了一次明显的成壤过程，其中愈向东土壤化程度越高，厚度越大。极旱荒漠带的干旱环境亦有所缓和，河流沿岸或低湿地的植被覆盖有所增加，但因降水量绝对值太小，以流动沙丘为主的极旱沙漠环境难以改变。全新世大暖期是中国沙漠形成以来范围最小、沙漠逆转过程最显著的时期。

大暖期结束之后，气候又趋于干冷。15~19世纪的小冰期，在我国东部、西部地区分别表现为冷干和冷湿的不同气候特征。因此，小冰期对荒漠草原带以东沙地环境影响较大，部分沙丘出现活化、流沙扩展的情景。而对极旱荒漠带和干旱荒漠带西部的沙漠环境，冷湿的气候环境或许并无负面影响。

在我国沙漠形成以来经历的若干次正逆演化过程中，晚更新世的末次冰期和全新世中期的大暖期是其中两个最强烈，也是两个最极端的演化事件。其实，即便在极端寒冷干旱的末次冰期，也有过若干次相对温暖湿润的气候波动，在温暖湿润的全新世，也多次出现过相对干旱偏凉的气候环境，内陆沙漠也在历次气候波动变化中经历了或强或弱的正逆过程。其中草原带沙漠和干旱荒漠带西部的古尔班通古特沙漠经历了多次沙丘活化、流沙扩展或沙丘固定、生草成壤的正、逆演化过程；极旱荒漠带的沙漠则始终保持了以流动沙丘为主的极旱沙漠环境；干旱荒漠带沙漠的演化模式介于极旱荒漠带与草原带沙漠之间；干旱荒漠带东南缘及部分荒漠草原带沙漠在某种程度上表现出类似草原带沙漠的演化特征，但演化强度较低。

目前，我国西北内陆的气候既没有全新世中期那么湿润温暖，也没有末次冰期那么干旱寒冷，大体介于两者之间且略微偏好的一侧，处于这种气候背景下的内陆沙漠，其自然状态下的总体环境也反映出大体类似的状态。

不同时期空间格局变化详见本章后附件二：末次冰期以来中国北方环境空间格局演变示意(国家林业局《中国沙漠图集》，2018)。

7.2 风沙区自然条件

7.2.1 我国沙漠的自然环境

我国沙漠分布区的降水主要受西风带及东亚季风两大环流系统控制，大体以大兴安岭—狼山—雅布赖山一线为界，以西为西风环流影响区，以东为东亚季风环流影响区，但夏季风强盛时也常前伸到阿拉善高原中西部带，带来降水。此外，极地冷气团及西南季风也对新疆地区及柴达木盆地南部的降水产生一定影响。在上述气候环流的综合影响下，特别是东南夏季风由东向西递减分布的影响，大体在35°~50°N间，从最东部的长白山到最西端的塔里木盆地，形成了南北宽数百千米、东西长数千千米经向分布的6个水平自然带，由东向西依次梯度分布，带间自然特征分异明显。我国沙漠除最东部森林带无分布外，森林草原、干草原、荒漠草原(半荒漠)、干旱荒漠、极旱荒漠5个自然(亚)带均有分布。

通常认为，南疆盆地的极端干旱是天山及帕米尔高原对西风带水汽遮蔽的结果，但从东南季风对降水分布规律的影响看，也可解释为因其地处东南季风影响末端，水汽到此已经耗尽的必然结果。因此，无论其干旱的成因如何归属，都不影响这片极旱区域处于经向自然带谱序列的最西端的现实。鉴于此，不妨也可以将其看作经向自然带谱中极旱荒漠带的向西延续。

1) 极旱荒漠带的沙漠

本带位于玉门—北山一线以西，天山以南，阿尔金山—昆仑山以北，帕米尔高原以东的区域。此外，柴达木盆地虽处青藏高原，但更具西北内陆干旱气候特征，其中西部亦属极旱荒漠类型。区内有塔克拉玛干沙漠、库姆塔格沙漠、鄯善库木塔格沙漠及柴达木盆地沙漠的中西部，沙漠面积共 $37.93×10^4 \ km^2$，占全国沙漠总面积的 55.14%，是 5 个生物气候带中沙漠面积最大的一个。区域年平均降水量不足 50 mm，其中塔里木盆地东南部、柴达木盆地西北部、吐鲁番盆地年降水量不足 20 mm，为我国乃至中亚最为干旱的区域。地带性植被为零星分布的超旱生矮小灌木、半灌木极旱荒漠，仅在低湿地段有湿生、盐生植物生长，部分河流沿岸有胡杨河岸林发育。全域沙丘几乎全为流动状态，仅沙漠边缘及河湖沿岸有极少量半固定或固定沙丘分布。

2) 干旱荒漠带的沙漠

本带大体位于乌力吉—哈拉乌拉山西端—贺兰山一线以西，玉门—北山—巴里坤山一线以北，西至准噶尔盆地西缘之间的区域，其间包括阿拉善高原、河西走廊东、中段及准噶尔盆地，为一东南—西北走向、长约 2000 km 的狭长地带，西部的古尔班通古特沙漠受西风环流控制，东部的巴丹吉林沙漠虽为西风带影响区，但也受到东南季风的惠顾，为两大环流的过渡区。极地冷气团也给准噶尔盆地带来北冰洋水汽，印度洋水汽亦偶尔到达柴达木盆地东南部，并致降水。区内年降水量在 50~100 mm 之间，其中准噶尔盆地东部和腾格里沙漠东南部可达 100~150 mm。受青藏高原东北边缘凸出前伸对冬季风的挤压加速影响，阿拉善高原风沙活动及流沙扩散极其活跃，巴丹吉林沙漠北部的拐子湖一带为我国沙尘暴的高频发区域。区域总体呈现典型干旱荒漠景观，东部区域地带性植被主要为以白刺、沙拐枣、绵刺等耐旱灌木、矮灌木及盐生植物组成的荒漠植被。除古尔班通古特沙漠外，其余以流动沙丘为主，东南部有少量半固定沙丘。巴丹吉林沙漠东南部湖泊众多，与沙丘相间分布，腾格里沙漠多盐湖或干涸湖盆。古尔班通古特沙漠环境较为湿润，发育了以梭梭为主并伴有短命植物及地衣、藓类等低等植物为代表的植被类型，是我国荒漠带唯一以固定半固定沙丘为主的沙漠。

受风向及地形等因素影响，巴丹吉林沙漠以沙丘高大（沙丘最高可达 500 m）、湖泊密布著称；腾格里沙漠以格状沙丘居多；古尔班通古特沙漠以纵向复合型沙垄为主，特别是纵向复合型树枝状沙垄别具特色。

3) 荒漠草原带的沙漠

本带位于干旱荒漠带以东，苏尼特左旗—达茂旗（百灵庙）河套东缘—盐池一线以西，主要包括阿拉善高原东部和东北部及鄂尔多斯高原北部。区内分布着乌兰布和沙漠、狼山以西的沙漠、库布齐沙漠的中西部及宁夏河东沙地，年平均降水量 100~200 mm，地带性植被以荒漠草原丛生矮禾草及灌木、半灌木为主，盖度多在 30% 以下。区内狼山—桌子山间的开阔地形，对掠过阿拉善高原的蒙古—西伯利亚高压向东扩散产生导向作用，致乌兰布和沙漠南部、库布齐沙漠中西部沙丘多以流动为主，乌兰布和沙漠北部及东部多为半固定、固定沙丘。狼山以西沙漠虽以流动沙丘为主，但多有稀疏的梭梭散生其间。

4) 干草原带的沙漠

本区位于荒漠草原带以东，大兴安岭—张家口—大同—榆林线以西的内蒙古高原中、东部，鄂尔多斯高原，以及青藏高原东北缘的共和盆地—青海湖一带。毛乌素沙地、浑善达克沙地、乌珠穆沁沙地、呼伦贝尔沙地、共和盆地沙地以及库布齐沙漠的东部分布在本区，是我国沙地集中分布的区域。区内年平均降水量 200~400 mm，从东向西呈递减分布。植被以羊草、针茅等禾草草原为主，总盖度可达 40%~70% 或更高。西部草原中蒿类、锦鸡儿属成分增高，本区东部的浑善达克沙地、乌珠穆沁沙地广布的榆树疏林也属我国仅有的温带稀树草原分布区。西北或偏西风为区域盛行风向，中东部因地形开阔平坦，风力总体上较其以西的荒漠带有所减弱，沙丘以固定、半固定状态为主，向西随植被盖度降低，流动沙丘比例渐增。共和盆地因受掠过柴达木盆地的蒙古—西伯利亚干燥气流控制，沙地流动沙丘占比最大，但丘间低地多有零散状植被分布。

5) 森林草原带的沙漠

位于大兴安岭南段及其东侧，仅科尔沁沙地分布在此区，沙地年平均降水量约 400 mm，但因西侧山地的庇护，风力和蒸发力都明显降低，沙地环境较为湿润。伴有沙地锦鸡儿、灌木柳、蒿类的针茅草原及榆树疏林草原为本区地带性植被。沙地以固定半固定沙丘为主，流动沙丘多分布在西部山口及河谷多风地带。因植被较好，科尔沁沙地亦作牧场利用。

7.2.2 沙地特征与水分状况

1) 沙地特征

在半干旱、半湿润和湿润地区的沙质土地，由于受自然及人为因素的综合影响和干扰，形成类似沙漠的风蚀、风积的地貌景观，均可称为沙地。沙地可分为 3 种类型：①流动沙地，指植被盖度小于 10% 的沙地或者沙丘；②半固定沙地，指植被盖度在 10%~29% 之间，而且分布均匀，风沙流活动受阻，但流沙纹理依然普遍存在的沙丘或沙地；③固定沙地，指植被盖度大于 30%，风沙活动不明显，地表稳定或者基本稳定的沙丘或沙地。

沙地作为一个自然、经济、社会复合而成的立体状生态经济综合系统，具有复杂而多变的处于动态之中的特征。

从沙地的形成原因上分析解剖，在沙地的发生和形成及发展过程中，人为因素起首要的主导作用，自然因素起着从属的辅助作用；

从沙地所处生物气候带分析，沙地多发生和分布在湿润、半湿润、半干旱地区；

从沙地的区域社会经济因素上分析，沙地发生与分布在人口稠密、交通发达、经济繁荣、现代化程度高的相对发达国家与地区；

从风沙活动程度上分析，沙地的植被等自然条件要优越于沙漠，因而沙地风沙活动强度低于沙漠，沙地的流动沙丘移动速度要比沙漠地区沙丘前移缓慢；

从沙漠化生态系统逆转角度分析，就沙地、沙漠的宏观自然环境条件而言，沙地的环境景观条件优越于沙漠，故而沙地生态系统的逆转较沙漠容易。在水分条件较好的沙地，合理地调节和安排工、农、牧、林、渔等社会经济比例结构，逐步减弱或停止人类的不合理经济行为，沙地生态系统将会朝着良性循环的方向发展。

2) 沙地水分状况

(1) 沙地水分状况

在不同的月份和不同的层面上都有自身的特点。一般来讲，在沙地 1m 表层中含有不超过 30~70 mm 的水分，但是在连续降水时，沙地的各层可以达到普通田间的最大蓄水量。在盖度 50%~60% 有植被的沙地上，由于植物的吸收，沙地的蓄水量的时间是很短暂的。在长时间没有降水的情况下，沙地水分会迅速降低，达到 2% 以下，但是水分含量会随着沙层增厚而增加，在沙层的 20~40 cm 时，水分含量到 1.5%~2%，并保持较为稳定的状态，这样的含水条件可以使植物生长。

(2) 降水后的沙地水分的变化

降水会大大改变沙地水分的含量，而且同干旱的状态下相反，通过气象资料测得，降水 12~17 mm，20 cm 内的沙地可以达到最大田间蓄水量，降水 18~30 mm，100 cm 内的沙地可以达到最大田间蓄水量，降水 31~40 mm，200 cm 内的沙地可以达到最大蓄水量。在大的降水条件下，由于沙层的松散性质，直接影响地下水，研究得出降水同沙层呈现的是倍数的增长，沙地水分的支出由于沙地水分交换强烈，下降十分快，在一天时间内，10 cm 沙层含水量从 5.44% 至 2.75%，20cm 沙层由 4.42% 降至 2.75%，但是 40 cm 以下水分变化缓慢。

(3) 季度的沙地水分状况

一般来讲，一次降水对沙地的含水率影响不大，但是连续的稳定的降水可以均匀地增加沙地含水率。沙地造林都是在雨季进行，要对雨季进行认真的分析。首先含水率和降水量是一致的，降水均匀和连续的状况，可以大大提高 40 cm 以上沙层的含水率，对植树造林有很大的影响。在支出上，沙地没有植被的情况是以渗水为主的，在有植被的情况下是植物的蒸腾作用和渗水共同作用，而且经过观察，有植被的沙层含水量要低于无植被的情况，在干旱的环境中两者含水量差异更为明显。

7.2.3 风沙运动与沙漠治理

1) 风沙运动规律

风沙运动是以风沙流来表示的。风经过松散物质所组成的地表，当风速达到使沙粒脱离地表进入气流中移动的临界速度即起沙风速时形成风沙流。风沙流的形成依赖于空气与沙质地表两种不同密度物理介质的相互作用，而它的特征对于风蚀、风积作用的研究及防沙措施的制定有着重要意义。

风沙移动规律是指风的磨蚀作用，沙粒移动，风对地表所产生的剪切力和冲力引起细小土壤从团粒或者从土块分离，称为风的磨蚀作用；继之土粒或沙粒被风带走，称为搬运作用；当风速降低之后土粒或沙粒从空气中沉降下来，称为沉积作用。这 3 种作用相互联系、相互影响。风蚀的强度受风力强弱、地表状况、粒径和比重大小等综合因素的影响。当气流的上升力和冲击力大于土粒或沙粒的重力和颗粒间的相互黏结力并能克服地表的摩擦力时，土粒或沙粒就被卷入气流，随风运行。这种挟裹大量土沙粒的气流称为风沙流。形成风沙流之后，风对地表的冲击力和磨蚀作用显著加强，能将更多的土粒从土块和团聚体里搬走。

孙显科在《辩证思维与风沙运动理论体系的创建和应用》中，依据自己治沙实践，结合对国内外治沙科研成就的学习和研究，抓主要矛盾，从风沙运动的总体中推出风、沙源、下垫面、风沙流、沙地地表形态"五维一体"的联动理念。运用对立统一规律，经过组合、排序、梳理、加工，使大量零散的治沙科研成果提升到系统的具有内在联系的理论高度，进而建立起由强、弱、扬、抑、走、停、盈、亏、蚀、积构成十纲辩证的风沙运动理论体系。

在继承前人成就的同时，注重创新，对沙粒流体启动机理提出风力集中论点。强调流体对沙粒的直接启动作用，提出沙粒两种启动优势互补兴衰与共的新概念。在机械固沙原理方面，创建了沙障控蚀理论。在风沙运动、风沙地貌和工程治沙方面都提出一些新的见解。

2) 风沙运动的基本形式

公认沙粒运动有蠕移、跃移和悬移3种基本形式。沙粒运动的动力是风力，沙粒随着风力的逐渐加大，有一个从动而不移(振动)、移而不离开表面(滚动)、移仅在极短时间和极小距离离开平均颗粒表面(滑移)、到较长时间离开表面作较高高度的跳跃(跃移)和作超长时间、超高高度及超远距离的飘浮(悬移)运动的这样一个运动过程，或称颗粒运动的基本形式。

在风沙运动的3种基本形式中，蠕移的沙量通常占总沙量的1/4；随着风速增大，气流所搬运的全部沙量中，跃移的数量增加，平均约占3/4，而且悬移的沙量，仅为1%左右。

(1)蠕移运动

沙粒沿地表滚动或滑动称为蠕移运动。蠕移运动的沙粒称为蠕移质。不论是自然界还是风洞中，松散颗粒表面上的颗粒都是随机排列的。在较低风速时，沙面的颗粒就可能出现暂时的启动，但很快就会稳定下来。当风速再次升高，并达到一定程度时，不同粒径颗粒出现滚动开始向滑移阶段转化。滑移是由于受到较大风力作用，平衡振动颗粒从较低位置直接滑出而产生的。在流体启动条件下，正是由于滑移产生的初级碰撞，为典型的跃移运动提供了比流体能给予大得多的能量，它回答了第一颗沙粒是怎样跳起来的问题，从而也确定了碰撞在跃移运动中不可取代的作用(刘贤万，1993)。

(2)跃移运动

沙粒以连续跳跃形式的运动称为跃移运动。凡是跃移运动的沙物质都称为跃移质。跃移运动过程的特征为：沙粒在风力作用下脱离地表以外，即从气流中不断获得动量加速前进，并在沙粒自身重量作用下，以相对于水平线的一个很小的锐角下落。由于空气的密度比沙粒的密度要小得多，沙粒在运动过程中受到的阻力较小，在落到沙面时仍然具有相当大的动量，因此不但下落的沙粒本身有可能反弹起来，继续跳跃前进，而且由于它的冲击作用，还能使下落点周围的一部分沙粒飞溅起来进入跳跃运动。这样就会引起一连串的连锁反应，使风沙流中的沙量很快达到相当大的强度。

跃移运动是风沙运动中最重要的一种方式。它数量多、移速强，是造成风沙危害的主要运动形式。经科学家多年研究，跃移质约占风沙流中总沙量的 1/2 以上，甚至达 3/4；沙粒粒径为 0.10~0.15 mm 时最易以跃移的形式运动；绝大部分跃移沙粒都是贴地表附近运动。通过野外实测证明，90% 以上的跃移质都是在地表附近 30 cm 的高度范围内运动，在地表以上 5 cm 的区域内，运动的沙粒通常占跃移质的 1/2 左右；

经验证明，以高速运动的沙粒，在跃移中通过冲击方式，可以推动 6 倍于它的直径，或 200 倍于它的质量的粗沙粒。凡是在 0.5~2.0 mm 的沙粒，一般都属于表层蠕移的范畴。

（3）悬移运动

沙粒保持一定时间悬浮于空气中而不同地面接触，并以与气流相同的速度向前运移，称为悬移运动。呈悬移运动的砂土颗粒定义为悬移质。悬移质运动主要取决于气流的向上脉动分速必须超过其沉速。沙粒粒径 $d<0.1$ mm 的运动，在大风中可能接近悬移状态。粒径 $d<0.05$ mm 的粉砂和黏土颗粒，体积小、质量轻，在气流中自由沉速低，一旦被风扬起，就不易沉落，能被风悬移很长距离，甚至可运离源地数千千米之外。如撒哈拉沙漠的微尘，可在相距 3000 km 以外的德国北部、英国和北欧斯堪的纳维亚半岛观察到；美国堪萨斯地区的尘埃可在纽约看到，相距也有 2000 km 左右。

3）应用风沙运动规律治理沙害

（1）治沙措施的确定

应用风沙运动规律控制风沙危害是开展治沙工作的前提，是工程和生物治沙措施的基础和依据之一。所以各种治沙措施的选择、确定、实施必须了解风沙运动过程、沙害形式和产生的原因。然后根据需要或目的，结合当地具备的条件，采取适宜的方法措施。举例说明如下。

例如，在改造黏重和盐碱土时，则需要积沙，进行掺沙改土。这就必须了解当地的沙源、风沙流方向、变化和运动规律等，在不同地段选择固沙措施，就可达到显著的效果。再如，在交通线路和渠道防治风沙时，都是需要防止积沙危害，这同样要认识和掌握风沙运动规律，使风沙流经过防护地段成为非饱和状态，沙粒就可随气流顺利地通过防护区域，避免积沙。如果在交通线路或渠道上风一侧的附近，采取阻挡风沙流，会起到立竿见影的效果，但经过一段时间后大量流沙就会堆积在防护地段附近，似乎随时都有可能埋压线路或渠道。苏联在开始铁路防沙时，曾有过这样的教训。这是由于没有认识和掌握风沙运动规律的后果而造成的损失。所以，不论选用工程或生物治沙，首先要研究风沙运动规律，然后根据各项治沙措施的技术要求，开展治沙工作，这样才能达到理想的防沙治沙效果

（2）风力在防沙治沙上的应用

借助风力治沙就是应用风沙运动规律，人为地控制和促进风沙运动，改变蚀积规律，转害为利的一种治沙方法。这里扼要地介绍其基本内容。

第一，以人为措施为主，应用风沙运动规律治理沙害。

①修筑工程设施，输移流沙　这是交通和渠道防沙常用的方法，为防止沙丘埋压线

路和渠道而修筑的风力堤、防沙堤，都可使风沙流以非堆积搬运形式越过防护地段，免受堆沙危害。

②改变地表状况，促进流沙输移　采取多种方式方法，创造平滑的环流条件，改变风沙流结构使其有利于非堆积搬运，提高防护地段的输沙能力。常用的方法有：a. 把防止积沙的地段，筑成圆滑坚硬的下垫面；b. 在某防护地段附近的一定范围内（20～40 cm）清除障碍物成为平坦的地形；c. 把输沙地段修筑成流线型，使气流边界层不产生分离，不出现涡流；d. 在防护区及附近铺设砾石或碎石，增加跃移沙粒的反跳，减少下层气流中的沙量，便于气流输移沙粒。

③其他利用　利用风力还可修渠筑堤、拉沙造田、掺沙压坡、改良土壤、扩大土地资源。

第二，以人为措施为辅，借助风沙流治理沙害。

这是防止公路积沙采用的一种方法。在路基上风侧一定距离处，用生物或非生物材料设置带状风障或阻沙墙，通过其拦截流沙形成沙堤，并使其与路基之间形成空旷地带，能借助风沙作用形成风蚀洼地。利用风力自然形成的输沙剖面，将起到防止路面被沙危害的作用。

7.3　沙化土地治理措施

7.3.1　植物治沙措施

所谓植物治沙，除了较湿润地区沙质地表结皮的生成有微生物的作用外，实际上主要指利用植物来防止风沙过程的出现。植物对其附着的地面有活沙障、隔离大气层及固着土壤等作用外，植物还能通过其茎叶的强烈呼吸和光合作用，增加空气的水分，吸收二氧化碳，释放氧气，从而改变小气候环境；枯枝落叶能增加土壤的腐殖质含量，改良土壤。由于生物的可再生性及其生态环境的功能，是一种最佳的根治沙害措施。在有条件的地方，都应采取生物治沙。事实上，植物作为一种有效的防沙措施，被国内外广泛采用。

1）造林固沙

我国西北绿洲在20世纪50年代开始进行植物固沙时，在流动沙丘地段的丘间低地营造团块丘间低地造林采取分期进行。第一期造林以后，每隔1~2 a，因沙丘前移在原来的沙丘迎风坡下部露出新的平坦地段，即所谓"退沙畔"再进行第二期甚至第三期造林，逐步扩大团块状丛林面积，缩小流沙面积。用人工林，分割包围一个一个沙丘，使沙丘最终固定下来，这种固沙技术简便易行，投劳投资少，对今后治理新、老绿洲周边和内部的大片流沙仍然适用。

团块状丛林初期因不足以控制沙丘前移，以致沙丘侵入一部分林地，丘顶削低，地形变缓，而被埋压的幼树因生长出大量不定根，生长更加旺盛。

被丘间团块状丛林分割包围的沙丘，因风力显著降低，风蚀作用大为减弱，自然生草过程加速，最终会被乡土沙生植物所固定。

2) 飞播造林种草固沙技术

在流动沙地或半固定沙地进行飞播固沙具有治沙面积大、投入少、见效快的特点。

(1) 影响飞播成效的关键技术因子

①飞播区的选择 就当前的技术水平，飞机播种治沙是有条件的，还达不到无论什么沙漠类型都可应用飞机播种的水平。飞播区的选择仍是决定飞机播种成败的首要因素之一。

②飞播植物种的选择 干旱、多风、沙丘流动性大是沙区特有的恶劣生态环境，由于飞播后种子裸露在干燥的沙地表面，因此在选择飞播植物种时，一定要选择适应这种恶劣环境，以乡土树种为主体，同时还应考虑植物种间的搭配和演替，力争做到植物种与沙区环境的协调统一。

适宜沙区生存的植物种应具有以下特点：a. 种子吸水力强，有利于自然覆沙，发芽，扎根迅速；b. 耐干旱、耐贫瘠、耐风蚀和耐沙埋；c. 自然更新容易，具有较强的种子繁殖或萌蘖繁殖能力；d. 经济价值高，以乡土树种为主。

③飞播期的选择 飞机播种的种子落到干燥的沙地表面上，其发芽成苗不仅需要一定的，而且需要适度的覆沙和覆沙后降水等气候条件。据测定，要使飞播种子大量发芽成苗，必须有一次性10 mm以上的降水量。在干旱、半干旱地区飞播期的选择必须准确掌握当地天气变化规律。如果说在毛乌素沙地和库布齐沙漠飞播期确定为5月下旬至6月上、中旬为最适；而在阿拉善地区飞播期确定在6月下旬至7月上、中旬才最为适合。

④飞播种子量的确定 播量的确定，直接关系到飞播成效和播区林木生长状况，用种量过少，单位面积成苗少，起不到幼苗群体抗风蚀的作用，固沙效果不良；用种量过多，播后成苗密度大，随着植物生长，其蒸腾耗水量增大，沙地含水率急剧下降，满足不了植物生长所需水分，致使其生长不良，出现大量的干枝枯梢，既浪费了种子，增大飞播成本，又达到植被稳定生长的目的。

在流动沙地，飞播造林种草用种量要考虑播后有一定的余量，考虑到风蚀、沙埋、鸟鼠食害等因素。根据鄂尔多斯的研究，采用药物拌种以及加强播后管理，合理混播，能够取得明显的效果。飞播种量从15 kg/hm² 降低到6.75 kg/hm²。

⑤飞播区的经营管理和合理利用 飞播后，科学经营管理和合理利用飞播区，使其进一步巩固，提高和扩大飞播成效，长期稳定地发挥生态、经济效益。

封禁管护：在播后及时进行围栏封禁，并严格封禁3~5 a，确保飞播成效的巩固，也促进了飞播苗木天然更新和天然植被的恢复。

打草利用：打草主要以杨柴为主，飞播区杨柴鲜草产量为33.97 kg/hm²，并且作为打草场，以一年刈割一次为宜，打草方式以条带状打草为最佳。

(2) 飞播成效与评价

飞播后，由于沙地植被的变化，沙地由流动变为半固定或固定状态，沙丘表层出现苔藓，并形成结皮层，使沙丘形态也发生变化，沙丘顶逐步平缓，丘脊线逐渐消失，土壤的性能得到改善，有机质的含量增加。据鄂尔多斯飞播站的测定，毛乌素沙地飞播后，土壤有机质含量平均比飞播前增加2.2倍，土壤容重降低，速效氮和钾的含量也有提高。另据测定，飞播后流动沙地0~10 cm土层内土壤有机质、黏粒、速效氮和速效磷的含量增加，并与沙地植被油蒿和草本植物盖度及群落丰度呈正相关，说明沙地土壤性质的变化也是群落正向进展演替的动力。

干旱荒漠区飞播治沙的成功，标志着应用飞机播种造林种草治沙这种机械化途径的不断扩大和发展，它以省时、省力、快速、低价的优势逐步被沙区各级领导和群众所接受，对西北地区荒漠区的绿化，加速沙区植被建设，恢复生态平衡，促进经济、社会可持续发展，有着非常重要的意义。

3) 封育技术

封沙育林育草是干旱沙区恢复和扩大沙生植被，增加植被覆盖度，改善生态环境、促进沙区经济发展的有效途径，也是目前保护天然植被及其生物多样性的最主要途径。

封育是指在荒沙荒滩上有残存种源植被(包括有一定数量的母树或具有萌发力的植物根系)的情况下，依靠自然力进行天然下种或根系萌发或人工进行移植、补植、抚育、管护等干预措施来达到恢复沙生植被的一种育林营林育草方式。

依据封育程度差异，可将其划分为全封、半封和轮封3种类型。

(1)封育区的选择

选择封育区的首要条件是具有一定数量的种源分布，其次是能满足天然下种幼苗及萌发苗的生长要求。只有达到这两个条件的荒沙荒滩或丘间地，才可实行封育。如果立地条件好；封育手段又合理，则封育效果将会十分显著。而对于缺乏种源或达不到天然下种幼苗和萌发苗的生长要求，或年降水量<200 mm且无灌溉条件和地下水补给条件的地段，其封育则难有成效。

(2)封育方式

封育方式的确定，一是考虑生态效益和经济效益，围栏效果好、生态效益和经济效益高的应进行围栏封育，反之则可采取封而不围的方式。二是考虑地形条件，封育区四周地形陡峭或有可利用障碍物，不封也可达到禁牧的目的，可封而不围；封育区平坦开阔，无任何可利用的障碍物时只能围栏封育。三是考虑管理的难易程度，比较容易管理的地区可以封而不围；管理难度大的地区不仅需要进行围栏，更需加强管理。四是经济条件好、资金比较充足的地区可多建围栏，以便于草地管理和保护。

(3)封育成林标准

成林年限：封育区当前的封沙(滩)育林(草)，多是灌木型和灌草型类型，其成林的年限是按照树木与植被的覆盖度来确定。一般为3~5 a，多者为5~7 a。

成林标准：在封育中不同林种确定不同的成林标准。针叶林平均每公顷达到600~900株，阔叶林每公顷平均有750株，针阔混交林平均每公顷750~900株，乔灌混交林平均每公顷1650株(丛)以上，灌木林平均每公顷达2250丛，草类植被的覆盖度不低于60%。

(4)利用方式

封育是为了使植被逐步恢复，而恢复后的植被应该加以利用。利用时，应注意利用方式和利用强度。利用方式取决于草地类型，如果是以禾本科或菊科一些高大牧草占优势的草地，植被恢复到一定程度，即可刈割利用。如果是以低矮的杂类草为主的草地则以放牧利用为主。此外，还取决于生草层情况。如果根系密集，生草层厚，比较耐践踏，则考虑可以放牧；如果生草层薄，践踏下容易破坏，则考虑刈割；另外，如果封育和草地补播结合，则草地应以刈割为宜。关于利用强度，应根据草地恢复程度确定。总的原则是不能再引起植被和地表破坏。如果植被仍然十分脆弱，可采用隔年利用的方式，利用 1 a 或 2 a 后给其 1 a 的休养生息的时间。

7.3.2 机械沙障防风固沙措施

所谓机械沙障防风固沙措施，亦称工程治沙措施、物理治沙技术，即利用风沙的物理特性，通过设置工程来防治风沙流的危害和沙丘前移压埋。

工程治沙从工程的力学作用原理去区分，可以归纳为：①阻断气固两相物体在界面上的接触，抑制流动气体与沙质表面在界面上的相互作用；②加强沙体的凝聚力和整体抗风蚀能力；③增大或减少与克服风沙流体运动的沿程或局部阻力；④降低和消除沙丘在推进过程中的各种阻力或引导风沙流体改向堆积。

工程治沙措施有很多种，经常采用的工程措施可归结为机械阻沙、沙障固沙和导流输沙 3 种，实施过程中往往都是采用综合措施。

1) 工程治沙

（1）机械阻沙

防沙治沙时，使用某些物质材料、设置障碍物或采取一定的工程设施，对风沙流进行干扰控制或搬移沙丘，以固定、阻挡或输导、移运流沙，改变风沙运动规律，转害为利，统称为工程防沙治沙措施或机械防沙治沙措施。

机械沙障（简称沙障或风障）机械沙障是采用柴草、树枝、木板条、塑料板、黏土、砾石等材料，设置在沙面上，以控制或促进风沙运动状况，改变蚀积规律，达到防风阻沙，使防护对象免遭沙害。

①沙障的作用　机械沙障不受自然地带及生态环境等条件的限制，它具有收效快而显著，设置方法简便等优点，所以应用范围很广，在防护地段需固定或阻挡流沙时均可采用。特别是在流沙严重危害的交通线、重要工矿基地、农田和居民点等地区，常采用机械沙障治沙。另外，机械沙障对植物治沙起辅助作用。尤其是在干旱地区的流沙上栽种植物，首先要用沙障固定流沙，否则因风蚀而植物难以成活。

②沙障的类型　机械沙障是根据所用材料、设置方法、配置形式、使用价值以及沙障的高低、结构、性能等不同而划分类型，其名称较多，叫法不一。

按沙障的高度和设置方法不同分为：平铺沙障，包括全面平铺和带状平铺；隐蔽沙障，即埋在沙内稍露顶部；直立沙障，包括高立式（高出地面 50~100 cm）和低立式（高出地面 20~50 cm）两种，此类型按其通风情况分为透风结构、紧密结构和不透风结构。

③沙障孔隙度　通常把沙障空隙面积与沙障总面积之比，称为沙障孔隙度。我们常用它作为衡量沙障透风性能的指标。一般情况是孔隙度越小，沙障越紧密，积沙范围越窄，即延伸距离越短。如紧密结构的沙障（孔隙度在 5% 左右），障前、障后的积沙范围约为障高的 2.5 倍，积沙的最高点恰在沙障的位置上，所以沙障很快就被埋没。孔隙度在 25% 时，障前积沙范围为障高的 2 倍左右，障后积沙范围为障高的 7~8 倍。而孔隙度达 50% 时，障前基本上没有积沙，障后的积沙范围约为障高的 12~13 倍。所以，孔隙度

大的沙障，积沙范围延伸得远，积沙量多，积沙作用大，防护的时间也长。但是孔隙度不能过大，孔隙度大于50%时，沙障前缘和沙障基部常被风蚀而遭破坏，在沙障高度与障间距离一定的情况下，沙障孔隙度的大小，应根据各地区的自然条件来确定，一般情况下多采用25%~50%的孔隙度。

④沙障高度　一般在沙丘部位和沙障孔隙度相同的情况下，积沙量与沙障高度的平方呈正比。根据风沙流结构特征及运动规律，沙粒主要是在近地面层内运动，而且绝大部分沙粒都集中在10 cm以下，因此，在一般情况下，沙障的高度在15~20 cm就够用了。但沙障高度过低易受沙埋，所以最好适当加高一点，达到30~40 cm即可收到显著效果。即使设置高立式沙障，障高达100 cm也就足够用了。

⑤沙障的方向　沙障的设置应与主风方向垂直，通常在沙丘迎风坡设置。设置时先顺主风方向在沙丘中部划一道纵向轴线作为基准，由于沙丘中部的风较两侧的强，因此沙障与轴线的夹角，要稍大于90°，而不超过100°，这样就可使沙丘中部的风稍向两侧顺出去。若沙障与主风方向的夹角小于90°，气流易趋中部而使沙障被掏蚀或沙埋。

⑥沙障的配置形式　沙障的配置形式主要应考虑当地的具体情况，即根据优势风和次优势风的出现频率及强度，以及沙丘形态的不同而定。沙障的配置形式通常有行列式、格状、人字形、雁翅形、鱼刺形等。但归纳起来主要是行列式和格状两种。在单向起沙风为主的地区，或有两个相对的主风、次主风的区域，多采用行列式沙障；在风向不稳定，除主风外尚有侧向风较强的地区，多采用格状式沙障。

（2）挡沙墙

在沙丘前沿或距离欲保护的居民点、工矿交通设施一定距离打一道土墙即可，在北方风蚀为主地区或绿洲边缘戈壁地区现在还能看到阻沙墙的残迹。一般的挡沙墙为干打垒或土坯垒砌而成。常见挡沙墙高度1 m左右，厚度35~50 cm。

挡沙墙前后的减速区都会有沙粒的沉积，并使越过挡沙墙的气流输沙量减少，起到了阻沙的作用。挡沙墙方法在地面沙量较少，风沙流为不饱和风沙流的地方比较适宜。在沙源丰富的地区，由于墙体两侧的积沙堆积形成近似鱼背形的沙堤堆。虽然沙堤挡沙能力不如挡沙墙，但仍能起到一定阻沙作用。

近年治沙工作者对民间古老的挡沙墙进行了改造，用里面衬有薄膜的牛皮纸袋（起名"覆膜防沙袋"）或抗老化的土工编织袋就地装沙，垒砌成挡沙堤。其好处之一是可以就地取材，利用流沙来阻挡风沙流，在遍地皆沙的沙漠中设置这种工程，只需要准备装沙的防沙袋，无须从沙漠外运入防沙材料；其二，防沙堤可以因被流沙埋没而随时加高，逐渐形成以纸袋墙为核心的自然阻沙堤，或推倒沙袋重新装沙垒置在积沙形成的沙堤上，逐渐形成高大的阻沙堤。

（3）截沙沟

截沙沟也是一种古老的拦截流沙的方法。方法也很简单，在欲保护区域的上风向挖一道截断风沙流的沟谷，利用地形下坡，气流扩散时产生的减速作用，气流含沙达到饱和状态，而沉降堆积在截沙沟内。截沙沟适用于气流输沙量不太丰富的沙漠边缘、戈壁风沙流地区，在沙源丰富的流动性沙漠地区，所拦截的流沙很快填满沟谷，使其失去作用。

（4）阻沙栅栏

阻沙栅栏也称高立式沙障，是在枕木墙的基础上发展起来的。人们在筑枕木墙时，发现有一定缝隙时，效果更好。因此逐渐采用枝条等，有意地扎成风能透过，只对风形成干扰的篱笆或称栅栏，逐步发展为阻沙栅栏。

（5）防沙网

防沙网的防沙原理近似于阻沙栅栏，是近一二十年栅栏材料革新，从栅栏发展起来的，一般将聚酰胺、聚丙烯纤维织成网挂起，设置成网栏形，故也称尼龙网栅栏。尼龙网有质量轻、便于运输，施工方便、快捷的优点。故适用于沙漠腹地大型防沙工程施工。

阻沙机织尼龙网需要与厂家定制，其单位面积的孔眼数和纤维丝径要根据使用地区流沙的直径情况确定，风能较大，风沙流所含沙粒较粗地区孔眼直径可以略大。为了对抗强光紫外线的照射，解决尼龙网易老化的问题，在聚酰胺材料中加入了抗老化剂。

阻沙机织尼龙网寿命与积沙效果有着一定连带关系，也是评价阻沙工程要考虑的重要因素。线路穿越的沙丘类型、植被状况和风沙活动强度，线路走向、栅栏类型、栅栏设置部位以及施工质量等引起的阻沙效率和野外栅栏积沙的不均匀因素都对栅栏的寿命有影响。

（6）草方格沙障

把麦秸、稻草或经压碾的芦苇等粗纤维性材料裁成段，下半截栽入流沙中固定，出露部分高度，在地表组成格状或带状的半隐蔽沙障，俗称草方格沙障。

草方格沙障的主要作用是增加沙地表面的粗糙度，削减风力，使之无力携走疏松的沙粒。这种固沙措施效果很好，用于保护交通干线尤其成功。草方格沙障设置后，有截留降雨的作用，尤其是对冬季的降雪，更能够控制在原地而不被风吹走。因此提高了沙层含水量，使 2 m 深的沙层含水率从 1% 增加到 3%～4%，正由于草方格沙障能够固定流沙，改善沙丘水分条件，从而保护了沙生植物的生长。

①多行草方格沙障全自动铺设栽植联合机应用　随着科学技术的发展，已经研发出种多行草方格沙障全自动铺设栽植联合机。它是由行走与支撑系统、纵向铺草—栽植系统、横向铺草系统、横向铲压栽植系统、检测与同步助力系统和机架组成的，行走与支撑系统、纵向铺草—栽植系统、横向铺草系统、横向铲压栽植系统和检测与同步助力系统分别安装在机架上。本实用新型提供一种沙漠治理用全自动草方格沙障铺设与栽植全新大型联合机械。该联合机械既可同时连续进行纵向多行草方格沙障铺设和栽植，又可同时在车辆连续行进的过程中按规定的间距完成横向草方格沙障的高效、可靠铺设与栽植。必要时，还可根据需要对草方格根部进行施肥和播种，以期实现依靠技术与装备经济、高效地进行治沙、固沙的目的。

②防风固沙草方格铺设机器人研究及应用　由东北林业大学、北京林业大学承担的国家 863 计划"防风固沙草方格铺设机器人研究"项目研制取得成功。该课题组开发出的机器人为六自由度，三站双循环，由 PLC 与计算机相结合实现了开、闭环控制，既有柔润伸缩又可刚性快速动作。该机器人可自动测距与实时监控收集沙地表面信息，并根据

这些信息实现实时反馈控制，从而高效高质量地完成固沙铺设任务。该机器人在沙地上行走自如，工作时 2 s 内可向前移动 1 m 并能够顺利地按要求快速将草插入沙地形成 3 m² 草沙障(1 m×1 m)。同时也可将沙柳或其他沙地植物随行栽入，草插入沙地的深度可为 20~40 cm(可自行调整深度)，留在表面的草障高度为 20~25 cm，在沙地上形成了草方格立体沙障，而且该草方格沙障的尺寸是可调的(调节范围 0.8~3 m)，还可根据需要将滴灌管道同时埋入草方格中，以利于进行生物治沙。该机生产效率为每小时 4500~5600 m²(为 1 m×1 m 草方格沙障)，为人工的 140~280 倍。该机器人为国内外首例，它引领了工程治沙与生物治沙相结合领域的方向。

(7)黏土沙障、砾石沙障和硬化沙埂沙障

用黏土或砾(卵)石堆砌成地埂状，形成阻沙堤，改变了地表的性质，加大了地面动力学粗糙度，减小贴地层风速，阻滞蠕移沙和部分跃移沙的运动，这就形成了黏土沙障或砾石沙障。黏土沙障和砾石沙障是沙区群众治理沙害经验的总结。

硬化沙埂沙障是最近几年内蒙古交通科学研究所的创造，是把风成沙就地堆成地垄状地埂，可以纵横组成格状，在单一风向地区也可以堆成垂直主风向的平行地垄；然后用化学凝固材料喷洒地埂，使沙埂硬化，形成类似黏土沙障、砾石沙障的能抵御风蚀的平铺沙障。其固沙原理和其他沙障一样，加大了地面粗糙度，降低了地面风速。但具体方法又结合了化工喷涂覆盖，是二者结合的固沙方法。

(8)沙袋沙障

①传统沙袋沙障技术　沙袋沙障是用土工织物做成条形的袋子，就地装沙，摆放在沙地上组成的沙障。这是最近由内蒙古交通科学研究所在试验沙区公路防沙时，新创造的沙障固沙方法。在内蒙古阿拉善盟阿左旗月亮湖旅游线进行试验。沙袋一般直径 10 cm。分有鳍和无鳍两种，所谓"鳍"是缝制沙袋时有意留出的余边，还可以将边梢部分平行袋子的纬线拆去几根，使经线呈穗状。摆放沙袋时，使穗状的鳍置于袋顶，在风中像草带露头一样，能起到击碎风沙流的作用。

沙袋需用抗强光照射老化的材料制作。因为沙袋沙障是就地装沙，不但解决了沙漠缺少固沙材料的难题，设置时只需向沙地中运送沙袋，大大降低了运输成本；在新设沙障地区，沙袋沙障可以很方便地根据地形部位、风蚀力强弱等调节袋距，使其发挥最佳效果；在沙袋大部分被埋，功能严重退化时，又可以很方便地提起沙袋，恢复沙障功能。我国中东部防沙工程最终要依靠人工植被和自然恢复的植被，沙障只是在植被恢复期起临时稳定地面的作用，植被恢复以后沙袋沙障还可以(倾倒出沙子)搬走，设置在新的地点。只要沙袋材料不老化，就可以重复使用多年。据内蒙古交通科学研究所技术人员介绍，生产厂家保证沙袋材料的使用寿命为 8 a，这样在内蒙古中西部地区沙袋可以搬动 2~3 次，大大降低材料造价。

②"生物基可降解纤维沙袋沙障"治沙新材料技术　这是稳定沙丘的一种治沙方法，其主要材料则是聚乳酸。在自然条件下聚乳酸纤维沙袋沙障的障体材料可以完全生物降解，杜绝了目前使用化学材料沙障带来的化学残留及二次污染。这一固沙技术，比传统草方格、沙柳及芦苇等材料的沙障有优势，运输便捷、铺设方法简单、现地保存时间长、铺设效率高等，解决了传统植物沙障铺设材料匮乏的施工难题。

(9)散撒沙障

将树枝、玉米秸、葵花秆等或作物根茬，整体或切成合适长度的段，均匀地撒在流沙上，这就是散撒沙障。树枝散撒沙障也称树枝沙障，在鄂尔多斯南北沙区使用较多。散撒沙障和其他各类沙障一样，有加大地面粗糙度，减小贴地层风速，阻滞蠕移沙和部分跃移沙的运动功能。散撒沙障密度较大时又有隔离气流和流沙面接触的效能。

2)输导防沙

风力治沙是以风为动力基础，人为地干扰控制风沙运动状况，因势利导，改变蚀积规律，变害为利的一种治沙方法。风力治沙亦称风力拉沙，所以它是以输为主的治沙措施，是采用各种措施，降低粗糙度、使风力变强、减少沙量，使风沙流非饱和，造成沙粒走动或地表风蚀的一种治沙方法。

(1)以固促输、断源输沙

要防止某些地段被沙埋压，或清除其上的积沙，就在该地段的上风区，用可行的治沙方法，固定流沙，切断沙源，使流经防护区的气流成为非饱和气流，使此处原有积沙被气流带走，如此处原无积沙，气流则以非堆积搬运形式越过防护区，使被保护物免受积沙危害。

(2)集流输导

这是聚集风力，加大风速，输导防护区的积沙，防止沙埋危害的治沙方法。集中风力的方法多种多样，视具体条件和防护对象而异。聚风板(也称导风板)是一种常用的集流输沙方法，是使大自然的风力重新分配风能的装置，常用木板等材料做成板面，设置方法有：聚风下输，即利用板面下口增强风力输导流沙；水平输导，即呈"八"字形，开口朝向主风，板面与地面垂直；垂直输导，即板面与地面倾斜并高出地面，走向垂直主风。采用聚风输沙，被输地段与主风向交角呈 $45°\sim90°$，输移积沙的效果较好，如果与主风向的交角小于 $30°$，必须采取反折换向输导积沙，才能使风沙流引到别处。如果要使沙丘夷平，或将其移到别处，可以在沙丘顶部顺主风方向开沟，用沙沟聚集风力，增加风速，进行输沙。

(3)修筑工程设施，输移流沙

借助人工建筑物加大风速，使经过防护地段的风沙流不发生堆积，从而达到防沙目的。常用的有风力堤、防沙堤、切断堤、拦沙墙、浅槽、护道等。如防止沙丘埋压公路而修建的风力堤，使前移来的沙丘在堤前不断受到吹扬，从而降低沙丘的高度，变沙丘移动为风沙流运动。再经浅槽的作用使沙粒以非堆积搬运形式越过公路。

(4)改变地表状况，促进流沙输移

采用多种方式方法，创造平滑的环流条件，改变风沙流结构，使风沙流处于非饱和状态，提高防护地段的过沙能力。如把防止积沙的地段筑成圆滑坚实的下垫面；在附近一定范围内(20~40 m)清除障碍物，成为平坦的地形；把输沙地段修筑成流线型，使气流附面层不产生分离而出现涡流；在防护区及附近铺设砾石或碎石，增加跃移沙的反弹力，促使沙子处于上层气流中搬运，从而减少下层气流中的沙量，便于气流输移沙粒。风力治沙措施多应用于公路防沙、拉沙改土、修渠、筑堤以及渠道防沙等方面。

7.3.3 化学固沙措施

在以往的防固沙方法分类中，把化学固沙称作黏合剂黏合固沙。因为，在固沙的过程中，流沙和固沙剂都未曾改变化学组成、性质，尤其是被固结物和固沙剂之间并未出现分子转移，发生化学反应。化学固沙不能反映事物的本质，并容易发生误导，故按其能黏结流沙，形成一层整体来对抗保持水分和改良沙地性质的固结层，以达到控制和改善沙害环境，提高沙地抗风蚀的性能，归结为覆盖—黏合固沙方法，称作黏合剂固沙。

(1) 普通黏合剂

用黏合剂黏合固沙是将胶结材料喷洒在沙表面，形成一定厚度、具有一定强度的胶结层，以防止被吹蚀，长期以来，以石油化学工业的副产品作为黏合固沙剂。迄今为止，已提出上百种固沙剂，但是绝大多数都没有得到推广使用。这是由于有的造价高；有的材料稀缺；有的效果不佳；有的有剧毒。只有沥青乳液采用较多，但必须配合植物才能固沙。它是在栽好树苗和播下种子的流沙地上喷洒沥青乳液，使其在沙面形成一层有一定强度的防护壳而固定流沙，保护并促进植物生长成林，达到固沙的目的。所喷洒的沥青乳液是植物固沙的辅助性和过渡性措施，它的固沙效果主要取决于植物生长的条件。化学固沙是利用天然或人工合成的高分子化合物，经加工成为具有一定胶结性的化学物质，喷洒到沙面上，渗入沙层间隙，将沙粒胶结后形成一层保护壳，隔开气流对松散沙面的直接作用，达到固定流沙防止风蚀的目的。

(2) 可降解的黏合剂

纳米微乳生态地膜是一种新型、可降解的防沙治沙新材料，它是一种液体材料，可以随意地喷洒，喷洒之后可以很快凝固，防止地表被风蚀进而保护地表，达到固沙治沙的目的。纳米微乳液体生态膜是一种纳米单元与高分子直接共同混合生态液体，内有功能组合物、营养物和农药等，也可以加入植物种子，喷施在沙漠土壤表面形成一种功能生态膜，具有固结沙粒、集水取水、保墒和促进植物生长等特点。因为功能组合物在自然环境中下雨时(相对湿度超过95%)该膜开始吸水，具有完全透水性，但不溶于水；在干燥时(相对湿度小于95%)该膜具有不透水性，可以遏制土壤中的水分蒸发，起到集水蓄水的作用。

同时该地膜中所含有的养分具有缓释性，有利于植物对养分的充分吸收，促进植物的快速生长。这种液态功能生态膜可以用在沙漠、农田、坡耕地、风蚀地使用，不会引起二次污染，植物的幼苗发芽也能自动破膜。在生态建设中用于进行大规模的飞播，利用化学、植物综合固沙治沙，迅速有效恢复建设区的生态环境。在生态建设中用于大规模的飞播，利用化学、植物综合固沙治沙，迅速有效恢复建设区的生态环境。

微乳液态膜的固沙效果非常显著，这种可以降解的化学制剂可以防止风蚀、固定流沙，而且可以与生物措施相结合，达到理想的防沙治沙效果。由于它对自然环境不会造成污染问题，有理由认为在严重风蚀地区、铁路、公路、工矿企业等急需治理区域使用和施工。它可以确保这些地区的生态安全，避免风沙危害，保障各项生产、运输等行业的正常运转，对推动和促进区域经济的发展，具有积极的重要作用。

7.4 防风固沙造林技术

7.4.1 防风固沙林带建设

内蒙古自治区从 20 世纪 50 年代开始在沙漠、戈壁、风蚀地相毗连的绿洲地带，结合封沙育草，营造宽窄不一的大型防风阻沙林带，防止流动沙丘和风沙流对绿洲的入侵。在乌兰布和沙漠北部，20 世纪 50 年代沿东北缘营造起长达 175 km、宽 30 ~ 400 m 至 1 ~ 2 km 的防风阻沙林带，当地称作防风固沙基于林带，总面积在 0.6×10⁴ hm² 以上，宛如一条"绿色长城"，有力地制止了大面积流沙向东侵袭，保护着后套西缘的大小城镇和居民点 150 处，数万公顷农田和 6×10⁴ ~ 7×10⁴ hm² 草场。三面环沙的磴口县，在这一条防风阻沙林带的保护下，过去被流沙埋压的 0.53×10⁴ hm² 农田恢复了耕种。

西北地区各地实践证明，绿洲地区营造周边大型防风阻沙林带，对于控制和减弱沙尘暴特别是黑风暴对绿洲的危害有显著作用。

防风阻沙林带就是人造的活沙障。当风垂直冲击林带时，两边风速都会改变。如果为疏透型风障，有一部分气流会透过风障，另一部分则转向上部气流。气流分流之后会形成降速区，降速程度取决于林带结构和高度。林带不透风时，全部气流都转向上部，越过林带，而在下风侧留下一个降速区。因为没有风通过林带，背风侧的风压较低，从而引起涡流，这样便会缩小降速区的距离。因此，林带不透风时，紧靠林带的背风侧防沙效果较好，但有效防护距离较短。

首先，营造防风固沙林带的方法：根据"因地制宜、因害设防"的原则，防风阻沙林带应当片林、块状林和带状林错综分布，不必强求整齐划一。以沙丘的丘间低地、风蚀地、缓平沙地造林为主，尽可能少占用绿洲周边耕地或宜农土地，也不应远离绿洲，否则因生境水土条件差，引水灌溉困难，造林不易成活，即使一时灌水成活，成林也会因缺水枯死。

其次，营造防风固沙林带时，应由近及远，先易后难。这就是说，先在绿洲周边造林，逐渐向外扩展加宽。若为沙丘地段，先在丘间低地造林，前挡后拉，以丘间团块状林分隔包围沙丘；随着沙丘前移和丘顶被风力削平，在退沙畔再进行造林，以扩大丘间林地面积。这样，在不采取沙障一类工程技术措施先稳定沙面，直接固沙的情况下，能够形成较为稠密的防风阻沙林带。

第三，防风阻沙林带应由乔灌木树种组成，以行间混交为宜。接近外来沙源一侧，灌木比重应该增大，使之形成紧密结构，以便把前移的流动沙丘和远方来的风沙流阻拦在林带外缘，不致侵入林带内部及其背风一侧的耕地。

第四，防风阻沙林带的宽度取决于沙源状况。在大面积流沙侵入绿洲的前沿地区，风沙活动强烈，农业利用暂时有困难，应全部用于造林，林带宽度小者 200 ~ 300 m，大者 800 ~ 900 m，乃至 1 km 以上。流沙迫近绿洲，前沿沙丘排列整齐，可贴近沙丘边缘造林，林带宽度为 50 ~ 100 m。绿洲与沙丘接壤地区为固定、半固定沙丘，林带宽度可缩小到 30 ~ 50 m。绿洲与沙源直接毗连地带，若为固定半固定沙丘、缓平沙地或风蚀地，因流沙沙源并不丰富，应在绿洲边缘营造防风阻沙林带，宽度为 10~20 m，最宽不超过 30~40 m。

第五，营造大型防风阻沙林带必须与封沙育草相结合。绿洲周边应不时引水灌沙，促使沙丘、戈壁、风蚀地天然植被繁盛，以期形成乔木、灌木和草本植物相结合的多层固沙阻沙屏障。在大型防风阻沙林带规划区内的大片沙丘或零星沙丘，应通过植物固沙措施逐步加以固定。

7.4.2　流沙地带防风固沙林技术

流沙是危害最严重的立地类型，所以治理流沙能够有效地控制土地沙漠化的进展。在植被恢复建设中，流沙的固定通常是以生物措施为主，以工程或化学固沙措施为辅。其中，生物固沙因立地条件的差异和风沙流的运移特征，宜采取乔灌草结合的方法进行。

(1) 丘间低地造林

丘间低地造林是利用地下水埋深浅，有利于植物成活生长的优势，选择栽植灌木、乔木，或乔灌结合，抑或乔灌草结合。

①灌木固沙　在丘间低地栽植沙柳、白柠条等灌木，有效地固定了流沙。具体方法是：成带扦插沙柳，每带由 2 行组成，行距 1 m，株距 0.5 m，插条长 50 cm。

②丘间低地栽植乔木　当乔木处幼林阶段，如遇到干旱年，沙丘移动快，有大量流沙埋压乔木，保存率低。

③乔灌混交造林　不仅能兼顾各种用途的需要，更重要的是灌木能迅速有效地固定流沙，保护乔木或果树免受风沙灾害。

④乔灌草结合固沙　该法是"逐步推进"的治沙方法，是广大群众在长期治沙实践中的成功经验。

(2) 迎风坡坡面固沙

实践中结合丘间低地造林总结出了"前挡后拉""穿靴戴帽"的科学方法，以及"栽、种、补、护相结合"的有效措施。其中，"前挡后拉"的植物固沙方法，是当地群众对治沙工作的杰出贡献。所谓"前挡后拉"是指在沙丘的背风坡(落沙坡)前方，用高干造林，以挡住沙丘前进，同时在沙丘的迎风坡下部，栽植沙柳、沙蒿等灌木、半灌木，拉住流沙，然后再利用风力削平未造林的沙丘上部，以此逐渐降低沙丘的高度沙丘上部的沙粒一般被阻积于栽植高杆的丘前低地。高杆(旱柳、小叶杨等)虽被埋压，但能往上生长。削平后的沙丘，由于高度降低，便可以进一步造林。"前挡后拉"的植物固沙方法在固沙实践中又被逐渐演变成以下几种：

①"后拉前不挡"　此方法是在沙丘迎风坡下部(1/3 以下)栽植 2~3 行灌木(沙柳)，借助于风力，在灌木带背风侧形成 2~3 m 宽的平沙地，然后在此平沙地上再栽植灌木，在背风侧又形成 2~3 m 宽的平沙地，如此继续前进，把沙丘拉平。群众也称此方法为"撵沙丘"造林。

②"先前挡，再后拉"　即在沙丘落沙坡前的丘间低地栽高杆乔木(旱柳、小叶杨等)，迎风坡先不栽灌木，沙丘前移时被高杆林所挡，2~3 a 后沙丘顶部逐渐削平，由新

月形沙丘变成馒头形沙丘，再过几年，在高杆林中变成波状起伏沙地。旱柳、小叶杨等高杆乔木，不怕沙埋，能继续生长。然后在原来迎风坡的部分栽上沙柳等灌木。如是单纯的前挡造林，又称"沙湾造林"。

（3）"锁边林带"治理流沙

我国科研人员在研究沙丘移动规律的基础上，逐渐摸索出"流沙固定，乔灌并举，封沙育草"乔灌结合治理流沙的技术，即采用"锁边林带"治理流沙获得成功。

依据"先易后难，由近及远"的治理原则，从中小型流动沙丘的治理入手，择取沙丘迎风坡1/2或1/3以下及丘间低地，设置沙蒿沙障，并在沙障中栽植柠条，扦插沙柳，播种沙蒿，背风坡脚栽植杨柳高杆等。形成乔灌结合、带片混交的合理布局，治理效果明显。

7.4.3 绿洲防护林的营造

绿洲防护林网作为绿洲防护体系的一个组成部分，不仅可以防止或减轻沙质耕地的风蚀起沙、风沙和沙尘暴对农田的危害，而且还能改善田间小气候，同时，对盐渍化绿洲地区具有生物排水性能。

绿洲防护林网网格状体系的相互作用，削弱强风和沙尘暴的效益尤为显著。据观测，在旷野近地面 17 m/s 以上的大风下，绿洲迎风侧第一林网内的平均风速下降 37.3%，第二林网内下降 39.1%，第三林网内则下降 41.5%。

当前，我们在总体上还不能防止广袤荒漠的沙尘暴，特别是黑风暴的发生和发展。但是，针对新、老绿洲有无护田林网的实际情况，进一步完善和加快护田林网体系建设，以防止或减缓风沙灾害，包括黑风暴对农业和绿洲其他设施的危害，还是有效的，实践上也是可行的。

西北地区农田防护林网的建设，大体上可归纳以下几点：

①林带因透风情况不同，可分为3种结构类型：一是紧密结构林带；二是疏透结构林带，三是通风结构林带。处于这三种林带之间的林带称为过渡型结构林带，例如，中上部疏透，下部通风的林带，上部疏透，下部紧密的林带等。

②在护田林网建设上，应结合条田、方田建设，实行全面规划，水、土、林综合治理，条田（方田）、渠系、道路、林带四配套。林带基本形成之后，因农田灌溉侧渗水分或地下水较浅，一般不再进行常年灌溉。

③风向和风速很重要，防护林带的营造应与盛行风向呈直角，至少与盛行风向的交角不小于50°。

④林带配置上，鉴于我国西北地区大风频繁，风沙活动强烈，时有沙尘暴发生，以建设窄林带、小网格的护田林网为最好。林带的间距约为最高大树木高度的20倍。副林带间距约为最高大树木高度的20~60倍。究竟多大为宜，要根据气候条件、土壤条件及选择的树种来决定。一般说来，干旱地区在灌溉条件下，平均树高约为10~15 m。主林带间距200~300 m，副林带间距500~600 m，即每一网格内的条田面积为10~18 hm²，在沙质地上，主林带间距可以缩小为150~200 m，副林带间距400~500 m，每块条田面积6~10 hm²。窄林带2~3行乔木组成，最多不得超过5行。

⑤绿洲地区水土条件优越，建设护田林网可选用速生乔木树种。乌兰布和沙漠北部垦区和河套灌区的林网树种有旱柳、加杨、小叶杨、钻天杨、新疆杨、箭杆杨等。腾格里沙漠东南缘各灌区的林网树种主要是箭杆杨。

⑥关于农田防护林网覆盖度，包括绿洲内部的固沙林、用材林、经济林、四旁绿化林在内，一般为10%~15%左右。渠道内和渠道两侧的林带，由于水分条件好，成林稳定，初期生长迅速，造林3~5 a树高可达4~5 m以上，即可起到防风作用。同时沿渠道和道路造林占耕地少，并兼有生物排水作用，可防止渠系和道路两侧地段的土壤次生盐渍化。

7.4.4 道路防沙林

道路防护林建设以控制风沙为目的，本着"因害设防"的原则，在线路两侧营造防沙林带，重点放在上风侧，其次是下风侧。沙害严重地段，在上风侧设2~3条林带，下风侧设1条林带。

在风沙流较强的地段，营造防护林的之前，可生物活沙障系将植物以密集式、线性密植的配置方法，在线路两侧设置几条沙障，在障间距设置防护林带，并利用活植物体的灌丛堆效应，将流沙固定在植物体周围，从而达到固沙的目的。生物活沙障应选择耐旱、耐风蚀沙埋的灌木树种。

1)道路防沙林体系设置的原则

(1)防护体系的有效性

防护体系起不到防沙作用时，轻则路面积沙影响交通，重则整条公路将被沙埋。因此公路建成后迅速地、大面积地设置机械沙障是首要任务。

(2)防护体系的长期性及稳定性

机械沙障虽然能够迅速地起到控制沙害的作用，但其作用时间是有限的。像沙柳沙障，其有效作用时间最长也不过5~6 a，草沙障时间更短些。为保证公路沙害防护体系的长期有效，建立机械措施保护下的绿色防护体系并最终建成稳定的生物防护体系是长远目标。

(3)防护体系的多功能性

公路沙害防护体系不是一条单纯的公路保护带，也是投资力度较大的治沙工程，它的成败得失对于道路两侧的治理和生态建设有重大影响。因此，沙害防治工作要从大处着眼，从长远着眼，从道路两侧的综合治理及全面生态建设着眼。此外，公路生态工程不仅要有良好的生态效益，还要以周边地区的经济效益、社会效益的全面发展作为最终目标。

(4)因地制宜，因害设防的原则

根据这一原则，应该认真分析公路沿线各段落自然环境条件及沙害特征后确定乔灌草的栽植比例和主体植物种，结合建立绿色生态带的基本思路。在高大沙丘地段，应该先在沙丘迎风坡设沙障，采取固身削顶的办法依靠风力拉平沙丘，待沙丘高度降低变平后再进行人工造林。平缓沙丘地段水条件好，除人工造林、种草，还可以种植经济效益较高的经济作物，力争在较短的时间内形成生态产业化基地。

2) 公路两侧防护带宽度的确定

防护带设计宽度为上风向 300~500 m，下风向 300 m。实际施工中采用公路两侧各 1000 m 全部围封的办法，这是从公路沿线生态建设的角度考虑的。为节约资金，机械沙障设置并未强求统一，而是本着因害设防的原则，在不同的路段其宽度不同。大沙段及中沙段的沙丘上，防护带为上风向 300 m 以上，下风向 200 m 以上，丘间低地较广阔的中沙段及河谷低地中，宽度从 80~200 m 不等。

3) 机械沙障设置技术

沙障材料有沙柳沙障，也有麦草、糜草、玉米秆、葵花秆、蒲草沙障等。沙障类型有高立式沙障、半隐蔽式沙障、平铺式沙障、格状沙障、带状沙障等。沙障规格有 1 m× 1 m、2 m×1 m、2 m×2.5 m、2 m×4 m、2 m×5 m 等。

4) 防护林建设技术

(1) 围栏封育范围

封育宽度为公路两侧各 1000 m。外围设网围栏，在河谷低地、丘间低地及缓沙地上种植沙蒿、拂子茅、沙米等植物长势明显变好，盖度增加 10%~30%。

(2) 防护林栽植

在沙障保护区内，不同地貌部位上，乔木灌木表现差异很大。乔木在丘间低地成活率高，长势旺；而在干旱年份，乔木则严重生长不良。因此，沙柳、杨柴、花棒、紫穗槐、沙拐枣等灌木是本区高大流动沙丘及丘间低地主要的造林树种。同时，在地下水埋深大于 3~4 m 的沙丘区均不适宜栽植阔叶乔木，而在地下水位 2~3 m、又无盐碱的丘间低地上，杨、柳高干造林的成活率及保存率均可达到 60%~70%。

防护林规格有 1 m×1 m、2 m×2 m、2 m×3 m、2 m×4 m、2 m×5 m 等，应根据地下水等自然因素而确定。此外，从四季有绿及美化的观点出发，可在沙障内栽植 1~2 行针叶树种如云杉、樟子松等。

(3) 公路防护体系的作用

由于机械沙障及植被削弱了风速，减少了输沙量。沙障降低风速 17%~62%，减少输沙量 71.3%~26.1%。同时沙障内植被得到恢复，人工植被生长良好，道路两边的防护林保存率达 80% 以上，在机械沙障保护下的生物措施是风沙地区道路防护体系建设的重要技术之一。

7.4.5　沙化土地防护林

根据中国第五次荒漠化和沙化土地监测结果，目前三北地区还有沙化土地 172.10× 10^4 km²，治理任务依然十分艰巨，难度越来越大，导致沙化扩展的各种人为因素依然存在。土地沙化过程导致了土壤的物理、化学特性的退化，植被的发育与土壤条件密不可分，土壤养分的丧失直接造成了自然植被的退化和丧失。加上该地区主要气象因子变化波动性较大，更增加了该地区生态环境的脆弱性。

1) 植苗造林技术

防护林建设是土地沙化地区植被建设的重要措施之一，一般包括：选择适宜的造林立地条件、适宜的造林整地技术措施、选择适宜的造林树种或种源、确定造林密度配置与栽植技术和林分的经营与管理等各个环节。造林方法主要有播种造林、带根苗植苗造林和扦插造林。

防护林栽植规格：可选用 2 m×2 m、2 m×3 m、2 m×4 m、2 m×5 m 等不同规格，也可以选择乔灌结合、针阔结合的栽植方式，应根据栽植地区地下水等自然因素而灵活掌握确定。

防护林植苗造林是以树苗为材料进行植被建设，固定流沙的方法。苗木种类不同，植苗可分为一般苗木、容器苗、大苗深栽 3 种方法。

（1）苗木选择

苗木质量是影响成活率的重要因素，因而必须选用健壮苗木，一般固沙用阔叶树种多用 1 年生苗，针叶树种多用 2~3 年生的一二类规格苗木。苗木必须达到标准规格，保证一定根长、地径和地上高度，根系无损伤、劈裂；过长、损伤部分要修剪；不合格的小苗、病虫苗、残废苗坚决不能用来造林。

（2）苗木保护

从起苗到定植前要做好苗木保护。起苗时要尽量减少根系损伤，因此起苗前 1~2 d 要灌透水，使苗木吸足水分，软化根系土壤，以利起苗。起苗必须按操作规程，保证苗根具有一定长度，机器起苗质量较有保证。沙地灌木根系不易切断，必须小心操作，防止根系劈裂。要边起苗边拣边分级，立即假植，去掉不合格苗木，妥善地包装运输，保持苗根湿润。

（3）苗木定植

将健壮苗木根系舒展地植于湿润沙层内，使根系与砂土紧密结合，以利水分吸收，迅速恢复生活力。

苗木定植一般多用穴植，要根据苗木大小确定栽植穴规格，能使根系舒展不致卷曲，并能伸进双脚周转踏实，穴的直径一般不小于 40 cm。穴的深度直接影响水分状况。我国半干旱及干草原沙区，40 cm 以下为稳定湿沙层，几乎不受蒸发影响。因此，穴深要大于 40 cm。对于紧实沙地，加大整地规格对苗木成活和生长发育大有好处。

定植前苗木要假植好，栽植时最好将假植苗放入盛水容器内，随栽随取，以保持苗根湿润。取出苗木置于穴中心，理顺根系后填入湿沙，至坑深一半时，将苗木向上略提至要求深度（根颈应低于干沙表 5 cm 以下），用脚踏实，再填湿沙，至坑满，再踏实（如有灌水条件，此时应灌水），水渗完后覆一层干沙，以减少水分蒸发。

如沙化土地上疏松，水分条件较好，栽植侧根较少的直根性苗木时，也可用缝植法。操作方法为：用长锹先扒去干沙层，将锹垂直插入沙层深约 50 cm，再前后推拉形成口宽 15 cm 以上的裂缝，将苗木放入缝中，向上提至要求深度，再在距缝约 10 cm 处，插入与直锹至同一深度，先拉后推将植苗缝隙挤实，踏平。该造林方法工作效率较高。

植苗季节以春季为好，此时土壤水分、温度有利于苗木发根生长，恢复吸收能力，地上长芽发叶，耗水又较少，能较好维持苗木体内水分平衡，利于苗木成活与生长。春植苗木宁早勿晚，土壤一解冻便应立即进行，通常是在 3 月中旬至 4 月下旬。如需延期栽植，需对苗木进行特殊的抑制发芽处理，如假植于阴面沙层中或贮于冷窖内。

秋季也是植苗的主要季节。此时气温下降，植物进入休眠状态，但根系还可生长，沙层水分较充足稳定，利于苗木恢复吸水，翌年春生根发芽早。有时为避免冬春大风抽干茎干，也可截干栽植。

2）扦插造林技术

很多植物具有营养繁殖能力，可利用营养器官（根、茎、枝等）繁殖新个体。如插条、插杆、埋干、分根、分蘖和地下茎等。在沙化土地上植被建设中，应用较广、效果较大的是插条、插干造林，简称扦插造林。

扦插造林的优点是：方法简单，便于推广；生长迅速，固沙作用大；就地取条，不必培育苗木。

扦插造林的植物是营养繁殖力强的植物，沙区主要是杨、柳、黄柳、沙柳、柽柳、花棒、杨柴和沙地柏等。尽管植物种不多，但在植被建设中作用很大，沙区大面积黄柳、沙柳造林全是扦插发展起来的。扦插技术主要包括插条（穗）选择、插条（穗）处理。一般地，随采随插效果较好，但紫穗槐条以冬埋保存者为好；插条采下后浸水数日再扦插有利于提高成活率。若插穗需较长时间存放，可用湿沙埋藏，用 ABT 生根粉等进行蘸根处理可加速生根，提高成活率，促进嫩枝生长。

3）大苗深栽与长插条深插

长期以来，人们一直在探索提高造林成活率和降低成本及有效固定流动沙丘的治沙技术，因为在沙化土地上造林，环境因素的不利影响难以消除。要消除风蚀，就要配合沙障保护。沙障仅解决风蚀问题，对沙化土地水分不足仍无能为力。大苗深栽与长插条深插可以弥补此项不足，这是针对沙化土地流沙和干旱两个主要限制因子而设计的造林方法。

在草原带沙化土地上采用花棒、杨柴大苗深栽，沙柳、黄柳和柽柳长插条深插，合理密植的方法，不设沙障便可固定流沙。沙化土地上造林深植深插是有益的，深植深插不怕风蚀，增加了与湿润沙层的接触，等于增加了水分供应。大苗、长插条深栽深插优点很多，它增加了植物稳定性；有利于萌发不定根；深植于湿沙层，植物不易遭受干旱危害；不怕风蚀；大苗不会受沙割危害；不用设沙障，降低了造林成本；提高了成活率，减少了补植工作；苗木生长快，成林快，较早发挥防护与经济效益，减少了管护年限。

应用此法应选择生长迅速、丛生性强、萌发不定根能力强的植物种，如杨、柳、刺槐、黄柳、沙柳和柽柳等。

大苗深植、长插条深插的技术规格因地区、具体条件及造林目的、要求和方法不同，总的来看，以苗高 1~4 m、条长 0.7~2 m、植深 0.5~2 m 深为宜。

本章小结

本章分别介绍了我国沙漠、沙地分布特征及格局、沙漠形成原因、演化规律、区域环境特征、风沙区自然条件、风沙运动规律与治理措施等内容；说明了我国沙漠的主要类型、沙地特征与水分状况以及风沙运动与沙漠治理；详细介绍了沙化土地的治理措施以及防风固沙的造林技术；在治理措施中强调了生物与工程治沙的综合治理技术体系。

思 考 题

1. 中国沙漠、沙地主要类型有哪些？
2. 风沙运动基本类型及规律有哪些？
3. 我国沙漠的分布特征和分布格局有什么特点？
4. 我国沙漠经历了哪两个最为重要的演化阶段？
5. 沙地的水分状况有哪些特点？
6. 沙化土地的治理措施有哪些？
7. 防风固沙的造林技术包括哪些内容？
8. 因地制宜、因害设防指导原则的思考．
9. 不同区域综合治理技术应用原则有哪些？
10. 生物措施、工程措施、化学措施特点是什么？

附件一：

序号	沙漠名称	地理位置	涉及行政区划			沙漠面积（km²）			
			省级		县级	合计	其中		
			简称	数量	（数量）		流动沙丘	半固定沙丘	固定沙丘
1	塔克拉玛干沙漠	36°15.46′~42°03.27′N, 76°14.08′~90°04.20′E	新	1	32	346 904.97	263 621.89	59 900.22	23 382.86
2	库姆塔格沙漠	39°08.33′~40°40.48′N, 90°31.43′~94°53.45′E	新、甘	2	4	20 763.56	20 489.20	13.80	260.56
3	鄯善库木塔格沙漠	42°26.16′~42°52.39′N, 89°35.04′~90°45.22′E	新	1	1	2145.10	1951.97	135.79	57.34
4	柴达木盆地沙漠	35°50.43′~38°52.54′N, 90°10.58′~98°34.42′E	青、甘、新	3	8	13 499.58	7250.68	4240.21	2008.69
5	库木库里盆地沙漠	36°10.25′~37°26.44′N, 86°57.04′~92°39.21′E	新、青	2	4	2357.29	1832.66	505.59	19.04
6	古尔班通古特沙漠	44°08.32′~48°25.26′N, 82°38.19′~91°41.39′E	新	1	22	49 883.74	1289.37	13 246.10	35 348.27
7	巴丹吉林沙漠	39°20.04′~42°15.15′N, 99°23.49′~104°27.42′E	内蒙古、甘	2	4	49 083.76	36 937.63	8440.01	3706.12
8	腾格里沙漠	37°26.24′~40°02.02′N, 102°25.51′~105°43.04′E	内蒙古、甘、宁	3	6	39 071.07	27 856.30	5264.79	5949.98
9	乌兰布和沙漠	39°07.14′~40°54.39′N, 105°33.12′~107°01.40′E	内蒙古	1	5	9760.40	4171.41	2310.09	3278.90
10	库布齐沙漠	39°34.37′~40°48.48′N, 107°03.12′~111°23.10′E	内蒙古	1	5	12 983.83	5328.78	2531.47	5123.58
11	狼山以西的沙漠	39°41.37′~42°17.23′N, 104°16.39′~106°59.23′E	内蒙古	1	4	7340.63	4067.46	2446.41	826.76
12	共和盆地沙漠	35°30.41′~36°26.44′N, 99°36.20′~101°06.12′E	青	1	2	2214.81	1036.30	375.97	802.54
13	毛乌素沙地	37°25.23′~39°43.19′N, 107°07.18′~110°35.22′E	内蒙古、陕、宁	3	15	38 022.50	1112.49	3933.00	32 977.01
14	河东沙地	37°15.92′~39°05.18′N, 106°14.75′~107°21.76′E	宁、内蒙古	2	10	5923.75	752.96	1175.18	3995.61
15	浑善达克沙地	42°52.85′~44°11.02′N, 111°42.24′~117°46.49′E	内蒙古、冀	2	13	33 331.63	585.93	4277.27	28 468.43
16	乌珠穆沁沙地	44°15.41′~45°37.08′N, 116°14.64′~119°13.96′E	内蒙古	1	3	2473.53	20.31	84.63	2368.59
17	呼伦贝尔沙地	47°22.73′~49°34.02′N, 117°6.92′~120°38.23′E	内蒙古	1	7	7773.05	22.17	320.35	7430.53
18	科尔沁沙地	42°33.25′~45°44.43′N, 117°48.19′~124°29.02′E	内蒙古、吉、辽	3	22	35 077.07	1184.35	1691.69	32 201.03
	合计			9	144	678 610.27	379 511.86	110 892.57	188 205.84

附件二：

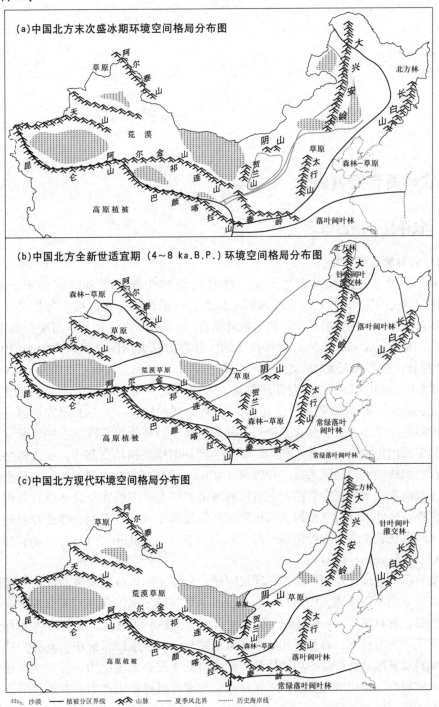

(a)中国北方末次盛冰期环境空间格局分布图

(b)中国北方全新世适宜期（4~8 ka.B.P.）环境空间格局分布图

(c)中国北方现代环境空间格局分布图

末次冰期以来中国北方环境空间格局演变示意

第 8 章

农林复合经营

8.1 农林复合经营概念

8.1.1 农林复合经营概念

8.1.1.1 农林复合经营定义

  1966 年，联合国粮农组织总干事、林农组织林业部主任和研究会第一任主席 K. King 博士发表了一篇题为 *Agrisilviculture in Tropics* 的论文，对以后农林复合生态系统的研究和发展起到了巨大的推动作用。农林复合(agroforestry)一词最早出现在 20 世纪 70 年代中期，是由 agro-silviculture 演绎而来的，并在加拿大国际发展研究中心(IDRC)一个项目"树林、粮食和人类"的文件中首次采用(King，1968，1978；蔡满堂，1996)。国际农林研究中心(ICRAF)在全世界征集这一术语的定义时曾收到了十几种定义。1982 年，Agroforestry Systems 在创刊号中列举了 12 种不同的定义。ICRAF 研究会第一任主席 King(1978)的定义是：农林复合系统是一种采用适于当地栽培实践的一些经营方法，在同一土地单元内将农作物与林木和(或)家畜生产同时或交错结合起来，使土地生产力得以全面提高的持续土地经营系统。1982 年，ICRAF 将复合农林业概括为：一种土地利用系统和工程应用技术的复合名称，是有目的地将多年生木本植物与农业或牧业用于同一土地经营单位，并采取时空排列法或短期相间的经营方式，是农业、林业和牧业在不同的组合之间存在着生态学与经济学一体化的相互作用(Lundgren，1982；Nair，1985；谢京湘，1988；娄安如，1994)。

  随着资源不合理开发并导致多种环境问题，全球注重可持续发展的理论和实践在农林复合经营方面不断渗透。1990 年，Lundgren 从可持续发展的角度对复合农林业作了更详细的解释：农林复合(agroforestry)是一种新型的土地利用方式，在综合考虑社会、经济、生态因素的前提下，将乔木和灌木有机地结合于农牧生产系统中，具有为社会提供粮食、饲料和其他林副产品的功能优势；同时借助于提高土壤肥力、控制土壤侵蚀、改善农田和牧场小气候的潜在势能，来保障自然资源的可持续生产力，并逐步形成农业和林业研究的新领域和新思维(Lundgren，1990；卢琦，1996)。1996 年，ICRAF 的 Leakey 对农林复合经营解释为：动态的、以生态学为基础的自然资源管理系统，通过在农地及牧地上种植树林达到生产的多样性和持续发展，从而使不同层次的土地利用者获得更高的社会、经济和环境方面的效益(Leakey，1997；熊国炎，1997)。

目前，较全面且为大多数学者所接受和公认的是 ICRAF 的定义。其内涵可以概括为：复合农林经营是以生态学、经济学和系统工程为理论基础，并根据生物学特性进行物种的时空合理搭配，形成多物种、多层次、多时序、多产业的人工复合经营系统。

由此可见，农林复合生态系统是指在同一土地经营单元上，根据生态学及生态经济学原理，将各种农作物或家畜与多年生木本植物在空间或时间上进行各种各样的组合，形成平面镶嵌或立体组合的结构，成为一个多种经营，全面发展，达到良性循环的土地利用及生产体系。也就是在同一土地上既可以生产木材，又可以生产粮食、乳、肉、蛋或鱼等产品，同时使生态环境得到有效保护，达到充分合理地利用资源、农林牧各业生产和农村经济可持续发展。因此，Anonymous（1982）提出农林复合系统是由土地、环境、农业（作物或畜牧）、林业和经营管理五部分组成，并具备两个特点：①在同一土地经营单元上有目的地按空间混交或时间序列种植多年生木本植物和农作物（或有动物参与）；②系统中木本与非木本组分之间存在明显的生态经济上的相互作用。

8.1.1.2 农林复合经营特点

Agroforestry 在我国被翻译成不同的名词，如混农林、农用林、农林业、复合农林业、农林复合生态系统、农林复合生态经济系统等，从基本内涵上看，这些术语可以视为同义词。农林复合系统与其他土地利用系统相比，具有以下几个方面的基本特征：

（1）复杂性

农林复合系统改变了常规农业经营对象单一的特点，它包括两个以上的成分：这里的"农"不仅包括第一性生物产品，如粮食、经济作物、蔬菜、药用植物、栽培食用菌等，也包括第二性产品如饲养家畜、家禽、水生生物和其他养殖业；所谓的"林"包括各种乔木、灌木和竹类组成的用材林、薪炭林、防护林、经济林和果树。农林复合系统把这些成分从空间和时间上结合起来，使系统的结构更加向多组分、多层次、多时序发展。农林复合系统利用不同生物间共生互补和相辅相成的作用提高系统的稳定性和持续性，并取得较高的生物产量和转化效率。同时，农林复合系统在管理上要打破部门间和学科间的界限，要求跨部门、跨学科的研究和合作。

（2）系统性

农林复合系统是一种人工生态系统，有其整体的结构和功能，在其组成成分之间有物质与能量的交换和流动及经济效益上的联系。人们经营的目标不仅要注意某组成成分的变化，更要注意成分之间的动态联系。农林复合系统不同于单一对象的农业生产，而是把取得系统整体效益作为系统管理的重要目的。

（3）集约性

农林复合系统是一种复杂的人工系统，在管理上要求采取与单一组分的人工系统不同的技术。同时，为了取得较多的品种和较高的产量，在投入上也有较高的要求。

（4）等级性

农林复合系统可以具有不同的等级和层次。它可以从以庭院为一个结构单元，到田间生态系统、小流域或地区为单元，直到覆盖广大面积的农田防护林体系。

（5）经济特征

随着人类耕作业的产生，这种农林复合的形式也随之产生了，到了今天，只是形式和规模大小不同而已。也就是说，找不到任何一片不需要树木保护的农田。当然这种森林对农业的屏障作用，只是表面直观现象。比如，在气温、物流、能量转换、生物链的作用等方面，无论农作物，还是森林中的动植物都是生命（生物）系统，它们都是不可分割的。之所以分为林业和农业，是人类从经济的角度，采取不同的经营方式而已。实践证明，这种根据不同经济目的而采取的不同经营方式，是对生态系统的破坏，这种破坏在某种程度上是不可避免的，问题是如何以不形成灾害为限度。这个限度，至今还没有完全得到解决。比如，大片的农田，就是违背了生物多样性的原则，生物链受到破坏；更有甚者，连年播种同一种作物。这既不是农林复合，更不符合生态原则，农业可持续发展受到制约。

农林复合系统概念中的同一土地经营单元小可以到庭院，大到一个小流域或地区，甚至一个广大地区的农田防护林体系。其实这里存在一个广义和狭义概念的问题：狭义的农林复合系统是指一个地块上或坡面上"农"与"林"的复合时空结构配置所形成的生态系统；而广义的农林复合系统是指一个小流域或地区的具有合理时空结构配置的防护林体系，甚至广大地区的农田防护林体系。然而，对于广义的农林复合系统而言，总是在一定的生产力和生产资料所有制形式下建立和经营的，这就表明农林复合系统不可能成为一个脱离社会经济系统的纯自然生态系统，而必然成为一个社会—经济—自然复合系统，构成农林复合生态经济系统。虽然由农林复合系统构成的生态系统和与其相适应的社会经济系统是具有不同性质的系统，但其各自的生存和发展都受另一系统结构和功能的制约，必须将这两个系统当成一个复合系统进行研究。因此，广义的农林复合系统实际上是一种区域性的农林复合生态经济系统。

8.1.2 农林复合经营系统结构

8.1.2.1 物种结构

物种结构指农林复合经营系统中生物物种的组成、数量及其彼此之间的关系。理想的物种结构能对资源与环境最大限度地利用与适应，可以借助系统内部物种的共生互利，生产出更多的物质和多样的产品。进行物种的选择与搭配，必须弄清物种间的生态学关系，充分利用物种间互惠互利的关系，避免产生不良的他感作用，最大地发挥整个生态系统的功能。

8.1.2.2 空间结构

空间结构指系统内各物种之间或同一物种不同个体在空间上的分布。可以分为垂直结构和水平结构。垂直结构是系统的立体层次结构，一般可分为单层结构、复层结构和多层结构。一般情况下，垂直高度越大、层次越复杂，资源利用效率越高，但会受到生物因子、环境因子和社会因子的制约；水平结构是系统中各物种的平面布局。在种植型系统中由株行距表达，在养殖型系统中由放养动物或微生物的数量决定。空间结构的配置与调整是根据不同物种的生长发育习性、自然和社会条件以及复合经营的目的等因子确定的。

8.1.2.3 时间结构

时间结构指系统中各种物种的生长发育和生物量的积累与资源环境协调吻合的状况。根据系统中物种所共处的时间长短可以分为：农林轮作型、短期间作型、长期间作型、替代间作型和间套复合型。

8.1.2.4 营养结构

营养结构指生物间通过营养关系连接起来的多种链状或网状结构。营养结构是生态系统物质循环与能量流动的基础，复合农林经营系统通过建立良好的食物链或食物网，营造科学合理的营养结构，协调物种间关系，减少营养损耗，提高物质和能量的转化率，从而提高系统的生产力、稳定性、经济性和持续性。

8.1.3 农林复合经营类型

农林复合经营系统是一个多组分、多功能、多目标的综合性农业经营体系，在不同的自然、社会、经济、文化背景下，可能形成不同的类型和模式，不建立统一的分类系统，人们很难在纷繁的类型中进行分析研究、对比、借鉴和推广。科学的分类是生产、科研发展到一定阶段的必然产物。反过来，科学的分类又会促进生产和学科的发展与进步。主要包括农林复合系统分类原则、农林复合系统分类的指标体系建立，不同区域农林复合经营类型系统分类体系的建立等。

不同的自然地域在长期生产实践过程中形成了一定农林复合经营类型和模式，在农林复合经营系统分类研究的基础上，对不同地理区域的自然、社会经济特点和常见的农林复合经营类型和分类规律进行概括和介绍，对于指导区域农林复合经营、弘扬优良的经营模式或类型具有重要的实践意义。

8.2 中国典型农林复合经营系统

8.2.1 林粮复合系统

8.2.1.1 农田林网

农田林网化是由多条主林带与副林带呈直角纵横配置在农田上的众多林网(网格)组成的网状木本植物群体，实质就是农林复合经营系统在宏观范围上的具体应用。在农田周边营造林网(带)，构成农田林网(带)，以农为主，以林为辅，属于农区农田基本建设内容之一，这种农林复合类型随着三北防护林工程实施日益完善。因为农田林网多由各种树种组成的混交人工林，各树种间存在着相克性和相辅性。为使林网发挥最大的防护效能和生长稳定性，主副林带中的主要树种、辅佐树种与灌木树种的配置应充分考虑每种树种的生物学特性和它们之间的关系，诸如深根与浅根、喜光与耐阴、树冠形状与大小等。

在规划和经营林网时应重点考虑以下几个问题：

（1）林带的结构

不同结构的林带防风特征不同，在有效防护距离内，紧密结构的林带防风效益最好，所以，防护果园、种植园、重要建筑物及其防治流沙侵袭的林带以紧密结构为好；通风结构的林带虽然不如疏透结构林带的防风效益高，但其林带配置比较简单、经营比较容易，在一般风害的地区可选择通风结构的林带。

表 8-1 林带多年阻积沙效益

林带结构	疏透度（%）	树种	林龄（a）	带高（m）	带宽（m）	每年每米林带积沙量 [m³/(a·m)]
紧密	10	沙拐枣	24	3.5	4.6	2.62
稀疏	25	沙枣	26	5.7	10	1.54
通风	40	榆树	24	14	14	1.02

（2）林带的方向

当确定了主害风方向后，一般情况下林网的主林带与主害风方向垂直，副林带与主林带垂直形成方形林网。但是，在农林业生产过程中，为了减少林地所占面积（特别是在商品粮生产基地），林带的设计往往考虑现有田、路、渠的走向，所以，主林带走向与主害风方向间夹角应小于 30°，以确保林带的防风效益。

当主害风风向频率很大时，即害风风向比较集中，其他方向的害风频率很少，主林带与害风方向可以保持几乎垂直配置。由于次害风频率很少，危害不大，副林带作用很小，副带间距可以大一些或者不设置副林带。

当主害风风向频率较大，但不太集中时，主林带方向可以取垂直于 2 个频率较大的主害风的平均方向，副带间距可以大一些或者不设置副林带。

当主害风与次害风风向频率均较大时，主林带和副林带起的作用相当，林网可以设计成正方形。

当主害风与次害风风向频率均较小时，主林带和副林带起的作用相等，主林带走向可以在相当范围内进行调整。考虑到当地农业技术和耕作习惯，道路、渠道的原有布局方向，林带走向的确定不能单纯局限在与主害风垂直这一点，允许有 30° 的偏角。

（3）主副林带的间距

实验表明，长方形林网的防护效益优于正方形林网的防护效益；大网格防护效益较差，在林网设计时，遵循窄林带、小网格、长方形。主林带间距小于副林带间距。

一般情况下主林带间距小于 400 m 或 800 m，副林带间距小于 800 m。具体间距要视具体情况而定。以干热风为主的危害地区，由于干热风风速不大，疏透结构的林带有效防护距离可以达到 20~25H 林带高度范围，所以考虑到两条主林带的作用，主林带间的距离可以选取 20H+5H（第二条主林带迎风面的防护距离）林带高度范围。尘风暴危害地区，紧密结构林带的有效防护距离 1.5H 林带高度范围，所以主林带间距可以设计成 1.0~1.5H 林带高度的范围。

副林带间距一般按照主林带间距的 2~4 倍设计为宜。如海风来自不同的方向，仍可按照主林带间距设计，构成正方形。

（4）林带宽度

林带宽度与林带结构有密切关系，但并不是林带越宽越好，林带宽度选择原则是：形成所选择的林带结构必需的林带疏透度。因此，林带具体宽度应视植物种及其种类组成的不同而不同。

（5）林带横断面类型

同样结构的林带，由于横断面形状不同，防护效益不同；从防风效益来看，每种林带结构都有最佳的林带横断面形状：疏透结构+矩形，通风结构+凹形，紧密结构+不等边三角形。

（6）树种选择

农田防护林网在我国大江南北均可采用，从寒温带到热带、从干旱地区到湿润地区、从黑土到红壤，不同的地区在树种选择上遵循"适地适树"原则和造林技术规范。应选择那些乡土树种和经过引种试验是适生的树种；应选择根深叶茂，在生物学上与生长上稳定长寿的树种；选择抗逆性强、种间互生的辅佐或伴生植物种。根据各个地区多年的生产经验，首选的农田林网树种见表8-2。

表8-2　中国各农田防护林区的主要造林树种一览表

防护林类型区	主要造林树种	
	乔木	灌木
东北西部和内蒙古东部区	小叶杨、小青杨、北京杨、白榆、旱柳、文冠果、兴安落叶松、樟子松、油松	小叶锦鸡儿、胡枝子、沙棘、柳树
华北北部区	小黑杨、青杨、群众杨、新疆杨、旱柳、樟子松、华北落叶松、沙枣、山杏、白榆	小叶锦鸡儿、柽柳、沙棘、沙柳、花棒、胡枝子
内蒙古西部和西北区	新疆杨、胡杨、银白杨、旱柳、沙枣、白榆、小叶白蜡、桑树、小叶杨	梭梭、小叶锦鸡儿、柽柳、沙棘、沙柳、花棒
华北中部区	北京杨、沙兰杨、毛白杨、群众杨、大官杨、小黑杨、合作杨、银杏、白榆、泡桐、旱柳、合欢、枫杨、栾树、核桃、油松、白皮松	紫穗槐、胡枝子、杞柳
长江中下游区	枫杨、楸树、苦楝、水杉、喜树、香椿、樟树、垂柳、银杏、柳杉、加杨、旱柳、木麻黄、杜仲、毛竹	杞柳、紫穗槐
东南沿海区	苦楝、水杉、樟树、旱柳、桑树、大叶桉、蓝桉、马尾松、湿地松、杉木	相思树、紫穗槐、木麻黄
青藏高原干热河谷区	银白杨、藏青杨、旱柳、白榆、垂柳、小叶杨、青海云杉	沙棘、沙柳

（7）修枝和更新

护田林带的修枝目的是维护林带的适宜疏透度，改善林带结构，应与用材林修枝有区别。华北中原地区有大量的窄林带由于修枝过度成为高度通风的林带，防护效益很差。树木的寿命是有限的，当达到自然成熟时，生长速率减缓而且会出现枯梢、枯枝，最后全株自然死亡。随着林带的逐渐衰老、死亡，林带原有的生物稳定性降低，林带结构逐渐变得稀疏，随之而来的是生态稳定性降低，林带的防护功能减低或丧失。要保护林带防护效益的持续性、永续性，就必须建立新一代林带。为了减少在林带更新过程中，林带防护功能的降低，应该避免一次性将林带全部皆伐，而应按照一定的顺序，在时间和空间上合理安排，逐步更新。就一条林带而言，可以有全带更新、半带更新、带内更新、带外更新 4 种方式。更新方法有植苗更新、埋干更新和萌芽更新 3 种方法。

8.2.1.2　农林间作

1）农桐间作

泡桐在中国分布很广，北起辽宁南部、北京、太原、延安至平凉一线，南至广东、广西、云南南部，东起台湾和沿海各省，西至甘肃岷山、四川大雪山和云南高黎贡山以东。大致位于 20°~40°N，98°~125°E 之间。泡桐属有 9 种 4 变种，具有生长快、分布广、材质轻、繁殖容易等优良特性，是我国著名的速生优质用材树种之一。

农桐间作经营的效果，关键是建立农林群体结构的合理模式，主要解决好三大问题：①选择不同泡桐品种与农作物种类；②确定泡桐适宜的栽植形式和株行距；③采取适宜的管理措施。就泡桐的品种选择来说，在北方（华北平原）以兰考泡桐及其无性系 C125 和优良新品种豫林 1 号为主，在南方（湘、鄂、皖等省）宜采用白花泡桐，它们都有速生、干形好的特点。

泡桐是著名的速生树种，群众中有"一年一根杆、三年一把伞、五年可锯板"之说。7~8 a 就可成材，12~15 a 可生产大径材。所以农桐间作在广大的农村有广阔的推广价值，总结我国几十年的生产经验，现在被广泛推广的农桐间作模式主要有以下几种（表8-3）：

①以农为主间作型　适宜在风沙危害轻、地下水位在 25 m 以下的农田。经营的主要目的是为农田创造高产、稳产的环境条件。只栽少量泡桐，株距 5~6 m，行距 30~50 m，每公顷 30~45 株。

②以桐为主间作型　适宜沿河两岸的沙荒地即人少地多的地区营造泡桐丰产林，建立商品材基地。株行距 5 m×5 m 或 5 m×6 m，每公顷 390 株或 330 株。林木郁闭前种植农作物，到第 5 年时隔行间伐即可取得椽材，伐后仍可种植农作物。

表 8-3　泡桐与蔬菜、药材、果树及其经济树种间作模式一览表

间作类型	泡桐株行距	主要间作植物
泡桐—蔬菜间作	株距 2~4 m，行距 3~8 m	大蒜、白菜、芹菜、萝卜、豌豆、生姜、蚕豆、山药、香菇等
泡桐—药材间作	株距 4~5 m，行距 6~10 m	芍药、牡丹、山药、菊花、板蓝根、金银花、天南星、薄荷等
泡桐—果树—农作物间作	株距 5 m，行距 16~60 m	果树多为苹果、桃、梨、石榴、葡萄、杏、山楂等株距 1~5 m，行距 2~12 m；果树行间间作农作物或绿肥草，相间排列
泡桐—茶间作	株距 10 m，行距 10 m	遮阴度 37%，为较耐阴、喜湿、浅根的茶树创造了良好的生态条件
桐—淡竹混交	泡桐株行距 5 m×10 m，南北行向；1/2 轮伐期采伐一次，最后形成株行距 10 m×10 m	淡竹 600~900 株/hm²

③农桐并重间作型 适宜风沙危害较重的农区，或地下水位在 3 m 以下的低产农田，经营的目的是防风固沙、保证作物稳产，同时提供中小径材。株距 5~6 m，行距 10 m，每公顷 165~195 株。

除上述农桐间作主要模式外，现在还有很多泡桐与蔬菜、药材、果树及其经济树种间作或混栽模式。

2) 杨农间作

杨树在中国栽培广泛，在东北、华北、西北、华中、华东地区都有分布，用于营造防护林带和作为行道树，还大量用来营造速生丰产林。杨农间作的历史较短，随着 20 世纪 70 年代大面积营建杨树速生丰产林与小网窄带杨树农田防护林，杨农间作才有了较快的发展。

杨树种类多、分布广，是中国北方主要的速生丰产树种之一。一般说来，在前 10 a 长得最快，每年的高生长可达 2 m 多，最快的可达 4 m。年直径生长 3 cm 以上，最快的可达 6 cm。杨树不但高生长很快，而且自然整枝良好，枝下杆高，既能很好地发挥防护作用，又能在与农作物间作时保证树下良好的光照，利于农作物的生长与发育。杨树有着发达的根系，根系大多集中分布在土层 0.3~1.5 m 处，选择与其间作的小麦、玉米、豆类等农作物的根系多集中分布在地表 30 cm 之内，因此在杨农间作时，杨树与农作物能较好地利用土壤不同层次中的水分与养分，两者能较好地在同一土地上生长。由于中国地域辽阔，各地区的气候条件相差很大，因此，在杨农间作时选用的杨树和农作物的品种也会存在一定的差别。采用的杨树品种不同，冠幅大小不同，栽培的株行距也就不同。

3) 桉农间作

桉树因其具有速生、丰产、抗性好、耐贫瘠、干形好等特性，且用途广泛而成为世界各国广泛推广种植的树种之一。随着天然林资源保护工程的实施，木材供需矛盾日显突出，依赖木材进口困难加大，发展速生、优质和丰产的桉树人工林显得尤其重要。近年来，桉树已成为我国华南热区主要种植的优质用材人工林重要树种，但是持续经营桉树纯林和不科学的施肥、管理等，致使土壤肥力不断下降、桉树人工林地力随着连栽代次的增加而逐代下降，如何解决桉树连栽导致的地力衰退，长期维持桉树人工林的生产力，已成为现今桉树研究的重要课题。大量研究表明，在桉树林下间(轮)作牧草、农作物能有效改良土壤的理化性状，提高光照和土壤等资源的利用率，减少纯林或纯农种植过程中多病虫害等弊端。实行桉树林农复合经营是缓解地力衰退、改善桉树人工林林地环境的有效措施之一。

4) 胶园间作

胶园间作在劳动力缺乏、土壤贫瘠的地方是一种良好的胶园管理措施。国外胶园间作始于 20 世纪初，到 50 年代后发展较快。我国胶园间作至今已有几十年的历史，经过几十年不断地探索和实践，胶园间作面积不断扩大，间作技术日臻完善，胶园间作已成为提高橡胶树生产效益的一项重要措施。我国胶园间作的发展过程，可根据胶园间作的规模和目的分为三个阶段。

第一阶段：经济作物间作阶段，从 20 世纪 50 年代初至 70 年代初，是我国胶园间作发展过程的摸索阶段。胶园间作主要以自发、分散的方式在幼龄胶园或一些寒害胶园中间种一些农作物(如番薯、花生、玉米等)或茶叶等经济作物,主要目的是生产农副产品,解决植胶初期职工的生活问题。

第二阶段:从 20 世纪 70 年代初至 80 年代末的抗风抗灾间作,是我国胶园间作快速发展阶段。在这段时间里,由于橡胶园风寒自然灾害频繁,橡胶树生产损失很大,为了提高橡胶树生产的抗灾能力,发展"二线作物"生产,"以短养长",胶园间作以一边发展一边研究的方式在我国各植胶区大规模迅速发展起来。

第三阶段:从 20 世纪 80 年代末至今的建立生态胶园间作模式,是我国胶园间作发展过程的调整和巩固阶段。在该阶段,胶园间作也曾一度有较快的发展,但随着市场经济的调整,胶园间作生产趋于平稳,虽然间作面积有所减缩,但一些好的胶园间作模式,如橡胶树—茶间作模式等得到巩固和发展,并且朝着生态胶园的方向发展。胶园的合理间作,可加快橡胶树树围生长,提高干胶产量。目前,我国橡胶园间作复合系统的主要模式有:橡胶树—茶、橡胶树—甘蔗、橡胶树—菠萝、橡胶树—胡椒、橡胶树—咖啡、橡胶树—肉桂、橡胶树—砂仁、橡胶树—益智、橡胶树—茶—鸡等。种植的间作物主要有:豆科植物(如毛蔓豆、爪哇葛藤、蝴蝶豆、蓝花毛蔓豆、无刺含羞草等)、茶、胡椒、咖啡、椰子、肉桂、甘蔗、菠萝、番薯、花生、旱稻、大豆、香蕉、桑树、巴戟、益智、砂仁、白藤、沙姜等。

橡胶树是一种高大乔木,但属于浅根性树种,绝大部分根量在土壤 30 cm 以内,而茶树是相对耐阴的灌木,其根扎得很深,绝大多数根量在 20 cm 以下,它和橡胶树构成了模仿热带雨林的最简结构,能更充分地利用地上和地下的空间层次。从光的角度讲,橡胶树对短波的蓝紫光较易吸收,而茶树对红橙光更易吸收。由于橡胶树在定植的 6~8 a以后才长成并进行割胶,所以定植时期有一部分土地完全可以用来定植其他作物。

中国的自然条件并不是很适合大面积种植橡胶树,低温是发展橡胶树的一大限制因素,在植胶带向北扩展的过程中,这一因素变得更为突出。极端的低温造成树苗冻死或成熟橡胶树减产。在采用胶茶间作经营方式后,橡胶树行距扩大,单株吸收的辐射能量增多。另外,间作方式减少了地表的反射率,有利于各垂直层次之间的热量交换,使冬季间作地气温比纯林高 1~2 ℃,而在夏季酷暑天气,间作地气温要比纯林内气温低 2~3 ℃,这对茶树是一个很好的保护。风害也是发展橡胶树的一大障碍,灾害年份橡胶树断杆折枝,产胶量明显下降,但茶叶可以处在相对低的荫庇之下,茶叶的产量有所提高。胶茶间作园中蜘蛛的种类和数量比纯林明显要多些,而蜘蛛正是橡胶树主要害虫小绿叶蝉的天敌。所以茶胶模式本身就是一个比较好的复合类型。

5) 杉农间作

杉木为我国特有用材树种,材质优良,生长迅速,产量颇高,是亚热带地区常用的造林树种。杉木的栽培历史已达一千年以上,在我国广泛栽培。自然分布区北起秦岭南麓、伏牛山、桐柏山和大别山,南到广东中部、广西中南部,东起浙江、福建沿海山地及台湾山区,西到云南东部和四川盆地的西缘,包括甘肃、陕西、河南、安徽、江西、江苏、浙江、河北、湖南、贵州、广州、广西、云南、四川、重庆、福建、台湾 17 个省(自治区、直辖市)。杉农间作是产杉区的传统习惯,群众有着丰富的间作经验,已形成了独特的栽培制度。农民通过杉农间作，即可获得粮、油与其他农产品，又促进了杉木生长与早日成材。

杉木的习性是喜温、喜湿、怕风、怕旱。生长最适宜的气候条件是年平均气温 16~19 ℃，年平均降水量 1300~2000 mm，且四季分布较均匀，旱季不超过 3 个月。年降水量大于或等于年蒸发量，降水量与蒸发量比例变动在 10~14。年相对湿度 77% 以上，全年雨日在 150~160 d。年平均风速 2 级左右。

杉木分布与红壤、红黄壤、黄壤的分布基本一致。在这些土壤上杉木都可以生长，但在黄壤上生长的最好。各种酸性和中性基岩风化发育形成的土壤，只要土层深厚、质地疏松、富含有机质、酸性反应、排水良好，就是杉木生长适宜的土壤。

地形对杉木的生长有明显影响。山脚、谷地、阴坡等地方一般日照短、温差小、湿度大、风力弱、土壤厚而肥沃湿润，是杉木良好的生长环境。山脊、阳坡等土薄、日照长、风力大的丘陵地上，杉木往往生长不良。

杉木虽为浅根性树种，但实生苗主根深，1 年生苗的大于 20 cm，造林时可进行深栽。插条造林者，2 年生苗主根分布接近 1 m 深。3、4 年生时，细根密集范围都在 30~50 cm 深处，因此与间作的农作物在地下空间与养分、水分利用上矛盾不大。杉木根系生长有个特点，就是 5 年生前生长缓慢，5 年生后开始加快，5~10 年生时，根量与根幅增加得很快，10~15 年生时又变缓慢。水平根生长远远比垂直根系发达，但此时林冠已经郁闭，间作已经停止。在杉农间作期内，杉木和农作物的根系吸收养分并不会发生矛盾，而且能充分利用土壤各层次中的养分。杉木地上部分的生长在栽培后的前 3 年生长缓慢，年高生长量约为 30~50 cm，分枝也慢，冠幅小，这也为间作农作物提供了光照条件。

作物种类与杉木结合得好，既可以减少作物对幼树生长的不良影响，还能提高作物产量。较干旱瘠薄的林地应间种耐干旱瘠薄的作物，如豆类。肥沃湿润的土壤上，可间种需水肥较高的作物，如旱禾、麦子。适于山地栽种的作物很多，主要有以下几种：

按形态分：①高秆作物：玉米、高粱、木薯；②矮秆作物：谷子、大豆、花生、芝麻、薏米、生姜、烟草、旱禾、西瓜。

按用途分：①粮食作物：玉米、谷子、旱禾、荞麦、白薯、芋头、饭豆等；②油料作物：大豆、花生、芝麻、油菜等；③经济作物：烟叶、生姜、焦芋、棉花、凤梨等；④药用植物：薏米、党参、白术、红花、砂仁、紫草等；⑤木本经济植物：油桐、山苍子等。

6）枣农间作

枣树是我国栽培最早的果树，在我国 45°N 以南地区均有分布，栽培主要集中于河北、山东、河南、山西、陕西等地，在华北、西北地区栽培都很广泛。在浙江、安徽、江苏、福建、贵州、辽宁等地也有栽培。

枣树果实含有丰富的营养物质，并具有很高的医疗价值，其营养滋补作用被国内外医药界广泛重视。枣树是深根性树种，根幅较窄。因而枣树与间作物在生存空间上矛盾较小，间作有利于充分利用空间、水分和肥料。枣树树冠较矮，枝条稀疏，叶片小，遮光少，透光率较大，在生长期的大部分时间里树冠的透光率大于 50%，实行间作、复合种植基本不影响主要农作物对光强和光量的需求。

枣农复合经营系统具有较高的生物量，收获后残留物较多，合理的枣农复合经营既有益于区域生态系统的良性循环，又能充分合理地利用土地资源，是用地与养地相结合的较好方式。枣农复合经营改善了群落结构，降低了干热风的危害。据观测，枣农复合经营地的气温5~9月间较一般大田降低0.10~0.15℃，相对湿度提高21%~25%。干热风发生次数减少，风速减小，危害减轻，增产区面积大于减产区面积。枣农复合经营变单一农作物的平面配置为乔木与农作物相结合的立体配置，实现了枣粮兼收，枣农复合经营的产值远高于单一作物。

适宜冬小麦主产区的枣农复合经营优化配置模式最早于20世纪80年代中期提出，经过不断地补充完善，现已比较成熟，它是科技工作者在大量调查研究和生产实践基础上获得的宝贵成果。

7) 果园间作

果园复合经营是以果为主，利用果树与其他植物互生互利的关系，在果树行间进行适当的间作，主要是针对幼树果园而言，作为果园经营初期的副产品。在果树结果前或盛果前期可以获得相当的经济收入，节约果园的经营成本。盛果期果园，间作成分要相对减少以免影响产果量。

8.2.1.3 等高植物篱

等高植物篱种植模式是一种空间农林复合实践模式，即在坡地上沿等高线每隔一定距离密集种植生长速率快、萌生力强的灌木或灌化乔木，而在植物篱之间的种植带上种植农作物，通过对植物篱周期性刈割来避免对相邻农作物遮光的一种特殊的农林复合经营模式。它不仅可以有效控制水土流失，而且起到增强土壤肥力、促进养分循环以及抑制杂草生长等作用，已成为山地、丘陵、破碎高原等以坡地为主的地区进行水土保持和生态建设的一种重要实践形式。

等高植物篱种植模式生态效益显著，能够有效地保持水土、控制水土流失，并且随着种植年限的增加，其作用逐渐增强。一般认为，等高植物篱种植模式控制水土流失、减缓坡耕地坡度的原理是植物篱增加了地面覆盖度，改善了土壤质地，以及植物篱茎叶对地表径流的机械阻挡作用降低了地表径流速度，减弱了径流的挟沙能力，延长了降水的入渗时间，增加了地表水分的入渗量。等高植物篱种植模式能使坡耕地逐步梯化。植物篱能拦截沿坡面下移的固体物质，使其在篱笆后堆积，逐渐减少篱笆带间的坡面坡度。坡耕地经过足够长的时间便可以逐渐演替为平坦田面，最终达到坡土变梯土，实现旱坡耕地永续利用。但是植物篱使坡地逐步梯化需要很长一段时间，而且视植物篱品种、种植密度以及坡面坡度等因素而异。中国科学院地理科学与资源研究所的研究表明：在植物篱形成初期(3年以内)，植物篱的机械阻挡作用是引起土壤侵蚀量大幅度下降的主要原因，此时期植物篱笆的茎叶在近地面形成条带，减缓径流速度，降低其泥沙携带能力，减少细沟发育；在植物篱技术的中期，即梯土形成过程中，植物篱减少侵蚀是坡面因植物篱分割而变短和植物篱机械阻挡的综合因素作用的结果；在植物篱技术的后期，即梯地形成后，主要是坡耕地逐步变为了梯地，坡面大幅度变缓，地面形态发生了质的变化，因此侵蚀量明显减少。

8.2.2 林渔复合系统

8.2.2.1 桑基鱼塘

基塘系统是水塘和陆基相互作用的生态系统。在我国北回归线以南的广东珠江三角洲低洼之地，当地群众因势利导，将低洼地挖塘培基，塘养殖、基种桑，逐渐形成一种独特的水陆相互作用的林农渔复合经营类型。这一经营模式在我国亚热带地区尤为普遍。

由于我国南方蚕区范围较广，因此桑基鱼塘系统分布也较为广泛。北从长江流域蚕区(太湖、洞庭湖地区)，南到珠江流域蚕区，各地桑基鱼塘系统的基塘比例不尽相同。根据各地的地理位置、劳作习惯、民族风俗、饮食结构、人口数量等不同，以及各地栽植桑树品种、饲养家蚕品种、鱼类习性的差异，基塘比例有"基四塘六""基五塘五""基六塘四""基七塘三"等多种比例。

桑和鱼互相作用是一种自然界独特的生态模式，它是以桑为基础，以鱼塘为关键。鱼塘是"养"基的条件，"养"好基是"桑基鱼塘"能量转化和储存的基础保证。投入鱼塘里的有机物质，大部分转化成鱼体蛋白质，作为最终产品固定并储存在鱼体内。还有部分残渣，包括鱼体排泄物及饵料生物尸体沉积塘底，混合塘泥后施入桑地。塘底的淤泥可用于桑地肥料，使桑园增加土壤有机质并改良土壤团粒结构，对提高桑叶产量和质量具有很大的作用。桑园的生长能改善生态环境，可以绿化环境，净化空气，防风固沙，涵养水源，起到生态环保、循环发展的作用。

表 8-4 多样的基塘农林复合系统

基塘类型	生态关系
桑基鱼塘	以桑为基础，桑叶养蚕，蚕沙蚕蛹喂鱼，塘泥肥基
蔗基鱼塘	嫩蔗叶可以喂鱼，塘泥肥蔗、催根、抗旱
果基鱼塘	果品种类很多：香蕉、大蕉、柑橘、木瓜、杧果、荔枝等。嫩的蕉叶可喂鱼，蕉茎可治疗鲩鱼的肠胃病，蕉树下养鸡、鸭、鹅，则生态循环更好
花基鱼塘	华南主要花卉有茉莉、白兰、菊花、兰花以及各种柑橘，有盆栽和基面栽植两种方式。塘泥培基，塘水浇淋。花基使塘面开朗，阳光充足，利于增加溶氧；花基和花盆之间生长的杂草，又是塘鱼重要的青饲料

8.2.2.2 林渔复合

以江苏里下河地区为代表的河湖等水网地区创立起来"沟—垡生态系统"，即在湖滩地上开沟作垡，垡面栽树，林下间作农作物，沟内养鱼和种植水生作物，形成特殊的立体开发模式。里下河地区的开发类型有 3 种：

小水面规格型：池沟比较窄浅，水位不深。池沟宽 2~5 m，水深 1~2 m，垡面宽 8~15 m。沟内主要用于粗放养鱼、养虾或培育鱼种。

中等水面规格型：池沟宽 5~15 m，水深 1.5~2.5 m，垡面宽 10~15 m。主要用于放养成鱼或培育鱼种。

　　大水面规格型：近似正规鱼池，池沟宽 15~20 m 以上，水深 2.5~3 m，埂面宽 20~40 m。作为半精养或精养鱼池。

　　树种主要有池杉和落叶杉等，尤其是池杉树体窄、叶稀，遮光程度小，可延长林下间作年限，对鱼池内浮游生物及其水生作物影响小，有利于提高水中溶氧量和增加饵料，为鱼类生长发育提供了良好条件。间作农作物主要有芋头、草莓、油菜、小麦、大麦、西瓜、大白菜、金针菜、生姜、蚕豆、豌豆、大蒜、棉花、山芋等。间作蔬菜类和豆科植物对林木生长较为有利，而芝麻、棉花、甘蔗及山芋等作物对林木生长有一定影响。尤其在幼林期，在里下河地区一般不提倡种植。

　　我国稻田养鱼历史悠久，目前仍有很多地区在采用稻田养鱼的模式，其基本原理是：在水稻生长季节把鱼种(尤其是草鱼)放养在稻田里，创造一个共生系统。在这个系统里，稻和鱼的共同存在促使能量向着对两者的生长都有利的方向流动。草、鲤等草食性鱼类吃掉田间杂草，稻田不用除草，减少了田间管理，同时又能因为食物大小不适口而使稻秧完整地保留下来，从而减轻了杂草与水稻之间对光照、空间和养分的竞争。鱼吃掉稻脚叶，可使水稻通风透气；鱼吃掉水田中的浮游生物及水稻害虫，节省了农药；鱼的排泄物和死亡的有机体成为水稻的肥料；鱼的游动与采食活动，使土壤松散透气，有利于有机质分解，促进水稻的根系发育。水稻为鱼提供了可以躲避阳光直接照射的藏身之地，鱼呼吸所产生的二氧化碳丰富了田里水中的碳储备，还能增进水稻的光合作用(图 8-1)。

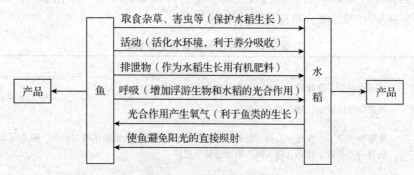

图 8-1　稻田养鱼互生示意

8.2.2.3　林蛙复合

　　20 世纪 90 年代以来，福建省大量引种北方杨树，并广泛种植，但由于南方土壤较为黏重，气候湿热，造成病虫害严重，特别是虫害猖獗，除了"四旁"地种植生长良好外，成片种植的杨树基本生长不良，经济效益低。为了更好地解决这些问题，增加农民收入，根据杨树、虎纹蛙和罗非鱼的生长特性，进行了杨树—虎纹蛙—罗非鱼复合模式的立体种养试验，取得了良好的生态、经济和社会效益。

　　由于林—蛙—鱼立体种养模式中各物种相互弥补、促进，模式取得了相当高的经济效益。种植杨树，使立体种养模式中昆虫数量和种类增加，虎纹蛙喂养饲料减少 125%。虎纹蛙的粪便及水池中的青草、浮游生物供罗非鱼食用，使模式中的罗非鱼不用投放任何饲料便可生长。每年清池的淤泥、肥土培堆在杨树根兜上，促进了杨树生长。

8.2.3 林牧复合系统

林牧复合经营是指林业、牧业及其他各业的复合生态系统，特征是以林业为框架，发展草、农、副业，为牧业服务。作为一种传统的复合农林业模式在世界范围内有着广泛的应用。近些年来，随着我国西部开发，生态环境建设和林、牧业发展的需要，林牧复合系统在我国也日益受到重视。国家在实施退耕还林(草)工程中规定，林下不准间种农作物、蔬菜，只能间种牧草、中草药。因此，在广大退耕还林工程区实行林牧复合经营，发展草食性畜禽，延长产业链条，发挥最大的生态效益、经济效益和社会效益将成为一种重要的经营模式。

8.2.3.1 林草复合

林草复合系统是我国干旱与半干旱地区农林复合的主要模式之一，泛指由林木和草地在空间上有机结合形成的复合人工植被或经营方式。近年来，随着林草业的相互渗透及对生态环境综合治理的需要，林草复合经营日益受到国内外的重视。以放牧为主的地区，为了提高牧草产量和质量，常营造稀疏林带，间种人工牧草、中草药、经济林等，改善牧区单一的牧草生态系统，增加物种多样性，提高单位面积生物产出量，提高生态效益和经济效益。

为改良天然退化草场，提高草地生态系统的生产力，在牧草防护林大网格(一般为1000 m×1000 m)，营建以林木为框架、牧草为主体、药果粮为主要经济增长点的草场综合立体开发模式。林木以小网、窄带、疏林、绿伞林形式配置，以牧草、药材、果树、作物相结合相间间作形式，增加草地生态系统的物种多样性。杜蒙牧区试验研究结果表明，林草结合模式中仅牧草和草药防风的产值为1130.76 元/(hm² · a)，是无林草场的5.4倍，木材产值为154 元/(hm² · a)，合计林草结合的产值1284.76 元/(hm² · a)，是无林草场的6.17倍。

8.2.3.2 林禽复合

竹林—鸡农林系统模式为高效生态农业模式，社会效益明显。竹林养鸡能够提供禽蛋类产品，促进竹子增产，有利于充分挖掘土地资源潜力，使种植业和养殖业同步发展。有利于农牧各业发展，调整农林业结构，促使农业由单一经营向立体复合经营方向发展，达到一地多用，从而提高土地利用效率。增加养殖业比重，有利于丘陵山地农作制度改革，发展多功能、高质量和高效益的农业。丘陵山区若要发展，必须使山区种植业和养殖资源得到合理开发，发展竹林—鸡农林系统模式可促使种植业和养殖业比重向适宜方向发展，为丘陵山区农业可持续发展开辟新路。

浙江杭州市淳安县千岛湖镇山间林场三面环山，且两面山势较陡，为防止水土流失，不宜进行大面积农业耕作，山谷出口即千岛湖湖区，一条小溪贯穿整个林场，山上的水可直接引入山谷使用，水源较方便，主要林种为雷竹及早园竹，另有少量毛竹。该区域实施的竹林—鸡农林系统模式由竹、鸡、草、昆虫、土壤及土壤生物等组分组成，

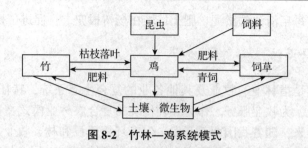

图 8-2　竹林—鸡系统模式

系统外投入主要为饲料(图 8-2)。竹林为鸡提供良好的生活场所，鸡在竹林中进行各种活动，觅食林中昆虫及杂草，鸡粪便直接排入系统，起到松土、施肥双重作用。

8.2.4　林下经济

8.2.4.1　林药复合

林—参复合经营是经济价值较高的林药复合经营模式，可在皆伐迹地或低价值天然次生林的更新林地上实行林—参间作。在栽培人参的同时，及时在作业步道上栽种针叶树种，3 a 后起参，再在栽参的床面上栽上阔叶树，以建成速生、高产、优质的针阔叶混交林。林下可同时种植药用植物，形成立体的高功能结构。建造时高层可引种黄檗、猕猴桃、山葡萄等，中层可繁殖刺五加、五味子等，下层以草本药用植物为主，如天麻、桔梗等。近年来，又进一步在林内作床栽培，也有利用堆栽和穴栽，栽后覆盖落叶以保持土壤温度、湿度，防止土壤板结，减少病虫害。

8.2.4.2　林菌复合

林菌复合经营适合于大面积不适宜间种农作物的林地。它是利用林木(包括林带、片林、经济林下等)遮阴原理，在林下栽植食用、药用真菌。林菌开发是一种新型的立体开发模式，它充分利用了林地资源，同时利用了林木与食用、药用真菌之间的关系，林木为菌类的生长发育提供了充分的遮光、增湿等条件。同时菌类对发酵料的分解，为林木生长提供了充足的养分。因此，林菌开发将野生资源通过人工驯化后，再还原到林下，合理地利用了空间资源，充分发挥了林地资源的应用效益。根据林菌互生互利关系充分利用林下资源进行人工食用菌类的开发已成为食用菌产业发展的重要形式，可以充分利用空间、时间上的空隙创造新的经济增长点。主要形式有：杨树片林下栽培平菇、榆黄蘑、挂袋木耳或地栽木耳，樟子松、落叶松林下或林带下栽培香菇、猴头、灵芝，果树下栽培平菇、榆黄蘑等，这种类型易形成规模，具有十分可观的经济效益。

8.2.4.3　林虫复合

在农田或利用田边地埂栽桑养蚕在中国有悠久的历史，已经发展成许多适合于山地自然条件的模式。我国的桑蚕分布，从农业气候区划分析，除新疆的南疆桑蚕区外，主要分布在东部季风农业气候区内，尤在该区的北亚热带和中亚热带较集中。该区的气候特点是季风活跃，湿润多雨，光、热、水资源丰富，极适宜桑树生长，四川、江苏、浙江三省的桑园面积占全国总面积的 50% 以上，山东、安徽、广东、湖北、广西、陕西、江西、云南、山西等地也有较大规模种植。从地理位置分析，这些桑园分布在平原地带和半丘陵地带的各占30%，分布在山地的约占40%左右。

8.3 农林复合系统设计

农林复合系统是一种人工生态系统，为了使这种人工生态系统高效、稳定和多样地发挥其最大的经济、社会与生态效益，就必须进行农林复合系统的科学规划与设计。

8.3.1 农林复合系统规划设计原则

(1) 系统性原则

农林复合系统是一种复杂的土地利用系统，由很多相互作用着的子系统组成。农林复合系统通过调整组分间的相互关系，追求整体效益，这就要求这种复杂体系的组分及其管理措施必须适应当地的特殊环境并且能够满足该阶段社会发展的需要。因此，采用系统论的原则和方法来指导农林复合系统的规划设计是必要的，也是必须的。

(2) 农民群众参与原则

农林复合系统经营作为农林业生产活动，其主体是广大的农民群众，其目的在于改善农民的生产生活条件和居住环境，向社会输出农林产品。这就需要保证群众能够多层次、多角度地参与进来，不仅参与计划的制订，还要参与决策和管理。而要保证群众参与，首先，要保证群众的权力与利益，在考虑长远利益的同时，也要兼顾短期利益，保持农民群众的积极性；其次，要及时向群众普及必要的农林复合系统经营管理知识，提高其文化和生产素质；最后，还要注意协调群众之间因进行农林复合经营而可能引发的矛盾。只有这样，群众才会积极地参与其中，才有可能进行长期稳定的合作。

(3) 适宜性原则

中国地域辽阔，地形、气候、土壤等差异性显著，树木和农作物的生态学和生物学特性迥异。某一地区究竟应该发展哪种类型的农林复合系统，不仅要考虑该地区的光、热、水、气、土、肥、植被情况和地形地貌类型等自然因素，而且还要综合社会、经济和历史一系列因素，而不能机械地照搬照抄。例如，在自然条件较差，水分不足，水土流失严重的黄土高原陡坡区，可以推广林草间作；而在水湿涝害严重的地区则可建立类似于基塘系统的水陆相互作用的农林复合体系。

(4) 社会经济可行性原则

该原则要求从当地社会经济的实际条件出发，主要考虑财力、物力、人力以及技术力量。这四个方面为农林复合系统的正常运转提供"动力"。传统的石油农业需要高额的能量投入，虽然农林复合经营系统一直在力图改变这一弊端，但这并不意味着它否定能量投入的必要性。农林复合经营生产系统强调的是投入与产出两者之间良好的比例关系，以及这种比例关系的持续性和稳定性。因此，作为生产者，其财力和物力的投入能力在农林复合系统的规划设计中必须予以考虑，确保在农林复合系统建立和正常地运转过程中所需要投入的财力和物力在生产者力所能及的范围之内。

在农林复合系统规划设计中还需要对未来系统的生产和管理所需要的科学技术水平

以及生产者对相应的科学知识和技术的掌握程度进行分析。在现代农林复合系统中，生产者的文化素质对于组建和管理农林结合的综合性生产体系具有决定性的作用。

(5) 经济、社会、生态效益综合性原则

采取农林复合经营不仅是要满足人民日益增长的物质生活需要，而且是可持续发展的必然要求，因此，要充分考虑经济、社会、生态效益的统一。

现代农林复合经营已经走出了过去那种自给自足的封闭的小农经济体系，进入了以市场需求为导向的社会化产品生产的阶段。社会经济在各个方面都对现代农林复合经营产生着影响，农林复合系统能否从市场上获得高的效益很大程度上决定了它是否能够成功。判断一个农林复合系统的好坏，标准之一就是看它能不能生产出满足市场需求的商品。

就我国目前的实际情况来看，我国农民相当一部分生活必需品都不是从市场上获得的，尤其是每日所需的粮食、蔬菜、油料、蛋白质等都是由自己生产的。预计在今后相当长的时间内，我国农林复合经营仍不能完全摆脱小农经济的性质。因此，如何满足生产者自身需求是农林复合系统规划设计必须考虑的基本因素之一。

农林复合经营不仅仅是一项经济活动，作为一种持续发展的策略，社会效益和生态效益的追求在农林复合经营中占有重要的地位。因而在农林复合系统规划设计中不应只追求经济效益，而应该对社会效益和生态效益也予以充分地重视。

(6) 循序渐进，以点带面的原则

引入某一地区的农林复合经营模式，应该是在原有生产方式基础上的改进和补充，应当逐步地进行调整，否则将有可能引起各种生产关系的混乱。一方面，生产者需要一段时间的适应过程，要求其立即接受另一种新的生产技术和生产模式是不现实的；另一方面，作为设计者来说，在设计经营模式的时候不可能面面俱到，考虑到所有的条件和变化情况，不可能做到完全的准确无误，这就要求在实践过程中对新的农林复合系统的结构配置进行恰当调整以使其与地方自然条件、社会经济和生产方式相适应。要贯彻"循序渐进，以点带面"的规划设计原则，还要注意在系统结构配置上把原有生产方式下的经营对象放在重要的地位上，其他成分的引入首先要满足原先经营对象的生产和发展。通过建立示范地、示范户、示范村带动地方农林复合经营的发展，是一种很好的方法。

(7) 短期利益与长期利益相结合的原则

木本植物与草本农作物共同组成了农林复合经营系统。木本植物包括用材树种、果树与经济树种，而农作物主要为1~2年生作物，一些经济作物(包括中草药)还有多年生的。系统本身就意味着在时序上是短、中、长的结合。为了经济、社会与生态效益的统一也必须进行长、短结合，才能达到农林复合经营的目的，为此，在规划设计时必须考虑以下两个问题：

①在农林复合系统的成分组合上要尽可能做到短期、中期、长期的结合 由于受经济条件的制约，农民总希望能够立即获得收益，这点在较贫困地区表现得尤为突出。在最初的规划设计时必须将这一点考虑进去，因为只有在眼前取得较为明显的经济效益，才能提高经营者的积极性。农民得到了实实在在的好处，才能对农林复合经营具有信

心。同时，1~2年生粮食作物与油料作物必须抓好，绝对不可忽视，但是又需要使系统的经济效益逐年提高与持久，这就要在系统中配置多年生经济价值比较高的物种。

②在复合系统中配置能长期发挥良好生态效能的组分　这些组分既要有一定经济价值又要能够使经营系统具有良好的生长发育条件，改善局部气候，以及较好地控制病虫害。

8.3.2　农林复合系统结构设计

结构设计是农林复合系统发展过程中需要解决的一个关键问题，它是复合经营研究中非常活跃的研究领域。生态系统的结构是指生态系统的构成要素，以及这些要素在空间和时间上的配置，物质和能量在各要素间的转移循环过程。生态系统的结构决定着系统的功能与效应。目前，我国农林复合系统配置结构大致分为物种结构、空间结构、时间结构和营养结构。这四种结构的合理性和协调性，是优化农林复合模式、提高生态经济社会功能及效应的关键。

8.3.2.1　组分结构设计

（1）物种选择

物种结构是指农林复合系统中生物物种的组成、数量及其彼此之间的关系。物种的多样性是复合系统的重要特征之一。适合于农林复合经营的主要物种一般包括乔木（含经济林木）、灌木、农作物、牧草、食用菌和禽畜等。理想的物种结构有利于对资源与环境的最大利用和适应，可借助于系统内部物种的共生互补生产出最多的物质和多样的产品。对比单作农业系统，它可以在同等物质和能量输入的条件下，借助结构内部的协调能力达到增产的效果。

确定物种结构需要掌握以物为主的原则，即一种农林复合模式只能以一种物种为主要的生产者，并且要在不影响主要生产者生物生产力或生态效益的前提下，搭配其他物种，而不能喧宾夺主，同时还要注意物种之间的竞争与互补关系，以达到不同物种间的最佳组合。

选择物种时应重点考虑的因素：产品的种类及其用途；所选物种的生态适应性及各物种间的种间关系；稳定性和可行性；高效性；物种的多样性及互补性。

（2）系统组分间配比关系的确定

依据食物链关系，考虑经济价值及市场需求，依据各物种在系统中的地位及主次关系，生产者的需求；利用线性规划确定。

（3）复合系统组成成分的选择原则及要求

所选物种的生态位不应重叠，以减缓或避免竞争；尽量选择具有共生互利作用的物种，能提高土地的总生产力；组分的搭配应以提高物质利用率和能量转化率为目标；所选物种应适合当地的环境条件，具体而言就是做到因地制宜，宜林则林，宜农则农，宜牧则牧，宜渔则渔；并且要尽量以当地种为主，引进种为辅；要注意植物分泌物对物种组合的影响；避免选用具有共同病虫害的物种；上层树冠结构应尽量有利于光能的透过；尽量满足稳定性、多样性和可行性原则。

8.3.2.2 空间结构设计

空间结构是指农林复合系统各物种之间或同一物种不同个体在空间上的分布，可以分为垂直结构和水平结构。它是由物种搭配的层次、株行距和密度决定的。群落的垂直（地上与地下）成层与水平斑块镶嵌构成群落空间结构。"层—块"布局的生态学意义是需求各异的群落成员占据各自的生态位，形成独特的群落环境，互惠互利地利用地上（下）的各种资源。如茶园套种橡胶树提高了作物对有限空间中水肥与光照利用率，而优化的群落小气候，既提高了茶叶品质，又降低了低温诱发的橡胶树烂根病；温带作物辣根与玉米套种，避免了强光与高温胁迫，使辣根种植区拓展到淮河以南；Natarajan&Wiley 研究了干旱对高粱—花生、谷子—花生、高粱—谷子套作产量影响，发现随着水分胁迫加剧，套作或单作总产量均会降低，但在五种胁迫强度下，套作方式均比单作方式产量高，套作与单作生产力的相对差异随着水分胁迫的加剧而变大。由此证明，空间结构能缓冲环境胁迫对系统的压力。四川珙县王乾友首创竹荪套种玉米（黄豆）立体栽培技术，使农民年收入由 300 元增至 50 000 元，最高的每亩收入上万元。

（1）垂直结构设计

垂直结构，即复合系统的立体层次结构，它包括地上空间、地下空间和水域的水体结构。农林复合经营模式的垂直设计，主要指人工种植的植物、微生物、饲养动物的组合设计。一般来说，垂直高度越大，空间容量越大；层次越多，资源利用效率就越高。但这并不表示高度具有无限性，它要受生物因子、环境因子和社会因子的共同制约。我国平原农区农林复合系统结构通常可分为 3 种类型，分别为单层结构（如防风林带）、双层结构（如农田林网系统、农林间作系统、果农间作）和多层结构（如林—果—农复合系统）。

（2）水平结构设计

水平结构是指复合系统中各物种的平面布局，在种植型系统中由株行距来决定，在养殖型系统中则由放养动物或微生物的数量来决定。水平结构设计是指农林复合经营各主要组成的水平排列方式和比例，它决定农林复合经营模式今后的产品结构和经营方针。在种植型复合系统中，水平结构又可以分为周边种植型、巷式间作型、团状间作型、水陆交互型等。其中，周边种植型是农田林网的主要结构模式，巷式间作型是林（果）农间作的常见模式，团状间作型类似于团状混交，水陆交互型主要是指低洼地区的林渔复合系统。

在设计时，应注意以下问题：

①林木的密度及排列方式要与经营模式的经营方针和产品结构相适应，并要处理好林木和作物的适当比例关系，使其相互促进。

②要掌握林木的生物学特性、生长发育规律，特别是掌握树冠的生长变化规律，以便预测模式的水平结构变化规律，为合理确定模式的时间序列提供依据。

③要根据树冠及投影的变化规律和透光度，掌握林下光辐射时空分布规律，结合不同的植物对光的适应性，设计种群的水平排列。

④在设计间作型时，如果下层植物是喜光植物，上层林木一般呈南北向成行排列为

好；并适当扩大行距，缩小株距。如下层为耐阴植物，则上层林木应以均匀分布为好，使林下光辐射比较均匀。

农林复合系统空间结构的配置与调整就是根据不同物种的生长发育习性、自然和社会条件、复合经营的目标等因子，确定在复合系统中的不同植物的高矮搭配、株行距离和不同禽畜或微生物的放养数量，使得每一物种具有最佳的生长空间、最好的生长条件，并使系统获得最佳的生态经济效益。农田防护林网是农林复合系统最基本模式，其空间结构的主要技术指标有林带方位、林带结构、林带间距、林带宽度、网格规格及面积等。指标数值的确定要综合考虑当地自然灾害情况、农田基本建设及农业区划要求，遵循"因地制宜、因害设防"基本原则。

8.3.2.3 时间结构设计

时间结构，是指复合系统中各物种的生长发育和生物量的积累与资源环境协调吻合的状况。群落成员的多度、密度和优势度等随物候变化的现象为时间格局，其生态学意义是群落成员在时间维度上适应环境变化，提高空间与资源利用率。农作物合理的轮作和间作，除空间上能够充分利用光、热外，也改善了土质，提高了土壤肥力与防虫(害)能力，缩短了土地闲置时间，提高了土地产出率，加速了物质转化和循环。如豆—稻轮作可有效改变一般双季稻—绿肥轮作出现的土壤持水量高、通气性差及微生物活动弱的状况，使土壤理化性能、微生物区系组成与代谢强度有所改善。此外，大豆根瘤的固氮作用又使土壤氮素养分增加，减少了田间化肥用量，提高了水稻的产量。大豆连作障碍源于自身分泌的他感物质在土壤中积累，轮作是降低土壤中他感物质含量、减轻自毒、维持大豆稳产的有效途径。

在进行时间结构设计时，要充分考虑气候、地貌、土壤、物种资源(农作物、树木、光、热、水、土、肥等)的日循环、年循环特点和农林时令节律。由于任何生态(资源)因子都有年循环、季循环和日循环等时间节律，任何生物都有特定的生长发育周期，时间结构就是利用资源因子变化的节律性和生物生长发育的周期性关系，并使外部投入的物质和能量密切配合生物的生长发育，充分利用自然资源和社会资源，使得农林复合系统的物质生产持续、稳定、有序和高效地进行。根据系统中物种所共处的时间长短可分为农林轮作型、短期间作型、长期间作型、替代间作型和间套复合型等5种形式。

短期复合型一般是以林为主的林农复合。在林木幼年期或未郁闭前，林下可以用来种植作物，但林冠郁闭后，由于林下光照的减弱，则不能继续种植作物，这是短期间作的一种模式。

长期复合型是以农为主的农林复合系统，在物种配置时，充分考虑各物种的生物学习性，达到林、农、牧长期共存的目的。一般都采用疏林结构模式，充分发挥各物种的正作用，达到"共生互补"的目的。

总之，在农林复合系统中，时间结构的特点是"以短养长"，这是取得长期(林木)、中期(经济林)和短期(作物、农禽等)经济效益的主要条件和保证。

在具体设计时，应考虑下列内容：

①把两种以上的种群，设置在同一空间内，按其生物机能节律有机地组合在一起。

②种群密度设计在幼龄期可稍密些，老龄期宜稀些。

③最大限度地利用物种共生、互利作用，并使各种生态因子的季节性变化与作物生长发育周期取得相对协调等。

④最大限度地利用农作物与树木之间的生长期、成熟期与收获期的先后次序不同，形成在同一个年度的生长期内，同一块土地上经营多种作物，此播种彼收获，此起彼落。

常见时间结构有 7 种类型：轮作、连续间作、短期间作、替代式间作、间断式间作、套种型和复合搭配型。

8.3.2.4 营养结构设计

营养结构就是生物间通过营养关系连接起来的多种链状和网状结构。生态系统中的营养结构是物质循环和能量转化的基础，主要是指食物链和食物网。营养物质不断地被生产者吸收，在日光能的利用下，形成植物有机体，植物有机体又被草食动物所食，草食动物再被肉食动物所食，形成一种有机的链索关系。这种生物种间通过取食和被取食的营养关系，彼此连接起来的序列称为食物链，是生态系统中营养结构的基本单元；不同有机体可分别位于食物链的不同位置上，同一有机体也可处于不同的营养级上，一种消费者通常不只吃一种食物，同一食物又常被不同消费者所食。这种多种食物链相互交织、相互连接而形成的网状结构，称为食物网。食物网是生态系统中普遍存在而又复杂的现象，是生态系统维持稳定和平衡的基础，本质上反映了有机体之间一系列吃与被吃的关系，使生态系统中各种生物成分有着直接的或间接的关系。

建立营养结构的重点是建立食物链和加环链网络结构。食物链的加环链就是营养结构的调整与优化的措施体现和重要内容之一。农林复合系统可以通过建立合理的营养结构，减少营养的耗损，提高物质和能量的转化率，从而提高系统的生产力和经济效益。

由于物种少(多数都是植物)、树种单一，导致结构简单、缺损，功能不全，使系统的食物链明显缩短、被阻，造成短路而不能畅通，使能流和物流无法进入到加工链，使系统无法发挥增产增值的潜力。解决办法：向系统中引入新的食物链条和加工业，即增加食草性动物链(如奶牛、鹅、羊等)、食虫性动物链(如各种食虫益鸟)，腐食性动物链(如蚯蚓等)、微生物链(如香菇、木耳、蘑菇等)；与此同时，发展动植物加工业。使农林复合生态经济系统的主产品由原来的一个(木材或粮食)扩大成为多个，使系统的功能和效益更大。

研究食物链和食物网的重要意义在于揭示物质循环和能量流动的过程及其机理，维持系统的相对稳定，提高系统的抗逆功能，多层次、多途径地利用能量，生产更多的产品以满足人类的需要。根据食物链原理，在复合农林业上常用 3 种应用方式。

(1)食物链加环

食物链的"加环"是生态学理论在农业上应用的一个重大突破。生态系统的食物链结构直接影响到能量转化效率和系统净生产量。在生态系统中，一般来说，初级生产者转化为次级生产者时，转化效率仅 1/10，大部分的初级产品被浪费掉。因此，根据食物链原理，在初级产品之后，人为加环，即利用一些能生产为人类所利用的产品的新营养级（即加环），取代自然食物链中的原营养级，或在原简单食物链中引入或增加环节，或扩大原有的简单环节，从而增加物质和能量的多层次、多途径利用，一方面可使原有不能利用的产品得以再转化而增加了系统的生产量，减少废弃物排放，节省费用，提高食物链效益；另一方面可以增加系统的稳定性。在目前繁多的人工生态系统中，物种较少，树种单一，结构缺损，功能不全，因而系统的食物链往往是短路，或是被压缩，或是被阻断而不畅通，无法充分发挥增产增值的潜力。又如，在林—菇复合系统中，就是利用林间的小气候条件，将碎屑食物链中的低等生物转变为食用菌，同时也提供了土壤养分含量、促进了林木的生长，从而扩大了系统的产出，最终使得系统朝着有利于提高生态、经济效益的方向发展。此外，林地资源养鸡、养鹅、养蜂、养紫胶虫等都是典型的食物链加环成功的范例。

（2）减耗食物链

在自然森林生态系统中，生物种群之间的关系符合营养级金字塔规律，数量上保持适当比例，形成一种相互依赖和相互制约的"食物链网"，使得生态系统保持一定程度的稳定和平衡。而人工林只是一个不完全的生态系统，在系统内害虫、天敌较少，加上群落组成简单，就给有害生物造成适宜的生态条件。这些有害生物不仅对森林有较严重的危害，而且对人类来说也无利用价值，它们是纯粹的"消耗者"。利用食物链加环原理，引入一些它们的天敌，就可以控制它们的发展，有效地保护森林生产力，这种过程称为"减耗"。食物链减耗环的设计，一是要查清当地主要有害生物及其发生规律；二是要选择对耗损环生物种群具有颉颃、捕食、寄生等负相互作用的生物类型。

（3）增益食物链

这种食物链环节，本身转化产品并不能直接为人类需求，而是加大了生产环的效益。增益就是通过选定特定生物种群，对人类生产中产生的废弃物（畜禽粪便、工业废水、生活垃圾等）中的物质能量进行富集，富集产品提供给食物链生产环，作为补充，以增加生产环效益的方法。例如，在畜禽养殖生产过程中加入一个"增益环"，即利用畜禽粪便养殖蝇蛆、蝇蛹、蚯蚓、水蚕和培育浮游生物等，再将这些生物用作饲料养鸡养鱼，可提高粪便利用率及利用的安全性，是间接利用畜禽粪便作饲料的一种方式。食物链增益环的设计，对开发废弃物资源，扩大食物生产，保护生态环境等方面有很重要的意义。复合农林业生态系统中人工食物链的加环与解链设计，给生态农业建设提供了一些途径和方法。为了使生态农业建设取得更高的效益，在进行人工食物链加环与解环设计时一定要因时因地制宜。

食物链的加环与解链是生态学原理在复合农林业生态系统中应用的突破，人类利用生态学食物链原理，在农业生态系统中加入一些新的营养级，从而增加系统产品的输出，防治病虫草及有害动物。同时随着农业环境污染日益严重，有毒物质沿着食物链的富集作用，有时需要切断向人类自身转化的食物链环节。总之，食物链原理在复合农林业中的应用具有非常重要的作用与意义。

8.3.3 农林复合系统规划设计新技术应用

8.3.3.1 "3S"技术应用

"3S"技术是地理信息系统(geographical information system,GIS)、遥感技术(remote sensing,RS)、全球定位系统(global positioning system,GPS)的统称,是空间技术、传感器技术、卫星定位与导航技术和计算机技术、通信技术相结合,多学科高度集成的对空间信息进行采集、处理、管理、分析、表达、传播和应用的现代信息技术。其中地理信息系统(GIS)就是一个专门管理地理信息的计算机软件系统,它不但能分门别类、分级分层地去管理各种地理信息;而且还能将它们进行各种组合、分析、再组合、再分析等;还能查询、检索、修改、输出、更新等。地理信息系统还有一个特殊的"可视化"功能,就是通过计算机屏幕把所有的信息逼真地再现到地图上,成为信息可视化工具,清晰直观地表现出信息的规律和分析结果,同时还能在屏幕上动态地监测"信息"的变化。总之,地理信息系统具有数据输入、预处理功能、数据编辑功能、数据存储与管理功能、数据查询与检索功能、数据分析功能、数据显示与结果输出功能、数据更新功能等。遥感技术(RS)是指从高空或外层空间接收来自地球表层各类地物的电磁波信息,并通过对这些信息进行扫描、摄影、传输和处理,从而对地表各类地物和现象进行远距离测控和识别的现代综合技术。全球卫星定位系统(GPS)是一种结合卫星及通信发展的技术,利用导航卫星进行测时和测距,由空间星座、地面控制和用户设备三部分构成的。GPS测量技术能够快速、高效、准确地提供点、线、面要素的精确三维坐标以及其他相关信息,具有全天候、高精度、自动化、高效益等显著特点。三者互相结合使用,在很大程度上改变了农林复合系统研究的方法,为农林复合系统研究提供了极为有效的研究工具。

在进行农林复合系统规划设计中,不管选择何种复合类型,不同复合模式的规划设计,都需要以复合系统的数据为基础。农林复合系统规划设计可选取合适的地理信息系统数据、遥感数据及其他辅助解译资料(如各种数字化或非数字化图件、实地调查数据等),获取历史和现状数据作为农林复合系统规划设计的基础数据源。

8.3.3.2 仿真动态模拟技术

计算机仿真(computer simulation),又称系统仿真(system simulation),是一门新兴的边缘学科。它的基础是系统科学、计算机科学、系统工程理论、随机网络理论、随机过程理论、概率论、数理统计和时间序列分析等多个学科理论,主要处理对象为工程系统和各类社会经济系统,主要研究工具为数学模型和数字计算机,目的是通过观察和统计动态系统仿真模型运行过程,获得系统仿真输出,掌握模型基本特性,从而推断被仿真对象的真实参数(或设计最佳参数),以获得对仿真对象实际性能的评估或预测,最终实现对真实系统设计与结构的改善或优化。优点是:使仿真试验可视化、快速化并且大量减少真实试验成本等。

计算机仿真模型面对农林复合生态经济系统这个复杂的实际问题,巧妙地把信息反馈的控制原理与因果关系的逻辑分析相结合,从研究农林复合系统微观结构入手,建立实际系统的仿真模型。通过模型在不同条件下仿真运行，展示系统的宏观行为，预测系统可能出现的效益和问题，并寻求解决问题的正确途径，从而选择系统最佳结构参数、设计合理的经营方案及管理措施，最终达到系统评价管理或对真实系统设计与结构的改善或优化的目的。

计算机仿真模型在农林复合的应用中可以实现的功能有：第一，预测功能。即在给定具体系统的初值和参数情况下，系统在一定时间后的状态就可被唯一确定；在参数不甚准确的情况下，该模型可以反映系统的一般动态趋势，可以下定性结论。第二，决策功能。模型中许多变量或参数可人为控制，对这些变量或参数进行修订，系统就会产生不同结果，决策人员可以根据这一功能做出合理的决策，从而实现系统结构的优化。

8.4 农林复合系统经营技术

农林复合经营系统是一个以自然环境为基底，以生物过程为主线，以人类经营活动为主导的人工生态系统。天时、地利、作物及人组成该复合系统的主要结构，而人是系统的核心，人通过各种管理经营方式控制作物的生长，获取经济利益，而自然也通过各种生态规律作用于系统，影响着作物的生产力和持续性。但是，人对农林复合系统的经营管理只有遵循系统自身的特点和运行规律，才能实现系统的环境、经济和社会的可持续性，使之能向有利于人类需要的方向发展。

8.4.1 农林复合系统调控机理

农林复合生态系统有其自身发展规律。一旦我们认识到这些规律，遵循其特点，进行人工调控，就能使之向有利于人类需要的方向发展。

(1) 胜汰原理

系统的承载力、环境容纳总量在一定时空范围内是恒定的，但其分布是不均匀的资源。差异导致竞争，竞争促进发展。优胜劣汰是自然及人类社会发展的普遍规律。

(2) 拓适原理

任何物种或组分的发展都有其特定的资源生态位和需求生态位。成功的发展必须善于拓展资源生态位和压缩需求生态位，以改造和适应环境。只开拓不适应则缺乏发展的稳度和柔度；只适应不开拓则缺乏发展的速度和力度。

(3) 生克原理

任何系统都有某种利导因子主导其发展，都有某种限制因子抑制其发展；资源的稀缺性导致系统内的竞争和共生机制。这种相生相克作用是提高资源利用效率、增强系统的自身活力、实现持续发展的必要条件，缺乏其中任何一种机制的系统都是没有生命力的系统。

(4) 反馈原理

复合生态系统的发展受两种反馈机制所控制。一种是正作用，彼此促进、相互放大的正反馈，导致系统的无限增长或衰退；另一种反作用，彼此抑制、相互抵消的负反馈，使系统维持在稳态附近。正反馈促使发展，负反馈维持稳定。系统发展的初期一般正反馈占优势，晚期负反馈占优势。持续发展的系统中正负反馈机制相互平衡。

（5）乘补原理

当整体功能失调时系统中某些组分会乘机膨胀成为主导组分，使系统歧变；而有些组分则能自动补偿和代替系统的原有功能，使系统趋于稳定。系统调控中要特别注意这种相乘、相补作用。要稳定一个系统时，使补胜于乘，要改变一个系统时，使乘强于补。

（6）扩颈原理

复合生态系统的发展初期需要开拓和适应环境，速度较慢；继而再适应环境，呈指数式上升；最后受环境容量或瓶颈的限制，速度放慢；最终接近某一阈值水平，系统呈"S"形增长。但人能改造环境，扩展瓶颈，系统又会出现新的"S"形增长，并出现新的限制因子或瓶颈。复合生态系统正是在这种不断逼近和扩展瓶颈的过程中波浪式前进，实现持续发展的。

（7）循环原理

世间一切产品最终都要变成废物，世间任何"废物"必然是对生物圈中某一生态过程有用的"原料"；人类一切行为最终都要反馈回作用者本身。物质的循环再生和信息的反馈调节是复合生态系统持续发展的根本原因。

（8）多样性及主导性原理

系统必须有优势种或拳头产品作主导，才会有发展的实力。必须有多元化的结构和多样性的产品为基础，才能分散风险，增强稳定性。主导性和多样性的合理匹配是实现持续发展的前提。

（9）生态设计原理

系统演替的目标在于功能的完善，而非结构或组分的增长；系统生产的目的在于对社会的服务功效，而非产品数量或质量。这一生态设计原理是实现持续发展的必由之路。

（10）机巧原理

系统发展的风险和机会是均衡的，大的机会往往伴随着高的风险。要善于抓住一切适宜的机会，利用一切可以利用甚至对抗性、危害性的力量为系统服务，变害为利；要善于利用中庸思想和做好对策避开风险、减缓危机、化险为夷。

8.4.2　农林复合系统调控技术

农林复合系统调控技术主要包括农林复合系统可持续经营水肥调控技术、光温调控技术、抚育管理技术和病虫害防控技术等。

8.4.2.1　水肥调控技术

水分和养分资源是影响复合农林系统重要的自然资源因素，因此对水分和养分的管理是农林复合生态系统经营重要的内容。

（1）农林复合生态系统土壤水分运动规律

林木与作物的水分竞争是造成作物减产的主要原因，在干旱半干旱或无灌溉条件下，农林水分竞争问题尤为突出。系统地分析农林复合经营的水分特征，全面了解不同植被组分的水分关系，是开展农林复合经营的前提条件。

（2）农林复合生态系统土壤养分运动规律

养分是制约生物生长的重要因素，养分的运动规律直接影响着生物系统的生长状况，养分的可持续经营直接影响着农林复合系统的可持续经营，因此对复合系统养分生态特征的研究显得尤为重要。

8.4.2.2 光温调控技术

光、热资源是作物生产的基本能源，农林复合系统对光、热资源的利用效率是衡量该系统功能的重要指标，是衡量该复合系统配置是否合理的主要因子。

（1）复合系统的光调节作用

太阳辐射是植物进行光合作用，进而将光能转变为生物能的原始动力。农林复合系统中林木对作物生长影响最直接因子之一就是太阳辐射。农林复合系统中光调节作用主要表现为林木的"光胁地"效应。"光胁地"效应是指林带树木与作物生长过程争光，而导致林带附近一定范围内的农作物生长发育不良而造成减产现象。在有灌溉条件的复合系统中，"光胁地"效应则会更加凸显，对这类农林复合系统进行经营管理要特别注意增加林带的透风透光度，尽量减少林带遮阴，减轻"光胁地"效应，使作物能够接受足够的光照时间和受光量。复合系统内光照分布不仅取决于太阳视轨迹运动，而且还与林木的株行距及栽植方向等空间结构和树高、冠幅、冠长等形态指标以及作物的植株高度等有关。因此，研究复合系统的光调节作用对提高复合系统的光合效率及优化复合系统结构配置等具有十分重要的理论指导意义。

（2）复合系统的温度调节效应

森林具有改变气流结构和降低风速的作用，其结果必然会改变林带附近的热量收支各分量，从而引起温度的变化。一般情况下，森林内的空气温度变化总趋势为趋于缓和，即林分对气温有缓热或缓冷的作用。这主要是因为在热季或白天到达林内的辐射较少，在冷季或晚间其净辐射的负值也较小，而且林内风速降低约为林冠上方风速的20%~50%，乱流交换减弱，阻止了林内外之间的水汽和热量交换，同时林冠蒸散的水分有一部分会扩散到林内。因此，林地表层土壤具有较高温度，林内也具有较高湿度（王治国等，2000年）。但这种过程十分复杂，影响防护农田内气温的因素不仅包括林带结构、下垫面性状，而且还涉及风速、湍流交换强弱、昼夜时相、季节、天气类型、地域气候背景等，林带对复合系统温度的调控作用要根据具体的情况，做具体的分析，不能一概而论。

林带对复合系统温度的影响有正负两种可能性，一般情况下，在实际蒸散和潜在蒸散接近的湿润地区，防护农田内影响温度的主要因素为风速，在风速降低区内，气温会有所增加，在实际蒸散小于潜在蒸散的半湿润地区，叶面气孔的调节作用开始产生影响，一部分能量没有被用于土壤蒸发和植物蒸腾而使气温降低。在半湿润易干旱或比较干旱地区，由于植物蒸腾作用而引起的降温作用比因风速降低而引起的增温作用程度相对显著。因此，这一地区的农田防护林对温度影响的总体趋势是夏秋季节和白天具有降温作用，在春冬季节和夜间气温具有升温及气温变幅减小作用。总的来说，林带对温度的调节作用，对于复合系统的农作物生长十分有利。

8.4.3　农林复合系统管理技术

（1）抚育管理

农林复合系统的抚育工作就是采取各种人工干预的方法对农林系统的生物进行管理，是一项长期的工作。抚育管理是在不同时期通过人工的干涉，调节林木、农粮与周围环境的关系，促使林木健康成长，粮农增产增收的同时对周围环境造成较小的影响，提高复合系统的经济效益、生态效益及社会效益。

（2）健康管理

病虫害是农林复合系统中最主要的灾害之一，由于农林复合系统病虫害诊断困难，且具有隐蔽性，由此带来的经济损失严重。因此，有必要进行病虫害防控技术的研究。

农林复合系统病害是指系统内作物和林木由于所处的环境不适，或受到其他生物的侵袭，使得正常的生理程序遭到干扰，细胞、器官受到破坏，甚至引起植株死亡，造成经济上的损失。农林复合系统病害防控的目的是有效地控制病害的发生，降低群体发病率或产量损失率，以减少经济损失。

依据采用的手段不同，农林复合系统病害防控措施主要有进行病害检疫、改善系统配置结构、选育抗病品种，以及生物、物理和化学防控法等。

农林复合系统是人工营造的生态系统，系统中物种组成成分单一，营造历史也较短，很难形成多种动植物相互制约的平衡状态，容易遭受虫害的侵袭，从而造成经济损失。因此，采取积极的防治措施控制虫害的发生，维持复合系统的正常生产，是农林复合经营重要的环节。

根据农林复合系统病虫害发生的情况和活动规律，制订"预防为主，综合治理"的防治原则，根据不同复合系统的类型，科学地运用经营管理、化学、生物、物理等防治措施，充分发挥复合系本身潜在的生态平衡作用，达到较长时期内控制害虫不成灾害的目的。经过多年的实践总结，根据其防治原理和作用，虫害防治的技术主要有经营管理预防措施、害虫预测预报、植物检疫、化学防治和物理防治等。

经营管理措施、林木和农作物本身的抗性及其生长发育状况，与虫害的发生有着密切的关系。抗性差，生长羸弱就易遭受害虫危害。因此选择合适的林农配置，例如，可以利用毛白杨对光肩星天牛的抗性，在易受光肩星天牛危害的农作物附近种植毛白杨；合理调整复合系统配置结构，加强抚育管理，形成较稳定的生态系统，有效地控制虫害的发生，保证复合系统内的林木和作物健康生长。

本章小结

本章从农林复合经营的基本概念出发，系统介绍了其基本结构和特征；以林粮复合、林渔复合、林牧复合、林下经济 4 种农林复合系统类型为例，详细介绍我国主要农林复合模式；从规划和设计两部分介绍了农林复合系统规划设计的原则，然后从组分结构、空间结构、时间结构和营养结构四个方面详细介绍了农林复合系统设计的方法和需要注意的主要问题，同时介绍了"3S"、系统仿真等技术在农林复合系统规划设计中的应用；从系统工程的技术和方法出发，介绍了农林复合系统调控必须遵循的基本原理，基于农林复合系统运行规律的水肥调控技术、光温调控技术以及抚育管理、病虫害防治等技术。

　　要求理解农林复合系统的概念，以及农林复合系统的物种结构、空间结构、时间结构、营养结构等相关概念，掌握农林复合系统的复杂性、系统性、集约性、等级性以及经济特征；掌握我国主要农林复合模式的特点及其适宜条件；掌握农林复合系统规划设计的基本原则，掌握农林复合系统设计的主要内容和注意事项，了解新技术在农林复合系统规划设计中的主要作用和发展趋势；掌握农林复合系统可持续经营水肥调控技术、光温调控技术、抚育管理技术和病虫害防控技术。

思 考 题

1. 农林复合经营特点有哪些？其基本结构特征是什么？
2. 简述我国主要农林复合模式及其适宜条件。
3. 对比分析林渔复合和林蛙复合典型模式的差异性。
4. 农林复合系统结构设计有哪些？在设计中如何考虑物种的选择？
5. 未来将有哪些新技术可以应用于农林复合系统规划设计？
6. 农林复合系统调控的基本机理有哪些？
7. 农林复合系统抚育管理需要哪些问题？
8. 农林复合系统病虫害防治的常用手段有哪些？

第9章

海岸防护林

　　我国沿海地区经济社会发达，城市化水平高，人口密度大，是带动我国经济社会快速发展的"龙头"，地位和作用十分重要，但沿海地区又易遭台风、暴雨、风暴潮和低温冷害等自然灾害的影响。为防灾减灾、改善生态环境和促进区域社会经济可持续发展，必须因地制宜地营建沿海防护林体系，充分发挥防护林的功能和效益。

9.1　海岸类型与防护林的效益

9.1.1　海岸类型及特点

　　我国东南邻接辽阔的海域。大陆海岸线北起辽宁省的鸭绿江口，南到广西壮族自治区的北仑河口，总长达 18 400 km，沿海分布着大小岛屿有 6500 多个，岛屿岸线长达 14 250 km。我国海岸线的轮廓主要受地质构造控制，其显著特点是呈半圆形的弧状，有辽东、山东、雷州 3 个突出的半岛，台湾和海南两个大岛，还有散布在南海中的珊瑚岛群。

　　我国海岸受东部呈北东走向的几道隆起带的沉降带的影响，岸线纵跨温带、亚热带和热带几个不同的气候带，同时又受到波浪、潮汐、海流的作用，因而海岸地貌复杂多样，可分为如下几种类型。

9.1.1.1　淤泥质海岸

　　淤泥质海岸按形成过程和组成物质的差异，又可分为河口三角洲海岸、平原淤泥质海岸和港湾淤泥质海岸。

　　(1)河口三角洲海岸

　　三角洲海岸是我国平原海岸的重要组成部分。三角洲海岸的重要特点是岸线不稳定，这和塑造三角洲的水动力因素多变有关。我国河流以东西流向为主，不少河流源远流长，输沙量很大，形成规模较大的河口三角洲，如黄河、长江、珠江、滦河、韩江及台湾的蚀水溪等，都发育有规模较大的河口三角洲海岸。钱塘江因流域面积小，上游来沙少，河口仍处于三角湾状态，未能形成三角洲地貌。

　　(2)平原淤泥质海岸

　　河流输送入海的泥沙，颗粒较粗的在河口堆积形成三角洲，比较细的粉砂淤泥则通过海流运送到沿岸的海湾沉积下来，成为淤泥质海岸。苏北的海岸以及渤海湾、莱州湾就是这样形成的平原粉砂淤泥质海岸。

渤海湾淤泥海湾是 19 世纪初，特别是 1904—1929 年，黄河改道由三角洲北侧入海，大量泥沙倾入渤海湾后，才迅速发展起来的。辽河和大、小凌河是辽东湾淤泥质海岸发育的主要物质来源。

苏北淤泥质海岸的发育过程也和黄河有密切关系。公元 1128 年，黄河夺淮入海后，大量细粒物质倾注黄海，河口出现了广阔的三角洲。1855 年，因黄河北归切断泥沙来源之后，留下的古黄河三角洲受到冲刷，每年有大量泥沙进入苏北沿岸。从废黄河口形成大小两股泥沙流，小股向北漂运进入海州湾，大股向南运送到苏北南段海岸，因此射阳河口以南至北凌河口的岸段滩涂宽广，宽达 10 km 以上，这一岸段外围有许多暗沙屏障，波浪作用大大减弱，十分有利于海岸粉砂淤泥物质的堆积。这段海岸的塑造过程中，除黄河三角洲的泥沙外，还接受了由长江水流扩散北移的沿岸流所夹带的细粒物质，两股洋流在东台市弶港附近汇合，使这里成为苏北平原海岸淤涨最快的岸段。但由于苏北南段海岸，潮高流急，动力作用较强，因此，海滩组成物质黏粒较少而以粉砂和细砂为主，质地比渤海湾和海州湾粗得多。

(3)港湾淤泥质海岸

基岩港湾海岸的一些岸段也有淤泥质海岸发育。如辽东东部鸭绿江口泥沙使东港市一带海岸淤积了比较宽阔的粉砂淤泥质滩涂；浙闽一带外有岛屿屏障，风浪较小的海湾也有淤泥质海岸发育，其物质主要来自区内和邻近海岸河流输出的或海底冲刷而来的泥沙。另外，长江口外一股向南扩散的泥流，对浙东港淤泥滩的成长也起了一定作用。

9.1.1.2　砂质海岸

堆积粗粒的砂砾物质形成的海滩称砂砾质海岸。除了堆积型基岩海岸常出现外滩、形成砂砾质海岸外，平原淤泥质海岸也常出现局部的砂砾质海岸。

平原海岸有局部岸段因邻近丘陵山地，发育的河流夹带较粗的物质输出河口，在波浪作用及海流的运送下堆积在岸边发育成砂砾质海岸，这种海岸以台湾西岸最为典型。河北省山海关至乐亭县大清河口也为平原砂砾质海岸。

无论是堆积型的基岩砂砾质海岸或是平原砂砾质海岸，在风浪的作用下，都经常出现沙堤。沙滩在风力作用下常形成海岸沙丘，有的还发育成沙丘链。沙丘的高度，南方在 20 m 以下，北方可达 30~40 m。砂砾质海岸常有宽 3~5 km 的沙荒地分布，如广东省陆丰市黄沙埔沿海、山东的荣成市海滨等。

9.1.1.3　岩质海岸

基岩海岸又称基岩港湾海岸，主要由比较坚硬的基岩组成，并同陆上的山脉或丘陵毗连。基岩海岸的主要特点是岸线曲折，岛屿众多，水深湾大，岬湾相间，多天然良港，但也有些岸段受断层控制，岸线比较平直，如台湾东部海岸。我国岩基港湾海岸分布范围很广，如北方辽东半岛的南端、辽西走廊秦皇岛、葫芦岛附近、山东半岛，南方的浙江、福建、广东、广西等省(自治区)和台湾的北部、东部、南部海岸都属于基岩海岸。基岩海岸由于岩性和海岸动力条件不同，又可以分为侵蚀型基岩海岸和堆积型基岩海岸。

（1）侵蚀型基岩海岸

普遍分布着岩滩和海蚀崖等，这是海岸受海浪侵蚀的重要标志。组成基岩海岸的岩石，大多为花岗岩，火山岩和变质岩等比较坚硬的岩石，抗蚀力较强，海岸后退速率一般不大。特别是有沿岸岛屿作屏障的大陆海岸，多属低波能环境，岩岸受蚀形成的岩滩宽度较小，一般仅几十米；而岩性较弱又无屏障的岸段，岩滩宽度可达几百米，如台湾东安的乌石鼻、三貂角附近岩滩宽度达800~1000 m，海岸后退较快。广东、广西及福建一些由第四纪松散沉积层组成的海岸，后退更为迅速，每年可达1~2 m。福建漳浦县前湖湾海滩，近十年来后退速率每年竟达8m。在后退的基岩海岸中，海蚀崖普遍发育，有的形成海蚀穴、海拱石、海石柱等。

（2）堆积型基岩海岸

低波能的环境是海积地貌发育的重要条件。我国南方在湿热的气候条件下所发育的深厚风化壳，在植被破坏、瀑流侵蚀的情况下，大量的泥沙输入海洋。因此，许多山地丘陵基岩海岸的海积地貌特别发育。宽阔的沙堤、沙嘴和连岛沙洲都是海积地貌的表现形式。沙堤、沙嘴和连岛沙洲通常把海岸封闭起来形成潟湖和盐沼，如广东陆丰市的甲子港就是因东西两边的沙嘴把海湾合围而成半封闭的潟湖。广东沿海除东部的海丰、陆丰外，西部的电白、吴川以及海南一带，这种地貌也比较发育；山东、辽东的基岩海岸，海积地貌虽不如广东发育，但供沙丰富的岸段也屡见不鲜，其中以烟台的芝罘岛的连岛沙洲最为著名。

9.1.1.4 其他海岸（珊瑚、人工）

（1）珊瑚礁海岸

珊瑚礁海岸的分布，限于北回归线以南。我国珊瑚礁海岸分布的北界为澎湖列岛，有裙礁和堡礁发育。台湾东南海岸和附近的火烧岛、兰屿等，也有裙礁发育。但珊瑚礁海岸发育较好、分布较广的海岸，在雷州半岛南部、海南岛和南海诸岛。雷州半岛南部海岸礁平台宽度可达500 m，海南文昌市的烟墩可达1500 m。礁平台表面崎岖不平，不少巨大的珊瑚群体呈圆桌状凸起在平台之上，还有许多浪蚀沟槽、蜂窝状孔穴和溶蚀凹地。南海诸岛的岛屿大多属环礁类型，这和南海地区第四纪以来盆底不断下降，海面不断上升的地质现象有密切关系。

（2）人工海岸

自古以来，海岸带就是人类进行生产活动的重要场所，海岸带的开发利用具有悠久历史。因此，由于人类的生产活动对海岸进行长期的利用和改造，形成了各种不同的人工海岸类型，例如：海堤（海塘）、丁坝、潜坝和港口等海岸工程，水闸、渠道、海涂水库等水利设施，海涂养殖田，盐田，林地，海岸油气工程，海岸工业基地以及沿海村镇、城市等。

9.1.2 海岸林减灾效益

我国沿海地区人口密集，城市集中，经济繁荣，科技文化发达，在我国社会经济可持续发展中具有举足轻重的地位。特别是"一带一路"战略的实施，更凸显了我国沿海在国际竞争中的重要性。但是，我国沿海地区生态环境恶劣、自然灾害频繁，常出现台风、暴雨、干旱、低温冷害等灾害性天气，对我国沿海地区社会经济发展造成了巨大影响。

从各地经验来看，因地制宜地营造防护林，是改善沿海生态环境，减少台风、干旱、寒露风、冻害及风沙危害，促进社会经济可持续发展的有效途径。

9.1.2.1　沿海主要灾害类型

我国沿海地区的致灾因子虽种类繁多，可达几十种，但就其主导灾害、类型、相互关系、造成的损失和影响来说，可归纳为3种类型，即海洋地质灾害、海洋环境灾害和海洋生态灾害。

1) 海洋地质灾害

(1) 海岸侵蚀

海岸侵蚀是一种海岸地质现象，指由自然因素、人为因素或者两种因素叠加而引起的海岸线后退或岸滩下蚀。首先，海岸侵蚀会造成海岸线后退，滩面下蚀，滨海湿地环境向远海环境转变，直接导致滨海湿地面积的损失和原有生境的彻底丧失。其次，海岸侵蚀导致滨海湿地基底物质流失，沉积结构发生变化，营养状况恶化，湿地生物赖以生存的环境被破坏，生态系统组成、结构和功能都受到严重损害。再次，海岸侵蚀还会使海水活动范围扩大，潮水作用频率和强度增大，滨海湿地植被出现逆向演替，或者迅速死亡。

以江苏省为例，江苏海岸以淤泥质岸段为主，例如，盐城海岸带是典型的粉砂淤泥质海岸，沿海滩涂湿地面积为 $45.7×10^4 \ hm^2$，约占江苏省海岸带的70%，再加上近海辐射沙洲的不稳定性与各岸段开敞度的差异性，几乎 1/3 的江苏海岸处于侵蚀状态。苏北连云港赣榆区北部海岸侵蚀率每年 140 m，从 1930—1955 年总共后退 3.5 km。苏北的废黄河三角洲，自 1855 年黄河北归后，一直处于蚀退状态，其蚀退速度 1898—1957 年为 169 m/a，1957—1970 年为 85 m/a，以后侵蚀减缓；现在三角洲前缘已后退 22.3 km，被蚀去土地面积 1400 km²；到 1999 年，仍以每年 2.3 m 的速度后退。由于泥沙来源减少，海洋动力加强，再加上围海造地加快，江苏海岸表现出侵蚀日益加剧的趋势。

(2) 海水入侵与土壤盐渍化

海水入侵是指由于自然或人为原因，海滨地区地下水动力条件发生变化，使含水层中的淡水与海水之间的平衡遭到破坏，导致海水或高矿化地下咸水沿含水层向陆地方向扩侵的现象。土壤盐渍化是指土壤中积聚盐分，形成盐渍土的过程。由此可见，海水入侵会造成地下淡水盐度增高，将进一步导致土壤不同程度的盐渍化，从而产生以下后果：机井报废，作物因缺水而大量减产，收入下降；加速工业管道、设备腐蚀和老化，缩短使用年限，增加企业运营成本；由于海水入侵导致地下淡水盐度升高，原地下饮用水被迫废弃，给人们日常生活造成一定困难。

根据《2010 年中国海洋灾害公报》，潍坊滨海平原地区属海水入侵严重地区，寒亭、滨海和寿光等重度入侵距离为 25.26 ~ 31.18 km，其中寿光市更是达到 31.18 km。与

2009年相比，海水入侵范围明显增加。土壤盐渍化方面，潍坊沿海地区土壤均出现不同程度的盐渍化，主要盐渍化类型为硫酸盐型和硫酸盐—氯化物型盐土、重盐渍化土，盐渍化范围呈扩大趋势，土壤含盐量升高，其中尤以寿光最为严重，距海岸距离达37.83 km。

(3) 海平面上升与地面沉降

海平面上升是一种缓发性灾害，其长期的累积作用将给沿海地区的经济发展和生态环境带来严重影响。地面沉降的原因比较复杂，从地质因素看，一是地表松散地层或半松散地层等在重力作用下，在松散层成为致密的、坚硬或半坚硬岩层时，地面因厚度变小而沉降；二是因地质构造作用导致地面凹陷而发生沉降；三是地震导致的地面沉降。

海平面上升与地面沉降，首先会造成堤外潮滩湿地损失，影响滩涂资源的开发利用；其次是降低海堤防御标准，加剧风暴潮和海岸侵蚀，危及海堤及受保护地区的安全；同时，也会阻碍沿海低洼地洪水排泄，加剧洪涝灾害损失。

2) 海洋环境灾害

(1) 热带气旋

热带气旋在太平洋地区称为台风，在西半球称为飓风，是世界各国沿海地区危害大、范围广的灾害性天气。在我国，台风及其伴生、次生的灾害亦堪称种类多、影响大、损失重的最大灾害类型之一。

据统计，近百年(1894—1979年)在西北太平洋上生成的热带气旋共2355个，其中登陆我国的652个，近42年(1949—1990年)中共生成1182个，平均每年28个，其中在我国登陆、中心最大风速8级以上的有290个，平均每年7个，主要出现在7~9月，约占登陆总数75%，登陆地点主要分布在浙江省以南沿海，约占总数的93%。登陆次数最多的是海南和广东省，合计约占总数的40%，平均每年2.7次，其次为台湾、广西和福建三省(自治区)，河北和天津最少，近百年只有2个台风登陆或影响该地区。

(2) 风暴潮

风暴潮是由强烈的大气扰动如热带气旋(台风或称飓风)、温带气旋等引起的海面异常升高现象。风暴潮产生条件如下：一是由于台风作用，使堤前增水；二是天文大潮，如果台风大潮和天文大潮耦合，则形成特大风暴潮，除个别条件下的天文大潮外，主要是台风增水、配合夏季朔望大潮引起的；三是地形地势，海岸平直，沿海陆地低平，潮间带宽缓的地域条件有利于风暴潮灾害的发生。

风暴潮发生期间，除潮位高涨外，岸边和近岸海域一般都有狂风巨浪伴随，尤其海域开阔、迎风向岸段更是如此。高涨的潮位可以造成低洼处海水漫滩成灾，同时巨浪对岸堤的冲击破坏或拍岸激浪导致的海水倒灌，影响巨大。二者结合后的综合作用往往导致垮堤溃坝、海水倒灌、摧桥断路、倒房塌屋、淹田没禾、吞噬人畜，从而酿成巨大的灾难。

(3) 海冰

海冰主要由海水冻结而成的，也有一部分是来自江河注入海中的淡水冰。海冰的危害主要体现在环境动力(浪、潮、流、风等)因素作用下，产生局部挤压力、撞击力、摩擦力和因冰温变化而产生的膨胀力和垂直方向上的拔力，对海上设施、海岸工程、船舶航行和水产养殖业造成影响。此外，海冰对港口和航道的影响和危害主要是封锁港湾和航道，使正常的海上运输和贸易往来被迫中断，甚至造成船毁人亡的重大海难事故

3) 海洋生态灾害

海洋生态灾害主要包括赤潮和溢油污染等，这里介绍赤潮。赤潮是入海河口、海湾和近海水域由于水质严重污染和富营养化导致的海洋浮游生物异常增殖、海面水色异常变化的现象。赤潮发生时，海水水质恶化、溶解氧含量急剧下降，营养盐含量、有害物质及毒素增加，海洋经济生物（尤其是幼鱼）大量死亡造成渔业减产，对海水养殖业有很大危害。

9.1.2.2　海岸林生态效益

全国海岸带在 20 世纪五六十年代先后建立起各种防护林，对抗御台风暴潮，防风固沙，涵养水源，保持水土，保护农田，改善与美化环境，保障人民生命财产安全等发挥了巨大作用，生态、经济和社会效益都十分显著。主要体现在以下几个方面：

1) 调节气候，改善环境

海岸防护林调节气候、改善环境，主要体现在降低风速、减少蒸发、调节气温等方面。

（1）降低风速

防护林改变了气流结构，消耗了空气动能，可明显降低风速，而且枝叶越密集降幅越大。一般在 $20H$ 范围内，林网内平均风速降低 $30\% \sim 55\%$（以对照为准）。风速不同，林网的防风效应和弱风区出现的位置也不一样。研究表明，风速越大防风效果越好，若对照风速小于 3.5 m/s，林网内平均风速降低 27.6%；而在风速大于 3.5 m/s 时，平均降低风速 36.8%，相差 9.2%。

（2）减少蒸发

林带附近由于风速和太阳辐射减弱，水面蒸发相对减少。有林区与少林区相比，年平均蒸发量减少 2.7%，其中叶生长期减少 4.8%。综合各地研究结果，防护林可使林网内（$20H$）蒸发量减少 $5\% \sim 15\%$，有时可达 20%。但与风速相比，海防林对蒸发的影响要小。

（3）调节气温

沿海防护林对区域性气温影响虽很明显，但情况较为复杂。观测研究表明，沿海防护林体系具有增温作用，增温幅度 $\leqslant 1 \text{ ℃}$，影响高度 50 m。而且，在冬季，防护林使温度日较差减少；在夏季，使温度日较差增大。在气候温和的夏秋晴天，林网内平均气温略低于对照，但影响不大，阴或多云天气影响更小。高温的夏季，林网一般能降低日平均气温 $0.1 \sim 0.3 \text{ ℃}$，对日最高气温影响不大（下降 $0.2 \sim 1 \text{ ℃}$），但最低气温则明显增加，一般增温 $1.0 \sim 3.0 \text{ ℃}$，结果使林内气温日较差减少 2.5 ℃ 左右。春、秋、冬三季，林网内平均气温可增加 $0.1 \sim 1.0 \text{ ℃}$。

片林改善小气候的作用更明显。黄河三角洲孤岛林场的刺槐林，林内与林外 500 m 相比，夏季平均气温、低温分别低 3.3 ℃、2.0 ℃，地面最高气温低 7.6 ℃。

2）抗御自然灾害，提高作物产量

（1）抵御自然灾害

沿海地区为我国台风、暴雨、大风、干旱的多发区，常使农作物减产甚至颗粒无收，给当地工农业生产和人民生活带来严重威胁。在防护林保护下，自然灾害大大减少，生态环境明显改善。

我国沿海灾害性天气以台风、暴潮最甚，平均每年登陆台风有7次，危害十分严重，而沿海防护林抗御台风、暴潮的效果十分显著。林带能使强台风风速降低50%~70%，从而减轻台风的危害；当强冷空气南下气温骤然下降时，由于林带能阻挡交流、消耗风能，起到保温增温及缓和温度作用，可削减降温幅度，延长降温时间。1986年2月一次低温影响后，温岭东片农田林网外文旦植株全部冻枯，冻害指数>30.4%，而林网内几乎未受冻害。防护林这种抵御风害作用，在一定范围内随着灾害的加重而增大。

1970年，20号台风袭击海南岛东岸，在林带保护下房屋受损率为42.5%，水稻减产23%；而无林带处房屋受损率为91%，水稻减产63%。因此，若能在堤外滩涂上栽培红树林、大米草、芦苇等植被，海堤上建立防护林带，堤内营造农田林网，形成综合性防护林体系，就能有效抗御台风、暴潮等自然灾害，保护人民生命财产安全和农作物稳产高产。

（2）促进农作物稳产高产

沿海防护林对农作物和果树具有促进稳产高产的作用，这种作用主要表现在以下2个方面：一是改良土壤、改善周围小气候，为作物生长创造有利条件，这是一种缓慢、持续性的增产效应；二是林网抗御、削弱灾害性天气的作用，这是一种以防御性为主的减灾稳产效应，而且后者效应比前者更大。

沿海防护林带能提高农作物产量。在强热带风暴条件下，沿海农田防护林网的有效范围为：南北方向距北林带 $0.42 \sim 23.00H$，东西方向距东林带 $0.36 \sim 23.00H$，该范围内籽棉产量、衣分力和皮棉产量比对照区分别高45.01%、5.30%和52.69%；籽棉产量和皮棉产量分别增加 260.50 kg/hm^2 和 107.35 kg/hm^2。沿海防护林可使谷类作物增产5%~20%，柑橘增产10%~30%，且灾害性天气越多、环境条件越差，防护效果越明显。

3）保持水土，涵养水源

（1）减轻土壤侵蚀

我国基岩港湾海岸广泛分布，地势起伏不平，降雨时容易形成地表径流并引起土壤侵蚀，天旱时又会缺水。研究表明，茂密的森林可充分发挥涵养水源和保持水土的作用，防止河道、水库淤塞，即使在沿海平原地区，森林也有这种作用。

据浙江省嵊州市上东水土保持试验站观测，有林坡地的土壤侵蚀要比各种不同开垦种植的坡面轻得多。一场暴雨过后，坡耕旱地和顺坡茶园流失土壤 1383.0 kg、986.2 kg，而覆盖率为80%、60%和95%的杉木幼林、灌木林和松树幼林，其流失量仅分别为50.1 kg、80.3 kg和0。濒临南海的广东茂名市电白区小良水土保持试验站，建站初期植被稀少，土壤侵蚀十分严重，经过多年坚持不懈的努力，建成了以林为主的热带高产人工生态系统，土壤冲刷量减少99.9%。海南岛西南部落叶季雨林，刀耕火种当年土壤流失量为 364.4 t/(hm^2·a)，为林地的20多倍；在多雨地区更为严重，为林地的 1400 ~

8000倍。因而，森林植被可显著减轻甚至避免土壤侵蚀，改善生态环境。

苏北沿海的研究表明，与无林地比较，柳杉林、水杉林和刺槐林径流量明显降低，仅为无林地的53.3%、43.8%、33.5%。盛叶期柳杉林和水杉林地表径流峰值比对照区降低70%~80%，并能推迟产流和洪峰到来的时间。林地土壤侵蚀量也明显降低，柳杉林、水杉林和刺槐林的年土壤侵蚀模数分别比无林地降低64.6%、57.7%、52.8%。

(2) 涵养水源

森林植被不仅能减轻降雨对地面的冲击，而且可改良土壤、增加渗透、提高土壤涵蓄水分的能力。据测定，若以裸地20 cm表土水分含量为1计，则阔叶林地为2.62，杉木林地为2.42，松树林地为2.25，草地为1.81。福建省同安县汀溪水库周围的丘陵山地，经多年造林已形成茂密的森林，其涵养水源和保持水土的功能显著增强。水库有效库容仅$300×10^4$ m³，而每年由水源涵养林流进库区的水量则达$900×10^4$ m³，为有效库容的3倍，在灌溉、发电等方面发挥了巨大作用。

4) 改良土壤，提高肥力

(1) 降盐改土

防护林具有改善小气候的作用，林区风速小、气温低、湿度大，是防止土壤返盐、降低土壤盐分的根本原因。在黄河三角洲的刺槐林内，1 m土层内平均含盐量为0.15%，而距林缘100 m、500 m、1000 m处分别为0.269%、0.371%和1.563%，呈逐渐递增趋势，表明防护林具有降盐改土作用。进一步研究表明，造林和农业耕作都能增加地面覆盖，减少土壤蒸发，增加淋溶，加快土壤脱盐过程，但由于林木根系深、范围广，土壤深层水分可直接通过林木蒸腾消耗，从而大大降低了地下水位和地表水分蒸发。如苏北沿海的刺槐林，林内、外潜水埋深平均分别为2.28 m和1.83 m，林内比林外深0.45 m，这种作用使林内潜水埋深长期处于2 m以下，因为有效防止了土壤返盐，提高了脱盐稳定性，改善了土壤，且造林年限越长，郁闭度越高，这一作用越明显。

(2) 改善土壤理化性质

沿海防护林每年向林地归还大量枯枝落叶，这些凋落物是土壤腐殖质的重要来源；同时，林木根系活动强烈，林地动物、微生物繁多，因此防护林可显著改善土壤理化性质、提高土壤肥力。胡海波等认为，防护林能促进土壤形成良好结构，林龄越大土壤团粒含量越高，并能促进小团聚体向大团聚体转化。防护林还可改善土壤化学性质，如刺槐林土壤有机质、全氮等指标比农田高145%~220%。广东沿海的木麻黄防护林，经过12 a改土形成了1.8 cm厚的腐殖质层，有机质含量增至47.5 g/kg；全氮含量从0.026 g/kg增至1.321 g/kg，每年每公顷增加纯氮124.5 kg；全磷含量从0.12 g/kg增至0.21 g/kg；表土(0~20 cm)pH值由8.4降至6.2，改土作用非常显著。

有些树种还有根瘤，具有固氮作用，有利于提高土壤氮素供应水平。在辽宁凌海的滨海盐碱地上，刺槐、沙枣和沙棘均有一定的固氮能力，其固氮量分别为11.39 kg/(hm²·a)、3.95 kg/(hm²·a)和23.51 kg/(hm²·a)，且固氮量随年龄增长而增大。

(3) 提高土壤生物活性

防护林在改善土壤理化性质的同时，还使土壤生物活性、微生物数量显著增加。在苏北沿海地区，林地土壤微生物总量比农田高20余倍，更比滩涂高出100余倍；刺槐林和竹林的土壤微生物总量明显高于水杉林，但水杉林真菌数量又高于刺槐林和竹林。另外，沿海防护林可显著提高土壤酶活性。在苏北沿海地区，刺槐林、竹林、水杉林在 0～5 cm 土层内，蔗糖酶活性比农田高 41.6%～95.7%，碱性磷酸酶活性比农田高 2～4 倍，蛋白酶活性比农田高 49.2%～185.7%。土壤酶活性增强，可促进有机物分解，加快营养物质循环的速度。

5) 改善生境，丰富生物多样性

海岸滩涂在潮汐海浪和泥沙沉积的影响下，逐渐淤高，从水生生境演变为陆生生境淤泥质海岸，继而出现盐蒿、碱蒿、胖蒿等耐盐植物群落，随着表土雨水淋洗和盐分降低，发生植物的原生演替，逐渐演变成茅草群落和狗尾草群落，从而可为人类利用，生物多样性自然也随着演替的进程而逐渐丰富。

沿海滩涂的开发利用，无非是农业、渔业、牧业和林业等几种途径，造林种草对丰富生物多样性更为有利，木本植物群落替代了草本植物群落，进而形成森林生态系统，生物多样性因此也变得更加丰富。首先，木本植物从无到有、从少到多，目前大丰林场有 108 种，射阳林场有 184 种，基本形成了结构合理、功能完善的森林生态系统。其次，森林生境的形成，不仅保护了原有的鸟类，而且招引来更多的种类，江苏沿海地区目前已有鸟类 210 种，其中射阳县林场就有 140 种以上，包括灰喜鹊、楝鹊、斑鸠、白头鹰、麻雀、云雀、雉、喜鹊、啄木鸟、猫头鹰等。再次，还能促进土壤生态环境的改善，使土壤微生物数量增殖，在江苏沿海无论防护林树种组成如何，林地土壤微生物的总量均显著超过农田和滩涂，且微生物类群也比较丰富。

9.2 海岸防护林的配置与结构

9.2.1 海岸防护林

沿海地区灾害性天气如台风、暴雨、龙卷风、冰雹、寒潮大风等较频繁；受潮汐、波浪和海流的影响，土壤含盐量和地下水位高；海岸砂地受海风吹袭，有向内陆移动的危险，对沿海地区社会经济的可持续发展带来严重危害。在海岸为防治台风、海陆风、潮风及其他各种风灾的危害，防止海雾、海浪、海潮和海啸的侵袭，固定流沙、改良土壤而营造的森林称为海岸防护林。

国外研究和建设海岸防护林起步较早，已形成较完整的综合性科学体系。如俄国从 1843 年起就开始建设海岸防护林，是营建海岸防护林最早的国家之一。法国在 19 世纪 60 年代，就在地中海沿岸建立了体系完善的沿海防风林。日本在沿海地区造林也有较长的历史，海岸防护林研究已逾 100 a 的历史，通过造林绿化和工程技术相结合，海岸整体治理达到了国际较高水平；近年来日本制定了一系列方针政策，重视沿海防护林与农、牧、渔业的综合发展。美国从 1935 年起，就开始在太平洋沿岸开展了沙丘固定工作，在沿海防护林建设中，充分利用现有天然森林植被，建立滨海森林公园、旅游度假区等。国外沿海防护林体系工程呈现出向综合型、高效型发展的趋势。

我国在中华人民共和国成立以前几乎无沿海防护林。20 世纪 50 年代，辽宁、河北、江苏、广东等地开始建设沿海防护林。70年代开始，沿海地区一方面向内陆发展农田林网，另一方面进行海岛绿化。1978年以后，开展了滨海盐碱地造林，取得了良好成效；沿海各省完成了海岸带林业调查工作。

20世纪80年代，我国启动了沿海防护林体系建设工程，沿海防护林建设迈入稳步发展的轨道，经过数十年的建设，沿海综合防护林体系已基本形成。其组成形式，一般是以基干林带、林网、片林、树丛、树行、灌木带与草带相结合，而以基干林带、林网和片林形成主体部分。20世纪90年代以后，江苏、浙江、福建、广东等地在泥质、砂质和岩质海岸对适生树种开展了广泛研究，进行多树种造林试验，引进筛选出适合沿海地区生长的先锋树种，选育出大批速生、抗性强的优良无性系。近年来，我国沿海防护林体系工程建设范围不断扩大，建设内容不断丰富，工程区森林资源逐年增长，生态环境逐步改善，防灾减灾能力和生态防护功能逐渐增强，工程建设取得了较大成效。但从总体上看，我国依然存在沿海防护林体系建设工程定位不高、总量不足，以及基干林带宽度不够、结构不合理等亟待解决的问题，沿海防护林建设仍滞后于当地经济社会发展水平。

《全国沿海防护林体系建设工程规划（2016—2025年）》已于2017年全面启动实施。规划范围包括沿海11个省（自治区、直辖市）、5个计划单列市的344个县（市、区），土地总面积$4276.99×10^4 hm^2$，其中林地$1832.96×10^4 hm^2$，占土地总面积的42.86%。规划目标为：通过继续保护和恢复以红树林为主的一级基干林带，不断完善和拓展二、三级基干林带，持续开展纵深防护林建设，初步形成结构稳定、功能完备、多层次的综合防护林体系，使工程区内森林质量显著提升，防灾减灾能力明显提高，经济社会发展得到有效保障，城乡人居环境进一步改善。规划至2025年，森林覆盖率达到40.8%，林木覆盖率达到43.5%，红树林面积恢复率达到95.0%。

9.2.2　海岸防护林结构与配置

根据不同防护目的和防护对象进行分类，海岸防护林常见的主要类型有：防浪林、防潮林、防风林、农田防护林、水土保持林、水源涵养林以及生态景观林。不同林种的结构与特点不同，可以起到不同的防护效果。通过研究海岸防护林的结构和配置特点，结合科学的营建技术，可以充分发挥海岸防护林的生态、社会和经济效益。

9.2.2.1　防浪林

防浪林是指在潮间带的盐渍滩涂上造林种草，以达到防浪护堤和消浪促淤为主要目的的一个特殊林种，同时兼具防风、防飞盐、防雾、护鱼和避灾等功能。适宜在沿海滩涂上生长的树种或草本植物，可用于营造防浪林。

在长期的生产实践中，人们逐步认识到在海堤外滩地种植防浪林，能够形成柔性的消浪体系，使波浪在到达海堤前得到最大程度的消减，可以减轻对海堤的危害。2004年12月的印度洋地区海啸灾难中，在茂密的红树林保护下的岸边房屋完好无损，而与它相距仅70 km、没有红树林保护的地区，村庄、民宅都被夷为平地，70%的居民遇难。在海岸线以下造林种草，在涨潮涌浪时，由于林冠阻挡可防御海浪冲毁堤坝，同时也能促使泥沙淤积。

根据适地适树的原则以及防护需要，宜选择耐水湿、萌芽力强、干枝柔韧、根系发达的树种。我国温带海岸地区典型设计，是自海堤向海营造 2 条以上、宽 50~150 m 的桂柳林带，带间距 100~200 m，带间分布芦苇、白茅、芒和大穗结缕草等群落；暖温带至亚热带沿海地区，主要是在潮间带种植柽柳、大米草（繁殖力强，也会造成生物入侵）等；热带和南亚热带沿海的潮间带，则以营造红树林为主，广东、海南沿海也有水松林。1984 年，9 号台风在两广海岸登陆，仅广西就冲垮海堤 3900 多处，但红树林保护的岸段没有破堤成灾现象。

防浪林的宽度一般在数十米至千余米以上，应根据海岸线以下适宜造林种草的宽度和防浪护堤的需要而定。防浪林宽度对消浪效果影响较大，消浪系数随着防浪林带宽度的增加而线性增大，但达到一定宽度后明显变缓。在海岸滩地种植 30 m 宽的防浪林带，可削减 70% 的波浪能量。

在我国海岸地区，人工防浪林营建通常需要综合考虑景观、防护以及生态功能等因素，不宜过密，但消浪系数随着植物量的减少而呈线性降低，为了保证消浪效果又不能过于稀疏。防浪林主要是依靠树干及茂盛的枝叶来削减波浪、减缓流速，树冠消浪贡献占比约 60%。为了保证水位变幅范围内有多层枝叶起到防浪促淤作用，林带宜配置成立体阶梯形结构，即不同高度的树种混交，但汛期淹水时，树梢要高出水面 1 m 以上，底层可配置耐水淹和生长快的灌草等地被。

9.2.2.2 防潮林

海啸是因地质断层运动，使海底发生垂直变位，引起海浪涌向或侵袭陆地的现象；大潮是台风和低气压强风所造成的海岸水位异常升高。二者造成的后果均表现为船舶、海岸的各种设施、农田等受到毁灭性的灾害，海岸林具有特别的防潮意义。因此，防潮林主要配置在海堤后，当涨潮海水越过海堤后起到消浪作用。

防潮林具有多方面的功能，具体体现在：①降低潮水流速和减轻破坏力。由于树干的摩擦阻力，使潮水的流速和能量降低。②阻止漂流物的移动。发生大潮时，常发生渔船、海边小屋、近海养殖用具等漂流的物体，防潮林可以阻止或减轻由于漂流物的移动而产生的二次危害。③减轻或防止跳浪引起的破坏。海波冲击海堤产生的跳浪有时高十几米，但海岸林能阻挡冲浪和跳浪，削弱风浪能量，保护堤后的生命财产。

树种选择时，防潮林应侧重于选择耐盐性强、根系发达、枝干柔性、生长迅速的树种，如落羽松、黑松等耐水淹、抗风暴潮能力强的优良树种。广东省堤外滩地的落羽松、四子柳等树种，种植 2~3 a 便可成林，可达到削减风浪、促淤固滩和防潮减灾的效果。周继磊等通过对 5 种松树抗风暴潮能力的研究，得到黑松>刚松>刚火松>赤松、火炬松。在经历风暴潮后，黑松树干基部仅有部分针叶干枯，中部有少量枝条风折，但均不影响正常生长，枝叶枯死量仅占总枝叶量的 10%。为了降低潮水流速、减少破坏力，林带宽度至少 20 m；而防止 3~6 m 高的海啸侵袭，至少需要 40 m 宽的防护林带，滩地宽的可考虑扩至 60~80 m。对于无滩地，则需结合疏河吸泥、填垫，进行人工造滩。在造林时适度密植，株行间距控制在 1 m 左右。但密度较大的林带，应及时间伐和适度剪枝，以保持冠幅宽度和均匀性。在海岸侵蚀剧烈的地区，单独设置防潮林不能阻止海水入侵，必须与防波堤、护岸等工程设施相结合，才能有效地预防海啸和潮水，提高防灾减灾能力。

9.2.2.3 防风林

风可以将海洋的湿气吹向大陆，还可以调节植物体温，促进植物生长。但当风速大于 5 m/s 时，则可以使农作物倒伏，甚至扒地毁苗、吹枝折杆，使植物死亡。台风是沿海地区主要自然灾害，防风效应是沿海防护林最基本和最主要的效应。防护林的存在，改变了气流结构，削弱了空气动能，使林内外风速显著降低，不仅可以减轻风对植物的直接伤害，还可以减少飞沙、飞盐、海潮等的二次或间接伤害。防护林的防风固沙能力，对防御沿海自然灾害、改善生态环境具有十分重要的作用。林分的受风害程度与树种组成、密度、林龄和冠形等因素密切相关。研究表明，木麻黄混交林的防风固沙和改善土壤效能均优于纯林，在 30 a 前和 30 a 后，防护效能差异明显，因此营造木麻黄混交林是我国南方沿海营造防风林的主要措施之一。

一般来说，害风遇到防风林带时，一部分从林带上方越过，一部分从林木当中吹过，同时在林带背风处形成风涡，降低了风力。然而，随着远离林带，风速逐渐恢复至原来的状态。一般认为，背风面距离防护林为其高度 15 倍左右的降风效果约 55%，20 倍处为 30%~55%，25 倍处约为 20%~25%，30 倍处风力便恢复到原状。辽宁省绥中县的农田防护林网，在 20H 范围内平均降低风速 44%，在 20H 处降低风速 30%~40%。浙江省杭州市余杭区的农田防护林，在 5H 范围内降低风速 50%，25H 处降低 25%，林网内平均风速降低 30%~40%。福建省惠安县崇武半岛的防护林，在 5H 处降低风速 44.0%~73.2%，在 20H 处降低风速 26.4%~52.5%，林网内平均降低风速 37.5%~56.4%。由此可见，沿海农田防护林带能显著降低风速，改善环境，为农作物生长提供良好的条件。

影响防风效果的因素主要有以下几种：

（1）林带高度

防风林高度不同，其防风效能会有一定差异。一般而言，林带的防护距离和林带高度呈正比。由表 9-1 可以看出，林带降低风速百分比随着林带高度的增加而增加。26 m 高林带的防风效能为 37.32%，而 14.7 m、23.2 m 高林带的防风效能则分别为 27.10% 和 28.89%，仅为 26 m 高林带的 72.6% 和 77.4%。

（2）疏透度

疏透度又称透光度，可用林带纵断面透光空隙总面积与林带纵断面面积之比来表

表 9-1　不同高度新疆杨林带降低风速的作用

林高 （m）	对照风速 （m/s）	防风效能 （%）	林带后各测点风速同旷野同高度风速的比值（%）			
			1H	3H	5H	7H
14.7	6.20	27.10	64.03	54.19	76.77	57.90
23.2	4.80	28.89	73.54	53.33	64.58	66.46
26	4.07	37.32	58.97	42.26	58.97	57.25

示。影响疏透度大小的因子有密度(株行距)、宽度(行数)、树种组成及配置方式等。林带疏透度越小,削弱风速的能力就越大,但产生反向风,离开林带后风力恢复快;反之,如果林带的疏透度越大,降风效果就越小,然而其有效防护距离增大。为了兼顾防风能力和有效防护距离,一般认为林带最适疏透度为25%时,防风效果最好,如徐淮平原农田防护林带疏透度控制在25%~35%为宜。

(3)横断面类型

林带横断面形状与林带防风效果有密切关系。根据横断面外部形状不同,可分为迎风面垂直的三角形、背风面垂直的三角形、矩形、屋脊形和凹槽形等。研究表明,林带横断面类型以矩形为优,凹槽形和背风面垂直的三角形居中,屋脊形及迎风面垂直的三角形防护效应最差。背风面垂直的三角形横断面抗风性好,适用于沿海地区。因此,改变林带断面形状是提高其防风效应的有效途径之一。

(4)风向交角

风向与林带交角不同,防风效应也不同。当风向与林带垂直时,林带防风效益最佳。研究表明(表9-2),在林带背风面15H处,当风向与林带的交角由90°减小到67.5°时,对防护效果的影响仅为8.15%;当交角减小到45°时,防护效果降低高达27.91%。因此,当风向偏角在±30°以内时,对防护效果的影响不大,林带与风向的交角应不小于60°。

表9-2 林带与风向交角的大小对降低风速的影响

交角	背 风 面					交角变化对防风效能的影响(%)	备 注
	5H	10H	15H	20H	平均		
90	71.28	35.33	19.13	4.80	32.64	0	疏透结构
67.5	63.05	34.83	16.87	5.16	29.98	8.15	
45	54.88	25.44	9.47	4.33	23.53	27.91	
22.5	39.13	17.28	8.23	1.01	16.41	38.72	
0	17.98	2.51	-0.46	-0.97	6.01	81.59	

9.2.2.4 农田防护林

沿海地区为我国台风、暴雨、大风、干旱的多发区,常使农作物减产甚至颗粒无收,给当地工农业生产和人民生活带来严重威胁。在农田防护林保护下,自然灾害大大减少,生态环境明显改善,促进了农作物稳产高产。过去,浙江杭州市余杭区受大风危害,水稻倒伏率在林网内、外分别为16%和73%。广东珠海市斗门区水稻在林网保护下减产14.8%~20.1%,无林区则减产30.2%~40.5%。相比之下,林网起到了增产作用,增幅为10.1%~25.7%,且灾害性天气越多、环境条件越差,防护效果越好。江南沿海水网平原地区,可沿江、河、渠、堤、路及村庄,因地制宜地营建农田防护林。农田防护林的防护效果,主要取决于树种组成及配置、林带结构、林带走向以及林带间距等。

(1)树种选择

农田防护林的树种选择,应遵循适地适树的原则,不仅要考虑树木的生物学和生态学特性,还应选择生长迅速、树形高大、抗风性强,不易风倒、耐寒耐旱的树种,树冠以窄冠形为好，以充分发挥其生态效益、经济效益和景观功能。

过去，海岸防护林树种选择侧重于高大乔木树种，而忽视了灌木树种在防蚀护岸等方面的优势。灌木不仅具有良好的抗旱保水、防风固沙能力，而且耐贫瘠、生长快，具有良好的适应性。我国沿海农田防护林区，通常选取木麻黄、刺槐、苦楝、台湾相思、杉木、水杉、樟树、喜树、旱柳、乌桕、桑树、棕榈、黄瑾、马尾松、湿地松等乔木树种，以及紫穗槐、沙棘、沙柳等灌木树种。

（2）林带配置

选择适宜的乔灌混交树种，建设乔灌草相结合的多层次、多功能的防护林，不仅可以促进乔木层生长，而且能优化林带结构，丰富生物多样性。在江苏连云港市赣榆区的研究表明，落羽杉与紫穗槐、美国白蜡与金针菜乔灌草组合的防护效能，比单一树种的防护效能更好。实践证明，多树种多行混交和树种间带状混交，对提高防护林生态系统的稳定性和生物多样性等具有重要意义。同时，由于林冠层结构紧密、层次丰富，有助于提高生态防护效益。

造林密度是农田防护林规划设计的重要参数。应根据林带宽度、树种、立地条件等确定。一般可在路、河、渠、堤旁的坡面配置林带，以不占或少占耕地。徐淮平原杨树农田防护林带，株距一般为 $3\sim4$ m，行距一般为 $2\sim3$ m，种植点呈三角形配置，行数根据坡面宽度而定。在结构调控时，还需要及时调整种间关系，进行密度管理。上海浦东沿海水杉林，在间伐并构建复层林后，显著促进了树高和胸径生长，并有助于林下灌木和草本植物的发育，提高了土壤呼吸速率，增加了土壤有机碳储量。

（3）林带结构

林带结构指林带内部树木枝叶的密集程度和分布状况，取决于树种组成、造林密度、林层、宽度和管护措施等因素。可以用疏透度和透风系数来表示。主要分为紧密结构林带、疏透结构林带和通风结构林带 3 种类型。其中，疏透结构林带主要由主乔木和灌木树种组成，或者由不具灌木但侧枝发达的乔木组成，林带纵断面均匀透风避光，疏透度为 $30\%\sim40\%$，透风系数 $30\%\sim50\%$。该种结构的林带防护距离大，有效防风距离 $25\sim30H$，是农田防护林的理想结构。

（4）林带走向

防护林带与风向交角的研究，一般认为主林带与主害风向成 $90°$ 角或偏角不能小于 $30°$ 为好。但对于窄林带、小网格农田林网，当主林带是长方形网格的长边时，风偏角在 $0°\sim45°$ 时，防风效能高于同面积的正方形林网；$45°\sim90°$ 时，防风效能则低于同面积的正方形林网。另外，防护效能与风向交角的关系还受到透风系数的影响，当林带透风系数为 30% 时，防护效能随林带交角增大而提高；当透风系数为 80% 时，林带交角由 $90°$ 减少到 $30°$ 防风效能增强。

我国沿海平原地区的主风方向不是固定不变的，尤其是台风的主风向呈现出旋转性，因而沿海主风向难以确定，理论上应根据主要作物的物候期来确定林带方向。作物的花期和果熟期最易遭受风害，因此应根据花期和果熟期的主风方向来确定林带走向。

（5）林带宽度

林带两侧边行之间的距离再加每边各 $1\sim1.5$ m 的林缘地称作林带宽度。合理的农田防护林林带宽度，要求在最大限度地发挥防护效益的同时，尽可能节约占地。福建省沿海农田防护林林带宽度一般为3行5 m，株行距1.5 m×1.5 m。浙江玉环市主副林带均由2行木麻黄组成，林带宽度3~3.5 m。一般沿沟、路、路配置，基本不占耕地，胁地轻，且能起到护路、护岸和美化的良好效果。

沿海基干林带地处滨海外缘，易受台风侵袭和海浪冲击，宽度一般30~70 m，复杂地段宽50~100 m以上。密植造林，株距1.0~1.5 m。主林带宽度一般6~8行，副林带不少于4行，以保证林带能够抵御台风的威胁。

(6)林带间距

农田林网由纵横交错的主、副林带共同作用形成，其防护效果明显高于单条林带。主林带的间距一般为林带高度的15~20倍，副林带间距一般2~3倍于主林带间距。此外，辅助林带是设计林带尚处于幼龄或更新阶段，在两条主林带之间增设的临时性林带，一般仅1~2行，具有生长快、轮伐期短的特点。从最大化地发挥林带的防护效能和少占耕地的原则出发，以"窄林带，小网格"取代"宽林带，大网格"往往取得更好的效果。苏北沿海平原地区土壤含盐量和地下水位高，自然环境条件差，以主林带间距100~200 m、副林带间距200~300 m为宜，构成窄林带、小网格的疏透结构农田防护林网。

9.2.2.5 水土保持与水源涵养林

我国沿海地区丘陵山地和海洋岛屿，由于坡度较大，土壤干燥，造林难度大，绿化总量少，再加上暴雨频繁，土壤侵蚀严重，侵蚀强度可达3000 t/(km² · a)。又由于沿海地区人口密度密集、人为活动频繁，水资源短缺，因此营建水土保持与水源涵养林是沿海防护林体系建设的重要内容，对于保护土壤资源、调节水量和改善水质具有重要意义。

在树种选择方面，水土保持林的根本目的是在短期内获得较高的涵养水源、保持水土、调节径流等生态效益。因此，选择的树种一般要求抗逆性好，抗病虫害，能及早郁闭，树冠浓密，根系发达，落叶丰富，最好还具有一定的经济效益。为提高水土保持与涵养水源功能效益及其稳定性，一般可设计针阔、乔灌木混交林，要求造林树(草)种多样化，适当密植。沿海地区土壤缺氮，一些豆科树种如合欢、刺槐、紫穗槐等，其根瘤具有固氮作用，可提高土壤氮素营养水平。因此，无论是针叶林还是阔叶树，都应该营造混交林，尤其与固氮的植物混交，以提高土壤改良效果，增强生态系统的稳定性，并提高林分生产力。乔、灌、草、地被物组成的多层次立体结构，是调节坡面径流、防治土壤侵蚀与涵养水源的最佳结构，因为在林下无植被或枯落物层时，反而会增加雨滴对地表的打击力，造成比无林地更严重的水土流失。

水土保持林树种选择、林分结构配置和复合经营模式均会影响保持水土的效果。为筛选出理想的治理模式，在广东省龙川县丘陵地区开展了不同治理模式效应试验研究(表9-3)。试验区原有马尾松在试验4 a期间，年生长不足20 cm，而与固氮的相思树混交时生长良好，4年生树高大大超过马尾松纯林。混交后植被覆盖率明显提高，减轻了表土流失，特别是乔灌草模式，土壤侵蚀模数仅为松树纯林的1/5、乔灌模式的1/3。因

表 9-3　套种后 4 a 不同混交模式林木生长情况　　　　　　　　m

模式	马尾松		肯氏相思		绢毛相思		红胶木		木荷		桃金娘	
	树高	冠幅	树高	冠幅	树高	冠幅	树高	冠幅	树高	冠幅	树高	冠幅
乔灌草	2.87	1.82	4.43	2.45	3.46	1.71	3.10	1.10	0.92	0.45	0.41	0.35
乔灌	2.67	1.66	3.94	2.31	3.10	1.58	3.20	1.16	0.90	0.44	0.40	0.33
马尾松	2.60	1.61										

注：原有马尾松残林平均高 2.0 m，冠幅 1.42 m。

此，乔灌草混交模式更有利于植被恢复和改良土壤，保持水土效果好。

沿海丘陵山地的树种配置与合理利用，必须考虑造林地的气候、地形、土壤、植被和海拔等立地条件特征，做到因地制宜，地尽其用，养用结合。在山势方面，海拔不同，水、热条件和植被情况差异明显。坡脚地势平缓，宜种粮食作物、饲料作物或经济林果；山腰宜种油茶、茶叶、板栗、银杏和药材等经济林；坡岭土壤冲刷严重，宜种植马尾松、猪屎豆、鸡眼草、胡枝子、牡荆等多年生绿肥、牧草。广东五华县采取宜林则林、宜果则果的方法，低山丘陵区种植荔枝、沙田柚和蜜柚等水果，在改善生态环境的同时兼顾经济效益；在土壤易风化和流失的高丘陵区，开大穴，填客土，造林种草，控制水土流失，改善生态环境。

从地形地貌方面考虑，坡度 20° 以下的坡面，应修筑水平梯田，发展多年生经济作物和林业；坡度较陡的坡面，可因地制宜地采取鱼鳞坑整地方式，使其等高排列，呈"品"字形分布，以滞缓、拦截地表径流。在坡向方面，阴坡比较冷湿，土层也较深厚，一般适宜发展杉木、青冈、栲树、木荷和毛竹等；阳坡可种植马尾松、乌桕、油茶、油桐、柑橘等。造林密度应根据树种生态学特性确定，喜光树种生长快、郁闭早，密度应稀些；耐阴树种生长慢、郁闭晚，密度应大一些。

水土保持林具有近自然林的属性，因此不同于集约经营的人工林。在不影响林木生长的前提下，从栽植、抚育到采伐等各个环节，应尽可能保留原有植物，并尽量避免扰动土壤。其整地方式，以局部的块状或带状整地为好。造林后要加强幼林管护，促使提早郁闭成林。适宜撒播造林的树种，则采用撒播造林为好，以减少因整地对植被的破坏。在侵蚀沟、崩岗的治理时，因地制宜地修建谷坊、拦土坝等工程措施，沟头种植固土防蚀植物，将工程措施和植物措施相结合，建立土壤侵蚀防控体系。

在水源涵养林树种选择方面，应选择树冠浓密、生长迅速、耐瘠薄、耐水湿、根系发达、能改良土壤的树种，如刺槐、沙棘、马尾松、樟子松、木荷和紫穗槐等。实践证明，刺槐、苦楝仍然是沿海耐盐性强、广泛栽培的树种，弗吉尼亚栎、乌桕在砂质海岸具有一定的应用前景。在树种配置时，应将阔叶树种混交或针阔叶树种混交、喜光耐阴树种混交、深根性与浅根性树种混交，乔灌草相结合，构建复层混交林。在闽南沿海矿区，采用厚荚相思与马尾松单行混交、林下种植葛藤，与未造林地相比，土壤侵蚀量减少了 65.57%，大大提高了保持水土和涵养水源功能。

在干旱瘠薄的造林地上，应采用抗旱节水保水技术，如块状整地、鱼鳞坑整地和保水剂等，尽量保留原有植被，增大造林密度。根据实际情况，实行网带片相结合，以较小的林地面积发挥最大的生态效益。水土保持与水源涵养林在经营过程中，不得大面积皆伐，并应采取各种有效措施，以维护其保持水土和涵养水源的功能。

9.3　海岸防护林的营造技术

9.3.1　海岸立地与气候

海岸带位于海洋和陆地交界处，其地貌的形成及其演变，受到地质构造及过程、岩性、气候、生物、潮汐、波浪、海流及其他海洋因素包括盐度的影响，同时也受到陆源泥沙沉积的影响，在一个相当宽的地带内形成了特殊的生态环境。一般指海岸线向陆地延伸 10 km 左右，向海至-10~15 m 的等深线。海岸防护林体系的规划建设，根据陆上带受台风、暴潮的影响范围，往往要超出向陆地 10 km 的宽度。沿海不利的立地和气候因素对树种的分布和生长，有着显著影响，迫切需要沿海防护林体系的保护。

9.3.1.1　海岸立地状况与分类

我国东南沿海地带受到海洋气候的调节，与同纬度内陆相比，雨量较多，湿度较高，总体来说自然条件优越，但立地状况差异很大。

1)海岸立地状况

海岸带的自然环境，从总的来说是适宜森林生长的，分布着相当多的森林资源。然而，海岸带的生态条件也有其特殊性，并且往往存在某些限制森林生长的局部因素，这是建设海岸带林业必须密切关注的问题。

(1)海岸地貌的特殊性

海岸地貌的形成及其演变受多种环境因子的影响，主要有地质构造及过程、岩性、气候、生物、潮汐、波浪、海流及其他海洋因素包括盐度，同时也受路缘泥沙沉积的影响，塑造出各种海岸地貌类型，有岩质海岸、砂质海岸、淤泥质海岸等多种类型的海积地貌和海蚀地貌，因此，森林生长条件与内陆土地相比有显著差别。

(2)海岸土壤的特殊性

海岸带的土壤在形成过程中受到海水的浸渍，因而土壤含盐量高，地下水矿化度高，地下水埋藏浅等对树种的分布和生长都起着限制作用。海岸沙滩以及岩质海岸也与内陆沙地和丘陵地的森林生长条件有明显差异。

(3)海岸气候的特殊性

海岸带频繁的灾害性天气，不利于树木的生长，为了保护海岸，需要建设沿海防护林体系。海岸带灾害性天气，有台风、暴雨、风暴潮袭击海岸及沿海地带，威胁着海堤并可能破堤成灾，沿海农业在相当大的范围内受到风害影响，海雾中细小的盐滴也对农作物有害，靠近海岸的内陆容易发生龙卷风和冰雹的危害，需要有沿海防护林体系的保护。而这些不利气候因素，对树种的分布和生长有显著影响。

2) 海岸带立地分类

(1) 海岸带立地分类原理

海岸带的生态环境对森林生长是严酷的，造林一般不易获得良好效果。因此，必须针对不同造林地的特点，恰当地选择造林树种和造林技术，做到适地适树。一方面应对树种的生态习性有深刻的认识，另一方面应对造林地的立地条件十分清楚。所谓立地条件，就是指影响林木生长的各种生态因子(包括气候、地形、母质、土壤、水文、生物等因子)的综合。只有在掌握了造林地立地条件的基础上，才能正确选择造林树种和造林技术。

为因地制宜地植树造林，应将造林地的宜林特性分辨清楚，按其对树种分布和树木生长影响的相似性和差异性加以分区、评比和归类，划分出不同的立地类型。要区分并掌握我国沿海地带造林地众多的立地类型，就必须有立地分类系统，使沿海造林工作建立在科学的基础上。

我国海岸带森林的立地分类是在海岸的自然地理背景、地域分异特点以及自然区划理论的基础上，找出影响海岸立地各种不同尺度的地域分异规律，从综合生态因素中提出对立地条件起主导作用的因子，采取逐级划分的方法，将林地立地差异的界线划分开来，而将其基本一致的地段归在一起，按带(亚带)、区、级、组、型5个等级，对海岸林地进行立地类型分类。其中，带(亚带)和区属于大尺度的区划，级和组、型属中小尺度的区划，形成我国海岸带林业建设的立地分类系统。

(2) 海岸带立地分类系统

热量和水分条件是制约树种和森林分布的气候要素。在水分条件充裕的情况下，气温就是影响纬向带森林分布的主要因子。另外，林木生长需要一定的热量和超过某种温度的连续日数，因此≥10 ℃积温及连续天数就成为影响森林分布的重要因素。

我国海岸和岛屿的分布，南北纵跨约37个纬度，因此由纬度地带性分异规律所引起的太阳辐射热量差异，就影响到森林类型和造林树种分布的地带性变化，成为我国海岸林地最大尺度的立地分类依据，划分出不同的立地类型带。我国海岸带纬向地带性分异除热量外，还有非纬向的地带变化，如干湿状况等也影响森林类型和树种分布，成为亚地带性的立地分类依据。

我国海岸林地立地带按纬向热量的差异，可分为南温带、北亚热带、中亚热带、南亚热带、北热带、中热带和南热带7个立地类型带，同一立地类型带中又可根据水湿条件的差异、气候干燥度的不同，分为湿润亚带、亚湿润亚带和亚干旱亚带，可将7个立地带划分出12个亚带(表9-4)。

在海岸造林地的第一级立地分类范围内，可按海岸动力地貌类型的差别作进一步划分。因此，不同海岸类型如堆积型的和侵蚀型的淤泥质海岸、砂砾质海岸、基岩港湾海岸，以及溺谷海岸、沙坝潟湖海岸、断层海岸、红树木海岸、珊瑚礁海岸、人工海岸等，就成为在大的海岸地貌范围内影响森林生长与分布的条件，成为选择造林树种和造林技术的主要因素。一个自然形成的海岸地貌类型单元——岸段，就成为海岸带林地的第二级立地分类单位，称立地类型区。我国大陆和主要岛屿按海岸动力地貌类型划分，可划分出55个立地区。

表 9-4 中国海岸防护林造林地立地分类系统表

级别	立地分类系统		分类原则	分类依据
	立地类型等级	单元数		
1	立地带 亚 带	7 12	气候因素对地带性森林类型和树种分布起宏观控制作用	热量带 ⎫ 湿度带 ⎬ 生物气候带
2	立地区	55	对造林地影响的大区地形控制因素	海岸动力地貌类型(岸段)
3	立地级		对造林地影响的中区地形控制因素	单独的地貌单元
4	立地组		对树种选择和造林技术起控制作用的主要限制因子	地势、岩性、土层厚度、风力强度、土壤含盐量、pH 值、地下水埋藏深度和矿化度等
5	立地类型		林地生产力的控制因素	微地形、土壤质地、表土厚度、有机质含量、土壤温度等

在同一个岸段之内,中地形地貌单元,陆上部分有山地、丘陵、台地、阶地、冲、洪积平原、河口三角洲、海积平原(含潟湖平原)等地貌单元;潮间带有砂砾滩、淤泥滩、基岩砾石滩、红树木滩、珊瑚礁坪等地貌单元,都控制着林地的生态环境,也影响到造林树种的选择和造林技术。因此,需要在一个岸段内再按单独的地貌单元,划分海岸林地第三级立地分类,称立地级。

在同一个中地形地貌单元之下,低山丘陵地,以基岩和母质的性质、土层厚度、石砾含量、地形气候等为主要限制因子;在淤泥质平原海岸,生长季地下水埋藏深度和矿化度、土壤含盐量、pH 值、海风强度等为主要限制因子;在砂砾质海岸,海风强度、沙的流动性、砂砾的粗细以及地下埋深和矿化度等为主要限制因素。这些因素就是划分第四级立地分类、单位即立地组的重要因素。不同立地组,造林树种、混交类型以及造林技术是有区别的。

在同一个立地组之内,林地肥力等级的差别,是划分第 5 级立地类型的依据。从造林地的微地形、土壤质地、表土厚度、有机质含量、土壤结构和土壤湿度等差别,可区分出不同的立地类型。对于不同的立地类型,造林树种和造林技术是有差别的。

以上,从大尺度的区分到中、小尺度的区分,可将海岸带造林地的立地类型划分为带(亚带)、区、级、组、型 5 级,其中带(亚带)和区属大尺度分区,级属中尺度分区,组和型属小尺度分区,形成我国海岸林地的立地分类系统。

9.3.1.2 海岸气候

(1)我国海岸带气候的特殊性

我国海岸带濒临太平洋和四大海域,受东南亚季风以及海洋和大陆气候的制约,加上海岸地形的复杂性,海岸带主要气候要素(热量、风和降水)具有海洋性和大陆性气候"急剧过渡"的气候特征。其成因,主要是下垫面热力和动力物理性"突变"的不连续面所致,主要表现在以下三个方面:

①我国海岸气候带热量低限指标等值线，比邻陆向北推进约 300 km，急剧转折。我国南温带、北亚热带、中亚热带、南亚热带和北热带的温度低限指标线(分界线)，在陆面上基本是纬向的，而划至滨海岸处(约离海岸 1 个经距)左右，则陡翘北上，约向北推进 300 km。因此，中亚热带北缘近海岸处向北延伸，长江口长兴岛和横沙岛上柑橘可正常生长。

②我国沿海有一条与海岸基本平行的"风速(风能、风压)急剧变化带"，自邻陆—海岸—近海(岛屿)风速(风能、风压)剧增；反之，锐减。

③沿我国海岸邻陆一侧有一条自两广伸向辽宁的"多雨带中心"；而自邻陆—海岸—近海(岛屿)的年平均降雪量锐减。暴雨日数、雷暴日数等强对流天气的日数等值线与海岸基本平行，自邻陆—海岸—近海(岛屿)明显减少。

由于海岸带主要气候要素的"急剧变化"，形成了海岸带特殊的气候条件。因此，在开发利用时应采取相应的对策。

(2) 主要灾害性天气

海岸带处于海陆交替的气候突变带，容易遭受灾害性天气的侵袭。灾害性天气主要有台风、暴雨、龙卷风、冰雹、寒潮和大风等。

①台风 台风是我国海岸带主要的灾害性天气。据 2000—2019 年统计，共 150 个台风在我国登陆，年均 7.5 个。登录次数最多的是 2008 和 2018 年(均为 10 个)。台风在月际分布上以 8 月为顶峰，呈正态分布。7~9 月是台风登陆我国的高峰期，占登陆我国台风总数的 79%，2001 年 7 月、2012 年 8 月一个月内均有 5 个台风登陆我国，为 21 世纪单月登陆我国台风数量的最高纪录。其中，浙闽粤琼台占了全国总登陆次数的 92%，12 级以上强度的台风占全国总登陆次数的 97%。

台风的破坏性很大，给沿海人民生命财产带来巨大损失，如 1986 年 7、9、13 和 16 号台风，使广东工农业遭受损失 20 亿元。1985 年 9 号和 10 号台风，在辽宁半岛和山东半岛登陆，经济损失严重，仅烟台市就高达 5 亿多元。由于有防护林的保护，减轻了人民生命财产的损失，7908 号台风发生后，广东惠东县港口区没有倒塌一间房屋，未造成人员伤亡。

②暴雨 我国海岸带内侧，因冷锋、气旋低涡、台风和地形等因素形成多暴雨区，每年进入雨季，便会出现。年暴雨日数南方多、北方少。沿海内侧暴雨多于内陆。海南岛、广东和北部湾沿岸是海岸带年暴雨日数最多的地区，年平均在 10 d 以上，而华东沿海 6~8 d。

海南、广东的暴雨强度最大，24 小时最大雨量曾超过 800 mm 的有：海南省乐东黎族自治县天池 962.2 mm，粤西茂名市电白区利垌 858 mm、台山市镇海 851 mm，粤东陆丰市白石门水库 884 mm。其他省(自治区、直辖市)最大日雨量也很高，如辽宁东部黑沟 657 mm、大连地区 644 mm，浙江乐清 529.2 mm，福建也达 400 mm 以上。暴雨引起土壤冲刷，造成洪水泛滥，产生巨大危害。因此，在建设防护林体系时，必须重视水源涵养林、水土保持林、护岸林和护路林等建设，发挥森林的防护作用，减轻灾害带来的损失。

④寒潮、强冷空气 这是影响海岸带的主要寒害，引起天气变化的特点有：

降温：降温幅度一般在 6~13℃，在南方降温幅度较小，北方辽宁渤海沿岸曾达22~24℃，黄海岸段为 20℃，江苏达 21℃，浙江 15~18℃，广东 15~19℃，持续天数最长 8~9 d。

低温阴雨，降雪和霜冻：由于寒潮路径不同，可分别伴有降雨和降雪或引起霜冻。一般发生在 12 月至翌年 3 月。

⑤大风　海岸带为多风区，当寒潮或强冷空气侵袭时，常伴有大风。一般 6~8 级，阵风 9~10 级，偶有 11 级以上大风。如 1964 年 4 月 5~6 日一次强寒潮天气，辽宁省渤海和黄海沿岸风力达 12 级以上，给渔业和农林业生产造成很大损失。

⑥干旱　海岸带受季风的影响，雨量分布不均，干湿季明显，常出现春旱，南方沿海在夏秋台风出现次数少的年份，也会发生旱情。在干季无雨日数的多少各省份有差异，海南省西南部的东方市干季无雨日数达 102 d，给农林业带来很大困难。

⑦暴雨，冰雹和龙卷风　这些灾害性天气在海岸内侧多有发生，一般影响范围较小，持续时间短，但造成局部严重灾害。雷暴，南方发生于 3 月初，止于 10 月中；北方始于 4 月下旬，止于 10 月下旬至 11 月中旬。冰雹，多发生在 4~8 月发生。龙卷风主要发生在 6~7 月。

⑧海雾　在辽宁、山东等省沿海春夏秋季常有发生，是在海面上生成的雾飘向沿海陆地，带有一定的盐分，对植物有害，尤其对叶面多毛的豆类及榆树等危害较重。1983 年夏初在辽西沿海发生的一次海雾，使绥中县临海的榆树大量枯焦，甚至死亡；杨树叶片有黄边现象，林带宽 200~300 m，林带背面的树木及农作物均未发生受害现象。据调查，以前无林带时，发生海雾使陆上 1000 m 范围内的农作物受害，再远离海岸即无损害。

9.3.2　防护林营造特点

沿海地区属典型的困难立地，自然地理和生态环境差异很大，形成这种差异的原因、特点和机理也不相同，应针对不同海岸类型和立地条件的特点，将山水田林湖草作为一个生命共同体，因地制宜，因害设防，科学规划与合理布局，并选择适当的造林技术措施。

9.3.2.1　泥质海岸

我国泥质海岸主要包括辽中泥质海岸平原区、渤海湾泥质海岸平原区、长江三角洲泥质海岸平原区和珠江三角洲泥质海岸平原区等 4 个自然区，共 66 个县（市、区）。土地总面积 782.26×10⁴ hm²，海岸线长 4828.60 km，占整个海岸线的 16.7%，其中大陆海岸线长 3677.84 km。

1) 泥质海岸防护林规划布局

该海岸类型地势低平，土壤含盐量高，地下水埋藏浅、矿化度高，防护林以抗潮护堤、防风护田，结合水土保持措施治理盐、碱、涝、旱为主要目的。建设重点是农田防护林网，同时结合海堤、河堤、道路、沟渠等干线造林以及"四旁"植树、林场造林和部门造林等少量片林建设，形成带网片相结合的沿海防护林体系。

(1)基干林带

泥质海岸必须有挡潮的海堤，保护堤内土地不受潮水侵入，为加固海堤而营造的海岸防护林带是基干林带。海岸防护林带，包括海堤前潮滩上的植被，起防浪促淤作用，堤脚处的灌木林带、堤身上的乔木林带构成海岸防护林的整体，充分发挥其抗御风浪潮水的功能，林带宽度可达 100~200 m。堤内必须开挖纵横交错的排水系统，降盐排水，才能发展农林业生产。平地开河，两岸堆土形成有几十米宽的河堤，在河堤上栽植防风固堤林带，也是基干林带。另外，沿干线公路(或铁路)栽植的护路林带也是一种基干林带。这些基干林带相互衔接，就形成了泥质海堤防护林体系的骨架部分。

(2)农田林网

基干林带之间相距很远(至少在 2 km 以上)，期间的农作物虽也能受到基干林带防护作用的影响，但因距离太远，防护效应不足以使农作物免受台风等危害。因此，在基干林带之间，还需要由间隔距离较近的、由防田林带组成的林网来保护，这就是农田林网。农田林网充实、加强了基干林带的防护作用，可使农作物可免受灾害、获得稳产高产，是沿海防护林体系中面广量大、不可或缺的重要组成部分。对果园和经济林来说，也需要防护林网的保护。在气候较干旱、灌溉条件较差的地方，如山东、河北沿海，也有用枣粮间作或柿粮间作的形式代替农田林网。

(3)成片林

平原泥质海岸农业区，有些地段因缺少灌溉水、交通不便等原因，不适宜发展农作物，而适宜培育林木，因此应规划成商品用材林基地、经济林基地，如果园、桑园等，形成成片的基地林。另外，在农业区也需要发展小片的用材林、经济林、果园、桑园和竹园等。堤闸附近，有些堆土压废地段，需栽植小片林木。居民区为了防风结合绿化美化，也要栽植小片林木和竹园。新垦区，结合水利配套工程，有很多隙地废地都需要绿化固土护坡，因地制宜地栽植乔灌木。垦区植被覆盖率越高，就越有利于盐土改良、固岸护坡和改善生态环境。因此，泥质海岸围堤后，栽植大小不等的成片林，潜力很大。这些片林丰富了综合防护林体系的内容，提高了海岸防护林的生态、经济和社会效益。

由此可见，泥质海岸综合性防护林体系的形式，就是由基干林带、林网和片林相结合，乔灌草相结合形成的多种树、多林种、多层次的综合性森林植被防护系统。

2)耐盐树种的选择

造林树种选择是泥质海岸防护林建设的关键，沿海耐盐树种选择的原则是：①耐盐能力强。造林树种的耐盐能力，要与造林地的土壤含盐量相一致，同时还要考虑树种对不同盐分的适应性。②抗旱耐涝能力强。泥质海岸往往是洪涝旱碱并存，因此选择耐盐树种时，还必须注意它的抗旱耐涝能力。③易繁殖、生长快。这些树种有利于尽早郁闭成林，防止土壤返盐，并能逐步降低土壤含盐量和改良土壤。④经济价值高。为了提高经济效益，尽量选择可以提供木料、饲料、肥料、燃料及其他林副产品的树种。

树木的耐盐能力是指造林后 1~3 a 内，幼树对土壤盐碱的适应性，是盐碱地上树木忍受盐渍化并产生产量的能力。根据这个概念，确定把树木生长受到盐碱抑制，但不显著降低树木成活率和生长量时的土壤含盐量，作为该树种的耐盐能力。不同树种具有不同的耐盐能力，即使同一树种，其耐盐能力也因树龄大小、树势强弱、盐分种类以及土壤质地和含水率的不同而异。根据如上特性,将树木的耐盐能力划分为强、中、弱三级。在滨海盐渍土区,耐盐能力达 0.4%～0.6%的为耐盐能力强的树木,耐盐能力为 0.2%～0.4%的为耐盐能力中等的树木,耐盐能力为 0.1%～0.2%的为耐盐能力弱的树木。

大多数树种耐盐能力一般在 0.1%～0.3%,耐盐能力大者可达 0.4%～0.5%,甚至更高。但林木的耐盐能力,随树龄的增大而提高,因此盐碱地上生长的成年树木附近的土壤含盐量,不能作为该树种选择造林地的依据,只能作为参考。在滨海盐渍土区,土壤含盐量及地下水位是限制林木生长的主要因子,我国泥质海岸主要造林树种见表9-5。

表 9-5　我国泥质海岸主要造林树种

海岸位置	轻度盐渍化土壤	中度盐渍化土壤	重度盐渍化土壤
辽宁	辽宁杨、绒毛白蜡、小胡杨、刺槐、白榆、小叶杨、新疆杨、银中杨、中林46、旱柳、苹果、侧柏、杜梨、丁香等	绒毛白蜡、小胡杨、刺槐、白榆、沙枣、枣树枸杞、沙棘、紫穗槐等	中国柽柳等
河北、天津	美国白蜡、绒毛白蜡、刺槐、白榆、梧桐、辽宁杨、新疆杨等	绒毛白蜡、刺槐、白榆、金丝小枣、珠美海棠、紫穗槐等	中国柽柳等
山东黄河三角洲	刺槐、绒毛白蜡、廊坊柳、八里庄杨、白榆、槐树、臭椿、苹果、梨、桃、葡萄、文冠果、泡桐、侧柏、合欢、杏、玫瑰、蜀桧等	刺槐、绒毛白蜡、白榆、紫穗槐、金丝小枣、沙枣、杜梨、槐树、皂荚、苦楝、杞柳、构树、垂柳、臭椿、火炬树、木槿、桃、葡萄、文冠果、枸杞、沙棘、桑树、凌霄等	中国柽柳、白刺、单叶蔓荆等
苏北	Ⅰ-69杨、Ⅰ-72杨、枫杨、圆柏、侧柏、龙柏、圆柏、千头柏、洒金柏、白榆、榔榆、垂柳、旱柳、黄连木、重阳木、丝棉木、盐肤木、苦楝、香椿、乌桕、臭椿、无患子、美国白蜡、女贞、君迁子、槐树、朴树、黄檀、杜梨、厚壳树、合欢、复叶槭、核桃、银杏、薄壳山核桃、桑树、枇杷、苹果、葡萄、乐陵小枣、无花果、石榴、海桐、大叶黄杨、扶芳藤、枸杞、杞柳等	刺槐、火炬树、绒毛白蜡、白榆、银杏、杜梨、泡桐、石榴、无花果、铅笔柏、蜀柏、紫穗槐、沙枣、芦竹等	中国柽柳等

9.3.2.2　砂质海岸

砂质海岸主要包括辽东半岛砂质、基岩质海岸丘陵区,辽西、冀东砂质低山丘陵区,山东半岛砂质、基岩质海岸丘陵区,闽中南、粤东砂质和淤泥质海岸丘陵台地区,粤西、桂南砂质和淤泥质海岸丘陵台地区,海南岛砂质、基岩质海岸丘陵台地区等 6 个自然区,共 122 个县(市、区)。土地总面积 1512.10×10⁴ hm²,海岸线长 15 384.41 km,占整个海岸线的 51.2%,其中大陆海岸线长 11 409.65 km。

在沿海砂质海岸段,自然条件极为恶劣,主要有流沙、大风和干旱,再加上土壤结构性差、营养水平低,致使该地段造林难度极大,许多沙荒地存在年年造林不见林的现象,有些岸段如福建砂质海岸还遭受严重侵蚀。砂质海岸常伴有台地丘陵,防护林主要以防风固沙、保持水土为主要目的。首先，以治理风沙、海潮和水土流失为主要目标，建立起第一道防线，即海岸防风固沙林带；其次，结合水土流失治理，做好荒山荒地绿化，因地制宜地营造水土保持林、水源涵养林、经济林、薪炭林和用材林等，建设农田林网，强化带网片相结合的防护体系配置。

1) 平原沙地海岸综合性防护林体系

包括前缘的基干林带和后面的林网。基干林带又包含乔木带、灌木带和草带。

（1）草带

在海岸沙堤之后为潮上带，除了特大潮汛外，一般不受潮水浸渍，自然地生长起低矮的草本植物群落，由稀疏到稠密，起防风固沙作用。在沙堤后面到 100 m 左右的位置，海风较大，海水的溅沫较多，是树木生长困难的地方，而这里也是渔民捕鱼晒网活动频繁的地带。因此，只要建立地被，固定流沙，就能起到防护作用。

（2）灌木带

在草带内侧几十米的位置，海风和浪花的威力已经减弱，可以生长灌木或抗性强的乔木树种。灌木类有单叶蔓荆、紫穗槐、枸杞和白刺等，其宽度一般 30~50 m。在浙江省椒江市以南的海岸沙地，可直接营建抗性强的木麻黄林带。

（3）乔木带

在草带和灌木带之后，流沙已经固定，海风威力减弱，就适宜栽植以乔木为主的基干林带。先锋树种在南方以木麻黄为主，北方平原砂岸以刺槐为主，丘陵地和砂砾台地以松树为主。基干林带宽度一般 100~200 m，外缘为先锋树种，中间可混交其他树种。如南方木麻黄林带可混交大叶相思、窿缘桉和湿地松等；北方刺槐林可混交白榆等，黑松林可混交刺槐等；林下灌木、活地被物和死地被都应保留，以增强防风固沙能力。

经过草带、灌木带和乔木林带 3 层防线，就能充分起到前缘基干林带的防风固沙作用，其后面的沙地就可以用于其他生产项目。

（4）林网

基干林带之后的沙地，在有灌溉水源的条件下，可发展果园、经济林，也可以发展农业生产；在灌溉水源缺乏的情况下，可栽培牧草发展畜牧业，也可发展用材林或薪炭林。应根据实际需要，因地制宜地规划成农田林网，沙地林网的要求是"窄林带，小网格"。一般主林带由 4~6 行乔木，边缘各加 1 行灌木组成。主带距为树高的 10~15 倍，副带距 100~300 m 不等。

2) 丘陵台地砂质海岸综合性防护林体系

砂质海岸紧接着为台地或丘陵缓坡及丘陵地形，这在丘陵海岸是常见的类型。根据台地或山前平原的土壤条件以及社会经济发展的需要，有些地方划作农业区，有些地方则以果树或经济林为主。综合性防护林体系的规划原则是：在海岸基干林带之后根据地形，规划为农田林网、水分调节林带、侵蚀沟造林以及水源涵养林等。

（1）水分调节林带

水分调节林带是在缓坡上为控制坡面径流泥沙而设置的护田林带，其走向与等高线平行，林带较宽，尤其灌木行数要超过平地的护田林带。带间距离比平地主林带间距小，地面坡度越大则带间距离越小，一般带距为树高的 5~15H。这样坡耕地的径流和泥

高程(m)	400	200	100	40	20	10~7	
地貌单元	低山丘陵			山前平原或台地		潮上带沙滩	
土地利用现状	林业用地			农田		林业用地	

图9-1　丘陵台地砂质海岸农田防护林体系

沙遇到水分调节林带,泥沙沉积,径流就会渗透形成地下水(图9-1)。

（2）侵蚀沟造林

坡耕地上已经形成侵蚀沟,为了固定侵蚀沟而在沟的两侧、沟头和沟底栽植乔灌木,形成与等高线垂直的林带,与水分调节林带共同构成坡耕地林网。

（3）分水岭造林

分水岭造林指沿分水岭全面或带状栽种乔灌木混交林。造林目的是以发挥保持水土、涵养水源和防风作用。

3) 砂质海岸树种选择

通过多年的造林实践和试验研究,已筛选出一些在山东砂质海岸基干林带中生长良好、防护性能高、抗病虫害能力强的造林树种。主要针叶树种有黑松、火炬松、刚松、刚火松和侧柏等;主要阔叶树种有刺槐、绒毛白蜡、柽柳、火炬树、紫穗槐和单叶蔓荆等。

在福建省砂质海岸基干林带中,适宜的造林树种有木麻黄、厚荚相思、纹荚相思、马占相思以及巨尾桉和刚果12号桉等,其他树种如柠檬桉、绢毛相思、大叶相思、肯氏相思和湿地松慎重使用。

9.3.2.3　岩质海岸

岩质海岸主要包括舟山基岩质海岸岛屿区,浙东南、闽东基岩质海岸山地丘陵区2个自然区,共32个县(市、区)。土地总面积12.57×10⁴ hm²,海岸线长8018.76 km,占整个海岸线的29.2%,其中大陆海岸线长3085.87 km。

低山丘陵山体直逼海边,形成基岸岬角和港湾相间的地形;有的有河流入海,形成河口港湾;有的形成溺谷湾。港湾内常具有淤泥质滩涂,质地细腻而肥沃,港内风平浪静,是发展水产养殖的良好地方。基岩质海岸受盐雾、海风、干旱和土壤瘠薄等生境的影响,造林难度大,植被恢复自然更新困难。该类型海岸防护林,以控制水土流失、涵

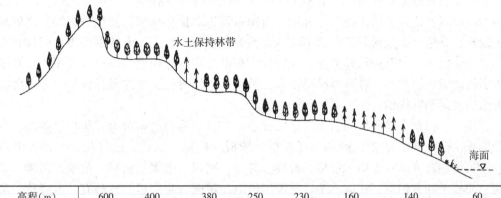

高程(m)	600	400	380	250	230	160	140		60
地貌单元	山岭	平坡	陡坡	缓坡	陡坡	缓坡	山麓缓坡		砂砾滩
土地利用规划	水源涵养林	经济林	用材林	经济林	水土保持林	薪炭林	用材林	海岸防护林	固沙植被

图 9-2　低山丘陵岩质海岸综合性防护林体系

养水源、美化绿化环境为主要目的。建设重点首先是水土保持林、水源涵养林、经济林、薪炭林、用材林和特种用途林等；其次，是小片冲积平原上的农田防护林和局部的防风固沙林，形成带网片相结合的防护林体系(图 9-2)。

1)岩质海岸防护林布局

①水源涵养林　低山丘陵的水库、溪涧上游的山坡和分水岭，宜规划为水源涵养林。

②水土保持林　面向海洋的20°以上的山坡，紧靠铁路、公路、河流和渠道的山坡，水库周围的坡地和库岸带，崩塌、滑坡的危险区都应规划为水土保持林。

③国防林　军事设施、营地和交通线等国防用地，都应规划为国防林。

④风景林　重要的名胜古迹周围和有旅游价值的风景区。

自然保护区和科学实验林：能代表地带生物群落特征的、具有科学实验价值的地段。

用材林、竹林和薪炭林：坡度在20°以内，未划入防护林和特种用途林的地段。根据当地社会经济条件，应规划为用材林、竹林或薪炭林。

⑤经济林　坡度在10°以内未划入防护林和特种用途林的地段，可规划为经济林或果园，也可规划为用材林、竹林或薪炭林。

2)岩质海岸树种选择

浙江省岩质海岸适宜的造林树种主要有：①乔木，黄连木、山合欢、黄檀、冬青、全缘冬青、铁冬青、女贞、楝树、榔榆、乌桕、柏木、化香、赤皮青冈、木荷、青冈和舟山新木姜子等；②灌木，柃木、滨柃、蜡子树、野梧桐、栀子、紫穗槐、日本女贞、海桐、紫薇、紫荆、南天竹、夹竹桃、绿叶胡枝子、单叶蔓荆、海滨木槿、木槿、刺柏和厚叶石斑木等；③藤本植物，爬山虎、薜荔、络石、扶芳藤、石岩枫和海风藤等。

在浙江岩质海岸，杜英、木荷、湿地松、火炬松、枫香、南酸枣、香椿、杨梅和二次结实板栗这9个树种，可作为岩质海岸临海一面坡优良的防护林树种。其空间布局为：分水岭布设以先锋树种为主的防护林带，如湿地松、晚松等，林下配置胡枝子等；主山脊布设以木荷为主的生物防火林带；山脚布设护岸护坡林带，如化香树等，之后布设湿地松、香椿、火炬松等树种；山腰布设枫香、木荷、杜英、南酸枣等兼具用材和风景等多用途树种；山凹避风处立地条件较好，布设二次结实板栗、杨梅、玉环长柿和胡柚等名特优经济树种等，林下种植黑麦草，做到水土保持林、水源涵养林和生态经济林等的合理布局和有机结合。

在辽东、山东半岛砂岸间岩质海岸丘陵山地上，主要造林树种有：黑松、刺槐、白榆、麻栎、栓皮栎、油松、侧柏、辽东栎、紫椴、枫杨、赤松、落叶松、旱柳、毛白杨、沙兰杨、北京杨、加杨、楸树、香椿、臭椿、槐树、板栗、核桃、苹果、山楂、紫穗槐、胡枝子和黄栌等；在闽北基岩质海岸山地丘陵区，主要造林树种有：木麻黄、落羽杉、池杉、水杉、香椿、臭椿、朴树、檫木、喜树、樟树、苦楝、鹅掌楸、刺槐、泡桐、白玉兰、乌桕、黑松、柏木、柳杉、杉木、板栗、银杏、竹类、文旦、柑橘、桂花、麻栎、栓皮栎、马尾松、枫香、木荷和黑荆树等。

9.3.3　海岸防护林更新

为了提高海岸防护林的综合功能和生产力，达到持续、稳定、协调发挥生态经济效益的目的，一般是按不同类型，采取不同的经营方式，定向培育，分类经营。如水源涵养林体实行近自然林经营方式，人工促进天然更新，使之逐渐演变成稳定的复合群体。

9.3.3.1　更新年龄

更新年龄海岸防护林经营管理的重要参数。由于森林更新的理论基础是森林成熟，因此，应在研究海岸防护林成熟的基础上研究其更新年龄。在森林生长发育过程中，最符合经营目标时的状态，称为森林成熟，此时的年龄称为森林成熟龄。森林成熟标志着生长发育时期某一阶段收获最多，是确定更新年龄的主要依据。森林成熟是人类将其作为经济活动对象后才提出来的，因而它不完全是自然现象和技术问题，也是一种经济现象。

1) 森林成熟的特点

①模糊性　森林的成熟，从树种组成、林相、密度、树高和胸径等外观现象，难以判断出成熟与否，因而具有不明显性的特点。

②多样性　因森林发挥着多种效益，所以森林的成熟不像农作物成熟那样单一。

③目标性　同一个林分，因经营目的不同而成熟期不同，如用材林以木材的数量和质量为衡量森林是否成熟的标准，防护林则主要考虑其防护功能。

④针对性　森林成熟是指个别树木、林分或森林经营单位，不是泛指的"森林"。

2) 不同成熟年龄的概念

海岸防护林由于具有生态、经济和社会等多种效能，从不同角度分析，可以确定出不同的成熟龄，如防护成熟龄、数量成熟龄、工艺成熟龄和经济成熟龄等。

①防护成熟龄　防护成熟是对防护效能而言的，是防护林在其生长发育过程充分发挥其防护效益的状态，即当林木或林分的防护效能达到最大时的状态称为防护成熟，此

时的年龄称为防护成熟龄。事实上,海岸防护林的防护成熟能持续相当长的时间。

②数量成熟龄 树木或林分材积平均生长量达到最大值的状态称为数量成熟,这时的年龄即为数量成熟龄。数量成熟龄是针对材积而言的,以取得最大材积为出发点,是用材林考虑的重点问题。

③工艺成熟龄 工艺成熟也是对用材林材积而言的,但其目标是取得达到一定规格和要求的材积。当林分通过皆伐能提供某种材种材积最多的年龄,称为工艺成熟龄,即目的材种的材积平均生长量达到最大时的状态称为工艺成熟,此刻的年龄称为工艺成熟龄。

④经济成熟龄 在林分在正常生长发育过程中,达到最大经济效益时的年龄。

3) 海岸防护林更新年龄

海岸防护林更新年龄的确定是其经营、更新和可持续利用的重要基础。在海岸防护林经营中,人们常常把防护成熟龄和更新龄的概念混淆,认为防护成熟龄就是更新龄,这样的表述显然不够科学。在确定海岸防护林更新年龄时,除要考虑自然因素和防护效益外,还应兼顾经济效益和社会效益,应从其防护成熟、数量成熟、工艺成熟和经济成熟等多方面综合分析,以确定其最佳更新年龄。

如前所述,森林成熟不是泛指的海岸森林,而是特定的树木、林分或森林经营单位。由于海岸防护林体系中不同林种的经营目标不同,达到"最符合经营目标时"的年龄差异很大。海岸农田防护林的更新年龄,应主要考虑林带防护效能明显降低的年龄,并结合伐后木材的经济利用价值及林分健康状况、景观特点等因子综合确定。农田防护林的经营目标不同,考虑的重点不同,实际更新年龄差异较大,不能一概而论。由于采伐年龄受多种因素制约,因此国内外对农田防护林采伐期的研究尚没有一套完整的理论和切实可行的方法。朱教君等研究认为,杨树初始防护成熟龄为 6 a,之后随着年龄增加,高生长逐渐趋于稳定;10 年生时材性趋于稳定,可用作胶合板和梁材等,为杨树的工艺成熟龄;12 年生时,达到经济效益最佳时期;20 a 之后,杨树材积连年生长量开始降低,达到数量成熟。此后,防护效益虽然还能维持一段时间,但年材积生长量和经济效益逐渐下降。因此,要根据经营目标,综合各种因素,确定更新年龄。

水源涵养林和水土保持林功能,随着林分年龄增大而增大;但到一定年龄,由于林分衰老,功能也下降。通常把林分涵养水源功能最大的时期,称为其防护成熟龄。根据测定,水源涵养林贮水功能由于林分过熟而下降(但下降速率不快)的年龄大体在 100~120 a,即防护成熟龄在 100~120 a。近年来国外有人发现,水源涵养林的实际防护成熟龄要比规定的大,如德国规定的山毛榉林防护成熟龄达 150 a 以上、日本柳杉的防护成熟龄在 130 a 以上。水源涵养林的防护成熟龄,均比用材林的工艺成熟龄和数量成熟龄大。当然,水源涵养林到达防护成熟龄,并不意味着到这个年龄就采伐,它只表示蓄水功能开始下降,更新年龄要比这个年龄大。

综上所述,海岸防护林更新年龄的确定,应以防护成熟龄为根本,以数量成熟龄和工艺成熟林为基础,以经济成熟龄为依据,根据防护林的经营目标、生长状态及自然灾害的程度等综合确定。

9.3.3.2 更新方法

为了更好地发挥沿海防护林的功能与效益,防护林原则上是禁止皆伐的。但是,对于林龄远远超过防护成熟龄的过熟林来说,可采取必要的采伐和更新,因为采伐可以形成根道,增加土壤孔隙和林地下渗等。但是如何采伐、如何作业,则需引起足够重视。否则,如果方法不当,不但影响防护效能,还可能使地表土壤结构遭到破坏,给更新带来困难。因此,应根据防护林的林分状况和防护要求,因地制宜地选择更新方法。

从理论上讲,皆伐显然是行不通的。最好是采取择伐,但这一方法在技术和经济上存在很多困难,大面积择伐尚需进一步研究推广。从我国目前的现实状况考虑,在山丘区水土保持林和水源涵养林中,应尽可能设置沿等高线方向的带状小面积皆伐,或进行群状择伐。采伐过程中,应选择对林地践踏破坏较轻的采伐和集材方法,而且应当选择适当的树种迅速更新。在以缓洪防洪为主的水源涵养林中,最理想的作业法应采伐率不超过 20%~30%。我国规定一次择伐强度不应超过 20%~40%。

在长期的沿海农田防护林经营管理实践中,各地探索出因地制宜的更新造林方法。根据带宽(15 m 以上为宽带,15 m 以下为窄带)、配置方式、分布格局(带间距离)、生长情况与防护作用等因素,将林带更新方式概括为 8 种。

(1)半带更新

将一条林带分成两个相等的部分,分两次更新。先更新一个半带,配置针叶树种向针阔叶混交林带过渡,待新林带郁闭具有防护功能后,再伐除另一个半带进行更新。先更新的半带应选择在林带的背风面或向阳一侧,即:南北向林带选择东侧,东西向林带选择南侧。对于田间林带的半带更新,半带间距离应在 3 m 以上,并在其间挖截根钩。一般杨树林带林龄为 16~20 a 时进行半带更新,其林龄达 10 a 以上时(接近初始防护成熟)再更新另一个半带。半带更新适用于道路、沟渠林带以及带宽在 15 m 以上、行数在 6 行以上的田间林带。

(2)全带更新

全带更新是对一条林带进行一次皆伐,然后在林带迹地上进行更替,形成一条新林带的更新方式。全带更新适用于不能采用半带更新的田间窄林带、行道树式林带及适于根蘖更新的林带。全带更新需要十几年时间才能完全恢复,虽然使林带防护效益暂时中断,但优点是可使林带胁地暂时得到缓解,有利于更新林分的全面生长。原带更新是目前常用的方式,就是在原来的采伐迹地上,重新恢复林带。一般采用隔年造林方法。

(3)隔带更新

隔带更新是对于相互平行、连续分布的多条林带的更新,其顺序为保留一条带、更新一条带的空间秩序。先安排一部分林带的采伐与更新,在这部分林带成林后再采伐更新另一部分林带。第一部分林带的更新时间最好在林龄 16~20 a 时开始,在更新林带林龄达到 10 a 以上时,再更新另一部分林带(一般相邻两带更新间隔为 5~7 a)。隔带更新适用于风沙区、风害区,田间窄林带连续分布、林分特征相近的林带。隔带更新使更新区域防护范围减少,但优点是保持了相对稳定的防护功能。

(4)加带更新

当原有林带间距过大时,即风害区主带间距达 800 m 以上、风沙区主带间距 400 m

以上，应在两带中间加设一条与其平行的新林带，带宽为 10~15 m，4~6 行。设置时间越早越好，在新林带林龄达到 10~15 a、两侧林带林龄达到 25~30 a 时，再对两侧林带进行更新造林。加带更新适用于农田林网尚不完善、缺带少网较普遍的地区，虽然多占用农田，但能进一步完善农田林网。

（5）改带更新

改带更新是对于现有林带中林带方向位置不合理，需要通过更新加以调整时所采用的更新方式。如孤立林带方向与主要害风方向不垂直，其偏角超过 30°，或林带间距大小不一，需要位移基本林带时采用的更新方式。更新时间是在林龄达到 15~20 a 时进行采伐，将林地还农，并在预设的林带位置营造新林带。其优点是使新林带的空间布局趋于合理。

（6）带内更新

在林带原有树木行间或伐除部分树木的空隙地上进行带状或块状整地、造林，并逐步实现对全部林带的更新。

（7）伐前更新

伐前更新也有称为滚带更新，是在风沙危害严重的地段，在林带伐除前数年，在林带的一侧，最好是在阳侧 5 m 处营造一条新林带，待更新带进入初始防护成熟时（新林带长起来 6~7 a 后），再伐除老林带。这种方式适于地广人稀、风沙危害严重的地区。虽然占地较多，但不降低防护功能。

（8）全面更新

全面更新是对于在一定空间范围内的多条林带，经过一年或几年全部更新改造，适用于集中分布区域的疏林林带、低质林带的更新，但这些林带必须是防护效益甚低或不能采用其他更新方式时采用，一般不提倡。

例如，地处我国南方的雷州半岛，三面环海，台风频繁，对橡胶园危害极大。傅瑞堂等本着生长迅速、适应性强、抗风力强和经济价值高的原则，从国内成功引进了雷林一号桉、宽叶相思、火力楠、白木香、麻楝和母生等树种。根据橡胶园防护要求、林带状况和经济价值，采取重垦更新、林下更新、半带更新、林缘扩种和萌芽更新 5 种方法，取得了良好的效果。①在更新橡胶园、防护林更新改造时，采取重垦更新方法，其重点放在"快速成林"上，以缩短橡胶树非生产期；②在高产橡胶园，可采取林下间种及半带更新的方法，以保持橡胶园小气候环境；③对稀疏纯木麻黄林带，为增强其抗风能力，可以采取林下间种或林缘扩种的方式。油茶枝叶繁茂、抗风力强、耐阴性强且经济价值高，是理想的林缘扩种树种；④对萌芽力较强的桉树林带，可采取萌芽更新的方法。

本章小结

我国有漫长的海岸线和各种类型的海岸类型，自然条件复杂多样，造林立地条件差，应充分发挥海岸防护林的功能效益，促进沿海地区社会经济高质量发展。本章要求学生掌握我国海岸类型及其特点、海岸主要灾害类型和海岸防护林减灾效益；弄清海岸防护林的结构布局与配置方法；最后，在阐述海岸防护林立地条件与气候特点基础上，掌握海岸防护林营造特点和更新造林技术，为将来从事沿海防护林工作提供理论基础和技术支撑。

思 考 题

1. 我国海岸有哪些类型？其特点是什么？
2. 沿海主要灾害类型有哪些？海岸防护林有哪些功能效益？
3. 农田防护林的树种选择和配置原则有哪些？
4. 在沿海山丘区如何营建水土保持林和水源涵养林体系？
5. 我国海岸立地和气候特点是什么？
6. 我国主要海岸类型防护林营造特点是什么？
7. 如何确定海岸防护林的更新年龄和更新方法？

第 10 章

森林恢复与保护

天然林又称自然林，是指天然起源的森林，根据其退化程度一般分为原始林、过伐林、次生林和疏林。天然林是自然界中功能最完善的资源库、基因库、蓄水库、储碳库以及能源库，对维护和改善生态环境具有不可替代的作用，是人类赖以生存的物质基础和社会发展不可或缺的战略资源。然而，人类长期过度采伐利用森林资源而造成的森林退化和破坏，导致水土流失、生物多样性减少、碳水循环失衡等环境问题。《中共中央国务院关于加快林业发展的决定》中明确指出："要加大力度实施天然林保护工程，严格天然林采伐管理，进一步保护、恢复和发展长江上游、黄河上中游地区和东北、内蒙古等地区的天然林资源。"随着天然林资源保护工程的全面实施，我国天然林资源得到了有效保护和修复，逐步进入了良性发展阶段。

10.1 天然林保护工程

10.1.1 我国天然林资源概况

中国森林资源总量位居世界第五位，森林面积占世界森林面积的 5%，森林蓄积量占世界森林蓄积量的 3%。且我国森林面积、蓄积量自 20 世纪 90 年代以来持续增长，特别是进入 21 世纪后，我国森林资源进入快速增长时期，中国成为全球森林资源增长最快的国家之一。

目前，我国天然林大体上分为 3 种状态：①处于基本保护状态的天然林，主要包括自然保护区、森林公园、尚未开发的西藏林区和已实施保护的海南热带雨林等；②急需保护状态的天然林，主要包括分布于大江大河源头和重要山脉核心地带等重点地区的集中连片的天然林；③零星分布于全国各地且生态地位一般的天然林。

根据第九次全国森林资源清查(2014—2018)结果：全国森林覆盖率 22.96%，全国国土森林面积 22 044.62×10⁴ hm²，全国林地森林面积中，天然林 13 867.77×10⁴ hm²，占 63.55%；人工林 7954.28×10⁴ hm²，占 36.45%。全国林地森林蓄积量中，天然林 136.71×10⁸ m³，占 80.14%；人工林 33.88×10⁸ m³，占 19.86%。与八次森林资源清查比较，全国林地森林面积中，天然林和人工林的比例基本不变，全国林地森林蓄积量中，天然林比例下降了近 2 个百分点，人工林上升了 2 个多百分点。其中，天然林资源保护工程(简称"天保工程")增加天然林面积 189×10⁴ hm²，占天然林面积增加总量的 88%；增加天然林蓄积量 5.46×10⁸ m³，占天然林蓄积量增加总量的 61%。因此，天保工程对天然林资源增长贡献较大。

我国天然林主要分布于东北、内蒙古林区、西南高山林区、西北亚高山林区和南方热带天然林复合林区，其中，东北内蒙古林区处于寒温带和暖温带高纬度山区，主要包括大小兴安岭林区、长白山林区和张广才岭林区，是嫩江、松花江、黑龙江、图们江和鸭绿江等的水源源头地区；西南高山林区主要包括川西、滇西北以及西藏部分地区，是长江上游几条大河的水源源头地带；西北亚高山林区处于干旱半干旱地区，是嘉陵江、白龙江、洮河、黑河、石羊河、疏勒河、塔里木河、伊犁河和额尔齐斯河等上游水源源头地段；南方热带天然林复合林区主要包括海南、滇南、桂西南丘陵山地以及台湾、南海诸岛和藏南峡谷低海拔局部地带等。资源分布情况如图 10-1 所示。

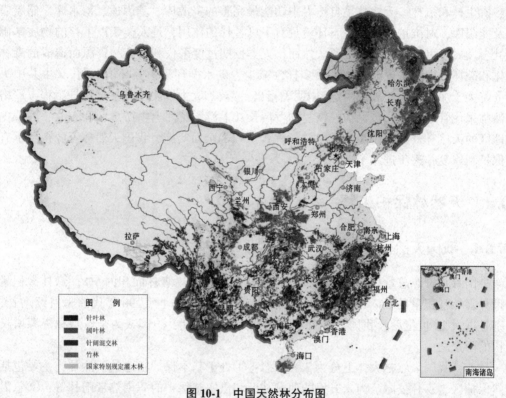

图 10-1 中国天然林分布图

我国天然林资源具有以下 3 个特点：

①分布的广域性 我国地域辽阔，自然条件复杂，气候条件多样，因此，适于各种类型森林的生长。天然林分布于全国各地（上海市除外），南到西沙群岛，北至大兴安岭。

②分布的相对集中性 我国天然林资源集中连片，多数分布于我国大江大河的源头和重要的山脉核心地带，以及西藏林区、自然保护区和森林公园。这部分天然林面积达 $7100 \times 10^4 \ hm^2$，约占天然林总面积的 61%。

③类型的多样性 我国地理位置、自然和气候条件决定了我国天然林类型的多样性。我国基本上囊括了世界上存在的各种天然林类型。

10.1.2 天然林保护工程概述

1998 年，在长江流域、松花江、嫩江流域特大洪涝灾害后，针对长期以来我国天然林资源过度消耗而引起的生态环境恶化的现实，党中央、国务院从我国经济社会可持续发展的战略高度，出台了逐步禁伐天然林的重大战略措施——天然林保护工程。随后，国家林业局组织有关机构和人员开始试点工作。2000 年 10 月，国务院批准了《长江上游黄河上中游地区天然林资源保护工程实施方案》和《东北、内蒙古等重点国有林区天然林资源保护工程实施方案》，标志着我国天然林保护工程正式启动，是我国林业以木材生产为主向转变为以生态建设为主的重要标志。天然林资源保护工程建设重点为：①全面停止天然林商业性采伐；②强化天然林管护；③推进天然林修复。2005 年 5 月，国家林业局决定开展天然林保护工程第一批示范点建设，旨在将天然林保护工程建设从主要是停伐减产调整转变到加强天然林科学经营，实现可持续发展。

目前，我国已经完成工程规划一期(2000—2010)，进行的二期(2011—2020)也已到期，从试点到扩面，改变了林业生产经营方式、经济社会发展方式，并带动全国重塑国土生态空间格局、走生态优先绿色发展之路。

10.1.2.1 天保工程一期建设成效

我国天然林保护工程一期实施范围，以长江上游地区以三峡库区为界，包括云南、四川、贵州、重庆、湖北、西藏 6 省(自治区、直辖市)；黄河上中游地区以小浪底库区为界，包括陕西、甘肃、青海、宁夏、内蒙古、山西、河南 7 省(自治区)；东北、内蒙古等重点国有林区，包括吉林、黑龙江、内蒙古、海南、新疆 5 省(自治区)。总计 17 个省(自治区、直辖市)734 个县 167 个森工局(场)。

天保工程一期实施期限为 2000—2010 年，累计投入资金 1186 亿元。通过工程一期的全面开展，我国的天然林得到有效保护，森林资源呈恢复性增长，天然林保护工程实施以来累计少砍木材 $2.2×10^8$ m^3，由此减少森林资源消耗 $3.79×10^8$ m^3，有效保护森林资源 $1.08×10^8$ hm^2，完成公益林建设 $1633.3×10^4$ hm^2，森林面积净增 $1000×10^4$ hm^2，森林覆盖率增加 3.7%，森林蓄积量净增 $7.25×10^8$ m^3。生物多样性得到有效保护，国家重点保护的野生动植物数量明显增加。另外，天保工程一期提高了林业职工收入，已成为林业职工收入和社会保障的主渠道，推动了林区就业的多元化。天保工程一期减轻了森工企业负担，企业负债下降了 63.4%，结合实施天保工程，促进了森工企业改革。整体上，天保工程一期实施后，有效保护了天然林资源，工程区生态环境状况明显改善，提高了人民群众的生态文明意识，产生了重要的国际影响。

然而，天保工程区一期也存在以下突出问题，包括①森林整体质量不高：单位面积蓄积量低，树种、龄组结构不合理，中幼林比重达 60% 多，有 $3333×10^4$ hm^2 急需抚育，有 $1166.7×10^4$ hm^2 低产低效林需要改造培育。东北、内蒙古重点国有林区森林不可持续经营，木材产量 70% 靠采伐中幼林，大兴安岭林区因过度采伐和森林火灾，森林资源连续下降。②生态状况仍然脆弱：长江和黄河流域多年平均土壤侵蚀量分别高达 $23.87×10^8$ t 和 $16×10^8$ t。四川水土流失面积占幅员面积的 48.5%。被誉为林海的大、小兴安岭，原始顶极群落的森林已寥寥无几，天然生态系统逆向演替的状况尚未根本扭转。

10.1.2.2　天保工程二期概述

天然林资源保护工程二期与一期相比，省（自治区、直辖市）数量不变，县（局）数量适当调整。二期实施范围在一期原有范围基础上，增加了丹江口库区的 11 个县（区、市），其中湖北 7 个、河南 4 个。新增的 11 个县，既是国家生态重点保护区域，也是国家级重点公益林建设区，还是国家南水北调中线工程的水源地。天保二期工程的主要任务包括：

一是继续停止长江上游、黄河上中游地区天然林商品性采伐，进一步调减东北、内蒙古重点国有林区的木材产量。为加快长江上游、黄河上中游地区森林生态功能修复，继续停止这一地区的天然林商品性采伐。为促进东北、内蒙古重点国有林区森林资源休养生息，按照这一区域森林资源的承载能力，由上一期定产后年平均 1094.1×10^4 m³ 在"十二五"期间分 3 年调减到 440×10^4 m³。"十三五"期间根据国家经济社会和森林资源状况，适时调整木材产量。

二是加强森林管护。管护森林面积 1.07×10^8 hm²，其中国有林 6513.33×10^4 hm²，集体公益林 4186.67×10^4 hm²。

三是加强公益林建设。在长江上游、黄河上中游地区建设公益林 773.33×10^4 hm²，其中，人工造林 203.33×10^4 hm²、封山育林 473.33×10^4 hm²、飞播造林 93.33×10^4 hm²。

四是加强森林培育经营。针对森林质量不高、生态功能脆弱等问题，增加国有中幼龄林抚育和东北、内蒙古重点国有林区后备资源培育任务。中幼龄林抚育 1753.33×10^4 hm²，后备资源培育 325×10^4 hm²。

10.1.3　天然林保护技术措施

10.1.3.1　封山育林技术

封山育林是利用树木的自然更新能力，将遭到破坏后而留有疏林、灌草丛的荒山迅速封禁起来，并加以适当的补播、补植和平茬复壮等人为措施，从而达到恢复森林植被的一种育林方式，又称为"中国造林法"。

（1）封育对象

凡具备下列条件之一者，可进行封山育林。

①有培育前途的疏林地。

②每公顷有天然下种能力的针叶母树 60 株以上或有阔叶母树 90 株以上的山场地块。

③每公顷有萌芽、萌蘖力强的伐根，针叶树 1200 个，阔叶树 900 个，灌木丛 750 个以上的山场地块。

④每公顷有针叶树幼苗、幼树 900 株以上，阔叶树幼苗、幼树 600 株以上的山场地块。

⑤分布有珍贵、稀有树种经封育可望成林的山场地块。

⑥人工造林难以成林的高山、陡坡、岩石裸露地、水土流失区、干旱及半干旱地区。

⑦自然保护区、森林公园、薪炭林地等。

（2）封育方式

封育方式分全封、半封和轮封 3 种。

①全封 将山地彻底封闭起来，禁止入山进行一切生产、生活活动。一般自然保护区、森林公园、飞播林区，国防林、实验林、母树林、环境保护林、风景林、革命纪念林、名胜古迹及水源涵养林、水土保持林、防风固沙林、农牧场防护林、护岸林和护路林等应实行全封。

②半封 将山地封闭起来，平时禁止入山，到一定季节进行开山，在保证林木不受损害的前提下，有组织地允许群众入山，开展各种生产活动，如砍柴、割草、采蘑菇、拾野果等。有一定数量的树种、生长良好且林木覆盖度较大的宜林地，可采取半封。

③轮封 将拟定进行封山育林的山地，区划成若干地段，先在其中一些地段实行封山，其他部分开山，群众可以入内进行生产活动。几年后，再将已经封山的地段开放，再封禁其他地段。对于当地群众生产、生活和燃料有实际困难的地方，可采取轮封。

（3）封育年限

封育年限是指达到预期效果需要的年限。预期效果是指达到有林地、灌木林地等地类标准。原林业部出台的《封山育林管理暂行办法》（1988 年）规定：封育年限南方为 3~5 a，北方为 5~7 a。但在实际工作中，具体情况要具体分析。疏林地的封育年限一般为 3 a；未成林造林地中人工造林的封育年限南方为 3 a，北方为 5 a，飞播造林的封育年限南方为 5 a，北方为 7 a；灌木林地和无林地的封育年限为 3~10 a，因封育类型、立地条件和植被状况而不同。

（4）封禁措施

封禁的具体措施包括：①立界标、树标牌；②设置防火线（带）；③设立护林哨所、配备护林人员；④设立护林瞭望台；⑤其他如修筑道路、修建林道、建立通信网络等。

（5）育林技术

①人工促进天然更新 对于天然更新能力较强，但因植被覆盖度较大而影响种子触土的地块，应进行带状或块状除草，同时结合整地或炼山，实行人工促进天然更新。

②人工补植或补播 对于天然更新能力不足或幼苗、幼树分布不均的间隙地块，应按封育类型成效要求进行补植或补播。

③平茬复壮 对于有萌蘖能力的树种，应根据需要进行平茬复壮，以增强萌蘖能力。

④抚育管理 在抚育期间，根据当地条件和经营强度，对经营价值较高的树种，可重点采取除草松土、除蘖间苗、保水抗旱等培育措施。

（6）封山育林合格标准

①乔木型 小班郁闭度大于等于 0.2，或小班平均每公顷有林木 1100 株以上，且分布均匀。

②乔灌型 小班乔、灌木总覆盖度大于等于 30%，其中乔木所占比例在 30%~50%，或小班平均每公顷有乔、灌木 1350 株（丛）以上，且分布均匀。

③灌木型 小班灌草覆盖度大于等于 30%，或小班每公顷有灌木不少于 1000 株

（丛），且分布均匀。

④灌草型 小班灌草综合覆盖度大于等于 50%，其中灌木覆盖度不低于 20%。

10.1.3.2 飞播造林技术

飞播造林是用飞机装载林木种子播撒在已规划设计的宜林地上的一种造林方法。飞播造林主要是利用具有自然更新能力的树种，在适宜的自然条件下，使播下的种子能够发芽、成苗、成林，从而达到扩大森林资源的目的。

1) 飞播区和飞播树种的选择

（1）飞播区的选择

正确选择飞播区是飞播造林取得成效的关键。选择飞播区应掌握 3 个原则，即适于飞播树种成苗、成林的自然条件，适于飞播作业的地形条件，适于飞播要求的经济社会条件。

我国飞播地区可划分为 4 个区 15 个类型：

①北方油松林区及近邻 冀北、冀西山地；陕北高原；陇南山地；豫西山地；鄂尔多斯高原（近邻的踏郎类型）。

②南方马尾松区及近邻 浙闽山地；南岭山地；粤桂山地；贵州高原；海南山地（近邻的热带松类型）。

③南方华山松混播区 秦巴山地；鄂西山地；川东、川北山地。

④西南云南松区 川西南山地；滇东高原。

（2）飞播树种的选择

我国用于飞播的树种，不下数十种，但效果比较好、成林面积比较大的，首推马尾松、云南松，其次为油松。其他乔木树种如华山松、黄山松、高山松、黑松、台湾相思、木荷等，也有飞播效果较好的播区，但成林面积较小。灌木树种如踏郎也表现出一定的适应能力，是有发展前途的飞播植物种。

2) 播种量和飞播期的确定

（1）播种量的确定

合理播种量的确定，需要考虑成苗株数、种子质量、种子损失和播区出苗、成苗情况 4 个方面（表 10-1）。

表 10-1 我国主要飞播树（草）种播种量 kg/hm²

树（草）种	飞机播种造林地区类型			
	荒山	偏远荒山	能萌发阔叶树种地区	黄土丘陵区、沙区
马尾松	2.25~2.63	1.50~2.25	1.13~1.50	
云南松	3.00~3.75	1.50~2.25	1.50	
华山松	30.00~37.50	22.50~30.00	15.00~22.50	
油松	5.25~7.50	4.50~5.25	3.75~4.50	
黄山松	4.50~5.25	3.75~4.50		
侧柏	1.50~2.25	1.50~2.25	0.75~1.50	

（续）

树（草）种	飞机播种造林地区类型			
	荒山	偏远荒山	能萌发阔叶树种地区	黄土丘陵区、沙区
台湾相思	1.50~2.25			
木荷	0.75~1.50			
柠条				7.50~9.00
沙棘				7.50
踏郎				3.75~7.50
沙打旺				3.75

（2）飞播期的确定

各地降水的年际、月际和旬际变化有时较大，逐年雨期有早有迟。因此，每地每年的飞播期，应在已有经验的基础上，根据当年气候条件具体确定。

我国各地飞播期依季节不同分为 4 类：

①冬季（12~2 月）播种地区　为南岭山脉以南到粤桂沿海丘陵山地以北地区。飞播期以春雨初来，气温回升之时较好，一般在春节前后为宜。

②春季（3~5 月）播种地区　为南岭山脉以北到秦岭—淮河以南地区。飞播期东部多在 3~4 月，西部多在 4~5 月。

③夏季（6~8 月）播种地区　本区包括辽西山地、冀北山地、冀西山地、鄂尔多斯高原（东部）、陕北高原、豫西山地和陇南山地等。飞播期一般在 6~7 月中旬。

④秋季（8~9 月）播种地区　为四川东部。飞播期以 8 月下旬至 9 月中旬为宜。

3）播区规划设计与飞播作业

（1）播区调查

①地类调查　适于飞播造林的地类有荒山荒地、可以播种的灌木林地、稀疏低矮的竹林地、郁闭度为 0.2 以下的疏林地和弃耕地。播区范围内农耕地、放牧地和有林地属非宜播地。山区宜播面积一般占播区面积的 70%以上，流沙区占 60%以上。

②地形调查　了解播区内主山脊走向、明显山梁位置、地势高差、坡向、坡度和播区四周的净空条件等。以便确定播区范围、作业航向、基线测量起点、航标线位置和适于飞机转弯的地带。

③土壤、植被调查　记载土壤种类、厚度、植被种类、组成、高度、盖度和死地被物厚度等。

④气候调查　包括历年的降水量、气温、风向、风速、早霜出现日期、晚霜出现日期和灾害性天气等；飞播当年气象预报。用以确定飞播的适宜时期。

⑤经济社会调查　了解播区土地权属、人口、劳动力、耕地面积、可退耕还林面积、牲畜数量、习惯放牧地点、群众对飞播造林的意见和要求等。

（2）播区区划

播区区划就是将播区（适于飞播造林的范围）勾画在图上，并划分为若干播带。

①先把宜播地段大致勾画在图上，非宜播地段尽量勾画在播区外，播区形状为长

方形。

②在播区内画出基线，基线走向即飞行作业的航向，基线应沿主山脊设置。

③确定播区宽度，并精确地画在图上，播区宽度走向与基线垂直。

$$播区宽度(m) = 播带宽度(m) \times 播带条数$$

播带条数(取整数) = 图上勾画的播区宽度(m) ÷ 播带宽度(m)

④确定播区长度，并精确地画在图上，播区长度走向与基线平行。播区长度最长设计为每架次播一带的长度。不足一带时，则应设计为每架次播2带或3带、4带等。

每架次播种长度根据下式计算：

$$L = \frac{T \cdot 10\,000}{D \cdot N} \tag{10-1}$$

式中　L——每架次播种长度(m)；

　　　T——每架次飞行载种量(kg)；

　　　D——播带宽度(m)；

　　　N——每公顷播种量(kg)。

⑤播带区划。根据播带宽度在播区内画出以基线为准线的若干平行线。

⑥确定航标点与航标线位置。航标点为每条带宽的中心点，各航标点的连接线为航标线。航标线要选设在明显的山梁上，播区两端各设一条，作为进航和出航的标志；其间，依播带长短另设1~2条，间隔为2~4 km。

(3)播区测量

播区测量即将图面设计落实到地面上。包括基线测量和航标线测量两项。

①基线测量　基线是控制播区位置和确定飞行作业航向的基准线。以经纬仪用直线定位法测定。要求引点准、起点准和方位角准。基线与航标线的交点要设桩并编号，作为航标线测量的起点。

②航标线测量　采用罗盘仪、测绳。每个航标点都要设桩并编号。

(4)播区设计

设计内容包括以下几个方面：

①播区条件与飞播树种选择。

②播种量与飞播期确定。

③种子需要量的计算：

$$播区种子需要量(kg) = \sum 每播带种子需要量$$

播带种子需要量(kg) = 单位面积播种量(kg/hm²) × 播带面积(hm²)

每架次种子用量(kg) = 播带种子用量(kg) × 每架次播种带数

④飞行作业架次的计算：

$$飞行作业架次 = 播区内播带条数 ÷ 每架次播种带数$$

⑤飞行作业时间的计算：

$$播区飞行作业时间(h) = \sum 每架次飞行作业时间$$

每架次飞行作业时间(min)=起降时间+机场到播区往返时间+每架次作业时间+每架次作业转弯时间

(5)播区作业方案编制

播区作业方案是指导飞播的技术性文件。作业方案包括说明书、播区位置图和播区区划图。

①说明书内容包括　播区基本情况、飞播计划、经费概算、作业设计、播区管护措施和经营方向等。

②播区位置图　以县或机场为单位，比例尺为1：100 000～1：500 000。图上标明各播区位置和形状、机场到各播区的方位和距离，航路上明显的地物、主要山峰及其海拔高度等。

③播区区划图　以播区为单位在1：10 000～1：25 000比例尺的图面上标明播区位置、各种地类界线、山脉、河流、道路、村庄、海拔、航向、航标线位置、航标桩编号及飞行范围内的高压线等。图上还应绘制飞行架次组合表和图签。

(6)飞播作业

①试航　先由设计人员向飞行人员介绍作业方案，并同机进行试航，以便熟悉播区情况。试航后，共同研究确定作业时间、播种顺序、进航点、飞行方式和通信联络方法等。然后，飞行人员制订作业计划和安全措施，机务人员安装调试播撒器，播区人员做好作业前的各项准备工作。

②播种作业　播区信号员要在飞机进入播区前2～5 km时，及时出示信号引导飞机入航，飞行员则要摆正航向沿信号点飞行。为保证落种位置准确，不偏播、不重播，侧风风力一级(每秒风速小于1.5 m)以下压标飞，二级、三级(每秒风速1.6～5.4 m)修正飞，四级(每秒风速大于5.5 m)以上停止飞。当进出播带两端时，要及时开箱和关箱，避免多播或漏播。

4)飞播林的经营管理

①幼苗阶段　建立管护组织，加强护林防火与封山育林。

②成苗阶段　查明成苗情况，制订经营方案并按方案施工。

③幼林阶段　进行护林防火设施建设和病虫害防治。

④成林阶段　适时、适量、适法地进行抚育间伐，促进成材，提高生长率。

10.2　退耕还林还草工程

退耕还林还草工程是世界上许多国家普遍实施的一项旨在保护和改善生态环境与土地资源的战略性工程。我国从1999年在四川、陕西、甘肃3省率先开始实施退耕还林还草试点工作，2002年在全国范围内全面启动了退耕还林工程。实施退耕还林还草工程，不仅可以控制水土流失，改善生态环境，减少自然灾害，促进全国粮食生产的良性循环；同时，还能够促进区域产业结构合理调整，有利于经济社会可持续发展。

10.2.1 退耕还林工程概述

10.2.1.1 退耕还林立地特点

我国的《退耕还林条例》第十五条规定了下列耕地应当纳入退耕还林规划，并根据生态建设需要和国家财力有计划地实施退耕还林：

①水土流失严重的；

②沙化、盐碱化、石漠化严重的；

③生态地位重要、粮食产量低而不稳的。

江河源头及其两侧、湖库周围的陡坡耕地以及水土流失和风沙危害严重等生态地位重要区域的耕地，应当在退耕还林规划中优先安排。

因此，退耕还林地的立地特点，主要取决于退耕地的范围。各地执行退耕还林政策时制定的退耕土地范围和具体的实施标准，是决定立地条件的根本因素，是影响相应的退耕还林技术模式的重要前提，是退耕还林工程最终目标能否实现的最重要技术保障。各地退耕还林的范围各不相同，但是，总的说来，退耕还林立地都具备条例所规定的特征。

《退耕还林技术模式》一书针对退耕还林试点区不同的自然、社会和经济特点，分黄河上中游及北方地区、长江上中游及南方地区两大片总结归纳了治理的成果和经验。

10.2.1.2 黄河上中游及北方地区立地条件概述

黄河上中游及北方地区包括河北、山西、内蒙古、辽宁、吉林、黑龙江、河南、陕西、甘肃、青海、宁夏、新疆 12 个省（自治区）和新疆生产建设兵团。黄河上中游地区海拔相对较低，多在 1000 m 到 2000 m 之间，山体坡度也较缓，但流域内分布着大范围的黄土和沙化土地，水土流失严重，风沙肆虐，温带及暖温带气候，气温低，气候干旱寒冷，降水量分布不均，降水 100~600 mm，自然条件极为严峻，植被属温性落叶阔叶林和草甸草原、干旱半干旱草原，土壤多为褐土、栗钙土。

根据地形地貌、水热条件等自然特征以及水土流失和风蚀沙化程度，本区分为 7 个类型区：

(1)黄河源头区

黄河源头区位于青藏高原东北部、青海东南部。属于温带干旱区，日照时间长，昼夜温差大，平均海拔 2000 m 以上。年平均气温 0~8 ℃，年平均降水量 300~600 mm。土壤以黑钙土、灰褐土和山地草甸土为主。本区海拔高，气候寒冷，干旱少雨，风大沙多，植被低矮稀疏，生态条件非常脆弱。随着人类活动的增加，黄河源头区的生态环境不断恶化，草场退化、沙化非常严重，水土流失逐渐加剧。

(2)黄土丘陵沟壑区

黄土高原区位于我国西北地区，主要分布在陕西、山西、内蒙古、宁夏、青海、河南等省（自治区）。黄土由于结构松散，在长期的冲刷切割作用下，形成了梁峁起伏、沟壑纵横、支离破碎的丘陵沟壑地貌。该区年平均降水量为 350~500 mm，而潜在的蒸发量为 700~1000 mm，造成土壤水分亏缺。由于历史的原因，该区植被稀少，地形破碎而且陡峭，干旱、风沙、水土流失十分严重，土壤瘠薄，肥力低下，再加上干旱、低温等因素，生态环境极其脆弱，森林植被恢复困难。

(3)风沙区

风沙区位于在干旱、半干旱的三北地区，主要包括新疆、内蒙古、青海、甘肃、宁夏、陕西北部、吉林西部、辽宁西北部。该区降水量少，气候干旱，年平均降水量35~600 mm；风大风多，沙尘暴天气多，风沙危害和土地风蚀沙化较严重；冬冷夏暖，昼夜时差、温差大，许多地方冬季最低气温在-20℃下，植物过冬难；沙地渗水性强、保水性强、持水性弱，毛管孔隙度不发达，减少了水分蒸发量。由于沙区的干旱、低温、风沙、风大等因素，严重地制约着植被的生长繁育，由于积水、蒸发量大，沙化地区低洼地的土壤都不同程度次生盐碱化，进一步恶化了自然条件。

(4)寒冷高山高原区

主要包括陇秦山地及六盘山、太行山、贺兰山、青海等高山高原区，平均海拔1200~3700 m，年平均气温-0.9~7.5℃，大于或等于10℃年有效积温500~3600℃，年平均降水量200~700 mm，主要土壤为黑钙土、栗钙土、褐土、山地草甸土。本区气温低，降水少，多数为天然次生林分布区，高海拔区以荒漠草原为主。目前，由于多种原因，森林植被资源逐年减少，生态环境日趋恶化。寒冷、干旱是本区限制林业发展的两个主导因子。

(5)北方干旱丘陵土石山区

主要包括河北、山西、内蒙古、陕西、甘肃、宁夏等省(自治区)的土质、石质山区。本区平均海拔不高，但气候比较寒冷，少雨干旱，年平均降水量200~700 mm，是典型的干旱、半干旱地区。主要土壤为黑钙土、栗钙土、褐土、山地草甸土。本区降水少，雨季短，旱季时间长，部分山地石质化严重，干旱、石质化是本区限制退耕还林的两个主导因子。

(6)河套灌区

河套灌区包括宁夏回族自治区及内蒙古自治区河套地区。本区属于温带干旱、半干旱地区，日照时间长，温度变化剧烈。降水稀少，蒸发力强，年平均降水量150~400 mm，并由西向东递增，年蒸发量多在2000 mm左右，干燥度1.5~7，风沙大。土壤多为灰钙土、栗钙土、棕钙土、漠钙土及灌淤土、冲积土、潮土、盐土，个别地区也有碱土、白僵土，但次生盐渍化土地分布较广。本区温度较低、温差大，降水稀少，蒸发力强，土壤易次生盐渍化，需采用耐低温、耐盐碱的树种造林。

(7)东北山地区

本区包括辽宁、吉林、黑龙江以及内蒙古大兴安岭等山地丘陵，即通常说的东北林区。本区属于寒温带、温带润湿、半润湿气候，气候比较寒冷，降水量比较丰富，年平均降水量250~1200 mm。本区气候寒冷，植被生长缓慢，适生树种少，冬季漫长寒冷，部分地方冻害严重，新造林越冬困难。

10.2.1.3 长江上中游及南方地区退耕还林立地条件概述

长江上中游及南方地区包括江西、湖北、湖南、广西、重庆、四川、贵州、云南等

8个省(自治区、直辖市),河南、陕西、甘肃、青海等4省长江流域所占比重小于黄流流域,其退耕模式已在黄河及北方流域阐述了。长江上中游及南方地区山峦重叠,高山峡谷纵横,海拔由东向西从1000 m左右迅速抬高至4000 m左右,山体坡度大,坡地开垦严重,亚热带气候,气温较高,气候温暖湿润,降水量多在1000 mm以上,森林植被以常绿、落叶阔叶混交林为主,土壤多黄棕壤、棕壤。

按水土流失和风蚀沙化危害程度、水热条件和地形地貌特征,将长江流域及南方地区划分为7个类型区:

(1)西南干热干旱河谷区

干热干旱河谷区包括四川、云南2省,贵州省也有分布。干热河谷区位于金沙江、大渡河、安宁河、赤水河等河谷地段,受焚风效应的影响,在海拔1600 m以下的沿江两岸,面积近7000 km。干热河谷热量丰富,干旱,年降水量小于700 mm,干燥度大于1.5,大气和土壤水分亏缺,中心地段呈现"稀树草原"景观。该区土壤主要是山地黄壤,水土流失严重,泥石流、滑坡频繁;宜林荒山面积大。干旱河谷的特点冬暖夏凉,年较差小,日温差大,日照时间长,降水量少,气候干燥,年平均气温为10~20℃,年平均降水量为500 mm,干燥度为2.1~3.4。由于干旱少雨、土壤石质化、昼夜温差大等因素,人工造林与天然植被恢复困难。

(2)喀斯特山地区

主要分布在我国西南水热条件优越的地区,如贵州、广西、湘西、鄂西、滇东等地。这些地区喀斯特发育强烈,形态特多、景观独特,如广西桂林、阳朔山水、云南石林、贵州黄果树、地下龙宫等著名的喀斯特风景区。本区土壤母质主要以石灰岩、白云岩为主,部分地区有砂页岩分布。由于土层浅薄、岩石裸露,土壤渗漏性差、吃水量低,保水保肥能力差。岩溶山地影响造林成效和植被恢复的障碍性因子使土壤水分亏缺。

(3)长江上游源头区

包括青藏高原东北部、川西北高原和通天河及其支流地区,总面积约$15×10^4$ km^2。境内海拔4000~5000 m,以山原地貌为主,在通天河东南部、金沙江、雅砻江上游有部分高山峡谷地貌分布,在上游和河源部分存在着大量的湖泊、沼泽和湿地。本区气候寒冷,多数地区年平均降水量在300 mm以下,河川径流主要靠融雪补充。土壤主要为高山草甸土和沼泽土,有机质分解慢,有泥炭和潜育化现象。鉴于极端低温、高海拔、风大、冰蚀冻蚀等严酷的自然条件,植被天然恢复速度慢,人工造林难以成活。

(4)西南高山峡谷区

主要分布于青藏高原东南缘,包括金沙江、雅砻江、大渡河、岷江等流域的上游地区,总面积约$29.9×10^4$ km^2。本区山高坡陡、冬寒夏凉,森林类型及组成多样,为西南最大的原始林区,也是我国珍稀动植物资源最丰富的地区之一。本区土地资源及其林业用地十分丰富,但水土流失面积大。鉴于海拔高、坡陡谷深、人口少等条件,人工造林的难度大,森林植被恢复速度慢。

(5)南方中低山丘陵区

该区包括江西、河南、湖北、湖南4省,位于洞庭湖、鄱阳湖之间的幕阜山、九岭山、大别山以及桐柏山等地区，具有江南山地奇峰突起，沟壑险峻，基点海拔不高但相对高差较大的特点。多数山地海拔高度为 300~1000 m，以低山丘陵地貌为主体。年平均降水量 1100~1500 mm。本区山高坡陡，降水强度大，地表土层易受冲蚀、溅蚀，水土流失严重，生态环境脆弱，易发生严重滑坡、泥石流及洪涝灾害。

（6）江河堤岸区

江岸区特指长江中上游干流及其主要支流中下游的河谷地区。江岸区内河床宽阔，河漫滩广布，河堤发育，谷坡形态复杂，是长江中上游地区具有特殊意义的重要土地资源之一，同时也是保护和改善长江生态环境具有最直接意义的地带。沿江河两岸地表物质稳定很差，具有侵蚀容易保护难的特点，水土流失严重，河堤抗洪能力降低和河流泥沙含量增高等生态环境问题。

（7）长江上中游及南方风景旅游区

长江上中游及南方地区有许多著名的风景旅游区，如三峡库区、湖南的张家界、四川的九寨沟、贵州的黄果树、广西的桂林和漓江等风景旅游区及其沿路地带，自然条件一般较好，雨水充足，森林植被长势较好，交通也比较便利，对林业经营有利。但土地资源珍贵，人为破坏严重。

10.2.2 退耕还林技术模式

10.2.2.1 黄河上中游及北方地区退耕还林模式

根据黄河上中游及北方地区的立地条件的变化，以及退耕还林中林种、树种等不同选择，退耕还林模式可以分为 7 大类 25 小类：

（1）黄河源头区水源林模式

还林还草模式和技术是：以封山育林、育草为主，结合人工造林种草，通过草场改良，营造防护林、水源涵养林，实行乔灌草一起上、多林种有机结合，达到防止草场沙化、控制水土流失、增强保土蓄水功能的目的。主要树草种有：青海云杉、紫果云杉、白桦、山杨、油松、山杏、花椒、沙棘、柠条、枸杞、怪柳、小檗等。主要还林模式有：黄河源头高寒干旱区雨季直播造林模式、黄河源头高寒阴湿区水源林模式、黄河源头高寒干旱草原区灌草结合模式等。

（2）黄土高原区水土保持林模式

还林模式和技术是：改善生态环境、根治水土流失，必须以恢复扩大森林植被为首要目标，以陡坡耕地还林为突破口，合理配置乔灌草种，营造水土保持林、水源涵养林。主要造林树种有：乔木有刺槐、侧柏、油松、杨树、山桃、山杏、白榆等；灌草有紫穗槐、沙棘、枸杞、柠条、胡枝子；草本有菊科、禾本科、莎草科等植物。主要还林模式有：黄土高原塬边水土保持林模式、黄土高原台塬旱地生态型经济林模式、黄土丘陵沟壑区刺槐等水土保持林模式、黄土丘陵沟壑区混灌混草经济林模式、黄土高原河流护岸林模式、黄土高原地埂林模式等。

（3）风沙区防风固沙林模式

还林模式和技术是：选择风沙区的源头和边缘地带退耕还林还草，通过建立防风固沙林、锁边林，以阻止沙漠的进一步扩张。在风沙危害大的农区、草原区，通过建立农田林网，以改善农牧业的小气候。条件许可的地方，退耕还林要设沙障，采用灌木、草、树枝、黏土、石块、板条等，在沙面上设置障碍物，以控制沙的运动方向、速度和结构，减少风蚀沙蚀。主要造林树草种有：沙区还林还草要选择抗旱性强、抗风蚀沙埋能力强、耐瘠薄能力强的树、草种，主要乔木有胡杨、小叶杨、白榆、小青杨、旱柳等，主要灌木、半灌木有紫穗槐、柽柳、沙棘、柠条、沙柳、油蒿、籽蒿等。主要还林模式有：风沙区以乔木为主的还林模式、风沙区以灌木为主的还林模式、风沙盐渍区柽柳还林模式、风沙区护路林模式等。

（4）寒冷高山高原区水源林模式

还林模式和技术是：退耕还林的首要目标是增加植被覆盖度，增强江河源头涵养水源的能力。可以通过人工造林与天然更新相结合的方法，恢复森林植被，增强该区的蓄水保土功能。主要造林树种有：油松、侧柏、云杉、祁连圆柏、华北落叶松、白皮松等。主要还林模式有：秦陇山地水源涵养林模式、河北坝上高原区水源涵养及防风固沙林模式、环青海湖区水源涵养及护牧林模式等。

（5）干旱丘陵土石山区水土保持林模式

还林模式和技术是：本区退耕还林的首要目标是增加土石山区的植被，尽快改变荒山秃岭的面貌，以改良土壤并增强水土保持能力。可以选择耐性强的油松、侧柏、沙棘、柠条等树种，营造水土保持林。主要造林树种是：油松、侧柏、落叶松、樟子松、桦树、杨树、柳树、榆树、刺槐、桑树、椿树、板栗、核桃、苹果、梨、山楂、辽东栎、桦树、山杏、紫穗槐、沙棘、柠条等。主要还林模式有：干旱丘陵区抗旱造林模式，干旱丘陵区围山转模式，干旱丘陵区"阴阳结合"模式，干旱阳坡刺槐、侧柏、油松等还林模式，"和尚头"—坡双带模式等。

（6）河套灌区防护林模式

还林模式和技术是：本区还林的核心是以保护和改善农业生产条件、提高农业经济效益为目标，重点建设好功能完备、生态效益稳定的农田防护林体系。同时，要发挥光、热、水、土资源的优势，建设有特色的经济林基地。主要造林树草种：槐树、臭椿、白蜡、胡杨、新疆杨、山杏、沙柳、沙枣、紫穗槐、枸杞、柽柳、沙棘、柠条、沙打旺、花棒、沙蒿等。主要还林模式有：河套地区农田林网模式和河套地区盐碱地退耕还林模式。

（7）东北山地护坡林模式

还林模式和技术是：本区为我国重要林区，但林木生长期长，退耕还林的目标是营造护坡型用材林，一方面保护水土，另一方面培育国内外紧缺的大径材。主要造林树种有：红松、落叶松、沙松、鱼鳞松、油松、樟子松、蒙古栎、辽东栎、小黑杨、白桦、黑桦、枫桦、水曲柳、核桃楸、黄波罗、杨树、柳树、白榆、花楸、刺槐、苹果、梨、山楂等。主要还林模式有：东北山地护坡型用材林模式和东北山地护坡水土保持林模式。

10.2.2.2 长江上中游及南方地区退耕还林模式

根据立地条件的变化，以及退耕还林中林种、树种等不同选择，长江上中流及南方地区退耕还林模式可以分为 7 大类 25 小类：

(1) 干热干旱河谷区困难地植被恢复模式

还林模式和技术是：本区还林的首要目标是恢复和扩大森林植被，改善石质山体的土壤，增加水土保持功能。在树草种的选择上，主要引进本地或外地适生的耐热、耐旱、耐瘠树种。在育苗技术上，主要采取容器育苗，先催芽后播种，以解决苗木成活率低的问题。在林种搭配上，主要采取灌草结合和乔草结合的方式。主要树草种有：赤桉、新银合欢、核桃、花椒、相思、山毛豆和蓑草、白魔玉、黑麦草、柱花草、光叶紫花苕等。主要还林模式有：干热河谷区桉类等生态林模式、干旱河谷区花椒等干果经济林模式、干热河谷区乔灌林草结合模式、干热河谷区车桑子雨季点播模式等。

(2) 喀斯特山地困难地植被恢复模式

还林模式和技术是：在缓坡、斜坡山地岩石裸露率 40% 以下的半石山、石砾土地段应以人工造林为主，植被自然恢复为辅，人工造林穴面要采取枯枝落叶、石块覆盖或地膜覆盖，保墒蓄水，克服土壤水分亏缺。具备天然下种能力或根株萌蘖能力的造林困难地段则以植被自然恢复的封山育林措施为主。主要营造水土保持林和土壤改良林。主要造林树种：滇柏、华山松、柳杉、桤木、藏柏、华山松、湿地松、麻栎、白栎、栓皮栎、檫木、黄柏、山苍子、龙须草等。主要还林模式有：喀斯特山地爆破整地客土造林模式、喀斯特山地造封结合的还林模式、喀斯特山地点播还林模式、白云质喀斯特山地柏类容器苗还林模式等。

(3) 长江上游源头区水源林模式

还林模式和技术是：长江源头区的森林植被具有独特的地位和作用，因此退耕还林的首要目标是恢复和扩大森林植被，增加水源涵养功能。在树草种的选择上，应选择抗逆性强、根系发达、深根性、耐风蚀、耐冻害的乡土灌木和乔木树种，还林时应采取乔灌草相结合。主要树草种：白桦、红桦、柳树、青海云杉、青杨、山杨、沙棘等。主要还林模式有：长江源头区青海云杉等水源林模式、长江源头区混草林模式、长江源头区雨季点播灌木林模式等。

(4) 高山峡谷区水源林模式

还林模式和技术是：由于本区地处长江及其主要支流的上游，陡坡耕地的水土流失又是长江流域泥沙的重要来源，在保护好现有森林植被的前提下，退耕还林的首要目标是消灭陡坡耕地，造林方式可采取植苗、点播、封育相结合，主要营造水源涵养林和水土保持林。主要造林树种有：川西云杉、粗枝云杉、岷江冷杉、槭树、白桦、红桦、青杨、沙棘、红杉等。主要还林模式有：高山峡谷区护坡水源林模式、高山峡谷区混草林模式、高山峡谷区造封结合模式等。

(5) 中低山丘陵区水土保持林模式

还林模式和技术是：针对低中山山高坡陡、降水量大、水土流失严重等特点，退耕还林中采取人工造林种草与封育相结合，生物措施与工程措施相结合的综合治理方式，主要营造水土保持林体系和水源涵养林。主要造林树种有：马尾松、湿地松、火炬松、云杉、冷杉、花椒、马桑、紫穗槐、刺槐、合欢、檫木、黄荆、胡枝子、竹子等。主要还林模式有：丘陵山区侧柏等还林模式、丘陵山区山脊源头水源林模式、丘陵山区生态经济沟模式、丘陵山区一坡三带模式、竹林及其混交模式、采矿采石区植被恢复模式等。

(6)江河堤岸区护岸林模式

还林模式和技术是：江岸带造林的主要目的在于护岸固坡、护堤稳基，减少江河泥沙，保护和改善长江中上游沿江两岸生态环境。按防护功能要求，江岸防护林主要是防冲林和防塌林。主要造林树种有：杨树、枫杨、香椿、大叶桉等。主要还林模式有：江河堤岸防冲防塌林模式、江河两侧防灾护岸护路林模式、江河两侧滞留林模式等。

(7)风景旅游区观光林业模式

还林模式和技术是：生态旅游区及其沿路地带，还林时树种选择上应首先考虑观赏性较强，生态效益十分突出的树种，以便为景区、景点添光增彩。规划时既考虑整齐统一性，还要考虑立体配置、水平混交等因素。整地不宜采用炼山、全垦、大穴等方式。主要造林树种：乔木可选喜树、枫杨、枫树、樟树等，经济林树种可选用猕猴桃、柑橘、荔枝等，灌木树种可选用紫穗槐、剑麻等。有些还可以配置一些花草品种。主要还林模式有：风景旅游区通道林模式、风景旅游区景观林模式等。

10.3 近自然林经营

10.3.1 近自然林经营的理论要点

10.3.1.1 近自然林经营的基本思想

在特定的立地条件下，如果所培育的森林与完全自然状态下的森林有相似的树种组成、类似的林分结构和演替动态过程，那么这种森林应该具有更大的稳定性，可以抗拒各种物理的或生物的危害，其生物多样性、生态效益和社会效益将达到一个满意的水平。因而人们认为经营这种近自然的森林，能够以最少的人工经营管理投入，但可能得到最高的生物量。理解森林才能重视森林，才能按照森林的发展规律进行森林经营活动，才能沿着森林的演替趋势去促进森林趋向稳定，达到恒续林状态，即可持续状态。

10.3.1.2 近自然林经营的基本概念

(1)可持续森林经营

可持续发展的概念是："既满足当代人的需求，又不对后代人满足其需要的能力构成危害的发展。"森林可持续经营就是可持续发展中的林业部分，是实现一个或多个明确的经营目标的过程，使得森林的经营既能持续不断地得到所需的林业产品和服务，同时又不影响森林固有的价值和未来生产力，也不给自然界和社会造成不良影响。

(2)近自然森林

近自然森林是指以原生森林植被为参照对象而培育和经营的、主要由乡土树种组成且具有多树种混交、逐步向多层次空间结构和异龄林时间结构发展的森林。近自然森林可以是人为设计和培育的结构和功能丰富的人工林，也可以是经营调整后简化了的天然林，还可以是同龄人工纯林在以恒续林为目标改造的过渡森林。

（3）恒续林

恒续林是以多树种、多层次、异龄林为森林结构特征而经营的、结构和功能较为稳定的森林，是近自然森林培育和发展的一种理想的森林状态。近自然经营的理论假设：人类通过经营这个状态的森林，可以保持森林的自然特征在一个生态安全的水平之上，同时又为社会提供森林产品和服务功能，从而实现可持续的森林经营。

（4）近自然森林经营

近自然森林经营是以森林生态系统的稳定性、生物多样性和系统功能的丰富性以及缓冲能力分析为基础，以整个森林的生命周期为时间单元，以目标树的标记和择伐及天然更新为主要技术特征，以永久性林分覆盖、多功能经营和多品质产品生产为目标的森林经营体系。由此可见，近自然森林经营是指充分利用森林生态系统内部的自然生产发育规律，从森林自然更新到稳定的顶极群落这样一个完整的森林生命过程为时间跨度来规划和设计各项经营活动，优化森林的结构和功能，永续充分利用与森林相关的各种自然力，不断优化森林经营过程，从而使生态与经济的需求能最佳结合的一种真正接近自然的森林经营模式。

（5）近自然度

森林近自然度是一个可广泛应用的指标，用于评价在特定自然条件下的森林状态。近自然度是相对于原生植被而言，森林生态系统接近自然状态的程度。近自然度有两种概念：一种是狭义的概念，以干扰为基础而产生的；另一种则是广义的概念，以立地条件和气候特征为基础产生的。

①狭义的近自然度概念　由于各种干扰的存在，现实各种森林生态系统都不同程度地偏离该条件下的原生植被，根据偏离原生植被的远近，将森林群落划分出不同的等级，分等级制订经营计划，实施不同的经营措施，促进森林生态系统达到健康稳定的自然状态。森林的近自然度与森林受干扰程度是有关的，受干扰程度大，其近自然度越低，林分恢复到自然状态所需的时间则越长。

②广义的近自然度概念　德国专家按照森林的演替阶段不同，将森林接近自然状态的不同程度定义为自然度，这种近自然度是基于一定立地条件下森林距离顶极群落的远近来判断植被所处的等级，这种等级以乡土实生树种为主要的判断依据，外来树种或在不适合的立地条件下形成的群落被认定为近自然度低，而以乡土树种为主要组成的顶极群落则是最贴近自然状态的森林群落。

10.3.1.3　近自然林经营的基本原则

近自然林经营需要遵循以下基本原则：

①确保所有林业在生态和经济方面的效益和持续的木材产量同时发挥；

②森林经营要实用知识和科学探索兼顾；

③所有森林都要保持健康、稳定和混交的状态；

④适地适树的选择树种；

⑤保护所有本土植物、动物和其他遗传变异种；

⑥除小块的特殊地区外不做清林而要让其自然枯死和再生；

⑦保持土壤肥力；

⑧在采伐和道路建设中要应用技术来保护土地、固定样地和自然环境；

⑨避免杀虫剂高富集的可能性；

⑩维持森林产出与人口增长水平的适应关系。

10.3.2 近自然林经营技术

10.3.2.1 近自然经营的计划技术体系

1) 群落生境调查分析和成图技术

群落生境调查和制图是近自然森林经营中理解和表达森林经营区域内自然生态条件的基本技术工具，是制订近自然森林经营计划的必备技术文件之一。

近自然经营的群落生境图是从传统的立地条件类型图演化而来的，它与原有森林经理学和森林生态学中的森林立地概念基本一致，但侧重点不同，前者注重原生植物群落与综合立地因子的关系，后者注重立地因子的生产力评估。群落生境类型就是基于生境要素分类形成的自然性质和经营目标基本一致的森林地段。对于一个具体的地域，根据不同的经营目标，可对要素做出不同尺度的划分，而产生不同详细程度的分类结果，并构成一个服务于不同目标的群落生境分析体系。

群落生境制图野外调查基本内容包括：在 GIS 技术支持下准备基本的野外工作手图；在现地完成林况踏查和对坡勾绘；各群落生境类型立地因子调查、植被构成调查和土壤调查等基本信息采集工作。

调查中涉及的与立地条件相关的因子，主要有海拔、地形地势、土层厚度、土壤质地、养分及水分含量等。

群落生境植被调查的主要目的是了解群落生态状况、指示性物种、当前森林植被的主要成分及自然发展趋势和潜在稳定群落的目标树种等情况，是为森林经营服务的立地条件调查分析工作的补充。土壤气象要素对森林生态系统的树种构成有很大的影响，某些植物种类对这种生态条件和关系具有指示性效果。在植被演替进程中，在相同的立地条件下可能发展成处于不同阶段的植被在空间上镶嵌分布的格局，这种格局表现出不同的植物群落，也与立地因素一起对树木的生长量产生影响。

2) 经营目标分析和森林发展类型设计技术

森林发展类型是基于群落生境类型、潜在天然森林植被及其演替进程、森林培育经济需求和技术等多因子而综合制定的一种目标森林培育导向模式。森林发展类型作为近自然森林经营的主要工具，是在对立地环境、树种特征及森林发展进程等自然特征理解的基础上，结合自身的利益而设计的一种介于人工林和天然林之间的森林模式，核心思想是希望把自然的可能和人类的需要最优地结合在一起。森林经营计划的基本内容是把各类调查的数据和结果综合到一起，经过分析讨论经营目标后，在目标指导和数据基础上制定出林分抚育和采伐利用的具体经营措施。一般而言，森林经营计划的服务期为10 a。

（1）经营目标分析

经营目标是指由当地特定的经济、生态和社会环境条件规定的森林计划的目的性，包括对森林及具体地段林分的保持、发展、抚育、利用等活动的目的说明。

经营目标分析就是在林业法令法规、地方需求、调查数据限定等基础上，对每个示范区的经营目标进行讨论，并对将目标分解到具体林分地段与经营措施关联的林分目标进行了定义。具体林分的经营目标是制定营林措施的基础，在所有森林地段按多功能经营的整体目标之下，针对每个示范区和具体的森林类型确定优先发展和实现的具体目标。

从森林景观生态学的角度看，项目区总体经营目标是水源保护、景观游憩、产品生产和土壤保持，但是针对具体的森林类型还要考虑木材经营利用的强度、森林近自然化改造、林分质量促进等具体目标。

（2）森林发展类型设计要点

森林发展类型作为长期理想的森林经营目标，具体设计时包括了森林概况、森林发展目标、树种比例、混交类型、近期经营措施5个方面的概念性规定。

作为森林经理的首要任务，这种模式设计的要点包括：

——目标林相研究和应用，目标林相的制定取决于现有立地条件下经过较长时间才可实现的森林发展目标，并且要能反映当时的森林结构。

——根据演替地位和近自然分析资料把森林发展类型划归到与之最早相适应的天然森林群落；并且特别强调所有参与混交树种的生长过程和对立地、营养物质、水分需求的可能。

——在相同的立地环境时根据不同的现有植被情况和经济需求，努力通过树种和混交方式产生各种不同的森林结构形式，它所给出的数据涉及较高年龄的林分结构指标说明。

——为生产木材提供的相关资料包括小径材、干材和优质材3类材种可能达到的目标直径、为了达到目标直径所需的生产周期、高峰生长期后林分保持的胸高断面积等技术参数。

——生产目标必须遵循森林发展类型的立地类型和树种选择原则，并提出森林抚育应该遵循的方法和程序。

——分析生产目标与立地类型之间存在的距离，并提出经过抚育的林分可能调整的次级目标，特别是促进天然更新和目标树直径修改等问题。

3）目标树作业体系

目标树林分作业体系是本次经理期内针对当前林分所制订的具体作业技术方案，主要包括目标树导向的林木分类（保留木、采伐木和林下更新幼树的标记和描述）、抚育采伐设计和促进更新设计3个方面。

目标树抚育作业体系首先把所有林木划分为目标树、生态目标树、干扰树和一般林木4种类型。目标树是指近自然森林中代表着主要的生态、经济和文化价值的少数优势单株林木。森林经营过程中主要以目标树为核心进行，定期确定并择伐与其竞争木，直至达到目标直径后采伐利用。林木分类工作现场进行，单株目标树要做出永久性标记；通过不断对干扰木的伐除来保持林分的最佳混交状态，实现目标树的最大生长量，保持或促进天然更新，使林分质量不断提高。这种目标树抚育作业的过程使得林分内的每株林木都有自己的功能和成熟利用特点，承担起不同的生态、社会和经济效益。

4）垂直结构导向的生命周期经营计划

从自然和生态的角度看，森林发生演替的进程特征表现了其自身整体发展动态的周期性规律，因此成为近自然经营制订整体生命周期经营计划的参考体系。从方法学上看需要首先理解森林演替的概念、特征和可能的类型划分，并分析提出可观测和控制的林学技术指标，然后才能以接近自然的方式设计和实施森林经营的周期性控制和操作计划。

而各个阶段的树种构成和以优势木平均高表达的林分垂直结构是整体生命周期经营计划中可描述、观测和可控制的变量，通过模仿自然干扰机制的干扰树采伐和林下补植更新是实现从林分现状到森林发展类型目标的可操作的技术指标，并根据演替参考体系和林分的物种组成特征、主林层高度范围和主要抚育经营措施 3 方面的技术控制指标来制订以林分垂直结构为标志的整体经营计划表。

近自然经营体系制订了以林分垂直结构为导向指标的森林生命周期整体经营计划表，这种抚育计划模式没有对未来林分作业设定简单机械的时间周期指标，以避免定期作业对生态系统的过度干扰和浪费人力物力，而又能对系统的变化保持有整体的把握，并根据生态系统的变化进行适时的相应作业调整。

10.3.2.2 人工纯林近自然改造作业

近自然化改造是近自然森林经营的一个重要内容，是以理解和尊重森林自然发展规律为前提，以原生植被和林分的自然演替规律为参照，通过一系列抚育经营措施来引导人工林逐渐过渡到接近自然状态的、生态服务功能高的林分。其工作内容主要包括制定改造目标、确定改造方法、改造作业设计、实施具体改造措施、改造风险进行判断和规避等。

（1）近自然化改造的目标

人工纯林近自然化改造的目标主要表现在树种结构、水平配置和林层结构 3 个方面，即把单一的人工林调整到多个树种组成的状态，把同龄林结构调整为异龄林结构，把单层的垂直结构调整为乔灌草结合的多层结构。

（2）近自然化改造的逻辑程序

近自然化改造首先要对人工针叶林进行总体决策分析，确定林分需要改造的内容，选择改造方法，制定改造模式，实施改造作业计划等。

改造的整体框架抉择就是要提出 3 个不同阶段的林分模式，并分别提出各个模式的改造技术指标和相应的作业方法。

——如果对象林分已经有了一定的径级分化和林下更新，出现类似择伐林的结构特征时，可以直接按照择伐林的作业模式开始改造计划，经过一定的调整期实现择伐作业。

——如果林分径级结构单一，但具有基本的抗风倒等自然力的机械稳定性的主林层和优势木个体时，即可针对主林层进行目标树的选择，以现有林分为重点设计和实施改造计划。

　　——如果现有林分缺乏基本机械稳定性的单一树种和单一径级的同龄林，则需要首先执行提高稳定性的前期作业之后，再执行其他改造。

　　——如果当前的林分没有基本上的上层优势而稳定、有培育前途的林木个体时，则林分改造的目标应该放在尽快培育第二代林木之上。

　　人工纯林改造的过程是一个漫长的过程，需要几代人的共同努力才能达到理想的近自然森林状态，整个改造过程一般是：由纯林阶段经过改造阶段、过渡阶段，直到恒续林，需要经历 4 个主要阶段。

　　——纯林阶段就是现有的未经改造的人工同龄纯林阶段。此时的林分通常难以满足人们对森林的需要，表现为生态服务功能、生物多样性、林分质量等较低。

　　——改造阶段是通过局部人为干预开始出现更新的阶段。此阶段的林分已经初步实施了一些改造措施，开始沿着改造目标方向发展。

　　——过渡阶段是第一次出现的林下更新已经达到主林层高度而进入主林层，而且后续更新不断出现。

　　——恒续林阶段是一种多树种组成的异龄林混交林分，具备多个层次，各个龄级均具备，并且比例稳定，各主要组成树种的更新能满足持续生长而维持整个林分的稳定性。

本章小结

　　天然林是森林的主要组成部分，实施天然林资源保护工程，关系到林业的发展与繁荣，关系到整个国家的可持续发展。实行封山育林育草和飞播造林是利用自然恢复力，对天然林实施保护的重要技术手段。退耕还林还草工程是世界上许多国家普遍实施的一项旨在保护和改善生态环境与土地资源的战略性工程，我国自 1999 年开始，对水土流失严重、沙化盐碱化和石漠化严重，以及生态地位重要但粮食产量低而不稳的地区，实施退耕还林工程，经过近二十年的努力，形成了分别以黄河上中游及北方地区、长江上中游及南方地区两大类型区为对象的治理模式体系群。而近自然森林经营则以森林生态系统的稳定性、生物多样性和系统功能的丰富性以及缓冲能力分析为基础，以整个森林的生命周期为时间单元，以目标树的标记和择伐及天然更新为主要技术特征，以永久性林分覆盖、多功能经营和多品质产品生产为目标的森林经营体系，是一种使生态需求与经济需求最佳结合的、真正接近自然的森林经营模式。

思 考 题

1. 我国天然林资源分布具有什么特点？相应的保护措施应该包括哪些？
2. 封山育林与飞播造林的共同特征是什么？飞播造林技术要点有哪些？
3. 退耕还林的范围是什么？举例说明生态重要水源保护区的典型造林模式。
4. 什么是近自然经营？近自然经营的技术体系由哪些技术构成？
5. 在华北土石山区，如何对人工针叶纯林进行近自然改造？

第 11 章

工矿废弃地复垦林业工程

11.1 工矿废弃地

11.1.1 工矿废弃地的定义

工矿废弃地是指在工程建设(包括道路、运输、水利、农田等工程建设)、工业生产(电力、冶金、化肥、军工等工业生产)和矿产资源开发(金属、煤矿、石油、天然气等资源开发)等活动中，剥离土、取土场、弃土场、废矿坑、尾矿、矸石和洗矿废水沉淀物等占用的土地，还包括采矿机械设施、工矿作业面、工矿辅助建筑物和工矿道路等先占用后废弃的土地。工矿废弃地是一种严重退化的生态系统，接近于极端裸地，如果不进行恢复治理，将对生态环境产生不可逆转的负面影响。

11.1.2 工矿废弃地对生态环境的危害

(1)植被破坏

工程建设、道路侵占、弃土(渣)堆放、露天采矿、矸石堆放、地面塌陷等干扰和剥离作用，使工矿废弃地的植被发生严重退化。工程建设和矿业开发改变了土壤养分的初始条件，使土壤失去了作为植物生长的养分元素源泉及更新场所的基本作用，从而使植被生长量下降。植物作为生态系统的生产者，它的破坏使得矿区土地及其邻近地区的生物生存条件(生境)破坏，生物多样性减少，生态系统结构受损、功能及稳定性下降，引起水土流失和土壤退化。

(2)水土流失

工程建设和矿产开采直接破坏地表植被，造成土地贫瘠、植被退化，最终导致工矿区大面积人工裸地的形成，极易被雨水冲刷，形成水土流失。由于工程挖掘、弃土(渣)场、尾矿占地，形成地面的起伏及沟槽的分布，增加了地表水的流速，使水土更易移动，坡面冲刷强度加大；而新移动的岩土在风雨作用下极易风化成岩屑，为水土流失提供了丰富的物质来源。因此，工程建设和矿产开采往往导致水土流失的加剧。

(3)环境污染

工程建设或矿产废弃物中的酸性、碱性、毒性或重金属成分，通过径流和大气扩散会污染水、大气、土壤及生物环境，其影响的区域远远超过了工矿区的范围。没有覆盖的疏松堆积物在风蚀和水蚀的作用下，加剧流失，由于对地表和地下水产生的影响，常导致土壤质量下降，生态系统退化；大风吹起时灰尘飞扬污染环境，影响人类健康；暴雨时大量泥沙流入河道或水库，污染和淤积水体，影响水利设施的正常使用，增加洪水的危害；矿区废弃物特别是尾矿中往往含有各种污染成分，如过高的重金属含量、极端的 pH 值以及用于选矿而残留的剧毒氰化物等，这些污染物伴随着水土流失而污染水源和农田。

(4)微生物破坏

工程建设和矿产开采不可避免地剥离表土，完全破坏地面上生长的植被层，从而严重影响了根系—土壤—土壤生物的生态平衡，破坏土壤生物群落的结构和组成。工矿废弃地对土壤生物定居的限制因子包括：①剥离表土，造成不良的土壤物理结构；②地面植被层缺乏；③土壤微生物所依赖的植物凋落物和土壤有机物缺乏；④重金属和有机污染物对土壤生物毒害。其中不良的土壤物理结构和土壤有机物的缺乏通常是限制土壤生物在工矿废弃地定居的主要因子。

(5)野生动物群落的破坏

工程建设、采矿引起的植被破坏和生境扰动可以对野生动物群落造成多种不可逆的危害，裸露的矿业废弃地继续加剧着这种破坏，造成废弃地周围甚至更大范围内生物多样性的减少和生态平衡的失调。(道路、铁路)工程运营过程中的生境隔离、噪声污染和光污染威胁野生动物的生存，甚至对野生动物群落造成毁灭性的破坏。

(6)地表景观改变

矿产开采活动包括露天开采、地下开采以及道路建设等，都会造成地表景观的改变。露天开采和工程建设剥离表土，挖损土地，破坏动植物生境，阻断动物通道，影响生态完整性；堆放废土(渣)、尾矿、煤矸石、粉煤灰、冶炼渣以及地下开采造成采空区，引发地面塌陷，土地面貌变得千疮百孔、支离破碎，直接影响景观的环境服务功能。

11.1.3 我国工矿废弃地概况

我国工矿废弃地分布广泛主要源于资源的不均衡分布。我国煤炭资源分布在全国 31 个省(自治区、直辖市)，但在地理分布上极不均衡，煤炭资源与地区经济发达程度呈逆向分布，具有"东少西多、南少北多"的特点。其中，晋、陕、内蒙古 3 省(自治区)的煤炭资源量为 $2.18×10^{12}$ t，占全国煤炭资源总量的 83%，是我国煤炭资源最为集中的地区。东部 11 省(直辖市)(北京、天津、辽宁、河北、山东、江苏、上海、浙江、福建、广东、海南)煤炭储量仅占全国总储量的 5.1%。同时，我国石油资源分布不均，集中分布在渤海湾、松辽、塔里木、鄂尔多斯、准噶尔、珠江口、柴达木和东海大陆架八处，可采石油量为 $172.0×10^{8}$ t，占全国的 81.13%。天然气资源集中分布在塔里木、四川、鄂尔多斯、东海大陆架、柴达木、松辽、莺歌海、琼东海和渤海湾九处，可采资源量为 $18.4×10^{12}$ m^3，占全国的 83.64%。工矿废弃地主要集中在东北区，本区域矿业开采累计损毁土地面积占全国比重的 41%，其次以华北区、西北区为次要分布区域。

截至 2010 年年底，我国因采矿破坏的土地面积达 $400×10^4$ hm^2，最近几年损毁土地面积仍以每年 $20×10^4$ hm^2 的速度递增。

11.2　土地复垦

11.2.1　土地复垦的概念

"土地复垦"一词来源于国外，欧美常用 restoration、reclamation 和 rehabilitation 三个词进行描述，国外对这三个英文单词的理解已有共识，都是对扰动（破坏）场地（site）的状态的恢复，都要求与周围环境相适应。而且，随着技术的发展，三个词常常混同使用，不再加以过细的区分。

在我国，"土地复垦"（reclamation）是指对采矿等各种人为活动破坏的土地和各种人为及天然原因造成退化的土地，采取各种整治及弥补措施，使其因地制宜地恢复到可供利用的期望状态的行动或过程。不仅要求恢复土地的使用价值，而且要求恢复的场所保持环境的优美和生态系统的稳定，其目的和内涵是既要求恢复土地价值，又要求恢复生态环境质量。

11.2.2　土地复垦的意义

矿产资源是人类赖以生存的重要自然资源，是工农业生产和社会经济发展必不可少的物质基础，也是社会财富的重要源泉。中国作为一个矿产资源大国，矿产资源在全国31 个省（自治区、直辖市）均有分布，采矿业作为我国重要的支柱产业，对国民经济建设发挥了巨大贡献。据统计，我国 95% 以上的一次能源、80% 以上的工业原材料、70%以上的农业生产资料均来源于矿业。

历年来矿产资源的开采，对我国经济、社会的发展带来巨大发展的同时，也带来大量的工矿废弃地，破坏了生态环境，影响了人民生活。开采矿产资源，不仅需要占用和损毁土地，还会对当地的景观和生态环境造成破坏，如掠夺性开采，对生态系统造成破坏，进而退化。首先，大面积对地形地貌、植被造成损毁、退化或消失，伴随着各种地质灾害，如水土流失、滑坡、土地沙化、盐化、环境污染等；其次，采矿业造成大量的土地塌陷，除了破坏地面各种设施和生态环境外，还损毁很多土地资源，激化人与地之间的矛盾，限制矿区土地资源的持续利用，影响经济社会的可持续发展。我国有着悠久的采矿历史，开采国有矿山形成的工矿废弃地历史遗留较多，很多工矿废弃地分布在城市周边，对城市发展空间造成影响的同时，也对土地生态环境造成了严重的污染和破坏。

因此，为了既能有效地利用与开发矿产资源，又能保护环境生态，矿区生态环境的修复就成为矿区开发、生产中一项必不可少的任务，是关系到矿区的生态安全和采矿业能否可持续发展的关键。对于资源枯竭型城市而言，只有对生态环境进行修复，才能为其营造适宜的生态环境，以满足招商引资和经济转型的需要。因此，生态环境修复是资源枯竭型城市经济转型和可持续发展的首要任务。

随着《土地复垦条例》《土地复垦条例实施办法》《历史遗留工矿废弃地复垦利用试点管理办法》等颁布实施，国家从顶层上明确了工矿废弃地复垦内涵、对象以及规划的相关内容。《全国土地利用总体规划纲要（2006—2020年)》(简称《纲要》)中明确揭出：积极开展工矿废弃地复垦。加快闭坑矿山、采煤塌陷、挖损压占等废弃土地的复垦，立足优先农业利用、鼓励多用途使用和改善生态环境，合理安排复垦土地的利用方向、规模和时序；组织实施土地复垦重大工程。《纲要》提出到2020年，通过工矿废弃地复垦补充耕地 $46 \times 10^4 hm^2$。《国家新型城镇化规划(2004—2020年)》也提出：加强农村土地综合整治，健全运行机制，规范推进城乡建设用地增减挂钩，总结推广工矿废弃地复垦利用等做法，将农村废弃地、其他污染土地、工矿用地转化为生态用地。党的十九大报告中也指出，强化土壤污染管控和修复，实施重要生态系统保护和修复重大工程，提升生态系统质量和稳定性。

11.3 国内外工矿废弃地复垦研究

11.3.1 国外工矿废弃地复垦研究

国外关于工矿废弃地复垦的研究始于19世纪末，其中德国和美国是最早对工矿废弃地进行复垦利用的。随着科学技术的发展和研究的深入，国外在工矿废弃地复垦方面取得如下进展。

(1)制定复垦相关法律和制度

1920年，德国开始对矿区废弃地复垦进行实践，于1950年颁布《普鲁士采矿法》，明确规定了矿区土地复垦的要求。该法律严格规定了相关矿区复垦范围、复垦对象等内容。1930年，美国开始对矿区废弃地利用进行实践，1939年颁布了《复垦法》，用于管理采矿复垦工作。随后又颁布了《露天采矿管理与复垦法》《历史遗留废弃金属矿复垦法》等涉及矿地复垦的法律。其中，1977年颁布的《露天采矿管理与复垦法》是第一部全国性的土地复垦法规，该法规有效地避免了露天采矿与资源保护、环境保育、社会发展之间的矛盾。D. Lamb(2015)通过回顾澳大利亚采矿后景观修复的一些经验，从矿区恢复生态系统的困难以及制度和管理方面的弱点出发，提出应建立严密的复垦规划及更好的制度和监管。A. D. Bradshaw(1989)在文章中指出立法对防止废弃地进一步产生的重要性。

(2)结合多种手段，不断改进复垦技术

A. D. Bradshaw(1989)建议政府支出资金发展经济有效的复垦技术来复垦现有废弃地。D. Lamb(2015)提出须改进目前矿山复垦的技术。国外主张多种技术运用于复垦，例如，英国科学家Kevince将生物技术运用于土地复垦，通过大量引进蚯蚓到工矿废弃地来提高土壤肥力。在化学技术方面，某些发达国家提出直接使用尾矿库中大量的废弃物"侵蚀被"，铺在土壤表面，防止土壤侵蚀。同时，国外将复垦与计算机技术紧密结合，Yang及Dabing提出，采用Arc Engine，Arc SDE，Oracle，Micirosoft Visual C#等技术开发综合复垦适宜性评估模型、地面变形预测模型、土方计算模型和经济评价模型，建立工矿废弃地复垦系统。系统实现了关于工矿废弃地信息的网络化管理，提供了地图操作，地面变形分析，土方计算，实现了工矿废弃地适宜性评价和经济评价等功能。Phillips(1991)指出，景观恢复有一定的灵活性，复垦应充分利用这种灵活性来尽量减少工程费用，即尽可能以最小的成本实施复垦和土方工程，提出通过运用计算机辅助设计（CAD）和开发更复杂的软件工具应用于复垦。Ziadat（2007）运用数字高程模型（DEM）预测土壤属性，从预测的土壤属性得出的土地适宜性分类的准确性与传统土壤图做出的土地适宜性分类准确性相当，这项研究通过使用来自预测模型的土壤属性替代土壤地图无法提供的土壤信息，进而为土地适宜性评价提供数据来源。澳大利亚的工矿废弃地复垦技术世界领先，其复垦过程一般要经过初步规划、审批、植被清理、土壤转移、生物链重组、养护修复、检查验收等阶段，同时依托卫星遥感等高科技的支持，通过计算机协助设计实现原形态的恢复。为了确保灾毁地区的稳定和生产力，Garrison 着重于污染控制，植被恢复和土壤修复技术的研究（Garrison，1986）。国外经常运用 CAD 或 GIS 软件的空间分析功能，在短期内测出矿区变化的相关数据，可有效提高土地复垦可行性评价的效率和精度。

（3）注重复垦与景观生态的有机结合

Tripathi（2011）介绍了工矿废弃地复垦为林地的研究，复垦的目标是尽可能少的时间在废弃矿区创造自然稳定和有生产力的森林，提供流域保护，野生动植物栖息地和其他环境服务。A. D. Bradshaw（1989）指出，要分别进行短期和长期复垦，通过复垦恢复旧的生态系统，并创造出新的自给自足的生态系统。德国重视工矿废弃地的复垦与生态建设等问题。德国政府法令规定："露天矿开采后要恢复原有的农、林、水利和自然景观"。澳大利亚将矿山复垦和生态修复作为一种行业、一个涉及相关专业、部门的系统工程。将废弃地修复与废弃物对水环境的影响作为复垦工程设计的主要参照点，恢复矿区生态系统，还原生物生存环境，是其复垦过程中精心设计的主体。因此，澳大利亚工矿废弃地的复垦不仅实现了土地、环境和生态的综合恢复，同时节约了治理资金，克服了单项治理、盲目治理造成的浪费与弊端。德国在对莱茵露天煤矿复垦时，通过施肥和种植不同作物，过渡活化改良土壤，使得土壤的生产力恢复原有水平，同时还重新美化环境，改善了原景观。Yang 和 Dabing（2011）指出，土地复垦是恢复土地资源，保护生态环境，解决人与人之间矛盾的有效措施，对某矿区土地复垦过程中生态恢复的情况做了模型计算、分析和总结，以帮助决策者更有效、科学地选择和规划活动。

（4）注重对复垦经验的总结

A. D. Bradshaw（1989）提醒像中国这样的国家，正在经历工业化的重大阶段，不能像西欧那样犯错误。总体而言，国外在矿地复垦方面，早已有了比较完善的法律保障、制度建设和机构设置，同时对于复垦资金来源渠道也有了统一的标准。如今，国外对于工矿废弃地的复垦更侧重于技术的研究和生态景观恢复，主张通过结合各种工程技术运用于复垦，使复垦后新的生态景观有美学价值。

11.3.2 我国工矿废弃地复垦研究

和国外相比，我国关于矿区复垦的研究起步较晚，最早开始于 20 世纪 80 年代马恩霖等人编译的《露天矿土地复垦》，书中介绍了国外矿地复垦的先进做法和经验，80 年代末，国务院颁布了《土地复垦规定》，意味着我国土地复垦工作开始有了法律保障，矿区废弃地的复垦工作开始得到一定关注。目前，我国的土地复垦工作发展势头良好，特别是对工矿废弃地的复垦研究实现了长足进展，取得大量研究成果并开展较多研究课题，如我国土地复垦政策与战略研究、矿区土地复垦规划理论和方法研究、矿区土地复垦研究实践试点、矿区废弃地生态植被恢复与高效利用研究、矿山废弃地近自然地形恢复设计原理与方法等。从矿地复垦角度出发，我国目前对以下几个方面研究较多。

（1）复垦影响因素研究

我国学者对影响矿区废弃地复垦的因素进行了较为系统的分析。赵景逵（1996）指出我国矿地难复垦的原因包括我国复垦工作起步较晚、复垦速度远赶不上损毁速度、资金短缺、相关部门对复垦不够重视、复垦成果难以在地区间转化等。陈展图（2010）对重庆市五大国有煤矿废弃地做了复垦与整治的优先度评价，文章中指出，自然及资源条件、地质结构稳定性、基础设施完善程度、土地整治积极性、社会经济基础、农业发展水平等因素对重庆市采煤沉陷区土地整治产生综合影响，并选择了综合条件最好的若干区首先开展整治复垦。刘慧（2013）提出矿区土地复垦的限制因素包括地表坡度、覆土厚度、灌排条件、污染情况、土层厚度，并从这几大因素出发，对神府矿区废弃地复垦效益做了经济、生态和社会效益层面的评价分析。赵焕新（2016）在对矿区被破坏土地调查和塌陷预测的基础上，通过选取塌陷总面积、常年积水面积比率、排矸量、煤炭生产设计年产量、最大塌陷深度、治理复杂程度、政府财政收入等指标，利用层次分析法对研究矿区各矿复垦优先顺序进行评价，以期在时间顺序上合理资源配置，并为其他相关研究提供参考借鉴。

（2）复垦技术研究

复垦技术研究也是我国研究较多较为深入的领域。包括李芬等（2004）研究了矿区塌陷地的新型修复材料。宝力特（2006）结合淮北矿区、徐州矿区的特点总结了复垦改良技术、生态工程技术和水面利用技术。胡振琪（2012）从矿区生态恢复出发，对地表开采和地下开采进行了分析，指出地表开采矿区塌陷地修复包括土壤恢复、重塑废弃物、植被恢复三个环节；而地下开采矿区塌陷地修复应注重规划、复垦工程技术、生态复垦技术。季凯（2010）介绍了采煤塌陷区土地资源特征，并进一步提出采煤塌陷区土地复垦和生态修复的各种技术方法。樊金栓（2015）总结了煤矿废弃地土壤重构的复垦模式与工程体系，研究了煤矿废弃地污染治理以及煤矿固体废弃物综合利用的各种技术，并提出应在生态学理论指导下，集成农林栽培技术、生物技术和环境工程技术，应用于矿区环境的改良和生态恢复。我国目前主要的复垦生物技术着重于复垦过程中树种的选择，以对工矿废弃地进行土壤改良。同时，我国也有将"3S"技术应用于矿地复垦，例如，薛建春和胡振琪都采用 RS 技术，分别对平朔矿区和神府矿区进行检测和分析（薛建春，2011）。目前，我国正在不断引用国外先进的化学复垦技术，并进一步深入研究，将其应用到我国工矿废弃地的复垦。

（3）复垦可行性研究

这类研究主要围绕具体矿区复垦可行性的分析。较早开始研究的是卞正富，他从全国煤矿废弃地角度出发，综合矿区自然条件、种植制度、地形地貌、矿山开采强度等因素，将我国煤矿区复垦条件分为若干个大区和亚区，并总结分析了各区域煤矿废弃地的破坏损毁类型和相应的复垦措施（卞正富，1999）。然后陈胜华（2000）从概念出发，进行了土地复垦可行性内涵、程序和主要技术手段的分析研究，并落脚于复垦项目，建立起一套效益评价指标体系和评价方法。胡振琪(2004)则把研究聚焦在复垦工程上，提出了待复垦工程可垦性分析的一般程序和多因素综合评价法，选择可垦性分析的主导因素，采用层次分析法和乘数模型，通过量化的综合分值确定待复垦工程的可垦性。刘慧(2013)则从经济效益角度出发，采用静态和动态结合的经济分析方法，对陕西省神府矿区废弃地的复垦可行性进行实证研究分析，在此基础上，提出提高神府矿区废弃地复垦可行性的对策。戴云仙(2017)等以露天煤矿为研究对象，通过研究草灌乔结合、草灌、灌木、牧草和农田复垦模式，对不同复垦模式进行了投资效益分析与评价。吕贵龙(2020)等通过对河曲露天煤矿自然条件及社会条件的研究分析，制定了排土场的复垦目标，提出了露天矿排土场的土地复垦技术和具体方案。

(4)复垦模式研究

一些学者通过结合具体矿区，因地制宜地提出矿地复垦模式。韩志明(2004)介绍了矿区复垦环境条件分类方法，并以淮北矿区为例，总结归纳出适合淮北矿区特点的生态工程复垦模式。付梅臣(2005)通过分析煤矿开采地对土地资源、水环境及基础设施的影响，并以河北省内丘县大孟村镇采煤塌陷地复垦项目为例，构建了集约化农业、果草林、农林渔禽、水产蔬菜和生态旅游相结合的综合生态复垦模式。卢全生(2006)则将矿区塌陷土地划分为农业、林牧、水产养殖和建筑四类复垦利用区，包含范围更加全面和具体，成为目前较为推行的复垦模式之一。然而大部分复垦模式的研究主要针对的是塌陷地这一破坏类型，还没有人对不同损毁类型的工矿废弃地的复垦模式做系统的总结归纳和分类整理。

11.4　土地复垦中要考虑的因素

在工矿区的土地复垦中要对自然因素、人为因素及区域社会经济因素综合考虑，采取各种控制措施，才能有效地避免大量侵蚀的发生，即使产生了水土流失也是可以得到控制的。

11.4.1　自然因素

11.4.1.1　地形因素

地形因素影响复垦的难易程度，也影响背景环境的侵蚀状况。地表的形状、坡降、破碎或变化程度等都是重要的因子。地形破碎的废弃地，后期整理工作难度大，一般侵蚀都比较剧烈，且容易诱发其他地质性灾害。工矿区的再塑地貌地形使物质和能量发生了重新分配，尤其是地形引起的汇水排水过程的变化，对复垦工程影响极大，对植被布局和生长产生影响也十分明显，甚至影响生态系统的形成和性质。因而地形设计就成为复垦规划设计的重要内容。

11.4.1.2　水文因素

水文因素包括地下水因素和地表水因素。矿区开采期间或多或少对地下水和地表水造成了破坏和污染，造成了水资源量的减少，影响了作物的生长、人类的生活条件。在所有的矿区场地，应该注意能影响恢复的地形以及能把水引到场地外的水道。影响地表径流的因素包括：①恢复场地上排水网的特性；②用于恢复场地地形的材料特性；③地表层的压实程度；④耕作范围和特性；⑤植被覆盖的范围；⑥地下水的运动和变化。

11.4.1.3　土壤因素

土壤是复垦绿化的基础性因素。废弃地土壤及废弃物的稳定程度、承载力、机械组成、质地结构、pH 值、有害元素的含量等都是影响复垦的重要指标，它对复垦的操作过程，复垦后植物的生长有很大的影响。硫酸铁是煤矿废弃物中最常见的组成成分，当这种矿物暴露后，与空气和水接触，就会被氧化，废弃物的 pH 值可能会下降到 2 以下，这会对废弃堆上栽植的树木的生长造成灾难性的影响。一些废弃堆，可溶盐的含量较大。若这些地方的蒸发量大于降水量，这些盐就会被带到地面表层，积累下来。严重的盐化会对新种植树木的成活以及生长产生影响。煤矿废弃堆通常缺乏表层土，缺乏大量营养元素是很普遍的现象。尽管在煤矿废弃堆中有适中的氮含量，但很少能被植物有效吸收。

11.4.1.4　土壤侵蚀

在土壤经过搬运和还原的场地，一般发生土壤侵蚀的危险都较大。在贫瘠的土壤或成土材料上，常由于植被稀少，加剧了发生土壤侵蚀的危险。但是，通过合理的地形设计可以减小发生土壤侵蚀的危险；反之，若设计不当，发生侵蚀的危险性将显著增加。侵蚀危险与流域大小、坡度、长度及形状之间的关系是复杂的，但显然，危险程度是随坡度或长度的增大而呈非线性增加的。选择正确的坡形是重要的。凸形坡比直线形坡或凹形坡更易受侵蚀。因此，在地形设计时，应尽量避免使用凸形坡。

11.4.1.5　生态用途

在进行土地复垦时，必须考虑复垦后的生态用途。如果修复为林草地，就应考虑为野生动物创造栖息的场所。对于野生动物，复垦的目的在于在场地的实际条件下最大限度地创造出多样的地形、水域和植被。复垦应根据采矿前周围乡村和场地的情况，考虑野生动物的种群和总数以及栖息场所。一旦确认可吸引的动物种类，就应在总体复垦策略中适当地规划动物栖息地。野生动物栖息场所规划能否获得成功，地形起着核心的作用。在复垦过程中，造林计划应很好地予以考虑。

地形的特点，如坡度、坡向、形状和稳定性，都会直接影响植物种群的建设，同样也会影响动物栖息场所的面积、栖息场所边界的数量以及栖息场所的多样化。地形设计还包括突出特殊栖息场所的特色，不规则的地形，如悬崖、岩石、沟壑、陡坡、洼地以及小池塘，都有利于野生动物的多样化发展。变化多端的地形，可以形成保护层以抵御恶劣的气候，还可以抵御外来者的侵入和人类的破坏，这在复垦后的初期，树木和植物还未长大时，显得尤其特别重要。

11.4.2 工程因素

矿业开采通常有露天开采和井巷开采两种方式。

①井巷开采 在地下矿层采空后，形成采空区，对地表的建筑、作物都存在一定的潜在的安全隐患，时刻有沉陷的危险。而跨度、高度、面积、埋藏深度、矿柱的尺寸、矿柱的分布情况能较全面地反映采空区的情况。

②露天开采 其扰动规模、扰动的剧烈程度、开采工艺设计等都影响到复垦的难易。一般露天采场都直接挖损、外排土场和尾矿排弃场压占大量土地。露天开采对采场以外相当远的范围内的区域水环境产生影响。另外，露天采场内基岩裸露，还易使流入坑内的地下水酸化，也易产生重金属等有害物质的污染。露天矿坑大量排放的酸性废水和排土场淋溶酸性废水，对周围受纳水体均产生一定的污染。

不同的开采方法、不同的顶板管理方法对地面造成的影响、破坏程度也不同；闭矿时间的长短对于矿区复垦土地的生态安全的影响也不同，闭矿时间越长，其安全性越高；反之，安全性越差。

11.4.3 社会经济因素

11.4.3.1 经济因素

土地复垦资金渠道的落实，是推动土地复垦任务落实和发展的前提，是制约土地复垦工作的重要因素。工矿土地复垦技术复杂，工程量大，需要雄厚的资金；而复垦后土地的经济效益相对较小，煤矿企业不愿投资复垦。受区位经济制约，煤矿土地复垦后，其经济效益相对于巨大的复垦成本来说，显得有些微不足道。虽然我国出台了一些优惠政策，鼓励国内外企业投资于煤矿土地复垦，但收效甚微。但在各方面的不懈努力和积极争取下，落实资金渠道问题已有了明显的进展。

1993年，国家的财政部已明文规定了"生产过程中发生的土地复垦费用从企业管理费中列支。"管理费列入成本，从而使企业的土地复垦工作的经费来源纳入了固定的、正常渠道。1993年，国家还明确规定了"严格按照国家有关规定征收耕地占用税、新菜田开发建设基金和土地复垦费用，不得随意减免。所有征收到的资金，按国家规定专款专用，不得侵占和挪用。"《中华人民共和国土地管理法》第四十二条："因挖损、塌陷、压占等造成土地破坏，用地单位和个人应当按照国家有关规定负责复垦；没有条件复垦或者复垦不符合要求的，应当缴纳土地复垦费，专项用于土地复垦。复垦的土地应当优先用于农业。"《土地复垦条例实施办法》(2012年12月11日国土资源部令第56号，2019年7月16日自然资源部修正)第十六条："土地复垦义务人应当按照条例第十五条规定的要求，与损毁土地所在地县级自然资源主管部门在双方约定的银行建立土地复垦费用专门账户，按照土地复垦方案确定的资金数额，在土地复垦费用专门账户中足额预存土地复垦费用。预存的土地复垦费用遵循'土地复垦义务人所有，自然资源主管部门监管，专户储存专款使用'的原则。"

11.4.3.2　组织管理因素

《土地复垦条例》指出："国务院国土资源主管部门负责全国土地复垦的监督管理工作。县级以上地方人民政府国土资源主管部门负责本行政区域土地复垦的监督管理工作。"但由于土地管理部门职责范围广、覆盖面大、事务性工作多，加上土地复垦无考核指标，管理人员无压力，易形成管理不到位的现象。同时，土地复垦需要资金支持，《土地复垦条例》指出：生产建设活动损毁的土地，按照"谁损毁，谁复垦"的原则，由生产建设单位或者个人负责复垦。根据规定，矿区是直接的破坏者，应该由矿区负责复垦，但根据现在的财务制度规定，矿区没有该项成本开支，更没有资金来源。按规定"谁复垦、谁受益"，但我国的现行制度规定，土地都在农民手中，农民没有复垦资金，而矿区又没有复垦权，所以这是很难操作的。

11.4.3.3　技术因素

对复垦技术研究支持力度不够，技术推广应用困难重重。过去由于土地复垦认识和投入不够，制度、政策和财政上的支持也比较少，导致复垦工作难以广泛开展。东部沿海一些矿区，经济条件好，先进技术也得以推广应用，复垦成本相对较低，复垦率能达到 30%~60%；而西北部地区，经济基础薄弱，资金短缺，缺乏先进技术力量，采矿企业效益低，土地复垦工作滞后。随着土地复垦工作的开展，土地复垦科研、学术活动十分活跃，土地复垦工作逐步得到重视。

11.4.3.4　政策因素

一些发达国家，都有一套较为完善的法律体系支持矿区土地复垦工作。我国复垦在法律制度上起步较晚，《土地复垦条例》《土地管理法》《环境保护法》及《煤炭法》等土地复垦方面的规定，很多都是原则性的，缺乏与之相配套的执行措施，特别是政策上和资金上缺少保障，落实起来难度较大。因此，只有建立健全有关法律体系和可执行机制，才能为土地复垦提供保证。

上述诸因素中，经济因素是决定性的。其他如土地复垦教育，经验交流以及管理等各方面也都取得有益进展，积累了不少经验，这些都是推动土地复垦工作继续发展的积极因素和宝贵经验。

11.5　工矿废弃地复垦技术

11.5.1　土地整理技术

工矿区土地整理工程，广义上理解，包括再塑土体和再塑土壤的全过程，即对再塑地貌进行进一步人为改造，以满足各类生产目的要求，也就是通常所说的土地复垦。它是一项复杂的系统工程，与工矿区生产建设活动的总体程序和生产工艺流程密切相关。

11.5.1.1 再塑地貌改造的基本水土保持原则

再塑地貌改造是指对工矿区人为再塑的各种地貌类型进行综合整治，目的在于重新塑造土体，并使之最终形成具有一定肥力特征的土壤，以适用于一种生产或多种生产活动的需要。

①土地整理应以保水保土为中心 根据土地利用的价值等级、地形轮廓，分别选择平地或准平地、缓平地、宽坦坡地、窄陡梯田。总之，坡度越小越好。根据水土保持的有关规定：25℃以下的边坡可根据条件改造成梯田（15℃以下最好）；25℃以上用于林业或牧业；15~25℃之间可考虑林牧业；0~15℃之间尽可能恢复为农田。

②土地整理应以环境、生态、水保综合效益的充分发挥为目标 根据工矿区自然条件、废弃场地的现实状况、企业的经济承受能力和生态、水土保持、环境的综合要求，确定土地利用的主要方向，以此为依据合理划分农、林、牧用地比例。山区工矿区土地整理首先要考虑水土保持要求，然后才能考虑其他因素，因为水土保持搞不好，其他项目难以达到稳定长久有效。

③梯地整理应充分考虑排水工程，减少地面集中股流的冲刷 这不仅对保土有利，而且对矿山安全具有特殊重要的作用。同时，必须注意排水应有利于水循环，有利于水资源的平衡，要做到"有排有蓄，排水和供水、用水兼顾"。

11.5.1.2 土地整理的基本方式和施工方法

1）土地整理的基本方式

①对挖损地貌的整理主要采用回填（埋填）推平或垫高，适应新地势，对挖损地、坝体、坝址、凹坑要用岩土填补或形成适合坡度，使整体达到平面和立面的要求。

②对堆垫地貌采取整形、放坡以及加固等方法，采用机械实施一次开挖、落堆、搬运和大量堆土整平作业，这必须与整个生产工艺流程结合起来。

③对于塌陷地貌或特殊挖损地貌可改造成人工湖、水体、丘陵地、河床、滩涂等。

④根据总平面规划，对地表进行其他定形和整治，如梯田、道路、灌渠网等。

2）土地整理的实施程序和方法

土地整理的实施程序是，挖填方—土地平整—土地整形—覆土，实际上就是再塑土体的过程。

（1）挖填方工程

挖方工程主要有单垫沟或多垫沟法（挖方或平土）；单壁堑沟（开帮）法；分层或多层平行法；环形或回旋式挖掘法（条件特殊，如受地形限制）。

（2）整平工程

挖填方结束后，紧接着就是对堆垫场地进行平整。平整一般不止一次，需要多次，包括初期整平（粗整平或轮廓整平）和后期整平（细整平）。

（3）土地整形

主要针对排放的弃土弃渣和煤矸石等，结合其原来形状及复垦绿化的目的，在其自然沉降稳定后，或碾压稳定后，将堆积体整形形状设计为台阶式：一方面降低坡长和坡高提高以边坡的稳定性；另一方面为复垦绿化创造了基础条件。国外在进行废弃物堆放时，大多堆放成缓坡形式，使复垦绿化后的矸石排放场与周围环境和谐统一。

（4）覆土工程

土地整平和整形工程结束后，即可选择覆盖物料，依据一定的覆盖顺序进行铺覆，最好覆盖表土，其次是生土，实在没取土条件的使用易风化物。

11.5.1.3 土地整理的田间工程

上述土地整理工程结束后，坡度小的平台田面（<3°），可直接辟作农田，或恢复植被，坡度较大的斜坡面则仍需要根据种植和水土保持要求做进一步的梯田化整治，这就是所谓的土地整理的梯田田间工程。

梯田工程按地形可分为平缓地、坡地、陡坡等梯田工程；按结构可分为坡式、复式、水平梯田及等高撩壕；按断面可分为波式、阶式梯田。

11.5.2 土地复垦技术

11.5.2.1 露天煤矿废弃堆的复垦

1）露天煤矿场地在复垦时面临的问题

（1）缺乏土壤

许多露天开采场包括以前从事工业的地区，其土壤已被弃置或污染。所有这些地方都可能缺乏土壤资源。

（2）不适宜的土壤或不利的覆盖层特性

比如，在陕西和内蒙古交界的神府东胜地区，大多数露天开采矿区，过去曾是滩地或河床，开矿时被剥离的只有沙子和石头。这些沙石本身很贫瘠，土壤结构差，满足不了植物生长对土壤的基本要求。

2）复垦策略

因为露天煤矿区在林业建设和树木生长方面存在各种复杂的问题，这就对场地的恢复和养护提出了更高的标准。成土材料的选择、适当的土壤迁移、翻耕、树种的选择和造林的养护都特别重要。

（1）成土材料的选择

露天开采的场地，因为要从平均 10 m 左右的深度开挖，所以要分为几层进行覆盖，因此有机会选择合适的成土材料作为覆盖材料。

（2）土壤迁移

任何场地在开采前均有土壤覆盖，在采煤开始之前，最重要的是对土壤资源进行调查，确定现有土壤的数量和种类。在回填时使用松散堆放技术是最适宜的。

（3）翻耕

如果土壤或成土材料必须使用厢式挖掘机迁移，或者被车辆和误操作造成了破坏，那么，必须经过翻耕来缓解压实并为在场地上种植做准备。

（4）选择树种

树种的选择很大程度上取决于场地上是否有适宜的土壤；树木也可以种在已有的成

土材料上，但需在其适宜的范围内选择树种。

（5）造林

在露天场地，种植小树苗是比较理想的。近期对复垦露天煤矿场地的研究证明，在有固氮根瘤菌存在的地方，树木生长就高。因此，可尽量选择一些具有固氮功能的植物种。

11.5.2.2　砂砾料场的复垦

（1）复垦时面临的主要问题

①水平的或很缓的斜坡地形。没有修浅导水设施的复垦会造成排水问题。

②地下水位高。这可能会发生在所开采的砾石矿区紧靠河道的河阶地。要使土地尽可能不受渍水影响，修建沟垄地形最为有利。

③覆盖材料的含石量大。现有许多覆盖材料的持水能力低，普遍干旱。

④易于压实。土壤和覆盖材料是十分容易被压实的。

⑤酸度和贫瘠。用于高原砂砾石场复垦的矿物材料，通常是酸性的。氮、磷元素的缺乏也是普遍存在的。

（2）复垦策略

一般砂砾开采场的表层剥离厚度为 0.5~0.75 m，大大缓解了压实。造林时主要是选择了杨树、柳树、刺槐等，因为它们最适宜在砂砾矿复垦地上种植。在复垦砂砾料场时，使用松散堆放法能增加效益。初步研究结果认为，这种松散堆放法可以减少压实，免去翻耕问题。

11.5.2.3　高岭土废弃物堆的复垦

（1）高岭土废弃堆对造林和树木生长带来的特殊问题

①坡度　沙堆的坡度常常很陡，大于 35°。陡坡不适宜种植。不稳定的沙堆会把树木埋起来，或者使树根裸露出来。因此，高岭土废弃物堆上的植被建设是从根本上把这些问题减少到最小。

②高度和暴露　废弃物堆通常是当地较高的土地，而且是裸露的。高度会对气温和有效降雨产生较大影响。

③贫瘠　废弃物中矿物含量最多的是石英石，它只能提供很少的植物营养，还缺乏氮、磷等基本营养，也没有很重要的有机质含量。通过施肥很难改善土壤贫瘠的状况，因为所有营养物质的淋洗损失很高。

④酸度　高岭土废弃物天然特性是酸性的。在处理前 pH 值一般为 3.9~4.8。对多数高岭土废弃物堆，通常的做法是加石灰，pH 值可提高到 6.5 左右，从而达到促进草类生长的目的。因为需要反复施加石灰，这在已栽植树木的地区难以实施。

⑤土壤水供应　由于高岭土废弃物材料颗粒比较粗，故而限制了对天然降水的保水能力，可用的含水量很少。在降水量大的地区，土壤水分缺乏不是严重的问题，而水压力可能是一个偶尔发生的问题。

（2）复垦策略

基于上述问题的存在，因此，在造林时可尽量选择一些具有耐裸露、耐酸度及耐相对土壤贫瘠的树种，如云杉、松树和桤木。特别是松树和桤木，是高岭土废弃物堆上种植最成功的树种。松树和桤木在高岭土裸露场地混交种植，间距为 1.4 m，已获得成功。在造林的早期，有固氮作用的灌木也会起到这种作用。羽扇豆在高岭土废弃物堆上的种植也非常成功，每年每公顷以 180 kg 的固氮量可为树木提供足量的氮肥。种树最好的时间是在羽扇豆生长的第三年，此时的固氮量达到最高值。还有一些保护植物比如荆豆、金雀花和沙棘等，可用来改善高岭土废弃物堆的氮含量。

11.5.2.4　金属矿山废弃物的复垦

有色金属采矿常产生矿物废弃堆，它含有的金属浓度对某些植物会产生毒性。在开采和处置如萤石、重晶石材料时，也会产生类似的废弃物。

(1) 与金属矿废弃物有关的主要问题

①化学毒性　通常有色金属的毒性含量高，特别是尾矿，其中等级废弃物和一些粗颗粒废弃物的含量很高。

②物理特性　某些尾矿的细颗粒废弃物，在遇干燥时易被风吹掉，遭受水蚀时，易被水淋掉。

③pH 值　依据岩石类型的不同，pH 值在 2~8 之间。

④土壤贫瘠　在这些废弃物堆中，通常缺乏氮。

金属矿的废矿渣中含的主要元素是铜、锌、铅、镉、砷，重金属含量常超过植物能忍受的毒性水平。如果废弃物堆的重金属含量超过植物的毒性水平，就必须对其进行复垦。复垦的主要方法包括用未污染材料覆盖、改良废弃物，将废弃物迁移到处理场地或现场除污。

(2) 复垦策略

到目前为止，对含金属废弃物堆，最常用的复垦方法是将它们掩埋在特殊的覆盖层下面，以把植物根部与毒性土壤分离开。通常使用粗颗粒材料进行覆盖，以便把毛细管与废弃物隔断，防止金属元素成分向上移动。近期，建议使用不透水薄膜覆盖废弃物，以减少从废弃物中排出污水的数量。通常使用聚乙烯薄膜或用膨润土混合材料做成盖帽。在薄膜上填筑的土壤应有足够的厚度，以维持树木的生长，最后形成的坡度必须比较平缓，以防止滑动。在英国虽然对大多数含金属的废弃物堆复垦时，50 cm 的土壤厚度或许已能满足树木生长所需. 但建议在不透水层盖帽上的合适土壤厚度不低于 1 m。

11.5.2.5　硬石料场的复垦

(1) 硬石料场的状况

硬石料场是采矿的一种特殊形式，通常很少有覆盖层或废弃物。这种料场主要是提供火成岩、石灰岩、白云岩、砂岩和一些岩脉矿。

(2) 复垦策略

在硬石料场，复垦时可以有效地使用爆破技术，以增加岩屑量，爆破产生足够的岩屑材料可以为以后树木的成活提供所需的水分。另外，粉碎的岩屑材料可以与较粗颗粒的材料调配，为植物生长提供良好的立地条件。如果有足够的投资，以运进土壤和覆盖层材料，那么就可以把这些材料覆盖在料石层上，在采石台阶上或在料石基础上形成一个岩屑坡，从而获得树木生长所需要的土层。依据岩石料场的岩性和地下水位状况，也可以剥离岩石料场层，为树木生长提供良好的土壤层。

在选择种植树种时，要考虑土壤或废弃物材料的化学特性。然而，如果在原始的岩石废弃物堆上植树，那么，树种的选择就会面临很大的局限性，而在石灰岩和白垩岩废弃物堆上，由于土壤 pH 值很高，还要选择耐碱树种。

总之，除了以上六种常见的工矿废弃地复垦类型以外，还有粉化燃料废灰、烟囱气体脱硫物及石膏废弃物等特殊废弃物堆的复垦。

11.6 废弃地绿化技术

11.6.1 不同类型废弃地绿化基础工程

11.6.1.1 立地条件的分析评价

立地条件的分析与评价，可为植物生长限制性因子的克服和制定相应的措施提供科学依据。同时，工矿区植被恢复与重建工程和原地貌的水土保持植物工程相比，其难度大，技术性强，这就要求对立地条件分析要比原地貌的更具体和更有针对性。

①气候因子 一般来说，区域气候不会因采矿及各项工程建设发生变化，因此，如同原地貌一样，工矿区植被种类极大地受着本区域内生物气候带的影响。

②地形因子 采矿和工程建设活动不会影响区域地貌因子，但工矿区原地表植被被彻底摧毁，原地貌形态不复存在。

③地表的物质性质 地表土壤是植物生长的介质。立地条件的好坏，在很大程度上取决于地表物质的性质。由于采矿及工程建设扰动了土壤、岩层及水文等，使排弃物的氧化还原、溶解、水化、水解、淋溶、酸碱等条件发生变化，也就不可避免地暴露出了一些特殊的问题。

11.6.1.2 立地改良

针对常见废弃物的主要不良性质，其改良总则可归纳如下：在工矿区植被恢复与重建工程中，首先要考虑有没有严重污染，因污染严重的岩土大都不易在短时间内有所改善。故污染问题应在固体废弃物堆场设计及施工时得以解决。只有污染不严重的岩土才可恢复和重建植被，但也存在一定的酸害、碱害、盐害、养分贫乏和物理性质不良等问题。

由于矿区废弃地受到破坏与污染，其土壤结构很差或被破坏，土壤养分本来就不多且流失增加，或含有过高的重金属以及过酸或盐渍化，因而要采取一定的措施降低其酸性，提高土壤肥力，使其达到破坏以前的土壤水平甚至更高。目前采用的化学措施主要有以下几种：施用易溶性磷酸盐，促使土壤中重金属形成难溶性盐，可以减少土壤中大多数重金属的生物有效性；施用含 Ca^{2+} 化合物，既可以提高 Ca^{2+} 的含量，又可以降低多数矿业废弃地存在不同程度的酸度，使其适宜植物的生长；添加营养物质提高土壤肥力，一般添加肥料和利用豆科植物的固氮能力提高土壤肥力。其中肥料可分为速效肥料和有机肥料(生物活性有机肥料、生物惰性有机肥料)，这些都可作为阴阳离子的有效吸附剂，提高土壤的缓冲能力，降低土壤中盐分的浓度，促使多种重金属的植物毒性降低，阻碍它们进入植物体。同时，加入有机质还可以螯合或者络合部分重金属离子，缓解其毒性，提高基质持水保肥的能力。

11.6.1.3 适宜植物种的筛选与引种

工矿区植被恢复与重建工程，大体可通过两种途径实现：其一，改地适树，即主要通过人为改善立地条件，使其基本适应植物的生物学特征。其二，适地适树，即根据待复垦场地的立地条件选择或引进对各种限制性因子有耐力的先锋植物种首先定居，随着先锋植物的生长、繁殖，生境逐渐得以改善，同时其他植物种会逐渐侵入，如生长不受限制，最终将演替成顶极群落。

根据工矿区水土保持的主要任务，即减少地表径流，涵养水源，阻挡泥沙流失，固持土壤，可以综合提出选定植物一般应具备的特性：具有较强的适应能力和抗逆性；有固氮能力；根系发达，有较高的生长速率；播种栽植较容易，成活率高；有较高的经济价值或改善矿山环境质量的能力。

11.6.2 不同类型废弃地绿化技术

在矿区复垦时，植被恢复及恢复后的养护工作包括建立和维护一个复垦场地后续土地利用所必要的操作过程。对造林而言，它应该包括翻耕(整地措施)、地面植被建设、施肥、抚育管理和依据作物的特殊需要进行养护等。

11.6.2.1 整地

翻耕通常是需要把土壤翻到可以种植及根部能生长的状态。翻耕方式的选择取决于场地的特点，如地表构成、坡度、土壤组成和土壤深度等。根据不同废弃地类型、地形地貌和绿化树种，采取局部整地方式，选择带、块、穴状不同整地方法，结合土壤改良和蓄水保墒需求，确定整地技术规格。

11.6.2.2 植被建设

(1)植物的布局与配置模式

工矿区水土保持植物的布局与配置模式，与各类再塑地貌或废弃场地的特点及土地利用方向有关，即使同一类别、同一土地利用方向，亦有不同的配置组合。在我国主要有：以林业利用为主的煤矸石的植被配置模式；以农林复合生态系统为主的露天矿排土场植物布局与配置模式；以种养结合为主的浅塌陷区植物布局与配置模式；以防护林为目的道路边坡及周围地带植物布局与配置模式；以综合开发防护为目的的水库周围防护植物布局和配置模式；工矿区周围防护林布局和配置模式等。

(2)栽植和播种技术

栽植前最关键的是选择优良的苗木和种子，造林所用种苗都必须采用一级种苗。为提高造林成活率，起苗时主根必须达到要求深度，并保持根系完整。苗木一旦出圃后，要随运随栽，栽植剩余的苗木，一律及时假植。为防苗根干燥、碰伤、苗木失水，运输时必须用铁皮运苗箱、聚乙烯袋或草袋加以包装，并定时洒水，防止袋内发热。针叶树苗栽植时，可用生根粉或根宝浸根，以促进生根成活，灌草所用种子必须饱满，无病害，大小均一。

无论大小苗木或针、阔叶苗木均应以春季造林为主，具体时间以苗木芽膨胀前为主，总的要求是开始造林期宜早不宜迟，必须充分准备，集中劳力适时栽植。在错过春季造林的情况下，雨季、秋季造林应作为辅助造林季节，但必须因地制宜地进行。秋季栽大苗必须考虑水分条件，雨季栽植针叶树必须在透雨后进行。

播种对复垦种植牧草非常重要。播种技术主要包括播种量、播种时间和播种方式的确定。播种量取决于单位面积预期生长的棵数、单位重量平均种子的粒数、种子的纯度、发芽率、播种方式等。为提高劳动效率，保证发芽率和草种尽快发芽，采用水力喷洒法复垦矸石排放场，效果较好，其具体做法是：将草种与城市污水辅以生物肥料混合，借助喷洒机械播种。

（3）施肥、抚育

风化矸石由于缺乏微生物和腐殖质，没有经过生物富集作用，所以肥力状况不良，因此利用矸石复垦种植必须采取有效的施肥与管理措施。一般来说，施肥应考虑以下问题：①复垦土壤养分的有效性；②所种植物对养分的要求；③肥料对土壤性质的影响；④施肥成本；⑤是否需要连年施肥；⑥灌溉条件。

除施肥外，加强幼林抚育是提高造林成活率、保存率，促进幼树生长、树冠及早郁闭的一项重要措施。幼林抚育的中心工作是浇水、松土、除草和防治病虫害等。

浇水灌溉：乔木树种栽植时要浇水1~2次，有条件的第二年、第三年各浇水1次。

松土除草：造林后连续抚育，第一年松土除草2次，可在5~8月间进行，以后每年穴内松土除草1次，抚育时注意培修地埂，蓄水保墒。在造林后3年内一般要求每年扩穴除草1次。

病虫害防治：针对不同树种、不同的病虫害采取及时有效的防治措施。

11.7 工矿区废弃地复垦经典实例

从20世纪70年代起，复垦技术逐步形成了一门多学科、多行业、多部门联合协作的系统工程，许多企业自觉地把土地复垦纳入设计、施工和生产过程中。美国、英国、匈牙利等国政府对复垦资金给予补贴，或者建立复垦基金，疏通各种渠道筹集资金，支持土地复垦工作。我国《历史遗留工矿废弃地复垦利用试点管理办法》指出，工矿废弃地在治理改善生态环境基础上，与新增建设用地相挂钩，合理调整建设用地布局，确保建设用地总量不增加，利用更集约，耕地面积不减少、质量不降低。整治上遵循"生态优先、合理利用，科学规划、规范运作，保护耕地、节约用地，统筹推进、形成合力"的原则。复垦技术的发展和法规的逐步完善，使一些发达国家工矿地复垦率明显提高。

11.7.1 国外复垦经典实例

最早开始生态重建的是美国和德国，美国在《1920年矿山租赁》中就明确要求保护土地和自然环境，德国从1920年开始在煤矿废弃地上植树。1950年一些国家的重建区已系统地进行绿化。1960年许多工业发达的国家加速重建法规的制定和生态重建工程的实践活动，比较自觉地进入科学的生态重建时代。进入1970年，生态重建技术集采矿、地质、农学、林学等多学科为一体，发展成为一项牵动着多行业、多部门的系统工程。随着生态重建技术的发展和生态重建法规的逐步完善，这些国家复垦率明显提高，如美国1970年以前平均生态重建率为40%，1970年联邦土地生态重建法规颁布后，新破坏土地实现了边开采边重建，生态重建率为100%，同时又不断地对废弃的土地进行生态重建。澳大利亚的某些州政府制定《矿山环境保护法》和《矿山环境和生物多样性保护法》等，这些法律都明确要求矿山企业土地复垦质量管理要把矿山生态环境恢复和生物多样性的保护放在重要位置上。民主德国1960年末到1980年初，生态重建面积是露天采煤占用面积的92%；联邦德国的莱茵煤矿区，到1985年底生态重建土地面积是露天采煤占地面积的62%；苏联自1970年以来生态重建工作得到了很大程度的发展，黑色金属矿山平均年重建率已提高到50%。

11.7.1.1 澳大利亚矿山复垦技术简介

1) 复垦的技术特点

澳大利亚作为以矿业为主的国家，矿山复垦已经取得长足进展和令人瞩目的成绩。被认为是世界上先进而且成功地处置扰动土地的国家。对于过去开采遗留下来的已闭矿山，由政府部门出资进行了复垦工作。因此，矿山开采带来的土地破坏、环境影响和生态扰动，正在有效而成功地消失。复垦后的矿山被绿色覆盖，环境自然，空气清新，已难辨认昔日的矿山面貌。

澳大利亚矿山复垦的显著特点是采用综合模式，自然的排水体系与生态利用的目标的结合，实现了土地、环境和生态的综合恢复。多专业联合投入是澳大利亚矿山复垦的另一个特点。遥感技术、计算机技术等高科技指导和支持是澳大利亚矿山复垦的第三个显著特点。

2) 澳大利亚矿山复垦实践

该矿位于澳昆士兰州东部，坐落于波文盆地西部，该矿所在地处于半湿润气候带。年均降水量650 mm，多集中在11月至翌年3月，年平均气温$25\sim30$ ℃，年蒸发量2500 mm。该矿1980年开采，年开采能力350×10^4 t。该矿总面积5×10^4 hm^2。采矿方式为露天采矿。至今因开采已破坏土地面积达2200 km^2。

(1)矿山复垦前的准备工作

开采前，收集有关土地资源资料，进行开采区动、植物特性及土地价值等方面的调研，评估矿物开采对生态系统造成的影响，从而预先制定出保护环境的政策。

(2)收集并贮存表土

开采前的一项重要任务之一是收集表土。即剥离地表20 cm，分堆压实保存，堆高一般不超过 2~3 m。该矿迄今已存储表土达 $200×10^4$ m^3。多存放 5~6 a。

(3) 复垦范围和复垦原则

该矿复垦包括露采场、废石堆和尾矿库、废弃河道、道路等区。煤矸石全部用于回填。该矿复垦的原则是，根据采前土地利用类型，开采后将恢复为原类型土地。例如，原为草本、灌木区，则恢复为林草非农业区；原为农业区，则复垦后恢复为农用地。

(4) 复垦工艺

首先，平整土地，使之坡度为 10%~15%。在坡度为 20%~25% 的稍大区，采用等高线布置，减少径流至 1.5 m/s 以下。其次，沿等高线种植，同时挖好截水沟，以阻止水、土和种子流失。种植在雨季前进行，采用飞机播种。有计划地种植改善土壤肥力的豆科植物。覆表土 20 cm。

在废石堆顶部复垦时留有积水坑，一是可控制百年一遇的洪水，二是适宜袋鼠饮水需要。该矿已复垦地区，均采取树、草混播，已收到很大成效。

该矿在大面积复垦的同时，进行了大量现场对比试验。如前述的抗侵蚀试验、污水治理试验、草与树种选择试验、草与树种竞争试验、覆土与不覆土试验、播种速度试验、表土保存效果试验，以及建立稳定生态和自我维持试验等。有些试验已取得成果并被引用到大面积矿山复垦中。

11.7.1.2 苏联时期林业土地复垦

在苏联时期，整个土地复垦过程分成两个基本阶段：工程技术复垦阶段和生物复垦阶段。工程技术复垦就是针对被破坏土地的开发种类而进行整地。这包括场地平整、坡地改造、用于农田的沃地覆盖、土壤改良、道路建设等等。生物土地复垦包括一系列恢复被破坏土地肥力，造林绿化，并将其返回农、林业用地，创立适宜于人类生存活动的景观的综合措施。

在苏联时期，有以下几个土地复垦方向：

农业土地复垦——创立农田、牧场、花园和果园等；

林业土地复垦——营造不同类型的人工林；

渔业土地复垦——建立鱼塘；

水利土地复垦——建设不同类型的水库；

休憩地复垦——建设各种功能的休息、娱乐场地；

卫生保健复垦——污染周围环境的废弃物的封存、绿化及工业场地的绿化；

建筑土地复垦——创立工业和居民建筑场地；

前两个土地复垦方向，即农业复垦和林业复垦，在苏联时期是最普遍的。作为被破坏土地开发最经济、最可靠的林业土地复垦越来越得到广泛的应用。尤其是在那些土地开发需要资金不高且土地贫瘠地区，林业土地复垦成为主要方向。具体则取决于林业土地复垦的目的，一般在被破坏土地上营造水土保持林、用材林、农田防护林和建立森林公园。

与其他土地复垦方向相比，林业复垦对需恢复的土地要求不太严格，仅需较小的投资。林业土地复垦的基本原理在于，在被破坏土地上，不采用覆土设施，利用施少量肥料和土壤改良剂及促进林业生长的生物学技术，营造人工林。苏联时期林业复垦的特点是，除气候条件外，极力利用自然条件进行人工林营造。这使他们大大降低了营造高生产力、高生态效益的人工林的劳动、资金投入。林业复垦工作广泛地利用了国内累积的丰富的林业土壤改良及防护林营造的经验。

1) 被破坏土地的土壤改良及促进人工林生长的技术

制定营造稳定且具高生产力的人工林的有效方法，应该充分重视工业景观形成的环境特点，而为改善复垦层岩土的结构和成分必须有一整套土壤改良措施。

(1) 复垦地的平整和客土

被破坏土地的表面平整，一般要保证机械化造林方法的采用，并防止土壤侵蚀。用于营造人工林的复垦地的纵向坡度不超过10°，而横向坡度不超过4°。在确保机械化造林时，复垦地部分平整也是可行的，但整地宽度不应少于10 m。排弃场和采掘场的坡度必须梯田化。进行坡面绿化时，坡度不应超过18°，而建立果园时则不应超过12°。排弃场坡面平整一般采用推土机从上往下分层进行。

在表面存在有毒岩土时，必须用隔离层将其与根系营养层隔离开，这可防止有毒溶液从下层向根系扩散。隔离层的厚度取决于所用岩土类型。一般用无毒的紧密压实的黏土来建立隔离层，其厚度不小于40 cm。

复垦地的岩土成分可通过客土法改良，即在岩土中掺入一定机械组成的黏土或壤土来中和其机械成分。实践已证明，沙质岩土中能保证乔木树种和灌木发育的临界黏粒含量不应小于4%。用于林业土地复垦的岩土黏粒成分不应小于15%。

(2) 化学土壤改良法

防止排弃场的易分散物质(沙质岩土、灰烬等)的侵蚀和改善其理化性质，经常采用化学结构改良剂。它们是由各种化工厂的废弃物形成的复杂的有机矿物化合物。化学结构改良剂的特点是，它们不仅能形成预防表层土壤冲刷和不妨碍根系及幼芽穿透的防护膜，而且能提供足够的酸性中和剂、氧化剂和一定的营养元素，同时能防止日灼和水分蒸发。在乌拉尔和库尔斯克磁异常区排异场造林时，成功地运用了剂量为 $2.5 \sim 3.5$ t/hm^2 乳状胶液 CKC-50ΠR 和 CKC-65ΠR。

中和酸性岩土时，最常用的是利用石灰制作改良剂。苏联时期莫斯科附近褐煤矿区实践表明，中和酸性的含硫的岩土需要大量的石灰。改良40 cm的复垦层需120 t/hm^{2}的 CaO 才能达到中和酸性的目的。

(3) 施用矿质肥料

大量资料分析表明，施用矿质肥料能有效地提高人工林的生产力。矿物肥料在苏联时期的林业土地复垦实践中得到了广泛的应用。

在岩土根系营养层施肥是促进被破坏土地土壤发生过程的关键措施，施肥的目的是使土壤溶液中的基本元素达到最佳比例，对阔叶树种来说，N：P：K的比例为1：2：3。经验表明，被破坏土地上的施肥剂量与在自然土壤中施肥相比，一般要高出 $1.5 \sim 2$ 倍。

库尔斯克磁异常区造林实践证明，在白垩沙质排弃场上施全肥是最有效的，但对不同树种的施肥剂量、方法及施用周期是不同的。局部施肥广泛地在俄罗斯、乌克兰、白俄罗斯应用。一般施肥在造林后的第二年进行，并在人工林高生长稳定前数年连续施用。关于施肥剂量，氮肥每公顷不应少于 100 kg，磷肥为 120~150 kg/hm²。

作为林业土地复垦的肥料，还可利用城市垃圾和污水沉淀物。由于其富含有机物（达 70%）和多种矿质营养元素，成为提高林业复垦地肥力的有效物质。

（4）生物土壤改良方法

促进人工林生长和防止岩土风蚀、水蚀的有效生物学措施是在人工林行间种植豆科绿肥作物和引入具有固氮能力的树种。这种促进人工林生长的生物学方法不会像使用矿质肥料那样引起环境污染，岩土中的累积氮元素在较长时间内按自然途径分解。

对人工林发育的第一年有很大作用的是以下豆科草本植物：白花、黄花草木犀，兰花、杂交苜蓿，沙生驴豆草，牛角花，小冠花和野豌豆。具高地上茎和发达的直根系的草木犀和羽扇豆，不仅能促进岩土氮素的累积，而且能防止沙质岩土的风蚀，预防风对幼苗的吹蚀和日灼，促进雪分积累和根系营养层内水分的累积及再分配。

在库尔斯克磁异常区营林时，为改善植物营养条件，在造林前后广泛应用了豆科牧草。草木犀被利用为绿肥作物，沙生驴豆草和兰花、杂交苜蓿则用于 1~2 龄人工林行间种植。在林分郁闭后进行行间种植草木犀。乌克兰经验表明，促进人工林生长的有效措施是在行间与造林同时种植多年生羽扇豆。多年生羽扇豆在第 3~4 年即可明显改善岩土肥力状况，促进针阔叶树种的生产。同时，利用伴随形式种植羽扇豆能免除人工林内、行间的抚育工作，从而使造林成本降低 30%~40%。

少量的树种（如黑赤杨、灰赤杨、刺槐、锦鸡儿和沙棘等）也有固定大气中的氮并将其转化为可供植物利用的水解形式的化合物能力。库尔斯克磁异常区、克里沃伊洛格和马拉尔矿区的林业土地复垦实践证明了赤杨、刺槐、沙棘和沙枣对岩上氮的累积和欧洲松、狭叶椴、尖叶槭、榆树、白桦、欧洲女贞、欧洲红瑞木、蒙古忍冬和榛木等人工林的生长的促进作用。岩土的农化指标和同化器官数据与所指出的人工林生长指标完全相符。

2）林业土地复垦的乔灌木植物种的选择

在被破坏土地上，营造高生产力的和稳定的人工林的必需条件是根据岩土成分和性质、地区的自然、气候条件正确地选择乔木和灌木树种。选择造林树种时，除应考虑地带性地质因素外，还应坚持以下基本原则：耐寒性、抗旱性、耐贫瘠、生长迅速和一定的土壤改良作用。所选植物种应具有抗污染、速生和良好发育，具水土保持和卫生保健、绿化和经济功能等的生物生态学特性。

在乌克兰为褐煤、锰矿和耐火黏土露天开采矿的林业复垦选出了 35 种乔灌木树种。所选树种都根据排弃场营林的适宜程度分为适宜的和较适宜的两个组。列入适宜组的有：刺槐、黑赤杨、灰胡杨、疣皮桦、榆、欧洲松、克里木松、沙棘、野蔷薇等；列入较适宜组的有：狭叶椴、梨、鹅耳枥、欧洲红瑞木、欧洲女贞、蒙古忍冬、毛樱桃、欧洲莱蒾等。莫斯科附近矿区在 20 种所试树种中，成功地生长并在造林实践中采用的有：欧洲松、疣皮桦、黄花锦鸡儿、蒙古忍冬、莱蒾状绣线菊、西伯利亚胡颓子、金茶藨子、沙棘等。在沙质岩土含有一定量土壤时，杨树、白蜡、槭、狭叶椴、野蔷薇、花楸、欧洲云杉、欧洲落叶松都可良好生长。在库兹涅茨克煤矿区自 1966 年以来运用了 26 种乔木树种和灌木，其中生长最好的是欧洲松、西伯利亚落叶松和几种灌木。

大量资料表明，固氮树种能适应严酷的立地条件，特别是刺槐、狭叶胡颓子、黄锦鸡儿、灰胡杨、黑赤杨、沙棘和一些豆科草本植物物种。在被破坏土地上存在肥沃土壤层和有潜在肥力岩土层时，造林树种同地区营林植物种。

3) 复垦地人工林的营造技术

被破坏土地的人工林营造技术包括整地、直播、栽植树苗和一定的抚育措施。为改善复垦地的立地条件，所有的造林技术首先都应围绕根系营养层尤其是上层 50 cm 厚的岩土的水分物理性质和化学性质及其改善进行。整地方式取决于复垦地的年龄(幼龄：0~5 a；中龄：5~15 a；老龄：超过 15 a)、排弃场的形成方式、组成排弃场的岩土类型等。造林工作一般在工程技术复垦后立即进行，这可防止由于杂草丛生和表面压实带来的额外复杂工作。对已发生沉陷，形成深坑情况的，一般应推迟造林，即在排弃场形成后 4~5 a 较适宜。深耕可显著地改善根系发育层内养分和水分条件。

在森林草原和草原地带，造林可在春季和秋季进行。春季造林应比常规造林期提前 7~10 d，秋季造林应在稳定的冰冻期来临前的 15~20 d 进行。在采用带土根系的造林材料时，植苗期可大大地延长，造林工作可在整个无冰冻时期进行。

在轻机械组成的沙质被破坏土地上，可不预先整地直接造林。在梯田化后的排弃场和采场的边坡上，采用山地、沟壑造林技术进行造林。在排弃场顶面平地和宽梯级上必须进行平整，以便应用机械化造林技术。在排弃场坡面上及毗邻的地段上应营造由沙棘、刺槐、黑刺李和其他根蘖树种组成的防蚀林。造林密度一般为 3000~5000 株/hm^2。在较干燥的地段上，可营造高密度的(10 000~20 000 株/hm^2)的旱柳、刺槐和其他耐旱树种组成的人工林，这种方法可保证在保存率极低的情况下，人工林仍能保持高的防蚀效益。

在确定抚育数量和周期时，除一般要素(人工林成分、造林方式和密度)外，应充分重视岩土密度和风化期的长度。在松散的和风化期较短的岩土上，人工林可不用抚育措施；在风化期较长情况下，造林后的第一年必须进行 1~2 次抚育。在具有重机械组成、风化期较短的岩土上，只有在形成硬壳时，才进行松土；风化期较长时，这种排弃场上将生满杂草，因此，造林第一年必须进行不少于 4~5 次抚育。在干旱区内人工林营造结合灌溉进行，造林技术较森林草原和森林带复杂，人工林抚育受到限制，多半不进行。

分析大量资料表明，栽植造林最好采用 2 年生的实生苗或带土坨的造林材料。乔灌木树种配置和造林密度按岩土适宜性、植物种的生物学特性、自然生态学和经济条件等因素来确定，在贫瘠岩土上多采用针叶树种 0.8 m×1 m 或阔叶树如杨树 4 m×4 m。现在一般倾向于营造由 1~2 种主要树种+伴随树种+灌木组成的人工林(混交林)，这能使人工林形成较稳定的、生态学和植物群落学上多样的植被类型。土壤改良实践证明，最佳的混交成分是：60%的主要树种、20%的伴随树种、20%的灌木。

11.7.1.3 德国莱茵露天煤矿林业复垦

德国是工业发达、人口稠密的国家之一。鲁尔井矿采煤和莱茵露天煤矿是占地和破坏土地最多的单位，因此，在煤矿地面复垦中保持一定的农、林面积，恢复生态平衡，防止环境污染等问题在德国矿区复垦中都受到了很高的重视。德国政府和威斯特伐伦州政府的法令规定："露天矿采空后要恢复原有的农、林经济和自然景色"等，这些条文保证了复垦工作的顺利开展。

1）农业复垦

莱茵地区露天开采时，将剥离的黏土单放作为复田表土。将沙、石和电厂的粉煤灰等废料直接回填到采煤坑，填至标高，上面再覆盖表土 1 m 厚。首先过渡性地种植苜蓿草，苜蓿根系发达深及 7~8 m，可活化土层改良土壤，经过 2~3 a 将苜蓿翻耕后，土壤中留下了大量的腐殖质和氮素养分，最好再多施一些厩肥，然后再种小麦、黑麦、甜菜。经过渡性复垦的新农田，各种作物均达到或超过当地原地的收获水平。此外，为使复垦区的风景和周围协调一致，还进行了一定的绿化美化，为居民提供疗养和休憩场所。

2）林业复垦

莱茵褐煤有限公司下设林业部门，专门负责矿区的林业复垦工作，管辖 6 个林区，每个林区设有林业公司，负责林业事务工作。将剥离的砂砾土推平后进行植树造林。砂砾土是由石块、沙粒、碎石和 20% 以上的黄土组成。在这种土壤上已直接种植 36 种乔木和 18 种灌木。另外，在林区还规划有湖泊、小溪等。莱茵褐煤矿区的林业复垦，从 20 世纪 20 年代开始已有近 1 个世纪的经验，其大致经过三个阶段：

（1）试验阶段（1920—1950 年）

此阶段对各种树木的实用效果进行研究，系统化绿化，取得了用赤杨和白杨来开拓生土，增加土壤肥力的经验。开始在贫瘠的、纯剥离土的复垦地上，先进行小面积混合植树造林试验，在这些混合植树区里，有些树木生长速率极快，最突出的是铺有纯剥离土的白杨树长得最好，成材最快。这种纯剥离土尽管比造林用的砂砾土土质差得多，但白杨和赤杨生长得非常好。

（2）综合种植阶段（1951—1958 年）

前期选出了白杨和赤杨生长最好，1951—1958 年间大面积种植白杨和赤杨 2000 hm²。这些树种生长速率快，又可增加土壤肥力，由于精心种植、追肥和及时管理，无病虫害威胁。此期还进行了综合树种的种植试验，间隔伐去杨树林，空出土地种植针叶树或阔叶经济林木，生长也良好。

（3）树种多样化和分阶段种植（1959 年之后）

20 世纪 50 年代末，莱茵褐煤公司成立林业部后，开始造林的第三阶段。复垦新造林已初具规模，主要特点是树种多样化和分阶段种植。

① 采用砂砾土造林，可不经过苗圃育苗，直接营造经济林，并种植白杨作为屏障防护林。这种砂砾土壤由砂、石、砾石和黏土混合，结构松散，孔隙率大，空气湿度较高，黏土中又含有钙和微量元素，物理、化学性能很好，是当地树种生长的理想土壤。

② 在林业复垦区边坡地种植根系发达的树木，保护边坡和防止土壤流失。

③ 改变过去形成的森林布局不合理的状况，合理安排从苗圃到经济林和风景林的过渡，避免森林树木砍伐，在兼顾林业和农业的前提下种植一些生命力强的树木。

11.7.1.4 美国煤矿区复垦

随着采矿和电力工业的发展，矿区环境污染日益严重。美国把矿区环境污染分为三种：空气污染、地表特征(地面建筑物结构、河流和土地)的毁坏和水的污染，并根据不同污染对象先后颁布了严格的国家法令，如《露天开采控制和复田法令》等，《美国环境法》要求工业建设破坏的土地必须恢复到原来的形态，原农田恢复到农田状态，原森林要恢复到森林状态。由于国家法令的强制作用以及科研工作进展，美国的矿区环境保护和治理成绩显著。在复田区种植作物、矸石山植树造林和利用电厂粉煤灰改良土壤等方面做了大量工作，积累了很多经验。

(1)利用粉煤灰改良土壤

改良土壤，过去一般用石灰、化肥、覆土和种草。最近用粉煤灰作改良土壤的改良剂。美国的粉煤灰多呈碱性，pH 值在 11 左右，用来稳定酸性矸石区和复田区的土壤。粉煤灰运到复垦区后，尽量在地面撒上一层，均匀地混在土里，以提高粉煤灰的利用率。

粉煤灰中、剥离物和矸石中的酸性物质，效果比较明显：

①变重土和轻砂土为中间结构土壤；

②增加土层的保水能力和孔隙度；

③由草和豆科植物组成的覆盖层具有抗蚀性，并能够降低河流的污染程度。

(2)煤矿矸石复垦技术

美国弗吉尼亚州的农业生态和森林生态系统非常好，所有的山脉均由森林所覆盖，除农田、公路和建设用地外均为绿色植物覆盖。弗吉尼亚煤矿造成的废弃地用煤矸石填入采煤塌陷区复垦。复垦工程措施是用机械将矸石分层压实充填复垦地，达到适宜种植目的。即将矸石下部底层充填密实，防止耕种层的水分渗漏；上部耕种层的厚度约 0.5 m，用较细碎的矸石，充填比较疏松，适宜于植物生长。耕作层表面铺上一层 5 cm 厚的城市污水处理厂的活性污泥，然后，上面再铺一层 3~5 cm 碎树皮或碎草。复垦地植树、种草、种瓜，长势都很好。

(3)石灰中和法处理矸石

美国的矸石普遍含硫量较高，淋溶后呈酸性或强酸性反应，不宜种植植物。

在美国，他们采用石灰中和法处理矸石，仅在耕种层的 30~50 cm 范围内进行。使酸返不到耕种层来，既科学又经济。目前我国开滦矿务局范各庄煤矿和山东淄博矿务局岭子煤矿等也采用此法处置矸石。

(4)矸石堆种植

矸石堆下层用压路机压实，上层 50 cm 内为种植层，铺碎矸石、城市生活垃圾等混合物作为种植层，种植 1~2 a 牧草后再种农作物或植树，效果很好。

11.7.2　国内复垦经典实例

我国矿区的生态重建始于 1960 年。到了 1980 年，我国矿区的生态重建工作进入了有组织、有规模的阶段。目前，我国矿区的生态重建主要在采矿造成的 4 种主要破坏类型上进行。这 4 种主要破坏类型是露天采矿场、废石场(排土场)、尾矿场(包括采煤中产生的矸石山)和地下开采造成的塌陷区。

11.7.2.1 昆阳磷矿采空区复垦

昆阳磷矿由于露天开采，大量岩土剥离，大面积植被遭破坏，水土流失严重。为恢复排土场和采空区植被，充分发挥植被的生态效益，减少水土流失量，恢复被破坏的生态环境成为当地矿区复垦的主要任务。昆阳磷矿土地复垦的主要措施是：选择抗逆性强、速生的豆科和非豆科固氮树种，如圆柏、藏柏、华山松、栎树、黑荆、蓝桉、赤桉、直杆桉、旱冬瓜等用材树和薪炭林树种。经过土地复垦后，效果良好。

恢复了复垦区生机，增加了动植物种类和数量。自 1988 年种植完成后到 1990 年，植物种类由 114 种增加到 233 种。其中乔木 22 种、灌木 21 种、草本植物 190 种。目前植物种类生存竞争十分激烈，有些早期出现的种类消失，新种不断增加。由于植物种类数量的增加，群落结构复杂，给动物觅食和栖息提供了优越条件，动物种类也随之增加，由于 1988 年 5 月的 9 种，1989 年的 5 月的 32 种，增加到 1990 年的 58 种。

土壤理化状况和肥力状况得到改善。在人为活动干预和植被的作用下，试验区土壤理化状况和肥力得到了改善。土壤中氮、磷、钾分别增加 50%、13.3%、15.5%。土壤蓄水保水能力增加 0.7%~5.2%，土壤水分地面蒸发量减少 4%~13%，土壤微生物总数由 126.4×10^3 个/g 干土增加到 5897.7×10^3 个/g 干土。

减少了水土流失。在乔、灌、草复合植被的作用下，因矿山露天开采造成的水土和肥力的大量流失初步得到控制，随着植被恢复，其效应越来越明显。

改善了小气候。复垦区小气候得以改善，是生态环境效益的主要标志。通过复垦区对气温、空气湿度、风速、低温等观测结果表明，都有不同程度的调节和缓冲作用。无植被的裸地，气温高于植被区 1.7℃，相对湿度低 9%，风速快 1~3.7 m/s，最高地表温度高 6.3℃，最低地表温度低 2.5℃，5 cm 处地温高 2.5℃。这种作用随着林木生长，植被状况的改善，越来越明显。

11.7.2.2 德兴铜矿区生态复垦

德兴铜矿为大型斑岩铜矿藏，赋存于燕山期闪长斑岩与震旦系千枚岩内外接触带中，早在唐宋年间曾为古人开采。中华人民共和国成立后，1958 年国家开始筹建德兴铜矿，1965 年投产以来，生产规模不断扩大，已形成日处理矿石 30 000 t 的综合生产能力。根据德兴矿区不同的生态破坏类型，选择了不同的试验地进行植被恢复与重建试验，见表 11-2。

德兴矿区经过两年的矿山生态恢复试验结果表明，采用的方法和措施得当，可获得良好的效果。

表 11-1　德兴矿区生态重建试验地类型及其试验措施

试验地类型	试验方法	采用的植物种
采矿场边坡	植苗、播种	马尾松
排土场边坡	植苗	香根草、百喜草
排土场边坡	植苗、播种	马尾松、湿地松、香根草、百喜草、弯叶画眉草
尾矿场	植苗、播种	马尾松、湿地松、紫穗槐、百喜草、无叶节节草、象草、水蜡烛、狗牙根、沙棘、胡枝子、黄檀等

（续）

试验地类型	试验方法	采用的植物种
排土场	播种	马尾松、湿地松、紫穗槐、百喜草
排土场	播种	马尾松、湿地松、紫穗槐、百喜草
排土场	播种	马尾松、湿地松、紫穗槐、百喜草
排土场	植苗	香根草、百喜草

（1）采矿场边坡植被恢复

采矿场边坡采用带土球移植和直播，栽、播后加强水肥管理，植被恢复很快，取得了良好的效果。

（2）排土场边坡、平台植被恢复

杨桃坞排土场边坡和电动轮排土场，在栽、播前对边坡进行处理，打桩固定，加强边坡的稳定性；或修成水平阶，有利于栽播植物后水肥的管理。试验结果表明，采用以上方法，植被恢复非常成功。

（3）尾矿场植被恢复

尾矿场的植被恢复主要取决于选用的先锋植物种。植物种选择得当，在不覆土的情况下，仍然能生长良好。适当覆薄层土，植被恢复速度更快。

（4）种植方法的选择是植被恢复的重要保证

矿区土壤具有特殊性，如重金属含量高，土壤贫瘠，尤其是硫化物含量高，当遇到雨水冲刷，土壤中硫与水反应生成硫酸，易造成植物死亡。因此，栽种前进行整地，避免试验地积水，是酸性排土场和尾矿场植被恢复成功的重要保证。堆土栽植法是采矿场和排土场平台植被恢复的有效方法，在矿山植被恢复中具有较好的推广价值。

（5）加强栽播后的管理

加强栽播后的管理是矿山植被恢复的重要环节。特别是栽种植物后的成活期，应加强水肥管理，适时浇灌和培肥土壤，以保证植物的成活和健康生长。

本章小结

在地质勘探、矿物开采、能源开发、交通建设、建筑工程以及其他生产建设过程中，生态环境遭到严重破坏，造成大量的肥沃土地丧失。因此，保护和合理利用土地资源，消除被工业破坏土地对自然综合体的不利影响和恢复其生产力——即土地复垦，是现代社会发展的重要问题之一，是自然保护、恢复自然资源再生产能力的不可分割的一部分。土地复垦受到自然因素、工程因素和社会经济因素的多重影响。复垦工作的基本程序是：明确恢复和利用的方向、地表整形、土地整理、复垦绿化。

思 考 题

1. 论述工矿废弃地复垦的必要性。

2. 详细论述煤矿区的复垦、砂砾料场的复垦、金属矿山废弃物的复垦中存在的问题及复垦策略。

3. 工矿废弃地复垦绿化的基本程序和各环节的技术措施。

第 12 章

碳汇与能源林

12.1 生物质能源概述

生物质是地球上存在最广泛的物质，也是人类利用最早的能源之一，包括所有动物、植物和微生物，以及由这些生命体排泄和代谢的所有有机物质。这些物质所蕴藏的能量相当惊人，根据生物学家估算，地球上每年生长的生物能总量达 $1400×10^8 \sim 1800×10^8$ t(干重)，相当于目前世界总能耗的 10 倍，而目前作为能源用途的生物质仅占总产量的 1%左右，潜力巨大。

12.1.1 生物质能源现状

能源是人类生存与发展的重要保障，也是国民经济增长与发展的根本动力与基本保证。进入 21 世纪以来，随着社会经济的快速发展，人类面临着社会经济增长、环境保护、生存发展与能源消耗的多重矛盾与压力。目前，石油、天然气等矿物资源的消耗正以比它们自然形成的速率快大约 100 万倍的速率增长，据专家估计，近 30 a 来全球消耗了与此前整个历史时期所消耗能源总量相当的能源，同时矿质燃料所释放的碳总量每年已达 $60×10^8$ t。因此，改变能源的生产方式和消费方式，积极探索并寻找矿物替代能源，加快包括生物质能源在内的可再生能源、资源的开发与利用，促进人类经济社会的可持续发展，已引起世界各国的广泛关注。

12.1.1.1 国外生物质能源开发利用概况

生物质能源一直是人类赖以生存的重要能源之一。在远古时代，自人类发现火后开始以生物质能源的形式利用太阳能来烧烤食物和取暖。据中国科学院统计资料显示，全球再生能源可持续为二次能源的储量共 $1.855\ 5×10^{10}$ tce(吨煤当量)，相当于全球油、气、煤等化石燃料年消费量的 2 倍，其中生物质能源占 35%，位居首位(表 12-1)。

表 12-1 全球再生能源储量分类表

名 称	太阳能	水能	风能	地热能	海洋能	生物质能
年理论储量/kW	$1.74×10^{14}$	$3.96×10^9$	$3.5×10^{12}$	$3.3×10^{10}$	$6.1×10^{10}$	$1.1×10^{11}$
可转化为二次能源的储量/$×10^8$ t	32.20	32.28	23.67	21.52	11.26	64.56

1992 年世界环境与发展大会召开后，欧美等发达国家人力发展生物质能。1997 年的《京都认定书》中确定对发达国家 2010 年减排 CO_2 的考核目标后，促使有关政府采取了推动扩大利用生物质能源的政策措施，进一步推动了生物质能源的扩大应用。目前，生物质能源技术的研究与开发已成为世界重大热门课题之一，许多国家都制订了相应的开发研究计划，如美国的能源农场、巴西的酒精能源计划、日本的阳光计划、印度的绿色能源工程等，均重点研究、开发和利用生物质能源。目前，国外的生物质能源技术和装置多已达到商业化应用程度，实现了规模化产业经营。此外，各国针对生物质原料的种类和土地来源制定了相应更细的政策：以推荐或限制使用某些特定生物质原料，鼓励使用空地荒地等边际土地，维持森林可持续性。例如，英国政府 2013 年提供了计算生物质能碳排放的方法。

（1）美国

美国在利用生物质能方面，处于世界领先地位。现阶段美国生物质每年可利用量为 $13×10^8$ t，生物质能源利用占一次能源消耗总量的 4.6% 左右。早在 1979 年，美国就开始采用垃圾直接焚烧发电，截至 2015 年年底，美国生物质及垃圾发电累计装机容量达 15 GW，2017 年美国生物质发电量 $6400×10^4$ MWh，美国生物质直接燃烧发电约占可再生能源发电量的 75%，350 多家发电厂采用生物质能与煤炭混合燃烧技术，装机容量达 22 000 MW，占全国产电能力的 1.3%。为减少汽车尾气污染，美国又大量推行由玉米等作物的秸秆制取燃料乙醇，计划每年生产约 $2000×10^4$ 加仑燃料乙醇。生物燃气还是美国发展比较成熟的生物质能源技术之一，截至 2012 年年底，美国近 8200 个农场沼气工程，包含 192 个规模较大型沼气工程，装机总容量达到 $5860×10^8$ W，1238 城市污水处理厂沼气工程，平均日处理能力约为 $450×10^4$ 加仑*废水，发电 100 kW；594 个垃圾填埋场沼气工程，装机容量达到 1813 MW。此外，美国还建立了大规模的能源农场，进行生物柴油生产。生物质动力工业在美国已成为仅次于水电的第二可再生能源工业。

（2）巴西

巴西的能源主要形式为水电、酒精、生物质。由于巴西现阶段可再生能源占最大比重的水电在规模上有所限制，其占巴西能源的比例已逐年减小，巴西拥有广泛土地和优势气候，其生物质能源的地位将进一步提升。现阶段，生物质能源在巴西能源利用总量中占 29.3%，其中甘蔗渣和酒精占 13.6%，木材和木炭占 13%，农业废弃物等占 2.7%。巴西为了摆脱对石油进口的过度依赖，实施了世界上规模最大的乙醇开发计划（原料主要是甘蔗、木薯等），并通过立法手段强制推广乙醇汽油，目前乙醇燃料已占该国汽车燃料消费量的 50% 以上。

与 1975 年相比，2000 年巴西的甘蔗单产提高了 33%，甘蔗的含糖量提高了 8%，甘蔗—乙醇的转化率提高了 14%，发酵罐生产率提高了 30%。乙醇燃料已经由起初接受政府的价格补贴，到 2000 年无需政府补贴，而且燃料乙醇的价格已低于汽油的价格，具备与石油市场的竞争能力。2010 年，巴西共建成 314 座以甘蔗渣为原料的电站发电共 6022 MW，截至 2015 年年底，巴西境内生物质发电能力达 15.3 GW，其中甘蔗渣发电量占全

---

* 1 加仑=3.785 L。

国发电量的 7%，黑液发电占 1.1%。

（3）欧盟

欧盟是生物质能开发利用非常活跃的地区，新技术不断出现，并且在较多的国家得以应用。欧盟各国比较重视环保，为完成较大的 CO_2 减排任务，各国因地制宜出台了扩大再生能源，特别是生物质能的政策措施。如北欧的瑞典和芬兰等国家利用丰富的森林优势，以木材为原料发展生物质能发电。两国生物质能发电在电力中的比例分别达 19% 和 16%。德国、英国、法国等国为扩大垃圾填埋场沼气和风电等再生能源发电，要求电力部门按较好的电价收购上网。2015 年欧洲生物质发电量占欧洲总电量来源的 5%，生物质发电能力达 34.7 GW。

近十年来，欧盟开展了将木料汽化合成甲醇的研制工作，先后已有数个示范厂。德国已广泛应用含 1%~3% 甲醇的混合汽油供汽车使用，在法国、捷克、瑞典、西班牙等国，都在开发应用甲醇和乙醇的液体燃料。

另外，欧盟通过制定严格的汽车尾气排放标准和对生物柴油的减免税政策，亦推动了生物质能在汽车上的应用。2017 年，欧盟生物柴油产量为 $1346×10^4$ t，即便如此，欧盟仍需进口约 4% 生物柴油。欧盟委员会计划 2020 年使生物柴油的市场占有率达到 12%。

（4）日本

日本尽管生物质资源匮乏，但在生物质利用技术研究方面所取得专利已占世界的 52%，其中生物能源领域的专利占了 81%。日本早在 2000 年就将生物质发电列入 2010 年新能源发展规划，并于 2002 年颁布了《新能源电力促进法》。

①从 2001 年 4 月开始实施的《食品废物再生法》，促进使用食品废物发酵生产沼气，除直接燃烧发电外，还从沼气中提取氢供燃料电池发电。

②从 2002 年 4 月开始实施的《建设废材再生法》要求废木屑的利用率由目前的 40% 提高到 2010 年的 95%。

③结合《畜禽排泄物处理法》的实施，推动畜禽粪便发酵产生沼气，有的牛奶场利用沼气提取氢供燃料电池发电。

2017 年，日本国内生物质发电总发电能力为 $310×10^4$ kW，约仅有太阳能发电的十分之一，不过预估 21 世纪 20 年代前半期发电能力最少将扩增至 $480×10^4$ kW。

（5）印度

印度年产薪柴 $0.284×10^8$ t 左右，工业废弃物和农业副产物年产 $2.46×10^8$ t，在发展中国家，印度的生物质能开发利用的比较好，沼气应用、生物质压缩成型、气化技术等进展显著。2015 年印度生物质及垃圾发电新增装机容量 4.9 GW。另外，印度在德国专家的指导下，从 2003 年开始实施"麻疯果计划"，利用麻疯果生产生物柴油，麻疯果果实含油量高达 80%，这种油几乎在各个方面都明显胜过传统的柴油，特别是它的硫含量非常低，燃烧时无气味，并且不产生炭黑，因其自身有毒，可以免受害虫和动物的侵害，尤其是可以种植在其他植物不易生长的土地上，使印度 $3300×10^4$ hm^2 贫瘠干旱土地变成"油田"。

12.1.1.2 我国生物质能开发与利用现状

我国生物质能源十分丰富。据测算，中国理论生物质能资源约为 $50×10^8$ t 标准煤，生物质能发展潜力巨大。

我国是一个拥有近 14 亿人口的大国，生物质是农村的主要生活燃料，开发利用生物质能对中国具有特殊意义。目前我国广大农村的生活用能尚处于以生物质能为主的局面，其利用形式多以直接燃烧为主，资源浪费和环境污染严重。因此，改变能源的生产方式和消费方式，开发利用生物质能等可再生的清洁能源资源对建立可持续发展的能源系统，促进国民经济发展和环境保护具有重大意义。

改革开放以来，经过 40 多年的不断努力，我国在生物质能的开发利用上取得了一定成效。

(1) 直接燃烧技术

目前，我国农村地区已累计推广省柴节煤炉灶 1.89 亿户，极大缓解了农村能源短缺的紧张局面。此外，生物质燃烧所产生的能源还可以应用到工业过程、区域供热、发电及热电联产等领域。

(2) 沼气

目前，我国已有 4168 万户使用农村户用沼气池，解决约 5000 万人的炊事用能；全国规模化生物燃气工程 8.05 万处，年产气量 $150×10^8$ m³，年减排 CO_2 $6100×10^4$ t，生产有机肥料 $4.1×10^8$ t，为农民增收节支 470 亿元。生活污水沼气净化池逾 13.7 万户；户用池与沼气工程年产沼气 $80×10^8$ m³，相当于生产原煤 $800×10^4$ t。

(3) 生物质气化

经过十几年的研究、实验、示范，生物质气化技术已基本成熟，气化设备已有系列产品，产气量 200~1000 m³/h，气化效率达 70% 以上。我国现有生物质气化发电站 30 余座，现在已有数处使用流化床气化炉，可以用稻壳、锯末乃至粉碎的秸秆为原料进行气化发电。

(4) 压缩成型技术

生物质压缩成型的设备一般分为螺旋挤压式、活塞冲压式和环模滚压式。我国压缩成型燃料的成型机在实际使用中的一个突出问题，是挤压螺杆和套筒的寿命短，仅 8~12 h，北京、河南和安徽等地已经开发出一些常温、低压致密成型技术及产品，使这项技术与产业化和市场化的距离更接近了一步，由辽宁省能源研究所用特种材料研制的螺杆，连续使用时间可达 500 h。

(5) 生物液体燃料

这是以生物质为原料生产的液体燃料，如生物柴油、乙醇以及二甲醚等，可以用来替代或补充传统的化石能源。近年来，有关部门正在组织科研单位和专家开展甜高粱茎秆制取燃料乙醇的加工基地，并已经达到年产 5000 t 燃料乙醇的生产规模。经过 30 多年的努力，我国开展生物柴油的研究已有成果，南方已建有产业，如利用菜籽油、棉籽油、乌桕油、木油、茶油和地沟油等原料小规模生产生物柴油。目前，全国生物柴油厂家约有 40 余家，年生产能力已超过 $300×10^4$ t。

12.1.2 生物质能源特点

生物质能(biomass energy)是以生物质为载体的能量，即把太阳能以化学能形式固定在生物质中的一种能量形式。生物质能是唯一可再生的碳源，并可转化成常规的固态、液态和气态燃料，是解决未来能源危机最有潜力的途径之一。与矿物能源相比，生物质在燃用过程中，对环境污染小。如生物质的灰分含量低于煤；含氮量通常比煤少；特别是含硫量生物质比煤少得多，煤的含硫量一般为 0.5%~1.5%，而生物质的含硫量一般少于 0.2%。硫在燃烧过程中产生的二氧化碳，是酸雨形成的主要原因，这正是煤燃烧所带来的最主要的环境问题。生物质燃烧时排放氮氧化物和烟尘比燃煤的少，燃烧生物质产生的二氧化碳，又可被等量生长的植物光合作用所吸收，这就是人们常说的实现二氧化碳"零"排放，这对减少大气中的二氧化碳含量，从而降低"温室效应"(导致地球气候变暖的一个因素)极为有利。

生物质能蕴藏量巨大，而且是可再生的能源。只要有阳光照射，绿色植物的光合作用就不会停止，生物质能也就永远不会枯竭。特别是在大力提倡植树、种草、合理采樵、保护自然环境的情况下，植物将会源源不断地供给生物质能源。

生物质能源具有普遍性、易取性，几乎不分国家、地区，它到处存在，而且廉价、易取，生产过程极为简单。

可再生能源中，生物质是唯一可以储存与运输的能源，这给对其加工转换与连续使用带来一定的方便。

生物质挥发组分高，炭活性高，易燃。在 400℃ 左右的温度下，大部分挥发组分可释出，而煤在 800℃ 时才释放出 30% 左右的挥发组分。将生物质转换成气体燃料比较容易实现。生物质煅烧后灰分少，并且不易黏结，可简化除灰设备。

生物质能源也有缺点。缺点是热值及热效率低，体积大而不易运输，直接燃烧生物质的热效率仅为 10%~30%；并且风、雨、雪、火、病虫害等外界因素对生物质能源的存活也会带来不利影响。另外，生物质能与化石能源均属于以碳氢为基本组成的化学能源，这种化学组成上的相似性也带来了利用方式的相似性，故生物质能的利用、转化技术可在已经成熟的常规能源技术的基础上发展、改进，但是生物质的组成多为木质素、纤维素之类难降解有机物，因此利用、转化技术也更为复杂多样，特别是利用生物催化、转化的技术。

12.1.3 生物质能源主要类型

生物质种类繁多，分布广泛，根据分类原则的不同，可分为不同的类型。

按原料的化学性质主要分为：①糖类生物质，如甜高粱、甘蔗、甜菜等；②淀粉类生物质，如木薯、甘薯、马铃薯等；③油脂类生物质，如油菜、大豆、麻疯树、油椰子等；④纤维素类生物质，如林业三剩物、农作物秸秆等。

按原料来源划分，可将生物质能源划分为：①林业资源(能源林、薪炭林、林业剩余物等)；②农业资源(作物秸秆、谷壳、甘蔗、甜高粱、甜菜、木薯、马铃薯、玉米等)；③生活污水和工业有机废水；④城市固体废物；⑤藻类(马尾藻、巨藻、海带等，淡水生的布袋草、浮萍、小球藻等)；⑥畜禽粪便六大类。

总之，生物质资源不仅储量丰富，而且可以再生。据估计，作为植物生物质的最主要成分——木质素和纤维素每年以约 $1640 \times 10^8 t$ 的速率不断再生，如以能量换算，相当于目前石油年产量的 15～20 倍。如果这部分能量能得到充分利用，人类就相当于拥有了一个取之不尽、用之不竭的资源宝库；而且，由于生物质来源于 CO_2，不会增加大气中的 CO_2 的含量。因此，生物质与矿物质燃料相比更为清洁，是未来世界理想的清洁能源。

12.1.4 中国生物质能源资源

12.1.4.1 林业三剩物

林业三剩物主要是采伐剩余物(指枝桠、树梢、树皮、树叶、树根及藤条、灌木等)、造材剩余物(指造材截头)和加工剩余物(指板皮、板材、木竹截头、锯末、木芯、刨花、木块、边角余料)的统称。

据统计，采伐剩余物和造材剩余物约占林木采伐量的40%，全国每年可生产 $1.02 \times 10^8 m^3$ 的采伐剩余物和造材剩余物(根据国务院批准的"十三五"期间森林采伐限额 $2.54 \times 10^8 m^3/a$ 计算)。另外，我国木材加工产业技术含量不断提高，加工剩余物约为原木的10%，我国每年产生约 $0.15 \times 10^8 m^3$ 的加工剩余物。

生物质能(生物质发电、生物质成型、生物质液体燃料和生物质气化)和板材是林业三剩物的主要消费产业。

12.1.4.2 农作物秸秆

农作物秸秆作为生物质的重要组成部分，是当今世界上仅次于煤炭、石油和天然气的第四大能源。农作物秸秆是指农业生产过程中，收获了稻谷、小麦、玉米等农作物籽粒以后，残留的不能食用的茎、叶等农作物副产品，不包括农作物地下部分。其能源特性是农作物秸秆、农产加工剩余物、林业加工剩余物等纤维素原料，通常含有约40%的纤维素、30%的半纤维素和30%的木质素。以木质素类生物质为原料生产包括燃料乙醇在内的生物燃料和生物基化学品有生物化学的转化和热化学转化。

据前瞻产业研究院测算，2017 年全国主要农作物秸秆理论资源量约为 $10.9 \times 10^8 t$，综合利用率为81.7%。从品种上看，稻草约为 $2.5 \times 10^8 t$，占理论资源量的22.89%；麦秸为 $1.9 \times 10^8 t$，占17.31%；玉米秸为 $4.02 \times 10^8 t$，占36.78%；棉秆为 $2879 \times 10^4 t$，占2.63%；油料作物秸秆(主要为油菜和花生)为 $4806 \times 10^4 t$，占4.39%；豆类秸秆为 $2649 \times 10^4 t$，占2.42%；薯类秸秆为 $2901 \times 10^8 t$，占2.65%；其他作物秸秆 $1.20 \times 10^8 t$，占10.93%。从区域分布来看，华北区和长江中下游区的秸秆资源最丰富，分别占总量的28.45%和23.58%；其次是东北区、西南区和蒙新区，分别占总量的17.2%、10.97%和7.16%；华南区和黄土高原区较少，占总量的6.7%和5.37%；青藏区最低，仅占总量的0.57%。

12.1.4.3 畜禽粪便

畜牧业作为我国农业农村经济的支柱产业,对保障国家食物安全,增加农牧民收入,保护和改善生态环境,推进农业现代化,促进国民经济稳定发展,具有十分重要的现实意义。畜禽粪便是畜禽排泄物的总称,它是其他形态生物质(主要是粮食、农作物秸秆和牧草等)的转化形式,包括畜禽排出的粪便、尿及其与垫草的混合物。我国主要的畜禽包括鸡、猪和牛等,其资源量与畜牧业生产有关。据测算,2016 年我国畜禽粪便排放量为 38×10^8 t,但有效处理率不到 50%。

畜禽粪便用则利、弃则害,它能够产生沼气、生物天然气等清洁、可再生能源,还可以加工成有机肥料。可以说,畜禽粪污是"放错了地方的资源",利用好它们,对于改善广大农村的生产生活环境、改善土壤生产能力、治理农业面源污染具有非常重要的实际意义。

12.1.4.4 淀粉类资源

淀粉质包括甘薯、木薯和马铃薯等薯类,以及高粱、玉米、谷子、大麦、小麦和燕麦等粮谷类。甘薯在我国栽培分布极为广泛,是一种高产作物,其干物质的主要成分是淀粉,占干重的 66% ~ 70%,甘薯原料生产乙醇具有加工方便、产率高等特点。我国南方地区盛产木薯,北方地区盛产马铃薯,它们也是乙醇生产的优质原料。谷类原料是人类生活的主要食粮,一般情况下应尽量不用或少用,但随着我国粮食生产的发展,用于乙醇生产的玉米将会逐渐增加。

12.1.4.5 糖类资源

糖类原料包括甘蔗、甜菜和甜高粱等含糖作物,以及废糖蜜等。甘蔗和甜菜等糖类原料在我国主要是作为制糖工业原料,很少直接用于生产乙醇。废糖蜜是制糖工业的副产品,内含相当数量可发酵性糖,经过适当地稀释处理和添加部分营养盐分即可用于乙醇发酵,是一种低成本、工艺简单的生产方式。

12.1.4.6 废弃食用油脂

废弃食用油脂是指由于化学降解破坏了食用油脂原有的脂肪酸和维生素或由于污染物的累积,而不再适合于食品加工的油脂,主要为废植物油,也包含少量的动物脂。主要来源于家庭烹饪、餐饮服务业和食品加工企业。据农业部分析报告,2017 年度中国食用油的消费量达 3356×10^4 t,人均年消费量达 24.14 kg,超过世界人均 20 kg 的水平,按每消耗 1 kg 食用油脂产生 0.175 kg 废食用油脂,废食用油脂的回收率按 50% 计算的话,2017 年中国可回收废食用油脂 294×10^4 t,如果这些废弃食用油脂都用来制备生物柴油,按油脂的转化效率一般不低于 85% 计算,2017 年可得到生物柴油 250×10^4 t。

12.1.4.7 城镇生活垃圾

城市固体废弃物主要是由城镇居民生活垃圾,商业、服务业垃圾和少量建筑业垃圾等固体废物组成，也称城市垃圾。将城市垃圾直接燃烧可产生热能，或经过热分解处理制成燃料使用。我国生活垃圾焚烧发电装机规模和垃圾处理量居于世界首位。截至2016年年底，全国投产生活垃圾焚烧发电项目273个。截至2017年上半年，垃圾发电投产项目为296个。

12.1.4.8　生活污水和工业有机废水

工业有机废水是酒精、酿酒、制糖、食品、制药、造纸和屠宰等行业在生产过程中排出的废水。一般废水约含有0.02%~0.03%的固体与99%以上的水分，下水道污泥有望成为厌氧消化槽的主要原料，可制取沼气获取能源。

2015年，全国废水排放总量735.3×10^8 t。其中，工业废水排放量199.5×10^8 t、城镇生活污水排放量535.2×10^8 t。废水中化学需氧量排放量2223.5×10^4 t，其中，工业源化学需氧量排放量为293.5×10^4 t、农业源化学需氧量排放量为1068.6×10^4 t、城镇生活化学需氧量排放量为846.9×10^4 t。废水中氨氮排放量229.9×10^4 t。其中，工业源氨氮排放量为21.7×10^4 t、农业源氨氮排放量为72.6×10^4 t、城镇生活氨氮排放量为134.1×10^4 t。

12.2　生物质能源林营造

12.2.1　生物质能源林类型

根据用途将能源林分为燃油能源林、生物发电能源林和薪炭能源林3类。

12.2.1.1　燃油能源林

燃油能源林是指由树体或某一器官富含油分或类似石油乳汁的树种组成的森林。燃油树种所含油分或乳汁主要分布在茎、叶、花、果、籽等中，将其产物提取和加工可直接或间接作为汽油、柴油或石油的替代品。能源树种续随子树干上的白色乳汁，内含类似于原油的碳氢化合物30%~40%，经提炼可以燃烧，其种子含油脂高达81.2%，也可作为能源利用；菲律宾的能源树种汉咖树果实中酒精含量高达15%，流出的汁液一点即燃；原产美国西南部和墨西哥北部的霍霍巴，种子内含50%的液体蜡，完全能代替抹香鲸油的原料使用，每公顷年产蜡1050 kg，提取的霍霍巴油，得油率可达97%；我国海南的能源树种油楠，心材部分能形成棕黄色的油状液体，可以燃烧；麻疯树种子含油率高达80%，且流动性好，与柴油、汽油、酒精的掺和性很好，相互掺和后，在长时间不分离，其果实的30%经过酯化作用处理后可以提供油料，65%的果实可以用于做成油块；黄连木种子含油率42.46%（种仁含油率56.5%），种子出油率20%~30%，分布于我国黄河流域以南、长江流域、珠江流域及西南各地。

12.2.1.2　生物发电能源林

生物发电能源林主要是指采取高密度、超短轮伐期的集约经营技术，种植和培育高热值、速生、萌蘖能力强、抗病虫害强的乔木、灌木人工林，主要利用其木材发电。1976年瑞典率先启动了瑞典能源林业工程，以柳树与杨树作为主要能源树种，目前其能源供应的15%来自生物质能。随后，在20世纪80年代，法国以杨树、桉树、巨杉、梧桐、柳树等作为能源树种，杨树能源林每年每公顷可生产鲜物质25~30 t（合12~15 t 干物质），桉树每年每公顷可生产鲜物质17~21 t（合12~15 t 干物质），巨杉每年每公顷可生产 20 m³。而美国主要以柳树、杨树、桉树、美洲苏合香、北美枫香、一球悬铃木与刺槐等作为能源树种。丹麦、芬兰、英国、加拿大、澳大利亚等国家广泛开展生物发电，涉及的树种主要包括柳树、杨树、桉树等。目前，我国国能生物发电公司在山东单县正在建设生物发电厂，其燃料来源主要是当地的棉花秸秆，但也已经开始营造包括紫穗槐、柳树、刺槐等在内的能源树种试验林，拟作为燃料的补充来源。

12.2.1.3 薪炭能源林

薪炭能源林是指以生产薪材为主的能源林，可以直接燃烧用于生活，也可烧成木炭来使用。目前世界上较好的薪炭树种有柳、加杨、美国梧桐、红桤木、刺槐、冷杉、梓树、火炬树、大叶相思、牧豆树等。韩国主要薪炭林树种是刺槐、油松、赤杨等，其次还有二色胡枝子、麻栎、榛树等。我国虽有经营薪炭林的悠久历史，但从1981年才开始有计划的薪炭林建设，至1995年15年间，薪炭林发展速度极快，全国累计营造薪炭林494.8×10⁴ hm²，其中"六五"完成205×10⁴ hm²，"七五"完成186.3×10⁴ hm²，"八五"完成103.5×10⁴ hm²，但由于农村能源结构的改变等原因，随后薪炭林造林面积逐年减少，据国家林业局发布的全国第九次森林资源清查结果（2014—2018年），全国薪炭林面积为123.13×10⁴ʰm²。我国用于薪炭林的树种主要有银合欢、刺槐、沙枣、旱柳、杞柳等，有的地方种植薪炭林3~5 a即可见效，平均每公顷薪炭林可产干柴15 t左右。

12.2.2 重要生物质能源树种

我国现已查明的油料植物（种子植物）种类为151科697属1554种，其中种子含油量在40%以上的植物有154种。但是，分布广，适应性强，可用作建立规模化生物质柴油原料基地的乔灌木物种不足30种。如黄连木、文冠果、麻疯树、光皮树、橡胶籽、膏桐籽、棕榈等。表12-2给出了各地较适宜的不同树种，可供选择树种时参考。我国约有 2.67×10⁸ hm² 的低质地、荒坡、滩涂等，可以用来种植生物质能富集物种；我国已有造林面积 0.6×10⁸ hm²，如果将其中的5%约333.3×10⁴ hm² 用来种植木本油料树种，每667 m² 原料每年产出40 kg生物柴油，则生产规模可达200×10⁴ t/a。

表 12-2 中国主要油料树种名录及分布

树种	学名	含油量(%)	主要产地
南方红豆杉	*Taxus wallichiana* var. *mairei* (Leme & H. Lv.) L. K. Fu & Nan Li	69.1	陕西、台湾、福建、浙江、安徽、江西、湖南、湖北、广东、广西、四川、贵州、云南
日本榧树	*Torreya nucifera* (L.) Sieb. et Zucc.	48~52	原产日本。我国青岛、庐山、南京、上海、杭州等地引种栽培

（续）

树种	学名	含油量(%)	主要产地
杉木	*Cunninghamia lanceolata*(Lamb.) Hook.	19.62	河南、湖南、湖北、江苏、浙江、安徽、江西、四川、云南、贵州、广州、广西、福建和台湾
枫杨	*Pterocarya stenoptera* C. DC.	11.5	浙江、江苏、安徽、山东、江西、河南、湖北、湖南、贵州、云南、四川、广东、台湾、广西、陕西、甘肃和辽宁
榛	*Corylus heterophylla* Fisch.	51.6	吉林、辽宁、黑龙江、内蒙古、河南、湖北、山东、安徽、湖北、山西、甘肃和贵州
榆树	*Ulmus pumila* L.	25.5	中国东北、华北、西北及西南各省(自治区、直辖市)、长江下游各地有栽培
光叶榉	*Zelkova serrata*(Thunb.)Makino	21	河北、山西、山东、河南、陕西、甘肃、四川、湖北、湖南、江西、安徽、浙江、江苏、福建、台湾、广东、广西和云南
构树	*Broussonetia papyrifera*(Linn.) L'Hér. ex Vent.	30.1	黑龙江、吉林、辽宁、山东、河北、河南、山西、陕西、甘肃、宁夏、青海、内蒙古和新疆
沙蓬	*Agriophyllum squarrosum*(L.) Moq.	20	吉林、辽宁、河北、山西、陕西、甘肃、内蒙古和青海
灰绿碱蓬	*Suaeda glauca* Bunge.	26.15	东北、西北、华北和江苏、山东、河南
卵叶樟	*Cinnamomum rigidissimum* H. T. Chang	72.49	原产地中海地区。我国浙江、江苏、福建和台湾有栽培
月桂	*Laurus nobilis* L.	13~30	江苏、浙江、福建、四川、云南、台湾、江西、安徽、广东、广西、河北和山东
狭叶山胡椒	*Lindera angustifolia* Cheng	41.84	山东、浙江、福建、安徽、江苏、江西、河南、陕西、湖北、广东、广西、贵州
柳橿	*Lindera kwangtungensis*(Liou) Allen	59.7	广东、广西、福建、贵州、湖北、四川、江西、安徽、江苏、河南、山东、辽宁、山西和陕西
三桠乌药	*L. obtusiloba* Bl.	61.52	辽宁、山东、安徽、江苏、河南、陕西、甘肃、浙江、江西、福建、湖南、湖北、四川、西藏
三股筋香	*Lindera thomsonii* C. K. Allen	50.56	云南、广西、贵州
钓樟	*Lindera reflexa*	69.5	江苏、浙江、河南、湖北、四川、江西
假柿木姜子	*Litsea monopetala*(Roxb.) Pers.	39.33	广东、广西、贵州、云南
木姜子	*Litsea pungens* Hemsl.	48.2	湖北、湖南、广东北部、广西、四川、贵州、云南、西藏、甘肃、陕西、河南、山西、浙江
红楠	*Machilus thunbergii* Sieb. et Zucc.	65.09	山东、江苏、浙江、安徽、台湾、福建、江西、湖南、广东、广西
鸭公树	*Neolitsea chui* Merr.	67.1	广东、广西、湖南、江西、福建、云南
檫木	*Sassafras tzumu*(Hemsl.) Hemsl	44.08	浙江、江苏、安徽、江西、福建、广东、广西、湖南、湖北、四川、贵州及云南
木瓜	*Chaenomeles sinensis*(Thouin) Koehne	23.1	广东、广西、福建、云南、台湾

（续）

树种	学名	含油量(%)	主要产地
毛叶石楠	*Photinia villosa*(Thunb.)DC.	37.9	甘肃、河南、山东、江苏、安徽、浙江、江西、湖南、湖北、贵州、云南、福建、广东
扁核木	*Prinsepia utilis* Royle	49.5	云南、贵州、四川、西藏
腺叶桂樱	*Laurocerasus phaeosticta*(Hance)Schneid. f. *phaeosticta*	35.4	湖南、江西、浙江、福建、台湾、广东、广西、贵州、云南
臭椿	*Ailanthus altissima*(Mill.)Swingle	56	除黑龙江、吉林、新疆、青海、宁夏、甘肃和海南外，各地均有分布
鸦胆子	*Brucea javanica*(Linn.)Merr.	36.8	福建、台湾、广东、广西、海南和云南
橄榄	*Canarium album*(Lour.)Raeusch.	60.7	福建、台湾、广东、广西、云南、四川、浙江、台湾
乌榄	*Canarium pimela* Leenh.	63.8	广东、广西、海南、云南
麻楝	*Chukrasia tabularis* A. Juss.	50.9	广东、广西、云南和西藏
香椿	*Toona sinensis*(A. Juss.)Roem.	38.5	原产中国中部和南部。东北自辽宁南部，西至甘肃，北起内蒙古南部，南到广东、广西，西南至云南均有栽培
续随子	*Euphorbia lathyris* L.	48	吉林、辽宁、内蒙古、河北、陕西、甘肃、新疆、山东、江苏、安徽、浙江、江西、福建、河南、湖北、湖南、广西、四川、贵州、云南、西藏
算盘子	*Glochidion puberum*(L.)Hutch.	18.5	安徽、福建、甘肃、广东、广西、贵州、海南、河南、湖北、湖南、江苏、江西、陕西、四川、台湾、西藏、云南、浙江
橡胶树	*Hevea brasiliensis*(Willd. ex A. Juss.)Muell. Arg.	48.4	云南、广西、广东、福建和台湾
野梧桐	*Mallotus japonicus*(Linn. f.)Müll. Arg.	37.92	江苏、安徽、浙江、江西、福建、台湾、湖南、广西
野桐	*Mallotus japonicus*(Thunb.)Muell. Arg. var. *floccosus* S. M. Hwang	39.56	陕西、甘肃、安徽、河南、江苏、浙江、江西、福建、湖北、湖南、广东、广西、贵州、四川、云南和西藏
白木乌桕	*Sapium japonicum*(Sieb. et Zucc.)Pax et Hoffm.	73.45	山东、安徽、江苏、浙江、福建、江西、湖北、湖南、广东、广西、贵州和四川
牛耳枫	*Daphniphyllum calycinum* Benth.	38.8	广西、广东、福建、江西
虎皮楠	*Daphniphyllum oldhami*(Hemsl.)Rosenth	34.1	浙江、湖北、湖南、台湾、广东
交让木	*Daphniphyllum macropodum* Miq.	35.57	云南、四川、贵州、广西、广东、台湾、湖南、湖北、江西、浙江、安徽
马桑	*Coriaria nepalensis* Wall.	19.91	云南、贵州、四川、湖北、陕西、甘肃、西藏
岭南酸枣	*Spondias lakonensis* Pierre	34.28	广西、广东、海南、福建、云南
人面子	*Dracontomelon duperreanum* Pierre	69.72	广东、广西、海南、云南
盐肤木	*Rhus chinensis* Mill.	11.5	除东北、内蒙古和新疆外，其余各省(自治区、直辖市)均有分布

（续）

树种	学名	含油量(%)	主要产地
铁冬青	*Ilex rotunda* Thunb.	20.7	江西、安徽、浙江、福建、云南、台湾、湖北、湖南、广东、香港、广西、海南、贵州
南蛇藤	*Celastrus orbiculatus* Thunb.	46	黑龙江、吉林、辽宁、内蒙古、河北、山东、山西、河南、陕西、甘肃、江苏、安徽、浙江、江西、湖北、四川
卫矛	*Euonymus alatus*(Thunb.) Sieb.	44.4	除东北、新疆、青海、西藏、广东及海南以外，各省（自治区、直辖市）均产
七叶树	*Aesculus chinensis* Bunge	36.8	中国黄河流域及东部各省均有栽培
细子龙	*Amesiodendron chinense* (Merr.) Hu	43	广东、广西、贵州、海南、云南
栾树	*Koelreuteria paniculata* Laxm.	38.59	东北自辽宁起经中部至西南部的云南，以华中、华东较为常见
海南韶子	*Nephelium topengii* (Merr.) H. S. Lo	38.26	海南、广东、广西、云南
川滇无患子	*Sapindus delavayi* (Franch.) Radlk.	40.08	云南、四川、贵州、湖北、陕西、甘肃
无患子	*Sapindus mukorossi* Gaertn.	18.52	中国东部、南部至西南部
鼠李	*Rhamnus davurica* Pall.	27	黑龙江、吉林、辽宁、河北、山西
假苹婆	*Sterculia lanceolata* Cav.	22.5	广东、广西、云南、贵州和四川
五桠果	*Dillenia indica* Linn.	23	云南
尖连蕊茶	*Camellia cuspidata* (Kochs) Wright ex Gard.	19.55	江西、广西、湖南、贵州、安徽、陕西、湖北、云南、广东、福建
山茶花	*Camellia japonica* L.	45.27	重庆、浙江、四川、江西、山东
梨茶	*Camellia latilimba* Hu	48	浙江、福建
多齿红山茶	*Camellia polyodonta* How ex Hu	24	湖南、广西
茶	*Camellia sinensis*(L.) O. Ktze.	30.13	野生种遍见于中国长江以南各地的山区
岭南山竹子	*Garcinia oblongifolia* Champ. ex Benth.	35	广东、广西、江西、福建、台湾和云南
沙枣	*Elaeagnus angustifolia* Linn.	26	辽宁、河北、山西、河南、陕西、甘肃、内蒙古、宁夏、新疆、青海
沙棘	*Hippophae rhamnoides* Linn.	18.18	河北、内蒙古、山西、陕西、甘肃、青海、四川
榄仁树	*Terminalia catappa* Linn.	52~64	广东、海南、台湾、云南
灯台树	*Bothrocaryum controversum*	22.9	辽宁、河北、陕西、甘肃、山东、安徽、台湾、河南、广东、广西以及长江以南各地
越橘	*Vaccinium* spp.	30	黑龙江、吉林、内蒙古、陕西、新疆
紫荆木	*Madhuca pasquieri* (Dubard) Lam.	45.35	广东、广西、云南
水红木	*Viburnum cylindricum* Buch. -Ham. ex D. Don	29.35	甘肃、湖北、湖南、广东、广西、四川、贵州、云南、西藏

（续）

树种	学名	含油量(%)	主要产地
竹柏	*Podocarpus nagi* (Thunb.) Zoll. et Mor ex Zoll.	55	浙江、福建、江西、湖南、广东、广西、四川
三尖杉	*Cephalotaxus fortunei* Hook.	52.28	浙江、安徽、福建、江西、湖南、湖北、河南、陕西、甘肃、四川、云南、贵州、广西及广东
华山松	*Pinus armandii* Franch.	42.76	山西、河南、陕西、甘肃、四川、湖北、贵州、云南、西藏、江西、浙江
红松	*Pinus koraiensis* Sieb. et Zucc.	67.24	黑龙江、吉林
偃松	*Pinus pumila* (Pall.) Regel	51.2	东北寒温带针叶林及温带针阔叶混交林区
胡桃楸	*Juglans mandshurica* Maxim.	57.9	黑龙江、吉林、辽宁、内蒙古、河北、山西、河南
毛榛	*Corylus mandshurica* Maxim.	63.77	黑龙江、吉林、辽宁、河北、山西、山东、陕西、甘肃、四川
樟	*Cinnamomum camphora*(L.) Presl	62.8	中国南方及西南各地
香叶树	*Lindera communis* Hemsl.	58.3	陕西、甘肃、湖南、湖北、江西、浙江、福建、台湾、广东、广西、云南、贵州、四川
山胡椒	*Lindera glauca* (Sieb. et Zucc.) Bl.	42.57	山东、河南、陕西、甘肃、山西、江苏、安徽、浙江、江西、福建、台湾、广东、广西、湖北、湖南、四川
黑壳楠	*Lindera megaphylla* Hemsl.	47.55	甘肃、安徽、福建、台湾、湖北、湖南、广东、广西
山鸡椒	*Litsea cubeba* (Lour) Pers.	2.0~6.0	广东、广西、福建、台湾、浙江、江苏、安徽、湖南、湖北、江西、贵州、四川、云南、西藏
楝树	*Melia azedarach* L.	42.17	山东、河南、河北、山西、江西、陕西、甘肃、台湾、四川、云南、海南
亮叶水青冈	*Fagus lucida* Rehd. et Wils.	49.4	贵州、四川、广西、湖南、江西、福建、湖北
重阳木	*Bischofia polycarpa* (Levl.) Airy Shaw	30	产于秦岭—淮河流域以南至福建和广东的北部，浙江、江苏有大量培育
巴豆	*Croton tiglium* L.	53~57	四川、湖南、湖北、云南、贵州、广西、广东、福建、台湾、浙江
秋枫	*Bischofia javanica* Bl.	30~54	陕西、江苏、安徽、浙江、江西、台湾、河南、湖北、湖南、广东、海南、广西、四川、贵州、云南、福建
麻疯树	*Jatropha carcas* L.	52.4	福建、台湾、广东、海南、广西、贵州、四川、云南
白背叶	*Mallotus apelta* (Lour.) Muell.-Arg	36.48	云南、广西、湖南、江西、福建、广东和海南
粗糠柴	*Mallotus philippensis* (Lam.) Muell. Arg.	34	四川、云南、贵州、湖北、江西、安徽、江苏、浙江、福建、台湾、湖南、广东、广西、海南
山乌桕	*Sapium discolor*(Champ. ex Benth.) Muell.-Arg.	49	云南、四川、贵州、湖南、广西、广东、江西、安徽、福建、浙江、台湾
乌桕	*Sapium sebiferum* (L.) Roxb.	35.13	黄河以南各省(自治区、直辖市)，北达陕西、甘肃
腰果	*Anacardium occidentalie* Linn.	42.2	海南、云南、广西、广东、福建、台湾

（续）

树种	学名	含油量(%)	主要产地
黄连木	*Pistacia chinensis* Bunge.	42.46	云南、西藏、四川、青海、甘肃、陕西、山西、河北、北京
野漆树	*Rhus sylvestris* Sieb. et Zucc.	40~65	华北、华东、中南、西南及台湾
木蜡树	*Rhus succedanea* L.	7.4	西南、华南、华东及河北、河南
灯油藤	*Celastrus paniculatus* Willd	59.79	台湾、广东、海南、广西、贵州、云南
大花卫矛	*Euonymus grandiflorus* Wall.	52.28	陕西、甘肃、湖北、湖南、四川、贵州、云南
元宝槭	*Acer truncatum* Bunge.	50	吉林、辽宁、内蒙古、河北、山西、山东、江苏、河南、陕西、甘肃
文冠果	*Xanthoceras sorbifolium* Bunge.	58.6	东北和华北及陕西、甘肃、青海、宁夏、安徽、河南
梧桐	*Firmiana platanifolia*（L. f.）Marsili	30.1	华北至华南、西南广泛枝培，尤以长江流域为多
油茶	*Camellia oleifera* Abel.	74.6	浙江、江西、河南、湖南、广西
红厚壳	*Calophyllum inophyllum* L.	60~70	海南、台湾
铁力木	*Mesua ferrea* L.	50.9	云南、广东、广西
木竹子	*Garcinia multiflora* Champ. ex Benth.	28.43	广西、广东、海南
山桐子	*Idesia polycarpa* Maxim.	28~35	四川、甘肃、陕西、山西、河南、台湾、云南、贵州、重庆、湖北、湖南、江苏、浙江、安徽、江西、福建、广东、广西等地
毛梾	*Swida walteri*（Wanger.）Sojak	64	辽宁、河北、山西以及华东、华中、华南、西南各地
血胶树	*Eberhardtia aurata*（Pierre ex Dubard）Lec.	27.8	广东、广西及云南
山矾	*Symplocos caudata* Wall.	27.7	江苏、浙江、福建、台湾、广东、海南、广西、江西、湖南、湖北、四川、贵州、云南
白檀	*Symplocos paniculata*（Thunb.）Miq.	22.4	北至辽宁，南至四川、云南、福建、台湾
华山矾	*Symplocos chinensis*（Lour.）Druce	55.1	浙江、福建、台湾、安徽、江西、湖南、广东、广西、云南、贵州、四川
红皮树	*Styrax suberifolia* Hook. et Arn.	32.6	云南、四川、广东、广西、湖南、台湾、浙江、安徽
玉铃花	*Styrax obassia* Sieb. et Zucc.	47.56	辽宁、山东、浙江、安徽、江西、湖北
云南木犀榄	*Olea yuennanensis* Hand. -Mazz.	35~70	云南、四川、贵州
油橄榄	*Olea europaea* L.	71.9~77	长江以南地区
油渣果	*Hodgsonia macrocarpa*（Bl.）Cogn.	42~53.9	云南、西藏、广西
油棕	*Elaeis guineensis* Jacq.	65~72	海南、云南、广东、广西
椰子	*Cocos nucifera* L.	30~40	广东、海南、台湾、云南

12.2.3　生物质能源造林技术

12.2.3.1　立地条件

不同的立地条件下能源林产量相差很大，为满足能源林需要在短轮伐期下得到高生物量的要求，需选择水肥条件好的立地，贫瘠的立地条件需进行改良。在瑞典的柳树能源林试验表明：其东南部地区平均干产量为 $8 \sim 9$ $t/(hm^2 \cdot a)$，东部地区为 $9 \sim 10$ $t/(hm^2 \cdot a)$，南部地区为 $11 \sim 12$ $t/(hm^2 \cdot a)$，西海岸为 $16 \sim 17$ $t/(hm^2 \cdot a)$。在英国，采用柳树无性系"Jorunn"密植，3 a 的采伐周期，平均干产量为 $11 \sim 12$ $t/(hm^2 \cdot a)$；而杂交杨无性系在湿地条件下，4 a 的采伐周期，平均干产量为 $12 \sim 14$ $t/(hm^2 \cdot a)$。总之，在欧洲中部与北部肥沃的土壤条件下，短轮伐期的柳树与杨树的产量为 $8 \sim 12$ $t/(hm^2 \cdot a)$；而在立地条件不良和粗放的栽培模式下，产量很低，通常为 $4 \sim 8$ $t/(hm^2 \cdot a)$。英国种植柳树能源林时，选择黏砂土，pH 值为 $5.5 \sim 7$，应为平地或坡度不超过 $7°$，特别是不能超过 $15°$。因此，选择宜林地或平坦的、无杂草困扰的林地对于营造能源林很重要，但能够符合高生产力所需全面要求的林地毕竟很少。当林地在某方面不宜时，如土壤不够深厚、偏旱或过湿，缺乏某种必要元素或酸碱度偏离适宜区间，可采取一定的措施改善立地条件，包括整地、施肥、灌溉或排水洗盐。

12.2.3.2　造林整地

整地可减轻杂草与幼林的竞争，提高有机物矿化度，促进根生长，对早期促进能源林生物量增长影响显著。在美国东南部湿的低洼地区应用排水技术，立地指数能增加 $3 \sim 10$ m。对于亮果桉（*Eucalyptus nitens*）和蓝桉（*E. globulus*）在排水不良的土壤打垄，材种出材量增加，而在排水良好的土壤并不起作用。在我国玉溪地区，采取 3 种整地方式，以撩壕整地效果最好，有 8 个树种超过对照；水平带状次之，有 5 个树种超过对照；穴状整地最差，只有川滇桤木表现较好。在元谋干热河谷地区，采取 3 种整地方式，即撩壕、大塘与牛犁整地。不同整地方法对造林成活率与植株生长的影响不同。采取撩壕的成活率比较高，可达 95% 以上；其次是大塘，成活率为 90% 左右；牛犁整地成活率比较低，仅 85% 左右。撩壕整地对植株生长的影响效果比较明显，如赤桉 3 年生高达 4.4 m，胸径 3.2 cm；大塘整地次之；牛犁整地效果较差，如银合欢 3 年生的植株高生长量仅为同龄撩壕的 $1/2$。

12.2.3.3　造林密度与收获期

在适宜的造林密度下，林木能更充分利用营养空间，从而获得更高产量，因此造林密度的调控对能源林生产力的提高有很大影响。造林密度与收获周期紧密相关，造林密度改变，其采伐年龄与产量会随之改变。采伐年龄一般确定在其年平均生长量（mean annual increment，*MAI*）达到最大值时。

MAI 的峰值和采伐年龄随着造林密度的变化而变化，并且当收获周期较长时，密度对 *MAI* 的影响不大。

为了机械采伐方便，当前国际上一般对柳树能源林采取双行栽植，株距为 0.75 m，行距为 0.9 m，而双行间的间隔为 1.5 m。其造林密度为 1×10^4 株/hm^2，这是通过收获周期的试验研究而得出的。造林密度大于 1×10^4 株/hm^2 时，密度对产量的影响不大。但是，近年来在柳树 2 个树种的无性系中采取 2 a 与 3 a 的轮伐作业的研究试验表明，密度很大时产量更大。对于蒿柳（*Salix viminalis*），密度从 1×10^4 株/hm^2 增加到 10×10^4 株/hm^2，收获量增长 34%；然而，当密度大于 2.3×10^4 株/hm^2 时，柳树能源林的投入产出比并不合算，从经济利益考虑，密度为 1.5×10^4 株/hm^2 是最佳的。对于桉树，造林密度主要受高密度栽培时资金的投入、生长习性、收获方式与养分损耗的影响。对于巨桉，一般的造林密度为 2268 株/hm^2，采伐年龄为 4 a。巴西的 Racruz Celulose SA 集团对桉树的试验表明：密度为 400~2268 株/hm^2，4 年生时 MAI 变化幅度为 39~62 m^3/($hm^2 \cdot a$)；密度在 1667 株/hm^2 时生产力最高；但密度在 1111~2268 株/hm^2 时生产力差异甚小；在 400~2268 株/hm^2 的造林密度区间，最大的与最小的造林密度收获量相差 50%。典型的桉树能源林收获周期为 7 a，密度为 900~1500 株/hm^2。大多能源林采取短轮伐的矮林作业。只要轮伐期是以 MAI 的峰值确定，并且矮林作业中平均 MAI 比首次平茬时高，那么采取矮林作业比首次平茬的生产力显著要高，并且矮林作业中第 2 次采伐收获量显著要高于第 1 次，但随后收获量逐渐减小，这是由于植株的萌蘖力降低或植株的死亡。然而，在巴西 Aracruz Celulose SA 的试验中，当矮林作业中萌枝为单枝时，第 1 次的采伐量要低于平茬的收获量。

如果矮林作业中 MAI 未达到峰值时就进行采伐，将导致生产力的降低。Proe 等在一个 5 a 的研究试验中发现，杨树和桤木（*Alnus sp.*）的造林密度为 1×10^4 株/hm^2 时，其一部分样地在 1 a 后采取矮林作业，杨树和桤木的收获量分别降低 26% 和 47%。在德国对杨树的研究试验中，密度为 4176 株/hm^2 和 5555 株/hm^2 的 10 a 后平茬，其总产量比密度为 8333 株/hm^2（5 a 采伐一次）分别高 17% 和 44%。

12.2.3.4 水肥管理及杂草控制

在美国的纽约州，轮伐期为 3 a 的柳树矮林作业中，在前期施用 N（100~120 kg/hm^2），2 a 后收获量增加 30%~60%。瑞典对蒿柳的研究发现，施用 N 肥（240 kg/hm^2）3 年生时茎产量增加 4.0~4.5 t/hm^2，增长率为 26%~73%，在养分状况极差的土壤条件下可达到最大的收获量。施肥对桉树生产力的影响很大，在中国以刚果 12 号桉和大叶相思为试验树种，进行 N、P、K、NP、NK、PK、NPK 和对照（CK）8 种处理的对比试验，结果表明：在瘠薄立地施肥对林木生长的促进作用大；不同肥料比较，施用复合肥的效果优于单素肥料，复合肥中又以 N、P、K 三素复合效果最好。单素肥料对林木生长的影响是：大叶相思由于自身能固 N，因而对 N 肥不敏感，而对 P 肥敏感，其次是 K；刚果 12 号桉不能固 N，因而对 N 肥非常敏感，施 N 肥作用大，其次是 K，再次为 P。可见，施用单素肥料时要针对不同树种采用不同的施肥措施。相思类树种施肥时以 P、K 为主，桉树类以 N、P 为主，辅以 K。在澳大利亚对巨桉的研究中，使用复合肥料、除草剂与杀虫剂，MAI 可以增加 5.6 m^3/($hm^2 \cdot a$)，增长率为 32%。在英国，对于柳树能源林，年平均降水量 600~1000 mm 时最理想。通常，柳树与杨树的人工林应用滴灌技术。在降水量为 500 mm 的澳大利亚塔斯马尼亚州，对蓝桉和亮果桉进行了 4 a 多的灌溉，其蓄积量分别增加了83%和121%。杂草对柳树、杨树和桉树的前期生长影响很大，因此需在造林阶段对杂草进行高度控制。一般采用化学、机械和人工的混合除草方法。通常，杂草控制对林分的早期生长影响明显，随着时间的延续影响减弱。

12.2.3.5　病虫害防治

集约经营的柳树与杨树人工林常不同程度地遭受病虫害的影响，大约有130种虫害与真菌病原体。在瑞典，白柳易受蠓($Rbabdopbaga\ terminalis$)的侵害。在英国，柳树甲虫($Pbratora\ vulgatissima$)侵袭了多半柳树能源林，对幼苗损害更严重。真菌病原体也是极严重的问题，锈病($Melam\ psoraepitea$)可能是影响产量最重要的因素。研究表明，5种或更多的无性系混交可以减缓甲虫的滋生与病害的蔓延。

12.2.3.6　技术综合与标准化

各项培育技术措施对能源林的生物量影响很大，制定和执行技术标准有利于能源林生产力的稳定，因此国内外在大量单项技术研究的基础上形成了优化配套技术体系，并通过某些机构使其规范化。几个欧洲国家与美国建立了国际能源机构(The International Energy Agency)，拟定了"能源生产系统手册"(Production Systems Handbook)，包括能源林树种选择、空间配置、栽培技术、收获方式与投入产出比等内容。在能源林培育中，应选择肥沃的土壤条件，土壤必须深耕，pH值为6~7。能源林收获后必须施肥，以补充收获时养分的损耗。养分充足可使林分提前郁闭、叶面积指数提高、根/径比率降低，并且光能转化效率高。林分很快郁闭后，空间配置对生物产量影响小，但对平均直径的影响显著。欧洲种植的杨树与柳树，一般造林密度为5000~10 000株/hm^2，采伐周期为4~6 a；而美国的造林密度为1000~2500株/hm^2，采伐周期为6~10 a，极短的轮伐期(1~3 a)由于造林时资金投入高、萌条生长势弱与收获小径材的困难性而不采用。

12.3　薪炭林

12.3.1　薪炭林特点

发展薪炭林的目的主要在于解决农村生活用能源，控制水土流失，减轻或防止对森林植被的破坏，达到以林护林的目的。薪炭林的特点：①投资少，易繁殖，多用途，抗性强，见效快，产量高，生产周期短；②薪炭林作为燃料对环境的污染较小；③使用方便，低价安全，热值高。

12.3.2　薪炭林树种选择

树种选择是否适宜，关系着营造薪炭林的成败与经济、社会、生态效益的高低，必须认真对待。薪炭林的树种应是具有生长快、萌生力强、热值高、适应性强、多效益、有根瘤菌、燃烧性能好的乔、灌木树种，且适应性强，在较差的立地条件下能正常生长。表12-3给出了经长期营造薪炭林而摸索出较适宜各地的不同树种，可供选择树种

表 12-3　分区主要薪炭林造林树种

编号	区域	主要造林树种
1	大兴安岭山地	蒙古栎
2	小兴安岭、长白山山地	蒙古栎、槭树、刺槐
3	松辽平原	旱柳、短序松江柳、蒙古柳、胡枝子、沙棘、紫穗槐
4	内蒙古东部与冀北坝上高原	蒙古栎、沙棘、胡枝子、旱柳
5	华北中原平原	旱柳、刺槐、紫穗槐、杞柳
6	燕山、太行山山地	刺槐、旱柳、麻栎、胡枝子、沙棘、山杏、山桃、黄栌
7	辽南与山东丘陵	刺槐、麻栎、胡枝子、旱柳、紫穗槐
8	黄土高原丘陵	柠条、沙棘、山杏、刺槐、柽柳、胡枝子
9	黄土高原山地	刺槐、旱柳、柠条、沙棘、辽东栎、山杏
10	华中山地	麻栎、栓皮栎、刺槐、马桑
11	桐柏山、大别山、黄山、幕府山	栓皮栎、麻栎、刺槐、胡枝子、苦槠、晚松
12	长江中下游平原	旱柳、刺槐、桤木、紫穗槐、悬铃木
13	四川丘陵	栓皮栎、麻栎、刺槐、木荷、青冈栎、桤木、赤桉、马桑
14	南方山地丘陵	麻栎、栓皮栎、木荷、刺槐、窿缘桉、桤木、赤桉、黎蒴栲、胡枝子、山苍子、黑荆树、小叶栎、白栎
15	华南热带地区	窿缘桉、雷林、尾叶桉、木荷、台湾相思、马占相思、大叶相思、木麻黄
16	云南高原地区	蓝桉、直杆桉、栓皮栎、木荷、滇青冈、银荆
17	川、滇、藏高山峡谷地区	青冈类、沙棘、小桐子、木豆
18	内蒙古高原丘陵沙地	柠条、沙棘、毛条、旱柳、刺槐、柽柳、沙棘、花棒、山杏、紫穗槐、黄柳、胡枝子、沙枣、踏朗
19	西北荒漠、半荒漠地区	柠条、柽柳、沙拐枣、梭梭、白梭梭、花棒、沙枣
20	西北灌溉农业绿洲地区	旱柳、刺槐、柽柳、柠条、沙棘、灌木柳

时参考。

12.3.3　薪炭林配置

12.3.3.1　薪炭林造林密度

营造薪炭林一般要求密度较高。一是为了提高干枝的生物产量，二是薪炭林生长周期短，个体所需营养空间相对较小，只有密植才能充分利用空间。一般造林密度应在 6000~10 000 株/hm^2，最大为 15 000 株/hm^2（如灌木）。密度的确定要根据树种和立地条件的不同、因树因地制宜来确定。

12.3.3.2　薪炭林的林分组成与配置

（1）纯林

纯林是由一种树种组成的林分。例如，马尾松林和辽东栎等。

（2）混交林

混交林是由两种或两种以上的树种组成的林分。特点是：①能够充分利用营养空间，增强生物群体的抗性，能提高单位面积上的生物产量；②能改善和改良土壤，保持水土能力强，能抑制病虫害的蔓延。混交树种搭配包括：速生与慢生树种、深根与浅根树种、喜光与耐阴树种、固氮与非固氮树种搭配。例如，杨树沙棘混交林、松栎混交林等。混交类型包括乔木混交型和乔灌型。

12.3.4 薪炭林经营技术

12.3.4.1 造林技术

（1）立地条件

薪炭林造林地的选择应距村庄较近，交通方便，经济利用价值不高，或是选择水土流失比较严重的荒坡地。对于相对贫瘠的立地条件可进行改良。据研究，我国南方适宜的薪炭林树种生物产量在 15 000~25 500 kg/(hm² · a)；北方适宜的薪炭林树种，山丘区生物产量一般在 6000~7500 kg/(hm² · a)，平原区一般在 6750~12 000 kg/(hm² · a)。

（2）整地

整地季节，最好在雨季以前进行整地。提前整地有利于增加土壤通透性和蓄水保墒能力，为林木根系发育创造良好的条件。根据地形地貌确定整地方式：地势平坦可以机（畜）耕全垦整地；有较大坡度的要进行水平槽整地、反坡梯田整地；坡度较陡的采用"鱼鳞坑"整地。不管哪种整地方式，活土层要大于 35 cm。

（3）造林方法

植苗造林和播种造林。要使用优良种源的良种，选择有水源的土地育种，施足有机底肥和化肥，培育壮苗，选用 1~2 级苗造林。有些树种可直播造林，例如，栎类、山桃、山杏、胡枝子等，每穴播 5~8 粒种子，不需间苗，群体共生，以利增加生物量。

12.3.4.2 作业技术

根据薪炭林的经营目的和树种特性确定薪炭林的作业方式。以培养薪炭林兼水土保持的林分可实行矮林作业，以培育薪炭林及农用小径材为主的林分可采用中林作业。

（1）矮林作业

适合于萌芽更新能力强的树种，特别是一些灌木薪材树种。造林后，林木生长 2~4 a 时进行平茬取柴，并加强管理，促其更新，要及时除萌，除去弱小萌条，选留壮条形成第二代林分，几年后进行第二次平茬利用，如此往复，可达几十年之久，直至伐根失去萌芽能力，再更换树种重新造林。

平茬季节最好在冬季，此时林木处于休眠状态，且根部储存营养物质多，萌芽能力强，第二年早春能较快生出新条，延长了生长期，使枝条充分木质化，提高了薪炭材质量。

平茬时，茬口要低且平滑，在干旱多风地区，伐后要覆土保护伐根，以防风干而影响萌芽。

（2）头木作业

矮林作业的一种特殊方式，根据一些树种（如柳树、刺槐等）萌芽能力强的特点，截去上部树干，促使萌发侧枝，培育薪炭材和小径木材。一般在造林后 3~4 a，主侧枝分明时，在树高 2~3 m 处截去主枝定干，发枝后，在萌条中均匀选留 5~10 个健壮枝进行培育，经过 2~3 a 后，从侧枝基部 20 cm 处截枝取薪炭材，保留茬桩供再次萌条，这样反复砍伐利用，在茬头形成头状，故称头木作业。

（3）中林作业

适合于乔灌混交林或异龄林。乔木居上层，以培育用材为主，通过择伐获取一定量的薪炭材。例如，松栎混交林中林作业，松树实行乔木林作业，培育取材，轮伐期 25~30 a；栎类实行矮林作业，获得薪材，轮伐期 2~3 a。

（4）乔林作业

适用于以用材林为主兼顾薪材的林分。当林分达到工艺要求或达到成熟更新年龄时，进行间伐从中获取薪材。

12.3.4.3 抚育管理

抚育管护是成林的保证。荒山造林多灌木杂草，与幼树争水争肥，所以要进行除草松土，每年 1~2 次，抚育 2~3 a，保证幼苗成林。要建立护林组织与护林制度。实行封山管护，防止人畜危害。

造林后，一般 3~5 a 开始采薪，以后 3~4 a 为一个轮伐周期，合理确定逐年采薪面积和区段。采薪时间应安排在树木落叶后至翌年树木发芽前的休眠期为宜。平茬采薪后，萌生更新。一次造林，多年采薪，多年收益。

枯枝落叶在林地形成地被层，减缓降雨形成的地表径流，防治水土流失，涵养水源，增加土壤有机质。枯枝落叶地被层有利于维护林地生产力。

封护采薪迹地，严禁牲畜进林，保证萌生新株再长成林。

12.3.4.4 途径

（1）人工营造薪炭林

人工营造薪炭林是当前发展薪炭林的主要途径。是在宜林荒山漫岗上规划发展薪炭林，在现场勘察的基础上，进行设计、施工，人工植苗或直播营造薪炭林。

（2）改造残次林

各地区有不少林木由于乱砍滥伐、过度樵采，破坏了林木的正常生长，加之土地条件差等原因，形成了一些残次林，难以再成林成材，可通过补植薪炭林树种等措施，改造薪炭林。暂保留原有树木，待补植树木长起来，再陆续砍去无抚育前途的小老树；对有明显恢复生机的原来树木，保留其长成小径木。

（3）退耕还林

连续频繁的农业生产导致了大面积的耕地退化，土壤肥力逐渐下降，已成为制约我国农业生产的主要因素之一。国家已出台了新一轮退耕还林的计划，各省（自治区、直辖市）要每年有计划地安排一定比例的耕地实行退耕还林，逐步改善土壤结构，恢复耕地的土壤肥力。在这些耕地上营造薪炭林不但实现退耕还林的目的，而且将为生物质能产业提供可靠的资源保障。

12.4 碳汇林营造技术

碳汇林普通意义上来说就是碳汇林场。因为森林具有碳汇功能，而且通过植树造林和森林保护等措施吸收固定二氧化碳，其成本要远低于工业减排。总而言之，以充分发挥森林的碳汇功能，降低大气中二氧化碳浓度，减缓气候变暖为主要目的的林业活动，泛称为碳汇林业。其区别于其他一般定义上的造林活动，特指以增加森林碳汇为主要目标之一，对造林和林木生长全过程实施碳汇计量和监测而进行的有特殊要求的项目活动。

12.4.1 碳汇林标准

12.4.1.1 国家标准

①温室气体自愿减排交易管理暂行办法（国家发展和改革委员会，发改气候〔2012〕1668 号）；

②碳汇造林检查验收办法（试行）（国家林业局，办造字〔2010〕84 号）；

③《国家森林资源连续清查技术规定》（林资发〔2004〕25 号）；

④《森林资源规划设计调查技术规程》（GB/T 26424—2010）；

⑤《造林技术规程》（GB/T 15776—2006）；

⑥《生态公益林建设技术规程》（GB/T 18337.3—2001）；

⑦《森林抚育规程》（GB/T 15781—2009）；

⑧《碳汇造林技术规程》（LY/T 2252—2014）；

⑨《造林作业设计规程》（LY/T 1607—2003）；

⑩《造林项目碳汇计量监测指南》（LY/T 2253—2014）。

12.4.1.2 术语与定义

基线情景（baseline scenario）：在没有碳汇造林项目活动时，在项目所在地的技术条件、融资能力、资源条件和政策法规下，最能合理地代表项目边界内土地利用和管理的未来情景。

碳库（carbon pool）：碳的储存库，通常包括地上生物量、地下生物量、枯落物、枯死木和土壤有机质碳库，其单位为质量单位。此外，木质林产品也可以视作一个碳库。

森林碳汇（forest carbon sequestration）：森林生态系统吸收和储存大气中 CO_2 的过程、活动或机制。

计入期（crediting period）：项目活动相对于基线条件下所产生的额外的温室气体减排量的时间区间。

泄漏（leakage）：由碳汇造林项目活动引起的、发生在项目边界之外的、可测量的温室气体源排放的增加量。

项目边界(project boundary)：由拥有土地所有权或使用权的项目业主或其他项目参与方实施的碳汇造林项目活动的地理范围。项目边界包括事前项目边界和事后项目边界。事前项目边界是在项目设计和开发阶段确定的项目边界，是计划实施造林项目活动的地理边界。事后项目边界是在项目监测时确定的、项目核查时核实的、实际实施的项目活动的边界。

碳排放(carbon emission)：指在项目边界内，由项目活动导致的温室气体排放。

12.4.1.3 总则

①碳汇造林应当注重当地生物多样性保护、生态保护和促进经济社会发展。

②碳汇造林优先发展公益林。

③碳汇造林坚持因地制宜、适地适树，多树种、多林种结合。

④碳汇造林应按规划设计，按设计施工，按项目组织管理，按技术标准进行检查验收。

⑤碳汇造林计入期 20~60 a。在计入期内，森林不可皆伐。

12.4.2 碳汇林营造技术

12.4.2.1 造林地选择与林地清理

碳汇造林实施地点优先考虑生态区位重要和生态脆弱区。

为减少碳排放，林地清理不允许炼山或全垦，采用水平带或垂直带状清理的方法，清理带宽为 1.0 m，并保留原有乡土乔木树种。相邻种植带之间设立保留带，保留带上的植被不能清除。清理的杂草等可在带间堆沤让其自然腐烂分解，以改善土壤性状。

12.4.2.2 树种选择

目前，碳汇林并没有指定什么树种，但在碳汇造林树种选择时应遵循以下原则：

①优先选择吸收固定二氧化碳能力强、生长快、生命周期长、稳定性好、抗逆性强的树种，同时兼顾生态效益、经济效益和社会效益。

②树种的生物学、生态学特性与造林地立地条件相适应，优先选择优良乡土树种。

③因地制宜确定阔叶树种和针叶树种比例，提倡营造混交林，防止树种单一化。

12.4.2.3 种子和苗木

碳汇造林优先采用就地育苗或就近调苗，减少长距离运苗活动造成的碳泄漏。

采用 1 年生、高 50 cm 以上、地径 0.5 cm 以上，无病虫害和机械损伤，根系发达且木质化充分的 I 级容器苗。此外，尽可能通过就地育苗或就近调苗，可有效保证苗木质量和新鲜度。

12.4.2.4 造林技术

(1)一般规定

碳汇造林宜采用人工植苗造林，生物学特性有特殊要求的树种可采用直播造林或分殖造林。

（2）整地

植苗或播种前清理造林地上有碍于造林作业的地被物或采伐剩余物，以蓄水保墒、提高造林成活率、促进林木生长为目的而进行的局部或全面的疏松土壤措施。

禁止全垦整地和炼山，以穴状整地为主，不导致土壤扰动。

对造林地的原生散生树木应加以保护，对灌木或草本植物尽量保留，在山脚、山顶应保留 10~20 m 宽的原有植被保护带。

对造林地中的极小种群、珍稀濒危动植物保护小区不得进行造林整地，应保留适当宽度的缓冲保护带。

采用明穴整地。挖穴时把穴土挖出置于穴的两旁，表层土和心土分两边堆放，以便回土时把表土放入穴底。挖穴应在造林前的冬季进行，让清出的穴土有一段自然风化、熟化的时间，有利于杀死有害的病虫并改善土壤的理化性质，提高土壤的肥力。植穴规格均为 40 cm×40 cm×40 cm。

植穴按照垂直行布设，两行植穴呈"品"字形分布，对部分地段可根据实际情况（如避开原有树木、石头等）局部位移，采取不规则式随机布设，但要确保规划的造林密度。

（3）造林密度

根据林地植被现状以及立地条件，包括留存乔木，一般密度为 1335 株/hm²。

（4）回土与基肥

在春季造林前一个月回穴土，回土要打碎及清除石块、树根，先回表土后回心土，当回土至 50%左右时，基肥与穴土充分混匀后回填至高出穴面 10 cm；回土后，穴面开蓄水小穴，以提高造林成活率。根据立地条件，基肥标准为：复合肥 0.15 kg/穴或磷肥 0.25 kg/穴。

（5）栽植和补植

栽植应在早春雨透后的阴雨天进行，要求在 4 月底前完成。栽植时先在植穴中央挖好栽植孔，去营养袋并保持土球完整，带土轻放于栽植孔中，扶正苗木适当深栽，回填细土并压实，使苗木与原土紧密接触。继续回土至穴面，压实后再回松土呈馒头状，比原苗蔸深栽 2 cm 以上，以减少水分蒸发。此外，根据气候情况，适当采用生根粉、地膜覆盖、保水剂和无纺布容器苗造林新技术，以提高碳汇造林成活率。栽植后 1 个月要全面检查成活率，发现死株、漏栽的应及时补植。

（6）抚育管护

抚育是促进苗木生长，提高造林成活率和林木保存率的重要措施。设计连续抚育三年 3 次，即第一、第二、第三年初夏各 1 次，在 6~7 月抚育。抚育工作内容主要是除草、松土、培土、追肥、补植，除草要求铲除以植株为中心 1 m² 范围内的杂草。补植在初次抚育时进行，应全面检查植株的成活情况，发现死株及时进行补苗。

抚育时进行追肥，每次施放复合肥 0.15 kg/穴。具体施肥方法是：在除草、松土、培土等工序完成后，沿树冠垂直投影线方向两侧各开挖深 5~10 cm 的浅沟，将肥料均匀地施放于沟内，然后用土覆盖，以防肥料流失，提高肥料利用率。

对于造林地在人畜活动频繁的路边、村边，采取相关方法进行封禁，并做好森林火灾和病虫害预防和控制工作。

（7）其他工作

主要抓好资料整理、调查监测和绩效评价工作等。根据项目各相关资料整理建立系统的档案资料，长期跟踪做好评价项目执行的效果和效益情况，并建立与绩效评价结果相对应的奖惩制度、绩效预算制度。

（8）其他注意事项

在科学规划基础上，如何将碳汇林建设的相关技术措施落实到位是关键。因此，特提以下几点意见：

一是规范管理，严格按照建设工程管理办法的要求，落实项目责任制（法人负责制）、项目招投标制、质量监督制（监理制）、项目合同制度、定期联合检查制度、竣工验收制度和财务报账制度等。项目完成必须凭验收结果鉴定书（或竣工验收报告）和财务决算书，进行资金拨付。

二是抓好造林质量现场管理。在现场管理上，将任务分解到山头地块，专人负责，做到各工序施工前有培训，施工中有跟班，施工后有自查，每道工序和技术问题能第一时间得到有效解决。

三是严格实行工序管理。按设计标准对工程每一道工序进行严格管理，每一道工序完成后，均需进行质量检查，达不到标准的必须进行返工，直至达到合格标准才能进入下一道工序。

四是抓好抚育管护，实行绩效管理制度。"三分种、七分管"，加强对造林地的管护，通过竖立宣传牌、落实护林员巡山护林等措施防止人畜践踏和火灾的发生，并加强病虫害防治工作，巩固造林成效。抓好后期抚育，确保实现绩效目标。

五是做好实施前的各项准备工作，包括苗木、资金、施工和组织管理等准备工作。

六是做好持续跟踪和绩效评价工作，建立长效机制。

本章小结

生物质能源热力较高、可以再生、储量丰富、便于获得，而且储存与运输较为方便，加工与转化的工艺也相对成熟，是世界上利用历史最为悠久、使用最为普遍的能源。但是，生物质也存在热值与热效率低、体积大、存活受外界因素影响较大等缺点。目前，国外的生物质能源技术和装置多已达商业化应用程度，实现了规模化产业经营；我国对生物质能源的利用还相对简单，发展空间很大。生物质能源林可划分为燃油能源林、生物发电能源林和薪炭能源林3种。发展薪炭林的目的主要在于解决农村生活用能源，控制水土流失，减轻或防止对森林植被的破坏，达到以林护林的目的。碳汇林工程是利用造林或者是营林的措施，来建设适合种植树木的荒地或者荒山等的碳密度较低的地区，建设完整的森林系统，整体提高森林的碳密度，进而提高森林生态方面的效益。碳汇林在选择树种、营造树林等方面与一般的造林工程是不同的。总之，开发与利用生物质能源，对实现可持续发展、保障国家能源安全、改善生存环境和减少二氧化碳都具有重要意义。

思 考 题

1. 试述生物质能源在中国未来可持续发展战略中的地位。
2. 生物质能源的特点是什么？
3. 生物质能源林有哪些类型？
4. 薪炭林如何配置？
5. 碳汇林业和一般意义上的造林活动的区别是什么？

第 13 章

林业生态工程效益评价

林业生态工程就是以改善优化生态环境、提高人民生活质量、实现可持续发展为目标，以大江大河流域和重点风沙区为重点，在一定区域内开展的以植树造林为主要内容的工程建设活动。从 20 世纪 70 年代末开始我国即开展了以防护林建设活动为基础的全国林业生态工程建设，这些不同类型的林业生态工程的选定、可行性研究、规划、审核、实施、竣工、检查验收各环节工程都得到了加强和规范，林业生态工程是否取得了预期效益，都需要通过评价加以确定。

要评价林业生态工程的综合效益就需要建立一套较为客观、简便、实用，又能得到林业领域各层次人们及公众认同的评价指标体系。由于林业生态工程效益具有多样性，在评价其效益时不能采用单一的标准或指标，而必须采用能够反映效益体系本质和行为轨迹的"量化特征组合"和衡量系统变化和质量优劣的"比较尺度标准"等一系列指标构成的指标体系，才能够全面、科学、准确地评价林业生态工程的综合效益，从而为林业生态工程的建设与宏观决策提供科学依据和准确的数据信息。

13.1 林业生态工程效益评价概述

13.1.1 效益评价的内涵

林业生态工程效益评价有人也称为林业生态工程效益后评价，主要指对已实施或完成的林业生态工程的综合效益进行系统、客观的分析评价，以确定工程建设体现出的综合效益、综合效益发挥的程度以及后续发挥潜力的大小等。从微观角度看，它是对单个林业生态工程的分析评价；从宏观角度看，它是对整体社会经济活动情况进行的评价和反思。林业生态工程的效益评价范围包括以木本植物为主体的森林、与森林及其组成复合生态系统的农林牧生态系统的综合效益。林业生态工程综合效益评价主要包括生态效益、经济效益和社会效益三方面的内容。

(1) 生态效益

由于森林是林业生态工程的主体，因此林业生态工程的生态效益的内涵可以用森林效益的内涵来代替。森林效益是指森林在社会—经济系统中所起的作用，实质上是森林经营者在生产过程中，在森林生态系统多种功能基础上实现的，是以人类社会为中心的环境—社会系统所需求和接受的生态效益、社会效益和经济效益的综合和统一。在《中国大百科全书》中，森林生态效益的定义为：由于森林环境(生物与非生物)的调节作用而产生的有利于人类和生物种群生息、繁衍的效益。

一些人认为森林的生态效益是指在人类干预和控制下的森林生态系统在自然环境系统和社会经济系统中，维持生物与生物之间、生物与环境之间的动态平衡方面的输出效益之和。森林生态效益包括主要包括以下几个方面：①森林水源涵养与保护效益；②森林水土保持效益；③森林防风固沙效益；④森林改善土壤与小气候效益；⑤森林生物多样性维持效益；⑥森林固定二氧化碳效益；⑦森林净化大气环境效益；⑧森林游憩与康养效益；⑨森林消除噪声等特殊效益；⑩森林景观美学效益。

（2）经济效益

林业生态工程不是一个简单的自然生态系统，而是一个人工生态经济系统。在这一系统中生产的所有物质，包括能够进入市场的直接林产品和不能进入市场的"非市场产品"，都包含了人们的劳动，都是以某种资源投入和劳动投入（包括物化劳动和活劳动）而产生的"产品"。不论是属于直接经济效益的林产品，还是属于间接效益的生态效益，诸如防止土壤侵蚀、涵养水源、调节洪水、减少泥沙流失等，都是通过投入所产生的生态经济效果。因此，不管其形态如何，对社会的作用怎样实现，都是人们的劳动成果，这就奠定了计量林业生态工程生态效益的经济基础。

林业生态工程的经济效益包括直接经济效益和间接经济效益，直接经济效益是指人类对林业生态工程进行经营活动时所取得的，并已纳入现行货币计量体系，可在市场上交换而获利的一切收益；间接经济效益是指由于林业生态工程的影响而获得的经济效益，例如，防护林对农业、畜牧生产的影响，其降低自然灾害风险等。

（3）社会效益

林业生态工程的社会效益是指林业生态工程所形成的生态系统的影响所及范围内，为人们所认识、对社会发展起作用的那部分效益，是林业生态工程系统为社会所提供的除去经济效益之外的一切社会收益。具体表现在对当地经济结构调整、对人类身心健康的促进方面、对人类社会结构的改进方面以及对人类社会精神文明状态的改善方面。

林业生态工程社会效益评价研究是效益评价的难点问题。社会效益因时空条件不同而有较大差异，它取决于林业生态工程所在地区的自然条件与社会经济条件，以及社会利用生态—技术—经济复合系统功能所达到的水平。因此，在评价社会效益的过程中，要具体问题具体分析，具体情况具体对待。

13.1.2 外部效益评价

林业生态工程具有典型的外部经济性，通过林业生态工程建设，给各有关部门带来了超额的经济效益，而这些超额的经济效益并不是通过市场机构提供的，而是林业生态工程经营者在进行林业生态工程生产经营活动带来的，因此这些效益无疑是一种外部经济效果，而对效益受益者来说是无偿的。

——下游或附近的防护区范围内的农业部门的单位面积产量提高，单位产品的成本降低，从而获得一部分超额利润。

——使环境具有更大的承载能力，给下游地区的河道整治、交通、航运、水电、水产业以及相关工业部门带来较大的经济收益。

——环境有了较大的防灾抗灾能力，工业、农业、交通运输业、通信、水利等产业部门的损失减少，节约开支，使这些部门实际获得了很大的经济效益。

——给农业生产中的其他行业带来实际的经济收入，例如，在黄土高原营造的大面积刺槐林，使这一地区的养蜂业得到了长足的发展，仅山西省吉县，每年的刺槐花蜜收入就达到几十万元。

林业生态工程生态效能的外部效果使得在两个其他自然条件基本一致的区域，深受林业生态工程建设影响的区域和这种影响范围以外的区域，在资源丰度和环境质量上存在差别，导致所谓级差地租的形成，直接影响土地的投资和利用价值。

林业生态工程的这种生态效益不能由市场经济机构提供。我们把具有这些效益的财产、服务称为公共财产。就是说能满足公共需求的财产和服务便是公共财产。这里所说的公共需求必须由公共部门解决。当市场经济机构缺乏有效发挥林业生态工程效能的条件时，就不能充分实现资源的有效配置和确保生态效能的发挥，因此需要公共部门解决。

也就是说，国家需要积极地进行政策干涉，必须把林业生态工程看作全社会的财产，并制定和推行与此相适应的政策。

为了确保林业生态工程效能获得适当的经济效益，根据市场经济机构，把不能直接给林业生态工程所有者带来经济利益的各种生态效能的社会效益与林业生态工程所有者的个体利益联系起来，达到使外部经济内部化的目的。通常的做法是采取财政补贴和征税的方法。此外，还采用贷款、税收等多种辅助措施，使得原来不能通过市场经济对林业生态工程所产生的无偿的外部经济效益有相应的补偿，这样才符合林业生态工程经营的实际情况。

13.1.3 效益评价的目的及意义

我国的林业生态工程建设经过几十年的历程，取得了重大效益，增加了森林资源，大大改善了生态环境；改善了农业生产条件，促进了粮食稳产高收。十大林业生态工程构建起绿色屏障，减轻了风沙、干热风、寒露风、昆虫等对农作物的危害，为农业粮食高产稳产做出了贡献，极大地推动了地方经济的发展，加快了群众脱贫致富奔小康的步伐。林业生态工程产生了巨大的生态效益、经济效益和社会效益。对林业生态工程的效益进行评价，将有助于提高人们对森林作用的认识，促使人们的价值观发生转变，为我国林业纳入国民经济绿色核算体系提供重要的基础数据，为政府部门制定合理的林业政策提供科学依据。因此，我国林业生态工程的效益评价对促进国民经济绿色核算体系的建立和促进社会的可持续发展具有重要的战略意义。同时，林业生态工程建设仍然是我国今后相当长时期的生态环境建设工程的主体，需要对已经建成工程的经验教训进行总结，对工程的各种效果进行客观评价，为新的林业生态工程建设的立项、选址、施工、管理及运行提供实际的参考经验和科学数据的支撑，以提高工程实际的效果，避免造成经济与生态上的损失。

林业生态工程的主体与核心是森林，因此在林业生态工程效益评价中研究森林生态效益的宗旨，是在于探索森林生态效益的客观运动规律，研究林业生态环境各组成要素的性质及变化规律，以及对人类生产、生活及生存的影响，全面认识森林的功能与效益，可以改变人们对森林的认识，使人人都自觉地爱护森林、保护森林，全社会形成一个爱林、护林的风尚。通过生态环境效益计量评价，可弄清森林各生态功能在区域环境保护中的性质、作用和地位，以及环境质量发展变化对社会经济发展的影响，为制订环境保护规划方案、拟定地方有关环境保护法规条例提供科学依据。环境影响评价为解决森林开发利用和环境保护之间的矛盾提供了途径，是贯彻预防为主、强化管理的重要手段。人们进行森林生态效益计量研究，不是为了确定森林中凝结了多少社会必要劳动时间，即经济学意义上的价值量，而是为了反映森林所产生的综合作用，以及为制定林业发展战略目标，进行林业区划和林种布局等提供基础数据。

林业生态工程效益评价工作的主要目的是：发挥评价工作强大的监督功能，并与林业生态工程前期评价、中期评价结合在一起，形成开放的闭环控制系统，建立工程决策、投资、建设、管理等各方面的评价监督机制，从而提高过程管理效率，实现林业生态工程效益最大化；通过效益评价工作，总结工程建设的经验教训，并通过及时有效的信息反馈系统，完善已建林业生态工程，指导在建工程，改进待建工程规划，提高科学决策水平，实现生态系统效益最大化的目的；根据效益评价结果，对其可持续发挥程度进行预测判断，并对完善经济社会系统的管理体系提出合理化建议，实现生态系统与经济系统综合效益最大化。

13.2 林业生态工程效益指标计量方法

13.2.1 生态效益评价内容与计量方法

13.2.1.1 森林生态功能修正系数

在野外数据观测中，研究人员仅能够得到观测站点附近的实测生态数据，对于无法实地观测到的数据，则需要一种方法对已经获得的参数进行修正，因此引入了森林生态功能修正系（forest ecological function correction coefficient，FEF-CC）。FEF-CC 指评估林分生物量和实测林分生物量的比值，它反映森林生态服务评估区域森林的生态质量状况，还可以通过森林生态功能的变化修正森林生态服务的变化。

森林生态系统服务价值的合理测算对绿色国民经济核算具有重要意义，社会进步程度、经济发展水平、森林资源质量等对森林生态系统服务均会产生一定影响，而森林自身结构和功能状况则是体现森林生态系统服务可持续发展的基本前提。"修正"作为一种状态，表明系统各要素之间具有相对"融洽"的关系。当用现有的野外实测值不能代表同一生态单元同一目标林分类型的结构或功能时，就需要采用森林生态功能修正系数客观地从生态学精准的角度反映同一林分类型在同一区域的真实差异。这是森林生态系统服务功能得以准确评估的关键。生态系统的服务功能大小与该生态系统的生物量有密切关系，一般来说，生物量越大，生态服务功能越强。其理论公式为：

$$FEF - CC = \frac{B_e}{B_o} = \frac{BEF \cdot V}{B_o}$$ (13-1)

式中 *FEF-CC*——森林生态功能修正系数；

B_e——评估林分生物量（kg/m^3）；

B_o——实测林分生物量（kg/m^3）；

BEF——蓄积量与生物量的转换因子；

V——评估林分的蓄积量（m^3）。

实测林分生物量可以通过实测手段来获取。通过评估林分蓄积量和生物量转换因子，或者评估林分的蓄积量、胸径和树高，测算评估林分的生物量。

13.2.1.2 评估公式

（1）涵养水源功能

涵养水源功能主要是指森林对降水的截留、吸收和贮存，将地表水转为地表径流或地下水的作用。主要功能表现在增加可利用水资源、净化水质和调节径流三个方面。

森林涵养水源的量化，是准确评估价值的基础之一。森林涵养水源量已有多种计算方法，目前主要有非毛管孔隙度蓄水量法、水量平衡法、地下径流增长法、多因子回归法、采伐损失法和降水贮存法等，国内外相关研究大多采用的是水量平衡法。

年调节水量计算公式为：

$$G_{调} = 10A(P-E-C) \cdot F \tag{13-2}$$

式中 $G_{调}$——实测林分年调节水量（m^3/a）；

P——实测林分林外降水量（mm/a）；

E——实测林分蒸散量（mm/a）；

C——实测林分地表快速径流量（mm/a）；

A——林分面积（hm^2）；

F——森林生态功能修正系数。

（2）保育土壤功能

森林植被凭借强壮且成网状的根系截留大气降水，减少或免遭雨滴对土壤表层的直接冲击，有效地固持土体，降低了地表径流对土壤的冲蚀，使土壤流失量大大降低。而且森林植被的生长发育及其代谢产物不断对土壤产生物理及化学影响，参与土体内部的能量转换与物质循环，使土壤肥力提高，森林植被是土壤养分的主要来源之一。为此，选用两个指标：即固土指标和保肥指标，以反映森林植被保育土壤功能。

①固土指标 年固土量计算公式为：

$$G_{固土} = A \cdot (X_2-X_1) \cdot F \tag{13-3}$$

式中 $G_{固土}$——实测林分年固土量（t/a）；

X_1——有林地土壤侵蚀模数［$t/(hm^2 \cdot a)$］；

X_2——无林地土壤侵蚀模数［$t/(hm^2 \cdot a)$］；

A——林分面积（hm^2）；

F——森林生态功能修正系数。

②保肥指标 年保肥量计算公式：

$$G_N = A \cdot N \cdot (X_2-X_1) \cdot F \tag{13-4}$$

$$G_P = A \cdot P \cdot (X_2 - X_1) \cdot F \tag{13-5}$$

$$G_K = A \cdot K \cdot (X_2 - X_1) \cdot F \tag{13-6}$$

$$G_{有机质} = A \cdot M \cdot (X_2 - X_1) \cdot F \tag{13-7}$$

式中　G_N——固持土壤而减少的氮流失量(t/a)；

　　　G_P——固持土壤而减少的磷流失量(t/a)；

　　　G_K——固持土壤而减少的钾流失量(t/a)；

　　　$G_{有机质}$——固持土壤而减少的有机质流失量(t/a)；

　　　X_1——有林地土壤侵蚀模数[$t/(hm^2 \cdot a)$]；

　　　X_2——无林地土壤侵蚀模数[$t/(hm^2 \cdot a)$]；

　　　N——生态系统土壤平均含氮量(%)；

　　　P——生态系统土壤平均含磷量(%)；

　　　K——生态系统土壤平均含钾量(%)；

　　　M——生态系统土壤平均有机质含量(%)；

　　　A——林分面积(hm^2)；

　　　F——森林生态功能修正系数。

（3）固碳释氧功能

森林植被与大气的物质交换主要是二氧化碳与氧气的交换，这对维持大气中的二氧化碳和氧气动态平衡、减少温室效应以及为人类提供生存的基础都有巨大的、不可替代的作用。

①固碳指标　植被和土壤年固碳量计算公式：

$$G_{碳} = A \cdot (1.63 R_{碳} \cdot B_{年} + F_{土壤碳}) \cdot F \tag{13-8}$$

式中　$G_{碳}$——实测年固碳量(t/a)；

　　　$B_{年}$——实测林分年净生产力[$t/(hm^2 \cdot a)$]；

　　　$F_{土壤碳}$——单位面积林分土壤年固碳量[$t/(hm^2 \cdot a)$]；

　　　$R_{碳}$——二氧化碳中碳的含量，为 27.27%；

　　　A——林分面积(hm^2)；

　　　F——森林生态功能修正系数。

公式得出森林植被的潜在年固碳量，再从其中减去由于林木消耗造成的碳量损失，即为实际年固碳量。

②释氧指标　年释氧量计算公式：

$$G_{氧气} = 1.19 A \cdot B_{年} \cdot F \tag{13-9}$$

式中　$G_{氧气}$——实测林分年释氧量(t/a)；

　　　$B_{年}$——实测林分年净生产力[$t/(hm^2 \cdot a)$]；

　　　A——林分面积(hm^2)；

　　　F——森林生态功能修正系数。

（4）林木积累营养物质

森林植被不断从周围环境吸收营养物质固定在植物体中，成为全球生物化学循环不可缺少的环节。本次评价选用林木积累氮、磷、钾指标来反映退耕还林工程林木积累营养物质功能。

林木营养年积累量计算公式：

$$G_氮 = A \cdot N_{营养} \cdot B_年 \cdot F \tag{13-10}$$

$$G_磷 = A \cdot P_{营养} \cdot B_年 \cdot F \tag{13-11}$$

$$G_钾 = A \cdot K_{营养} \cdot B_年 \cdot F \tag{13-12}$$

式中　$G_氮$——植被固氮量(t/a)；

　　　$G_磷$——植被固磷量(t/a)；

　　　$G_钾$——植被固钾量(t/a)；

　　　$N_{营养}$——林木氮元素含量(%)；

　　　$P_{营养}$——林木磷元素含量(%)；

　　　$K_{营养}$——林木钾元素含量(%)；

　　　$B_年$——实测林分年净生产力[t/(hm²·a)]；

　　　A——林分面积(hm²)；

　　　F——森林生态功能修正系数。

(5)净化大气环境功能

植被能有效吸收有害气体、滞纳粉尘、提供负离子、降低噪音、降温增湿等，从而起到净化大气环境的作用。

①提供负离子指标　年提供负离子量 $G_{负离子}$ 计算公式：

$$G_{负离子} = 5.256×10^{15} \cdot Q_{负离子} \cdot A \cdot H \cdot F/L \tag{13-13}$$

式中　$G_{负离子}$——实测林分年提供负离子个数(个/a)；

　　　$Q_{负离子}$——实测林分负离子浓度(个/cm³)；

　　　H——林分高度(m)；

　　　L——负离子寿命(min)；

　　　A——林分面积(hm²)；

　　　F——森林生态功能修正系数。

②吸收污染物指标

a. 二氧化硫年吸收量计算公式：

$$G_{二氧化硫} = Q_{二氧化硫} \cdot A \cdot H/1000 \tag{13-14}$$

式中　$G_{二氧化硫}$——实测林分年吸收二氧化硫(t/a)；

　　　$Q_{二氧化硫}$——单位面积实测林分年吸收二氧化硫量[kg/(hm²·a)]；

　　　A——林分面积(hm²)；

　　　F——森林生态功能修正系数。

b. 氟化物年吸收量计算公式：

$$G_{氟化物} = Q_{氟化物} \cdot A \cdot F/1000 \tag{13-15}$$

式中　$G_{氟化物}$——实测林分年吸收氟化物量(t/a)；

　　　$Q_{氟化物}$——单位面积实测林分年吸收氟化物量[kg/(hm²·a)]；

　　　A——林分面积(hm²)；

　　　F——森林生态功能修正系数。

c. 氮氧化物年吸收量计算公式：

$$G_{氮氧化物} = Q_{氮氧化物} \cdot A \cdot F / 1000 \tag{13-16}$$

式中　$G_{氮氧化物}$——实测林分年吸收氮氧化物量(t/a)；

$Q_{氮氧化物}$——单位面积实测林分年吸收氮氧化物量[kg/(hm$^2 \cdot$ a)]；

A——林分面积(hm^2)；

F——森林生态功能修正系数。

③滞尘指标　年滞尘量计算公式：

$$G_{滞尘} = Q_{滞尘} \cdot A \cdot F / 1000 \tag{13-17}$$

式中　$G_{滞尘}$——实测林分年滞尘量(t/a)；

$Q_{滞尘}$——单位面积实测林分年滞尘量[kg/(hm$^2 \cdot$ a)]；

A——林分面积(hm^2)；

F——森林生态功能修正系数。

④TSP指标　年总滞纳TSP量计算公式：

$$G_{TSP} = Q_{TSP} \cdot A \cdot F / 1000 \tag{13-18}$$

式中　G_{TSP}——实测林分年滞纳TSP量(t/a)；

Q_{TSP}——单位面积实测林分年滞纳TSP量[kg/(hm$^2 \cdot$ a)]；

A——林分面积(hm^2)；

F——森林生态功能修正系数。

⑤滞纳PM$_{10}$　年滞纳PM$_{10}$量计算公式：

$$G_{PM_{10}} = 10 \cdot Q_{PM_{10}} \cdot A \cdot n \cdot F \cdot LAI \tag{13-19}$$

式中　$G_{PM_{10}}$——实测林分年吸滞PM$_{10}$量(kg/a)；

$Q_{PM_{10}}$——实测林分单位面积吸滞PM$_{10}$量(g/m^2)；

A——林分面积(hm^2)；

n——洗脱次数；

F——森林生态功能修正系数；

LAI——叶面积指数。

⑥滞纳PM$_{2.5}$　年滞纳PM$_{2.5}$量计算公式：

$$G_{PM_{2.5}} = 10 \cdot Q_{PM_{2.5}} A \cdot n \cdot F \cdot LAI \tag{13-20}$$

式中　$G_{PM_{2.5}}$——实测林分年吸滞PM$_{2.5}$量(kg/a)；

$Q_{PM_{2.5}}$——实测林分单位面积吸滞PM$_{2.5}$量(g/m^2)；

A——林分面积(hm^2)；

n——洗脱次数；

F——森林生态功能修正系数；

LAI——叶面积指数。

(6)森林防护功能

植被根系能够固定土壤，改善土壤结构，降低土壤的裸露程度；植被地上部分能够增加地表粗糙程度，降低风速，阻截风沙。地上地下的共同作用能够减弱风的强度和携沙能力，减弱因风蚀导致的土壤流失和风沙危害。

防风固沙量计算公式：

$$G_{防风固沙} = A_{防风固沙} \cdot (Y_2 - Y_1) \cdot F \tag{13-21}$$

式中 $G_{防风固沙}$——森林防风固沙物质量(t/a)；

       Y_1——退耕还林工程实施后林地风蚀模数[t/(hm² · a)]；

       Y_2——退耕还林工程实施前林地风蚀模数[t/(hm² · a)]；

       $A_{防风固沙}$——防风固沙林面积(hm²)；

       F——森林生态功能修正系数。

13.2.2 经济效益评价内容与计量方法

13.2.2.1 经济效益评价内容

经济效益(economic benefit)分直接经济效益和间接经济效益。

①直接经济效益   林业生态工程直接产生的产品及其相应的产值。如林地、活立木、灌木增产枝条、经济林增产果品、种草增产饲草等。各类产品未经加工转化时的产量和产值，都是直接经济效益。

②间接经济效益   上述各类产品，经加工转化后，提高了的产值为间接经济效益。如果品加工成饮料、果酱、果脯，枝条加工成筐、篮、工艺品、纤维板，饲草养畜后出畜产品等。

系统地评价林业生态工程的经济效益，不仅对国家的国民经济宏观决策起着重要作用，而且对地区的区域性国民经济发展技术具有十分重要的意义。这方面的研究工作，既是一项具有主要理论价值的基础性研究工作，也是一项具有深刻实践意义的应用性研究工作。

经济效益的统计量一般有以下4种：

(1)净现值

从总量的角度反映林业生态工程建设从整地造林到评价年限整个周期的经济效益的大小。它是将各年所发生的各项现金的收入与支出，通通折算为现值。即将从整地造林到评价年限不同年份的投资、费用和效益的值，以标准贴现率折算为基准年的收入现值总和与费用现值总和，二者之差即为净现值，公式如下：

$$NPV = \sum_{t=1}^{n} \frac{B_t}{(1+e)^t} - \sum_{t=1}^{n} \frac{C_t}{(1+e)^t} \tag{13-22}$$

式中 NPV——净现值指标；

       B_t——第 t 年的收入；

       C_t——第 t 年的费用；

       e——标准贴现率；

       n——评价年限；

       t——年份。

(2)内部收益率

也称内部报酬率，是衡量林业生态工程经济效益最重要的指标。就其内涵而言，是指工程收益与费用的现值代数和为零的特定贴现率。它反映从整体造林到评价年限时投资回收的年平均利润率，即投资林业生态工程项目的实际盈利率，是用来比较林业生态工程盈利水平的一种相对衡量指标。这一指标着眼于资金利用的好坏，也就是投入的资金每年能回收多少（利润率）。

内部收益率的计算，一般是在试算的基础上，再用线性插值法公式求出精确收益率。其计算公式为：

$$IRR = e_1 + \frac{NPV_1(e_1 - e_2)}{NPV_1 - NPV_2} \tag{13-23}$$

式中　IRR——内部收益率；

e_1——略低的贴现率；

e_2——略高的贴现率；

NPV_1——用低的贴现率计算的净现值；

NPV_2——用高的贴现率计算的净现值。

（3）现值回收期

用投资费用现值总额与利润现值总额计算的投资回收期。它表明林业生态工程建设的投入，从每年获得的利润中收回来的年限，它着眼于尽早收回投资，但在时间上只算至按现值将投入本金收回为止，本金收回后的情况不再考虑。

其具体计算方法，就是将一次或几次的投资金额和各年的盈利额，用贴现法统一折算为基准年的现值，当投资费用现值总额等于利润现值总额时，其年限即为现值回收期。其计算公式为：

$$\sum_{t=1}^{n} \frac{B_t}{(1+e)^t} = \sum_{t=1}^{n} \frac{C_t}{(1+e)^t} \tag{13-24}$$

式中　B_t——第t年的收益（现金流入）；

C_t——第t年的费用（现金流出）；

e——标准贴现率；

n——评价年限。

（4）益本比

也称利润成本比，这一指标反映林业生态工程建设评价年限内的收入现值总和与现值费用总和的比率，它对于政府有关林业生态工程建设尤为重要。因为国家建设林业生态工程往往是从社会、经济、生态各方面的发展需要而投资的，这就需要从整个国民经济的角度去进行评价，而益本比恰恰能反映这方面的内容。其计算公式为：

$$\frac{B}{C} = \frac{\sum_{t=1}^{n} \frac{Bt}{(1+e)^t}}{\sum_{t=1}^{n} \frac{Ct}{(1+e)^t}} \tag{13-25}$$

式中　B_t——第t年的收益（现金流入）；

C_t——第t年的费用（现金流出）；

e——标准贴现率；

　　　　n——评价年限。

13.2.2.2　经济效益评价计量方法

　　林业生态工程的生态系统服务功能价值量评估中，由物质量转价值量时，部分价格参数并非评估年价格参数，因此需要使用贴现率将非评估年价格参数换算为评估年份价格参数以计算各项功能价值量的现价。此处所使用的贴现率指将未来现金收益折合成现在收益的比率。贴现率是一种存贷款均衡利率，利率的大小主要根据金融市场利率来决定。其计算公式为：

$$t = (D_r + L_r)/2 \tag{13-26}$$

式中　t——存贷款均衡利率(%)；

　　　　D_r——银行的平均存款利率(%)；

　　　　L_r——银行的平均贷款利率(%)。

　　贴现率的计算公式为：

$$d = (1+t_{n+1})(1+t_{n+2})\cdots(1+t_m) \tag{13-27}$$

式中　d——贴现率；

　　　　t——存贷款均衡利率(%)；

　　　　n——价格参数可获得年份(a)；

　　　　m——评估年份(a)。

　　(1)年调节水量价值

　　由于森林对水量主要起调节作用，与水库的功能相似。因此，年调节水量价值依据水库工程的蓄水成本(替代工程法)来确定。其计算公式：

$$U_{调} = 10C_{库} \cdot A(P-E-C) \cdot F \cdot d \tag{13-28}$$

式中　$U_{调}$——实测森林年调节水量价值(元/a)；

　　　　$C_{库}$——水资源市场交易价格(元/m^3)；

　　　　P——实测林分林外降水量(mm/a)；

　　　　E——实测林分蒸散量(mm/a)；

　　　　C——实测林分地表快速径流量(mm/a)；

　　　　A——林分面积(hm^2)；

　　　　F——森林生态功能修正系数；

　　　　d——贴现率。

　　(2)保育土壤

　　①年固土价值　由于土壤侵蚀流失的泥沙淤积于水库中，减少了水库蓄积水的体积，根据蓄水成本(替代工程法)计算林分年固土价值。其计算公式为：

$$U_{固土} = A \cdot C_土 \cdot (X_2-X_1) \cdot F/\rho \cdot d \tag{13-29}$$

式中　$U_{固土}$——实测林分年固土价值(元/a)；

　　　　X_1——有林地土壤侵蚀模数[t/($hm^2 \cdot a$)]；

　　　　X_2——无林地土壤侵蚀模数[t/($hm^2 \cdot a$)]；

　　　　$C_土$——挖取和运输单位体积土方所需费用(元/m^3)；

ρ——土壤容重(g/cm^3)；

A——林分面积(hm^2)；

F——森林生态功能修正系数；

d——贴现率。

②年保肥价值。年固土量中氮、磷、钾的数量换算成化肥价值即为林分年保肥价值。林分年保肥价值以固土量中的氮、磷、钾数量折合成磷酸二铵化肥和氯化钾化肥的价值来体现。其计算公式为：

$$U_{肥}=A \cdot (X_2-X_1) \cdot (N \cdot C_1/R_1+P \cdot C_1/R_2+K \cdot C_2/R_3+M \cdot C_3) \cdot F \cdot d \quad (13-30)$$

式中　$U_{肥}$——实测林分年保肥价值(元/a)；

X_1——有林地土壤侵蚀模数[t/($hm^2 \cdot a$)]；

X_2——无林地土壤侵蚀模数[t/($hm^2 \cdot a$)]；

N——生态系统土壤平均含氮量(%)；

P——生态系统土壤平均含磷量(%)；

K——生态系统土壤平均含钾量(%)；

M——生态系统土壤平均有机质含量(%)；

R_1——磷酸二铵化肥含氮量(%)；

R_2——磷酸二铵化肥含磷量(%)；

R_3——氯化钾化肥含钾量(%)；

C_1——磷酸二铵化肥价格(元/t)；

C_2——氯化钾化肥价格(元/t)；

C_3——有机质价格(元/t)；

A——林分面积(hm^2)；

F——森林生态功能修正系数；

d——贴现率。

（3）固碳释氧

①年固碳价值　鉴于欧美发达国家正在实施温室气体排放税收制度，并对二氧化碳的排放征税。为了与国际接轨，便于在外交谈判中有可比性，采用国际上通用的碳税法进行评估。其计算公式为：

$$U_{碳}=A \cdot C_{碳}(1.63R_{碳} \cdot B_{年}+F_{土壤碳}) \cdot F \cdot d \quad (13-31)$$

式中　$U_{碳}$——实测林分年固碳价值(元/a)；

$B_{年}$——实测林分年净生产力[t/($hm^2 \cdot a$)]；

$F_{土壤碳}$——单位面积林分土壤年固碳量[t/($hm^2 \cdot a$)]；

$C_{碳}$——固碳价格(元/t)；

$R_{碳}$——二氧化碳中碳的含量，为27.27%；

A——林分面积(hm^2)；

F——森林生态功能修正系数；

d——贴现率。

公式得出森林植被的潜在年固碳价值，再从其中减去由于森林年采伐消耗量造成的碳损失，即为实际年固碳价值。

②年释氧价值 因为价值量的评估是经济的范畴，是市场化、货币化的体现，因此采用国家权威部门公布的氧气商品价格计算森林的年释氧价值。其计算公式为：

$$U_氧 = 1.19 C_氧 \cdot A \cdot B_年 \cdot F \cdot d \tag{13-32}$$

式中　$U_氧$——实测林分年释氧价值(元/a)；

　　　$B_年$——实测林分年净生产力[t/(hm^2·a)]；

　　　$C_氧$——制造氧气的价格(元/t)；

　　　A——林分面积(hm^2)；

　　　F——森林生态功能修正系数；

　　　d——贴现率。

(4) 林木营养年积累价值

采取把营养物质折合成磷酸二铵化肥和氯化钾化肥方法计算林木营养物质积累价值。其计算公式为：

$$U_{营养} = A \cdot B_年 \cdot (N_{营养} C_1/R_1 + P_{营养} C_1/R_2 + K_{营养} C_2/R_3) \cdot F \cdot d \tag{13-33}$$

式中　$U_{营养}$——实测林分氮、磷、钾年增加价值(元/a)；

　　　$N_{营养}$——实测林木含氮量(%)；

　　　$P_{营养}$——实测林木含磷量(%)；

　　　$K_{营养}$——实测林木含钾量(%)；

　　　R_1——磷酸二铵含氮量(%)；

　　　R_2——磷酸二铵含磷量(%)；

　　　R_3——氯化钾含钾量(%)；

　　　C_1——磷酸二铵化肥价格(元/t)；

　　　C_2——氯化钾化肥价格(元/t)；

　　　$B_年$——实测林分年净生产力[t/(hm^2·a)]；

　　　A——林分面积(hm^2)；

　　　F——森林生态功能修正系数；

　　　d——贴现率。

(5) 净化大气环境

植被能有效吸收有害气体、滞纳粉尘、提供负离子、降低噪音、降温增湿等，从而起到净化大气环境的作用。

①年提供负离子价值 国内外研究证明，当空气中负离子达到600个/cm^{3}以上时，才能有益人体健康，所以林分年提供负离子价值采用如下公式：

$$U_{负离子} = 5.256 \times 10\, A \cdot H \cdot K_{负离子} \cdot (Q_{负离子} - 600) \cdot F/L \cdot d \tag{13-34}$$

式中　$U_{负离子}$——实测林分年提供负离子价值(元/a)；

　　　$K_{负离子}$——负离子生产费用(元/个)；

　　　$Q_{负离子}$——实测林分负离子浓度(个/cm^3)；

　　　H——林分高度(m)；

　　　L——负离子寿命(min)；

A——林分面积(hm^2)；

F——森林生态功能修正系数；

d——贴现率。

②吸收污染物

a. 年吸收二氧化硫价值计算公式：

$$U_{二氧化硫}=K_{二氧化硫}\cdot Q_{二氧化硫}\cdot A\cdot F\cdot d \tag{13-35}$$

式中　$U_{二氧化硫}$——实测林分年吸收二氧化硫价值(元/a)；

$K_{二氧化硫}$——二氧化硫的治理费用(元/kg)；

$Q_{二氧化硫}$——单位面积实测林分年吸收二氧化硫量[kg/($hm^2\cdot$a)]；

A——林分面积(hm^2)；

F——森林生态功能修正系数；

d——贴现率。

b. 年吸收氟化物价值计算公式：

$$U_{氟化物}=K_{氟化物}\cdot Q_{氟化物}\cdot A\cdot F\cdot d \tag{13-36}$$

式中　$U_{氟化物}$——实测林分年吸收氟化物价值(元/a)；

$K_{氟化物}$——氟化物治理费用(元/kg)；

$Q_{氟化物}$——单位面积实测林分年吸收氟化物量[kg/($hm^2\cdot$a)]；

A——林分面积(hm^2)；

F——森林生态功能修正系数；

d——贴现率。

c. 年吸收氮氧化物价值计算公式：

$$U_{氮氧化物}=K_{氮氧化物}\cdot Q_{氮氧化物}\cdot A\cdot F\cdot d \tag{13-37}$$

式中　$U_{氮氧化物}$——实测林分年吸收氮氧化物价值(元/a)；

$K_{氮氧化物}$——氮氧化物治理费用(元/kg)；

$Q_{氮氧化物}$——单位面积实测林分年吸收氮氧化物量[kg/($hm^2\cdot$a)]；

A——林分面积(hm^2)；

F——森林生态功能修正系数；

d——贴现率。

③年滞尘价值　用健康危害损失法计算林分吸滞 PM_{10} 和 $PM_{2.5}$ 的价值。其中 PM_{10} 采用的是治疗因为空气颗粒物污染而引发的上呼吸道疾病的费用。$PM_{2.5}$ 采用的是治疗因为空气颗粒物污染而引发的下呼吸道疾病的费用。林分吸滞其余颗粒物的价值仍选用降尘清理费用计算。

$$U_{滞尘}=(G_{滞尘}-G_{PM_{10}}-G_{PM_{2.5}})\cdot K_{滞尘}\cdot F\cdot d+U_{PM_{10}}+U_{PM_{2.5}} \tag{13-38}$$

式中　$U_{滞尘}$——实测林分年滞尘价值(元/a)；

$G_{滞尘}$——实测林分年滞尘量(t/a)；

$G_{PM_{10}}$——实测林分年吸滞 PM_{10} 的量(kg/a)；

$G_{PM_{2.5}}$——实测林分年吸滞 $PM_{2.5}$ 的量(kg/a)；

$U_{PM_{10}}$——实测林分年吸滞 PM_{10} 的价值(元/a);

$U_{PM_{2.5}}$——实测林分年吸滞 $PM_{2.5}$ 的价值(元/a);

$K_{滞尘}$——降尘清理费用(元/kg);

A——林分面积(hm^2);

F——森林生态功能修正系数;

d——贴现率。

④年滞纳 TSP 总价值 林分滞纳 TSP 采用降尘清理费用计算,其计算公式为:

$$U_{TSP} = K_{滞尘} \cdot P_{TSP} \cdot Q_{滞尘} \cdot A \cdot F \cdot d \qquad (13-39)$$

式中 U_{TSP}——实测林分年滞纳 TSP 量(t/a);

$K_{滞尘}$——降尘清理费用(元/kg);

P_{TSP}——单位面积实测林分年滞尘量中 TSP 所占比例(%);

$Q_{滞尘}$——单位面积实测林分年滞尘量[kg/($hm^2 \cdot a$)];

A——林分面积(hm^2);

F——森林生态功能修正系数;

d——贴现率。

⑤年滞纳 PM_{10} 价值

$$U_{PM_{10}} = 10 \cdot C_{PM_{10}} \cdot Q_{PM_{10}} \cdot A \cdot n \cdot F \cdot LAI \cdot d \qquad (13-40)$$

式中 $U_{PM_{10}}$——实测林分年滞纳 PM_{10} 价值(元/a);

$Q_{PM_{10}}$——实测林分单位面积滞纳 PM_{10} 量(g/m^2);

$C_{PM_{10}}$——由 PM_{10} 所造成的健康危害经济损失(治疗上呼吸道疾病费用)(元/kg);

A——林分面积(hm^2);

n——洗脱次数;

F——森林生态功能修正系数;

LAI——叶面积指数;

d——贴现率。

⑥年滞纳 $PM_{2.5}$ 价值

$$U_{PM_{2.5}} = 10 \cdot C_{PM_{2.5}} \cdot Q_{PM_{2.5}} \cdot A \cdot n \cdot F \cdot LAI \cdot d \qquad (13-41)$$

式中 $U_{PM_{2.5}}$——实测林分年吸滞 $PM_{2.5}$ 价值(元/a);

$Q_{PM_{2.5}}$——实测林分单位面积滞纳 $PM_{2.5}$ 量(g/m^2);

$C_{PM_{2.5}}$——由 $PM_{2.5}$ 所造成的健康危害经济损失(治疗下呼吸道疾病费用)(元/kg);

A——林分面积(hm^2);

n——洗脱次数;

F——森林生态功能修正系数;

LAI——叶面积指数;

d——贴现率。

(6)生物多样性保护

生物多样性维护了自然界的生态平衡,并为人类的生存提供了良好的环境条件。生物多样性是生态系统不可缺少的组成部分，对生态系统服务的发挥具有十分重要的作用。香农—威纳指数（Shannon-Wiener Index）是反映森林中物种的丰富度和分布均匀程度的经典指标，其生态学意义可以理解为：种数一定的总体，各种间数量分布均匀时，多样性最高；两个物种个体数量分布均匀的总体，物种数目越多，多样性越高。

生物多样性保护功能评估公式：

$$U_{总} = 1 + 0.1 \sum_{m=1}^{x} E_m + 0.1 \sum_{n=1}^{y} B_n + 0.1 \tag{13-42}$$

式中　$U_{总}$——实测林分年生物多样性保护价值(元/a)；

E_m——实测林分或区域内物种 m 的濒危指数（见表13-1）；

B_n——实测林分或区域内物种 n 的特有种指数（见表13-2）；

O_r——实测林分或区域内物种 r 的古树年龄指数（见表13-3）；

x——计算濒危指数物种数量；

y——计算特有种指数物种数量；

z——计算古树年龄指数物种数量；

S_1——单位面积物种多样性保护价值量[元/(hm² · a)]；

A——林分面积(hm²)；

d——贴现率。

根据 Shannon-Wiener 指数计算生物多样性保护价值，共划分7个等级：

当指数<1时，S1 为 3 000[元/(hm² · a)]；

当1≤指数<2时，S1 为 5 000[元/(hm² · a)]；

当2≤指数<3时，S1 为 10 000[元/(hm² · a)]；

当3≤指数<4时，S1 为 20 000[元/(hm² · a)]；

当4≤指数<5时，S1 为 30 000[元/(hm² · a)]；

当5≤指数<6时，S1 为 40 000[元/(hm² · a)]；

当指数≥6时，S1 为 50 000[元/(hm² · a)]。

表 13-1　物种濒危指数体系

濒危指数	濒危等级	物种种类
4	极危	
3	濒危	参见《中国物种红色名录》第一卷：红色名录
2	易危	
1	近危	

表 13-2　特有种指数体系

特有种指数	分布范围
4	仅限于范围不大的山峰或特殊的自然地理环境下分布
3	仅限于某些较大的自然地理环境下分布的类群，如仅分布于较大的海岛(岛屿)、高原、若干个山脉等
2	仅限于某个大陆分布的分类群
1	至少在 2 个大陆都有分布的分类群
0	世界广布的分类群

表 13-3 古树年龄指数体系

古树年龄	指数等级	来源及依据
100~299 a	1	参见全国绿化委员会、国家林业局文件《关于开展古树名木普查建档工作 的通知》
300~499 a	2	
≥500 a	3	

（7）森林防护

①防风固沙价值

$$U_{防风固沙} = K_{防风固沙} \cdot A_{防风固沙} \cdot (Y_2 - Y_1) \cdot F \cdot d \qquad (13-43)$$

式中 $U_{防风固沙}$——森林防风固沙价值量（a）；

$K_{防风固沙}$——草方格固沙成本（元/t）；

Y_1——退耕还林工程实施后林地风蚀模数[t/(hm²·a)]；

Y_2——退耕还林工程实施前林地风蚀模数[t/(hm²·a)]；

$A_{防风固沙}$——防风固沙林面积（hm²）；

F——森林生态功能修正系数；

d——贴现率。

②农田防护价值

$$U_a = V \cdot M \cdot K \qquad (13-44)$$

式中 U_a——实测林分农田防护功能的价值量（元/a）；

V——稻谷价格（元/kg）；

M——农作物、牧草平均增产量（kg/元）；

K——平均 1hm² 农田防护林能够实现农田防护面积为 19hm²。

13.2.3 社会效益评价内容与计量方法

社会效益是林业生态环境效益的一部分，由于它比生态效益更难于在货币尺度上加以定量评价，因而人们对其认识也不统一，无论社会功能子项目的设立，还是相关指标的选择，都有待进一步研究。国际上，社会效益评价方法大致可以归纳为 3 类：第一类是功能法。这类方法的研究对象是森林功能的自然属性，并从社会经济的角度来研究特定的某种森林功能自然属性的机会成本。第二类是效益法。这类方法的研究对象是森林功能的社会属性，侧重于从节约社会劳动时间的角度来研究一定的森林可能给社会带来的实际效益。第三类是功能价值综合法。即把一定的森林所具有的立木价值和生态环境功能分别给予评价，然后再进行综合评价。常见的评价森林社会效益的方法有：补偿变异法、相关评价法、等效益评价法、计算机会成本法、旅行费用法（TCM 法）、随机评估法和收益损失法等。这里，我们采用张建国等的观点，将社会效益分成以下几个方面：

（1）社会进步指数

林业生态工程的社会效益对社会进步的影响，通常并不是直接和决定性的因素，有些影响往往很少而不易察觉，具有间接和隐藏的特点。社会进步是一个复杂而内涵丰富的概念，可用社会进步系数表示，它是以下 5 个反映社会进步的主要指标的连乘积。

①人均受教育年数(a);

②人均期望寿命(a);

③人口城镇化比重(%);

④计划生育率(%);

⑤劳动人口就业率(%)。

(2)增加就业人口数

指评价区内以森林资源为基础的一切相关从业人员。

(3)健康水平提高

可由地方病患者减少人数乘上一个调整系数(一般为 0.2~0.4,表明林业生态工程的社会效益作用)来反映。

(4)精神满足程度

可通过对人们观感抽样调查来反映森林景观改善的美学价值。

(5)生活质量的改善

可由人均居住面积变化来反映。

(6)社会结构优化

①区域产业结构变化,由第一、二、三产业结构比例来反映;

②区域农业结构变化,由农、林、牧、副、渔各业的比例来反映;

③区域消费结构变化:可由恩格尔系数反映。

(7)犯罪率减少(%)

应当指出,在具体计量评价时,有些指标作用微弱甚至根本就没有意义,可舍之不计量;有些指标不够详细或没有设立,则应酌情补充。总之,应按评价的具体目的、要求,根据当地的林情和社会经济特点,对以上指标加以适当地增减取舍。

13.3　林业生态工程综合效益评价指标体系构建

13.3.1　评价指标体系建立的原则

为了客观评价工程建设成效,必须遵循一定的原则确定评价指标。不能仅由某一原则决定指标的取舍,而要综合考虑。在确定评价指标时主要考虑评价指标的完备性、针对性、系统层次性、可比性、独立性原则。

一是完备性原则。工程建设内容和产生的效益较为广泛,各个评价指标应全面反映工程建设的目的、作用与功能,评价其产生的各种效益。

二是针对性原则。在设计指标时必须目的明确,在理论上有科学依据,在实际上行之有效。针对性主要体现在代表性、合理性、可操作性及创新性等方面。

三是系统层次性原则。应根据影响类别设置分层级次,层次之间关系明确、权重合理,并与所选择的评价方法相容。各指标不但能反映生态、经济、社会效益的影响,而且相互协调,便于全面评价所研究的对象。

四是可比性原则。指标设置应保证指标的可比性,以提供准确的信息。指标的可比性包括两方面：纵向可比和横向可比。

五是独立性原则。为了保证最终评价的客观真实有效，在指标选取的时候，尽可能避免指标间的相关性，尤其是高度相关性。在充分全面地考虑效益表现的基础上，立足于指标选取的基本原则，选取能够刻画效益的指标。

13.3.2　评价指标的筛选与权重确定方法

13.3.2.1　评价指标的筛选

指标的筛选是林业生态工程综合效益评价指标体系建立的前提，是一项复杂的综合性工作，要求评价者对评价系统有充分的认识及拥有广泛知识。在具体筛选时既要注重已有的研究中的优良指标，又要根据评价对象的结构、功能以及区域特性，提出反映其本质内涵的指标，最后要根据有关专家意见和测试性调查的结果，对评价指标体系进行必要的修正。目前，指标筛选的方法主要有理论分析法、频度分析法、专家咨询法和测试性调查法筛选指标(图 13-1)。

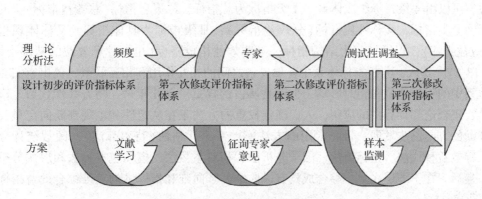

图 13-1　效益评价指标筛选流程

首先，采取理论分析法，结合工程的背景特征、实施目标、建设内容，以及国有林区的社会经济条件等，进行分析、比较，综合选择那些针对性较强的指标，依据指标之间的逻辑关系，设计初步的工程效益评价指标体系。

其次，使用频度分析法，从国内外 150 余篇相关研究文献中选择使用频度较高的指标，然后判断这些高频度使用的指标数据的可获得性，并把可以获得数据的高频度指标补充到初步形成的指标体系中，完成指标体系的第一次修正。

然后，运用专家咨询法，征询有关专家意见，根据专家意见对工程效益评价指标体系进行第二次修正。

最后，结合工程效益监测工作，对第二次修正后的评价指标体系进行测试性调查，并根据调查结果进行第三次修正，最终得到较为实用的效益评价指标体系。

13.3.2.2　评价指标权重的确定

评价指标权重的确定在评价中占有非常重要的位置，权重的大小对评估结果十分重要，它反映了各指标的相对重要性。由于工程实施目标具有多元化特征，同时，实施不同政策措施在政策目标上也有差异，因此，在同一评价指标体系中指标的权重必然有所区别。

在计算工程效益评价各指标权重时，依据层次分析法的步骤，根据专家意见，结合工程实施方案，从目标层到指标层建立一、二、三级评价单元，然后按照顺序求出每一评价单元中的各指标权重。先在每一评价单元建立判断矩阵，然后求出最大特征根和特征向量，并进行一致性检验，最终计算确定工程效益评价各因子的权重。

13.3.3 评价指标体系建立

效益评价的首要工作是建立一套能客观、准确、全面并定量化反映效益的评价指标或指标体系。目前，效益评价指标体系的建立一般采用定性与定量相结合的方法。首先由专家组群研究指标体系的具体构成。依据水土保持林体系综合效益评价的目的，选取各项评价指标。评价指标应意义明确，能较好地反映水土保持林体系的特征，符合生态经济理论和系统分析原理。周学安等指出，效益指标的确定应对应于其总效益与诸多分效益，可以由 4 级指标组成体系。Ⅰ级指标为总指标，称聚合指标（总效益指标）；Ⅱ级指标为分类指标，又称性质指标（分效益指标）；Ⅲ级指标为具体指标，又称体现指标（准效益指标）；Ⅳ级指标为结构指标，又称效益构成指标（也即计算效益的基础指标）（图 13-2）。其次，分析指标体系中各项要素之间的相互作用和相互联系，提出它们在综合体系中的相对地位和相对影响，也就是所占的权重。近几年来，随着线性代数、模糊数学、集合论和计算机的应用，人们确定权重的方法正在从定性和主观判断向定量和客观判断的方向逐步发展。目前常用的方法有：专家评估法（特尔菲法）、频数统计分析法、等效益替代法、指标值法、因子分析法、相对系数法、模糊逆方程法和层次分析法等。最后，在不同层次上，综合成具有横向维、竖向维和指标维的三维综合效益指标体系（图 13-3）。

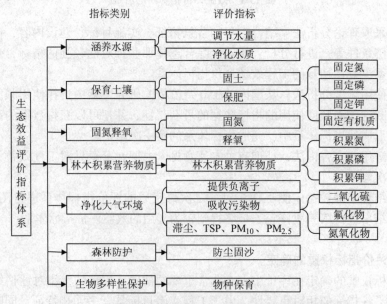

图 13-2 全国退耕还林工程生态效益测算评价指标体系

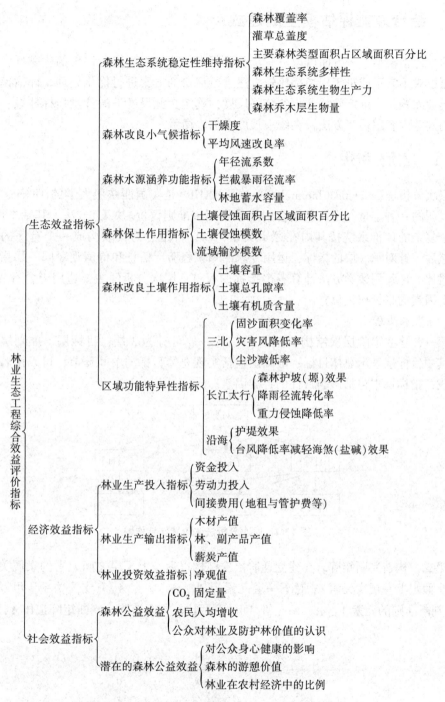

图13-3 中国林业生态工程综合效益评价指标体系
（引自雷孝章等，1999）

13.4 综合效益评估模型的建立

建立评估模型，一方面可以进一步验证用指标比较方法进行评价的优越性；另一方面又可以对不宜于或难于用指标比较方法进行评价的方案进行优化处理。评估模型建立的关键性问题是：确定效益评价的统一尺度；确定在此尺度下的计量指标体系；将不同性质的效益内容用适当方法，在统一尺度中加以衡量。

13.4.1 层次分析法

层次分析法(analytical hierarchy process，AHP)是美国匹兹堡大学的 Thomas L. Saaty 教授发明的一种定量与定性相结合的简单实用多准则评价(决策)方法。其基本原理是：将一个复杂的评价系统按其内在逻辑关系，以评价指标为代表构成一个有序的层次结构，然后，针对每一层的指标，运用专家的知识经验、信息和价值观对同一层指标进行两两对比，再运用数学方法计算各个指标的权重。层次分析法主要适用于含有 3 个及 3 个以上因素的指标权重设置。

(1)基本步骤

第一，建立递阶层次结构。AHP 的结构一般可分为 3 层：目标层、准则层和指标层。其中目标层表示总体目标；准则层包括实现总体目标的中间环节，可以由若干个层次组成；指标层中包括影响目标的各类因素。

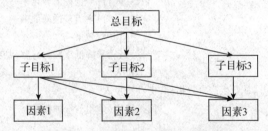

图 13-4 层次分析法递阶层次结构图

第二，构造判断矩阵。在建立递阶层次结构以后，上下层之间元素的隶属关系被确定了。假定上一层次元素 C_k 对下一层元素为 A_1，A_2，$\cdots$，A_n 有支配关系，可以建立以 C_k 为判断准则的元素 A_1，A_2，$\cdots$，A_n 间的两两比较判断矩阵。判断矩阵记作 A，形式如下：

C_k	A_1	$\cdots$	A_j	$\cdots$	A_n
A_1	a_{11}	$\cdots$	a_{1j}	$\cdots$	a_{1n}
$\cdots$	$\cdots$	$\cdots$	$\cdots$	$\cdots$	$\cdots$
A_i	a_{i1}	$\cdots$	a_{ij}	$\cdots$	a_{in}
$\cdots$	$\cdots$	$\cdots$	$\cdots$	$\cdots$	$\cdots$
A_n	a_{n1}	$\cdots$	a_{nj}	$\cdots$	a_{nn}

矩阵 A 中的元素 a_{ij} 反映针对准则 C_k，元素 A_i 相对于 A_j 的重要程度。矩阵 A 是一个互反矩阵，元素 a_{ij} 满足互反性和一致性。确定矩阵元素 a_{ij} 的数值需要决策者或专家对以上的各指标的重要性进行赋值，即对各个指标的重要性进行两两比较，最后根据比较结果以 9 分制对各个指标进行赋值，见表 13-4。

表 13-4 Satty 比例九标度体系

标度 a_{ij}	比较的含义
1	第 i 个因素与第 j 个因素一样重要
3	第 i 个因素比第 j 个因素稍微重要
5	第 i 个因素比第 j 个因素明显重要
7	第 i 个因素比第 j 个因素强烈重要
9	第 i 个因素比第 j 个因素极端重要
2，4，6，8	i 与 j 的比较介于上述各等级程度之间
上述各数的倒数	i 与 j 的比较判断标度为 a_{ij}，则 j 与 i 的比较判断标度 $a_{ji}=1/a_{ij}$

第三，单准则排序。单准则排序指根据判断矩阵计算针对某一准则下层各元素的相对权重，通常用幂乘法、和积法和几何平均法计算。几何平均法计算步骤：

①计算判断矩阵 A 各行各个元素的乘积：

$$m_i = \prod_{j=1}^{n} a_{ij}$$

计算 m_i 的 n 次方根：

$$w_i = \sqrt[n]{m_i}$$

②对向量 $W=(w_1，w_2，\cdots，w_n)$ 进行归一化处理

$$w_i = \frac{\overline{w_i}}{\sum_{j=1}^{n} \overline{w_j}}$$

向量 $W=(w，w，\cdots，w)^T$ 即为所求权重向量。

③计算矩阵的最大特征根值 λ_{max}

$$\lambda_{max} = \frac{1}{n}\sum_{i=1}^{n} \frac{(AW)_i}{w_i}$$

对任意的 $(i=1，2，\cdots，n)$，式中 $(AW)_i$ 为向量 AW 的第 i 个元素。

第四，一致性检验。在解决实际问题时，由于各种因素的影响，可能导致结构出现某种偏差，破坏一致性，从而造成 $AW=nW$ 的解不是唯一的。如果偏差太大，则影响决策结果，为了保证层次分析法得到的结论基本合理，必须把判断矩阵的偏差限制在一定范围内，为此需要对构造的判断矩阵进行一致性检验。

①一致性检验的原理。衡量判断矩阵一致性的指标。根据矩阵理论，互反矩阵满足一致性时，它的最大特征根等于矩阵的阶数，即 $\lambda_{max}=n$。于是层次分析法的创始人 Saaty 用来定义判断矩阵的一致性指标。CI 表示判断矩阵偏离一致性的程度，越接近于 0，矩阵的一致性越好；当 $CI \leqslant 0.1$ 时，认为判断矩阵具有满意的或者可接受的一致性。按照

人们认识事物的规律，在构造判断矩阵时，两两比较的因素越少，判断结果的准确性越高，因素越多，准确性越低。也就是说，判断矩阵的维数越多，越容易偏离一致性，CI越大。Saaty 研究了用随机方法从 1~9 标度中任取数字构成互反矩阵的一致性指标，称为随机一致性指标，用 RI 表示。研究时，构造了从 1 到 11 阶各 500 个随机互反矩阵，对于 12 到 15 阶仍用前边的结果，计算出平均随机一致性指标，RI 的值，见表 13-5。由此，提出用随机一致性比率 CR 作为检验判断矩阵一致性的指标。同样，取 $CR \leqslant 0.1$ 时，认为判断矩阵具有满意的一致性，可以接受。CR 是比 CI 更合理衡量判断矩阵一致性的指标，RI 可以理解为是对 CI 的修正系数。

表 13-5 平均随机一致性指标

维数 Dimension	1	2	3	4	5	6	7	8
RI	0	0	0.58	0.90	1.12	1.24	1.32	1.41

维数 Dimension	9	10	11	12	13	14	15
RI	1.45	1.49	1.51	1.54	1.56	1.57	1.59

②一致性指标 CR 和 CI 的计算。根据矩阵理论，计算出判断矩阵的 λ_{max}，代入 CR 和 CI 的计算公式：$CI = \dfrac{\lambda_{max} - n}{n-1}$；$CR = \dfrac{CI}{RI}$。由于 λ_{max} 的精确计算较为复杂，Saaty 给出计算 λ_{max} 的近似算法。假设已算出判断矩阵 $A = (a_{ij})$ 的排序权向量 $W = (w_1, w_2, \cdots, w_n)$，$\lambda_{max}$ 的计算过程如下：

$$G = AW = \begin{bmatrix} a_{11} & a_{12} & \cdots & a_{1a} \\ a_{21} & a_{22} & \cdots & a_{2a} \\ \vdots & \vdots & \vdots & \vdots \\ a_{n1} & a_{n2} & \cdots & a_{nn} \end{bmatrix} \begin{bmatrix} w_1 \\ w_2 \\ \vdots \\ w_n \end{bmatrix} = \begin{bmatrix} g_1 \\ g_2 \\ \vdots \\ g_n \end{bmatrix}$$

$$\lambda_{max} = \frac{1}{n}(g_1/w_1 + g_2/w_2 + \cdots + g_n/w_n)$$

(2) 优缺点

层次分析法有以下优点：①系统性。层次分析把研究对象作为一个系统，按照目标分解、比较判断、综合思维方式进行决策，是成为继机理分析、统计分析之后发展起来的系统分析的一种重要工具。②实用性。层次分析把定性和定量方法结合起来，能处理许多传统的最优化技术无从着手的实际问题，应用范围很广。同时，这种方法将决策者与决策分析者之间建立了一种有效的沟通方式，决策者甚至可以直接应用它进行决策，这就增加了决策的有效性。③简洁性。具有中等文化程度的人即可了解层次分析的基本原理和掌握它的基本步骤，计算也非常简便，所得结果简单明确，容易为决策者了解和掌握。

层次分析法的局限性：①它只能从原有方案中选优，不能生成新方案。②它的比较、判断直到结果都是粗糙的，不适于精度要求很高的问题。③从建立层次结构模型到给出成对比较矩阵，人的主观因素的作用很大，这就使得决策结果可能难以为众人接受。当然，可以采取专家群体判断的办法进行克服。

13.4.2 功效系数法

功效系数法(efficacy coefficient method)是根据多目标规划原理,对每一项评价指标确定一个满意值和不允许值,以满意值为上限,以不允许值为下限,计算各指标实现满意值的程度,并以此确定各指标的分数,再经过加权平均进行综合,从而评价被研究对象的综合状况。

(1)模型原理

按功效系数法的一般原理。其模型为:

单项指标评估分值: $d_i = \dfrac{Z_{is} - Z_{ib}}{Z_{iy} - Z_{ib}} \times 40 + 60$

式中 Z_{is}——该指标实际值;

Z_{iy}——该指标满意值;

Z_{ib}——该指标不允许值;

p_i——该指标权数。

综合指数: $D = P\sqrt{\displaystyle\sum_{i}^{n} d_i p_i}$

式中 D——综合指数;

P——指数权数。

改进的功效系数法采用了"比率分析、功效记分、总分评定"的分析方法。具体来说,比率分析是指对每一指标均采用比率性指标进行比较分析;功效记分是指对每一指标均确定一个满意值和不允许值,并以不允许值为下限,计算各指标实际值实现满意值的程度,且转化为相应的功效分数,最后将指标的功效分数乘以该指标的权数,即可得到该指标的评估得分;总分评定是指按各项指标的重要程度不同,事先给定出相应的标准分即权数,然后按照企业的各项指标实际值与标准值差异的大小,分档记分,各指标得分之和为总分数。其模型为:

$$D = \sum \frac{z_{ix} - z_{ik}}{z_{iy} - z_{ik}}$$

或 $$D = \sum \left[(Z_{iz} - Z_{ih}) \right] / (Z_{iy} - Z_{ib}) \cdot P_i + Q_i \right]$$

式中 Q_i——分档基础分。

由于各项指标的满意值与不允许值一般均取自行业的最优值与最差值,因此,功效系数法的优点是能反映企业某一时点在同行业中的地位。但是,功效系数法同样既没能区别对待不同性质的指标,也没有充分反映评价对象自身的发展动态,使得评估结论不尽合理。

(2)优缺点

功效系数法的优点:①功效系数法建立在多目标规划原理的基础上,能够根据评价对象的复杂性,从不同侧面对评价对象进行计算评分,正好满足了评价体系多指标综合评价企业效绩的要求。②功效系数法为减少单一标准评价而造成的评价结果偏差,设置在相同条件下评价某指标所参照的评价指标值范围，并根据指标实际值在标准范围内所处位置计算评价得分，这不但与工程建设成效多档次评价标准相适应，而且能够满足在各项指标值相差较大情况下，减少误差，客观反映工程建设现状，准确、公正评价工程建设成效。③用功效函数模型既可以进行手工计分，也可以利用计算机处理，操作较简单。

功效系数法也存在着一些不足：①单项得分的满意值和不容许值的确定难度大，不容易操作。理论上就没有明确的满意值和不容许值。实际操作中一般要么以历史上最优值、最差值来分别替代满意值和不容许值；要么在评价总体中分别取最优、最差的若干项数据的平均数来分别替代满意值和不容许值。但是不同的对比标准得到的单项评价值不同，会影响综合评价结果的稳定性和客观性。②若取最优、最差的若干项数据的平均数来作为满意值和不容许值，最优或最差的数据项多少为宜，没有一个适当的标准。数据项数若取少了，评价值容易受极端值的影响，满意值与不容许值的差距很大，致使中间大多数评价值的差距不明显，即该评价指标的区分度很弱，几乎失去了评价的作用，只对少数指标数值处于极端水平的单位有意义。若平均项数取多了，满意值与不容许值的差距缩小，单项评价值的变化范围很大而且没有统一的取值范围，优于满意值和差于不容许值的单位就多，即评价值超出(60，100)范围的单位就多。

总之，在进行林业生态工程综合效益评价时，只要条件满足某模型的基本假设，就可以选择该方法进行效益评估；如果条件允许，最好同时选用多种方法进行评估，以便从不同角度检验工程的效益。

林业生态工程综合效益评价是多目标、多因素、多层次和多指标的综合评价。评价方法从过去以定性为主的评价，逐步发展为以定量为主的评价；从单因素、单目标评价发展到多因素、多功能、多指标的综合评价；从主观成分较多的经验性评价到利用数学方法对主观成分进行"滤波"处理，效益评价的方法日渐科学和客观。但是，在评价中仍然存在一些问题，主要是：①指标选择不具代表性。在众多指标评价体系中，有些层次划分比较含糊，有些项目的选择不具代表性，有些选择的项目互相交叉、重叠和包容，或不在同一层次上。在选择数个由一系列基础项目计算出的综合指标时，其复杂的测算工作难以在生产中推广应用。②缺乏可比性。采用不同的评价方法对同一林地在不同时段，或同一时间对不同地区的同种林分作效益评价，缺少纵向或横向可比性。因此，效益评价应充分考虑各林分的立地条件、主要作用和树种组成等方面的差异，采用一些共性的、代表性强的指标。

13.5 评价案例

13.5.1 东北、内蒙古重点国有林区生态系统服务总物质量

13.5.1.1 天保工程实施前生态系统服务总物质量

东北、内蒙古重点国有林区天保工程实施前涵养水源、保育土壤、林木积累营养物质、净化大气环境的生态系统服务物质量评估结果见表13-6。

表 13-6 东北、内蒙古重点国有林区天保工程实施前生态系统服务物质量

类 别	指 标		物质量
涵养水源	调节水量($\times 10^8$ m³/a)		521.64
保育土壤	固土量($\times 10^8$ t/a)		11.26
	保肥	氮($\times 10^4$ t/a)	276.25
		磷($\times 10^4$ t/a)	142.73
		钾($\times 10^4$ t/a)	1804.87
	有机质($\times 10^4$ t/a)		4516.44
固碳释氧	固碳($\times 10^4$ t/a)		5830.05
	释氧($\times 10^4$ t/a)		15028.94
林木积累营养物质	氮($\times 10^4$ t/a)		197.48
	磷($\times 10^4$ t/a)		24.76
	钾($\times 10^4$ t/a)		97.40
净化大气环境	生产负离子数(10^{25} 个/a)		27.78
	吸收污染气体	吸收二氧化硫($\times 10^8$ kg/a)	33.49
		吸收氟化物($\times 10^8$ kg/a)	2.37
		吸收氮氧化物($\times 10^8$ kg/a)	2.37
	滞尘	TSP($\times 10^8$ kg/a)	6987.92
		PM_{10}($\times 10^4$ kg/a)	9646.51
		$PM_{2.5}$($\times 10^4$ kg/a)	2820.10

(1) 涵养水源

东北、内蒙古重点国有林区天保工程实施前涵养水源物质量为 521.64×10^8 m³/a, 占同期全国森林生态系统服务功能涵养水源物质量的 11.70%; 相当于三峡水库设计库容的近 1.5 倍; 占我国东北地区主要河流(松花江、辽河、黑河)年径流量(1219.08×10^8 m³)(中国水土保持公报, 2013)的 42.79%。

(2) 固土和保肥

固土总物质量 11.26×10^8 t/a, 接近于我国 11 条主要河流 2013 年土壤侵蚀总量(12.00×10^8 t)(中国水土保持公报, 2013), 占同期全国森林生态系统服务功能固土物质量(64.36×10^8 t/a)的 17.50%。土壤固氮、磷、钾和有机质总物质量分别为 276.25×10^4 t/a、142.73×10^4 t/a、1804.87×10^4 t/a 和 4516.44×10^4 t/a, 保肥总量达 6740.29×10^4 t/a, 相当于 2013 年全国施肥用量(5911.90×10^4 t)的 1.14 倍, 占同期全国森林生态系统服务功能保肥总量(33 320.05×10^4 t/a)的 20.23%。

(3) 固碳、释氧

固碳总物质量 5830.05×10^4 t/a(相当于 21 376.85×10^4 t 二氧化碳), 占同期全国森林生态系统服务功能固碳物质量(31 929.74×10^4 t/a)的 18.26%。释氧总物质量 15 028.94×10^4 t/a, 占同期全国森林生态系统服务功能释氧物质量(102 844.46×10^4 t/a)的 14.61%, 理论上可供 5.48 亿人呼吸一年。

（4）林木积累氮、磷、钾

林木积累氮、磷和钾总物质量分别为 $197.48×10^4$ t/a、$24.76×10^4$ t/a 和 $97.40×10^4$ t/a，分别占同期全国森林生态系统服务功能林木积累氮、磷和钾物质量（$819.65×10^4$ t/a、$140.29×10^4$ t/a、$447.02×10^4$ t/a）的 24.09%、17.65% 和 21.79%。

（5）净化大气环境

提供负氧离子 $27.78×10^{25}$ 个/a；吸收二氧化硫总物质量为 $33.49×10^8$ kg/a，占我国 2011 年二氧化硫排放量的 15.10%；吸收氟化物总物质量 $2.37×10^8$ kg/a；吸收氮氧化物总物质量 $2.37×10^8$ kg/a，占我国 2011 年氮氧化物排放量的 0.99%；吸滞 PM_{10} 总物质量 $9646.51×10^4$ kg/a，吸滞 $PM_{2.5}$ 总物质量 $2820.10×10^4$ kg/a，吸滞 TSP 总物质量 $6987.92×10^8$ kg/a，相当于 2013 年全国烟（粉）尘排放总量（$1278.14×10^4$ t）的 54.67 倍。其中，提供负氧离子，吸收二氧化硫、氟化物、氮氧化物和滞尘物质量分别占同期全国森林生态系统服务功能对应物质量（$1.54×10^{27}$ 个/a、$280.07×10^8$ kg/a、$10.12×10^8$ kg/a、$13.82×10^8$ kg/a、$47236.67×10^8$ kg/a）的 18.04%、11.96%、23.42%、17.15% 和 14.79%。

13.5.1.2　天保工程实施后生态系统服务总物质量

东北、内蒙古重点国有林区天保工程实施后涵养水源、保育土壤、林木积累营养物质、净化大气环境的生态系统服务物质量评估结果见表 13-7。

表 13-7　东北、内蒙古重点国有林区天保工程实施后生态系统服务物质量

类　别	指　标		物质量
涵养水源	调节水量（$×10^8$ m³/m）		679.21
保育土壤	固土量（$×10^8$ t/a）		13.64
	保肥	氮（$×10^4$ t/a）	346.07
		磷（$×10^4$ t/a）	165.58
		钾（$×10^4$ t/a）	2248.74
	有机质（$×10^4$ t/a）		5697.64
固碳释氧	固碳（$×10^4$ t/a）		7403.08
	释氧（$×10^4$ t/a）		18 837.13
林木积累营养物质	氮（$×10^4$ t/a）		288.01
	磷（$×10^4$ t/a）		36.20
	钾（$×10^4$ t/a）		123.26
净化大气环境	生产负离子数（10^{25} 个/a）		34.48
	吸收污染气体	吸收二氧化硫（$×10^8$ kg/a）	37.37
		吸收氟化物（$×10^8$ kg/a）	2.46
		吸收氮氧化物（$×10^8$ kg/a）	2.70
	滞尘	TSP（$×10^8$ kg/a）	8461.24
		PM_{10}（$×10^4$ kg/a）	13 099.48
		$PM_{2.5}$（$×10^4$ kg/a）	3331.43

（1）涵养水源

东北、内蒙古重点国有林区天保工程实施后涵养水源物质量为 679.21×10^8 m³/a，相当于三峡水库设计库容的近 1.95 倍；占我国东北地区主要河流（松花江、辽河、黑河）年径流量（1219.08×10^8 m³）（中国水土保持公报，2013）的 55.71%。

（2）固土和保肥

固土总物质量 13.64×10^8 t/a，相当于我国 11 条主要河流 2013 年土壤侵蚀总量（12.00×10^8 t）（中国水土保持公报，2013）的 1.14 倍。土壤固氮、磷、钾和有机质总物质量分别为 346.07×10^4 t/a、165.58×10^4 t/a、2248.74×10^4 t/a 和 5697.64×10^4 t/a，保肥总量达 8458.03×10^4 t/a，相当于 2013 年全国施肥用量（5911.90×10^4 t）的 1.43 倍。

（3）固碳、释氧

固碳总物质量 7403.08×10^4 t/a（相当于 $27\,144.13\times10^4$ t 二氧化碳），占同期全国森林生态系统服务功能固碳物质量（4.02×10^8 t/a）的 18.42%。释氧总物质量 18837.13×10^4 t/a，占同期全国森林生态系统服务功能释氧物质量（9.51×10^8 t/a）的 19.81%，理论上可供 6.86 亿人呼吸一年。

（4）林木积累氮、磷、钾

林木积累氮、磷和钾总物质量分别为 288.01×10^4 t/a、36.20×10^4 t/a 和 123.26×10^4 t/a，林木积累营养物质总量为 447.47×10^4 t/a，占同期全国森林生态系统服务功能林木积累营养物质总量（2116.74×10^4 t/a）的 21.14%。

（5）净化大气环境

提供负氧离子 34.48×10^{25} 个/a，吸收二氧化硫总物质量为 37.37×10^8 kg/a，占我国 2011 年二氧化硫排放量（221.79×10^8 kg）（国家统计局，2012）的 16.84%；吸收氟化物总物质量 2.46×10^8 kg/a；吸收氮氧化物总物质量 2.70×10^8 kg/a，占我国 2011 年氮氧化物排放量（240.43×10^8 kg）（国家统计局，2012）的 1.12%；吸滞 TSP 总物质量 8461.24×10^8 kg/a，相当于 2013 年全国烟（粉）尘排放总量（1278.14×10^4 t）的 66.20 倍；吸滞 PM_{10} 总物质量 $13\,099.48\times10^4$ kg/a，吸滞 $PM_{2.5}$ 总物质量 3331.43×10^4 kg/a。

13.5.2 东北、内蒙古重点国有林区生态系统服务总价值量

13.5.2.1 天保工程实施前生态系统服务总价值量

天保工程实施前，东北、内蒙古重点国有林区天保工程区生态系统服务总价值量为 $12\,282.79$ 亿元/a，单位面积生态系统服务价值量为 4.73 万元/hm²，各项生态系统服务的价值及其所占比例分别见表 13-8 和图 13-4。其中，涵养水源功能价值量最高，为 3442.89 亿元/a，占森林总价值量的 28.03%；生物多样性保护功能的价值量次之，为 2470.62 亿元/a，占总价值量的 20.12%；林木积累营养物质功能的价值量最低，为 454.76 亿元/a，仅占总价值量的 3.70%。可见，天保工程实施前，涵养水源、保育土壤和生物多样性保护是东北、内蒙古重点国有林区生态系统服务的主体功能。

从东北、内蒙古重点国有林区天保工程涉及的 3 个省（自治区）来看，天保工程实施前，天保工程区的生态系统服务在省（自治区）级分布很不均匀，其中，黑龙江省天保工

表 13-8 东北、内蒙古重点国有林区天保工程实施前生态系统服务价值量 亿元/a

工程区	涵养水源	保育土壤	固碳释氧	林木积累营养物质	净化大气环境	生物多样性保护	合计
黑龙江省	2117.26	1366.60	1015.94	252.90	976.57	1105.29	6834.56
吉林省	488.34	345.29	276.97	49.91	270.94	640.91	2072.36
内蒙古自治区	837.29	543.55	586.53	151.95	532.13	724.42	3375.87
东北、内蒙古重点国有林区	3442.89	2255.44	1879.44	454.76	1779.64	2470.62	12 282.79

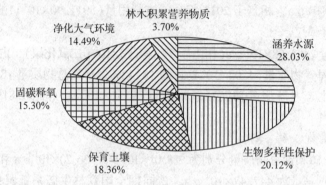

图 13-5 东北、内蒙古重点国有林区天保工程实施前各项生态系统服务价值量分布

程生态系统服务价值量最高，占东北、内蒙古重点国有林区天保工程生态系统服务总价值量的 55.64%，内蒙古重点国有林区天保工程区生态系统服务价值量次之，占全区天保工程区生态系统服务总价值量的 27.49%，吉林省天保工程生态系统服务价值量最低，仅占总价值量的 16.87%。由此可见，天保工程实施前，黑龙江省重点国有林区对东北、内蒙古重点国有林区天保工程区生态系统服务的贡献最大。

13.5.2.2 天保工程实施后生态系统服务总价值量

天保工程实施后，东北、内蒙古重点国有林区天保工程生态系统服务总价值量为 18 649.24 亿元/a，单位面积天然林生态价值量为 6.78 万元/hm²，各项生态系统服务的价值及所占比例分别见表 13-9 和图 13-5。其中，涵养水源价值量最高，为 4874.18 亿元/a，占该评估区总价值量的 26.14%；生物多样性保护的价值量次之，为 4082.88 亿元/a，占总价值量的 21.89%；保育土壤价值量位列第三，为 3427.18 亿元/a，占总价值量的 18.38%；林木积累营养物质的价值量最低，为 665.15 亿元/a，仅占总价值量的 3.57%。可见，天保工程实施后，涵养水源、生物多样性保护和保育土壤是东北、内蒙古重点国有林区生态系统服务的主体功能。与天保工程实施前相比，生物多样性保护功能占比增加了 1.78 个百分点。

从东北、内蒙古重点国有林区天保工程涉及的 3 个省（自治区）来看，天保工程实施后，天保工程区的生态系统服务在省（自治区）级分布很不均匀，其中，黑龙江省天保工程生态系统服务价值量最高，占东北、内蒙古重点国有林区天保工程生态系统服务总价值量的 55.06%，内蒙古重点国有林区天保工程区生态系统服务价值量次之，占东北、内蒙古重点国有林区天保工程区生态系统服务总价值量的 29.98%，吉林省天保工程生态系统服务价值量最低，仅占总价值量的 14.96%。由此可见，天保工程实施后，黑龙江省重点国有林区对东北、内蒙古重点国有林区天保工程区生态系统服务的贡献最大。

表 13-9　东北、内蒙古重点国有林区天保工程实施后生态系统服务价值量　　　亿元/a

工程区	涵养水源	保育土壤	固碳释氧	林木积累营养物质	净化大气环境	生物多样性保护	合计
黑龙江省	2777.82	2022.55	1533.01	349.37	1510.71	2075.07	10 268.53
吉林省	647.59	538.51	365.11	70.04	390.94	776.98	2789.17
内蒙古自治区	1448.77	866.12	904.89	245.74	895.19	1230.83	5591.54
东北、内蒙古重点国有林区	4874.18	3427.18	2803.01	665.15	2796.84	4082.88	18 649.24

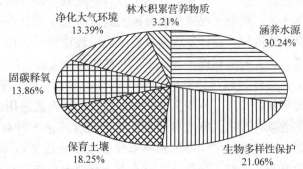

图 13-6　东北、内蒙古重点国有林区天保工程实施后各项生态系统服务价值量分布

本章小结

　　围绕林业生态工程综合效益评价方法，本章介绍了林业生态工程效益的概念，效益指标及评价内容与计量方法，综合效益评价指标体系建立和综合效益评估模型的建立。林业生态工程效益包括生态效益、社会效益和经济效益，特别是林业生态工程一般都具有外部效益。生态效益指对生态环境具有良好影响的效果，经济效益是指可以直接货币化的效益，包括直接经济效益和间接经济效益。社会效益是指林业生态工程所形成的生态系统的影响所及范围内对社会进步所产生的影响作用。效益指标及评价内容与计量方法与我国退耕还林、天然林保护森林生态系统定位观测中应用的计量方法相一致。林业生态工程评价指标体系的构建要依据不同的工程类型、区域环境特点选择适宜的指标。案例应用了我国退耕还林、天然林保护的监测成果。

思 考 题

　　1. 林业生态工程的效益包括哪些方面？
　　2. 比较不同生态指标计量方法的优缺点。
　　3. 影响评价结果客观性的因素有哪些？如何降低这些因素的影响？
　　4. 林业生态工程综合效益评价指标体系构建的方法？

第14章

林业生态工程规划设计

  林业生态工程的规划设计是根据自然规律和经济规律，在合理安排土地利用的基础上，对宜林荒山、荒地及其他绿化用地进行分析评价，编制科学合理的工程建设规划，设计先进实用的工程技术措施，为林业生态工程发展决策和营建施工提供科学依据。

  林业生态工程规划设计包括规划和设计两个内容：规划是设计的前提和依据，设计是规划的深入和具体体现；规划是反映战略性的长远设想和全局的安排，是领导决策和制定林业生态工程设计的依据；设计是近期林业生态工程建设的具体安排，是林业生态工程建设施工的依据。二者相辅相成，构成一个完整的林业生态工程规划设计体系。

  通过林业生态工程总体规划可以把一个较大区域的林业生态工程项目进行通盘考虑，合理地做出长远规划的安排。林业生态工程规划设计把先进适用的工程技术安排到山头地块，实行科学造林，达到保障造林质量，提高造林成活率和林木生产力的目的。例如，适地适树问题。通过规划设计可加强林业生态工程建设的技术性，克服盲目性，避免不必要的损伤和浪费。又如，育苗与需苗关系。有助于建立一套科学的林业生态工程管理程序，将其纳入科学化管理的轨道，提高工程建设成效。各省（自治区）经验表明：只有真正搞好林业生态工程规划，才能为下一步决策与设计，以及施工提供科学依据。

14.1 林业生态工程规划

  我国林业生态工程建设经历了曲折的发展过程，取得了很大的成绩，也积累了丰富的经验，总结40年来的经验，有几点值得借鉴：①保持造林调查规划队伍的稳定，不断提高技术人员的素质。②推广"工程造林"，坚持按基本建设程序管理林业建设，保证林业生态规划成果的实施。③统一规划，综合治理，在合理安排农、林、牧、副各行业用地的基础上，进行林业生态工程规划。④不断总结经验，改革创新，提高林业生态工程质量。

  林业生态工程规划设计十分注意系统中各方面的整体要素，坚持社会、经济和环境优化的同步发展。因此，必须兼顾各方面的利益，考虑各方面的特点与关系，从"天、地、人"即政治、社会、经济、自然资源条件和人类活动各种因素的需要出发，制定协调发展的策略，防止顾此失彼。从研究方法来看，它运用多学科的知识与方法对林业生态工程综合体进行多因素、多层次、多方面的综合规划设计。

  规划设计本身要求在较长时间内对林业生态工程建设起到指导作用。因此，要用整体、综合、宏观的观点来探讨林业生态工程总体的地域差异、结构模式、总体布局和战略方向以及建设重点、措施等，正确制定出一个林业生态工程系统稳定协调发展的范围，为指导林业生态工程发展战略决策提供科学依据。因此，林业生态工程规划强调大方向、大目标，反对急功近利。规划一经确定，要求一代人或几代人为之奋斗，尽量避免决策者在指导思想上的波动，减少经济工作中的损失，实现稳定、持续发展。

林业生态工程规划设计不是一个纯理论问题，而是来自实践，经过总结、归纳，制定出相应的规划后，用以指导实践并为领导部门进行宏观决策服务，因此，具有强烈的实践性，应当在实践中不断完善。林业生态工程发展规划设计集理论、科学技术、政策法规于一体，要求人们按照这个规范去实践、去扎扎实实地创造自己美好的未来。由于林业生态工程规划设计是对一个区域林业生态工程未来发展的构想，在未来的一段时间内不可预测的变化因素较多，而且期限越长，不确定程度越大。因此，在制定规划指标时，要留有余地，具有一定的灵活性。

林业生态工程规划设计要靠群众去实践，是为千千万万群众造福的，因而应当具有广泛的群众基础。在制定林业生态工程规划设计时，不能只考虑专家的建议，也不能只考虑领导的意见，还应听取群众的意见和需求。只有把广大群众真正动员起来了，经过上下同心努力所制定出来的发展规划才有强大的生命力。

14.1.1 规划的任务

林业生态工程规划的任务，一是制订林业生态工程的总体规划方案，为各级领导部门制订林业发展计划和林业发展决策提供科学依据；二是为进一步立项和开展可行性研究提供依据。具体来讲：

① 查清规划区域内的土地资源和森林资源、森林生长的自然条件和发展林业的社会经济情况。

② 分析规划地区的自然环境与社会经济条件，结合我国国民经济建设和人民生活的需要，对天然林保护和经营管理、可能发展的各类林业生态工程提出规划方案，并计算投资、劳力和效益。

③ 根据实际需要，对与林业生态工程有关的附属项目进行规划，包括灌溉工程、交通道路、防火设施、通信设备、林场和营林区址的规划等。

④ 确定林业发展目标、林草植被的经营方向，大体安排工程任务，提出保证措施，编制造林规划文件。

林业生态工程总体规划在造林规划设计中，是一种涉及面较广的宏观控制规划。其规划的指标和设计意见不一定要落实到山头、地块，大范围高级别的规划多落实到乡（少数落实到村），也有的仅落实到省、自治区、直辖市。一般深度是在查清森林资源的基础上，进行立地类型划分、林业生态工程类型设计和现有林经营措施类型设计；在提出发展战略指标、方向后，制定造林指标，规划林种、树种发展比例，并按适宜林地立地类型制定造林技术措施，提出造林布局等。其他规划项目也多是意向性的安排。

但是，林业生态工程总体规划是造林设计和造林施工的指导性文件。对造林生产进行安排是宏观性、指导性的，近期要求具体，以后的指标可以粗略一些。

14.1.2 规划的内容

林业生态工程规划的内容是根据任务和要求决定的。一般说，其内容主要是：查清土地和森林资源，落实林业生态工程建设用地，做好土壤、植被、气候、水文地质等专业调查，编制立地类型(或生境类型)，进行各项工程规划，编制规划文件。但是，由于工程种类不同，其内容和深度是不同的。

(1)林业生态工程总体规划(或称区域规划)

主要为各级领导宏观决策和编制林业生态建设计划提供依据。内容较广泛，规划的年限较长，主要是提出林业生态建设发展远景目标、生态工程类型和发展布局、分期完成的项目及安排、投资与效益概算，并提出总体规划方案和有关图表。总体规划要求从宏观上对主要指标进行科学的分析论证，因地制宜地进行生产布局，提出关键性措施，规划指标都是宏观性的，并不做具体安排。

(2)林业生态工程规划(或单项工程规划)

这是针对具体的某项工程进行规划，其在总体规划的指导下进行，为下一步立项申报做准备。不同类型的林业生态工程，如水土保持林业生态工程规划、天然林保护规划、城市林业生态环境建设规划等，随营造的主体林种或工程构成不同，其内容也有差异。例如，三北防护林生态工程规划要着重调查风沙、水土流失等自然灾害情况，在规划中坚持因地制宜、因害设防，以防护林为主，多林种、多树种结合，乔、灌、草结合，带、网、片结合。而长江中上游林业生态工程，则是以保护天然林、营造水源涵养林为主体进行规划。内容大体包括工程项目构成(相当于林种组成)和布局，各单项工程实施区域的立地类型划分与评价，工程规模，预期安排的树种、草种，采用的相关技术及技术支撑，配套设施如机械、路修、管理区等，工程量、工程投资及效益分析。

(3)流域内区域的林业生态工程规划设计

该规划设计是为编制林业生态工程计划、进行预算投资和工程作业提供依据的。所规划的主要林业生态工程总任务量的完成年限，规划造林林种、树种，造林技术措施等均需落实到具体的山头和地块。此外，对现有林的经营、种苗、劳力、投资与效益均需进行规划和估算。必要时，对与工程有关的项目如道路、通信、护林及其他基础建设等设施也应做出适当规划。

(4)林业生态工程施工设计

林业生态工程施工设计是直接为当年的工程施工服务的，一般在一个流域和一个区域内，要视当年林业生态工程的具体任务在造林前进行。要求按地块(小班)查清宜林地面积和立地条件，按地块进行设计，编制设计文件，安排种苗、用工、投资计划及造林时间，并绘制大比例尺的设计图，指导工程施工。

(5)营建工程的方法

采用机械造林时，则造林规划除一般内容外，还要调查造林地对各种造林机械的适应程度，进而选择合适的造林机械，规划机械配套、机械维修、油料供应和相应的道路修建。同时，还要设计机械造林的用苗规格等；而飞播造林，除调查造林地的自然条件、设计造林树种和用种量(种子处理)外，还要规划飞播机型，区划播区，规划飞播航向、航高、播幅宽度以及航标设置等。

林业生态工程总体规划指导单项规划,同时单项工程规划是总体规划的基础。总体规划的区域面积大,涉及内容广,一般至少以一个县或一个中流域为单元进行。单项工程的规划面积可大可小,但内容涉及面小。在一个大区域内,多个单项工程规划(面积不一定等同)是一个总体规划的基础资料和重要依据。

14.1.3 规划的程序

林业生态工程规划是工程实施的前期工序,按一般工程管理程序,是一个重要的环节,决定林业生态工程项目的立项、是否投资等,同时也决定了林业生态工程的规模、工程完成年限及投资额等。一般来说,首先应在当地林业生态环境建设规划(无此项规划的地区可以林业区划为依据)基础上,结合国家经济建设的需要和可能,对项目区进行初步调查研究,提出规划方案,以确定该项工程的规模、范围及有关要求。其次,对工程进行全面调查规划,提出工程规划方案,作为编制林业生态工程项目可行性报告的依据。以后,每年在下达年度林业生态工程计划后和施工前,进行工程施工设计,按设计图表及要求进行营建。

林业生态工程施工后,当年应按设计文件对工程进行验收,并按设计中造林地的最小单位(小班)建立档案,组织与管理幼林经营。在执行国家基本建设程序进行林业生态工程规划设计时,首先要有经过批准的计划(设计)任务书,有经过可行性调查的报告,作为林业生态工程规划设计的依据。然后由调查设计单位写出工作计划和技术方案,报上级主管部门批准。林业生态工程规划设计的具体工作程序是:准备工作,初步调查,编制立地类型、工程典型设计或工程类型表,林分经营措施类型表、外业区划和调查设计,内业设计和编制规划设计文件(包括图表)。提供的设计文件要根据国家规定的审批权限,报上级主管部门进行审批(或由上级部门组织专家审议)。林业生态工程规划设计文件批准后,建设单位要认真执行。如有重大变动,需要修改设计文件中某些主要内容时,必须经过原批准单位和设计单位的同意。

14.1.4 规划的步骤

总体规划与单项工程规划在步骤上是基本相同的,只是调查内容上有所不同。调查规划手段和方法因区域面积大小而不同,大区域范围的规划采用资源卫星资料、大比例尺图件,并进行必要的实地抽样调查资料等。小区域范围内则采用大比例尺图件,并进行全面实地调查。收集资料的详略程度、内容要求上前者更宏观。

14.1.4.1 基本情况资料的收集

(1)图面资料的收集

图面资料是林业生态工程规划中普遍使用的基本工具,大区域规划(至少县级、中流域以上)采用资源卫星资料、小比例尺航空照片(1∶25 000~1∶50 000)和地形图(1∶50 000 以上);小区域规划(县级以下,中流域以下),采用近期大比例尺地形图和航空照片(1∶5000~1∶10 000)。此外，还应收集区域内已有的土壤、植被分布图、土地利用现状图、林业区划、规划图、水土保持专项规划图等相关图件。

(2)自然条件资料的收集

通过查阅林业生态工程建设项目所在地区(或邻近地区)气象部门、水文单位的实测资料及调查访问其他有关单位，收集所在地区(邻近地区)下列资料：

① 气温　包括年平均气温，年内各月平均气温，极端最高气温及极端最低气温(出现的年月日)。气温最大年较差，最大日较差，≥10 ℃的活动积温，无霜期天数。早、晚霜的起始、终止日期，土壤上冻及解冻日期，最大冻土深度、完全融解的日期等。

② 降水　包括年平均降水量及在年内各月分配情况，年最大降水量(出现年)。最大暴雨强度(mm/min，mm/h，mm/d)，≥10 ℃的积温期间降水量。年平均相对湿度、最大洪峰流量、枯水期最小流量、平均总径流量、平均泥沙含量、土壤侵蚀模数。

③ 土壤　包括成土母质，土壤种类及其分布，土壤厚度及土壤结构、性状等，土壤水分季节性变化情况，地下水深度、水质及利用情况等。

④ 植被　包括天然林与人工林面积、林种、混交方式、密度及生长情况等，果树及经济树种种类、经营情况、产量等，当地主要植被类型及其分布、覆盖度，如包含城市，还应调查城市绿化情况等。

应该特别说明，我们在进行林业生态工程建设项目规划设计时，必须收集中华人民共和国成立以来，特别是近几年来林业生态工程建设项目所在地区的自然区划、农业区划、林业区划以及森林资源清查、土壤普查、城市绿地规划、风景名胜区规划、村镇规划(大村镇)等资料，以便借鉴和利用，这是因为这些资料虽然各自的主要目的不同，但都是建立在实际调查研究的基础上，它们从不同角度、以不同的侧重点对当地的自然条件做了描述和分析。

(3)社会经济情况资料的调查收集

收集林业生态工程建设项目所属的行政区及其人口、劳力、耕地面积、人均耕地、平均亩产量、总产量、人均粮食、人均收入情况；种植作物种类，农、林、牧在当地经济中所占的比例(重)；农业机械化程度及现有农业机械的种类、数量、总千瓦；群众生活状况、生活用燃料种类、来源；大牲畜及猪、羊头数；群众家庭副业及其生产情况；集体合资办的副业、企业等凡与规划设计有关的情况。

(4)资料的整理、检查

以上资料收集完毕后，应进行整理，检查是否有漏缺，对规划有重要参考价值的资料，应补充收集。

14.1.4.2　土地利用现状调查

进行林业生态工程建设项目规划，一方面是为了解决项目区土地的合理利用问题。因此，在规划之前，首先摸清项目区的土地资源及目前的利用情况，以便对"家底"有个全面的掌握，使规划(以及之后的设计)建立在可靠的基础上。

(1)土地利用现状的调查和统计

①土地利用现状的调查　可按土地类型分类量测、统计。土地类型的划分可根据国

家土地利用分类及城市用地分类等标准，根据当地实际情况和规划要求增减。以黄土地区(未涉及城市绿化)为便，土地类型常分为：

i. 耕地。旱平地、坡式梯田、水平梯田、沟坝地、川台地。

ii. 林地。有林地(郁闭度≥0.31，还可按林种细分)、灌木林地、疏林地(郁闭度≤0.3)、未成林造林地、苗圃。

iii. 园地。经济林地(现多单列一项)、果园(现在多单列一项或与经济林合并)。

iv. 牧业用地。人工草地、天然草地、改良草地。

v. 水域。河流水面、水库、池塘、滩涂等。

vi. 居民点及工矿用地。城镇、村庄、独立工矿用地。

vii. 交通用地。铁路、公路、农村道路等。

viii. 其他利用地。地坎、荒草地以及其他暂难利用地。

②土地单元的分级　土地单元分级的多少依项目区面积的大小来定，县级以上或中流域以上可用大流域(省、自治区、地)—中流域(省、自治区、地、县)小流域(县乡)—小区(或乡)，一般不到地块，具体用哪几级根据实际情况确定。县级以下或小流域时，可用流域(或乡)—小区(村)—地块(小班)三级划分方式。地块(小班)是最小的土地单元。小流域林业生态规划，可依据具体情况将项目区划分为若干个小区，每一小区又可划分为若干个地块，小区的边界可以根据明显地形变化线或地物(如侵蚀沟沿线、沟底线、道路、分水岭等)划定，也可以行政区界，如村界划分(便于以后管理)。地块划分应在尽可能的情况下连片。地块划分的最小面积根据使用的航片比例尺而定，一般为图面上 0.5~1.0 cm²。

③地类边界的勾绘　用目视直接在地形图上调绘，采用航片判读，大流域则利用资源卫星数据(或卫片)进计算机判读，并抽样进行实地校核。小流域应采用 1:5000~1:10 000 的地形图或航片，直接实地调绘。

勾绘程序是：i. 首先勾绘项目区边界线，并实地核对。ii. 划分小区并勾绘其边界，也应实地核对。当小区界或地块界正好与道路、河流界重合时，小区或地块界可用河流、道路线代替，不再画地块或小区界。iii. 以小区为一个独立单元，小区内再划土块，并编号，编号可根据有关规定进行(如"II-4"即表示第二小区的第四个地块)。小区和地块编号一般遵循"从上到下，从左到右"的原则，各地块的利用现状用符号表示。iv. 将所勾绘的地块逐一记载于地块调查规划登记表现状栏(可根据有关规范制表)。

应当注意：i. 如果在一很小利用范围内，土地利用很复杂，地块无法分得过细时，可划复合地块，即将两种或两种以上不同利用现状的土地合并为一个地块，但在地块登记表中应将各不同利用现状分别登记，并在图上按其实际所处位置用相应符号标明，以便分别量算面积。为简便起见，复合地块内不同利用现状最好不要超过 3 个。ii. 地块坡度可在地形图上量测，或野外实测，有经验可目视估测。坡耕地的坡度可分为 6 级(0°~3°、3°~5°、5°~8°、8°~15°、15°~25°、>25°)或根据需要合并；宜林地的坡度也可分为 6 级[0°~5°(平)、6°~15°(缓)、16°~25°(斜)、26°~35°(陡)、36°~45°(急)、>45°(险)]。iii. 道路、河流(很窄时)属线性地物，常跨越几个地块甚至小区，当其很窄，不便于单独划作地块时，它通过哪个地块，就将通过部分划入哪个地块中。

④调查结果的统计计算　地块勾绘完毕后，即可进行调查结果的统计计算。首先采用图幅逐级控制进行平差法，量测统计项目区—小区—地块面积。采用 GIS 可由计算机统计。应注意的：i. 道路、河流(很窄时)属线性地物，面积可不单独量测，而是折算从地块上扣除出来。ii. 计算净耕地面积应扣除田边地坎面积。最后，统计列出土地利用现状表(表格形式参照有关规范)，并对底图进行清绘、整饰、绘制成土地利用现状图。

(2)土地利用现状的分析

土地利用现状是人类在漫长的过程中对土地资源进行持续开发的结果，它不仅反映了土地本身自然的适应性，而且也反映了目前生产力水平对土地改造和利用的能力。土地利用现状是人类社会和自然环境之间通过生产力作用而达到的动态平衡的现时状态，有着复杂而深刻的自然、社会、经济和历史的根源。土地利用现状合理与否，是土地利用规划的基础。只有找到了土地利用的不合理所在，才能具备提出新的利用方式的条件。因此，对土地利用现状的分析是十分必要的，通常对土地利用现状可以从以下几方面进行分析：

①土地利用类型构成分析　i. 农、林、牧(各部门)土地利用之间比例关系的分析；ii. 各部门内部比例关系的分析，如林业用地各林种间用地比例的对比分析。

②土地利用经济效益的对比分析　即对相同类型的土地不同利用经济效益的分析或不同类型土地同一利用形式下的经济效益的分析。

③土地利用现状合理性的分析　一般来说，一个地区土地利用方向取决于三个因素：i. 土地资源的适宜性及其限制性(即质量因素)；ii. 社会经济方面对土地生产的要求；iii. 该地区与周围地区的经济联系。

④土地利用现状图的分析　土地利用现状图的分析主要指对现有土地利用形式在布局上是否合理的分析。因此，不要轻易地断言某个地区利用现状合理或者不合理，只有建立在全面、深刻的分析之上的结论，才具说服力，才是后来的规划立论稳靠的依据。通过分析，找出当前土地利用方面存在问题，说明进行规划的必要性及改变这种现状的可能性。

14.1.4.3　土地利用规划

(1)农、牧规划

根据土地资源评价，将一级和二级土地作为农地；如不能满足要求，则考虑三级或四级土地加工改造后作为农地。牧业用地包括人工草地、天然草地和天然牧场，规划中各有不同要求，根据实际情况确定，特别要注意封禁治理、天然草场(草坡、牧场)改良措施与林业的交叉重叠。农牧业(尤其是农业)在整个项目区的经济结构中占极大比重，所以它们与项目区域土地资源的利用密切联系，脱离农牧而单纯进行林业规划实际上是不现实的。因此，项目区林业生态工程规划设计应对农牧用地只作粗线条规划，即只划出它们的合理用地面积、位置，对于耕作方式、种植作物种类等不做进一步规划。

(2)林业用地规划

林业用地规划是林业生态工程规划的核心，应根据前述的基本原理，在综合分析项目区自然、社会条件的基础上，结合项目区目前的主要矛盾及需要，作出规划。例如，山区、丘陵区水土保持林业生态工程(含具有水土保持功能的大然林和人工林)的面积应占较大比重,一般可达 30%左右。经济林与果园则应根据土地资源评价和市场经济预测确定。为了促进区域经济的发展,有条件的其面积应达到人均 0.07 hm² 左右。

林业生态工程规划内容和程序是:①对林业生态工程用地进行立地条件的划分,按地块逐一规划其利用方向。②按土地利用方向统计计算规划后土地利用状况,计算规划前后土地利用状况变化的比例,规划后各类土地面积的百分比及总土地利用率等,并列出土地利用规划表(表的格式按规范)。③根据以上规划结果,按制图标准绘制"土地利用规划图"。目前许多省级以上林业生态工程规划多采用计算机绘图。

14.1.4.4 规划方案编写提纲

本方案仅供大家参考。具体应用时,可依据不同的建设项目,参照此程序编写相应的提纲,并在此基础上,作出林业生态工程建设项目的规划方案。

(1)项目区概况

包括地理位置、地理地貌特征、地质与土壤、气候特征、植被情况、水土流失状况和社会经济情况。

(2)土地资源及利用现状

包括土地资源、土地结构及利用现状分析、存在的问题及解决的对策。

(3)林业生态工程建设规划方案

①指导思想与原则;

②建设目标与任务;

③建设规划包括土地利用规划、各单项工程(或林种)布局、造林种草规划、种苗规划、配套工程规划(农业、牧业、渔业、多种经营)。

(4)投资估算

(5)效益分析

(6)实际规划措施

14.1.5 规划文件编制

编制规划设计文件是外业调查结束后的内业工作,包括整理外业调查资料、计算统计土地面积和森林资源,制定规划指标、设计造林技术措施,绘制图表、编写规划设计说明,以及成果审议和上报等。

一般来说,林业生态工程规划设计文件主要由 3 部分组成,即:林业生态工程设计说明书(方案)、各种资源统计和规划设计表、各种基本图和规划设计图。此外,还应附上技术经济指标、专题调查报告(典型规划)及论证资料等。

14.1.5.1 面积计算与统计

利用地形图进行小班调绘的,可以在地形图上清绘小班界线后直接计算面积;利用航空相片调绘的,需通过机械的或手工的方法,将航空相片上小班界线转绘到地形图上再计算面积。

　　计算面积的方法很多，常用的有求积仪法、网格法和图解法等。其中求积仪法最为常用，这种方法由于不断改进，极为方便，精度也在逐步提高。

　　面积计算应该采用逐级控制的方法，自上而下逐级控制计算，逐级平差。总体面积运用地形图图幅理论面积控制计算，或用地形图千米网格理论面积控制计算。在总体面积控制下，逐级计算以下各区划级(乡、村或营林区、林班)面积，最后在上一级面积控制下计算小班面积。计算的下一级单元面积之和与上一级控制面积之差，在不超过规定允许误差的范围内，以上一级控制面积为准，按控制比例修正下一级单元面积。

　　面积计算完毕后，按小班号将小班面积填入小班野外调查表面积栏内，检查无误后进行统计。

　　面积统计应以小班面积为基础，自下而上逐级分类统计汇总。一般先要分别地类、权属统计填写各类土地面积统计表；其次，将宜林地根据其小班所属立地类型，统计填制宜林地按大地类型统计表。

14.1.5.2　基本图(现状图)的绘制

　　基本图(现状图)是绘制各种规划图的底图，也是今后造林施工用图的依据。在规划设计中也要依据它进行林业生产布局，规划林种、树种等。基本图是利用调绘底图绘制而成的。一般以一个流域或乡为单位分幅绘制成图，如造林规划设计地域不很大时，也可以自行分幅绘制成图。图的内容除必要的地理要素外，要有各种行政界及规划设计的区划界、小班界及编号，有时要标出林班、小班面积。

　　有时可将基本图改绘成现状图，即将基本图按小班标以地类颜色绘成，仍起基本图的作用。以县为单位规划或规划区域较大时，需将以流域(林场)为单位的基本图(现状图)缩小到合适的比例尺，再涂以代表各地类的颜色，绘制成规划总体的现状图。

14.1.5.3　进行规划设计，制定规划指标

　　这是编制林业生态工程规划设计文件的重点，主要是对外业调查资料进行分析，学习掌握上级部门对规划地区有关林业建设的指示、规划等文件，然后综合分析研究，制定规划设计区域林业生态工程发展远景目标、方向，规划造林林种、树种，进行林业生态工程造林技术措施设计，制定林业生态工程规划指标，安排进度，规划种苗及其他有关建设项目。

14.1.5.4　编制规划设计图表

　　(1)编制规划设计表

　　一般林业生态工程规划设计在进行规划设计和编制规划指标过程中，主要是确定指标，将规划设计体现于各种规划设计表中。除资源和社会情况以外，应将规划设计内容尽量用表格形式表现出来，分期或分年安排进度。有些规划设计要直接指导生产，则应以小班为单位设计，按小班逐级统计汇总，编制造林规划表。有些规划设计不一定按小班设计，只按立地类型，依据造林类型表分类设计，编制规划表。此类规划设计主要为林业建设决策和制订造林计划提供依据。以后造林时，再按小班进行施工设计，指导造

林施工。

（2）绘制规划图

规划图是将规划成果用图的形式表现出来，给人以直观的感觉。一般造林总体规划都绘制规划远景图，即将规划实施后可能保存的森林面积和分布，用颜色在一定比例尺的图上表示。小范围的要求服务于具体生产，可以直接指导造林的规划图，要求大比例尺成图，显示小班界、小班号及面积，标出造林树种及施工年代，同时用颜色表示林种等。规划图依据基本图缩制编绘而成。

14.1.5.5　规划成果及审批

由于林业生态工程规划设计的要求不同，成果的内容和深度也有差异，而且审批程序也不一样。

一般情况下，林业生态工程规划设计成果即规划设计文件，主要由 3 部分组成。即林业生态工程规划设计说明书（方案）、各种资源统计和规划设计表、各种基本图和规划设计图。另附有技术经济指标、专题调查报告（典型规划）及论证资料。

林业生态工程规划设计说明书（方案）的内容主要包括：前言、基本情况（自然条件和社会经济）、森林资源及评价、林业生态工程发展远景目标及发展方向、林业生态工程任务规划及布局、林种树种规划及林业生态工程造林技术措施设计、种苗规划、现有林经营规划、其他项目的规划和说明、投资与效益、主要保证措施等。

林业生态工程规划设计文件编制完毕后，应上报主管单位，由主管单位组织有关单位的专家和学者进行审议。经审议修改后，由主管部门批准后，交有关单位（生产部门等）负责实施。

14.2　林业生态工程设计

林业生态工程建设项目的初步设计，是继项目可行性研究报告批复并正式立项后、项目实施前的一个不可缺少的重要工作环节。它是根据批准的可行性研究报告，并利用必要的、准确的设计基础资料，对项目的各项工程进行全面研究、总体安排和概略计算，以设计说明和设计图、表等形式阐明在指定的地点、时间和投资控制数以内，拟建设工程在技术上的可能性和经济上的合理性，对各项拟建工程作出基本技术、经济规定，并据此编制建设项目总概算。初步设计也是项目实施中编制年度工程计划，安排年度投资内容和投资额，检查项目实施进度和质量，落实组织管理，分析评价项目建设综合效益的主要依据。

为保证初步设计的严肃性、合理性和科学性，初步设计应由正式注册、有资质承担工程设计任务的、且在林业工程设计方面有较丰富经验的设计单位承担。未经国家正式注册、无资质证的设计单位或个人编制的初步设计是无效的。

一般来说，建设项目的设计可划分为 3 个阶段：①初步设计阶段；②技术设计阶段（目前很多部门不做技术设计，而直接做招标设计，此阶段即为招标设计阶段）；③施工图设计阶段。根据项目的不同性质、类别和复杂程度，初步设计和技术设计阶段通常又可合并为一个阶段，称为扩大初步设计阶段，简称初步设计。对于林业生态工程建设项目，若为园林或开发建设项目造林，则其设计工作可根据要求分 3 个或 2 个阶段进行，如项目实施招标制，则为 3 阶段，即初步设计阶段——招标设计阶段——施工图设计阶段；否则可采用 2 阶段，即初步设计阶段——施工图设计阶段。若为一般荒山造林，可将 3 阶段合并为 1 个阶段，即初步设计阶段。合并的初步设计，根据合并情况，确定设计深度，应比分阶段的初步设计更细，3 阶段合并 1 个阶段的，要求能够指导施工。

14.2.1　设计文件的基本组成与要求

林业生态工程建设项目一般由若干个单项工程组成，初步设计文件一般应分为 2 个层次：第一层次，项目初步设计总说明(含总概算书)及总体规划设计图。第二层次，各个单项工程初步或扩大初步设计说明(含综合概算)及设计图。

初步设计文件的要求，经过比选确定设计方案、主要材料(主要是种苗)与设备及有关物资的订货和生产安排、生态工程建设面积和范围、投资内容及其控制数额；据此，进行第二阶段——施工图的设计、进行项目实施准备。

14.2.2　总体空间布局

林业生态工程布局在可行性研究的基础上，根据项目区域生态经济分异规律及林业、草业、牧业的发展状况，分析确定林业生态工程布局的指导思想、原则、发展方向、任务等。据此，提出林业生态建设的主体工程及其他各类工程，在个别土石山地区有水源涵养林业生态工程。在此基础上进行立地类型小区划分，不同的小区确定不同的林业生态工程单项工程。

14.2.3　工程量与材料量估算

计算工程量和材料量对林业生态工程实际发生工程量进行计算，为概算做准备。主要包括：

①种苗需要量先按小班或造林种类型求出各树种草种所需要的量，然后进行累加，所依据的面积一律为纯造林种草地面积。计算中应该注意整地方法、种植点配置及丛植等对种苗用量的影响。最后，把计算出的种苗量再加 10% 作为造林时种苗的实际消耗量。

②造林种草工程量包括整地、挖穴、运苗运种、栽植或播种、浇水等的工程量(材料用量、土方量、机械的台班或台时等)。

③其他附属设施工程量道路、房建、灌溉、引水、苗圃建设等的工程量(土方量、材料用量等)。

④计算分部工程量根据上述工程量合计分部工程量，如油松造林工程、红枣造林工程、人工林下种草工程、砌石工程等的工程量。

⑤计算单项工程量合计分部工程量计算单项工程量，如天然林保护工程、水土保持

林工程、果园灌溉工程等。

⑥项目总工程量合计单项工程工程量，即为项目总工程量。

14.2.4 总概算书编制

总概算书是确定林业生态工程项目全部建设费用的文件；是根据各个单项工程和单位工程的综合概算及其他与项目建设有关的费用概算汇总编制而成的。它是项目初步设计文件中的重要组成部分之一，是控制项目总投资和编制项目年度投资计划的重要依据。

14.2.4.1 总概算书的内容与程序

(1)总概算书的内容

总概算书一般应包括编制说明和总概算计算数表。

①编制说明包括工程概况、编制依据、投资分析、主要设备数量和规格，以及主要材料用量等内容。

ⅰ. 工程概况扼要说明项目建设依据、项目的构成、主要建设内容和主要工程量、材料用量(如种子苗木、化肥、水泥、木材、钢材)、建设规模、建设标准和建设期限。

ⅱ. 编制说明项目概算采用的工程定额、概算指标、取费标准和材料预算价格的依据。概算定额标准有国家标准、部颁、省颁(有些地区还有地颁)之分，在编制说明中均应说明。

ⅲ. 投资分析重点对各类工程投资比例和费用构成进行分析。如果能掌握现有同类型工程的资料，可对两个或几个同类型项目进行分析对比，以说明投资的经济效果。

ⅳ. 总概算计算数表是在汇总各类单项工程综合概算书和整个项目其他综合费用概算的基础上编制而成的。其他综合费用包括：勘察设计费、建设单位管理费、项目建设期间必备的办公和生活用具购置费等。

(2)总概算书编制程序

①首先收集基础资料，包括各种有关定额、概算指标、取费标准、材料、设备预算价格、人工工资标准、施工机械使用费等资料。

②根据上述资料编制单位估价表和单位估价汇总表。

③熟悉设计图纸并计算工程量。

④根据工程量和工程单位估价表等计算编制单项工程综合概算书。

⑤根据单项工程综合概算书及其他有关综合费用，汇编成总概算书。

14.2.4.2 单项工程概算书

单项工程概算书是在汇总各单位工程概算的基础上编制而成的。单位工程又是由各分部工程组成，分部工程又是由各分项工程所组成。概算计算数表的基本单位一般以分部工程为基础。所谓单项工程，是具有独立的设计文件，竣工后可以独立发挥效益的工程；所谓单位工程，是指具有独立施工条件的工程，是单项工程的组成部分。

14.2.5　设计图纸规范

（1）基础资料图

这是对林业生态工程建设项目进行总体设计的基础资料图纸，是总体设计的重要依据，一般包括以下几种类型的图纸。

①项目区土地利用现状图农、林、牧、水、渔各业用地状况，通常图纸的比例为 1∶10 000～1∶10 0000。特别要注重项目区荒地、滩涂等，可作为林业利用的土地分布。

②项目区林业资源分布图森林、经济林、灌草坡等的分布情况，通常图纸的比例为 1∶10 000～1∶100 000。

③区域土壤分布图绘制各种类型土壤的区域分布情况，并绘制可反映各类土壤特性的说明表、各类型土壤面积统计表。图纸的常见比例为 1∶50 000。

④其他图纸根据不同项目的具体要求确定，如水资源图等。

（2）总体设计图

总体设计图是项目初步设计图纸中最重要的部分，各单项工程必须围绕着总体设计图进行设计。总体设计图通常包括：

①项目区林业生态工程总体布局比例为 1∶10 000～1∶100 000，如涉及城市、工矿区绿化，可单独附大比例尺的建筑物分布及绿化总体设计平面图纸。

②土地利用总体设计图主要反映林业生态工程建设后的土地利用状况，并要求在图纸上附土地利用面积分类统计表，常见图纸的比例有 1∶10 000～1∶100 000。

③其他图件根据不同项目的要求确定，如与林业生态工程有关的水土保持、水利工程布局图等。

还可根据要求参照原国家林业局颁布的《林业建设项目初步设计编制规定》（2006 年试行）去设计相应的图纸。

14.2.6　设计总说明书编写

林业生态工程项目不同于一般的工业性项目，其涉及的区域面积较大、项目分布较广。各工程项目密切相关，综合地构成区域性、综合性很强的有机整体。因此，其初步设计必须编制总体说明和总体规划设计图，用其明确各分项目、子项目或各单项工程之间的关系，以此指导各项工程的设计。

项目设计总说明书一般分为六部分：项目区概况，自然条件，林业生态工程设计（包括总体布局、单项工程设计如造林（种草）地的立地类型划分、小班造林（种草）设计、附属工程设计等），施工组织设计及施工进度安排，投资概算与效益分析，实施管理措施和附表、附图。

14.2.6.1　项目区概况

用最简练的语言，简要说明林业生态工程建设的依据、性质、建设地点和建设的主要内容及其建设规模等，使人对项目总体有一个初步的了解。

14.2.6.2 基本资料

主要介绍说明反映项目区域的自然、社会、经济状况和条件的基础资料或设计依据。有关区域自然条件的基础资料，一般包括：①反映现有地质、地貌状况的资料。②区域土壤调查资料。③区域内气象资料，内容包括降雨、蒸发、气温、日照等。④水资源及可能涉及的水文与地质方面的资料。以上资料包括文字资料与图纸资料。应注意把已有的林业生态建设项目作为重要的基础资料。

14.2.6.3 总体设计说明

总体设计说明是初步设计说明书的核心部分。主要包括：

——设计依据包括主管部门的有关批文和计划文件，如生态建设规划、可行性研究报告批复文件等；已掌握的基本资料(简要说明其名目)，通常包括地形测量资料、土壤资料、工程地质及水文地质资料、气象水文资料、工程设计规范或定额标准资料等方面。

——项目区自然、社会及经济概况依据工程可行性研究报告提供的有关资料，在初步设计中进一步详细和具体化，并说明它们和设计的关系。

——项目建设指导思想、内容、规模、标准和建设措施。

——土地利用一般应包括：① 项目选址的依据。② 农、林、牧、副、渔业用地比例、面积和位置等。③ 子项目区的划分及其规模。④ 各类工程布局及用地方案的设计思路等。

——主要技术装备、主要设备选型和配置说明主要设备的名称、型号及数量。

——种苗、交通、能源、化肥及外部协作配合条件等主要说明项目区内交通运输条件，工程建设使用种苗、化肥等供应渠道和消耗情况等。

——生产经营组织管理和劳动定员情况主要说明项目区所涉及的县、乡人口及劳力情况，根据项目区的生产规模和生产力水平，确定经营管理体制，确定劳动力、技术人员、管理人员及社会服务等各类人员的最佳配置和构成。

——项目建设顺序和起止期限根据项目区各类项目的主次关系、轻重缓急和资金投放能力，初步确定各主要建设内容的先后次序和建设起止期限。

——项目效益分析通过初步设计，进一步对项目的综合效益进行测算、分析和评价。

——资金筹措办法说明项目建设资金来源，各项资金渠道的构成。

表 14-1　总体设计说明书编制提纲示例

前言

　　1. 项目建设背景

　　2. 项目建设目的意义

第1章　项目区基本情况

　　1.1 自然地理情况

　　1.2 社会经济情况

　　1.3 森林资源情况

　　1.4 林业经营状况，生态公益林建设成就与问题

第2章　经营区划

　　2.1 经营区划系统

　　经营区划的目的是便于资源调查统计，有利于经营管理和组织生产。大型跨省(自治区、直辖市)的生态公益林工程建设项目，原则上以省

(自治区、直辖市)做项目规划方案。根据省(自治区、直辖市)总体布局、规模、建设速度等指标,落实到县(旗、企业),通常均以县(旗、企业局)为单位进行总体设计。经营区划系统如下:

　　(林场)—村(屯)—小班
　　县(企业、局)
　　林场—林班—小班

第3章　项目布局与规模
　3.1 项目建设指导思想
　3.2 项目设计原则
　3.3 项目设计依据
　3.4 森林分类经营区划
　　3.4.1 森林分类标准
　　3.4.2 森林分类经营区划分
　3.5 项目建设目标
　　3.5.1 营造林目标
　　3.5.2 森林资源增长目标
　　3.5.3 改善生态环境、防灾减灾目标
　　3.5.4 其他
　3.6 建设规模
　　3.6.1 营造林总规模
　　3.6.2 营造林规模构成
　　　(1)按造林方式划分
　　　(2)按森林分类划分(重点生态公益林,一般生态公益林)
　3.7 项目布局
　　3.7.1 布局依据
　　3.7.2 布局方案
　3.8 建设期与建设进度
　　3.8.1 建设期及阶段划分
　　3.8.2 建设进度安排

第4章　营造林设计
　4.1 立地条件类型划分及质量评价
　4.2 林种设计
　　4.2.1 林种划分
　　4.2.2 林种面积及比重
　4.3 树种设计
　　4.3.1 树种选择原测
　　4.3.2 主要造林树种
　　4.3.3 树种面积及比重
　4.4 造林方式设计
　　4.4.1 人工造林
　　　(1)造林面积及构成
　　　①按森林分类划分

　　　②按林种划分
　　　③按树种划分
　　　(2)造林进度及作业位置安排
　　　(3)造林用工量测算
　　4.4.2 封山育林
　　　(1)封山面积及构成
　　　(2)封育进展、期限及作业位置安排
　　　(3)封育用工量测算
　　4.4.3 飞播造林
　　　(1)飞播造林面积及构成
　　　(2)飞播造林进度及作业位置安排
　　　(3)飞播造林用工量测算
　4.5 造林技术设计
　　4.5.1 人工造林
　　　(1)造林地选择
　　　(2)树种及比重设计
　　　(3)种苗设计(来源、规格、质量等)
　　　(4)整地方式与方法设计
　　　(5)树种配置、混交方式与方法设计
　　　(6)造林季节与造林方法设计
　　　(7)造林密度与配置设计
　　　(8)抚育管护措施设计
　　4.5.2 封山育林
　　　(1)封山育林地选择
　　　(2)补植补播设计
　　　(3)封育时间及期限
　　　(4)管护措施设计
　　4.5.3 飞播造林
　　　(1)飞播造林地选择
　　　(2)树种设计
　　　(3)播种量设计
　　　(4)飞播季节设计
　　　(5)管护措施设计
　4.6 造林类型(造林模型)与经营类型设计
　　4.6.1 造林类型(造林模型)设计
　　4.6.2 森林经营类型设计
　4.7 营造林机具与设备配备设计
　　4.7.1 设备选型
　　4.7.2 备配数量及购置费用
　4.8 种苗供应方案设计
　　4.8.1 种苗量需求测算
　　4.8.2 种苗供应方案
　　　(1)项目区现有种苗基地种苗供应品种、数量

14.2.7　初步设计文件审批

按现行林业生态工程建设项目管理规定，各项目执行单位编制的初步设计，未经审批，不得列入国家基建投资计划。各级管理机构对各项目执行单位报送的初步设计中的投资概算、用工用料等技术经济指标进行汇总审查，不得突破批准执行的可行性研究评估报告核定的有关指标。因特殊原因而有所突破者，必须按规定重新申报审议。初步设计文件经审定批准后，不得擅自修改变更项目内容。

14.3　林业生态工程规划设计方法

14.3.1　建设目标确定

一个地区，如一个流域或一个区域，在进行林业生态工程规划设计时，关键是要确立长远的建设目标，制定出宏观的总体规划。这不仅是具体规划设计的依据，更是调查规划地区今后林业生态工程发展的奋斗目标和远景建设的蓝图。

长远建设目标是指林业生态工程规划设计地区林业生态工程发展的最终目标。从林业生态工程规划的角度出发，就是制定森林覆盖率战略发展目标，确定林业生态工程空间格局与时序配置，以及预期获得的生态、经济和社会效益。有了这个目标，就能确定今后造林和封山育林的长期任务，并据此制定发展速度、规划近期或一定期限内林业生态工程总任务量。所以，长远建设目标的制定是林业生态工程规划设计时需要解决的首要问题。

(1)制定林业生态工程长远建设目标的原则依据

在制定林业生态工程长远建设目标时，一般要有全面观点，坚持生态经济的观点，遵循既需要又可能的科学实用原则。其主要依据如下：

①当地自然条件和社会经济条件的可能。首先是当地气候、土壤等适于林木生长，

又有一定土地可用于发展林业生态工程;其次,当地社会劳力、经济水平都允许造林营林,不会成为工程开展的限制因素。

②国家整体利益和当地人民群众的需求。如三北地区从改善生态环境出发需要达到的森林覆盖率,全地区长期建设的需要和当地人民致富(发展生产和经济收入)要求结合起来,综合考虑。

③造林规划地区在过去制定的综合农业区划、土地利用区划、林业区划等。

此外,原《森林法实施细则》关于森林覆盖率在山区要达到70%以上,丘陵区要达到40%以上,平原区要达到10%以上的要求,也应作为重要依据。

在林业生态工程规划设计中,可以综合考虑以上各项依据,通过分析制定长远建设目标。

(2)长远建设目标的论证

提出长远建设目标后,要进行必要性和可行性两方面的论证。在必要性方面,要从生态效益和经济效益等方面考虑,用生态经济学的观点进行论证;在可行性方面要特别注意土地利用的合理安排,兼顾农、林、牧业全面发展的需要,既要坚持统一规划、综合治理的观点,又要协调国家和当地人民群众利益。总之,为了确保目标适当、切实可行,就要从国家建设总体利益出发,对当地林业建设的需求、当地社会经济发展与人民致富对林业生态工程的要求,以及从土地资源条件出发,考虑发挥自然优势,开拓商品经济等方面进行论证。要在实事求是论证的基础上,与农、牧、水利等部门协商确定。

(3)制定林业生态工程建设和发展林业生态工程事业的战略方向

林业生态工程发展方向是根据当地自然条件特点和林业生态工程建设的目的,从发挥当地自然优势出发制定。有些林业生态工程规划设计的方向开始就很明确。例如,三北防护林建设,其建设的方向就是从改善三北地区生态环境和促进经济发展出发,建设以木本植物为主体的绿色防护林体系,形成良好的生态系统。为此,要坚持以防护林为主,多林种、多树种综合发展的方向,贯彻乔、灌、草相结合,带、网、片相结合的方针。

但是,当各地以流域为单位进行总体规划,在研究制定林业生态工程发展方向时,往往需要反复研究论证。一般把反映发展林业生态工程的目的,作为发展林业生态工程的方向。确定了林业生态工程发展方向,就为林种规划,包括林种比例和布局的安排提供了依据,也相应地为选择造林树种奠定了基础。

在制定林业生态工程发展方向的同时,应该制定林业生态工程规划设计的方针和实施原则等,以指导林业生态工程设计。林业生态工程发展方向在林业生态工程规划设计中体现在林种规划与造林树种选择上,尤其是在进行林种规划时,不能偏离林业生态工程发展方向。

14.3.2 外业调查

14.3.2.1 立地条件调查

林业生态工程建设区立地条件是林业生态工程建设区与森林生长发育有关的自然环境因子的总称。立地条件就是生态环境条件,或称森林植物条件在大的区域内,首先要研究气候、地貌对森林生长发育的影响;较小范围内则在气候、地貌类型已知的情况下，主要对下列生态环境因子进行调查与分析。

①地形因子　包括海拔、坡向、坡形、坡位、坡度和小地形等。

②土壤因子　包括土壤种类，土层厚度、腐殖质层厚度及腐殖质含量，土壤水分含量和肥力、质地及石砾含量、结构、酸碱度、盐碱含量，土壤侵蚀或沙化程度，基岩和成土母质的种类与性质等。

③水文因子　包括地下水位深度及季节变化、地下水矿化程度及其盐分组成、土地被水淹没的可能性等。

④生物因子　主要包括植物群落名称、组成、盖度、年龄、高度、分布及其生长发育情况，森林植物的病虫害、兽害的状况，有益动物和微生物存在情况等。

⑤人为活动因子　立地条件直接影响造林的成活和林木的生长。不同的立地条件适应不同的造林树种，且需采取相适应的造林技术措施。立地条件在地域上的变化很大，在林业生态工程规划设计中，首先要认真地进行立地条件的调查，掌握立地条件在地域上的分异规律，认识和掌握不同立地条件的差别和特点，有针对性地因地制宜进行林业生态工程设计，进行林种布局，选择造林树种，采取相适应的造林技术措施。所以，进行林业生态工程建设区立地条件调查，划分立地类型作为林业生态工程规划设计的基础，有着十分重要的意义。

14.3.2.2　调查方法

立地条件调查的主要目的是掌握林业生态工程建设区自然条件及其在地域上的分布规律，研究它们之间的相互关系，作为一个有机的总体进行分析。然后划分立地类型，分析各类型的特点，作为划分宜林地小班和进行造林设计的依据。因此，大面积的林业生态工程规划设计，需要在小班调查设计之前进行全区的立地条件调查。为了能较全面地反映不同立地特点，又不增加外业调查的工作量，一般是在充分收集和分析当地现有资料的基础上，采用线路调查和典型调查相结合，即面上的概查和典型地段详查。

(1) 资料收集

由于立地条件调查涉及许多学科和部门的专业内容，因此造林规划所需要的资料和数据，必须搞好收集工作。资料收集的内容主要有：①本地区与造林规划设计有关的地貌、地质、土壤、气象、水文、植被等资料或文献；②社会经济资料，如户数、人口、劳力、国民经济产值、收入、粮食产量及农、牧、林、副业等有关文献资料；③有关地图资料，如行政区划图、地形图、航空相片以及专业规划图等。对收集到的资料要认真整理分析，作为造林规划设计的依据或参考，其不足部分则应通过外业调查或深入访问补齐。

(2) 线路调查

线路调查是一种概查，主要是在调查地区内选择一些具有代表性的线路，沿线路进行概括性调查，掌握立地条件各因子的特点和分布，尤其是了解不同立地条件在地域上的分布规律，不同立地类型、植被、土壤的垂直分布、水平分布情况以及地貌变化特点等。根据沿线立地条件变化情况分段记载其特点，并设置样地，进行详细调查记载。

①选设调查线路　线路选择应当沿调查规划地区立地条件有规律变化的方向前进。

即根据造林地的分布情况、地形特点，尽可能多地通过各种不同立地类型的造林地。例如，有河流切割的丘陵地区，可以穿插河床、河谷、阶地、丘陵沟壑及梁峁山脊进行调查；在土石山区可以与主脊的分水岭走向相垂直，从谷底向山脊根据海拔升高气候梯度变化进行调查，并可沿河谷向源头进行辅助调查。调查线路一般应在地形图上预设，并进行编号，按号进行调查记载。

②划分调查段 在外业携带画有调查线路的地形图沿调查线路进行调查时，应观察立地条件变化情况。当这些变化明显，形成不同的立地类型，足以导致不同的造林树种和营林技术措施时，应沿变化的界线划分调查线段，按顺序编号。

③分线段进行调查 在划分出的调查线段内选择能代表本段立地条件特点的若干地段进行详细调查，并按线路编号记载。

调查线路、调查段及各段调查点均应标在地形图上，并应绘制线路调查剖面图。

（3）样地（标准地）调查

选择能代表某一立地类型的典型地段，设置样地详细调查。对典型地段调查进行对比分析，找出立地条件在地域上的分异规律及其分布特点。在造林地范围不大，自然条件不太复杂时，经过一般性的野外调查后，可不进行线路调查，直接在不同的造林地段选择典型地点进行样地调查。应根据需要确定样地调查的对象和数量。一般每一个立地类型应有 3 个以上的样地。样地应标在线路调查所用的地形图上并编号。编号应和记录一致，其调查内容与线路调查相同。

以上介绍的仅是一般的调查方法，不同地区的立地条件调查，可根据当地实际情况和工作需要，制定相应的调查方法。

14.3.3 造林设计

造林典型设计是单项工程设计核心部分。林业生态工程典型设计要分别按立地类型，适生树种和经营目的（林种）编制。每个典型设计要确定其适用地区和立地类型，设计营建主要树种及混交树种、混交方式与比例、种苗规格与数量、整地造林和幼林抚育等技术措施。多数附有造林和整地图式，直观易懂。所有的林业生态工程典型设计要顺序编号，以便今后查找使用。

一般一个立地类型有一个或数个不同树种的林业生态工程典型设计，也有一个树种的典型设计可适用于两个以上的立地类型。所以，在一个地区内编制的林业生态工程典型设计，应在前面附有立地类型（立地条件）及相应林业生态工程典型设计对照表。

林业生态工程典型设计必须保证质量，符合当地自然条件，做到适地适树、技术先进、直观实用、切实服务于造林设计和造林施工。

14.3.3.1 林业生态工程典型设计的编制方法

（1）调查与收集资料

编制林业生态工程典型设计前应进行外业调查，在造林规划设计中，应结合立地条件调查，尤其是通过人工林样地调查，了解有关事项。其调查内容主要有：①现有天然林树种和人工造林、零星植树的林种生长状况；②现有林和散生木生长的立地条件（立地类型)及适应情况;③当地引进树种的生长状况及其抗性等。

同时,通过访问,结合人工林样地调查,了解当地使用的造林方法,总结经验,并了解当地林业职工和群众对各主要造林树种的评价。

(2)整理分析调查资料

通过对调查资料的分析,列出适于当地生长的造林树种、各树种生长及抗性表现、适生的立地类型(立地条件)、适用于何种经营目的(林种),以及可以采用的造林技术等。

(3)编制林业生态工程典型设计

按立地类型(立地条件)分别选择适生造林林种和树种,依据造林技术规程和当地造林经验进行造林标准化设计,编制造林典型设计,顺序编号,还要用图表配合文字说明。其主要内容包括:①立地类型(立地条件);②用表格列出林种、造林树种、株行距、苗木规格及单位面积种苗需要量等;③造林技术措施设计,包括整地、造林和幼林抚育等;④造林标准图式;⑤注意事项。

(4)编制造林类型表

目前造林规划设计有关规程要求,在预备调查阶段,通过立地条件调查、现有林调查编制"三表",其中之一就是造林类型表。它与林业生态工程典型设计起着同样的作用,都是造林技术设计的模式,不同的是以表格的形式表达出来。其内容、要求和调查编制方法,与林业生态工程典型设计大体相同。

在林业生态工程规划设计中,如果以往有恰当的造林典型设计材料,可以利用该林业生态工程典型设计,结合当地实际情况,尤其是结合立地条件调查,编制造林类型表。

14.3.3.2 林分经营措施类型表的编制

林业生态工程规划设计地区一般都有天然林和人工林分布,在规划设计中,还必须对现有林提出经营设计,以此作为林分经营的依据。现有林经营规划设计也是林业生态工程规划设计的内容之一。为了使设计更科学合理,在林业生态工程规划设计初期,必须结合立地条件调查的线路调查和典型调查,对现有林进行样地调查,根据林分特点、经营目的提出经营措施。一般是将林分按经营措施划分类型,在各类型中选择有代表性的林分,提出经营措施和设计意见,编制林分经营措施类型表,作为不同类型林分经营措施的设计依据和实施的标准。

(1)林分调查

通过立地条件调查,整理有关现有林的资料并按需要设计采取的经营措施,大体列出不同的林分经营措施类型;然后分别根据经营措施类型选择代表性林分,设置样地进行调查与设计。

(2)林分经营措施及其类型划分

林分经营措施(简称林分类型)按应当采取的经营措施可分为以下几类:

①幼林抚育型 对现有幼林在未郁闭前需要进行人工抚育,采取除草、松土、培土、施肥等措施,促进幼林正常生长。措施类型按需要抚育年限、次数,以及除草、松

土、施肥的时间等不同要求和规格划分。

②间伐抚育型 对于生长过密的中、幼龄林，由于林分过密，形成林木严重分化及林冠下层由于光照不足而大部分枯死的林分，应立即进行间伐。我国当前所采取的间伐抚育方案多为下层间伐，即砍除被压木、畸形木、病株以及少数霸王木等，以便使林分保持一定的合理株数，充分得到水分和养分，使林分生长旺盛。林分经营措施类型根据采取的间伐强度和次数、间隔期等进行编制。

③林分改造型 对不能成材的低质林分和遭病虫危害或经人为破坏的残林，以及一些非培育目的林分(包括一些非培育目的灌木林)实行砍除，重新造林。根据清除对象、方式、规格等划分林分经营措施类型，同时要选定合理的改造技术措施类型。

④封山育林型 对封禁后依靠天然更新能够恢复成林的疏林地，以及生长在裸岩地、急险坡地内，采伐后造林不易成活的林分等，可以采取封山育林措施。此类林分的经营类型按所采取的封禁办法进行划分，如全封禁或季节性封禁，以及部分割草、修枝等。

⑤采伐利用型 对现有成熟林、过熟林应进行采伐利用，其经营措施类型根据所采取的采伐方式及更新造林技术措施类型进行划分。

⑥修、垦类型 对南方山地的经济林(如油茶、毛竹)和果木林，如因多年荒芜，经过修枝整理及砍除杂灌木、杂草，松土与施肥等经营措施后可恢复林分正常生长的。其经营措施类型可根据采取上述不同措施进行划分。

(3)编制林分经营措施类型表

根据林分调查材料，按林分经营措施分类，填写林分经营措施类型表。林分类型按经营措施类型填写，如幼林抚育型、间伐抚育型等。每个林分类型中还可按经营措施设计的不同再细分，如间伐抚育型可按天然林、人工林分别设计，还可再按抚育措施的不同而细分。经营措施设计要列出幼林抚育、间伐抚育的方法、强度、间隔期等。

表 14-2 立地类型划分

类型名称	类型号	立地因子								面积(hm^2)
		地形	地形部分	海拔范围	坡向	土壤条件	植被条件	水源及灌溉条件	其他	小班数
立地类型划分依据										

表 14-3 造林典型设计

设计号	立地类型号	造林设计										面积(hm^2)
		林种	树种	混交方法	造林			造林				幼林抚育设计	班数
					季节	方法	规格(cm)	株行距(m)或密度(株/hm^2)	苗木		方法		
									种类	规格(cm)			

表 14-4 小班造林一览表

林班号及小班号	面积(hm²)		造林地类型	立地条件类型	造林图式			整地方法及规程	造林方法季节及种苗规格	抚育年限内容及次数	备注
	总面积	纯造林面积			树种组成	密度	配置				

14.3.4　种苗规划设计

必须做好种苗规划设计，按计划为林业生态工程提供足够的良种壮苗，才能保证林业生态工程造林任务的顺利完成。造林所需种苗规格、数量，应根据造林年任务量及所需求的质量进行规划和安排。

(1) 种苗规划内容

种苗规划的内容一般有：年育苗面积，其中各主要造林树种育苗面积；苗圃地规划；产苗量及苗木质量标准；年造林和育苗需种量；种子来源及种子质量；母树种和种子园规划等。

种苗规划前，必须根据造林规划设计掌握种苗规格质量、分树种造林面积和单位面积所需种苗量。同时，了解当地种子质量如纯度、千粒重、发芽率等。

在造林规划设计中只进行种苗规划，不进行单项设计。通过种苗规划，为育苗、种子经营以及母树林建设等进行单项设计提供依据。因此，在造林规划后，应对种苗生产量做出具体安排。如有需要，可另作单项设计。

(2) 种苗需量计算

① 计算年需苗量　根据年植苗造林面积、单位需苗量(初植苗量和补植苗量)计算。应计算年总需苗量和各树种年需苗量。

② 计算年需种量　需种量包括直播造林、飞播造林和育苗所需种子数量。按规划的年直播造林、飞播造林面积及单位面积需种量计算造林年需种子数量，按年育苗面积及单位面积用种量计算育苗用种量。同时，应计算各种造林树种年需种量和总的年需种量。

(3) 育苗规划

① 育苗面积计算　从造林规划要求考虑，主要计算每年下种(包括插条)育苗面积。留床面积应当根据苗木留床年限分别计算。在计算每年下种育苗面积时，除了解年需苗量外，还应调查当地各树种单位面积产苗量，然后计算各树种年下种苗圃面积和年度下种苗圃面积。在计算下种苗圃面积时，要考虑增加一定数量的后备面积，以保证满足造林需苗量。此外，还应根据各树种苗木培育年限，计算各树种年留床面积和年总留床面积。

② 苗圃地规划　根据当地自然条件和林业生产水平，规划苗圃地的种类和育苗方式。如固定苗圃、临时苗圃、容器育苗或工厂化容器育苗等。一般造林应以临时苗圃为主，它的优点是可以就地育苗、就地造林，避免长途运输，而且苗木适应性强，有利于提高造林成活率。对育苗困难的树种或所需苗木规格要求高、临时苗圃育苗不能满足要

求时，可以建立固定苗圃，加强经营管理

此外，对苗圃地选择、圃地耕作管理，以及苗木保护、运输等，也应提出规划意见。

14.3.5 辅助工程设计

根据项目的实际需要对林业生态工程的附属项目(如造林灌溉工程、排水、防火瞭望台、道路、通信等)进行规划。具体包括林道、灌溉渠、水井、喷灌、滴灌、塘堰、梯田、护坡、支架、护林房、防护设施、标牌等辅助项目的结构、规格、材料、数量与位置;沙地造林种草设置沙障的数量、形状、规格、走向、设置方法与采用的材料。

辅助工程要做出单项设计、绘制结构图，其位置要标示在设计图上。辅助工程单项设计图按照有关国家标准、行业标准绘制单项设计图。

14.3.6 规划设计标准与规范

14.3.6.1 造林树种选择设计

在林业生态工程规划设计中，选择造林树种是一项十分重要的内容。为了圆满完成这项任务，做到适地适树，通常是根据立地类型进行造林树种的选择。在国外已经发展到编绘立地类型图和适生树种图，作为造林设计和生产的依据。我国立地分类研究和应用已经取得部分成就，但是绘制立地类型图仍处于初步研究阶段。从长远来看，今后绘制立地类型图作为林业生态工程规划设计专用图是必要和可行的，同时将它作为规划造林林种布局、选择造林树种的依据，可以推动林业生态工程建设的发展。

造林树种在总体规划和林业生态工程设计中的细致程度是不同的。总体规划中只是分别就立地类型、造林林种和造林方式规划出主要树种;而林业生态工程设计则要将选择的造林树种落实到山头、地块。但总的要求是，必须做到适地适树，而且满足造林目的的需要。

(1)选择林业生态工程造林树种的原则和依据

①根据不同林种目的要求，结合立地条件，设计适宜的树种。不同的林种对树种有不同的要求，防护林要求适应性强、生长迅速、寿命长、树冠枝叶茂盛、根系发达、能固土保水或防风固沙的乔木和灌木树种;经济林要求生长迅速、结实性能好、丰产、稳产、寿命长、经济价值高的各种经济树木;薪炭林要选用适应性和萌芽力强、速生、丰产、热值高的乔木和灌木树种;风景林选用树姿优美的常绿或落叶乔木和花色鲜艳的灌木等。

②掌握适地适树原则，即根据造林地立地条件，设计在当地能很好生长的造林树种。一般要注重选用优良乡土树种，也可采用引种后表现良好的树种。

③在适应立地条件和符合造林目的的前提下，尽量选用经济价值和生态、社会效益较高，又容易营造的树种。同时，注意选用种苗来源充足、抗病虫害性能强的树种。

④有条件的地方，可适当设计针阔叶混交林，以达到改良土壤、提高林地肥力、防止病虫害和山火蔓延，建立稳定、高效的森林生态系统的目的。为了便于施工，相邻小班可设计不同树种，形成自然块状混交或带状混交。如有成功经验，也可设计行间混

交，主要是乔灌木混交。

（2）林业生态工程的规划与设计

在规划林种的基础上，充分研究当地的自然条件和社会经济状况，根据上述选择造林树种的原则和依据，规划造林地区适于各林种的造林树种。

首先，结合立地条件调查，查清当地已有造林树种、天然林树种及其生长状况；其次，研究引进后生长良好的造林树种。然后将这些树种综合分析，选出适宜本地区的造林树种，并按自然条件和各树种生物学、生态学特性分类，最后规划出造林树种和总体造林树种及其所占比重。

小班造林树种的设计，是在总体造林方向和林种、树种规划的基础上进行的。根据小班所在地区规划的林种，按小班立地类型规划小班林种，并据此选用适生树种。如果适生树种不止一个，可以从中选择最合适的树种。

14.3.6.2 造林技术措施设计

在林业生态工程总体规划中，设计造林技术措施时，主要是针对造林地区自然特点和以往造林中存在的问题，提出一些能提高造林质量的关键性措施即可。而林业生态工程设计则要按山头、地块设计造林技术措施，即把各项技术措施落实到小班。

通常是按立地类型设计造林技术措施，并编制造林类型表，以便在造林中或造林施工设计中套用。为了直接服务于生产，可在总结以往造林经验的基础上，对总体造林技术措施提出规划。另外，也可根据需要，同林种、树种规划一起，把造林技术措施落实到小班。即按立地类型，参照造林技术规程、造林典型设计或造林类型表进行小班造林技术设计。其内容主要包括造林整地、造林方式方法、混交树种的组成及混交方式、造林密度、造林季节和幼林抚育管理等。

在设计林业生态工程技术措施时，不仅要按自然特点（立地类型）和造林树种特性进行设计，还要考虑按不同的林种、不同的施工条件和社会经济情况。因为合理的造林技术既要符合自然规律，又能满足施工条件，包括造林的技术水平及投资情况。否则，技术设计就不能被很好地执行。

（1）整地设计

整地设计要根据林种、树种不同，视造林地立地条件差异程度，因地制宜地设计整地方式、整地规格和密度等。除南方山地和北方少数农林间作造林用全面整地外，其他多为局部整地。在水土流失地区，还要结合水土保持工程进行整地。在干旱地区，一般应当在造林前一年雨季初期整地。通过整地保持水分，为幼树蓄水保墒，提高造林成活率。整地规格应根据苗木规格、造林方法、地形条件、植被和土壤等状况，结合水土流失情形等综合决定，以达到既满足造林需要又不浪费劳力为原则。

（2）造林方式、方法设计

设计造林方法是一项十分重要的设计内容。一般根据确定的林种和设计的造林树种，结合当地自然经济条件而定。目前，我国已基本取得了各主要树种的造林经验。例如，一般针叶树以植苗造林为主，杉木可以插条；一些小粒种子的针叶树如油松、侧柏等树种，有时采用飞播造林或直播造林。在设计中可充分利用已有的知识，特别是当地取得的成功经验。

在设计中，对南方雨水充沛的山地造林、北方干旱山地造林和黄土丘陵区、沙荒、盐碱地以及平原区造林等，均要根据适用造林树种区别对待。此外，对有机械造林或飞播造林条件的地方，可设计机械造林或飞播造林。

（3）造林密度设计

造林密度应依据林种、树种和当地自然经济条件合理设计。一般防护林密度应大于用材林，速生树种密度应小于慢生树种的，干旱地区密度可较小一些。密度过大固然会造成林木个体养分、水分不足而降低生长速率，但密度过小又会造成土地浪费，单位收获量下降。

（4）幼林管理设计

幼林管理设计主要包括幼林抚育、造林灌溉、防止鸟兽害、补植补种等，其中主要是幼林抚育。在设计时可根据造林地区实际情况，有所侧重和突出，例如灌溉，如无条件可不设计。

①幼林抚育设计　根据树种特性及气候、土壤肥力等情况拟定具体措施，如除草方法、松土深度、连续抚育年限、每年抚育次数与时间、施肥种类、施肥量等。培育速生丰产林，一般要求种植后连续抚育 3~4 a，前两年每年 2 次，以后每年 1 次；珍贵用材树种和经济林木应根据不同树种要求，增加连续抚育年限及施肥等措施。

②造林灌溉设计　对营造经济林或经济价值高的树种以及在干旱地区造林，需要采取灌溉措施的，可根据水源条件进行开渠、打井、引水灌溉或当年担水浇苗等，进行造林灌溉设计。

③森林保护设计　造林后，幼苗甚至幼树常因鸟兽害而失败。因此，除直播造林应设计管护的方法及时间外，有鼠、兔及狍子危害的地区造林，应设计捕打野兽的措施。

④补植设计　由于种种原因，造林后往往会造成幼树死亡缺苗，达不到造林成活率标准。为保证成活成林，凡成活率41%以上而又不足85%的造林地，均应设计补植。对补植的树种、苗木规格、栽植季节、补植工作量和苗木需要量也要作出安排。

具体可参照原国家林业局颁发的《造林作业设计规程》（LY/T 1607—2003）。

14.4 规划设计案例

本节选取了两个不同的案例：一个是公益林建设的规划设计；另一个是经济林基地建设的规划设计。

14.4.1 案例一

本节以云南省广南县天然林保护工程二期中的公益林建设规划设计等为例，介绍专项工程造林规划设计的方法和步骤。

14.4.1.1 资源状况评价

广南县位于云南省东南部滇桂交界地带，是珠江上游的重点水源涵养区，也是珠江流域生态环境保护的重要屏障。

工程区林业用地 770.76×10⁴ 亩，占幅员总面积的 66.55%，森林覆盖率 45.07%。其中有林地 383.684 7×10⁴ 亩，占林地面积的 49.78%；疏林地 4.631 8 万亩，占林地面积的 0.60%；灌木林地 297.610 8×10⁴ 亩，占林地面积的 38.61%；未成林造林地 24.129 4×10⁴ 亩，占林地面积的 3.13%；无林地 60.667 3×10⁴ 亩，占林地面积 7.87%。

从森林资源现状看，广南县森林覆盖率高，可利用资源种类多。现有的乔木林分多是 20 世纪七八十年代采伐后人工更新（或人工促进天然更新）的，普遍存在树种单一、林相残缺、林龄结构不合理的情况，纯林多、混交林少，单层林多、复层林少，同龄林多、异龄林少，林分结构同化，森林质量低，林地生产力低下，森林生态系统综合功能还未得到充分发挥。另一方面，随着社会经济的发展，基础设施建设，城市扩展，工农业建设发展等对林地和林木产品需求飞速增长，林业生态建设总体处于治理与破坏相持的阶段。

为进一步扩大森林覆盖，增加天保后续资源储备，缓解林产品供需矛盾，减轻森林资源保护压力，急需继续加强公益林建设，大力开展营造林活动，完善森林防护体系，增强森林生态功能。

全县天保工程二期公益林建设仍有很大空间，适合开展公益林建设的地类面积达 176.40×10⁴ 亩，其中宜林地 48.64×10⁴ 亩，其他无林地、疏林地、郁闭度<0.50 的低质低效林以及可培育成乔木林的灌木林地共计 127.76×10⁴ 亩。

在二期工程实施时，针对公益林地中需建设部分开展人工造林和封山育林。在积极争取国家投入基本建设资金的同时，大力发动林农和社会各阶层力量参与公益林建设，稳步提升全县森林覆盖率，推动林业产业快速发展。

14.4.1.2 公益林建设规划

（1）规划设计依据

《造林技术规程》（GB/T 15776—2006）；《造林调查规划设计规程》；《封山（沙）育林技术规程》（GB/T 15163—2004）。

（2）公益林建设规划的原则

根据广南县自然立地条件、社会经济发展水平，在公益林建设过程中应遵循以下原则：

①坚持生态效益优先，兼顾经济效益和社会效益的原则；

②坚持因害设防，因地制宜，与林产业发展有机结合的原则；

③坚持突出重点，先易后难，相对集中连片的原则；

④坚持科技兴林，促进科技进步的原则。积极推广应用先进技术和科研成果，提高森林培育质量。

（3）公益林建设规模与布局

根据《天然林资源保护工程二期云南省县（局）级实施方案编制细则》的要求及省林业厅下达给广南县的公益林建设任务指标，结合广南县的实际，进行天保二期公益林建设的规模布局安排。

广南县天保二期公益林建设规模为 92.00×10^4 亩，布局于清水江林业局、林业开发公司及 18 个乡(镇)内。其中，人工造林面积 21.00×10^4 亩，封山育林面积 71.00×10^4 亩。广南县天保工程二期公益林建设任务规划汇总表略。

14.4.1.3 人工造林建设工程

(1)立地类型划分

为确保生态公益林建设成效，本着"适地适树"原则，根据多年造林实践经验，按云南省森林立地分类，在广南县森林资源规划设计调查的基础上，通过调查对项目区的立地条件进行检验补全、修正编制成项目区立地类型表。详见表 14-5。

表 14-5 广南县天保工程二期人工造林立地类型简表

类型号	立地类型名称	主导因子				主要植物
		海拔高度(m)	坡向	土壤类型	土壤厚度	
I₁	阳坡中厚层黄色赤红壤立地类型	420~1190	阳坡、半阳坡	黄色赤红壤	中、厚	云南松、栎类、杉木、化香、余甘子、黄檀、金茅、旱茅
I₂	阳坡薄层黄色赤红壤立地类型				薄	
I₃	阴坡中厚层黄色赤红壤立地类型		阴坡、半阴坡		中、厚	
I₄	阴坡薄层黄色赤红壤立地类型				薄	
II₁	阳坡中厚层红壤立地类型	700~1700	阳坡、半阳坡	红壤	中、厚	云南松、杉木、栎类、旱冬瓜、化香树、余甘子、黄檀、金茅、旱茅
II₂	阳坡薄层红壤立地类型				薄	
II₃	阴坡中厚层红壤立地类型		阴坡、半阴坡		中、厚	
II₄	阴坡薄层红壤立地类型				薄	
III₁	阳坡中厚层黄红壤立地类型	700~1700	阳坡、半阳坡	黄红壤	中、厚	云南松、杉木、栎类、旱冬瓜、南烛、杨梅、厚皮香、木荷、金茅、旱茅
III₂	阳坡薄层黄红壤立地类型				薄	
III₃	阴坡中厚层黄红壤立地类型		阴坡、半阴坡		中、厚	
III₄	阴坡薄层黄红壤立地类型				薄	
IV₁	阳坡中厚层黄壤立地类型	1700~2030	阳坡、半阳坡	黄壤	中、厚	华山松、栎类、桦木、南烛、马桑、小铁仔、火棘、白茅、蕨类、石松
IV₂	阳坡薄层黄壤立地类型				薄	
IV₃	阴坡中厚层黄壤立地类型		阴坡、半阴坡		中、厚	
IV₄	阴坡薄层黄壤立地类型				薄	
V₁	阳坡中厚层紫色土立地类型	1200~1800	阳坡、半阳坡	紫色土	中、厚	云南松、栎类、火棘、小石积、银木荷、金茅、旱茅
V₂	阳坡薄层紫色土立地类型				薄	
V₃	阴坡中厚层紫色土立地类型		阴坡、半阴坡		中、厚	
V₄	阴坡薄层紫色土立地类型				薄	
VI₁	阳坡中厚层红色石灰土立地类型	700~1600	阳坡、半阳坡	红色石灰土	中、厚	云南松、栎类、杉木、清香木、余甘子、水锦树、金茅、旱茅
VI₂	阳坡薄层红色石灰土立地类型				薄	
VI₃	阴坡中厚层红色石灰土立地类型		阴坡、半阴坡		中、厚	
VI₄	阴坡薄层红色石灰土立地类型				薄	

（2）造林类型设计

①造林树种选择 以适地适树、生态效益和经济效益相结合、适应性强、生长稳定为原则，以乡土树木为主，适当引进新树种和推广试种。

根据树种选择原则，结合外业调查对各造林小班立地条件和造林树种的林学特性分析，充分考虑实施单位意见，按照"宜乔则乔，宜灌则灌"的原则，人工造林选用的树种为：云南松、麻栎、旱冬瓜、杉木、巨尾桉、冲天柏（圆柏）、核桃、油茶等。

②造林类型设计 在立地类型划分的基础上，根据选定的造林树，结合森林培育的目标，吸收当地人工造林的成功经验进行造林类型编制。全县共编制9个造林类型，详见表14-6。

表 14-6 广南县天保工程二期人工造林类型表

造林类型号	造林树种	混交方式及混交比	造林方法及时间	清理方式及规格	整地方式及规格	株行距及密度	适宜的立地类型
1	云南松+麻栎	块状混交 7:3	植苗 雨季	块状 0.8 m×0.8 m	块状 0.4 m×0.4 m×0.3 m	2 m×2 m 167 株/亩	所有立地类型
2	云南松+旱冬瓜	块状混交 7:3	植苗 雨季	块状 0.8 m×0.8 m	块状 0.4 m×0.4 m×0.3 m	2 m×2 m 167 株/亩	II_1、II_3、III_1、III_3、IV_1、IV_3
3	麻栎	纯林	植苗 雨季	块状 0.8 m×0.8 m	块状 0.4 m×0.4 m×0.3 m	2 m×2 m 167 株/hm^2	所有立地类型
4	旱冬瓜	纯林	植苗 雨季	块状 0.8 m×0.8 m	块状 0.4 m×0.4 m×0.3 m	2 m×2 m 167 株/亩	II_1、II_3、III_1、III_3、IV_1、IV_3
5	杉木	纯林	植苗 雨季	带状 带宽 1 m	块状	2 m×2 m 167 株/亩	II_1、II_3、III_1、III_3、IV_1、IV_3、VI_1、VI_3
6	巨尾桉	纯林	植苗 雨季	带状 带宽 1 m	块状 0.6 m×0.6 m×0.5 m	2 m×2 m 167 株/亩	I_1、II_1、III_1、VI_1
7	冲天柏	纯林	植苗 雨季	块状 0.8 m×0.8 m	块状 0.4 m×0.4 m×0.3 m	2 m×2 m 167 株/亩	II_2、III_2、VI_2
8	泡核桃	纯林	植苗 雨季	带状 带宽 1 m	块状 0.8 m×0.8 m×0.5 m	6 m×5 m 22 株/亩	II_1、II_3、III_1、III_3、IV_1、IV_3
9	油茶	纯林	植苗 雨季	带状 带宽 1 m	块状 0.8 m×0.8 m×0.5 m	3 m×2.5 m 89 株/亩	II_1、II_3、III_1、III_3

（3）造林技术措施

①整地 整地是保证造林成活和幼树生长的关键性技术措施，根据外业调查结果，结合造林树种的不同选择，分为带状整地或块状整地，整地时间在造林前一个月，整地时注意保护原生植被，防止引起新的水土流失。

②造林方法 为保证造林成效，根据造林地块的立地条件，所选造林树种综合效益考虑造林方法，本次设计的造林方法全部采用，本次设计的造林方法全部采用植苗造林。严格执行苗木等级标准，本次植苗采用明穴植树法。栽植时，撕掉容器底部，使带

土根系露出，放入栽植穴中，栽正扶直，先填表土、湿土，分层踏实，最后覆一层虚土，有灌溉条件的地块，浇足定根水。

③造林密度 造林密度根据所选树种的特性、立地条件、培育目的等因素确定。本次人工造林密度确定为：云南松、麻栎、旱冬瓜、杉木、冲天柏、巨尾桉等树种造林密度为 167 株/亩，油茶造林密度为 89 株/亩，核桃纯林造林密度为 22 株/亩。详见表 14-6。

④种植点配置 根据本次营造树种的培育目的及要求，更好地发挥防护效能，采用品字形配置(或三角形配置)。

⑤混交方式及混交比 混交方式的确定除考虑了树种的培育目的外，还考虑了混交树种间的种间关系。本实施方案规划设计所选造林的混交方式，不一定采取很严格的带状、块状混交方式，可依据自然地形仿效自然，使人工营造的纯林与周围天然林形成人工林、天然林混交或与天然灌木形成乔、灌混交。云南松与麻栎，云南松与旱冬瓜可营造混交林，混交比以 7：3 较为适宜。

⑥造林时间 根据树种的生物学特性和广南县的气候条件，除核桃造林时间在 12 月至翌年 1 月，进行冬季造林外，其余造林树种的时间在 6~7 月的雨季造林。

⑦幼林抚育管理 造林后在每年雨季开始前适时进行抚育，连续抚育两年，每年一次。内容包括正苗、补植、中耕、除草、追肥等。松土除草应做到除早、除小、除了，并做到里浅外深，不可伤及幼苗根系，深度为 5~10 cm。造林后第二年继续补植死穴。

对新造林地实行封山管护，加强巡护，严禁开垦、放牧、砍柴等人为活动，防止人、畜对幼树的毁坏。实行管护岗位责任制，定人定岗，把造林地块的管护责任真正落实到人。

14.4.1.4 封山育林建设工程

(1)封山育林对象

根据《封山(沙)育林技术规程》(GB/T 15163—2004)，符合下列条件之一的疏林地、无立木林地、低质低效林地和灌木林地可实施封育。

下种能力且分布较均匀的针叶母树 30 株/hm² 以上或阔叶母树 60 株/hm² 以上；如同时有针叶母树和阔叶母树，则按针叶母树除以 30 加上阔叶母树除以 60 之和，如大于或等于 1 则符合条件。

$$封育指标 = \frac{针叶母树数量}{30} + \frac{阔叶母树数量}{60}$$

均匀的针叶树幼苗 900 株/hm² 以上或阔叶树幼苗 600 株/hm² 以上；如同时有针阔叶幼树或者母树与幼树，则按比例计算确定是否达到标准，计算方式同上式；

较均匀的针叶树幼树 600 株/hm² 以上或阔叶树幼树 450 株/hm² 以上；如同时有针阔叶幼树或者母树与幼树，则按比例计算确定是否达到标准，计算方式同上式；

较均匀的萌蘖能力强的乔木根株 600 个/hm² 以上或灌木丛 750/hm² 以上；

除上述条款外，不适于人工造林的高山、陡坡、水土流失严重地段等经封育有望成林(灌)或增加植被盖度的地块；

分布有国家重点保护Ⅰ、Ⅱ级树种和省级重点保护树种的地块；

郁闭度<0.50低质、低效林地；

有望培育成乔木林的灌木林地。

(2)封山育林类型

在小班调查的基础上，根据立地条件，以及母树、幼苗幼树、萌蘖根株等情况，广南县疏林地、无立木林地、低质低效林地和灌木林地封育分为以下4种封育类型。

①乔木型　因人为干扰而形成的疏林地以及乔木适宜生长区域内，达到封育条件且乔木树种的母树、幼树、幼苗、根株占优势的疏林地、无立木林地、低质低效林地和灌木林地。

②乔灌型　在乔木适宜生长区域内，符合封育条件但乔木树种的母树、幼树、幼苗、根株不占优势的疏林地、无立木林地和灌木林地。

③灌木型　坡度较大、人工造林困难、具有一定的灌木盖度，通过封育能提高灌木盖度，符合封育条件的无立木林地。

④灌草型　立地条件恶劣，如高山、陡坡、岩石裸露率较大，有望封育成灌草型的宜林地段。

广南县天保工程二期封山育林按封育类型统计(略)。

(3)封山育林方式

①全封　边远山区、江河上游、水库集水区、水土流失严重地区、石漠化严重地区，以及恢复植被较困难的封育区，宜实行全封。

②半封　有一定目的树种、生长良好、林木覆盖度较大的封育区，可采用半封。

③轮封　当地群众生产、生活和燃料等有实际困难的非生态脆弱区的封育区，可采用轮封。

(4)封育年限

根据不同封育类型和封育条件，结合封育区的封育条件确定封育年限。详见表14-7。

表14-7　封育年限表

封育类型	有林地和灌木林地封育	无林地和疏林地封育			
		乔木型	乔灌型	灌木型	灌草型
封育年限	3~5	6~8	5~7	4~5	2~4

(5)封育措施

封育措施一是利用林木的自然繁殖能力，通过人为管理改善其生长环境，促进生长发育；二是通过人为的必要措施，即在封育区林中空地以及岩裸石山上的石块间、石缝中进行人工补种补播以迅速恢复植被同时不断提高林分质量。在小班调查基础上，结合当地林业经营水平分别设计培育管理型、人工促进天然更新型、人工补植补播乔木型、人工补播灌木型4种封育措施类型，补播类型详见表14-8。

表 14-8 公益林建设封山育林类型措施表

封育类型号	1	2	3	4
类型名称	培育管理型	人工促进天然更新型	人工补植补播乔木型	人工补播灌木型
具备封山育林的条件	郁闭度<0.5低质、低效林地;有望培育成乔木林的灌木林地	林地上的林木具有一定的下种能力,但林下植被盖度较大,种子落地不困难的疏林地	离地条件好、树种单一的疏林地或灌木林地,原有幼树或根枝分布不均,自然繁殖能力不足,出现了带状或块状林中空地	具有一定灌木盖度的无林地,坡度较大,人工造林有困难的宜林地
封育类型	乔木型	乔木型	乔木型、乔灌型	灌木型、灌草型
封育措施	加强人工巡护,封育区内严禁乱砍滥伐、严禁山林火灾、严禁毁林开荒、严禁放牧和从事其他非林活动	进行必要的除草整地等措施,以改善其下种,生长环境,促进林木的自然更新	选择云南松、麻栎、旱冬瓜等进行补植补种,使之形成仿效自然的针阔叶混交林或乔灌型植被类型	补播车桑子、清香木等,封育后可增加灌木盖度,使之形成灌木林地或灌草结合的植被类型

(6)封禁措施

封山育林需建立行政管理与经营管理相结合的封禁制度,为林木的生长繁殖创造良好的条件。

①人工巡护　根据封禁范围大小和人、蓄危害程度,设专职或结合森林管护进行巡护,封育区内应做到4个严禁:即严禁乱砍滥伐、严禁山林火灾、严禁毁林开荒、严禁放牧和从事其他非林活动。

②设立宣传牌　在道路、边界的主要路口设立标牌,注明封山育林区的四至范围、面积、封育方式、封育年限及封山公约的主要内容等,使来往行人一目了然,自觉遵守。

③设置围栏　位于村庄附近、公路沿线、牲畜活动频繁、地势相对平缓的区域,采用铁丝网、石垒挡墙、开沟挖壕、垒筑土墙等设置机械围栏或栽植有刺植物(如棠梨、火棘、悬钩子等)设置生物围栏,进行圈封。

④其他措施　加强管护措施,建立健全各级护林组织、层层设防,封山育林做到:有规划设计、有专人管护、有乡(村)规民约、有封育和宣传标志、有管护合同和检查制度等。

14.4.2　案例二

该案例以经济林基地建设规划设计为例,过去经济林常与其他林种统一进行规划设计,很少单独调查规划。为了有计划地积极发展经济林,发挥适于经济林地区的区域优势,认真开展区域性经济林规划设计和建设经济林基地,就显得十分必要。经济林基地建设调查规划的目的是查清经济林木资源,提出经济林发展和经营管理意见,为经济林基地建设提出依据。

14.4.2.1 经济林基地的划定

经济林基地的内涵是在一定面积的区域内适宜于发展某类经济林木，且能形成规模生产，提供大量经济林商品，达到一定的经济效益，成为当地国民经济中的组成部分，对农民收入具有影响。例如，南方丘陵区的油茶、油桐、柑橘等集中产地，华北山区的板栗、核桃、红枣等主要产地，都具有经济林基地的规模和水平。

进行经济林基地规划建设，首先要划定经济林基地范围。其依据是：在一定地域内的自然条件适于种植某一类经济林木，且能正常生长、结实并提供商品；该区域有适于发展经济林的土地资源，且能形成规模生产；当地社会经济情况有条件发展经济林，并可开展经济林产品加工和销售。具体划定范围时还可依据林业区划和综合农业区划。在具体确定基地范围时，区域较大的以县为单位划定界线；在一个县内可根据自然条件，以乡或村为单元划定界线。

14.4.2.2 经济林调查

首先要查清经济林资源，包括面积、分布和种类(包括品种)；其次调查发展经济林的自然经济条件；最后重点调查今后发展经济林的土地资源，同时重视与发展经济林有关的社会条件、产品需求和销售情况。

(1)经济林调查的主要内容

①与经济林生长和分布有关的自然条件，如地貌、气候、土壤和植被状况等。

②与经济林经营、产品产销有关的社会经济情况，如人口、劳力、土地面积、交通运输条件；产品加工、销售情况；储藏条件与能力等。

③经济林的生产发展状况，如发展历史、历年各经济树种栽培面积、产量变化趋势及原因、分布特点、生产经验等。

④经济林木资源，如现有林地面积、树种、品种、产品数量、树龄、产期、主要病虫害，适于发展经济林的荒山荒地，以及可以引种的经济林木资源。

⑤野生经济林木资源及其开发利用的可能性和开发前景。

⑥经济林基地建设综合评价和规划设计所需要的其他材料

(2)经济林调查方法

为了统计管理方便，要对调查地区进行区划，建立区划系统，通常按行政系列分为县—乡—村—小班。国有林场一般经济林很少，如进行区划，仍按林场—营林区(分场、工区)—林班—小班等进行。

区划后，以小班为单位调查，划分小班的依据主要有：经济林起源、经济林木树种和品种、经营权限、产期、经营水平、立地条件(立地类型)等。

划分小班后，对经济林小班和宜于发展经济林的小班进行详细调查。经济林小班调查的内容包括：面积、株数、品种、起源、繁殖方法、树龄、平均树高、平均直径、平均冠幅、始产年龄、单株产量、单位面积产量和小班总产量，以及管理水平等。调查是在划分小班的同时，在小班内有代表性地段设置样方或样地进行调查记载。

此外，采取适当的方法调查散生的经济林木，分别树种、品种、起源记载株数，并且记载产期、平均株产、平均树高、平均直径、平均年龄和冠幅等。

14.4.2.3 调查资料的整理分析

调查结束以后，要对外业资料进行检查整理，计算并统计经济林面积和产量，同时绘制经济林分布图。

收集与经济林发展有关的经济社会情况，结合自然条件、资源情况进行综合分析评价，包括对经济林产品加工、储运、销售等方面的分析评价。有些问题尚需深入调查分析，写出专题分析报告。

14.4.2.4 经济林基地建设规划

在经济林基地建设规划范围先进行总体规划，即在调查分析的基础上，根据国家与当地需要、自然条件和市场状况等，制定规划区域内经济林发展规模和发展的树种、品种，以及预计产量和效益，并对营造技术、经营管理措施及产品储藏、加工、销售等提出意见。

在总体规划基础上进行基地建设规划。

(1)经济林基地建设规划的基本要求

①基地应选在主产品经济林木的最佳适宜区，相对成片，有资金、技术和劳力保证。

②主产品在国内外市场上具有一定的竞争能力的名、优、特产品，产品和商品量具有一定规模，在短期内可形成生产能力。

③基地应尽量选在交通方便、靠近销售市场的地方，同时，要考虑相应的产前、产中、产后配套服务设施的建设和布局。

④经济林建设前，要在调查研究的基础上进行充分的可行性分析研究，编制项目建议书，申报上级主管部门批准后，再进行基地建设规划设计方案的编制。

(2)经济林基地建设规划的主要内容

①通过调查提出基地建设的依据，并进行论证。

②分析评价基地的自然条件、社会经济状况以及经济林资源现状及潜力等。

③分析评价基地建设的发展方向、建设规模、经济林布局、建设进度、产品产量、建设投资概算及资金来源，进行成本分析和产品效益评价等。

④建设高标准经济林基地，要对树种和品种的选择、整地方式、栽植密度和方法、排灌系统、苗木规格和数量等提出具体设计意见，并提出典型模式设计。

⑤编制经济林树种的面积、产量预估统计表，绘制资源分布图和规划图。

⑥提出科学的经营管理策略，对产品加工、储藏、销售以及管理机构等的规划提出具体意见。

14.4.2.5 经济林调查及规划成果

(1)经济林调查及规划成果

成果主要包括：①经济林调查与规划报告；②经济林资源统计表；③经济林分布图

与规划图；④经济林规划附表；⑤经济林专题调查报告。

（2）经济林基地规划成果审议

应由上一级主管部门组织同行专家和有关人员进行评审，报上级批准后，交有关部门组织实施。

14.4.3 案例说明

本节选取了两个不同的案例，第一个案例是天然林保护工程中的公益林建设规划设计案例，案例由云南省林业调查规划院营林分院的李正飞和延红卫等提供，案例（天然林保护工程二期——云南省广南县实施方案）内容全面，但由于本书篇幅有限，所以节选其中一部分即公益林建设规划作为案例介绍说明。第二个案例保留了第3版饶良懿提供的经济林基地建设规划设计的案例，在此一并感谢。

本章小结

林业生态工程规划设计的总任务，是对一个区域的林业生态工程进行全面安排和做出具体的设计，它是指挥森林营造、制订具体造林计划和指导造林施工的主要依据。按照详细程度和控制顺序，可分为总体规划、单项规划、施工设计。林业生态工程建设项目的设计可划分为3个阶段，即初步设计阶段、技术设计阶段和施工图设计阶段。林业生态工程规划设计的文本一般包括设计说明书、附图和附表3个部分，3个部分都有规范的格式和内容要求。设计说明书的内容一般要包括前言、基本情况（自然条件和社会经济）、森林资源及评价、林业生态工程发展远景目标及发展方向、林业生态工程任务规划及布局、林种树种规划及林业生态工程造林技术措施设计、种苗规划、现有林经营规划、其他项目的规划和说明、投资与效益、主要保证措施等内容。

思 考 题

1. 林业生态工程规划的任务和内容是什么？
2. 林业生态工程规划的步骤主要包括哪些？
3. 流域生态工程规划与总体规划、单项规划和施工设计三者之间的关系如何？
4. 规划设计文本的内容包括哪些？
5. 如何编写林业生态工程规划报告？

参考文献

刁鸣军，1985. 放牧场疏林的营造形式及其效益浅析[J]. 内蒙古林业科技，14(1): 36-39.

于志民，CHRISTOPH P，等，2000. 水源保护林技术手册[M]. 北京：中国林业出版社.

马玉明，姚洪林，王林和，等，2004. 风沙运动学[M]. 呼和浩特：内蒙古人民出版社

马世威，马玉明，姚洪林，等，1998. 沙漠学[M]. 呼和浩特：内蒙古人民出版社

王小平，陆元昌，秦永胜，2008. 北京近自然林经营技术指南[M]. 北京：中国林业出版社.

王礼先，1995. 水土保持学[M]. 北京：中国林业出版社.

王礼先，1998. 林业生态工程学[M]. 北京：中国林业出版社.

王礼先，2000. 林业生态工程技术[M]. 郑州：河南科学技术出版社.

王礼先，王斌瑞，朱金兆，等，2000. 林业生态工程学 [M]. 2版. 北京：中国林业出版社.

王礼先，解明曙，1997 山地防护林水土保持水文生态效益及其信息系统研究[M]. 北京：中国林业出版社

王永炎，1984. 岩漠·砾漠·沙漠·黄土[M]. 西安：陕西人民美术出版社.

王百田，2004. 林业生态工程学[M]. 沈阳：辽宁大学出版社.

王百田，2010. 林业生态工程学[M]. 3版. 北京：中国林业出版社.

王百田，贺康宁，等，2004. 节水抗旱造林[M]. 北京：中国林业出版社.

王克勤，涂璟，2018. 林业生态工程学(南方本)[M]. 北京：中国林业出版社.

王秀茹，2009. 水土保持工程学[M]. 2版. 北京：中国林业出版社.

王佑民，1990. 黄土高原沟壑区综合治理及其效益研究[M]. 北京：中国林业出版社.

王佑民，刘秉正，1994. 黄土高原防护林生态特征[M]. 北京：中国林业出版社.

王治国，王莹，张超，等，2015. 全国水土保持规划任务与总体布局[J]. 中国水土保持(12): 17-20.

王治国，朱党生，张超，2010. 我国水土保持规划设计体系建设构想[J]. 中国水利(20): 45-48.

王治国，张云龙，刘徐师，等，2000. 林业生态工程学：林草植被建设的理论与实践[M]. 北京：中国林业出版社.

王治国，张超，纪强，等，2016. 全国水土保持区划及其应用[J]. 中国水土保持科学，14(6): 101-106.

王治国，张超，孙保平，等，2015. 全国水土保持区划概述[J]. 中国水土保持 (12): 12-16.

王绍武，董光荣，2002. 中国西部环境特征及其演变[M]//秦大河. 中国西部环境演变评估(第一卷). 北京：科学出版社.

王涛，2003. 中国沙漠与沙漠化[M]. 石家庄：河北科学技术出版社.

王涛，李凌，等，2014. 中国能源植物栎类的研究[M]. 北京：中国林业出版社.

王海波，2017. "一带一路"背景下我国生物质能源发展的机遇与挑战[J]. 林业调查规划，42(2): 136-138.

王敏，1991. 沿海地区的灾害类型[J]. 世界地质 (4): 129-144.

王斌瑞，王百田，1996. 黄土高原径流林业[M]. 北京：中国林业出版社.

中华人民共和国住房和城乡建设部，2013. 农田防护林工程设计规范：GB/T 50817—2013 [S]. 北

京：中国计划出版社.

中华人民共和国国家质量监督检验检疫总局，中国国家标准化管理委员会，2006. 造林技术规程：GB/T 15776—2006［S］. 北京：中国标准出版社.

中华人民共和国标准，2015. 水土保持林工程设计规范：GB/T 51097—2015［S］. 北京：中国计划出版社.

中国水土保持学会水土保持规划设计专业委员会，水利部水利水电规划设计总院，2018. 水土保持设计手册. 专业基础卷［M］. 北京：中国水利水电出版社.

中国水土保持学会水土保持规划设计专业委员会，水利部水利水电规划设计总院，2018. 水土保持设计手册. 综合治理卷［M］. 北京：中国水利水电出版社.

中国林学会，1984. 次生林经营技术［M］. 北京：中国林业出版社.

中国植被编辑委员会，1980. 中国植被［M］. 北京：科学出版社.

毛沂新，2017. 生物质能源树种文冠果发展可行性探析［J］. 防护林科技(9)：119-120.

石元春，2017. 我国生物质能源发展综述［J］. 智慧电力，45(7)：1-5.

卢琦，赵体顺，师永全，等，1999. 农用林业系统仿真的理论和方法［M］. 北京：中国环境科学出版社.

冯义军，白明琴，2018. 大力发展生物质能源 共享生态文明建设成果［N］. 中国电力报，3 - 19 - 第 005 版.

成向荣，虞木奎，张翠，等，2011. 沿海基干林带结构调控对林分冠层结构参数及林地土壤的影响［J］. 生态学杂志，30(3)：516-520.

吕一河，胡健等，2015. 水源涵养与水文调节：和而不同的陆地生态系统水文服务［J］. 生态学报(15)：252-257.

朱金兆，2001. 中国黄土高原治山技术研究［M］. 北京：中国林业出版社.

朱金兆，贺康宁，魏天兴，2010. 农田防护林学［M］. 2 版. 北京：中国林业出版社.

朱震达，吴正，刘恕，1980. 中国沙漠概论［M］. 北京：科学出版社.

向开馥，1991. 防护林学［M］. 哈尔滨：东北林业大学出版社.

刘东生，1985. 黄土与环境［M］. 北京：科学出版社.

刘东生，2004. 西北地区自然环境演变及其发展趋势［M］. 北京：科学出版社

刘永红，倪嶷，2011. 天保工程二期政策及相关问题解读［J］. 林业经济(9)：45-50.

刘达，黄本胜，邱静，等，2015. 破碎波条件下海岸防浪林对波浪爬高消减的试验研究［J］. 中国水利水电科学研究院学报，13(5)：333-338.

刘明光，2010. 中国自然地理图集［M］. 北京：中国地图出版社.

刘震，2015. 全国水土保持规划主要成果及其应用［J］. 中国水土保持(12)：1-6.

关君蔚，1998. 防护林体系建设工程和中国的绿色革命［J］. 防护林科技(37)4：6-9.

孙立达，朱金兆，1995. 水土保持林体系综合效益研究与评价［M］. 北京：中国科学技术出版社.

孙洪祥，1991. 干旱区造林［M］. 北京：中国林业出版社.

孙鸿烈，张荣祖，2004. 中国生态环境建设地带性原理与实践［M］. 北京：科学出版社.

杜伟娜，2015. 可再生的碳源生物质能［M］. 北京：北京工业大学出版社.

杨文斌，等，2006. 沙漠资源学［M］. 呼和浩特：内蒙古人民出版社.

杨正平，欧宗袁，1987. 封山育林［M］. 北京：中国林业出版社.

杨修，高林，2001. 德兴铜矿矿山废弃地植被恢复与重建研究［J］. 生态学报(21)：1932-1941.

杨维西，2018. 中国沙漠图集［M］. 北京：科学出版社.

李文银，王治国，蔡继清，1996. 工矿区水土保持［M］. 北京：科学出版社.

李世东，沈国舫，翟明普，等，2005. 退耕还林重点工程县立地分类定量化研究[J]. 北京林业大学学报(6)：13-17.

李会科，薛智德，1995. 毛乌素沙区牧场防护林效益的研究[J]. 水土保持研究，2(2)：136-140.

李克让，沙万英，张豪禧，1996. 中国沿海地区的自然灾害类型及综合区划[J]. 自然灾害学报(4)：20-30.

李凯荣，张光灿，2012. 水土保持林学[M]. 北京：科学出版社.

李育才，2008. 中国的退耕还林工程[M]. 北京：中国林业出版社.

李宝银，周俊新，2010. 生物质能源树种培育[M]. 厦门：厦门大学出版社.

李海英，顾尚义，吴志强，2006. 矿山废弃土地复垦技术研究进展[J]. 贵州地质(23)：302-307.

李德毅，杨康民，秦兆顺，等，1960. 苏北沿海农田防护林防护效果的研究报告[J]. 林业科学(2)：77-93.

肖笃宁，2018. 景观生态学[M]. 2版. 北京：科学出版社.

肖胜生，杨洁，方少文，等，2014. 南方红壤丘陵崩岗不同治理模式探讨[J]. 长江科学院院报，31：18-22.

吴正，1987. 风沙地貌学[M]. 北京：科学出版社.

吴正，2009. 中国沙漠及其治理[M]. 北京：科学出版社.

吴德东，2012. 区域防护林构建和更新改造技术[M]. 沈阳：辽宁科学技术出版社.

余新晓，2000. 水源保护林[M]. 北京：中国林业出版社.

余新晓，毕华兴，2013. 水土保持学[M]. 3版. 北京：中国林业出版社.

邹年根，1997. 黄土高原造林学[M]. 北京：中国林业出版社.

沈国舫，翟明普，2001. 森林培育学[M]. 2版. 北京：中国林业出版社.

沈渭寿，曹学章，金燕，2004. 矿区生态破坏与生态重建[M]. 北京：中国环境科学出版社.

宋兆民，1998. 我国防护林体系的发展与研究[J]. 防护林科技，16(4)：14-17.

张水松，叶功富，徐俊森，等，2000. 海岸带木麻黄防护林更新方式、树种选择和造林配套技术研究[J]. 防护林科技(1)：51-63.

张纪林，康立新，1996. 日本海岸林环境机能的研究进展[J]. 世界林业研究(1)：41-46.

张纪林，康立新，季永华，1997. 沿海林网10种模式的区域性防风效果评价[J]. 南京大学学报(自然科学版)(01)：155-159.

张志达，1996. 中国薪炭林发展战略[M]. 北京：中国林业出版社.

张宏恩，1988. 风沙干旱地区营林效益的试验研究[J]. 干旱地区农业研究，6(3)：80-86.

张佩昌，1999. 试论天然林保护工程[J]. 林业科学(2)：127-134.

张金池，胡海波，林杰，等，2011. 水土保持与防护林学[M]. 2版. 北京：中国林业出版社.

张超，王治国，凌峰，等，2016. 水土保持功能评价及其在水土保持区划中的应用[J]. 中国水土保持科学，14(5)：90-99.

张蓉，2012. 我国水源林保护区分级区划研究与实践——以昆明市双河磨南德水源林保护区为例[J]. 林业建设(5)：31-35.

张燕平，卞正富，2005. 煤矸石山复垦整形设计中的几个关键问题[J]. 能源环境保护(19)：43-45.

陈永利，1982. 草场防护林对产草量的影响初报[J]. 内蒙古林业科技，11(3)：44-47.

陈伟，王治国，纪强，2015. 全国水土保持规划编制思路及技术路线[J]. 中国水土保持(12)：10-11.

陈菊梅，2018. 碳汇林树种选择及主要造林技术措施[J]. 绿色科技(5)：205-206.

陈隆亨，李福兴，等，1998. 中国风沙土[M]. 北京：科学出版社.

范志平，2000. 中国水源保护林生态系统功能评价与营建技术体系[M]. 北京：中国林业出版社.

林文棣，张超常，薛德清，等，1993. 中国海岸带林业[M]. 北京：海洋出版社.

林业部三北防护林建设局，1992. 中国三北防护林体系建设[M]. 北京：中国林业出版社.

林业部林业工业局. 1987. 森林采伐更新管理办法及说明[M]. 北京：中国林业出版社.

林武星，陈东华，倪志荣，等，2006. 闽南沿海石矿区植物配置模式对水土保持的影响[J]. 防护林科技(4)：1-3.

国家林业局，2001. 退耕还林技术模式[M]. 北京：中国林业出版社.

国家林业局，2008. 农田防护林采伐作业规程：LY/T 1723—2008[S]. 北京：中国标准出版社.

国家林业局，2018. 天然林保护林工程生态效益监测报告[M]. 北京：中国林业出版社.

国家林业局，2018. 退耕还林工程生态效益监测报告. [M]. 北京：中国林业出版社.

国家林业局植树造林司，国家林业局调查规划设计院，2001. 生态公益林建设导则：GB/T 18337.1—2001 [S]. 北京：中国标准出版社.

罗坤，2009. 崇明岛河岸植被缓冲带宽度规划研究[D]. 上海：华东师范大学.

周兴东，祝国军，1997. 生态工程原理在矿区土地复垦中的应用研究 [J]. 矿山测量 (2)：29-33.

周树理，1995. 矿山废地复垦与绿化[M]. 北京：中国林业出版社.

周新华，张艳丽，1990. 草牧场防护林带对牧草质量和草场生产力影响的评价[J]. 东北林业大学学报，18(5)：28-37.

周德群，贺峥光，2017. 系统工程概论. 3 版. [M]. 北京：科学出版社.

赵岩，王治国，孙保平，等，2013. 中国水土保持区划方案初步研究[J]. 地理学报，68(3)：307-317.

胡林，张蓓蓓，2013. 生物质评估手册—为了环境可持续的生物能源[M]. 北京：中国农业大学出版社.

胡海波，张金池，鲁小珍，2001. 我国沿海防护林体系环境效应的研究[J]. 世界林业研究(5)：37-43.

胡海波，姜志林，袁成，1999. 农田防护林采伐年龄的探讨[J]. 江苏林业科技，26(1)：57-61.

胡海波，梁珍海，康立新，等，1994. 泥质海岸防护林改善土壤理化性能的研究[J]. 南京林业大学学报(自然科学版)，18(3)：13-18.

钦佩，安树青，颜京松，2008. 生态工程[M]. 南京：南京大学出版社.

段文标，赵雨森，陈立新，2002. 草牧场防护林综合效益研究综述[J]. 山地学报，20(1)：90-96.

施雅风，2000. 中国冰川与环境——现在、过去和未来[M]. 北京：科学出版社.

娄安如，1995. 农林复合生态系统简介[J]. 生物学通报 (5)：9-10.

姚向君，王革花，等，2006. 国外生物质能的政策与实践[M]. 北京：化学工业出版社.

姚洪林，阎德仁，2002. 内蒙古沙化土地动态变化[M]. 呼和浩特：内蒙古人民出版社

袁振宏，吴创之，等，2016. 生物质能利用原理与技术[M]. 北京：化学工业出版社.

耿宽宏，1986. 中国沙区的气候[M]. 北京：科学出版社.

顾宇书，邢兆凯，赵冰，等，2010. 砂质海岸防护林体系建设技术及其研究现状[J]. 防护林科技，(3)：36-38.

徐双民，2009. 砒砂岩区沙棘种植布局和技术[C]. 中国水土保持学会规划设计专委会学术研讨会论文集.

徐双民，田广源，2008. 沙棘治理砒砂岩技术探索[J]. 国际沙棘研究与开发(3)：17-20.

高成德，余新晓，2000. 水源涵养林研究综述[J]. 北京林业大学学报，22(5)：78-82.

高志义，1996. 水土保持林学[M]. 北京：中国林业出版社.

高智慧，张金池，陈顺伟，等，2001. 岩质海岸防护林：理论与实践[M]. 北京：中国林业出版社.

唐克丽，等，1990. 黄土高原地区土壤侵蚀区域特征及其治理途径[M]. 北京：中国科学技术出版杜.

陶建平，张炜银，2002. 我国天然林资源保护及其研究概况[J]. 世界林业研究(6)：62-69.

黄枢，沈国舫，1993. 中国造林技术[M]. 北京：中国林业出版社.

黄海标，张培业，2001. 广东沿海种植防护林带的固堤防潮减灾效果[J]. 中国农村水利水电(S1)：168-169.

曹新孙 1983. 农田防护林学[M]. 北京：中国林业出版社.

龚洪柱，魏庆莒，1986. 盐碱地造林学 [M]. 北京：中国林业出版社.

康立新，林华顺，蔡顺章，等，1980. 苏北沿海农田防护林的效益及规划设计探讨[J]. 江苏林业科技(2)：8-14.

阎树文，1993. 农田防护林学[M]. 北京：中国林业出版社.

梁宝君，2007. 三北农田防护林建设与更新改造[M]. 北京：中国林业出版社.

寇韬，李春燕，等，2009. 水源涵养林研究现状综述[J]. 防护林科技(5)：63-66.

彭朝阳，黄玉娟，等，2018. 碳汇造林经营模式及其效益分析[J]. 中国林业经济(1)：72-73.

董世魁，刘世梁，邵新庆，等，2009. 恢复生态学[M]. 北京：科学出版社.

蒋屏，董福平，2003. 河道生态治理工程[M]. 北京：中国水利电力出版社.

谢京湘，于汝元，胡涌，1988. 农林复合生态系统研究概述[J]. 北京林业大学学报 (1)：104-108.

蔡满堂，1996. 农用林业研究与发展之方法论——诊断与设计[J]. 世界林业研究 (3)：37-43.

熊国炎，1997. 以船岸移动通信为重点 抓好长江通信建设[J]. 中国水运 (10)：32.

翟明普，沈国舫，2016. 森林培育学[M]. 3 版. 北京：中国林业出版社.

樊金拴，周心澄，等，2006. 利用绿化技术对煤矸石废弃地进行生态恢复与景观改造的尝试[J]. 中国园林(22)：57-63.

穆献中，余漱石，等，2018. 农村生物质能源化利用研究综述[J]. 现代化工，38(3)：9-13.

戴亚南，张鹰，2006. 江苏沿海地区海洋灾害类型及其防治探讨[J]. 生态环境(6)：1417-1420.

Andy Moffat & John Mcneill，2001. 废弃土地的林业复垦技术[M]. 孙凤，袁中群，王晓峰，译. 郑州：黄河水利出版社.

Charles J Krebs，2003. Ecology[M]. 5th Edition. 北京：科学出版社.

Lundgren B，1982. Bacteria in a pine forest soil as affected by clear-cutting[J]. Soil Biology & Biochemistry，14(6)：537-542.

Nair J，Ohshima H，Friesen M，*et al.*，1985. Tobacco-specific and betel nut-specific N-nitroso compounds：occurrence in saliva and urine of betel quid chewers and formation *in vitro* by nitrosation of betel quid [J]. Carcinogenesis，6(2)：295-303.

Sven EricJorgensen，2011. Applications in ecological engineering[M]. 北京：科学出版社.